暖通空调系统设计指南系列

医院通风空调设计指南

黄 中 著

中国建筑工业出版社

图书在版编目（CIP）数据

医院通风空调设计指南/黄中著. —北京：中国建筑工业出版社，2019.7（2022.11重印）
（暖通空调系统设计指南系列）
ISBN 978-7-112-23449-3

Ⅰ.①医… Ⅱ.①黄… Ⅲ.①医院-通风系统-建筑设计-指南 ②医院-空气调节系统-建筑设计-指南 Ⅳ.①TU83-62

中国版本图书馆CIP数据核字（2019）第044331号

责任编辑：张文胜
责任校对：李欣慰

暖通空调系统设计指南系列
医院通风空调设计指南
黄　中　著

*

中国建筑工业出版社出版、发行（北京海淀三里河路9号）
各地新华书店、建筑书店经销
北京红光制版公司制版
北京建筑工业印刷厂印刷

*

开本：787×1092毫米　1/16　印张：24¾　字数：615千字
2019年7月第一版　2022年11月第六次印刷
定价：**62.00**元
ISBN 978-7-112-23449-3
（33759）

（邮政编码 100037）

序一

工程依靠技术，但工程并不等同于技术，而是若干技术的综合运用。设计正是工程综合运用技术的实践行为。一项技术可以反复运用于很多工程项目，但世界上没有完全相同的两个工程项目，各项工程的技术选用与综合必然存在显著的差异，集中表现在技术选用与综合的合理性上。工程对技术的选用有基本的原则和标准；技术在工程上的综合运用有其基本规律和方法。这些原则、标准、规律和方法，并不能形成模板，免去设计师对具体工程项目的具体分析，在工程之间进行拷贝。每项工程都有其特殊性，各项工程的技术综合运用相互之间需要借鉴和参考，但工程设计不能拷贝。针对工程项目的具体情况，深入认识工程的功能需求及技术、经济、环境、社会等方面的资源与约束条件是工程设计的重要工作。工程设计的成败，不在于所选用技术的先进性，而在于技术选用与综合的合理性。判断其合理性远难于评价其先进性，这需要基于理论和实践相结合的工程思维能力。

从高校校园中走出来的建筑环境与能源应用工程专业的学士、硕士、博士们，算得上是该专业的科学研究与技术开发人才，可是距离该专业的工程师还差很重要的一步——工程实践训练。尽管高校该专业的实践教学环节，如毕业设计等在努力向实际工程靠近，由于高校内不可能形成完整的工程实践过程，毕业生在工程技术的选用与综合上，能力仍然很弱。不少刚进入工程设计界的设计人员，在处理工程需求与条件约束之间的矛盾冲突上，也缺少综合协调的工程思维能力，他们都需要指导。

要实现技术选用与综合的合理性，前提是对所设计建筑的功能特性的认识与理解。医院建筑不仅不同于其他公共建筑，即使同为医院建筑，相互间的功能特性也有重要的差别。医院建筑没有普适的通风空调方案，设计师需要运用所掌握的通风空调设计基本方法，深入细致地分析所设计医院的功能特性，进行技术比选与综合。

《医院通风空调设计指南》的作者在我国一流的医疗建筑设计团队中专注于医院通风空调设计近二十年，清晰地理解了医院各科室对通风空调功能的需求，积累了丰富的实践经验，把握了医院通风空调设计的复杂性和多样性。作者在工程实践基础上，总结国内外工程界在医院通风空调设计方面的成果，编写了本书。该书介绍和讨论了如何针对医院的医疗工艺流程设计和建筑设计，进行技术比选与综合，形成合理的通风空调技术方案。该书强调要注意医院建筑功能和医疗工艺需求差异性对通风空调设计的关键性影响，在许多章节中都深入讨论了怎样根据具体的医疗工艺和建筑功能特点合理选用技术，制定符合医疗工艺需求的通风空调方案，对医院通风空调设计有实操性的指南作用。该书不少分析讨论，是通风空调工程思维的良好案例，书中论及的各种通风空调技术、技术方案，有很好的参考价值。更值得学习的是分析工程具体条件和限制，比选适宜技术，形成合理方案的工程思维方法。

民用建筑通风空调工程实质上是按人的需求对建筑内空气与热环境的调控。健康与热舒适都是人的需求，显然健康的重要性远大于热舒适。建筑内呼吸健康的需求由通风措施保障，而热舒适的需求则由通风和热湿调控措施协调保障。有人的建筑内任何时刻都需要通风措施保障呼吸健康，只是部分空间、部分时间需要热湿调控措施提供热舒适环境。以前，城市规模不大，建筑体型也比较小，人们在室内的存在方式比较单一，无论自然通风还是机械通风技术难度都较低，而热湿调节技术难度大，资金和能源消耗也很大，因而热湿调控措施（供暖和空调）的设计受到重视，而意义重大的通风设计被忽略或成为空调设计的附带物。现代城市与建筑的发展，热湿调控技术的进步，使情况发生颠倒。大规模的城市，大体量的建筑，建筑内人们活动的复杂性，通风积累的经验和发展的技术不多，使通风由易而难。而热湿调控技术和工程运用实践都得以紧随城市和建筑的发展，设计难度没有质的变化。现在能做好供暖空调设计的人员易得，能做好通风设计的工程师难寻。加之通风设计与供暖空调设计在设计收益上不合理的差距，更使通风设计质量“雪上加霜”。室内热舒适状态好、空气质量差的建筑比比皆是。医院建筑的使用特点，使这一情况更为严重。要改变这一状况，必须重温暖通空调设计规范的设计原则和一般规定，扭转“重空调轻通风”的观念，树立通风优先的设计理念，加强通风优先的设计方法。该书又一个值得赞扬之处，在于反复强调医院通风空调设计中通风设计的重要性和优先性，并贯彻于设计过程。设计人员可参考该书，形成自己适用的、合理的通风空调设计观念、方法和流程，为具体的工程项目构建合理的室内空气环境与热湿环境，为人的呼吸健康和热舒适提供良好的技术保障。

2019 年 2 月于重庆

序二

随着生活水平的不断提高，人们对自身健康的关注也越来越受到重视，健康的生活，也成为“创造美好生活”的核心之一。

自20世纪末至今的20多年中，我国大力加强了人民群众的健康与医疗保健工作，在医疗建筑建设方面不断地加大投入力度，一大批先进的大型医院建筑逐渐涌现。尽管如此，我国人均所能得到的医疗服务，无论从医院数量还是医技水平方面，与发达国家相比都有着巨大差距，医疗资源依然处于较为匮乏的情况。因此，医院的建设在未来若干年甚至数十年中，依然是我国公共设施建设的重要任务之一。

医疗建筑具有的使用特点是非常鲜明的。在所有类型的医疗建筑中，综合医院所包含的功能性需求和技术复杂程度，都是最高的。除了门诊、医技、住院三大功能外，高等级综合医院通常也还包含有研究、实验等功能需求。与办公、酒店、商场等其他公共建筑相比，暖通空调系统应用在医疗建筑中，除了解决一般的人员舒适性问题之外，还需要解决这些不同功能要求所带来的工艺难题，例如手术室的洁净问题、室内交叉污染问题、重要医疗设备的环境要求问题，等等。解决这些问题的难点是：它们各自都有相对独立的、与常规舒适性空调完全不一样的需求，医院建筑中暖通空调系统的形式和类型也是最多的。2003年“非典”之后，医院建筑室内外的污染与排放控制问题，也成了老百姓时时关注的重点。

为了满足使用功能的要求，医院建筑的整体能耗通常也远高于办公、酒店等类型的公共建筑。并且其所使用的能源也不像一般公共建筑那样单一或简单，除了常规的电能外，热能（热水和蒸汽）以及各种医用气体（压缩空气、氧气等），也都是极为常见的。如何用好各种能源，使得医院在实现各部分功能的同时，尽可能降低各类能源消耗，不但对医院本身的经济性起到直接的影响，更是确保医疗建筑可持续发展的重要环节。

显然，要把满足各种功能的、不同“花样”的暖通空调系统，有机地组合和集成，并合理地规划和使用能源，既是对暖通空调设计师的一个考验，也是对包含建筑、结构和其他机电专业设计配合的精准度和完整性的一个挑战。

本书作者黄中先生，在近二十年从事医疗建筑暖通空调系统设计与实践中，始终跟踪着医疗建筑与工艺技术的发展和需求，并不断通过对设计项目的总结和积累，完成了这样一部比较全面的、图文并茂的医院建筑设计专著，是一件值得庆贺的事。从事暖通空调设计的工程师都知道，近二十年正是我国建筑业高速发展的时期，设计师身上的任务已经是非常繁重了。黄中先生还能够在工作之余，投入巨大的精力去完成这样一部专著，把自己工作中的经验，无私地奉献给行业。作为黄中的校友，我既感到了高兴和兴奋，更要为黄中这种为行业努力奉献的精神——点赞！

2019 年 2 月于北京

前　言

改革开放以来，随着人民生活水平的提高和日益增长的对美好生活质量的需求，我国医疗卫生事业得到空前发展，其改革经历可以划分为三个阶段[1]。第一阶段为 20 世纪 90 年代以前，是以“放权让利”为主要方向的改革探索阶段。最具代表性的是 1985 年国务院批转卫生部的《关于卫生工作改革若干政策问题的报告》，标志着我国全面医疗体制改革正式启动。此阶段城市医疗卫生机构得到快速发展，医院建设进入启动阶段，吸收国内外技术理论研究成果，编制相关建设标准。第二阶段为 20 世纪 90 年代初到 21 世纪初，是医疗卫生改革的深化阶段。此阶段在国家经济体制改革明确建立社会主义市场经济体制的背景下，1994 年国家实施的财税体制改革，1997 年《中共中央　国务院关于卫生改革与发展的决定》颁布，在这些宏观环境影响下，财税改革促使东部沿海城市、省会城市的地方财力大幅增强，因而这些地方的城市医院建设得到有力的财政支持，大型医院建设先行进入一个高峰期。当时最为代表性的是黄锡璆先生主持设计并于 1997 年建成的佛山市第一人民医院，该工程被誉为“中国医院现代化建设起点”。这个阶段医院建设引进了国际先进理念，进一步促进医院建设的发展。第三阶段的医改约为 21 世纪前十年间，在 2003 年席卷全国的非典以后，医改进入转折调整阶段，至 2009 年 3 月，以中共中央、国务院公布《关于深化医药卫生体制改革的意见》为标志，新一轮医改正式启动。此阶段的指导思想是强化政府责任，国家大幅提高对公共卫生的投入，加强农村医疗卫生服务建设，大力发展社区医疗服务，同时引进社会资本，开放医疗事业，强化公立医院治病急救职能。这个阶段的医院建设由区域影响力大的医院扩展到地级市甚至区县医院，全国掀起更大范围的医院改扩建及新建高潮，医院建设逐步进入技术创新、质量追求、精细化阶段。

纵观近三十年来医院建设的发展，我们看到，这段时期的建设成就是非常巨大的，医学水平、医疗技术、医院设计理念多点开花，都得到飞跃性发展。根据统计数据，1997 年全国医院总床位数 215.4 万张，卫生院总床位数 74.885 万张，2017 年全国医院总床位数 609 万张，卫生院总床位数 125 万张，20 年间医院卫生院的每千人床位数由 2.35 张增长到 5.28 张，统计数据已经接近世界中高水平。但是，正如《全国医疗卫生服务体系规划纲要（2015—2020）》中指出的：“医疗卫生资源总量不足，质量不高，结构与布局不合理”，看病难的问题仍未解决。据统计，截至 2016 年 6 月底，我国共有医院近 3 万家，其中有 1.4 万家建于 1990 年及以前，近 1 万家医院建于 1980 年及以前，一半以上的医院已经使用超过 25 年，缺少总体规划与发展构想，院内各个单体建筑不能形成有效协同联系，流程不甚科学合理，医院运行效率较低。因此，国内医院的改扩建、新建需求仍然很大，医院建设的任务依然很重。同样，作为医院建筑设计人员，也是任重道远，而且医院设计的难度明显高于其他公共建筑，这主要体现在以下四个方面：

其一，设计周期短、工作量大。公立医院受制于国家投资的计划体制，很多项目都是在抢时间；民营资本投资的医院出于成本控制、资金周期的压力，一旦立项，就必须快速上马投建使用。对于多数不熟悉医院设计的单位，在相同设计周期下，医院带来的压力与挑战远大于酒店办公等类型的建筑。

其二，医院建筑功能复杂、医疗工艺需求多样，对暖通空调设计起关键性的影响。这些年，不少新建医院竣工验收后便开始局部拆改，一直到投入使用后的一段时间内，拆改、增设系统的工作持续不断，造成这样的原因很多，其中有相当比例就是由于设计对医院功能复杂性、需求多样性了解不透、拆解不细造成的。

其三，各个医院千差万别，即使同类型医院，每家医院也有各自的医学技术特色，这些特色的重点科室、发展学科将对医院建筑的设计产生巨大影响。例如，同样是综合医院，以肿瘤治疗为特长的医院和以微创为特长的医院，两者对暖通空调设计的需求就有很大差别，相应的设计策略也应有所不同。

其四，相对于其他公共建筑，医院的暖通空调与建筑专业的关系更加紧密，这是由医疗工艺要求决定的。医疗工艺出于感染控制以及医疗技术环境需求，决定了建筑功能的平面布局，同时又决定了暖通空调设计的诸多特殊需求，没有哪类建筑比医院更需要建筑与暖通这两个专业如此协同互动来进行设计工作，这就要求暖通专业必须更加紧密配合建筑专业，才能设计出更加符合医疗工艺需求的医院。

因此，优秀的医院暖通设计，必然要经过一定数量的医院设计的积累，总结经验，通过对医院特殊科室的环境需求、医疗技术需求深入理解，成为广义上的“暖通设计师”，并结合暖通专业新技术、绿色节能技术应用其中，才能适应新时代医院设计的挑战，为医院提供精细化的设计。

医院设计市场依然很大，前景很广，设计要求也较高，但国内专注于医院设计的工程设计企业却不多。据统计，截至2016年年底，全国工程设计企业（含设计施工一体化企业）20080个，其中设置医疗建筑设计部门的企业不足百家，而这其中，真正专注于医院设计（指医疗设计任务占其部门业务量90%以上）的更是屈指可数。一些设计单位接到医院设计任务后，来不及消化理解医疗需求、感控要求，匆忙出图，结果自然很不理想。

作者有幸得遇医院建设高潮的时代，有幸与一支优秀的医疗建筑设计团队共事，专注于医疗建筑暖通空调设计近二十年。工作过程中，深感医院设计的复杂性、多样性、紧迫性。党的十九大提出健康中国战略，“十三五”期间，我国将建设国家医学中心、国家区域医疗中心，医疗卫生事业的发展进入一个新时代，赋予我们更大的责任与机遇，为此尽自身努力为医疗卫生事业建设添砖加瓦，我们责无旁贷。籍此编写本书，盼能起到抛砖引玉作用，引起从业人员更广泛的讨论研究，共同提升医院暖通设计总体水平，推进设计精细化发展，为健康中国尽一份心出一份力。因作者水平有限，恳请各位读者、专家不吝指教。（书中如有错漏、与医疗技术发展需求不符之处，敬请email：y4405@163.com联系作者，万分感谢!）

致　谢

感谢黄锡璆先生，黄老的境界令人高山仰止，虽被业内尊称为中国现代医院奠基人，但日常中谦恭平和，耄耋之年依旧不断研学。有幸在佛山医院、小汤山非典医院、301 医院等项目中切身体会黄老作为总设计师的胸怀与风采，感谢黄老为我树立了精神榜样。本书有关医疗工艺、建筑设计的内容得到黄老亲自审稿指正，极大丰富完善了跨专业的内容，感谢黄老在视力下降的情况下牺牲春节假期详细审稿，致敬！

感谢付祥钊老师，在我编写本书之初，付老师就对本书的构思与目录提出建设性意见，更是在本书完稿后牺牲春节假期详细审稿，提出满满九页的指导意见，并欣然作序。遗憾的是，由于我自身水平所限，导致付老师的一些意见未能落实修改，希望有机会能在再版中完善。

感谢潘云钢先生，在我参加工作之初，潘总编著的《高层民用建筑空调设计》给我很大的帮助，为我在专业设计领域打下坚实基础，潘总严谨细致的作风一直是我的榜样，感谢潘总为本书作序。

感谢王漪女士，是她将我招揽进入医疗建筑设计行业，这是一个令人有社会价值感、有存在感、有获得感、有成就感的行业，在医疗事业快速发展的时代，也是一个不断涌现新知识、具有挑战性、让人兴奋的行业。有幸与王漪女士共事这么多年，多个项目在她带领下攻坚克难，永远忘不了小汤山非典医院战斗在一线的情景，那将是我一生永远的财富与骄傲。

感谢袁白妹女士，她是我在医院设计的启蒙老师，多年来一直在设计理念与专业技术等方面给了我很多指导与帮助。

感谢徐华东先生、李著萱女士与林向阳先生，他们为人正直，兢兢业业，专业领域内视野开阔，技术上科学严谨，工作中对我言传身教，让我受益匪浅。

感谢重庆海润节能技术股份有限公司提供了详实的素材，董事长郭金成先生视医院空气品质与节能为己任，令人钦佩。

感谢出版社为本书出版发行付出辛劳的所有人，尤其是责任编辑张文胜先生，谢谢！

感谢我的家人，在一年多时间的写作过程中无怨无悔的支持！

感谢所有帮助过我的人，未能一一道谢，在此郑重说声谢谢！

目　录

使 用 本 书

刚从事医院设计或建设的同行们常常会困惑于医院复杂多样的功能房间名称的含义：

“中心供应是干什么用的？”

“回旋加速器是干嘛的，有啥要注意的？”

“ICU 到底做不做净化啊？”

当您拿到这本书时，或许有着更多的疑问，希望能在书中找到解决的答案。在笔者刚开始萌生想法编写本书的初期，我也是以实用的角度来构思的，希望能把它编写为医院暖通系统的指导细则。但是，医院设计中很关键的一点是服从于医疗工艺需求，而医学知识体系太过于庞大且更新发展速度太快，每一次医学细分科目中的理论发展与应用都影响到医疗工艺需求的变化。想凭着以往的一些经验来编写处于日新月异医学发展的医院设计，在时效上就已不能实现。因此，本书的篇章框架看起来可能跟您见到或正在参与建设的医院功能很相近，甚至您也可能能在书中找到很多问题的具体解决思路，但是，请保持对医学快速发展的及时关注和警惕，即使医疗功能没有变化，医疗设备的发展也要求一些设计细节的更新，这将会使得本书中的一些参数数据、做法过时，变得不适应。也正是考虑到这一点，在本书编写过程中，尽可能地更新最新资料，包括治疗技术、手段、理念。

虽然医学发展很快，但有关暖通空调系统对保护个体（降低医护人员风险、减少人员遭受更高传染性病人的感染、保护低免疫力病人）的作用、对治疗及康复的辅助作用等研究成果将会持续指导医院暖通空调的设计。本书编写过程中，也吸纳了 ASHRAE 及其与 ASHE（American Society of Health Care Engineering，美国卫生保健工程学会）、FGI（Facility Guidelines Institute，设施指南研究所）合作的最新研究成果。这些学会及研究机构每隔 4 年左右便会汲取最新研究成果并更新发布新版标准，读者可及时关注更新。同时，中国建筑科学研究院、国内各大学及设计院等科研单位对医疗建筑暖通空调的研究更贴合我国实际情况，各单位近年来对环境大气的研究、过滤器的研发、传染控制体系的构建、医疗体制改革及医院建设模式的深入探索、相关数据统计分析等做了很多研究，这些研究成果对我国医院建设更有实际指导意义。

您在使用本书时，可以按目录查找当时急需的相关问题，当然也可以通篇阅读，书中多数章节会含有类似背景介绍、医疗工艺流程方面的内容，可能会浪费一些时间，但笔者认为这些“不相干”内容有助于读者更好理解后续专业的设计，因此虽尽量压缩但仍予以保留。本书编写时也考虑到这一点，因此在篇章结构上尽可能细分出暖通专业的设计内容，以便于读者从目录更快速地查阅相关内容。此外，一些图、表在应用中起到很重要的作用，本书特意单列图表索引，读者可以查阅图表索引更方便快速获取相关资料。

简称及缩略语

本书尽可能采用汉语而不是英文词汇或其缩略语来表达，但业内及医院的一些功能房间或医疗设备常常以英文缩略语形式表示，并已为业界所接受，为尊重习惯，本书也采用一些大家耳熟能详的缩略语，同时为避免产生歧义，特列表明示。

序号	本书用词	具体全称或释义
医院科室简称		
1	ICU	综合性的重症监护单元（Intensive Care Unit）常见的ICU包括： SICU——外科重症监护单元（Surgery Intensive Care Unit） MICU——内科重症监护单元（Medical Intensive Care Unit） EICU——急诊重症监护单元（Emergency Intensive Care Unit） BICU——烧伤重症监护单元（Burn Intensive Care Unit） RICU——呼吸重症监护单元（Respiratory Intensive Care Unit） NICU——新生儿重症监护单元（Neonatal Intensive Care Unit） PICU——儿科重症监护单元（Pediatric Intensive Care Unit） OICU——产科重症监护单元（Obstetrics Intensive Care Unit） AICU——麻醉重症监护单元（Anesthesiology Intensive Care Unit） TICU——移植重症监护单元（Transplant Intensive Care Unit） CCU——冠心病重症监护单元（Coronary Intensive Care Unit） CPICU——心肺重症监护单元（Cardiopulmonary Intensive Care Unit） CSICU——心脏外科重症监护单元（Cardiac Surgery Intensive Care Unit） NSICU——神经外科重症监护单元（Neurosurgical Intensive Care Unit）
2	HIS	医院信息系统（Hospital Information System）
3	PACS	影像归档和通信系统（Picture Archiving and Communication Systems）
4	ERCP	内窥镜下胰胆管造影技术（Endoscopic Retrograde Cholangio-Pancreatography）在内镜下经十二指肠乳头插管注入照影剂，从而逆行显示胰胆管的造影技术，可以进行十二指肠乳头括约肌切开术（EST）、内镜下鼻胆汁引流术（ENBD）、内镜下胆汁内引流术（ERBD）等介入治疗
5	PICC	外周穿刺置入中心静脉导管（Peripherally Inserted Central Catheter），由手臂的贵要静脉、肘正中静脉、头静脉等这些外周静脉穿刺，然后插管，将管的末端置放到上腔静脉或锁骨下静脉这些中心大静脉。一般用于需长期静脉输液的病人：化疗、胃肠外营养、刺激外周静脉的药物、缺乏外周静脉通路、家庭病床的病人、早产儿
6	PCR	聚合酶链式反应（Polymerase Chain Reaction）
7	HIV	人类免疫缺陷病毒（Human Immunodeficiency Virus），即艾滋病病毒

续表

序号	本书用词	具体全称或释义
医疗设备缩略语		
8	DSA	数字减影血管造影（Digital Subtraction Angiography）
9	CT	电子计算机断层扫描仪（Computed Tomography）
10	MRI	磁共振成像（Magnetic resonance imaging）
11	SPECT	单光子发射型计算机断层扫描仪（Single Photon Emission Computed Tomography）
12	PET	正电子发射型计算机断层扫描仪（Positron Emission Computed Tomography）
13	CR	计算机X射线摄影（Computed Radiography）
14	DR	数字化X射线摄影（Digital Radiography）
国外相关机构及标准缩略语		
15	ANSI	美国国家标准委员会（American National Standards Institute）
16	ASHE	美国医疗卫生工程学会（The American Society for Healthcare Engineering）
17	ASHRAE	美国供热、制冷与空气调节工程师协会（American Society of Heating，Refrigerating and Air—Conditioning Engineers）
18	ASHRAE 170—2017	ANSI、ASHRAE、ASHE联合发布的2017年版第170号标准《医疗护理设施通风》，英文全称为：ANSI/ASHRAE/ASHE Standard 170—2017 Ventilation of Health Care Facilities
19	ASHRAE 62.1—2016	ANSI、ASHRAE联合发布的2016年版第62.1号标准《可接受室内空气质量的通风》，英文全称为：ANSI/ASHRAE Standard 62.1—2016 Ventilation for Acceptable Indoor Air Quality
20	ASHRAE 34—2016	ANSI、ASHRAE联合发布的2016年版第34号标准《制冷剂名称与安全等级》，英文全称为：ANSI/ASHRAE Standard 34—2016 Designation and Safety Classification of Refrigerants
21	ASHRAE 15—2016	ANSI、ASHRAE联合发布的2016年版第15号标准《制冷系统安全标准》，英文全称为：ANSI/ASHRAE Standard 15—2016 Safety Standard for Refrigeration Systems
22	ASHRAE 90.1—2016	ANSI、ASHRAE、IES联合发布的2016年版第90.1号标准《非低层住宅建筑能源标准》，英文全称为：ANSI/ASHRAE/IES Standard 90.1—2016 Energy Standard for Buildings Except Low—Rise Residential Buildings，IES是美国照明工程学会（Illuminating Engineering Society of North America）的简称
23	ASHRAE 52.2—2017	ANSI、ASHRAE联合发布的2016年版第52.2号标准《一般通风净化装置粒径去除效率测试方法》，英文全称为：ANSI/ASHRAE Standard 52.2—2017 Method of Testing General Ventilation Air-Cleaning Devices for Removal Efficiency by Particle Size
24	MERV	ASHRAE 52.2—2017规定的过滤器最低效率报告值（Minimum Efficiency Reporting Value）

续表

序号	本书用词	具体全称或释义
25	2015 ASHRAE Handbook-HVAC Applications	ASHRAE 发布的 2015 年版供热通风空调应用手册
26	2017 ASHRAE Handbook-Fundamentals	ASHRAE 发布的 2017 年版基础手册
27	NSF	美国国家科学基金会（National Science Foundation）
28	NSF49—2016	NSF、ANSI 联合发布的 2016 年版的 49 号标准《生物安全柜：设计、施工、性能和现场认证》，英文全称为：NSF/ANSI49—2016 Biosafety Cabinetry：Design，Construction，Performance and Field Certification

引　介

0.1　本书中的“医院”

根据国家卫计委（现已改为“国家卫生健康委员会”，本书凡是引用的内容均以当时颁发文件的部门名称为准，以下不再注明）2017 年 2 月修改的《医疗机构管理条例实施细则》，对医疗机构分为十四类（详见附录 A），主要包括：综合医院、中医医院、中西医结合医院、民族医医院、专科医院、康复医院、妇幼保健院、疗养院、急救中心、急救站、临床检验中心、医学检验实验室、病理诊断中心、医学影像诊断中心、血液透析中心等。本书谈到的医院，一般均指综合医院，尤以三级综合医院为主，其他医疗机构可参考书中类似功能科室的设计。

0.2　本书的内容

本书在总结多年医疗建筑暖通空调设计经验的基础上，吸纳国内外同行先进的暖通空调理论、技术研究成果，暖通空调新技术在医疗建筑的应用经验。并按各科室特点介绍相应的暖通空调设计，构成了本书主要内容。书中包含了：常见临床、医技科室；洁净手术部

与市面多数教科书式的专业技术书籍不同，虽然本书也有一些必要的理论探讨，但更多的是介绍医院具体工程设计问题及其解决方法，因此，它对医院暖通空调的工程设计的操作性、实施性更强。本书内容还包括：

（1）能源规划；

（2）室内环境控制；

（3）传染控制；

（4）绿色节能。

这些内容也向医院建设方提供暖通空调系统的建设指南。

0.3　本书不包含的内容

民用建筑中常用的散热器供暖系统、辐射供暖、辐射供冷等系统的设计，本书未纳入编写范围。原因之一，设计实践中涉及严寒地区的项目较少，加之笔者能力有限，在这些系统设计上的理论与实践均乏善可陈，不敢胡抄乱编；原因之二，供暖系统只提供必备的

环境温度保障，与医院环境卫生基本没有关系，这与本书所要阐述的通风空调系统与环境卫生、感染控制关系的主旨不符；原因之三，笔者对医院中采用这些非强制对流的冷暖方式也有存疑：没有了强制对流，只靠新、排风系统的通风，这样低风速、小换气次数的通风显然不能引起室内空气足够的扰动，那么是否能满足室内污染物的稀释要求？会不会导致室内局部空间的不良空气品质？会不会导致院内感染率的上升？这些问题可能还需要后续更深入的研究探讨，并得以验证后才能得出结论用于指导设计。

虽然本书未能涵盖散热器供暖系统的设计，但仍然要强调一点，在冬季需要供暖的地区，医院病房卫生间的散热器供暖是必不可少的，如果空调系统不能提前为妇产科、儿科、急诊等区域单独供暖，那么这些区域也应设置散热器供暖系统。

0.4　本书面向的读者群体

本书主要读者是已具备基本的暖通空调系统知识，并且即将或正在从事医院建筑暖通设计的设计人员。同时，本书还深入探讨与医疗设备相关的暖通系统（如：回旋加速器的水冷系统）的原理，提出一些大型医疗设备采购的注意事项，因此，本书也适合下列读者参考：

（1）业主；

（2）医院运营维护管理人员；

（3）医院建设工程技术人员；

（4）医疗专项工程承包商；

（5）机电设备采购方；

（6）机电设备集成供应商。

0.5　各章节概览

第1章　总述　介绍医院的特点及其相应的暖通设计重点，详细介绍医院通风的设计内容，并针对当前医院建设的规划模式提出冷热源规划的重要性与思路。

第2章　能耗、负荷与冷热源　分析医院门诊、医技、病房等各区域空调负荷特点及特殊之处，着重介绍国内医院新风负荷计算的特殊性，分析全院负荷特性并提出冷源配置方案，简单介绍各种冷源的特点及应用。

第3～7章分别介绍各科室各自的医疗功能特点，并从医疗功能需求、医疗设备需求角度着重介绍通风空调系统的设计及其注意事项。

第3章　门急诊　介绍门急诊的特点，提出门诊排风的必要性。

第4章　医技　详细介绍通风柜、生物安全柜、洁净工作台的性能与应用，检验、病理等科室中应用的各种检测、分析仪器及其通风空调要求，放射影像、磁共振、核医学制药及影像、放疗设备的环境要求以及这些机房的通风空调设计要点，介绍中心供应、配液中心洁净空调的设计。

第 5 章 洁净手术部 主要分析手术室空调负荷、系统设计注意事项，以及手术部冷热源的考虑因素。

第 6 章 病房 包括普通病房与洁净病房、分析血液病房洁净空调设计不同方案的特点，推荐新风承担全部负荷的设计方案。

第 7 章 传染楼 侧重介绍传染病诊疗室、病房的通风设计，还介绍新型 AII/PE 病房的通风设计。

第 8 章 后勤保障用房 介绍医院中机电设备机房、太平间、厨房等主要后勤保障用房通风空调设计。

第 9 章 节能 总结医院通风空调设计中的节能技术应用。

第 10 章 专业设计配合要点 针对医院特点提出暖通专业设计与建设方、建筑专业等各方的相互配合、提资需求，适合于年轻设计师快速掌握专业配合工作，也适合于对专业配合工作查漏补缺。

第 11 章 设计说明样板 以寒冷地区为例，编写施工图的设计说明样板，其中空调水系统给出常规电制冷、蓄冷、一级泵变流量、二级泵变流量系统的可选说明。

第1章　总　　述

1.1　医院分级分类简介

按卫生部1989年发布的《医院分级管理标准》和2011年发布的《医院评审暂行办法》，我国现行医院分为一、二、三级，每级划分甲等、乙等。以前曾有三级特等的说法，但官方从未评审认定过，在国家卫生健康委网站的医院等级查询页中，二、三级医院也是以甲等、乙等来分类的。

一级医院是直接为社区提供医疗、预防、康复、保健综合服务的基层医院，属于初级卫生保健机构。二级医院是跨社区提供医疗卫生服务的地区性医院，是具备一定医疗、教学、科研能力的地区性医疗、预防技术中心。三级医院是跨地区、省、市以及向全国范围提供医疗卫生服务的医院，是具有全面医疗、教学、科研能力的医疗、预防技术中心。可见，医院的“级”是按受众范围、规模来划分的，而甲等、乙等则是对医院的医疗安全、服务质量、管理水平、服务效率等方面评审后的一种能力评价。

根据统计数据，截至2017年10月底，全国共有三级医院2305家，二级医院8227家。

1.2　医院科室分类

医院科室所发挥的功能属于学科应用并为科研服务，其分类可源于学科分类；而科室的卫生技术人员所从事工作又多隶属于所学专业，在这点上其分类又可源于教育部的专业分类。

国家标准《学科分类与代码》GB/T 13745—2009将医药科学分为六个一级学科，分别为：基础医学、临床医学、预防医学与公共卫生学、军事医学与特种医学、药学、中医学与中药学，共设80个二级学科、168个三级学科。教育部在《普通高等学校本科专业目录（2012年）》中将医学分为十一个专业类，分别为：基础医学、临床医学、口腔医学、公共卫生与预防医学、中医学、中西医结合、药学、中药学、法医学、医学技术、护理学，共设44个专业。本书摘录了《学科分类与代码》GB/T 13745—2009中的医学分类和《普通高等学校本科专业目录（2012年）》中的医学专业，制表作为附录B供读者参考。

从《学科分类与代码》看，医院科室多属于临床医学，检验科、病理科等属于基础医学。《普通高等学校本科专业目录（2012年）》则将检验影像等划为医学技术类。

从实际操作看，医院科室组织构架多数是按照工作性质和任务划分，一般分为临床科室、医技科室两大类，各医院又根据自身特点、学科特色、发展方向进行细分。以下列举国内几家著名医院的科室分类设置情况（来自各医院官方网站，截至2017年11月）：

北京协和医院：非手术科室、手术科室、诊断相关科室三大类，另单设国际医疗部、健康医学部（体检中心）、临床药理研究中心。其中非手术科室、手术科室基本上均为临床科室，诊断相关科室则是常称的医技科室。

中南大学湘雅医院：临床科室、医技科室、医疗中心和多学科协作团队。

四川大学华西医院：非手术科室、手术科室、医技及辅助科室三大类，与北京协和医院有诸多共同之处。

中国人民解放军总医院：内科临床部、外科临床部、医技部。

北京大学第一医院：临床科室、医技科室，护理部归属于职能处室。

上海交通大学医学院附属瑞金医院：统称为临床科室，另设内分泌代谢病、微创外科、血液内科三大医学中心。

各医院的科室管理均有所不同，如放疗科，在北京协和医院属于诊断相关科室，在华西医院也属于医技科室，而北大医院、北医三院则将其归属于临床科室。又如体检，在湘雅医院、华西医院均属于医技科室，在北大医院、北医三院则属于临床科室，协和医院、解放军总医院均单列为健康体检中心。

可见，医院科室的分类受到医疗体制、医院自身理念、科室自身技术水平等因素的影响，并无明显的界限或条件去约束、区分，从不同的角度可以形成不同的分类体系。

本书从医患关系的角度，沿用医疗建筑设计领域中的常用称谓，使用“门急诊”、“医技”、“病房”三大区域名称来覆盖医院的科室，其中：

门急诊为直接面对病人、对其作出诊断及/或治疗的建筑区域，涵盖各个临床科室，主要有：内科、外科、妇产科、儿科、中医科、耳鼻喉科、口腔科、眼科、皮肤科、针灸科、康复科、急诊急救、传染科。

医技为运用专门的诊疗技术和设备，协同临床科诊断和治疗疾病的科室，是医院中的技术支持系统，特点是诊疗仪器设备多、更新周期短、要求条件高。主要有：检验科、病理科、放射科、影像科、放疗科、输血科、核医学科、康复理疗科、病案室、药剂科、营养科、功能检查室（肺功能、动态心电图、动态血压、心电图等）、超声、内镜、消毒供应、血液透析、洁净手术部。

病房为病人住院、护理的房间，本书包括普通病房、血液病房、呼吸病房、烧伤病房、监护病房。

显然，这三大区域中包含的科室与医院医疗管理上的科室分类有所不同，这样的安排并不代表笔者有据可依或自主定义科室的功能归属，只是按常见医院建筑的医疗功能区域分区方式去归类而已。这样安排有利于本书结构的完整性，也在客观上尊重医疗建筑设计界内的传统习惯，即使今后医院建筑设计理念完全变更为多学科综合诊疗（MDT，Multidisciplinary Team）模式，暖通设计人员仍然可以根据房间功能需求参照设计。

洁净手术部比较特殊，本书单列一章介绍，详见第5章；传染科设置于门诊时，规模虽小，但在感染控制要求、医疗工艺流程等方面并不能简化，因此，本书按独立建筑单体（传染楼）单列为第7章进行介绍，门诊部的传染科可参照设计。

1.3 与暖通相关的医院特点

对于暖通专业，医院区别于其他建筑的特点，总结起来可简称为“五多两快”。

一多：功能科室多。不同科室对暖通的要求有所不同，设计人员必须重视这些不同要求，并研究、采取满足其需求的设计手段。本书将在第3～7章详述医院内各个科室乃至具体房间的暖通需求，以便读者更详尽地理解这些差异化需求，并将在日后随着建筑技术的发展不断寻求满足其差异化的设计。

二多：人员多。这种情况在省市级以上医院尤为突出，各大医院人满为患已是常态。对暖通设计的负荷、通风量计算提出不同于其他公共建筑的要求。

三多：环境种类多。科室之间不同的医疗工艺需求，决定了医院要求的室内环境种类的多样化。从空气洁净度要求看，既有普通环境，也有对空气洁净度级别有要求的房间，空气洁净度级别从最低8.5级的Ⅳ级用房到局部5级的Ⅰ级用房，各种净化级别都有涉及(对空气洁净度的要求是满足洁净用房等级的必要而非充分条件，更多内容请参阅第4～9章)；从空气质量要求看，既有正常的稀释人员、建筑、消毒等造成的污染的卫生通风需求，也有着重于排除由医疗工艺引发污染气体的工艺性通风需求。例如病理科实验通风柜的局部排风、换药解剖等房间的全室通风；从温湿度要求看，既有舒适性要求，也有恒温恒湿工艺性要求，舒适性环境中也要特别关注不同的需求，例如：配液中心配液药师需要穿着无菌操作服长时间高度集中注意力进行配液，夏季室内温度要求20～24℃，设计中就要注意这点。

四多：医疗设备多。近二十年来，医疗设备发展非常快，国内很多大医院的诊疗手段和技术的发展跟国际迅速接轨，大量新的设备被引进，典型的有DR、CT、MR、SPET、PET/CT、直线加速器、回旋加速器等，这些设备机房环境要求有的很苛刻，例如：MR除了恒温恒湿要求外，还有磁干扰要求、微振动要求。

五多：需求变化多。医疗保健理念的更新、技术的发展始终在快速进行中，医疗工艺的需求也随之变化，导致医院建设无论是过程中、建成后都有局部甚至整个科室修改平面布局的需求。因此暖通设计必须考虑这一点，选择的系统应具备适应这种变化的能力。例如，在严寒或寒冷地区的门诊、医技，采用中小规模的分层水平双管并联式的散热器供暖系统就比垂直双管系统具有更好地适应修改调整的能力。

一快：医疗设备发展与更新快。这就要求设计人员要多渠道的及时了解新型诊疗设备的特点，掌握它们对环境需求的变化，以便在设计中顺应这种更新，避免将问题留到使用阶段。

二快：医疗技术发展快。现代医学不仅单学科的技术发展迅速提速，而且跨学科、多学科交叉融合的发展也很快。例如心血管疾病的诊疗就扩大到心脏内科学、心脏外科学、内分泌学、放射介入学、药学、康复医学等多个专业领域。医疗技术的快速发展反映到建筑设计上，也出现一些新的变化，术中磁共振、术中放疗、一体化手术室都是在近些年快速发展起来的。

1.4 医院暖通设计的重点与难点

医院暖通设计内容除了包括其他建筑所有的冬季供暖、夏季空调、卫生通风、防灾防护通风（如燃气事故通风、人防通风等）、防火防排烟等系统之外，其重点与难点有：

1.4.1 通风

医院通风重要性体现在：医院不仅仅是人员密集场所，它的通风需求更多来自建筑污染、生产污染；从感染控制的角度看，通风更是必不可少，尤其对于空气传播传染疾病，通风系统的重要性已经关乎生命安全问题。医院通风应该作为暖通系统是否优良的重要评价因素，其重要性必须在每个医院设计人员的观念中明确树立，要将设计精力倾向于通风设计，而不是仍然按民用公共建筑的概念侧重于温湿度控制，通风与温湿度控制要并重。

这里有必要提到笔者在工作中见到的案例——严寒及寒冷 A 区受传统供暖观念影响，建设单位更加关注供暖系统的设计，容易因为层高、面积（还没有哪个科室不抱怨自己面积不够）等问题而削减通风系统，甚至有的业主要求设计取消新风、排风系统，而有的设计人员对医院通风系统重要性的认识深度也不够，顺水推舟取消新排风系统。这种情况应当引起各方的重视，尤其是设计单位，暖通、建筑专业设计人员首先应改变观念，坚持医院通风立场，确实负起设计责任。

医院通风设计的重点包括：

1. 送入健康卫生所需的安全新风

医院建筑内人群非常复杂，包括医护人员、后勤及行政人员、陪护家属、学习交流参观者，还包括各种易感人群、普通病患者、危重病人、不同程度的免疫缺陷病人。这些人群尤其是患者都需要良好的新风保障其所需的卫生健康。新风的吸入口关乎送入室内新风的质量，应当将其提到“安全”的高度来看待，考量引入的新风是否安全的因素包括：

第一，吸入口相邻的室内区域得到适当的控制。室内污染空气不会无组织散发到室外，吸入口邻近的室外空气未遭受室内空气中的传染性细菌和病毒、化学消毒剂的污染。

第二，吸入口所在位置的室外小区域范围内没有污染源。典型的例子如：吸入口应远离垃圾站、垃圾暂存处、污水处理站、卫生间、场地排水明沟（这种情况通常出现在南方地区）、通气管（当新风吸入口设置在屋顶时），2015 ASHRAE HVAC Application 要求新风吸入口距污染源至少 9.15m（30 英尺）。

第三，吸入口应与各种排风口保持一定的间距。《民用建筑供暖通风与空气调节设计规范》GB 50736 条文说明中要求：新排风口在同一方向时，高度上进风口低于排风口 3m，或水平距离大于 10m。《综合医院建筑设计规范》GB 51039 没有具体要求，《医院洁净手术部建筑技术规范》GB 50333 要求：新风口距地面或屋面应不小于 2.5m，应在排气口下方，垂直方向距排气口不应小于 6m，水平方向距排气口不应小于 8m，并应在排气口上风侧的无污染源干扰的清净区域。ASHRAE 62.1—2016 中则按不同类型的排风出口及场地有不同间距要求，如表 1-1 所示。

ASHRAE 62.1—2016 对新风吸入口的间距要求　　表 1-1

排风口类型及场地	间距	排风口类型及场地	间距
2级空气排放口	3m	车库入口、汽车装卸区、入库等候区	5m
3级空气排放口	5m	卡车装卸区或码头、巴士等候区	7.5m
4级空气排放口（不适用于实验通风柜的排出口）	10m	行车道、街道、停车位	1.5m
		交通流量高的主干道	7.5m
新风口之上1m以内的排风口	3m①	垃圾暂存或转运区	5m
新风口之上1m以外的排风口	1m①	冷却塔吸入侧或底盘	5m
燃烧装置排气口	5m	冷却塔排风侧	7.5m

① 这两个距离均指新排风口之间的水平距离。

ASHRAE 62.1—2016 对空气排放口的分级如下：

2级——适当的污染物浓度、轻微刺激性、轻微异味，2级空气包括那些不见得有害或令人反感但又不适合作为循环利用或流入其他房间的空气，如水泵房排风；

3级——严重的污染物浓度、刺激性、异味；

4级——令人高度反感的烟气废气或含有潜在危险性颗粒或生物气溶胶，浓度足以造成危害的气体，如厨房排油烟、重氮印刷设备的排风。

需要说明的是：设计应按《民用建筑供暖通风与空气调节设计规范》GB 50736 与《医院洁净手术部建筑技术规范》GB 50333 各自适用的要求执行，这两本规范中不涉及的要求才可以参照表 1-1 执行。

第四，吸入口的防雨防雪。雨雪一旦由吸入口进入管道，必然滋生细菌，这对医院的通风简直就是个灾难。特别需要注意的是，对于南方沿海的台风多发地区，台风雨可能是横向的，加上风力作用，几乎所有的防雨百叶均不起作用，最佳的做法是采用下弯管风帽，使得新风由下部向上吸入，且吸入风速小于 2.5m/s（ASHRAE 62.1—2016）。然而建筑专业为了立面效果，往往不允许这种做法，这就需要暖通专业在吸入口后面的管道内考虑及时排水及清扫的措施，ASHRAE 62.1—2016 提出了各种措施，包括不小于 1%的管道坡度、排水口、水封以及不同风速、雨量下防雨百叶的雨水穿透量的要求，详细可参阅该标准 5.5.2 节及 5.10 节的内容；西北地区风雪交加的情况也不少见，防止雪花进入新风吸入管道、防止暴雪堵塞吸入口都是同样需要关注的问题。

第五，吸入管道内的防潮。在北方地区，为了防冻新风吸入管道上设置了电动保温风阀与新风机组联锁，因此即使在夏季潮湿的夜晚，当新风机组停止运行时也可避免吸入管道受潮。但是，在南方，由于没有防冻的问题，很多设计并未设置电动风阀，这就导致新风机组停用期间整个新风管道系统受潮，加上很多医院新风管道内尘埃积聚，为病菌滋生提供温床。因此，建议南方地区的医院新风吸入管道也应设置电动风阀，并联锁新风机启停。电动风阀的泄露性能可按以下两种要求择其较小值选用：

《风阀选用与安装》07K120：泄漏率≤0.5%；

《核空气和气体处理规范 通风、空调与空气净化 第 2 部分：风阀》NB/T 20039.2—2014：最大允许泄漏量（m^3/h）＝各级泄漏量·风阀面积·（阀门压差/250)$^{0.5}$，式中各级泄漏量，笔者建议按附录 C 中Ⅱ级泄露选取。

有关风阀泄漏量的计算选值详见附录C。

第六，对于一些特殊的新风吸入口（如重点保护人员的病房等），还应考虑防生化、防投毒等安全措施，一般采取提高新风吸入口的距地高度（如3m以上）、吸入口区域设置限制区、电子监控等措施。

2. 稀释污染（包括人员、建筑、生产等污染）空气

除了门急诊部个别区域外，医院的建筑污染明显高于人员污染；而诊疗设备、检验检定等工艺操作的生产污染的危害性更大，虽然要求设置就地局部排风系统第一时间排除这些污染，也还是需要送入新风去稀释部分不可避免的逃逸污染。

3. 排除污染混合空气

上述第2项室内污染除了送入新风外，还需设置全室排风系统，才能真正起到稀释作用；对于定点散发的污染源，如抗生素配液区的拆包台、病理科的取材台等，应设置局部排风系统。

4. 控制区域空气流向

确保空气由清洁区向半污染区、污染区的单向流向，防止区域间的交叉污染。

5. 控制相邻房间空气流向

与上述第4项内容相近，但本项所控制的是小区域内的相邻房间空气流向，典型例子如PCR内的房间之间的空气流向。

相邻房间之间空气流向的控制通过控制房间的送、排/回风量差来实现，风量差值的大小又取决于房间的气密性。房间的气密性以泄漏面积来衡量，通过围护结构的裂缝、电气开关插座、医用气体接口等途径泄露/渗透空气的缝隙总面积构成泄漏面积。2017 ASHRAE Handbook—Fundamentals提供一个估算泄漏风量的计算公式：

$$Q = C_D A \sqrt{2\Delta p/\rho} \tag{1-1}$$

式中 Q——空气泄漏量，m^3/s；

C_D——排放系数，对于锐角的开孔C_D取0.6，其他情况取1.0；

A——泄漏面积，m^2；

Δp——压差，Pa；

ρ——空气密度，kg/m^3。

6. 室内气流组织设计

良好的室内气流组织可以明显减少室内空气龄，提升室内空气新鲜度；还可以为不同对象提供空气保护——在呼吸道传染病房中保护医护人员、在手术室中保护手术区洁净度。

这里引用ASHRAE 62.1—2016的一个概念：空气分布效率。空气分布效率是衡量室内空气混合程度、空气龄的一个指标，它受制于气流组织设计。表1-2根据ASHRAE 62.1—2016的数据及说明编制而成。

不同气流组织方式的空气分布效率 **表1-2**

气流组织方式	空气分布效率
上送冷风	1
上送下回热风	1

续表

气流组织方式	空气分布效率
上送上回热风（送风温差≥8℃）	0.8
上送上回热风（送风温差≤8℃）且送风喷射气流到达距地1.4m处风速达到0.8m/s	1
上送上回热风（送风温差≤8℃）且送风喷射气流到达距地1.4m处风速小于0.8m/s	0.8
下送上回冷风且送风喷射气流到达距地1.4m及以上处风速达到0.25m/s	1
置换通风（送冷风，距地1.4m处风速低于0.25m/s）	1.2
下送下回热风	1
下送上回热风	0.7
水平正对的送、回/排风	0.8
水平相邻的送、回/排风	0.5

表1-2中数据显示，良好的气流组织方式决定空气分布效率的高低，低速的置换通风甚至能获得大于1的空气分布效率！空气分布效率高，则室内空气混合程度高，污染物稀释充分、快，空气龄低，室内空气质量得以明显优化；也可以理解为新风的稀释得以充分发挥作用，甚至当空气分布效率大于1时，可以减少新风量指标。这也是一直提倡重视气流组织的原因，如：门诊大厅全空气系统一定要设计为上送下回形式，但条件确实不允许，只能上送上回时，则采用球形风口，在供热季节增强射流引射作用并调节风口出风下倾角度大于30°，这些措施都是为了确保空气分布效率不低于1。

7. 制定合理的室内换气次数

室内气流组织结合合理的换气次数是降低室内空气龄的重要措施，无论是通过引入干净的新鲜空气还是通过过滤，增加房间的换气次数可以减少微生物通过空气传播的负担（危险性），从而减少空气中病菌繁殖的机会。2015 ASHRAE HVAC Application引用美国CDC研究成果表明换气次数对去除室内颗粒的影响，详见表1-3。

换气次数对去除室内颗粒的影响　　　　表1-3

换气次数 (h^{-1})	要求去除99%颗粒所需的时间 (min)	要求去除99.9%颗粒所需的时间 (min)
2	138	207
4	69	104
6	46	69
8	35	52
10	28	41
12	23	35
15	18	28
20	14	21
50	6	8

ASHRAE指出，表1-3中数据是在假设的空间中达到完美的混合/完美的通风效果的情况下，用干净、过滤过的空气从房间中清除颗粒的理论时间。在给定的过滤时间下，假

设过滤对指定的粒径是有效的。抛开美国人这些严谨的假设，我们仍然可以看出换气次数对于去除医院室内污染物的贡献。

从以上1～7各通风设计要点的分析可见，医院通风设计需要更加关注通风量计算、局部的独立排风系统设计、有毒（包括病毒）有害排风及其处理、气流组织设计、医院科室之间、科室内部的空气流向的控制。

此外，通风设计在医院中还应包含室外总体区域气流组织设计。总体上，为规划总平面布置提供参考意见。通过对医院区域及其周边建筑的建模，结合城市最多风向，尤其是传染病高发期的春秋季最多风向，一方面分析院区内拟建的各个建筑单体的室外近地风速，为总平面布置提供改善措施，避免院区内近地风速过高影响室外活动；另一方面分析室外空气流，当传染楼、实验楼、动物房、锅炉房、污水处理站等建筑中的某一两栋单体处于院区上风向且临近门诊等人员密集区域时（总平面布置时首先应该避免这种情况，但有时总是事与愿违），通风设计对此建模计算、分析，评估风险，对建筑间距及污染排气口进行调整以满足安全要求，并研究有利于污染排气口增强扩散的条件。

1.4.2 空调①

医院的空调不仅仅起到舒适性的作用，它还发挥着更为重要的作用。研究表明，在受控环境下的病人比在不受控环境下的病人有更快的身体改善。在很多情况下，恰当的温湿度对病人治疗有重要的辅助作用，在下面的例子中还可以发现，空调成为主要的治疗方法。

（1）甲状腺机能亢进以及与甲状腺机能亢进有关的患者不能忍受热湿环境或热空气，凉爽、干燥的环境有利于皮肤的散热和蒸发，可能挽救病人的生命。

（2）心脏病人可能无法维持正常散热所必需的循环。对心脏病人特别是充血性心力衰竭病人的房间实施空气调节，是必要的也是被认为是起到治疗效果的。

（3）头部受伤、脑部手术后的患者，以及巴比妥酸盐中毒的人都可能有体温过高的症状，特别是在炎热的环境中，这是由于大脑热调节中心紊乱引起的。病人恢复的一个重要因素是病房凉爽、干燥的环境，这使得病人得以通过辐射和蒸发散热。

（4）有成功案例表明类风湿性关节炎患者在室温32℃、相对湿度35%的干热环境下得到治愈。

（5）慢性肺部疾病患者的呼吸道常常有黏性分泌物，随着这些分泌物的积累和黏度的增加，病人经由呼吸道的热散和水分交换减少，使得室内空气未经呼吸道的热湿交换而进入肺部。在这种情况下，温暖湿润的空气对防止肺部脱水至关重要。华西医院田攀文、文富强认为“增加呼吸道的湿度，调节黏液的水合作用”有利于促进咳嗽进而清除黏液[2]。

（6）需要氧疗和气管切开手术的患者需要特别注意，应确保温暖湿润的空气供应。

（7）烧伤重症监护患者需要炎热的环境和较高的相对湿度。病房对严重烧伤患者应该有温度控制（建筑设计和施工材料也应考虑这一点），允许房间温度高达32℃且相对湿度高达95%（《综合医院建筑设计规范》GB 51039要求相对湿度最高为90%）。

还有更多的例子表明温湿度对病人的治疗或康复起到非常有利的辅助作用或关键作

① （本节内容主要摘自：2015 ASHRAE Handbook—HVAC Application 第8章内容。

用，可见，空调特别是根据不同病例设计的可调节的空调系统的重要性。

1.4.3 环境需求

对应本书第1.3节中讲到的医院室内环境种类多样化的特点，设计人员必须把握各个房间的空气洁净度、空气质量、温湿度需求，采取有针对性的措施进行设计，才能满足不同功能房间的不同需求。

1.4.4 医疗设备房间

以医疗设备工艺需求为导向设计的医疗设备机房，不仅数量多、种类多，且更新发展快。机房主要分布在检验科、放射科、核医学科、放疗科等科室。设计人员不仅要了解各类医疗设备的工程技术条件，同时由于医院建设周期及医疗设备订货周期的影响，也要前瞻性地了解每一类设备的最新发展动态，了解前沿设备的工程需求，以便使设计的系统有更好的扩展性和兼容性。

1.4.5 安全理念

医院作为人员密集、人流量大的公共场所，自2003年SARS爆发以后，通风安全开始引发各界重视并得到持续关注，并以此为契机，业界开始研究探讨形成“安全医院”的理论实践体系。本书将结合具体科室侧重介绍安全通风中包括的4个部分：

（1）生物安全通风，包括PCR生物实验通风、检验科中的生物检验通风等。

（2）涉及有害有毒气溶胶的排放、处理，包括病理科通风、低温消毒通风、放疗通风等。

（3）核医学辐射性通风。

（4）其他通风，包括MR通风、新风、传染楼通风等。

1.4.6 健康概念

在暖通领域提出健康医院的概念，是基于以下三方面因素考虑：

（1）国家、行业、地方标准中，无论强制性标准还是推荐性标准，都是基于当时的经济、社会发展状况而制订的，针对的是量大面广问题的技术要求，因此，它必然落后于最新发展状况，甚至还有的标准多年未修订却仍在执行。可以说，目前医院建设相关的标准仍停留在解决“温饱”问题的阶段，而现实中设计提出高于现行标准的参数却很难得到有条件的实施，所以，目前医院普遍存在空气质量差、有异味、刺激性等问题，其中部分原因应该是由于设计只按现有标准执行。

相对于还停留在“温饱”阶段的“卫生通风”，这里提出进入“营养”阶段的“健康通风”，“健康”之于“卫生”犹如“营养”之于“温饱”，“健康”可能词不达意，也期待读者有更准确的用词，但确实需要提出一个改善目前卫生通风现状的概念。

（2）现行标准中一些条文只是原则性表述，没有具体措施，难以支撑工程设计。例如，在《综合医院建筑设计规范》GB 51039—2014中，门诊部的通风只有第7.3.4条：“化验室、处置室、换药室等污染较严重的场所，应设局部排风”；对医技科室，第7.7.1条对检验科、病理科、实验室的通风要求只有“应有单独排风系统”。实际操作中很难应对医院复杂的工艺需求。

（3）新医改以来，医联体诞生，民营资本进入医疗市场，这些变化将促进医院建设的多元化。国际化酒店有自己的酒店建设的企业标准，医院为什么不能有不同档次的企业标准呢？

健康（姑且用这个词吧）医院的概念源于对医院通风现状、设计标准的深刻感受，笔者水平有限，本书只是在有限的一些章节提出自己的看法，零星碎片，不足为谈，只是期盼引起业界更多关注，共同研究，也希望由此以点带面，在建筑工程领域中将健康医院概念扩展到设计、施工、运行、维保，形成健康医院的建设体系标准。

相对于现行标准，健康标准是动态的、较高的标准，本书后续内容均以"高标准"表示可能采用的健康标准。因其涉及更多的影响因素，应当慎重地与投资建设方、医疗感染控制专家协商沟通，取得一致意见后方可采用。

1.5　冷热源规划

1.5.1　冷热源规划的必要性和重要性

（1）改扩建项目的需要。目前医院建设中大量的项目仍属于原址的改扩建，而这些改扩建项目很多原来就缺乏全院区的冷热源规划，或即使有，也已年代久远，不能适应现代医院的发展需求。

（2）建设周转的需要。医院建设投入大，建设资金、医院运行都需要有个周转期，不论是原址改扩建还是新址新建，医院一般都采用一次总体规划、分期分区实施的建设模式。把冷热源规划（乃至机电、动力站房规划）纳入总体规划中，使得总体规划更加科学合理，避免了后期一些重复建设，在有限的用地条件下增加医院后期可扩展的建设空间。

（3）冷热源规划先行于医院设计，给它冠以"规划"概念，足以引起设计、业主等各方重视，有利于医院建设的统筹安排，有利于医院的节地、节材、节能、节约人力成本。

1.5.2　规划要点

对冷热源的规划，建议重视以下五个要点：

1. 以工程总体规划为基础条件

要了解总体规划的工程总规模，分几期、每期的建设内容及规模。新址新建医院的规划相对简单，可根据总体规划的建设周期，判断当前规划冷热源的服务范围，按笔者经验，10万m^2的医院项目建设周期一般为4年左右，考虑到医院发展需求随着时间推移发生的变化较大，因此建议慎重考虑超过10年的远期规划是否列入当前冷热源规划范围。

对于原址改扩建项目，情况较为复杂，需要了解现有条件，下面以一个按一期、二期、远期规划的项目为例说明。

（1）了解院区现有冷热源的分布设置情况、使用年限、运行情况，以判断现有冷热源是否可再利用或作为建设期内的过渡利用；

（2）总体规划的一期工程计划先拆除哪个楼、新建哪个楼，保留建筑的冷热源是否受影响，规划如何避免在一期工程建设期间对保留建筑的影响，或采取什么样的补救措施既能保证保留建筑的正常运行，又是经济易行的；

（3）二期又是如何计划的，再次执行以上第（2）点的思路。

同样，改扩建项目也要考量一期、二期、远期之间的时间间隔，原址改扩建项目由于用地范围限制、周边成熟，因此远期规划的建筑体量变化不大，时间间隔的影响主要是考虑建筑功能的变化，对冷热源要留有一定的冗余量。

2. 依据国家及地方能源政策

有些地方受地域资源影响，当地政府对能源形式的政策可能会有变化，结合国家政策，清洁能源、可再生能源肯定是大势所趋。因此，规划既要考虑当前当地政府的政策，也要顾及国家政策，冷热源形式要有可转换、改变的预案。

另外，由于电网的峰谷必然存在，蓄能形式的冷热源起到很好的移峰填谷作用，间接提高能源利用率，而且对于医院的手术部、ICU等重要场合也是一个安全备份措施，因此，有条件时应该鼓励在医院采用蓄能形式的冷热源。

3. 结合协商业主的需求与管理模式

随着社会资本进入医疗市场，PPP模式的推广，未来可能出现医院内不同建筑单体的使用管理权分离的情况，因此，应该尊重业主和使用管理方的需求与管理模式，并纳入规划考虑的因素。

4. 按照适度集中、灵活分散的原则

冷热源尤其是冷源一定要考虑输送能耗、管网冷热量损失的影响，关于集中与分散设置冷热源的比较，业内相关研讨较多，这里不再赘述，只是作为冷热源规划的一个原则提个醒。另外，也要注意到医院湿度控制的重要性，而管网的冷损失使得远端供水温度升高造成空调系统对湿度控制减弱的影响必须在规划中加以关注。

5. 结合实际情况利用多能互补技术

在不影响医院预留发展建设的前提下，冷热源规划应关注场地及其周边资源，有条件时采取多能互补的技术，提高能源综合利用率。医院规划时可考虑地埋管热泵、江河湖海等地表水热泵、太阳能集热供暖、蓄冷蓄热、传统制冷供热等多种方式的综合利用。另外，考虑到多数大型医院存在局部全年供冷的需求，空气能的利用也应该给予关注。

1.6　医院建筑设计相关主要标准规范

1.6.1　通用标准规范

《民用建筑设计通则》GB 50352—2005

《民用建筑热工设计规范》GB 50176—2016

《民用建筑隔声设计规范》GB 50118—2010

《车库建筑设计规范》JGJ 100—2015

《室内空气质量标准》GB/T 18883—2002

《环境空气质量标准》GB 3095—2012
《人民防空工程防化设计规范》RFJ 013—2010
《公共建筑节能设计标准》GB 50189—2015
《绿色建筑评价标准》GB/T 50378—2014
《民用建筑绿色设计规范》JGJ/T 229—2010
《建筑机电工程抗震设计规范》GB 50981—2014

1.6.2 专业标准规范

《民用建筑供暖通风与空气调节设计规范》GB 50736—2012
《锅炉房设计规范》GB 50041—2008
《蓄冷空调工程技术规程》JGJ 158—2008
《辐射供暖供冷技术规程》JGJ 142—2012
《地源热泵系统工程技术规范（2009 年版）》GB 50366—2005

1.6.3 消防标准规范

《建筑设计防火规范》GB 50016—2014
《汽车库、修车库、停车场设计防火规范》GB 50067—2014
《建筑防排烟系统技术标准》GB 51251—2017
《人民防空工程设计防火规范》GB 50098—2009

1.6.4 医疗卫生标准规范

《综合医院建筑设计规范》GB 51039—2014
《人民防空医疗救护工程设计标准》RFJ 005—2011
《绿色医院建筑评价标准》GB/T 51153—2015
《综合医院建设标准》建标 110—2008
《急救中心建筑设计规范》GB/T 50939—2013
《传染病医院建筑设计规范》GB 50849—2014
《精神专科医院建筑设计规范》GB 51058—2014
《医院洁净手术部建筑技术规范》GB 50333—2013
《食品工业洁净用房建筑技术规范》GB 50687—2011
《医药工业洁净厂房设计规范》GB 50457—2008
《医药工业环境保护设计规范》GB 51133—2015
《洁净厂房设计规范》GB 50073—2013
《物安全实验室建筑技术规范》GB 50346—2011
《实验室生物安全通用要求》GB 19489—2008
《实验动物设施建筑技术规范》GB 50447—2008
《实验动物 环境及设施》GB 14925—2010
《临床核医学放射卫生防护标准》GBZ 120—2006
《医用放射性废物的卫生防护管理》GBZ 133—2009

《病原微生物实验室生物安全通用准则》WS 233—2017

《公共场所集中空调通风系统卫生规范》WS 394—2012

《公共场所集中空调通风系统卫生学评价规范》WS/T 395—2012

《医院中央空调系统运行管理》WS 488—2016

《Ⅱ级生物安全柜》YY 0569—2011

以上标准规范中，标准编号以GB、GBZ开头的为国家标准，以WS开头的为卫生行业标准，以YY开头的为医药行业标准，以JGJ开头的为建筑工程行业标准，以RFJ开头的为人民防空行业标准，这些都属于全文或部分强制性标准且国家标准优先于行业标准——行业标准服从于国家标准。对于医院，笔者认为，在执行标准时以WS开头的卫生行业标准应优先于其他行业标准。标准编号带有“/T”的为全文推荐性标准，推荐性标准服从于强制性标准。

由于标准规范的不断修订、更新，读者参阅本书时，请注意应以以上标准规范的实时修订版或新的标准规范为准。一般来讲地方标准高于国家标准，因此，设计人员同时应当注意遵守工程所在地的地方规定、标准，尤其是绿色节能、环保、能源利用方面的要求，以及当地建设部门、市政部门的具体规定。

另外，实际工程中往往存在与标准规范的要求有冲突的地方，无法完全按标准规范执行，或存在不同部门颁发的标准规范对某一问题的要求存在歧义，这些都要求设计人员深入了解标准规范条文制订的背景、出发点、目的，精确把握条文的实质所在，并与相关主管部门或规范编制组协商，获得一致性意见。

本书引用上述标准规范时，为节约起见，一般只标明名称及标准号，略去年份，如：编号GB 51039—2014的国家标准《综合医院建筑设计规范》简写为《综合医院建筑设计规范》GB 51039；在同一章节中有时也只简写为标准号，对于不常用的标准规范，则按名称及标准号全称的形式表示。敬请读者周知。

第 2 章　能耗、负荷与冷热源

2.1　医院能耗概况

研究表明，建筑能耗基本取决于六个因素：气候、围护结构、能源服务系统、建筑运行维护（包括围护结构、机电系统）、人员行为模式、室内环境状况，医院能耗也是如此。由于能耗影响因素多且实际情况复杂，几乎没有可类比的两家医院；在一些医院，供暖系统还包括福利分房时代的职工住宅楼，且能耗无法拆分，统计数据也无法真实反映医院的能耗，因此各个医院的能耗统计数据差异较大，以下列出一些数据：

文献［3］中介绍：

上海市 11 家三甲医院 2002～2007 年用电平均能耗超过 200kWh/(m^2·a)，其中空调系统及冷热源部分电耗约占总电耗 56.7%。

宁波地区 25 家医院电耗 74～142kWh/(m^2·a)，床位数 1200～1600 床之间的医院能耗最高。

北京市某三甲医院 2012 年门诊楼全年总电耗 175kWh/(m^2·a)，其中空调(包括新风机组、排风机、风机盘管)电耗 71kWh/(m^2·a)，占总电耗的 40.6%；冷机、风机(包括新排风机、风机盘管)电耗均为 18kWh/(m^2·a)，各占空调电耗的 34%；冷水泵、冷却泵电耗 16kWh/(m^2·a)，占空调电耗的 30%，远超商务办公楼的 7.2kWh/(m^2·a)。

文献[4]对北京市 21 家市属医院总能耗调研的数据，剔除疗养性质的医院，2012 年 8 家三甲综合医院的总能耗各自分布在 42～145kgce/(m^2·a)之间。按国家统计局公布的 2012 年发电煤耗值 305gce/kWh，折算为 137～475kWh/(m^2·a)。差异性非常大，而且最大与最小值都不是明显偏离可以剔除的孤立个例。

笔者回访的佛山某医院，根据其冷机用电抄表统计计算，2011 年冷机电耗为 25.4kWh/m^2，大于文献[3]中北京某医院门诊楼冷机全年电耗值(18kWh/m^2)。这两个案例分别地处夏热冬暖地区和寒冷 B 区，从气候区域分析，佛山冷机运行时间至少比北京多 6 个月，冷机能耗高，这是合理的。但这两个案例的数据并不具有统计意义，不能以此推断两个气候区域的冷机能耗比值。

常州某医院 2011 年全院电耗 110.5kWh/(m^2·a)，2012 年全院电耗 117.7kWh/(m^2·a)，处于文献[3]中宁波地区医院电耗范围内。

上述数据中，摘录的文献[4]的数据是全院全年各种能源折算后汇总的总能耗，而其他案例统计的是直接的用电量。

需要说明的是，正如文献[3]提到的原因，单位面积的总能耗指标因涉及面太广、用能情况太复杂，统计结果的差异性太大，难以对新建项目、对节能指标形成指导意义。仅从数据不能简单判断个例的能耗情况优劣，也不能以某个数据为标准去测算新建医院的运行数据。即使采用单位床位数或单位就诊人次的能耗指标，结果还是失真。如文献[3]对北京某三甲医院的细分耗能数据的统计应该更有实际意义，如果积累足够数量的样本，其统计数据应该可以作为用能指标进行推广。

2.2 医院负荷概况

相比能耗的复杂性，医院暖通设计负荷的人为主观因素的影响就小得多了。它主要取决于：气候、围护结构、室内负荷、室内环境要求。以下简单介绍气候影响，室内负荷及室内环境要求在第2.3节中详细介绍。

2.2.1 地理

我国南北城镇纬度由北纬16°52′的三沙市到52°13′的漠河县，跨越纬度相差近36°；距海远近差距较大，全球距离海洋最远的城市就是我国的乌鲁木齐，离海岸线约2253km；地势西高东低，海拔最高的班戈县为4700m，而四川省同一省内的理塘与南充的海拔就相差3640m；高原、盆地、平原等地形多样。因而形成干、湿、冷、热多种组合的复杂多样的气候特点。

按《民用建筑热工设计规范》GB 50176，建筑热工设计二级区划，我国共分为十一个二级区划，为：严寒A、B、C区，寒冷A、B区，夏热冬冷A、B区，夏热冬暖A、B区，温和A、B区。从区域看，严寒及寒冷A区以供暖为主，供暖负荷较大，供冷负荷偏小；而夏热冬暖B区则基本全年供冷，以佛山某医院为例，近十年来平均全年供暖不超过7天，即使在此时间段内，仍有螺杆机为医技楼供冷。寒冷B区与夏热冬冷地区的冷热负荷基本持平，夏热冬冷B区供热负荷较小、供热时间较短。

2.2.2 湿度

当地气候对负荷的影响要注意空气湿度问题，南方地区特别是长江中下游流域内的一些城市，在春夏交际的梅雨季节，空气湿度非常高，由此造成额外的除湿负荷。一些原本只需通风的场所（如机电站房、药库），不得不采取除湿及/或加热处理来避免室内冷凝水的产生。

2.2.3 海拔

在高海拔地区，气压降低、空气密度变小、气温降低、大气透明度增加，使得建筑负荷中的辐射负荷增大，而传热负荷减少，设计参数发生变化。《民用建筑供暖通风与空气调节设计规范》GB 50736提供了294个代表城市的气象参数，而据国家统计，截至2016年年末，我国城市数量达到657个。可见，GB 50736给出的城市数量远远不及实际城市数量。

当实际工程处于GB 50736缺项的城市时，可按《建筑气象参数标准》JGJ 35—87的规定，当建设地点与拟引用数据的气象台站水平距离（应为地球表面的球面距离）在

50km 以内，海拔高度差在 100m 以内时可以直接引用。

当建设地点不符合上述要求，需要计算气压及干球温度时，可采用 ASHRAE 手册的经验公式：

$$p = 101.325 \times (1 - 2.25577 \times 10^{-5} \times Z)^{5.2559} \quad (2\text{-}1)$$

$$t = 15 - 0.0065 \times Z \quad (2\text{-}2)$$

式中 Z——海拔高度，m；

p——大气压，kPa；

t——温度，℃。

2.2.4 热岛效应

近年来，随着城市建设的高速发展，城市热岛效应也变得越来越明显，它对暖通空调负荷的影响也应该得到关注。热岛效应的强度有明显的日变化和季节变化，日变化表现为夜晚强、白天弱，最大值出现在晴朗无风的夜晚。上海观测到的最大热岛强度达 6℃以上。季节变化与城市所处区域的气候条件有关，例如上海和广州全年热岛强度以 10 月最强。据测算，城市热岛效应造成的温升约 3.5℃。笔者认为，对于一二线城市市区内的医院建设项目，计算空调冷负荷中的传热负荷、新风负荷时，可以按温差加大 3℃来考虑，冬季通风及供暖暂不考虑热岛效应的影响。

2.2.5 三大功能区域负荷特点

1. 门诊

门诊区域负荷的最大特点是人流量大、人员负荷占比大，急诊部基本 24h 运转，存在夜间负荷。王太晟等人根据上海某医院门诊楼人流调研结果计算出门诊二层的全天负荷变化[6]，图 2-1 为引用其成果供读者参考。

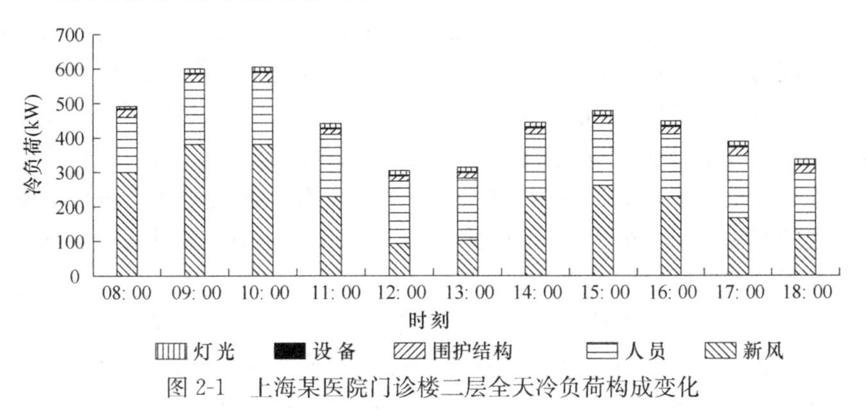

图 2-1 上海某医院门诊楼二层全天冷负荷构成变化

由图 2-1 可见，人员负荷全天波动较大，峰谷值相差 2 倍以上，但全天各时段人员负荷仍远大于围护结构、灯光、设备负荷的总和，由于该计算中将新风量按实时人员密度进行计算，因此图 2-1 中新风负荷与人员负荷相关波动，虽然实际运行中新风负荷没有这么大的变化，但其结论“冷负荷构成中，新风负荷和人员负荷占了绝大部分，最高可达 85%以上”还是成立的，这种负荷特点在国内医院门诊区域相当有代表性，值得借鉴参考。

2. 医技

医技区域负荷的最大特点是医疗设备、检验检测设备多，个别科室如放射科、放疗科、检验中心设备负荷占比大。以某医院放射科为例，建筑面积 1750m²，统计放射设备负荷为 122kW，折合面积指标为 70W/m²，而灯光、人员、围护结构三项负荷总和为 43W/m²，设备仪器的空调冷负荷占总建筑负荷（不含新风）的 62%，同样，放疗科、影像中心、检验中心等医技科室的空调冷负荷以医疗设备为主。有关医技设备负荷详见第 4 章介绍。

3. 病房

病房负荷与医院探视管理制度的执行力度有关，多数医院在医生查房时间段对探视人数控制管理比较严格，非查房时间段则有些疏于控制。因此有些病房在上午 10 点过后的人流量也很大，特别在一些中小城市的医院，这种情况可能更加突出。设计人员也有必要根据当地风土人情和医院管理执行力度考虑探视人员负荷量。

2.2.6　实例表

表 2-1 选列了笔者设计的几家医院的施工图负荷数据，供读者参考。分析表中数据的差异，有以下几点供参考：

（1）冷源指标。表中各个项目的冷源电气负荷指标差异较大，其原因既与地域有关，还与建筑功能、地下车库面积、建筑形式、冷源形式等因素有关。河北省人民医院医技病房楼冷水机房实际为全院区供冷，剔除此项，即使是医疗工艺负荷最高的解放军总医院肿瘤中心，其冷源负荷指标也不过 26.5W/m²，且肿瘤中心没有地下车库。因此，可以推测，多数医疗综合楼的冷源电气负荷指标不高于 25W/m²。

（2）空调指标。剔除解放军总医院肿瘤中心（原因详见表 2-1 备注），建筑面积的空调冷负荷指标基本在 100W/m²左右，这些项目都已经经过不止一年的实际运行检验，效果良好。因此，这个指标有很好的指导意义，特别对于初次接触医院设计的设计师，应避免盲目夸大医院的空调冷负荷，杜绝出现 150W/m²甚至更高的数据出现。

（3）空调电气负荷指标。剔除解放军总医院肿瘤中心、北京市密云县医院新建项目医疗综合楼、三亚阜外心脑血管康复中心康复医疗综合体这三项（原因详见表 2-1 备注），实际空调（不含风机盘管）电气负荷指标为 5W/m²左右，数据变化受净化空调的影响最大，净化空调的影响包括三个因素：净化级别及面积、净化空调再热方式、净化空调加湿形式，各个项目的这些因素详见表 2-1 备注。

（4）通风指标。表中出现两个项目的通风电气负荷指标低于 2W/m²，其中三亚阜外心脑血管康复中心康复医疗综合体在功能上以疗养性质为主，建筑设计结合地域气候特色，具备优良的自然通风条件，因此通风电气负荷指标偏低。但伊犁州新华医院新院区医疗综合楼则是个失败的案例，由于种种原因，暖通专业不得不取消初步设计中已有的多处通风系统。

医院设计实例负荷表 表 2-1

工程名称	建筑面积(m^2)	供暖/空调面积(m^2)	负荷(kW)				电机容量(kW)			暖通负荷指标(W/m^2)			电气负荷指标(W/m^2)			备注
			供暖热	空调热	空调冷	加湿(kg/h)	冷源①	通风②	空调③	供暖热	空调热	空调冷	冷源	通风	空调	
解放军总医院肿瘤中心	30500	26257	123	4000	4256	2160	807.5	148.5	541.9	4	131	140	26.48	4.87	17.77	a
北京市密云县医院新建项目医疗综合楼	118938	94214	380	8870	9653	3500	1906	414.5	1390	3	75	81	16.02	3.49	11.69	b
河北省职工医学院附属医院门诊综合楼	50812	38400	—	4100	4620	1300	—	153.7	210.4	—	81	91	—	3.02	4.14	c
河北省人民医院医技病房楼	93320	75235	300	7800	9676	4240	2805	240.2	474	3	84	104	30.06	2.57	5.08	d
伊犁州新华医院新院区医疗综合楼	96116	—	6942	3928	3990	2350	898	164.1	436.6	72	41	42	9.34	1.71	4.54	e
佛山市第一人民医院肿瘤中心	60364	46509	—	2300	5565	26	1268	282	313.5	—	38	92	21.01	4.67	5.19	f
三亚阜外心脑血管康复中心康复医疗综合体	61665.8	47615	—	—	5800	—	1083	113	129	—	—	94	17.56	1.83	2.09	g
常州中医院门诊病房综合楼	69595	53895	—	3652	6958	166	1650	229	356.3	—	52	100	23.71	3.29	5.12	h
中国人民解放军一五三中心医院东区综合楼(郑州)	50351	40358	120	3800	5120	1500	1162	132	238.2	2	75	102	23.08	2.62	4.73	i

① 冷源只计多联式分体空调、冷水机组及冷水泵的安装容量。
② 通风不含消防用风机、排气扇用电，设置新排风热回收系统的机组计入通风用电。
③ 空调只计新风机组、空调机组、净化空调机组用电。
a 净化区域包括20间层流病房，2间DSA，核医学制药、中心配液、移植实验室等净化区域，净化空调再热、加湿均采用电能。该项目汇集700余台大中型医疗设备，设备机房用的多联空调及净化空调用电量远远超过一般综合医疗楼，故指标偏差很大。
b 净化区域包括19间手术室，2间DSA，34床ICU，净化空调再热采用电能，加湿采用二次蒸汽。门诊医技末端采用的795台整体式水环热泵安装功率总计918kW，由于此项计入空调用电中，因此空调用电指标偏大，而冷源用电指标偏小。
c 冷源由院区冷热站提供；净化区域包括16间手术室，12床ICU，净化空调再热采用电能，加湿采用二次蒸汽。
d 冷源供冷范围为全院区医疗性质的建筑，故用电指标偏高；净化区域包括18间手术室，2间DSA，30床ICU，净化空调再热、加湿均采用电能。
e 净化区域包括16间手术室，2间DSA，18床ICU，净化空调再热采用电能，加湿采用二次蒸汽。
f 净化区域包括4间Ⅲ级手术室，12床ICU，净化空调再热、加湿均采用电能。
g 净化区域包括2间手术室，8床ICU，净化空调再热采用电能，项目虽然地处三亚，但由于采用水蓄冷，建筑功能以疗养为主，医疗为辅，且设计上尽可能考虑自然通风，故各项用电指标反而偏小。
h 冷源包括原病房楼，净化区域包括12间手术室，1间DSA，1间准分子手术室，16床ICU，净化空调再热、加湿均采用电能。
i 净化区域包括10间手术室，20床ICU，净化空调再热采用电能，加湿采用二次蒸汽。

2.3 医院负荷计算的特殊性

本节内容包括：室内计算参数的确定、门诊人员负荷、医技设备负荷、新风负荷，这四部分是医院或医院重点部门有别于其他类型建筑、需要设计人员计算负荷时加以关注的。本节只介绍这四部分负荷计算中应该注意的问题，洁净手术部负荷计算问题在第5章介绍，所有详细的负荷计算还应按照《民用建筑供暖通风与空气调节设计规范》GB 50736及相关设计手册的规定进行计算。

2.3.1 室内计算参数

医院建筑不同功能房间较多，设计参数各有不同。《综合医院建筑设计规范》GB 51039在各章节中给出一些房间的温湿度及一些重点部位的压力要求；笔者结合《民用建筑供暖通风与空气调节设计规范》GB 50736与ASHRAE 170标准及ASHRAE应用手册的相关数据，整理汇编各个功能房间的室内空调设计参数，详见表2-2。

对于严寒及寒冷地区采用供暖的场合，室内设计温度可参见《综合医院建筑设计规范》GB 51039，同时也应尊重当地习惯，与投资建设方协商确定具体设计温度，相对湿度及新风量的最低标准参照表2-2执行。表中相对湿度设定的有关内容介绍如下：

1. 相对湿度标准变化

医学和暖通空调学者一直在对室内相对湿度的影响展开研究，近十几年来屡有突破，早期为减少静电危害提出相对湿度下限30%的要求，又因外科伤口感染控制的需要研究了相对湿度与细菌滋生的关系，明确相对湿度50%环境下最不利于细菌滋生，超过65%或低于38%时，有利于细菌滋生。因此，业界基本形成共识——一般室内相对湿度控制范围为30%～65%，对洁净手术室及术后监护室等特别场合最高要求相对湿度控制范围为45%～55%。

2008年金融危机后，欧美高福利国家的医疗护理行业在巨大的经济压力下，经历了痛苦的变革，在确保医疗护理质量的前提下，提高医疗护理效率、降低费用已成为引人关注的课题。根据文献[5]所述，美国加利福尼亚州学者调研发现，医疗设施的加湿设备利用率非常低。进一步调研表明：

设计师往往忽略室内得湿，因此在计算时为了室内相对湿度满足下限30%的要求，不得不在系统中设置加湿器，而实际运行中室内人员、生产活动等湿负荷又在多数时间内完全满足室内相对湿度30%的要求，因此加湿器绝大多数时间关闭不用，甚至从来没有被使用过。这是很不合理的资源浪费。加利福尼亚州学者还调研到：当病患暴露于低至20%相对湿度环境的时间较短时，对病患的护理和健康的影响可以忽略，至今尚未收到不良临床健康影响的报告。因此，在《加利福尼亚州设施系统法规》（California mechanical code—2010）中将20%相对湿度下限作为正式条文。

美国医疗卫生工程学会（ASHE）工作小组全面审阅了几十年的调查和科学文献，得出结论："在病人短期停留空间中，没有临床证据或研究显示最低水平的相对湿度与伤口感染之间的相关性"。Mangram等人的论文《手术部位感染指南》也调研了在医疗护理设

室内空调设计参数 表 2-2

功能房间		相对邻室压力关系	夏季		冬季		最小新风量 (h^{-1})	房间最小换气总量 (h^{-1})	噪声 [dB (A)]	备注
			温度 (℃)	相对湿度 (%)	温度 (℃)	相对湿度 (%)				
门急诊										
通用	门诊大厅	NR	26	60	20	20	2①	8	50	
	药房	P	24	60	18	20	2	6	45	一般与病人取药合并，也可称为二级药库
	一级药库	NR	23	60	16	20	2	6	45	设置于地下室时，相对于污染区域应要求正压，可能有局部排风需求
	一次候诊	NR	25	60	20	20	2①	8	50	
	二次候诊	NR	25	60	20	20	2	6	45	
	诊室	NR	26	60	22	20	2	6	45	
	血液分析	NR	26	60	20	20	2	8	45	
	化验	N	26	60	20	20	3	8	40	排风 $4h^{-1}$
	污物清洗	N	27	NR	16	NR	全排风	10	50	
	卫生间	N	NR	NR	16	NR	全排风	10	50	
儿科	候诊	P	25	60	20	30	3	10	45	一般结合门厅、儿童活动区域设置候诊区
	诊室	P	26	60	22	30	3	6	45	
	隔离诊室	N	26	60	22	30	全排风	6	45	
	雾化	NR	26	60	24	40	2	6	45	
外科	处置换药	N	26	60	22	20	3	8	45	排风 $4h^{-1}$
日间手术室		P	24	60	22	30	3	15	45	有洁净度要求时按洁净手术室设计
口腔科	治疗室	NR	25	60	22	30	3	15	45	
	清洗间	N	26	60	20	NR	全排风	6	50	
	消毒间	N	26	60	20	NR	全排风	6	50	
	技工室	N	25	60	20	30	2	10	50	局部排风应至少经中效过滤

续表

功能房间		相对邻室压力关系	夏季		冬季		最小新风量(h^{-1})	房间最小换气总量(h^{-1})	噪声[dB(A)]	备注
			温度(℃)	相对湿度(%)	温度(℃)	相对湿度(%)				
皮肤科	激光治疗	N	26	60	22	20	3	10	40	一般有臭氧产生，排风$4h^{-1}$
耳鼻喉	检查室	NR	26	60	20	20	2	6	40	
	听力室	NR	26	60	20	20	2	6	25	可在检查时关闭室内空调末端，以满足噪声要求
眼科	检查室	NR	26	60	20	20	2	6	40	
	准分子	P	24	60	20	35	4	15	45	有臭氧产生，排风$3h^{-1}$
康复科	理疗	NR	26	60	22	20	2	6	45	
	红外治疗	NR	26	60	22	20	2	6	45	
	紫外治疗	N	26	60	22	20	2	8	45	一般紫外线用于治疗各种皮肤病时排风$3h^{-1}$
	康复大厅	NR	26	60	20	20	2	6	45	
中医科	艾灸	N	26	60	24	20	3	8	40	排风$4h^{-1}$
	按摩	NR	27	60	24	20	2	6	40	
门急诊治疗	灌肠	N	26	60	22	20	2	6	45	排风$4h^{-1}$
	洗胃	NR/N	26	60	22	20	2	6	45	排风$3h^{-1}$，一般相对邻室负压，如邻室为灌肠等更严重污染房间时，则为相对正压
	换药	NR	26	60	20	20	2	6	45	
	PICC	P	26	60	20	20	2	6	45	
抢救	抢救厅	NR	26	60	20	30	3	8	50	包括胸痛、脑卒
	EICU	P	26	60	22	30	3	10	45	一般不要求净化
	治疗室	P	24	60	22	30	3	15	50	
急诊	急诊厅	NR	26	60	20	20	2	6	50	
	手术室	P	24	60	22	30	3	15	50	一般不要求净化
	X光	NR	26	60	22	20	2	6	45	急诊的CT、DR等参见医技科室中相应房间设计参数

续表

功能房间		相对邻室压力关系	夏季		冬季		最小新风量 (h^{-1})	房间最小换气总量 (h^{-1})	噪声 [dB (A)]	备注
			温度 (℃)	相对湿度 (%)	温度 (℃)	相对湿度 (%)				
医技科室										
放射	X光	NR	26	60	22	20	2	6	45	
	暗室	N	26	NR	NR	NR	3	8	45	排风 $5h^{-1}$
	CT	NR	22	50	20	40	3	8	45	温湿度参照美国某厂家推荐值，且要求温度变化率≦3℃/h，相对湿度变化率≦5%/h
	DR	NR	26	60	20	30	2	8	45	
	DSA	P	24	50	22	30	5	15	45	一般兼做介入治疗，按Ⅲ级洁净用房设计②
	乳腺钼靶	NR	26	60	22	30	2	6	45	无更衣室时应适当提高冬季设计温度
	胃肠造影	NR	26	60	22	30	2	6	45	
	控制室	NR	26	60	20	20	2	6	45	一般还包括图像后期处理、打印等功能
	读片室	NR	26	60	20	20	2	6	45	
磁共振MRI	磁体间	NR	21	50	18	45	3	12	50	房间温度梯度≦3℃，温度变化率≦3℃/h，相对湿度变化率≦5%/h，一般采用恒温恒湿机房空调（双压缩机），通风要求及附属房间设计详参第4章
	设备间	NR	26	60	18	40			55	设备间风量根据散热量计算，详参第4章
	控制室	NR	22	50	20	20	2	6	45	
核医学	回旋加速器RDS Eclipse ST & RD	N	21±3	50	21±3	40	3～6	12	50	设备底部排风 $850m^3/h$，排风处理、其他厂商温湿度要求详参第4章
	控制室	P	26	60	20	30	2	6	45	相对于回旋加速器室正压
	热实验室	N	24	60	20	45	全新风	18	45	也称放化实验室，按空气洁净度10000级设计④，需预留合成热室、分装热室的排风

续表

功能房间		相对邻室压力关系	夏季		冬季		最小新风量（h^{-1}）	房间最小换气总量（h^{-1}）	噪声[dB（A）]	备注
			温度（℃）	相对湿度（%）	温度（℃）	相对湿度（%）				
核医学	分装准备	N	26	60	20	45	全新风	18	45	按空气洁净度10000级设计④
	药物质检	N	26	60	20	45	全新风	18	45	按空气洁净度10000级设计④
	SPECT		24	50	20	40	3	12	50	房间温度梯度≦3℃，温度变化率≦3℃/h，相对湿度变化率≦5%/h，一般采用恒温恒湿机房空调（双压缩机）压力关系详参第4章
	PET		22	50	20	40	3	12	50	
	PET/CT		22	50	20	40	3	12	50	
	PET/MR		20	50	18	40	3	12	50	房间温度梯度≦3℃，温度变化率≦3℃/h，相对湿度变化率≦5%/h，一般采用恒温恒湿机房空调（双压缩机），通风要求及附属房间设计详参第4章
	储源分装	N	26	50	20	20	全排风	6	45	分装设备排风应过滤后高空排放
	标记	N	26	50	20	20	全排风	6	45	标记挥发性同位素的设备排风应经活性碳过滤后高空排放
	注射	N	26	60	20	20	3	8	45	排风5h^{-1}
	候诊	N	26	60	20	20	3	8	45	排风5h^{-1}，此处为病人注射或吸入同位素后的候诊区
	甲状腺	N	26	60	20	20	3	12	45	通常采用碘—131检查、治疗，排风5h^{-1}
	肺功能	N	26	60	20	20	3	12	45	通常采用氙—133检查、治疗，排风5h^{-1}
	肾功能	N	26	60	20	20	3	8	45	
	病人休息室/病房	N	26	60	20	20	3	8	40	排风4h^{-1}
	病人卫生间	N	NR	NR	16	NR	全排风	12	50	排风处理详参第4章
	废物暂存	N	NR	NR	16	NR	全排风	10	50	
放疗	直线加速器	P	24	60	20	35	6～12	12	50	正压是为了确保电动门关闭严密
	断层加速器	P	22	50	20	30	6		50	房间总风量主要取决于设备要求
	射波刀	P	22	60	20	30	6	10	50	此处参照ACCURAY Cyberknife M6的要求

续表

功能房间		相对邻室压力关系	夏季		冬季		最小新风量 (h^{-1})	房间最小换气总量 (h^{-1})	噪声 [dB(A)]	备注
			温度（℃）	相对湿度（%）	温度（℃）	相对湿度（%）				
放疗	控制室	NR	26	60	20	30	2	6	45	
	模具间	N	26	60	18	NR	2	6	50	全面排风 $3h^{-1}$+局部排风
	模拟定位	NR	26	60	20	30	3	8	50	CT、MR 模拟定位机应分别按 CT、MR 机房要求
	后装机	N	26	60	20	30	4	12	50	停机后仍有射线泄露，宜 24h 排风
	^{60}Co	N	26	60	20	30	4	12	50	停机后仍有射线泄露，宜 24h 排风
	伽玛刀	N	26	50	23	40	4	12	50	国产玛西普 SRRS 型伽玛刀要求排风 $3000m^3/h$
热疗		NR	27	65	26	60	3	8	50	
氩氦刀		P	24	50	22	30	5	12	45	按Ⅲ级洁净用房设计③
海扶刀		NR	26	60	20	30	3	8	50	
检验	PCR 标本制备	P+	24	60	20	20	3	12	50	设置独立的ⅡB2 或ⅡA2 生物安全柜排风系统
	PCR 扩增	P	26	60	20	20	3	12	50	设置洁净台
	PCR 产物分析	N	26	60	20	20	3	12	50	采用荧光定量 PCR 法时，扩增与产物分析可合并为一个房间。全面排风 $5h^{-1}$，设置洁净台
	HIV	N	24	60	20	20	3	12	55	全面排风 $5h^{-1}$，设置独立的ⅡA2 生物安全柜排风系统
	核医学检测	N	26	60	20	20	3	12	55	主要以 γ 计数器测量血、尿等各类样品的放射性
	中心检验	NR	26	60	20	20	3	10	50	各种分析仪器较多，设备发热量较大，设置独立的ⅡA2 生物安全柜排风系统
	细菌、病毒实验——接种	N	24	60	20	20	3	12	55	全面排风 $4h^{-1}$，设置独立的ⅡA2 或ⅡB2 生物安全柜排风系统
	细菌、病毒检验——鉴定	N	24	60	20	20	3	12	55	全面排风 $5h^{-1}$，设置独立的ⅡA2 生物安全柜排风系统

续表

功能房间		相对邻室压力关系	夏季		冬季		最小新风量(h^{-1})	房间最小换气总量(h^{-1})	噪声[dB（A）]	备注
			温度(℃)	相对湿度(%)	温度(℃)	相对湿度(%)				
检验	体液实验	N	26	60	20	20	2	8	50	全面排风 $6h^{-1}$
	微量元素	N	26	60	20	20	2	8	50	设置独立的通风柜排风系统
	质谱⑥	N	24	60	20	30	2	8	45	设置独立的仪器排风系统
	便尿标本收集	N	26	60	20	NR	全排风	12	45	全面排风 $12h^{-1}$
	便常规	N	26	60	20	NR	2	10	45	全面排风 $3h^{-1}$
	采血	P	26	60	20	20	2	8	45	
	高压消毒室	NR	30	NR	16	NR	NR	6	50	主要排除湿气，可按 $6h^{-1}$
病理	标本接收存储	N	26	60	20	20	NR	10	45	全面排风 $4h^{-1}$，设置独立的标本柜排风系统
	取材室	N	26	60	20	20	3	12	45	全面排风 $4h^{-1}$，设置独立的取材台、标本柜排风系统
	包埋切片	N	26	60	20	20	2	6	45	全面排风 $3h^{-1}$，设置包埋机通风柜排风系统
	冷冻切片	N	26	60	20	20	2	6	45	全面排风 $3h^{-1}$，设置独立的通风柜排风系统
	临床解剖	N	26	60	20	20⑦	3	12	45	全面排风 $4h^{-1}$，设置独立的解剖台排风系统
	分子病理实验室	N	26	60	20	20	3	12	45	全面排风 $4h^{-1}$，设置独立的通风柜排风系统
	染色封片	NR⑤	26	60	20	20	3	12	45	设置独立的染色封片机通风柜系统
	免疫组化	N	26	60	20	20	3	12	45	全面排风 $4h^{-1}$，设置独立的通风柜排风系统
	细胞穿刺	N	26	60	20	20	3	12	45	全面排风 $4h^{-1}$，设置独立的通风柜排风系统
内镜中心	ERCP	NR	24	60	20	20	2	8	45	
	膀胱镜	P	24	60	20	20	4	20	50	
	支气管镜	N	24	50	20	20	2	12	45	排风 $3h^{-1}$
	胃镜	NR	24	60	20	20	2	6	45	

续表

功能房间		相对邻室压力关系	夏季		冬季		最小新风量 (h^{-1})	房间最小换气总量 (h^{-1})	噪声 [dB (A)]	备注
			温度 (℃)	相对湿度 (%)	温度 (℃)	相对湿度 (%)				
内镜中心	肠镜	N	24	60	20	20	2	6	45	排风 $3h^{-1}$
	消毒室	N	27	60	18	NR	全排风	6	55	
	镜库	P	26	60	18	NR	2	6	45	
	苏醒	NR	26	60	20	20	3	8	45	排风 $2h^{-1}$
中心供应	去污区	N	24	60	18	NR	2	10	50	总排风 $4\sim5h^{-1}$
	灭菌前	P/NR	24	60	20	NR	2	10	45	相对去污区正压，相对灭菌后负压
	灭菌后、无菌品库、一次品库	P	22	60	20	NR	3	10	45	按Ⅳ级洁净用房设计
	敷料打包	P	24	60	20	20	2	6	45	
配液中心	排药区	NR	26	60	18	NR	2	6	45	
	全胃肠外营养液配置区	P	22	50	20	20	2	20	45	空气洁净度 10000 级，即 7 级
	抗生素配置区	N	22	50	20	20	2	25	45	空气洁净度 10000 级，即 7 级，新风量还应附加生物安全柜的外排风量
输血科	血库	NR	26	60	18	NR	2	6	45	
血透中心	透析间	NR	26	60	22	NR	3	8	45	排风量等于新风量
药库	一级药库	NR	28	60	NR	NR	2	4	45	
	药房	NR	26	60	20	NR	2	6	45	
洁净手术部⑧	Ⅰ级洁净手术室	P	24	50	22	40	5.5～7.5		50	按工作区平均风速 0.2～0.25m/s 计算风量
	Ⅱ级洁净手术室	P	24	50	22	40	5.5～7.5	24	49	
	Ⅲ级洁净手术室	P	24	50	22	40	5.5～7.5	18	49	
	Ⅳ级洁净手术室	P	24	50	22	40	5.5～7.5	12	49	
	体外循环	P	25	50	22	20	2	20	60	常按Ⅱ级洁净用房设计

续表

功能房间		相对邻室压力关系	夏季		冬季		最小新风量（h^{-1}）	房间最小换气总量（h^{-1}）	噪声［dB（A）］	备注
			温度（℃）	相对湿度（%）	温度（℃）	相对湿度（%）				
病房										
护理单元	病房	NR	26	60	20	NR	2	4	40	
	Ⅰ级洁净血液病房	P	24	50	22	45	12		45	按截面平均风速 0.2～0.25m/s 计算风量，夜间降到 0.13～0.15m/s
	Ⅱ级洁净血液病房	P	25	50	22	45	3	22	45	
	Ⅲ级洁净烧伤病房	P	30	90	30	90	3	13	45	重度烧伤病房
	Ⅳ级洁净烧伤病房	P	25	50	25	50	3	10	45	中度烧伤病房
	Ⅲ级洁净重症监护	P	26	50	22	40	3	13	45	脏器移植、新生儿、外科术后等
	Ⅳ级洁净重症监护	P	26	50	22	40	3	10	45	内科重症监护等
负压隔离病房		N	26	60	22	40	12	12	45	全新风洁净空调
呼吸道传染病房		N	26	60	20	40	6	12	45	排风量大于新风量 $150m^3/h$
非呼吸道传染病房		N	26	60	20	40	3	12	45	排风量大于新风量 $150m^3/h$

注：表中 P 表示正压 5Pa，N 表示负压－5Pa，NR 表示不要求。表中噪声不包括医疗仪器设备噪声，如影像、放疗设备等，也不包括工艺操作的辅助设备，如离心机、通风柜、生物安全柜等。

① 新风量计算详参第 2.3.4 节。

② 一般 DSA 室内吊顶高度为 3m，参照《医院洁净手术部建筑技术规范》新风量 15～20m^3/（h・m^2）折算为换气次数 $5h^{-1}$。

③ 氩氦刀也是微创介入，参照 DSA，因此按Ⅲ级洁净用房设计。

④ 参照《医药工业洁净厂房设计规范》GB 50457—2008。

⑤ 多数医院已采用全自动染色封片机，脱蜡、透明、中性树脂类封片胶的溶解都需要二甲苯，二甲苯是一种具有挥发性的有毒物质，如操作者长期接触或吸入，容易对其神经、生殖等系统造成损害，而全自动染色封片机是在相对封闭的空间内完成操作的，且二者都装有活性炭过滤系统，有效减轻了二甲苯等有害气体对环境的污染和工作人员的伤害，因此房间相对邻室压力关系不作要求。但如采用传统手工染色封片，应在通风柜内操作，房间相对邻室应为负压。

⑥ 常用的有电感耦合等离子体质谱（Inductively coupled plasma mass spectrometry，简称 ICP-MS）、气相色谱-质谱联用仪（Gas Chromatography-Mass Spectrometer，简称 GC-MS）、液相色谱-质谱联用仪（liquid Chromatograph Mass Spectrometer，简称 LC-MS），三种质谱仪都需要预留设备排风系统，详见第 4.3.10 节。

⑦ 在一些科研实验、法医尸检等场所，对相对湿度的要求比较严格，因为相对湿度太高导致尸体或器官加速腐烂，太低则导致失水过多，相对湿度还影响甲醛的挥发，因此要求室内设计温度、相对湿度为：夏季 24℃、55%，冬季 18℃、45%，更多设计资料详参《尸体解剖检验室建设规范》GA/T 830—2009。

⑧ 洁净手术部各用房设计参数详见《医院洁净手术部建筑技术规范》GB 50333，规范要求洁净手术室新风量为 15～20m^3/（h・m^2），考虑到手术室吊顶高度都在 2.7～3m，为统一表格格式，折算为换气次数 5.5～$7.5h^{-1}$。

施中最低相对湿度对病菌生存的影响，结论是没有影响。文献报道以及美国国家数据库均未显示在外科护理中存在这样的问题，以及任何不良事件的记录，参考数据包括持有食品和药品监督管理局和急诊医疗研究所的外科护理不良事件记录的数据库。另外，足够的数据表明，目前技术已经解决了静电对设备的影响，降低湿度下限是安全的。

ASHRAE 标准委员会经科学的严格考证，最终于 2010 年 6 月批准将相对湿度下限降为 20%的提案，同年 7 月，美国国家标准委员会（ANSI）也批准该修改提案。这一修改已在 ANSI/ASHRAE/ASHE Standard 170—2013 标准中得到体现，ASHRAE 170—2017 标准中表 7.1（以下简称“表 7.1”）仍然延续对室内相对湿度下限 20%的设计标准，“表 7.1”中功能房间共分为九项：

（1）手术与重症监护（Surgery and critical care）；

（2）住院护理（Inpatient nursing）；

（3）护理机构（Nursing facility）（笔者注：类似于我国医院内为周边居民设置的社区服务站，提供保健、治疗、护理服务。在美国更侧重于老年人服务，包括亚急性护理、阿尔茨海默氏症和痴呆者服务）；

（4）放射科（Radiology）；

（5）诊断与治疗（Diagnostic and treatment）；

（6）灭菌器机房（Sterilizer equipment room）；

（7）中心供应（Sterile processing department）；

（8）后勤服务（Service）；

（9）支持服务（Support space）（“表 7.1”中包括：清洁工作间、污染工作间、危险物品库）。

2. 美国标准参考

在“表 7.1”的九项功能房间中，仅三项含有对相对湿度下限有要求的房间，主要集中在第（1）项“手术与重症监护”中，为了读者更清晰地了解 ASHRAE 170—2017 标准重点关注的房间，表 2-3 摘录了“表 7.1”中对相对湿度下限有要求的房间（更多 ASHRAE 170—2017 医院空间设计参数详见本书附录 D）。由于中美两国医疗体制有较大差异，为避免笔者的翻译误导，特将“表 7.1”的英语原文对照列入，并将笔者的理解加在备注一栏以供参考。

ASHRAE Standard 170—2017 中对相对湿度下限有要求的房间 **表 2-3**

房间功能		Function of space	设计相对湿度（%）	设计温度（℃）	备注
手术与重症监护	重症集中监护室	Critical and intensive care	30～60	21～24	适用于国内的 ICU、CCU 等重症监护
	产房（剖腹产）	Delivery room (Caesarean)	20～60	20～24	
	眼科激光手术室	Laser eye room	20～60	21～24	如：准分子激光治疗、YAG 激光治疗

续表

房间功能		Function of space	设计相对湿度（%）	设计温度（℃）	备注
手术与重症监护	新生儿监护室	Newborn intensive care	30～60	22～26	
	手术室	Operating room	20～60	20～24	
	膀胱镜检查及手术室	Operating/surgical cystoscopic rooms	20～60	20～24	
	治疗室①	Procedure room	20～60	21～24	
	术后恢复室	Recovery room	20～60	21～24	
	创伤室（危险或休克）	Trauma room (crisis or shock)	20～60	21～24	类似于国内急诊急救室，一般用于外科创伤急救的初步治疗
	治疗室	Treatment room	20～60	21～24	有别于 Procedure room，不含支气管镜室（使用支气管镜检查的治疗间）。使用笑气时应当设置麻醉废气排放系统
	烧伤病人集中监护室	Wound intensive care (burn unit)	40～60	21～24	
住院护理②	托儿继续护理	Continued care nursery	30～60	22～26	可能包括急诊转住院或其他转住院的小儿监护
	新生儿托儿套间	Newborn nursery suite	30～60	22～26	
诊断与治疗	胃肠内镜手术室	Gastrointestinal endoscopy procedure room	20～60	20～23	

① ASHRAE 170—2017 对 Procedure room 的定义为：a room designated for the performance of procedures that do not meet the definition of “invasive procedure” and may be performed outside the restricted area of a surgical suite and may require the use of sterile instruments or supplies. Local anesthesia and minimal and moderate sedation may be administered in a procedure room as long as special ventilation or waste-anesthesia gas-disposal systems are not required for anesthetic agents used in these rooms。结合其他相关名词解释，此处 Procedure room 可理解为：可能需要使用无菌仪器或用品，可采用局部麻醉、轻度或中度镇静（不需特别通风或麻醉废气排放系统）的无创（不穿透病人皮肤、黏膜等表面）治疗的房间。与 2013 版的定义明显不同，在 2013 版中，Procedure room 是由 2008 版的 A 类手术室变更而来的，其定义是：无需术前使用镇定剂进行预麻醉，除静脉、脊椎和硬脑膜等 B 类或 C 类的手术外的小型手术。

② 注意在 ASHRAE 170—2017 表 7.1 中此项下的“patient room”的相对湿度只要求最大 60%，并无最低下限要求。

由表 2-3 可见，标准只对重症监护、涉及新生儿幼儿的监护护理、烧伤监护这些功能房间要求相对湿度大于 20%，其余房间最高要求的相对湿度均降为 20%或者不做要求，更多功能房间或者限制最高 60%或者对相对湿度不做要求。

虽然 ASHRAE 170—2017 首次增加高压微雾作为医院（不分普通或洁净环境）加湿的可选项，标准中也对水质及系统设置有严格要求，但基于国内复杂情况及管理水平，现阶段仍不建议在净化空调机组中采用高压微雾加湿。

3. 对国内设计值的建议

国内医院人员密度远大于美国，大气中较高的悬浮颗粒物浓度使得清洁、表面消毒等工作更加频繁，因此院内散湿量也较大，但由于院内人员流动、人员密度变化，医院管理行为模式不同，这部分室内得湿量又很难估算出来，所以设计中通常也不计室内得湿量。实际运行中，即使在加湿设计需求量较大的华北地区，同样存在极少甚至根本不使用加湿器的情况。以笔者曾回访的河北某省级医院为例，设计的蒸汽加湿系统自建成后就没启用过，不到两年时间，管道已经锈蚀严重，建设时为此投入的成本白白浪费，而回访当时正是冬季，在与医护人员交流中也未反馈感觉干燥不适（回访调研对象、场所都较少，不能以此为据下结论）。

结合国内实际情况，笔者认为很有必要借鉴美国降低相对湿度下限的做法，故表 2-2 中所列的大部分功能房间的相对湿度下限要求也降为 20%。这样做一方面有利于降低加湿能耗及加湿系统的初投资，另一方面在一些地区甚至可以取消加湿系统。

正如 ASHRAE 170—2017 前言中特意明确的：它只是提出一系列最低要求以便被规范执行机构采纳（a set of minimum requirements intended for adoption by code-enforcing agencies），表 2-2 中所列的设计参数只是笔者根据工作经验结合国内外相关文献提出的推荐性参数。基于笔者对安全、健康因素的理解，同时也考虑到不同区域的经济差异、生活习惯差异，只对一些数据在国家现行标准规范的基础上有所优化，因此表 2-2 适用于普通的医院。对于有更高健康需求的医院，设计者应当与投资建设方协商适当提高相对湿度下限。这种更优做法同样适用于新风量、温度等参数的确定，后面不再赘述。

2.3.2 门诊人员负荷

我国医院总体人员密度较高，尤其是知名大医院。在医院三大功能区中，医技部门以医学技术人员为主，人员密度及其日间变化都不大；多数知名医院实行较为严格的探访管理，因此病房楼只是在探访时间段内有限人员进出，对负荷影响较小；医院中人员最为密集、密度变化最大的就属门诊部了，这也给设计人员计算负荷时造成一些困惑，不知该按多少人计算人员负荷及新风量。

1. 门诊人员密度特点

门诊人员包括病人、陪护亲属、医护人员等，参观考察人员往往也以门诊为重点，因此门诊人员密集、流动性大。居发礼研究表明：门诊量小时分布指数时间序列呈现双峰特性，上午与下午高峰的指数相差 2.1～2.6 倍[7]；王太晟实地调研上海某医院表明：候诊区和挂号收费处人员密度全天变化趋势呈“双峰型”，上午峰值人数远大于下午，为下午峰值人数的 2 倍以上；峰值时间持续较短，一天中约有 2/3 的时间人员密度不到峰值密度的 50%，全天人流量波动较大[6]。图 2-2 引用文献[6]调研结果供读者参考。

图 2-2 中不同区域的人员密度之间的差异以及人员密度在一天中的变化情况，在国内医院具有一定的代表性。其中门诊输液已由新医改政策在 2016 年取消，取药处日内人员密度变化不大，以下主要介绍挂号收费及候诊区。

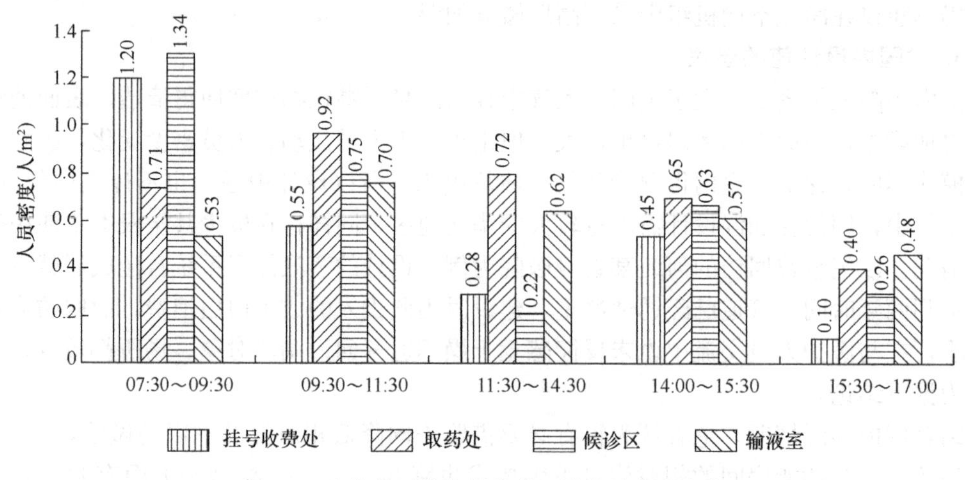

图2-2 上海某医院典型公共区域人员密度变化

(1) 门诊大厅

典型的门诊大厅一般包括挂号收费、取药、一站式服务中心（分诊、问询、导医导诊等）、自助服务等功能，同时利用导向标识起到分流作用。门诊大厅人员密度与医院等级（综合实力）、专科实力、地理位置等因素有关，其他的影响因素还有：

1）收费模式。有条件的医院为了减少患者往返于诊室、收费之间的次数，多在楼层分设收费处。缴费人群分流到各楼层，一层门诊大厅收费处只负责本层诊室收费。相比之下，分层收费的门诊大厅人员密度将会小于集中收费模式。

2）挂号模式。除了现场挂号，现在很多医院推出网络挂号、微信挂号等预约服务，一等程度上缓解了门诊人流压力。

3）信息化水平。通过信息化管理，挂号、收费、诊室、发药、检验等部门实现患者信息共享，提高工作效率，减少患者等候时间。

尽管各方不断推出各种措施来缓解门诊压力，但门诊大厅先天的功能属性决定它仍是人员密集场所，计算其人数（包括陪护人员）可借鉴建筑专业的经验计算方法：

1）按门诊量计算：人数＝日门诊最高峰×30％×35％＝10.5％日门诊最高峰。

2）按大厅面积计算：人数＝大厅面积/1.5。

从目前实际状况来看，在一些主体不变的改造项目以及区域影响力较大的医院门诊大厅，实际人员密度比这两种方法计算的结果还是大很多，笔者建议对此类医院按0.7～1.2p/m²计算高峰人数，分层收费模式下可取低值。而在一些全国性的医院，实际情况更为严重，笔者调研北京某医院，即使医院从2011年就实行预约挂号，2017年最高峰日门诊量仍达到12431人次，其门诊大厅使用面积近1000m²，最高峰时段人员密度高达2.4p/m²，且持续时间将近1h。对这些医院，情况太特殊，无章可循，建议设计人根据医院的历史数据及其新建门诊大厅的实际情况来预估高峰人员密度。

(2) 候诊区

候诊可分一次候诊、二次候诊，医院一般都按楼层分科室设置候诊区。候诊区人数（包括陪护人员）可借鉴建筑专业的经验计算方法：

1）按门诊量计算：人数＝科室日门诊最高峰×30％×60％＝18％科室日门诊最高峰；

2）按候诊面积计算：人数＝候诊区面积/1.5，儿科候诊考虑其陪护人员较多，可按 $1p/m^2$ 计算人数。

候诊区也可按设置的座椅数量乘以1.3～1.5的系数计算人数。

2. 人员负荷

门诊大厅的人员多为由室外刚刚进入室内，带有一定的室外负荷，且普遍心情焦虑，人员负荷应该按介于轻劳动与中度劳动之间的劳动强度取值，建议按全热210W、散湿量240g/h考虑，由于人员密集场所中人体对围护结构和室内设施的辐射热占比很小，因此可以按稳定负荷计算，即人体散热形成瞬时负荷；由于儿科门诊一般为独立设置，不与门诊大厅共用空间，故门诊大厅群集系数可取为1。

一次候诊区人员可按轻劳动取值，按全热181W、散湿量184g/h考虑，同样属于人员密集场所，人体散热形成瞬时负荷，群集系数也建议取为1。二次候诊区（如有）一般利用扩大内走廊的空间，建议仍按一次候诊区考虑人员负荷。

2.3.3 医技设备负荷

医院医疗设备种类较多，主要为检查诊断、治疗、实验三类用途，设备散热量由几十瓦到几十千瓦不等，在医院中构成常年稳定热源。如何在夏热冬冷、寒冷及严寒地区的冬季将大功率医疗设备的散热排出室外，给暖通设计师造成很大困难。不同厂家的同类设备散热量也不尽相同，情况比较复杂，这部分作为医技科室设计不可忽视的内容，将在第4章中整体介绍。

2.3.4 新风负荷

如本书第1.4节所述，医院新风的作用有：

（1）稀释人员污染、建筑污染、生产污染；

（2）补充局部排风；

（3）调节区域/邻室空气流向。

医院各功能房间新风换气次数多为 $2h^{-1}$ 以上，因此，单位面积新风量相比其他公共建筑要大得多，新风冷负荷也相对偏高，除了严寒地区，其他地区的新风冷负荷一般可占空调总冷负荷的40%～50%，这是构成医院负荷能耗高的一个因素；另外，医院新风的过滤要求更高，因而风机能耗也较高。国内医院通风设计规范大多参照美、日等国家标准，但国内情况又有所不同，如门诊大厅等高密人群场所、室外环境空气质量，针对这些不同之处应当研究适合的措施，本节主要介绍与表2-2不同的特例——门诊大厅的新风量计算方法，对医院量大面广的科室提出新风过滤级数及效率建议，最后讨论新风负荷计算的一些细节问题。

1. 新风量计算——门诊大厅

表2-2中新风量指标均按换气次数取值，未给出人均新风量指标，原因在于：

（1）国内外专家在室内污染源的认识上基本一致，认为医院多数室内空间的建筑污染高于人员污染，按人员新风量指标所确定的新风量不能满足稀释建筑污染的要求，不能完全满足室内卫生要求，综合考虑建筑污染和人员污染的影响，按换气次数形式给出最小新风量。因此，多数国家标准中医院新风量均未按人均指标给出，ASHRAE 62.1—2016虽未明确不包括医院，但在其第2.3条中指出实验室、医院等空间需求应按其他标准及空间内的活动来确定，医院功能房间的最小新风量主要在ASHRAE 170—2017的表7.1中按换气次数列出。

（2）表2-2依据《综合医院建筑设计规范》GB 51039、《民用建筑供暖通风与空气调节设计规范》GB 50736的思路按换气次数形式设计最小新风量，而这两本规范中关于医院的设计参数是参照美国、日本的标准或指南而来的。美、日等国家的医院执行分级诊疗制度，患者就诊采取的是预约制及转诊制，不存在国内医院门诊大厅人满为患的情况。据网上资料，日本麻生饭塚医院床位数1116张，日门诊量却只有100人次。

在美、日国家，即使是“人员密集”的门诊厅，实际人员密度也不大，按换气次数计算的新风量可满足人员与建筑污染的稀释要求。而国内情况截然不同，门诊大厅、集中候诊区人山人海的情形并不少见，人员污染显然大大高于美、日医院的人员污染，这类区域的新风量计算，显然不能再按美、日的标准计算。以下介绍可参照的国内外计算方法并给出建议。方法一：参照《民用建筑供暖通风与空气调节设计规范》GB 50736表3.0.6-4高密人群建筑每人所需最小新风量；方法二：参照ASHRAE 62.1—2016中的时间平均法计算最小新风量。

（1）示例的设计数据

为使下面将要介绍的不同计算方法的对比结果更形象具体化，有必要在同一示例的基础上进行对比，最终的数据将帮助读者更容易针对不同需求做出选择。

门诊大厅示例数据（参见图2-3）：

大厅功能：挂号收费、发药、导医咨询；

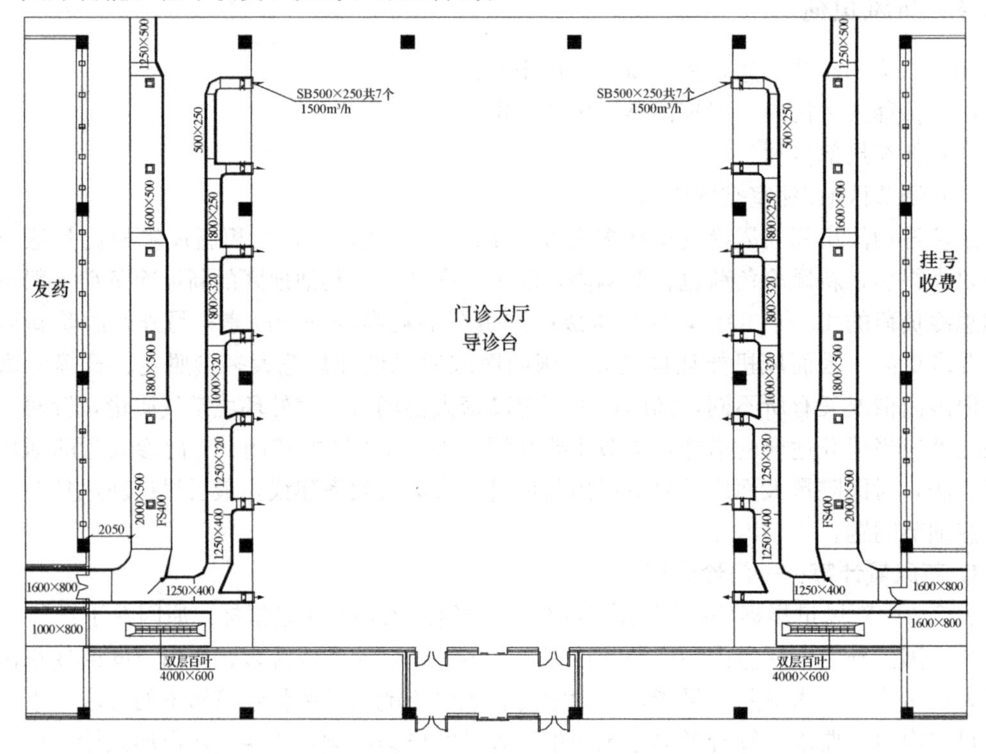

图2-3 某医院门诊大厅平面图

净使用面积 A_z：由围护结构内表面界定，扣除结构柱和其他永久性封闭、不可占用的区域之外的全部面积。可认为建筑空态下的净面积 $A_z=1180m^2$；

人员密度最高峰 0.8p/m²，人数 $P_z=1180\times0.8=944p$；

门诊大厅局部 760m² 为四层挑空，挑空高度 18.3m，其余部分吊顶高度 3.0m。考虑挑空处水平射流扰流作用，计算门诊大厅通风区域体积按局部 6m 估算，$v=760\times6+420\times3.0=5820m^3$。

（2）计算方法一

根据《民用建筑供暖通风与空气调节设计规范》GB 50736 表 3.0.6-4 中的数据，门诊大厅参照公共交通等候室，每人最小新风量 16m³/（h·p），计算总新风量：$V=16\times1180=18880m^3/h$，核算换气次数为 $18880/5820=3.24h^{-1}$。

（3）计算方法二

ASHRAE 62.1—2016 第 6.2.6.2 节针对只有短时间内人员密度达到峰值的场所，允许设计者应用时间平均法，Kari Engen 认为"为该空间进行全天充分通风的需求，这是一个潜在的过度通风房间"。在这种情况下，恰当的策略是按照它被使用的方式采用时间平均法计算通风量，从而得到有意义的节能效果。计算的关键是确定允许的平均时间周期，ASHRAE 62.1—2016 中平均时间周期 T 的计算式为：

$$T=\frac{50V}{V_{bz}} \tag{2-3}$$

式中 T——平均时间周期，min；

V——通风区域体积，m³；

V_{bz}——人员呼吸区新风量，V_{bz} 根据式（2-4）（摘录自 ASHRAE 62.1—2016 中式（6.2.2.1）计算，L/s。

$$V_{bz}=R_p\times P_z+R_a\times A_z \tag{2-4}$$

式中 R_p——每人新风量指标，L/（p·s）；

P_z——人数，人；

R_a——单位面积新风量指标，L/（m²·s）；

A_z——净使用面积，m²。

ASHRAE 62.1—2016 表 6.2.2.1 列出总计 11 大项 78 小项不同功能类型的房间新风量设计数据（详见附录 E），但未涉及医疗功能房间，同方法一，参照交通等候室（Transportation waiting）：$R_p=3.8L/s$，$R_a=0.3L/(m^2\cdot s)$。计算如下：

$$V_{bz}=R_p\times P_z+R_a\times A_z=3.8\times944+0.3\times1180=3941.2L/s$$

$$T=\frac{50V}{V_{bz}}=\frac{50\times5820}{3941.2}=74min$$

以上计算出的 T 值，代表设计师可在多达 74min 内对该区域的人员取平均值。

门诊大厅人流量变化幅度大，高峰人流的持续时间短。据统计，门诊病人在院就诊总时长平均 146min，其中高峰时段 30～40min 为挂号收费时间。刘红[9]等人对华西医院门诊等待时间调研统计，结果表明：当日窗口挂号的平均等待时间为 32.6min，现场预约挂号的平均等待时间为 23.5min；候诊的平均等待时间为 45.0min；取药的平均等待时间为 24.0min。

本例计算中，按高峰时间30min计算，并参照相关调研资料假定：接下来时间段30min内平均人员密度为0.65p/m²，人数 $P_z=1180\times0.65=767$ 人；最后14min内平均人员密度为0.50p/m²，人数 $P_z=1180\times0.50=590$ 人。则平均人数 $P_{z\text{-}avg}$ 为：

$$P_{z\text{-}avg}=\frac{944\times30\text{min}+767\times30\text{min}+590\times14\text{min}}{74\text{min}}=806\text{人}$$

应用时间平均计算后，新风量为：

$$V_{bz\text{-}avg}=R_p\times P_{z\text{-}avg}+R_a\times A_z=3.8\times806+0.3\times1180=3416.8\text{L/s}$$

空气分布效率取1，则所需新风量仍为3416.8L/s。

折算为12300m³/h，核算换气次数为12300/5820=2.11h⁻¹。

（4）计算结果比较

1）方法一新风量最大，约占总送风量的50%；

2）方法二采用时间平均法修正后，新风量 $V_{bz\text{-}avg}$ 比未修正前 V_{bz} 减少13.3%，减少幅度不大，最终新风量 $V_{bz\text{-}avg}$ 约占总送风量的30%；

3）方法二采用时间平均法修正后，比方法一的新风量减少将近35%。

（5）结论与建议

1）笔者对ASHRAE 62.1—2016表6.2.2.1列出的数据进行统计计算，结果表明：表6.2.2.1中对建筑污染最严重的场合要求的换气次数约为1h⁻¹（按其 R_a 折算），且ASHRAE 170—2017推荐的室内设计参数表7.1中普遍要求的新风换气次数均为2h⁻¹。而以上两种方法计算结果折算为换气次数都大于2h⁻¹，说明在人员密集区域人员污染是主要的。

2）方法二采用时间平均法修正前后变化不大，主要受计算中对高峰后时间段内人员密度取值影响。高峰人流量惯性大，则时间平均法作用小；反之则时间平均法作用就大。国内患者普遍有提前到医院排队挂号的习惯，因此在多级分诊未被接受普及之前，国内医院的门诊高峰必将存在。但是，医院的管理、提效将影响人流量高峰的惯性，设计人员也有必要结合医院的历史数据及其发展情况来预估高峰人流量的惯性，并将之应用到时间平均法的计算中，以便更准确地计算时间周期 T 内的平均人数。

3）从诸多研究结果来看，图2-2所示的人员密集区一天之内人员密度变化幅度是具有代表性的，因此，从节能的角度看，新风量随之变化调节是很有必要的。一些设计中设置 CO_2 浓度检测来调节新风量是个不错的措施，但也有问题，CO_2 浓度探测传感器安装位置受限，往往存在滞后现象，不能及时反映室内人流量急剧波动的变化需求，如果运营管理人员能够统计本院门诊流量变化并编制相应的运行策略，将会是一种更佳措施。

4）由于欧美日等发达国家医疗体制与我国不同，我国门诊大厅、候诊区的新风量计算不能简单套用他们的换气次数法。在我国，没有相对权威并经论证可行的研究结论出台之前，笔者建议设计人结合工程实际情况，酌情选择以上计算方法之一。

2. 新风过滤

（1）新标准下的过滤要求

我国《综合医院建筑设计规范》GB 51039按室外空气质量等级分别对新风过滤级数和效率提出要求。室外空气质量等级的新国标《环境空气质量标准》GB 3095已于2016年1月1日实施，其中取消三类区，将三类区归入二类区，相应取消三级浓度限值，室外空气质量只分两级。设计人员在执行《综合医院建筑设计规范》GB 51039 时，应按新的《环境空气质量标准》GB 3095—2012 的限值选用。为便于读者对照理解按新标准执行，现摘录新旧标准相关对照如表 2-4 所示。

新旧环境空气质量标准对照　　表 2-4

分项		旧标准 GB 3095—1996	新标准 GB 3095—2012
功能区	一类	自然保护区、风景名胜区和其他需要特殊保护的区域	自然保护区、风景名胜区和其他需要特殊保护的区域
	二类	居住区、商业交通居民混合区、文化区、一般工业区和农村地区	居住区、商业交通居民混合区、文化区、工业区和农村地区
	三类	特定工业区	取消三类，工业区统一归为二类
年平均 PM10 ($\mu g/m^3$)	一级	40	40
	二级	100	70
	三级	150	取消
年平均 PM2.5 ($\mu g/m^3$)	一级	未列指标	15
	二级		35

按《综合医院建筑设计规范》GB 51039 第 7.1.12 条的要求，“当室外可吸入颗粒物 PM10 的年均值未超过现行国家标准《环境空气质量标准》GB 3095 中二类区适用的二级浓度限值时，新风采集口应至少设置粗效和中效两级过滤器，当室外 PM10 超过年平均二级浓度限值时，应再增加一道高中效过滤器。”，在 2016 年 1 月 1 日以后，室外 PM10 年均二级限值应由原来的 $100\mu g/m^3$ 改为 $70\mu g/m^3$，一些城市的新风过滤组合将随之改变。例如无锡（PM10 为 $85\mu g/m^3$），以前设计的新风可以是粗效和中效两级过滤，2016 年以后就应当再加一道高中效过滤。

（2）提高标准

《综合医院建筑设计规范》GB 51039 是以室外实际 PM10 浓度对比《环境空气质量标准》GB 3095 的二级限值来要求新风的过滤级数及效率的，这可能也会引起疑问：为什么不采用一级限值？《环境空气质量标准》GB 3095 中一类区的“需要特殊保护的区域”在新标准中并未明确具体区域，参照《环境空气质量功能区划分原则与技术方法》（当时国家环境保护局为配合《环境空气质量标准》GB 3095—1996 的实施而制订的，标准号：HJ 14—1996），其中第 3.3 条对此定义为“指因国家政治、军事和为国际交往服务需要，对环境空气质量有严格要求的区域”，请关注后半句“对环境空气质量有严格要求的区域”，第 4 条明确“环境空气质量功能区以保护生活环境和生态环境，保障人体健康，及动植物正常生存、生长和文物古迹为宗旨”。对这两条的理解，结合当前国家对人民健康的重视，笔者认为，宜按一级限值且参照污染物宜改为 PM2.5 来规定医院的新风过滤要求，将院内医疗主要区域的新风末级过滤提高到高中效过滤器。以下阐述其必要性及可行性。

1）从欧美国家医院空气过滤要求看，ASHRAE 170—2017 对住院、门诊、放射性治疗室、分娩和康复住院区、空气传播的传染病房等房间均要求空气经不低于 MERV7、MERV14 两级过滤（详见表 2-5）。

ASHRAE 170—2017过滤要求 表2-5

空间名称（功能）		一级过滤（MERV）①	二级过滤（MERV）①
Operating rooms (ORs); inpatient and ambulatory diagnostic and therapeutic radiology; inpatient delivery and recovery spaces	手术室；住院、门诊、放射性治疗室；分娩和康复住院区	7	14
Inpatient care, treatment, and diagnosis, and those spaces providing direct service or clean supplies and clean processing (except as noted below); AII (rooms)	住院病人护理、处置和诊断，以及提供直接服务或清洁用品和清洁处理的场所（下列所述除外）；空气传播的传染病房	7	14
Protective environment (PE) rooms	保护性环境的房间	7	HEPA③,④
Laboratory work areas, procedure rooms, and associated semirestricted spaces	实验工作区，治疗室，及其相关的半限制区域	13②	NR
Administrative; bulk storage; soiled holding spaces; food preparation spaces; and laundries	行政办公；大库房；污物间；备餐间；洗衣房	7	NR
All other outpatient spaces	门诊其他区域	7	NR
Nursing facilities	专业护理机构	13	NR
Psychiatric hospitals	精神病医院	7	NR
Resident care, treatment, and support areas in inpatient hospice facilities	临终关怀住院部的护理、处置、支持区域	13	NR
Resident care, treatment, and support areas in assisted living facilities	（疗养院、养老院等）生活辅助机构的护理、处置、支持区域	7	NR

① 最低效率报告值（MERV）基于ANSI/ASHRAE标准52.2中的测试方法。
② 可增设高于MERV7的过滤器以降低（MERV13的）维护费。
③ 如果为这些空间提供了第三级末端高效能过滤器，作为替代方案，MERV14过滤器可作为2级过滤器。
④ HEPA是根据IEST RP-CC 001.6测试方法，在额定流量下对0.3μm粒径的滤除效率至少为99.97%。

DIN1946第4部分“医疗建筑与科室通风与空调”对医院Ⅱ类环境要求至少F5～F7、F9两级过滤。美国的MERV7、MERV14相当于我国的粗、高中效（MERV14甚至相当于亚高效）两级过滤，德国F5～F7、F9相当于我国的中效～高中效、亚高效两级过滤。

2）从我国与欧美大气可吸入颗粒物浓度的实际状况对比看，根据文献[8]——按WHO绘制的全球污染图，我国大气中可吸入颗粒物浓度比欧美高4～5倍。美国环保署在2012年12月14日将保护公众健康标准（primary standards）的年均PM2.5限值由2006年的15μg/m³，修订为12μg/m³，其实际的浓度与限值是接近或达标的；而我国的年均PM2.5一级限值为15μg/m³，且多数城市的实际浓度是远远超过限值的。两相对比，我们更应注重新风的过滤效果。

3）从细颗粒物的危害来看，美国环保署特别提示：“大量的科学证据表明，长期和短期暴露在细颗粒物 PM2.5 污染中，会导致提早死亡，对心血管系统产生有害影响，增加因心脏病发作和中风而入院、急诊。科学证据也表明 PM2.5 对呼吸道的有害影响，包括哮喘发作。"（更多相关资料请浏览 https：//www.epa.gov/pm－pollution），正是基于这些大量的科学证据，美国环保署在 2012 年将年均 PM2.5 限值修订为 12μg/m^3，并将帮助各州在 2020 年之前达标；此外，大量微生物专家和医生的测定结果显示，医院内空气污染和院内感染有正相关的联系，因此，医院内的细颗粒物浓度更应得到严格控制。

4）绝大多数细菌依附于空气中的尘埃粒子，形成生物粒子，其等价粒径大于或等于 1μm，过滤器滤尘的同时也在滤菌，加强过滤效率有利于降低空气传播感染的危险性。

5）美国环保署测算得出结论：年度内每投入一美元用于 PM2.5 由 15μg/m^3 降低到 12μg/m^3，将产生 12～171 美元的回报。可见，通过提高细微颗粒的过滤效率，产生的社会效益远远大于为此的投入。

综上所述，医院新风末级过滤采用高中效过滤器是很有必要的，而且将产生巨大的社会经济效益。另外，需要明确的是，在一些大城市的严重污染天，高中效过滤还是不够的。

（3）新风过滤组合建议

我国城市间空气质量差别较大，统一采用粗、中、高中效三级过滤也不科学，按《综合医院建筑设计规范》GB 51039 提出的原则，笔者建议医院新风过滤组合按表 2-6 采用。

新风过滤组合 **表 2-6**

PM2.5 年均值（μg/m^3）	医疗区域			其他区域
	第一道过滤	第二道过滤	第三道过滤	
PM2.5≤15	粗效 C3			粗效
15<PM2.5≤35	粗效 C3	高中效		
PM2.5>35	粗效 C3	中效 Z2	高中效	

表 2-6 说明：

1）PM2.5 年均值应按最近三年内的年度平均值计算，目前尚未有相关资料直接提供各地的 PM2.5 年均值，建议读者可根据中国空气质量在线监测分析平台（https：//www.aqistudy.cn/historydata）提供的数据自行统计计算。

2）对于空气洁净度有要求的区域的新风，有条件时表中末级过滤建议采用亚高效过滤。

3）医疗区域泛指所有有人长时间停留的场合，包括但不限于表 2-2 中列出的医疗房间。

4）其他区域是指污染操作或人员停留时间较短，且对相邻医疗区域非正压的场合，如：空压机房等机电设备机房、停尸房（不做尸检）、病案库、洗衣房等。

5）是否设置活性炭吸附详见第 2.3.4 节第 2 条第（5）款。

6）洁净手术部新风过滤建议参照表 2-6 的组合，也可按《医院洁净手术部建筑技术规范》GB 51039 的要求执行。

（4）降低能耗

按《空气过滤器》GB/T 14295—2008 对于新风设置三级过滤的城市，新风过滤器总的终阻力将至少达到460Pa，运行能耗不可忽视。为降低运行能耗，目前常用的措施是：

1）选用低阻过滤器。许钟麟、沈恒根等专家在这方面做了很多研究并有一些已转化为实用产品。

2）设置旁通管。当室外空气质量好的时候，新风不必全部经过前端过滤器，可减少系统阻力。但由于风机已按最不利情况选配，旁通后还需要其他措施（如变频、入口调节阀等）来调节，节能效果不如直接选用低阻过滤器。

3）采用静电除尘器代替中效过滤器。静电除尘器效率最高可达高中效，阻力一般可控制在30Pa以下，且初、终阻力变化不大，正常运行耗电量约为10W/(1000m^3·h)，总能耗约为30 W/(1000m^3·h)。阻隔式中效过滤器由初阻力到终阻力的能耗大约为50～100W/(1000m^3·h)。相比之下，静电除尘器是节能的。但是，由于以下的问题，笔者并不推荐在医院新风过滤处理中采用静电除尘器：

① 过滤效率随着使用时间而下降，集尘板累积尘粒到一定程度后，过滤效率急剧下降，这点对于大多数疏于运营维护的医院是很危险的；

② 若空气中灰尘含有导电的碳，可能会导致电短路，从而降低除尘器的效率；

③ 高湿度环境下的过滤效率较低，我国多数城市尤其是大城市夏季湿度都不低；

④ 高压电离作用不可避免地产生臭氧，现行国家标准关于静电除尘器臭氧浓度的规定有：

《通风系统用空气净化装置》GB/T 34012—2017第6.10条："当空气净化装置在工作状态下产生臭氧时，应给出额定风量下的臭氧浓度增加量，且应符合GB 21551.3的有关规定"；《家用和类似用途电器的抗菌、除菌、净化功能　空气净化器的特殊要求》GB 21551.3—2010表1规定臭氧浓度（出风口5cm处）≤0.1mg/m^3。且不讨论家用电器的臭氧浓度指标是否适用于医院场合，即使是合格产品在不同于检测条件下场合的实际臭氧浓度（或其增量）就值得慎重使用，更别说一些城市的夏季室外新风臭氧浓度本来就超标，叠加静电除尘器的增量，则臭氧浓度的危险性就更加大大提升了。

⑤ ASHRAE的观点：2018年1月ASHRAE技术委员会重申了ASHRAE理事会在2015年1月29日批准发布的《过滤和空气净化的立场文件》（ASHRAE Position document on filtration and air cleaning），在执行总结中明确委员会的"重点是总结和审查现有的档案文献，描述这些技术在公共和居住建筑（excluding health-care facilities卫生保健设施除外）对建筑使用者健康的直接影响"，而ASHRAE所指的卫生保健设施（health-care facilities）就包括医院建筑，说明ASHRAE只对卫生保健设施之外的建筑发表其对净化装置的立场，即使是这样，ASHRAE在这份立场文件中仍强调："以臭氧反应来净化空气的设备不能用在人活动的空间中，因为暴露在臭氧及其反应产物中有负面的健康影响。尤其要注意的是：使用一些虽然并不是使用臭氧净化空气但却会发生显著臭氧量（作为其副产品）的设备时，必须重视这些设备对健康造成潜在的风险"。因此，委员会对包括光催化、UV-C、产生电场和/或离子的电子过滤器等容易产生臭氧的空气过滤净化器的应用持谨慎态度，在对这些空气过滤净化器的未来发展方向上，ASHRAE建议：改变现有电子空气净化器的尘埃荷电方法以降低臭氧的产生（Modification of methods of charging particles by electronic air cleaners to reduce the generation of ozone）。

总结这份立场文件的观点：第一，电子类空气过滤净化器在健康人群建筑中应当正确、谨慎地使用；第二，该文件的立场观点不包括卫生保健设施在内（这或许隐含着卫生保健设施需要更谨慎看待电子类空气过滤净化器的臭氧副产品对健康的影响，而目前又缺乏足够的研究成果将其封杀，所以委员会不将卫生保健设施纳入立场的适用范围）。

综上所述，目前的静电除尘器还存在诸多问题及潜在的危险，因此，医院新风系统中不宜使用。

（5）臭氧污染

近些年，一些专家发现地面附近大气中的臭氧浓度有快速增高的趋势，这引发了健康护理专家们的担忧。北京大学公共卫生学院潘小川教授认为："臭氧的毒性主要体现在它的强氧化性上，可以破坏细胞壁，引发的危害都是急性的。对人体的危害主要是影响呼吸系统，容易对肺部产生急性危害，比如肺气肿。还有近年来不断增加的哮喘病，有些可能与臭氧污染有关"。臭氧的危害和接触时间有关，接触 20ppm 以下的臭氧不超过 2h，对人体无永久性危害，但长期接触 1.748×10^{-7}mol/L（4ppm）以下的臭氧会引起永久性心脏障碍。

根据《环境空气质量标准》GB 3095，臭氧浓度（日最大 8h 平均）一级限值为 $100\mu g/m^3$，二级限值为 $160\mu g/m^3$。根据中国空气质量在线监测分析平台提供的历史数据，笔者统计了几个代表性城市的臭氧浓度超标情况，详见表 2-7。

城市臭氧浓度超标情况 **表 2-7**

城市	污染情况	2017年最高浓度月份							
		5		6		7		8	
		标1	标2	标1	标2	标1	标2	标1	标2
北京	超标天数（天）	14	7	19	12	17	8	6	1
	最大值（$\mu g/m^3$）	270		264		288		220	
上海	超标天数（天）	7	1	6	2	18	10	12	4
	最大值（$\mu g/m^3$）	219		222		285		244	
广州	超标天数（天）	7	5	1	0	5	0	11①	4①
	最大值（$\mu g/m^3$）	266		171		206		268①	
郑州	超标天数（天）	12	8	21	11	18	4	12	5
	最大值（$\mu g/m^3$）	229		273		229		252	
石家庄	超标天数（天）	13	6	20	12	18	11	11	2
	最大值（$\mu g/m^3$）	275		269		274		241	

注：① 为 9 月份数据。

标 1——以《环境空气质量标准》GB 3095 二级限值 $160\mu g/m^3$ 为标准统计出表中的超标天数。

标 2——以 $209\mu g/m^3$ 为标准统计出表中的超标天数。

表 2-7 中数据显示：北京 6、7 两个月内 60%的天数臭氧超标，最大值接近一级指标的 3 倍。臭氧污染的主要原因是城市生产生活排放的氮氧化物和挥发性有机物进行复杂的

光化学反应，夏季强太阳辐射和高温只是催发条件，氮氧化物和挥发性有机物污染较少的城市如昆明、拉萨等虽然太阳辐射较强，臭氧浓度却很少超标。中国环境监测总站孟晓艳说："2013年以来，三大重点区域（京津冀、长三角、珠三角）中，京津冀和长三角臭氧浓度有显著的逐年上升趋势，特别是2017年上升最为显著"，按现状及这种上升趋势，为保证室内臭氧浓度达标，应当在新风处理上采取措施。

劳伦斯·伯克利国家实验室 William J. Fisk 等人在萨克拉门托的一栋办公楼实测了活性炭吸附臭氧的作用，结果表明：每 $0.09m^2$ 迎风面积内含300g活性炭的51mm厚的MERV8过滤器，在安装后的67天和81天，仍能去除60%～70%的臭氧（由美国能源部科学和技术信息办公室转发，详见 https://www.osti.gov/biblio/1050670）。

2015 ASHRAE Handbook-HVAC Applications 第46章也认为："除非臭氧浓度低于0.1ppm，否则，靠自然分解消除臭氧的方法并不符合要求"、"幸运的是：活性炭很容易吸附臭氧，与它反应并催化其转化为氧气"。

ASHRAE 62.1—2016 要求：最近三年平均年度内日最大8h平均臭氧浓度值排位第四的数值大于 $209\mu g/m^3$ 时，应当设置臭氧消除装置（Air-cleaning devices for ozone shall be provided when the most recent three-year average annual fourth-highest daily maximum eight-hour average ozone concentration exceeds 0.107ppm（$209\mu g/m^3$））。

综上所述，建议：最近一年臭氧浓度最高的4个月（一般为5～8月）内，日最大8h平均臭氧浓度大于 $209\mu g/m^3$ 的天数大于或等于4天的城市，医院的新风系统设置活性炭过滤（按：由于我国臭氧浓度呈逐年上升趋势，故采用最近一年数据为依据；我国于2012年修改颁发《环境空气质量标准》GB 3095，其中二级限值 $160\mu g/m^3$ 与当时美国的0.075ppm的标准是一致的，可见中美两国在臭氧对人体健康影响标准的研究上是一致的，虽然美国环保署在2015年将臭氧浓度标准由2008年的0.075ppm修改为0.07ppm，但2016年版的ASHRAE 62.1标准与2013年版要求的限值一样，都是 $209\mu g/m^3$，因此笔者认为判定是否需要对新风臭氧进行处理可以采用 $209\mu g/m^3$ 为标准。"4天"等同于第四最大值，也更便于读者统计使用）。

按以上建议，则多数大城市需设置活性炭过滤器，鉴于 William J. Fisk 等人的实验结果：活性炭在相当长的时间内对消除臭氧有着较高的效率，而国内多数城市的第一道粗效过滤器的清洗周期基本达不到30天，因此不建议活性炭与粗效过滤器组合拼装为一体式的活性炭过滤器，正确的做法应该将活性炭设置在第一、第二道过滤器之间或第二、第三道过滤器之间，上游过滤器防止灰尘堵塞活性炭，下游过滤器阻隔滤除活性炭本身产生的二次灰尘。

3. 新风负荷

（1）新风冷负荷计算公式推导

空调新风由室外状态处理到设计状态，如果是加热加湿过程，热湿负荷可根据空气初、终状态的焓差计算；如果是冷却减湿过程，由于空气中冷凝水析出，系统质量、能量均有流出，严格来讲，空调负荷就不能按初、终状态的焓差计算。由于多年来习惯忽略这部分流出以及对空气密度理解上的误区，造成部分设计人员未能厘清其中差别，甚至有的设计人员混淆概念，笔者认为有必要重新推导公式，以便加深理解。

本节对一些参数的取值均采用2017 ASHRAE Handbook-Fundamentals 中的数据，可能与ASHRAE老版本或国内的教材、手册略有差异，如干空气气体常数取值为287.042，在2005 ASHRAE Handbook-Fundamentals中数值为287.055，国内则多数取值287，这是ASHRAE根据空气成分（主要是CO_2浓度变化）的最新理论研究成果而修改的数据，并非本书笔误，敬请周知。

空气经冷却减湿的过程如图2-4所示。

根据质量守恒及能量守恒定律，从图2-6可以得出：

$$m_{da}h_1 = m_{da}h_2 + CLQ + m_w h_w \tag{2-5}$$

$$m_{da}d_1 = m_{da}d_2 + m_w \tag{2-6}$$

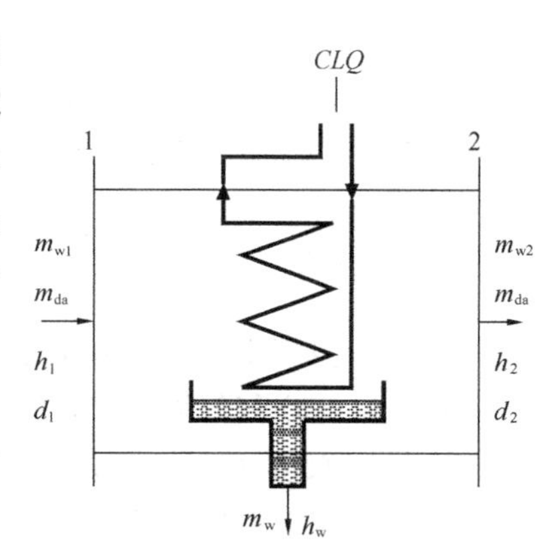

图2-4 空气冷却减湿示意图

由上述两式可解得：

$$CLQ = m_{da}(h_1 - h_2) - m_{da}(d_1 - d_2)h_w \tag{2-7}$$

式中 m_{da}——干空气质量流量，kg/s；

m_w——冷凝水质量流量，kg/s；

CLQ——新风机组提供的冷负荷，kW；

h_1、h_2——分别为湿空气初、终状态的焓值，kJ/kg_{da}（湿空气焓值是以每千克干空气为基础定义的，本书对干空气参数均以下标da表示）；

d_1、d_2——分别为湿空气初、终状态的含湿量，kg/kg_{da}；

h_w——冷凝水焓值，kJ/kg；h_w按式（2-8）计算。

$$h_w = 4.186t_w \tag{2-8}$$

式中 t_w——冷凝水温度，非低温送风的空调系统一般可取t_w=14℃，则h_w=4.186×14=58.6kJ/kg。

按工程设计习惯，风量一般以体积流量计算，将h_w计算结果代入式（2-7）并以体积流量表示为：

$$CLQ = \frac{\rho_{da}V}{3600}[(h_1 - h_2) - 58.6(d_1 - d_2)] \tag{2-9}$$

式中 ρ_{da}——干空气密度，kg_{da}/m^3；

V——风量（体积流量），m^3/h。

在教材《空气调节（第三版）》中只有湿空气密度计算公式，并未给出干空气密度计算公式，下面推导干空气密度计算公式。

由热力学定律可得：

$$P_{da}V = m_{da}R_{da}T \tag{2-10}$$

故

$$\rho_{da} = \frac{m_{da}}{V} = \frac{P_{da}}{R_{da}T} = \frac{B - P_w}{287.042T} \tag{2-11}$$

由公式

$$d=\frac{R_{da}}{R_w}\cdot\frac{P_w}{B-P_w}=0.621945\frac{P_w}{B-P_w} \tag{2-12}$$

计算 P_w 并代入式（2-11）得到：

$$\rho_{da}=\frac{0.621945B}{287.042T(0.621945+d)}=\frac{B}{287.042(t+273.15)(1+1.607858d)} \tag{2-13}$$

式中　P_{da}——空气中干空气分压力，Pa；

R_{da}——干空气气体常数，R_{da}=287.042J/（kg·K）；

R_w——水蒸气气体常数，R_{da}=461.524J/（kg·K）；

T——绝对温度，K，T=273.15+t；

B——当地大气压，Pa；

d——空气含湿量，kg/kg_{da}；

P_w——空气中水蒸气分压力，Pa。

采用上式计算干空气密度，可以任意选取表冷器进出口状态 1 或 2 进行计算，但理论分析可以得知：空气经过表冷器，体积流量变小，出口状态 2 的体积流量才是实际送到室内的流量，因此有必要相应采用状态 2 的参数来计算干空气密度，即：

$$\rho_{da2}=\frac{B}{287.042(t_2+273.15)(1+1.607858d_2)} \tag{2-14}$$

由式（2-9）、式（2-14）得到新风负荷计算公式：

$$CLQ=\frac{BV}{1033351.2(t_2+273.15)(1+1.607858d_2)}[(h_1-h_2)-58.6(d_1-d_2)] \tag{2-15}$$

上述新风负荷计算公式，明确并澄清两个概念：

1）新风冷负荷≠空气初、终状态焓差。

2）应采用干空气密度计算负荷。这里详细说明一下，湿空气的焓是以每千克干空气对应的湿空气来计量的，单位是 kJ/kg_{da}，因此计算负荷时就应该对应着干空气流量，单位为 kg_{da}/s，按密度计算则为 kg_{da}/m^3，对于 Vm^3 湿空气中的干空气，它的体积也等于 Vm^3，因此 kg_{da}/m^3，既可以是干空气密度，也可以是每千克干空气的湿空气密度。《工程热力学》对空气密度的定义是“湿空气的密度用 $1m^3$ 湿空气中干空气的质量和水蒸汽的质量的总和来表示”，可见它是包括水蒸气质量的，并非以干空气质量表征湿空气密度，因此本书未采纳教材中的湿密度计算公式，有关空气密度的进一步研究，可参见本书附录 F。

相比常用的计算式 $CLQ=\rho V\Delta h$，式（2-15）显得非常复杂，但如果借助各种计算软件进行计算（最简单的方法就用 excel 表格输入公式进行计算），并不会很麻烦或增加设计工作量。计算结果更精确，概念更清晰，因此建议采用。

（2）主要城市新风负荷计算表

为方便读者查阅使用，现将全国主要城市新风负荷计算结果列为表 2-8。

特别声明：表 2-8 摘录自笔者主持的科研项目，原参与人李丽莎为录入各城市气象资料辛劳多日，特此鸣谢！

全国主要城市新风负荷计算表 表 2-8

城市		冬季空调室外设计参数			夏季空调室外设计参数			夏季负荷			冬季负荷	
		气压	温度	湿度	气压	干球温度	湿球温度	等焓负荷(1000 m³/h)	等湿负荷(1000 m³/h)	等湿显热负荷(1000 m³/h)	加热量(1000 m³/h)	加湿量(1000 m³/h)
		P_d (hPa)	t_{dw} (℃)	φ_{dw} (%)	P_x (hPa)	t_{xw} (℃)	t_{xsw} (℃)	Q_i (kW)	Q_L (kW)	Q_{Lx} (kW)	Q (kW)	W (kg/h)
北京	北京	1021.7	−9.9	44	1000.2	33.5	26.4	8.6	11.6	5.5	10.2	2.6
	延庆	966.3	−16.0	43	950.4	30.9	23.9	5.2	8.1	4.4	11.6	3.0
	密云	1018.0	−14.0	42	996.9	32.6	26.2	8.3	11.3	5.2	11.6	2.9
天津	天津	1027.1	−9.6	56	1005.2	33.9	26.8	9.2	12.2	5.7	10.2	2.3
	塘沽	1026.3	−9.2	59	1004.6	32.5	26.9	9.4	12.4	5.2	10.0	2.2
	蓟县	1025.4	−12.0	48	1003.5	32.7	27.1	9.6	12.7	5.3	11.0	2.7
河北	保定	1025.1	−9.5	55	1002.9	34.8	26.6	8.9	11.9	6.0	10.1	2.4
	石家庄	1017.2	−8.8	55	995.8	35.1	26.8	9.2	12.2	6.0	9.8	2.3
	邢台	1017.7	−8.0	57	996.2	35.1	26.9	9.3	12.3	6.0	9.5	2.2
	承德	980.5	−15.7	51	963.3	32.7	24.1	5.5	8.4	5.0	11.7	2.9
	唐山	1023.6	−11.6	55	1002.4	32.9	26.3	8.5	11.5	5.3	10.8	2.5
	张家口	939.5	−16.2	41	925.0	32.1	22.6	3.6	6.4	4.7	11.4	3.0
	秦皇岛	1026.4	−12.0	51	1005.6	30.6	25.9	7.9	10.9	4.6	11.0	2.6
	沧州	1027.0	−9.6	57	1004.0	34.3	26.7	9.0	12.0	5.8	10.2	2.3
	廊坊霸州	1026.4	−11.0	54	1004.4	34.4	26.6	8.9	11.9	5.8	10.6	2.5
	衡水饶阳	1024.9	−10.4	59	1002.8	34.8	26.9	9.3	12.3	6.0	10.4	2.4
	张北	863.3	−24.6	63	856.0	27.2	19.0	−0.2	2.9	2.9	12.9	3.2
	丰宁	947.4	−17.7	43	931.2	31.2	22.7	3.8	6.5	4.4	12.0	3.1
	怀来	963.6	−14.3	38	943.8	33.0	23.6	4.9	7.7	5.0	11.1	3.0
	乐亭	1029.0	−12.4	53	1002.9	31.7	26.2	8.3	11.3	4.9	11.2	2.6
山西	太原	933.5	−12.8	50	919.8	31.5	23.8	5.1	7.9	4.4	10.2	2.7
	大同	899.9	−18.9	50	889.1	30.9	21.2	2.1	4.7	4.1	11.7	3.0
	阳泉	937.1	−10.4	43	923.8	32.8	23.6	4.9	7.6	4.9	9.5	2.7
	晋城阳城	947.4	−9.1	53	932.4	32.7	24.6	6.2	8.9	4.9	9.2	2.4
	运城	982.0	−7.4	57	962.7	35.8	26.0	8.0	10.9	6.0	9.0	2.1
	忻州原平	926.9	−14.7	47	913.8	31.8	22.9	4.0	6.8	4.5	10.8	2.9
	晋中榆社	902.6	−13.6	49	892.0	30.8	22.3	3.3	6.0	4.1	10.1	2.8
	宿州右玉	868.6	−25.4	61	860.7	29.0	19.8	0.6	3.4	3.4	13.2	3.2
	临汾	972.5	−10.0	58	954.2	34.6	25.7	7.6	10.5	5.6	9.8	2.3
	吕梁离石	914.5	−16.0	55	901.3	32.4	22.9	4.0	6.7	4.6	11.0	2.8
	介休	936.8	−13.0	50	922.4	32.0	23.9	5.3	8.0	4.6	10.3	2.7
	侯马	976.3	−9.5	71	954.1	36.8	26.7	9.0	11.9	6.3	9.6	2.0

续表

	城市	冬季空调室外设计参数			夏季空调室外设计参数			夏季负荷			冬季负荷	
		气压	温度	湿度	气压	干球温度	湿球温度	等焓负荷（1000 m^3/h）	等湿负荷（1000 m^3/h）	等湿显热负荷（1000 m^3/h）	加热量（1000 m^3/h）	加湿量（1000 m^3/h）
		P_d (hPa)	t_{dw} (℃)	φ_{dw} (%)	P_x (hPa)	t_{xw} (℃)	t_{xsw} (℃)	Q_i (kW)	Q_L (kW)	Q_{Lx} (kW)	Q (kW)	W (kg/h)
内蒙古	呼伦贝尔海拉尔	947.9	−34.5	79	935.7	29.0	20.5	1.2	4.0	3.7	17.3	3.3
	呼伦贝尔满洲里	941.9	−31.6	75	930.3	29.0	19.9	0.6	3.7	3.7	16.3	3.3
	锡林郭勒盟锡林浩特	906.4	−27.8	72	895.9	31.1	19.9	0.6	4.2	4.2	14.5	3.2
	锡林郭勒盟二连浩特	910.5	−27.8	69	898.3	33.2	19.3	0.0	4.9	4.9	14.6	3.2
	通辽	1002.6	−21.8	54	984.4	32.3	24.5	6.0	8.9	5.0	14.0	3.1
	赤峰	955.1	−18.8	43	941.1	32.7	22.6	3.6	6.4	4.9	12.4	3.1
	呼和浩特	901.2	−20.3	58	889.6	30.6	21.0	1.8	4.5	4.0	12.2	3.0
	鄂尔多斯东胜	856.7	−19.6	52	849.5	29.1	19.0	−0.2	3.4	3.4	11.4	3.0
	包头	901.2	−19.7	55	889.1	31.7	20.9	1.7	4.4	4.4	12.0	3.0
	巴彦淖尔临河	903.9	−19.1	51	891.1	32.7	20.9	1.7	4.7	4.7	11.8	3.0
	乌兰察布集宁	860.2	−21.9	55	853.7	28.2	18.9	−0.3	3.2	3.2	12.1	3.1
	兴安盟乌兰浩特	989.1	−23.5	54	973.3	31.8	23.0	4.1	7.0	4.8	14.4	3.2
	图里河	932.8	−37.7	78	923.4	27.3	19.3	−0.1	3.2	3.2	18.0	3.4
	博客图	930.9	−29.0	69	922.4	27.3	19.9	0.6	3.4	3.2	15.3	3.2
	阿尔山	899.5	−35.8	71	892.0	26.4	18.9	−0.4	2.8	2.8	16.8	3.4
	索伦	962.7	−26.0	72	946.6	30.4	21.5	2.3	5.2	4.2	14.8	3.2
	东乌珠穆沁旗	924.4	−30.3	74	910.1	31.2	20.0	0.7	4.3	4.3	15.6	3.3
	额济纳旗	918.8	−20.4	45	898.6	36.2	19.3	0.0	5.8	5.8	12.4	3.1
	巴音毛道	872.4	−20.6	52	860.1	32.8	18.5	−0.7	4.5	4.5	11.9	3.1
	阿巴嘎旗	894.3	−30.2	75	881.6	30.6	18.9	−0.4	4.0	4.0	15.0	3.3
	海力素	852.0	−23.4	73	843.2	30.7	17.3	−1.8	3.8	3.8	12.4	3.1
	朱日和	891.7	−24.4	69	878.7	31.8	19.2	−0.1	4.3	4.3	13.2	3.1
	乌拉特后旗	877.1	−22.3	58	864.4	30.5	19.3	0.1	3.9	3.9	12.4	3.1

续表

城市		冬季空调室外设计参数			夏季空调室外设计参数			夏季负荷			冬季负荷	
		气压	温度	湿度	气压	干球温度	湿球温度	等焓负荷（1000 m^3/h）	等湿负荷（1000 m^3/h）	等湿显热负荷（1000 m^3/h）	加热量（1000 m^3/h）	加湿量（1000 m^3/h）
		P_d (hPa)	t_{dw} (℃)	φ_{dw} (%)	P_x (hPa)	t_{xw} (℃)	t_{xsw} (℃)	Q_i (kW)	Q_L (kW)	Q_{Lx} (kW)	Q (kW)	W (kg/h)
内蒙古	达尔罕联合旗	867.2	−25.6	68	857.2	30.4	18.5	−0.7	3.8	3.8	13.2	3.2
	化德	852.8	−25.3	73	846.4	28.0	18.4	−0.8	3.1	3.1	12.9	3.1
	吉兰太	907.0	−18.9	48	888.8	34.9	20.5	1.3	5.3	5.3	11.8	3.1
	鄂托克旗	866.4	−19.9	51	855.3	31.4	19.6	0.4	4.1	4.1	11.6	3.1
	西乌珠穆沁旗	907.4	−28.5	74	894.6	29.5	19.6	0.3	3.7	3.7	14.7	3.2
	扎鲁特旗	993.6	−20.9	59	972.3	32.8	23.4	4.6	7.5	5.1	13.6	3.0
	巴林左旗	965.7	−21.9	66	948.4	31.8	22.6	3.6	6.5	4.7	13.5	3.0
	林西	928.6	−22.1	54	914.8	30.9	21.1	1.9	4.7	4.2	13.1	3.1
	开鲁	998.3	−21.6	65	975.1	32.8	24.0	5.3	8.3	5.1	13.9	3.0
	多伦	879.5	−26.4	77	869.7	28.3	19.5	0.3	3.3	3.3	13.7	3.1
辽宁	沈阳	1020.8	−20.7	60	1000.9	31.5	25.3	7.1	10.1	4.8	13.9	3.0
	铁岭开原	1013.4	−23.5	49	994.6	31.1	25.0	6.7	9.6	4.7	14.8	3.2
	阜新	1007.0	−18.5	49	988.1	32.5	24.7	6.3	9.2	5.1	13.0	3.0
	抚顺	1011.0	−23.8	68	992.4	31.5	24.8	6.4	9.4	4.8	14.8	3.1
	朝阳	1004.5	−18.3	43	985.5	33.5	25.0	6.7	9.6	5.4	12.9	3.1
	本溪	1003.3	−21.5	64	985.7	31.0	24.3	5.7	8.7	4.6	13.9	3.0
	锦州	1017.8	−15.5	52	997.8	31.4	25.2	6.9	9.9	4.8	12.1	2.9
	鞍山	1018.5	−18.0	54	998.8	31.6	25.1	6.8	9.8	4.9	13.0	3.0
	营口	1026.1	−17.1	62	1005.5	30.4	25.5	7.3	10.4	4.5	12.7	2.8
	丹东	1023.7	−15.9	55	1005.5	29.6	25.3	7.1	10.1	4.2	12.3	2.8
	大连	1013.9	−13.0	56	997.8	29.0	24.9	6.5	9.5	4.0	11.2	2.6
	葫芦岛兴城	1025.5	−15.0	52	1004.7	29.5	25.5	7.4	10.4	4.2	12.0	2.8
	彰武	1019.0	−19.8	68	993.9	31.4	24.9	6.5	9.5	4.8	13.6	2.9
	新民	1025.5	−19.8	67	1000.7	33.8	26.0	8.0	11.0	5.6	13.7	2.9
	宽甸	994.6	−21.8	74	976.3	29.7	24.1	5.5	8.4	4.1	13.9	3.0
吉林	吉林	1001.9	−27.5	72	984.8	30.4	24.1	5.5	8.4	4.4	15.9	3.2
	四平	1004.3	−22.8	66	986.7	30.7	24.5	6.0	8.9	4.5	14.4	3.1
	延边延吉	1000.7	−21.3	59	986.8	31.3	23.7	4.9	7.9	4.7	13.8	3.1

续表

城市		冬季 空调室外设计参数			夏季 空调室外设计参数			夏季负荷			冬季负荷	
		气压	温度	湿度	气压	干球温度	湿球温度	等焓负荷(1000 m³/h)	等湿负荷(1000 m³/h)	等湿显热负荷(1000 m³/h)	加热量(1000 m³/h)	加湿量(1000 m³/h)
		P_d (hPa)	t_{dw} (℃)	φ_{dw} (%)	P_x (hPa)	t_{xw} (℃)	t_{xsw} (℃)	Q_i (kW)	Q_L (kW)	Q_{Lx} (kW)	Q (kW)	W (kg/h)
吉林	通化	974.7	−24.2	68	961.0	29.9	23.2	4.3	7.2	4.1	14.4	3.1
	长春	994.4	−24.3	66	978.4	30.5	24.1	5.5	8.4	4.4	14.7	3.1
	白城	1004.6	−25.3	57	986.9	31.8	23.9	5.2	8.2	4.9	15.2	3.2
	松原乾安	1005.5	−24.5	64	987.9	31.8	24.2	5.6	8.5	4.9	15.0	3.1
	白山临江	983.9	−24.4	71	969.1	30.8	23.6	4.8	7.7	4.5	14.6	3.1
	通榆	1005.0	−24.0	60	987.3	31.9	24.1	5.5	8.4	4.9	14.8	3.1
	前郭尔罗斯	1010.2	−25.6	74	987.8	31.3	24.3	5.7	8.7	4.7	15.4	3.1
	敦化	958.4	−25.6	71	946.4	28.6	22.5	3.5	6.3	3.7	14.6	3.1
	东岗	928.3	−25.7	68	920.4	27.6	21.5	2.4	5.1	3.2	14.2	3.2
黑龙江	哈尔滨	1004.2	−27.1	73	987.7	30.7	23.9	5.2	8.2	4.5	15.8	3.2
	双鸭山宝清	1010.5	−26.4	65	996.7	30.8	23.4	4.6	7.5	4.6	15.7	3.2
	黑河	1000.6	−33.2	70	986.2	29.4	22.3	3.2	6.2	4.1	17.8	3.3
	绥化	1000.4	−30.3	76	984.9	30.1	23.4	4.6	7.5	4.3	16.8	3.3
	大兴安岭加格达奇	974.9	−32.9	72	962.7	28.9	21.2	1.9	4.8	3.8	17.3	3.3
	大兴安岭漠河	984.1	−41.0	73	969.4	29.1	20.8	1.5	4.4	3.9	20.1	3.4
	伊春	991.8	−31.3	73	978.5	29.8	22.5	3.5	6.4	4.2	17.0	3.3
	鹤岗	991.3	−25.3	63	979.5	29.9	22.7	3.7	6.6	4.2	15.0	3.2
	佳木斯	1011.3	−27.4	70	996.4	30.8	23.6	4.8	7.8	4.6	16.0	3.2
	鸡西	991.9	−24.4	64	979.7	30.5	23.2	4.3	7.3	4.4	14.7	3.1
	牡丹江	992.2	−25.8	69	978.9	31.0	23.5	4.7	7.6	4.6	15.2	3.2
	齐齐哈尔	1005.0	−27.2	67	987.9	31.1	23.5	4.7	7.6	4.6	15.9	3.2
	爱辉	1000.3	−35.0	72	985.8	28.7	22.3	3.2	6.2	3.8	18.4	3.3
	绥芬河	958.5	−26.0	65	951.0	27.3	22.2	3.1	6.0	3.3	14.8	3.2
	安达	1003.8	−29.0	71	987.3	31.1	23.9	5.2	8.2	4.6	16.5	3.2
	呼玛	1002.1	−36.9	78	985.0	30.0	22.0	2.8	5.8	4.3	19.1	3.4
	嫩江	994.3	−33.7	75	977.5	29.9	22.3	3.2	6.1	4.2	17.9	3.3
	孙吴	992.2	−33.8	67	977.8	29.3	22.2	3.1	6.0	4.0	17.9	3.3

续表

城市		冬季空调室外设计参数			夏季空调室外设计参数			夏季负荷			冬季负荷	
		气压	温度	湿度	气压	干球温度	湿球温度	等焓负荷(1000 m³/h)	等湿负荷(1000 m³/h)	等湿显热负荷(1000 m³/h)	加热量(1000 m³/h)	加湿量(1000 m³/h)
		P_d (hPa)	t_{dw} (℃)	φ_{dw} (%)	P_x (hPa)	t_{xw} (℃)	t_{xsw} (℃)	Q_i (kW)	Q_L (kW)	Q_{Lx} (kW)	Q (kW)	W (kg/h)
黑龙江	克山	995.3	−30.4	65	975.8	30.1	22.6	3.6	6.5	4.3	16.8	3.3
	富裕	1005.3	−29.6	77	985.0	30.7	23.1	4.2	7.1	4.5	16.7	3.2
	海伦	995.2	−30.6	70	976.1	29.7	22.8	3.8	6.8	4.1	16.9	3.3
	富锦	1013.9	−27.1	69	997.9	30.6	23.3	4.4	7.4	4.5	16.0	3.2
	肇州	1008.2	−27.3	77	985.9	32.2	24.8	6.4	9.3	5.0	16.0	3.2
	通河	1011.4	−29.5	75	991.9	30.0	24.0	5.3	8.3	4.3	16.8	3.2
	尚志	1003.1	−29.3	72	982.9	29.9	23.8	5.1	8.0	4.2	16.6	3.2
上海	上海徐家汇	1025.4	−2.2	75	1005.4	34.4	27.9	10.9	13.9	5.8	7.6	0.6
	崇明	1025.2	−4.0	79	1005.4	32.1	28.0	11.0	14.0	5.1	8.2	0.9
	金山	1025.1	−3.0	79	1005.2	33.8	28.2	11.3	14.3	5.6	7.9	0.7
江苏	南京	1025.5	−4.1	76	1004.3	34.8	28.1	11.2	14.2	6.0	8.3	1.0
	淮安淮阴	1025.0	−5.6	72	1003.9	33.4	28.1	11.2	14.2	5.5	8.8	1.4
	南通	1025.9	−3.0	75	1005.5	33.5	28.1	11.2	14.2	5.5	7.9	0.8
	徐州	1022.1	−5.9	66	1000.8	34.3	27.6	10.4	13.4	5.8	8.9	1.6
	连云港赣榆	1026.3	−6.4	67	1005.1	32.7	27.8	10.7	13.7	5.3	9.1	1.7
	常州	1026.1	−3.5	75	1005.3	34.6	28.1	11.2	14.2	5.9	8.1	0.9
	盐城射阳	1026.3	−5.0	74	1005.6	33.2	28.0	11.0	14.0	5.4	8.6	1.3
	扬州高邮	1026.2	−4.3	75	1005.2	34.0	28.3	11.5	14.5	5.7	8.3	1.1
	苏州吴中东山	1024.1	−2.5	77	1003.7	34.4	28.3	11.5	14.5	5.8	7.7	0.6
	连云港	1026.3	−8.0	66	1005.0	33.5	27.9	10.9	13.9	5.5	9.6	1.9
	武进	1025.9	−5.0	75	1004.9	34.6	28.6	12.0	15.0	5.9	8.6	1.2
	东台	1028.8	−4.0	74	1003.6	34.0	28.2	11.3	14.3	5.7	8.3	1.1
	吕四	1027.5	−2.5	80	1004.0	33.3	28.0	11.0	14.0	5.5	7.7	0.5
浙江	杭州	1021.1	−2.4	76	1000.9	35.6	27.9	10.8	13.8	6.2	7.6	0.6
	舟山定海	1021.2	−0.5	74	1004.3	32.2	27.5	10.3	13.3	5.1	7.0	0.3
	宁波鄞州	1025.7	−1.5	79	1005.9	35.1	28.0	11.0	14.0	6.1	7.4	0.3
	金华	1017.9	−1.7	78	998.6	36.2	27.6	10.4	13.4	6.4	7.4	0.4
	衢州	1017.1	−1.1	80	997.8	35.8	27.7	10.5	13.5	6.3	7.2	0.2

续表

城市		冬季 空调室外设计参数			夏季 空调室外设计参数			夏季负荷			冬季负荷	
		气压	温度	湿度	气压	干球温度	湿球温度	等焓负荷（1000 m^3/h）	等湿负荷（1000 m^3/h）	等湿显热负荷（1000 m^3/h）	加热量（1000 m^3/h）	加湿量（1000 m^3/h）
		P_d (hPa)	t_{dw} (℃)	φ_{dw} (%)	P_x (hPa)	t_{xw} (℃)	t_{xsw} (℃)	Q_i (kW)	Q_L (kW)	Q_{Lx} (kW)	Q (kW)	W (kg/h)
浙江	温州	1023.7	1.4	76	1007.0	33.8	28.3	11.5	14.5	5.6	6.4	−0.3
	嘉兴平湖	1025.4	−2.6	81	1005.3	33.5	28.3	11.5	14.5	5.5	7.7	0.5
	绍兴嵊州	1012.9	−2.6	76	994.0	35.8	27.7	10.5	13.5	6.2	7.7	0.7
	台州玉环	1012.9	0.1	72	997.3	30.3	27.3	10.0	13.0	4.4	6.7	0.2
	丽水	1017.9	−0.7	77	999.2	36.8	27.7	10.5	13.5	6.6	7.0	0.2
	洪家	1024.1	0.0	80	1005.9	33.3	28.6	12.0	15.0	5.5	6.8	−0.2
安徽	合肥	1022.3	−4.2	76	1001.2	35.0	28.1	11.2	14.2	6.0	8.3	1.0
	蚌埠	1024.0	−5.0	71	1002.6	35.4	28.0	11.0	14.0	6.2	8.6	1.4
	亳州	1021.9	−5.7	68	1000.4	35.0	27.8	10.7	13.7	6.0	8.8	1.6
	芜湖	1024.3	−3.5	77	1003.1	35.3	27.7	10.5	13.5	6.1	8.0	0.9
	安庆	1023.3	2.9	75	1002.3	35.3	28.1	11.2	14.2	6.1	5.8	−0.7
	六安	1019.3	−4.6	76	998.2	35.5	28.0	11.0	14.0	6.2	8.4	1.1
	滁州	1022.9	−4.2	73	1001.8	34.5	28.2	11.3	14.3	5.9	8.3	1.1
	阜阳	1022.5	−5.2	71	1000.8	35.2	28.1	11.2	14.2	6.1	8.6	1.4
	宿州	1023.9	−5.6	68	1002.3	35.0	27.8	10.7	13.7	6.0	8.8	1.5
	巢湖	1023.8	−3.8	75	1002.5	35.3	28.4	11.6	14.6	6.1	8.1	1.0
	宁城宁国	1015.7	−4.1	79	995.8	36.1	27.4	10.1	13.1	6.4	8.2	0.9
	黄山	817.4	−13.0	63	814.3	22.0	19.2	0.1	2.6	1.3	9.0	2.5
	屯溪	1007.6	−4.0	78	988.9	35.4	27.4	10.1	13.0	6.1	8.1	0.9
	寿县	1025.2	−5.5	71	1000.5	34.2	28.7	12.1	15.1	5.7	8.7	1.4
	霍山	1019.5	−4.0	86	995.3	35.6	28.1	11.2	14.1	6.2	8.2	0.7
	桐城	1017.9	−2.9	73	994.2	36.5	29.0	12.6	15.6	6.5	7.8	0.9
福建	厦门	1006.5	6.6	79	994.5	33.5	27.5	10.2	13.2	5.5	4.5	−2.3
	福州	1012.9	4.4	74	996.6	35.9	28.0	11.0	14.0	6.3	5.3	−1.1
	南平	1008.0	2.1	78	991.5	36.1	27.1	9.6	12.6	6.3	6.0	−0.6
	漳州	1018.1	7.1	76	1003.0	35.2	27.6	10.4	13.4	6.1	4.4	−2.2
	三明泰宁	982.4	−1.0	86	967.3	34.6	26.5	8.8	11.7	5.7	6.9	−0.1
	龙岩	981.1	3.7	73	968.1	34.6	25.5	7.3	10.2	5.7	5.3	−0.8
	宁德屏南	921.7	−1.7	82	911.6	30.9	23.8	5.1	7.9	4.2	6.7	0.2
	建阳	1001.6	0.0	82	985.4	35.6	27.6	10.4	13.3	6.1	6.7	−0.2

续表

城市		冬季空调室外设计参数			夏季空调室外设计参数			夏季负荷			冬季负荷	
		气压	温度	湿度	气压	干球温度	湿球温度	等焓负荷(1000 m^3/h)	等湿负荷(1000 m^3/h)	等湿显热负荷(1000 m^3/h)	加热量(1000 m^3/h)	加湿量(1000 m^3/h)
		P_d (hPa)	t_{dw} (℃)	φ_{dw} (%)	P_x (hPa)	t_{xw} (℃)	t_{xsw} (℃)	Q_i (kW)	Q_L (kW)	Q_{Lx} (kW)	Q (kW)	W (kg/h)
福建	永安	997.8	1.0	80	982.6	35.7	26.7	9.0	12.0	6.1	6.3	-0.4
	上杭	997.8	2.0	73	983.4	34.6	26.7	9.0	12.0	5.8	6.0	-0.4
	建瓯	1005.5	1.2	83	988.2	36.1	27.4	10.1	13.0	6.3	6.3	-0.6
	崇武	1019.7	6.3	74	1002.6	31.1	27.2	9.8	12.8	4.7	4.7	-1.8
江西	南昌	1019.5	-1.5	77	999.5	35.5	28.2	11.3	14.3	6.2	7.3	0.4
	九江	1021.7	-2.3	77	1000.7	35.8	27.8	10.7	13.7	6.3	7.6	0.6
	景德镇	1017.9	-1.4	78	998.5	36.0	27.7	10.5	13.5	6.3	7.3	0.3
	吉安	1015.4	-0.5	81	996.3	35.9	27.6	10.4	13.4	6.3	7.0	-0.1
	赣州	1008.7	0.5	77	991.2	35.4	27.0	9.5	12.4	6.1	6.6	-0.2
	宜春	1009.4	-0.8	81	990.4	35.4	27.4	10.1	13.0	6.1	7.0	0.0
	上饶玉山	1011.4	-1.2	80	992.9	36.1	27.4	10.1	13.0	6.3	7.2	0.2
	抚州广昌	1006.7	-0.6	81	989.2	35.7	27.1	9.6	12.6	6.2	6.9	0.0
	鹰潭贵溪	1018.7	-0.6	78	999.3	36.4	27.6	10.4	13.4	6.5	7.0	0.1
	萍乡	1012.4	-2.0	83	993.3	35.4	27.8	10.7	13.7	6.1	7.4	0.3
	遂州	1009.8	0.1	85	990.5	36.1	27.6	10.4	13.3	6.3	6.7	-0.4
	德兴	1019.0	-2.0	82	999.9	36.0	27.9	10.8	13.8	6.3	7.5	0.3
	南城	1015.3	-0.9	90	995.2	35.3	27.8	10.7	13.7	6.1	7.1	-0.3
山东	济南	1019.1	-7.7	53	997.9	34.7	26.8	9.2	12.2	5.9	9.4	2.2
	烟台	1021.1	-8.1	59	1001.2	31.1	25.4	7.2	10.2	4.7	9.6	2.1
	德州	1025.5	-9.1	60	1002.8	34.2	26.9	9.3	12.3	5.8	10.0	2.2
	淄博	1023.7	-10.3	61	1001.4	34.6	26.7	9.0	12.0	5.9	10.4	2.3
	潍坊	1022.1	-9.3	63	1000.9	34.2	26.9	9.3	12.3	5.7	10.0	2.2
	青岛	1017.4	-7.2	63	1000.4	29.4	26.0	8.1	11.1	4.1	9.3	1.9
	菏泽	1021.5	-7.2	68	999.4	34.4	27.4	10.1	13.1	5.8	9.3	1.8
	临沂	1017.0	-6.8	62	996.4	33.3	27.2	9.8	12.8	5.4	9.1	1.9
	滨州惠民	1026.0	-10.2	62	1003.9	34.0	27.2	9.8	12.8	5.7	10.4	2.3
	济宁兖州	1020.8	-7.6	66	999.4	34.1	27.4	10.1	13.1	5.7	9.4	1.9
	日照	1024.8	-6.5	61	1006.6	30.0	26.8	9.2	12.2	4.4	9.1	1.9
	威海	1020.9	-7.7	61	1001.8	30.2	25.7	7.6	10.6	4.4	9.5	2.0
	泰安	1011.2	-9.4	60	990.5	33.1	26.5	8.8	11.7	5.3	9.9	2.2

续表

城市		冬季 空调室外设计参数			夏季 空调室外设计参数			夏季负荷			冬季负荷	
		气压	温度	湿度	气压	干球温度	湿球温度	等焓负荷（1000 m³/h）	等湿负荷（1000 m³/h）	等湿显热负荷（1000 m³/h）	加热量（1000 m³/h）	加湿量（1000 m³/h）
		P_{d} (hPa)	t_{dw} (℃)	φ_{dw} (%)	P_{x} (hPa)	t_{xw} (℃)	t_{xsw} (℃)	Q_i (kW)	Q_{L} (kW)	Q_{Lx} (kW)	Q (kW)	W (kg/h)
山东	东营	1026.6	−9.2	62	1004.9	34.2	26.8	9.2	12.2	5.8	10.0	2.2
山东	莱阳	1022.3	−11.0	69	1002.3	32.1	26.7	9.1	12.1	5.0	10.6	2.2
山东	龙口	1029.1	−7.9	67	1003.6	32.0	26.7	9.1	12.1	5.0	9.6	1.9
山东	荣成	1022.7	−7.1	63	1002.3	27.3	25.4	7.2	10.2	3.4	9.3	1.9
山东	朝阳	1024.6	−8.9	79	997.7	34.6	27.6	10.4	13.4	5.9	9.9	1.8
山东	莒县	1016.2	−8.8	55	990.8	32.7	27.3	9.9	12.9	5.2	9.8	2.3
河南	郑州	1013.3	−6.0	61	992.3	34.9	27.4	10.1	13.1	5.9	8.8	1.8
河南	安阳	1017.9	−7.0	60	996.6	34.7	27.3	9.9	12.9	5.9	9.2	2.0
河南	新乡	1017.9	−5.8	61	996.6	34.4	27.6	10.4	13.4	5.8	8.8	1.8
河南	三门峡	977.6	−6.2	55	959.3	34.8	25.7	7.6	10.5	5.7	8.6	2.0
河南	开封	1018.2	−6.0	63	996.8	34.4	27.6	10.4	13.4	5.8	8.9	1.7
河南	洛阳	1009.0	−5.1	59	988.2	35.4	26.9	9.3	12.3	6.1	8.5	1.7
河南	商丘	1020.8	−6.3	69	999.4	34.6	27.9	10.9	13.8	5.9	9.0	1.6
河南	许昌	1018.6	−5.5	64	997.2	35.1	27.9	10.8	13.8	6.0	8.7	1.6
河南	南阳	1011.2	−4.5	70	990.4	34.3	27.8	10.7	13.7	5.7	8.3	1.3
河南	驻马店	1016.7	−5.5	69	995.4	35.0	27.8	10.7	13.7	6.0	8.7	1.5
河南	信阳	1014.3	−4.6	72	993.4	34.5	27.6	10.4	13.4	5.8	8.3	1.2
河南	周口西华	1020.6	−5.7	68	999.0	35.0	28.1	11.2	14.2	6.0	8.8	1.6
	平顶山	1016.3	−7.0	60	994.8	35.5	28.0	11.0	14.0	6.1	9.2	2.0
	卢氏	959.3	−6.5	62	938.5	33.9	25.9	7.9	10.7	5.3	8.5	1.8
湖北	武汉	1023.5	−2.6	77	1002.1	35.2	28.4	11.6	14.6	6.1	7.7	0.7
湖北	宜昌	1010.4	−1.1	74	990.0	35.6	27.8	10.7	13.7	6.1	7.1	0.4
湖北	荆门钟祥	1018.7	−2.4	74	997.5	34.5	28.2	11.3	14.3	5.8	7.6	0.7
湖北	黄冈麻城	1019.5	−2.5	74	998.8	35.5	28.0	11.0	14.0	6.2	7.7	0.7
湖北	恩施	970.3	0.4	84	954.6	34.3	26.0	8.0	10.9	5.5	6.4	−0.5
湖北	荆州	1022.4	−1.9	77	1000.9	34.7	28.5	11.8	14.8	5.9	7.5	0.5
湖北	襄樊枣阳	1011.4	−3.7	71	990.8	34.7	27.6	10.4	13.4	5.9	8.0	1.1
湖北	十堰房县	974.1	−3.4	71	956.8	34.4	26.3	8.5	11.3	5.6	7.6	1.0
湖北	咸宁嘉鱼	1022.1	−2.0	79	1000.9	35.7	28.5	11.8	14.8	6.3	7.5	0.4
湖北	随州广水	1015.0	−3.5	71	994.1	34.9	28.0	11.0	14.0	5.9	8.0	1.1

续表

城市		冬季空调室外设计参数			夏季空调室外设计参数			夏季负荷			冬季负荷	
		气压	温度	湿度	气压	干球温度	湿球温度	等焓负荷（1000 m³/h）	等湿负荷（1000 m³/h）	等湿显热负荷（1000 m³/h）	加热量（1000 m³/h）	加湿量（1000 m³/h）
		P_d (hPa)	t_{dw} (℃)	φ_{dw} (%)	P_x (hPa)	t_{xw} (℃)	t_{xsw} (℃)	Q_i (kW)	Q_L (kW)	Q_{Lx} (kW)	Q (kW)	W (kg/h)
湖北	黄石	1023.4	−1.4	79	1002.5	35.8	28.3	11.5	14.5	6.3	7.3	0.3
	光化	1015.2	−6.0	73	993.5	35.0	28.0	11.0	14.0	6.0	8.8	1.5
	江陵	1021.9	−4.0	77	1000.0	34.6	28.5	11.8	14.8	5.9	8.2	1.0
	郧西	998.0	−1.4	78	975.2	36.0	28.7	12.1	15.0	6.2	7.1	0.3
	老河口	1016.1	−2.9	73	991.4	35.0	28.1	11.2	14.1	6.0	7.8	0.9
	鄂州	971.3	0.7	82	953.9	34.3	26.4	8.6	11.5	5.5	6.3	−0.4
湖南	长沙马坡岭	1019.6	−1.9	83	999.2	35.8	27.7	10.5	13.5	6.3	7.5	0.3
	岳阳	1019.5	−2.0	78	998.7	34.1	28.3	11.5	14.5	5.7	7.5	0.5
	常德	1022.3	−1.6	80	1000.8	35.4	28.6	11.9	14.9	6.1	7.4	0.3
	怀化芷江	991.9	−1.1	80	974.0	34.0	26.8	9.2	12.1	5.5	7.0	0.2
	湘西州吉首	1000.5	−0.6	79	981.3	34.8	27.0	9.5	12.4	5.8	6.9	0.1
	邵阳	995.1	−1.2	80	976.9	34.8	26.8	9.2	12.1	5.8	7.0	0.2
	衡阳	1012.6	−0.9	81	993.0	36.0	27.7	10.5	13.5	6.3	7.1	0.1
	永州零陵	1012.6	−1.0	81	993.0	34.9	26.9	9.3	12.3	5.9	7.1	0.1
	张家界桑植	987.3	0.9	78	969.2	34.7	26.9	9.3	12.2	5.7	6.3	−0.3
	益阳沅江	1021.5	−1.6	81	1000.4	35.1	28.4	11.6	14.6	6.0	7.4	0.3
	娄底双峰	1013.2	−1.6	82	993.4	35.6	27.5	10.2	13.2	6.2	7.3	0.2
	郴州	1002.2	−1.1	84	984.3	35.6	26.7	9.0	12.0	6.1	7.1	0.0
	株洲	1015.7	−2.0	79	995.5	36.1	27.6	10.4	13.4	6.4	7.5	0.4
	石门	1012.6	−1.5	65	989.2	35.4	27.8	10.7	13.7	6.1	7.3	0.9
	南县	1022.6	−1.8	76	998.3	34.5	28.7	12.1	15.1	5.8	7.5	0.5
	武冈	984.2	−1.4	85	966.1	34.2	26.5	8.8	11.7	5.5	7.0	0.0
	永州	1004.3	−0.9	87	986.2	34.9	27.0	9.5	12.4	5.9	7.0	−0.2
	常宁	1012.0	−0.6	87	991.8	36.5	27.8	10.7	13.7	6.5	7.0	−0.3
广东	广州	1019.0	5.2	72	1004.0	34.2	27.8	10.7	13.7	5.8	5.0	−1.3
	韶关	1014.5	2.6	75	997.6	35.4	27.3	9.9	12.9	6.1	5.9	−0.6
	阳江	1016.9	6.8	74	1002.6	33.0	27.8	10.7	13.7	5.4	4.5	−2.0
	深圳	1016.6	6.0	72	1002.4	33.7	27.5	10.2	13.2	5.6	4.8	−1.5

续表

省	城市	冬季空调室外设计参数			夏季空调室外设计参数			夏季负荷			冬季负荷	
		气压	温度	湿度	气压	干球温度	湿球温度	等焓负荷（1000 m^3/h）	等湿负荷（1000 m^3/h）	等湿显热负荷（1000 m^3/h）	加热量（1000 m^3/h）	加湿量（1000 m^3/h）
		P_d（hPa）	t_{dw}（℃）	φ_{dw}（%）	P_x（hPa）	t_{xw}（℃）	t_{xsw}（℃）	Q_i（kW）	Q_L（kW）	Q_{Lx}（kW）	Q（kW）	W（kg/h）
广东	江门台山	1016.3	5.2	75	1001.8	33.6	27.6	10.4	13.4	5.6	5.0	−1.5
	茂名信宜	1009.3	6.0	74	995.2	34.3	27.6	10.4	13.4	5.7	4.7	−1.7
	肇庆高要	1019.0	6.0	68	1003.7	34.6	27.8	10.7	13.7	5.9	4.8	−1.3
	惠州惠阳	1017.9	4.8	71	1003.2	34.1	27.6	10.4	13.4	5.7	5.2	−1.1
	梅州	1011.3	4.3	77	996.3	35.1	27.2	9.8	12.8	6.0	5.3	−1.3
	湛江	1015.5	7.5	81	1001.3	33.9	28.1	11.2	14.2	5.6	4.2	−2.8
	汕头	1020.2	7.1	78	1005.7	33.2	27.7	10.6	13.6	5.4	4.4	−2.4
	汕尾	1019.3	7.3	73	1005.3	32.2	27.8	10.7	13.7	5.1	4.3	−2.1
	河源	1016.3	3.9	70	1000.9	34.5	27.5	10.2	13.2	5.8	5.5	−0.7
	清远连州	1011.1	1.8	77	993.8	35.1	27.4	10.1	13.1	6.0	6.1	−0.5
	揭阳惠来	1018.7	8.0	74	1004.6	32.8	27.6	10.4	13.4	5.3	4.1	−2.4
	香港	1019.5	8.0	71	1005.6	32.4	27.3	10.0	13.0	5.2	4.1	−2.2
	南雄	1007.5	1.7	77	991.0	35.0	27.2	9.8	12.7	6.0	6.2	−0.5
	增城	1020.1	5.6	75	1004.6	34.0	27.9	10.9	13.9	5.7	4.9	−1.6
	电白	1018.0	8.1	74	1004.4	33.2	28.2	11.3	14.3	5.4	4.0	−2.5
广西	南宁	1011.0	5.7	78	995.5	34.5	27.9	10.9	13.8	5.8	4.8	−1.8
	玉林	1009.9	5.1	79	995.0	34.0	27.8	10.7	13.7	5.6	5.0	−1.7
	防城港东兴	1016.2	8.6	81	1001.4	33.5	28.5	11.8	14.8	5.5	3.9	−3.3
	来宾	1010.8	3.6	75	994.4	34.6	27.7	10.5	13.5	5.8	5.5	−0.9
	贺州	1009.0	1.9	78	992.4	35.0	27.5	10.2	13.2	6.0	6.1	−0.6
	河池	995.9	4.3	75	980.1	34.6	27.1	9.6	12.6	5.8	5.2	−1.2
	崇左龙州	1004.0	7.3	79	989.0	35.0	28.1	11.2	14.1	5.9	4.3	−2.5
	钦州	1019.0	5.8	77	1003.5	33.6	28.3	11.5	14.5	5.6	4.8	−1.8
	桂林	1003.0	1.1	74	986.1	34.2	27.3	9.9	12.9	5.7	6.3	−0.2
	柳州	1009.9	3.0	75	993.2	34.8	27.5	10.2	13.2	5.9	5.7	−0.7
	百色	998.8	7.1	76	983.6	36.1	27.9	10.8	13.8	6.3	4.3	−2.2
	梧州	1006.9	3.6	76	991.6	34.8	27.9	10.8	13.8	5.9	5.5	−1.0
	北海	1017.3	6.2	79	1002.5	33.1	28.2	11.3	14.3	5.4	4.7	−2.1
	都安	1000.3	5.1	78	984.2	34.3	27.6	10.4	13.3	5.7	5.0	−1.6

续表

城市		冬季空调室外设计参数			夏季空调室外设计参数			夏季负荷			冬季负荷	
		气压	温度	湿度	气压	干球温度	湿球温度	等焓负荷(1000 m³/h)	等湿负荷(1000 m³/h)	等湿显热负荷(1000 m³/h)	加热量(1000 m³/h)	加湿量(1000 m³/h)
		P_d (hPa)	t_{dw} (℃)	φ_{dw} (%)	P_x (hPa)	t_{xw} (℃)	t_{xsw} (℃)	Q_i (kW)	Q_L (kW)	Q_{Lx} (kW)	Q (kW)	W (kg/h)
广西	桂平	1015.9	5.2	86	1000.0	34.4	27.8	10.7	13.7	5.8	5.0	−2.2
	灵山	1012.4	4.6	84	996.9	33.9	27.8	10.7	13.7	5.6	5.2	−1.8
重庆	重庆	980.6	2.2	83	963.8	35.5	26.5	8.8	11.6	6.0	5.8	−0.9
	万州	1001.1	2.9	85	982.3	36.5	27.9	10.8	13.8	6.4	5.7	−1.3
	酉阳	945.7	−1.8	72	930.9	32.2	25.0	6.7	9.5	4.7	6.9	0.7
	奉节	1018.7	0.0	71	997.5	34.3	25.4	7.2	10.2	5.8	6.8	0.3
四川	成都	963.7	1.0	83	948.0	31.8	26.4	8.6	11.5	4.7	6.1	−0.6
	甘孜州康定	741.6	−8.3	65	742.4	22.8	16.3	−2.4	1.4	1.4	7.0	2.0
	凉山州西昌	838.5	2.0	52	834.9	30.7	21.8	2.8	5.3	3.8	5.0	0.7
	遂宁	990.0	2.0	86	972.0	34.7	27.5	10.2	13.1	5.7	6.0	−1.0
	内江	980.9	2.1	83	963.9	34.3	27.1	9.6	12.5	5.6	5.9	−0.9
	泸州	983.0	2.6	67	965.8	34.6	27.1	9.6	12.5	5.7	5.7	−0.2
	广元	965.4	0.5	64	949.4	33.3	25.8	7.8	10.6	5.2	6.3	0.5
	南充南坪区	986.7	1.9	85	969.1	35.3	27.1	9.6	12.5	5.9	6.0	−1.0
	宜宾	982.4	2.8	85	965.4	33.8	27.3	9.9	12.8	5.4	5.6	−1.2
	绵阳	967.3	0.7	79	951.2	32.6	26.4	8.6	11.5	4.9	6.2	−0.3
	达州	985.0	2.1	82	967.5	35.4	27.1	9.6	12.5	5.9	5.9	−0.9
	雅安	949.7	1.1	80	935.4	32.1	25.8	7.8	10.6	4.7	6.0	−0.5
	巴中	979.9	1.5	82	962.7	34.5	26.9	9.3	12.2	5.6	6.1	−0.7
	资阳	980.3	1.3	84	962.9	33.7	26.7	9.1	11.9	5.4	6.1	−0.7
	阿坝州马尔康	733.3	−6.1	48	734.7	27.3	17.3	−1.5	2.5	2.5	6.4	2.2
	乐山	972.7	2.2	82	956.4	32.8	26.6	8.9	11.8	5.0	5.8	−0.9
	理塘	627.9	−13.3	74	631.1	18.6	11.4	−5.7	0.3	0.3	7.0	2.4
	马尔康	736.0	−5.9	39	734.2	27.3	17.3	−1.5	2.5	2.5	6.4	2.4
	红原	660.6	−18.8	73	666.4	20.0	13.2	−4.6	0.6	0.6	8.6	2.8
	松潘	720.0	−9.3	61	721.0	24.2	15.4	−3.1	1.7	1.7	7.1	2.2
	九龙(岳池)	712.3	−2.9	44	713.5	24.9	15.4	−3.1	1.9	1.9	5.5	1.9

续表

城市		冬季 空调室外设计参数			夏季 空调室外设计参数			夏季负荷			冬季负荷	
		气压	温度	湿度	气压	干球温度	湿球温度	等焓负荷(1000 m³/h)	等湿负荷(1000 m³/h)	等湿显热负荷(1000 m³/h)	加热量(1000 m³/h)	加湿量(1000 m³/h)
		P_{d} (hPa)	t_{dw} (℃)	φ_{dw} (%)	P_{x} (hPa)	t_{xw} (℃)	t_{xsw} (℃)	Q_{i} (kW)	Q_{L} (kW)	Q_{Lx} (kW)	Q (kW)	W (kg/h)
四川	会理	822.7	2.7	74	815.7	28.0	20.9	1.9	4.3	3.0	4.8	−0.6
	万源	944.0	−0.5	63	930.6	33.3	24.9	6.6	9.3	5.1	6.5	0.7
贵州	贵阳	897.4	−2.5	80	887.8	30.1	23.0	4.2	6.8	3.9	6.7	0.5
	遵义	924.0	−1.7	83	911.8	31.8	24.3	5.8	8.5	4.5	6.7	0.2
	毕节	850.9	−3.5	87	844.2	29.2	21.8	2.8	5.4	3.4	6.7	0.5
	安顺	863.1	−3.0	84	856.0	27.7	21.8	2.8	5.4	3.0	6.6	0.5
	铜仁	991.3	−0.5	76	973.1	35.3	26.7	9.0	12.0	5.9	6.8	0.2
	六盘水盘县	849.6	−1.4	79	843.8	29.3	21.6	2.6	5.1	3.5	6.1	0.3
	黔东南州凯里	938.3	−2.3	80	925.2	32.1	24.5	6.0	8.8	4.7	7.0	0.5
	黔西南州兴仁	864.4	−1.3	84	857.5	28.7	22.2	3.3	5.8	3.3	6.2	0.1
	思南	973.2	0.0	76	956.6	34.9	26.2	8.3	11.2	5.7	6.5	0.0
	威宁	777.4	−7.0	78	775.8	24.5	18.5	−0.5	1.9	1.9	7.0	1.5
	独山	905.2	−4.0	80	895.4	28.9	23.4	4.7	7.4	3.5	7.3	0.9
	桐梓	909.2	−1.7	81	898.6	31.3	24.0	5.4	8.1	4.3	6.6	0.3
	三穗	951.2	−2.7	79	936.2	32.0	25.4	7.2	10.0	4.7	7.2	0.6
	兴义	864.6	−1.0	94	857.8	28.7	22.2	3.3	5.8	3.3	6.1	−0.5
云南	昆明	811.9	0.9	68	808.2	26.2	20.0	0.9	3.4	2.5	5.2	0.2
	保山	835.7	5.6	69	830.3	27.1	20.9	1.9	4.3	2.8	4.0	−1.2
	昭通	805.3	−5.2	74	802.0	27.3	19.5	0.4	2.8	2.7	6.8	1.3
	普洱思茅	871.8	7.0	78	865.3	29.7	22.1	3.1	5.7	3.7	3.8	−2.3
	红河州蒙自	865.0	4.5	72	871.4	30.7	22.0	3.0	5.6	4.0	4.5	−1.0
	西双版纳州景洪	951.3	10.5	85	942.7	34.7	25.7	7.6	10.5	5.6	3.0	−4.6
	楚雄	823.3	3.2	75	818.8	28.0	20.1	1.0	3.5	3.0	4.6	−0.8
	临沧	851.2	7.7	65	845.4	28.6	21.3	2.3	4.8	3.3	3.5	−1.6
	文山州	875.4	3.4	77	868.2	30.4	22.1	3.1	5.7	3.9	4.9	−1.0
	曲靖沾益	810.9	−1.6	67	807.6	27.0	19.8	0.7	3.2	2.7	5.9	0.8
	玉溪	837.2	3.4	73	832.1	28.2	20.8	1.7	4.2	3.1	4.6	−0.8

续表

城市		冬季 空调室外设计参数			夏季 空调室外设计参数			夏季负荷			冬季负荷	
		气压	温度	湿度	气压	干球温度	湿球温度	等焓负荷(1000 m^3/h)	等湿负荷(1000 m^3/h)	等湿显热负荷(1000 m^3/h)	加热量(1000 m^3/h)	加湿量(1000 m^3/h)
		P_d (hPa)	t_{dw} (℃)	φ_{dw} (%)	P_x (hPa)	t_{xw} (℃)	t_{xsw} (℃)	Q_i (kW)	Q_L (kW)	Q_{Lx} (kW)	Q (kW)	W (kg/h)
云南	大理	802.0	3.5	66	798.7	26.2	20.2	1.2	3.6	2.4	4.4	−0.4
	德宏州瑞丽	927.6	9.9	78	918.6	31.4	24.5	6.0	8.8	4.4	3.1	−3.6
	怒江州泸水	820.9	5.6	56	816.2	26.7	20.0	0.9	3.4	2.6	3.9	−0.3
	迪庆州香格里拉	684.5	−8.6	60	685.8	20.8	13.8	−4.2	0.8	0.8	6.5	2.2
	丽江	762.6	1.3	46	761.0	25.6	18.1	−0.8	2.2	2.2	4.8	1.2
	腾冲	836.7	4.0	71	831.3	25.4	20.7	1.6	4.1	2.3	4.5	−0.8
	德钦	660.0	−6.4	60	681.9	19.4	13.5	−4.5	0.5	0.5	5.8	1.9
	澜沧	899.0	9.1	79	891.1	31.8	23.1	4.3	7.0	4.4	3.3	−3.3
	元江	972.0	10.5	74	956.6	36.7	26.6	8.9	11.8	6.3	3.1	−3.5
	勐腊	945.2	9.6	87	934.9	33.0	25.4	7.2	10.0	5.0	3.3	−4.3
西藏	拉萨	650.6	−7.6	28	652.9	24.1	13.5	−4.3	1.5	1.5	6.0	2.8
	那曲	583.9	−21.9	40	589.1	17.2	9.1	−7.0	0.0	0.0	8.2	3.2
	昌都	679.9	−7.6	37	681.7	26.2	15.1	−3.2	2.1	2.1	6.3	2.6
	林芝	706.5	−3.7	49	706.2	22.9	15.6	−2.9	1.4	1.4	5.6	1.8
	阿里地区狮泉河	602.0	−24.5	37	604.8	22.0	9.5	−6.8	1.0	1.0	9.0	3.3
	山南地区错那	598.3	−18.2	64	602.7	13.2	8.7	−7.3	−0.8	−0.8	7.6	2.9
	日喀则	636.1	−9.1	28	638.5	22.6	13.4	−4.3	1.2	1.2	6.2	2.9
	索县	617.1	−21.0	39	620.4	18.7	11.1	−5.9	0.3	0.3	8.5	3.2
陕西	西安	979.1	−5.7	66	959.8	35.0	25.8	7.8	10.6	5.8	8.4	1.6
	榆林	902.2	−19.3	55	889.9	32.2	21.5	2.4	5.1	4.5	11.9	3.0
	延安	913.8	−13.3	53	900.7	32.4	22.8	3.9	6.6	4.6	10.2	2.7
	宝鸡	953.7	−5.8	62	936.9	34.1	24.6	6.1	9.0	5.3	8.2	1.7
	汉中	964.3	−1.8	80	947.8	32.3	26.0	8.1	10.9	4.8	7.0	0.3
	安康	990.6	−0.9	71	971.7	35.0	26.8	9.2	12.1	5.8	6.9	0.5
	铜川	911.1	−9.8	55	898.4	31.5	23.0	4.2	6.9	4.3	9.1	2.4
	商洛商州	937.7	−5.0	59	923.3	32.9	24.3	5.8	8.5	4.9	7.8	1.7
	定边	868.0	−18.3	69	856.6	33.2	22.6	3.7	6.3	4.6	11.1	2.8

续表

城市		冬季空调室外设计参数			夏季空调室外设计参数			夏季负荷			冬季负荷	
		气压	温度	湿度	气压	干球温度	湿球温度	等焓负荷（1000 m³/h）	等湿负荷（1000 m³/h）	等湿显热负荷（1000 m³/h）	加热量（1000 m³/h）	加湿量（1000 m³/h）
		P_d (hPa)	t_{dw} (℃)	φ_{dw} (%)	P_x (hPa)	t_{xw} (℃)	t_{xsw} (℃)	Q_i (kW)	Q_L (kW)	Q_{Lx} (kW)	Q (kW)	W (kg/h)
陕西	绥德	918.7	-15.1	67	902.2	33.1	22.5	3.5	6.3	4.8	10.8	2.6
	洛川	891.6	-12.1	54	878.2	30.0	22.0	3.0	5.6	3.8	9.6	2.6
海南	三亚	1016.2	15.8	73	1005.6	32.8	28.1	11.2	14.2	5.3	1.4	-6.3
	海口	1016.4	10.3	86	1002.8	35.1	28.1	11.2	14.2	6.1	3.3	-4.6
	西沙	1014.8	19.0	78	1005.0	32.0	28.3	11.5	14.5	5.0	0.3	-9.4
	东方	1017.9	11.7	80	1004.0	33.2	28.0	11.0	14.0	5.4	2.8	-4.7
	琼海	1016.5	11.1	87	1002.4	34.8	28.4	11.6	14.6	6.0	3.0	-5.1
甘肃	兰州	851.5	-11.5	54	843.2	31.2	20.1	1.0	4.0	4.0	9.0	2.6
	酒泉	856.3	-18.5	53	847.2	30.5	19.6	0.4	3.8	3.8	11.0	3.0
	平凉	870.0	-12.3	55	860.8	29.8	21.3	2.2	4.8	3.7	9.4	2.6
	天水	892.4	-8.4	62	881.2	30.8	21.8	2.8	5.4	4.1	8.5	2.1
	陇南武都	898.0	-2.3	51	887.3	32.6	22.3	3.3	6.0	4.6	6.7	1.6
	张掖	855.5	-17.1	52	846.5	31.7	19.5	0.3	4.1	4.1	10.6	2.9
	白银靖远	864.5	-13.9	58	855.0	30.9	21.0	1.9	4.5	4.0	9.8	2.7
	金昌永昌	802.8	-18.2	45	798.9	27.3	17.2	-1.8	2.7	2.7	10.3	3.1
	庆阳西峰镇	861.8	-12.9	53	853.5	28.7	20.6	1.5	4.0	3.3	9.5	2.7
	定西临洮	812.6	-15.2	62	808.1	27.7	19.2	0.1	2.9	2.9	9.6	2.7
	武威	850.3	-16.3	49	841.8	30.9	19.6	0.4	3.9	3.9	10.3	2.9
	临夏	809.4	-13.4	59	805.1	26.9	19.4	0.3	2.7	2.6	9.0	2.6
	甘南州合作	713.2	-16.6	49	716.0	22.3	14.5	-3.8	1.2	1.2	8.7	2.9
	敦煌	893.3	-17.0	50	879.6	34.1	20.0	0.8	5.0	5.0	11.1	3.0
	山丹	825.2	-21.0	55	819.1	30.3	17.0	-2.0	3.6	3.6	11.3	3.1
	玉门镇	851.1	-19.1	60	839.8	30.7	18.0	-1.2	3.8	3.8	11.1	3.0
	民勤	869.9	-17.1	54	855.7	33.0	19.3	0.1	4.6	4.6	10.8	2.9
	乌鞘岭	697.7	-20.5	48	705.0	19.1	12.4	-5.4	0.5	0.5	9.5	3.1
	榆中	813.7	-14.7	72	806.2	27.9	18.7	-0.4	2.9	2.9	9.4	2.6
	岷县	769.3	-12.5	65	767.9	24.8	17.5	-1.4	2.0	2.0	8.4	2.5

续表

城市		冬季空调室外设计参数			夏季空调室外设计参数			夏季负荷			冬季负荷	
		气压	温度	湿度	气压	干球温度	湿球温度	等焓负荷（1000 m^3/h）	等湿负荷（1000 m^3/h）	等湿显热负荷（1000 m^3/h）	加热量（1000 m^3/h）	加湿量（1000 m^3/h）
		P_d（hPa）	t_{dw}（℃）	φ_{dw}（%）	P_x（hPa）	t_{xw}（℃）	t_{xsw}（℃）	Q_i（kW）	Q_L（kW）	Q_{Lx}（kW）	Q（kW）	W（kg/h）
青海	西宁	774.4	−13.6	45	772.9	26.5	16.6	−2.2	2.4	2.4	8.7	2.8
青海	海西州格尔木	723.5	−15.7	39	724.0	26.9	13.3	−4.8	2.4	2.4	8.6	3.0
青海	黄南州河南	663.1	−22.0	55	668.4	19.0	12.4	−5.2	0.4	0.4	9.3	3.1
青海	海南州共和	720.1	−16.6	43	721.8	24.6	14.8	−3.6	1.8	1.8	8.8	3.0
青海	玉树	647.5	−15.8	44	651.5	21.8	13.1	−4.6	1.0	1.0	7.8	3.0
青海	海东地区民和	820.3	−13.4	51	815.0	28.8	19.4	0.3	3.2	3.2	9.2	2.7
青海	果洛州达日	624.0	−21.1	53	630.1	17.3	10.9	−6.0	0.0	0.0	8.6	3.1
青海	海北州祁连	725.1	−19.7	44	727.3	23.0	13.8	−4.4	1.4	1.4	9.6	3.1
青海	玛多	603.3	−29.0	56	610.8	15.2	8.8	−7.3	−0.4	−0.4	9.9	3.3
青海	都兰	688.7	−18.0	42	691.4	24.3	11.5	−5.9	1.7	1.7	8.8	3.1
青海	冷湖	729.4	−18.9	48	725.8	26.7	12.2	−5.6	2.3	2.3	9.5	3.1
青海	大柴旦	690.1	−21.0	57	692.0	24.7	12.3	−5.4	1.8	1.8	9.5	3.1
青海	刚察	677.6	−20.2	56	681.7	18.9	12.2	−5.4	0.4	0.4	9.1	3.0
青海	兴海	678.7	−18.5	55	682.1	21.3	13.3	−4.6	1.0	1.0	8.7	3.0
青海	托托河	584.0	−31.6	78	587.5	16.4	8.4	−7.4	−0.1	−0.1	10.1	3.3
青海	曲麻莱	607.5	−22.9	56	612.5	17.5	10.0	−6.5	0.1	0.1	8.7	3.1
青海	囊谦	651.3	−13.9	58	652.4	22.5	13.4	−4.4	1.2	1.2	7.4	2.7
宁夏	银川	896.1	−17.3	55	883.9	31.2	22.1	3.1	5.8	4.2	11.2	2.9
宁夏	石嘴山惠农	898.2	−17.4	50	885.7	31.8	21.5	2.4	5.1	4.4	11.2	3.0
宁夏	吴忠同心	870.6	−16.0	50	860.6	32.4	20.7	1.6	4.4	4.4	10.5	2.9
宁夏	中卫	883.0	−16.4	51	871.7	31.0	21.1	2.0	4.6	4.1	10.8	2.9
宁夏	固原	826.8	−17.3	56	821.1	27.7	19.0	−0.1	2.9	2.9	10.3	2.9
	盐池	869.2	−19.0	50	859.9	31.3	20.2	1.0	4.1	4.1	11.3	3.0

续表

城市		冬季空调室外设计参数			夏季空调室外设计参数			夏季负荷			冬季负荷	
		气压	温度	湿度	气压	干球温度	湿球温度	等焓负荷（1000 m³/h）	等湿负荷（1000 m³/h）	等湿显热负荷（1000 m³/h）	加热量（1000 m³/h）	加湿量（1000 m³/h）
		P_d (hPa)	t_{dw} (℃)	φ_{dw} (%)	P_x (hPa)	t_{xw} (℃)	t_{xsw} (℃)	Q_i (kW)	Q_L (kW)	Q_{Lx} (kW)	Q (kW)	W (kg/h)
新疆	乌鲁木齐	924.6	−23.7	78	911.2	33.5	18.2	−1.2	5.0	5.0	13.5	3.0
	阿勒泰	941.1	−29.5	74	925.0	30.8	19.9	0.6	4.3	4.3	15.6	3.2
	克拉玛依	979.0	−26.5	78	957.6	36.4	19.8	0.4	6.2	6.2	15.2	3.1
	吐鲁番	1027.9	−17.1	60	997.6	40.3	24.2	5.5	8.5	7.8	12.8	2.9
	哈密	939.6	−18.9	60	921.0	35.8	22.3	3.3	6.0	5.8	12.2	3.0
	喀什	876.9	−14.6	67	866.0	33.8	21.2	2.1	4.9	4.9	10.2	2.6
	和田	866.9	−12.8	54	856.5	34.5	21.6	2.6	5.1	5.0	9.5	2.7
	伊犁哈萨克自治州伊宁	947.4	−21.5	78	934.0	32.9	21.3	2.1	5.0	5.0	13.2	2.9
	巴音郭楞蒙古自治州库尔勒	917.6	−15.3	63	902.3	34.5	22.1	3.1	5.8	5.3	10.8	2.7
	昌吉回族自治州奇台	934.1	−28.2	79	919.4	33.5	19.5	0.1	5.1	5.1	15.1	3.2
	塔城	963.2	−24.7	72	947.5	33.6	20.4	1.1	5.2	5.2	14.4	3.1
	博尔塔拉蒙古自治州精河	994.1	−25.8	81	971.2	34.8	22.5	3.4	6.4	5.8	15.2	3.1
	阿克苏	897.3	−16.2	69	884.3	32.7	21.6	2.5	5.2	4.6	10.9	2.7
	富蕴	936.9	−33.9	75	915.3	32.6	18.2	−1.2	4.8	4.8	16.9	3.3
	和布克赛尔	877.0	−22.8	66	865.7	28.6	16.4	−2.7	3.3	3.3	12.6	3.1
	乌苏	978.4	−25.3	77	951.3	35.0	21.4	2.2	5.7	5.7	14.8	3.1
	焉耆	905.2	−19.6	83	889.2	32.0	21.3	2.2	4.8	4.4	12.0	2.8
	库车	903.0	−15.7	82	885.2	33.8	20.2	1.0	5.0	5.0	10.8	2.5
	巴楚	898.5	−12.8	76	879.9	35.5	21.4	2.3	5.4	5.4	9.9	2.3
	铁干里克	930.4	−15.1	69	907.8	36.2	23.8	5.1	7.8	5.8	10.9	2.6
	若羌	925.3	−15.0	74	903.2	37.1	22.0	2.9	6.1	6.1	10.8	2.6

续表

城市		冬季 空调室外设计参数			夏季 空调室外设计参数			夏季负荷			冬季负荷	
		气压	温度	湿度	气压	干球温度	湿球温度	等焓负荷(1000 m^3/h)	等湿负荷(1000 m^3/h)	等湿显热负荷(1000 m^3/h)	加热量(1000 m^3/h)	加湿量(1000 m^3/h)
		P_d (hPa)	t_{dw} (℃)	φ_{dw} (%)	P_x (hPa)	t_{xw} (℃)	t_{xsw} (℃)	Q_i (kW)	Q_L (kW)	Q_{Lx} (kW)	Q (kW)	W (kg/h)
新疆	莎车	885.9	−13.1	81	868.7	34.1	22.6	3.7	6.3	5.0	9.8	2.3
	民丰	866.1	−13.6	76	851.2	35.1	20.4	1.2	5.1	5.1	9.7	2.4

注：1. 室外气象参数以《民用建筑供暖通风与空气调节设计规范》GB 50736 的数据为基础，其缺失的城市数据采用《工业建筑供暖通风与空气调节设计规范》GB 50019 和《实用供热空调设计手册（第二版）》中的数据作为补充。

2. 表中数据的基础计算条件如下表：

	室内设计温度	室内设计相对湿度	机器露点相对湿度
夏季	26℃	55%	95%
冬季	20℃	20%	—

3. 自主设置室内参数的新风负荷电子计算表格可向笔者索要。
4. 表中“等焓负荷”表示新风处理到等室内焓线，且机器露点相对湿度如注 2 中所列的 95%时的新风负荷。
5. 表中“等湿负荷”表示新风处理到等室内含湿量线，且机器露点相对湿度如注 2 中所列的 95%时的新风负荷；“等湿显热负荷”则为“等湿负荷”中的显热部分，给出显热负荷的考虑是：新风处理到等室内含湿量线，盘管所需的潜热负荷更大，在设备表中列出潜热负荷以提醒供货商校核盘管除湿能力。
6. 表中“加热量”、“加湿量”均为冬季新风加热、加湿到室内状态所需的负荷。
7. 在一些干燥地区（内蒙古局部、西藏、甘肃局部、青海（民和除外）、新疆大部），表格中计算值会出现“等湿负荷”等于“等湿显热负荷”的情况，这是因为该地区的室外含湿量低于室内含湿量，表格的计算结果作了数据处理，选择输出结果等于“等湿显热负荷”。这些地区实际新风不需处理或只需降温处理，夏季新风应根据室内负荷情况再确定处理措施，甚至个别地方如青海省玛多县，夏季低温，应根据新风系统应用场合采取相应措施。
8. 有关表格计算公式、数据的更多说明详见本书附录 F。
9. 如非特殊注明，本书涉及的送到室内的新风处理均按处理到室内等湿点考虑。

2.3.5 照明冷负荷

医院照明产生的空调冷负荷根据规定的照明功率密度值和《实用供热空调设计手册（第二版）》的公式进行计算，照明功率密度值是指单位面积上一般照明的安装功率（包括光源、镇流器或变压器等附属用电器件），国家标准《建筑照明设计标准》GB 50034—2013 中对各类房间的照明功率密度值作了限定，本书摘录该标准中表 6.3.3～表 6.3.8 的数据，汇总为表 2-9。

医院各房间照明功率密度限值 表 2-9

房间或场所	照度标准值（lx）	照明功率密度限值（W/m²）	
		现行值	目标值
表 6.3.6 医疗建筑照明功率密度限值			
治疗室、诊室	300	≤9	≤8
化验室	500	≤15	≤13.5
候诊厅、挂号厅	200	≤6.5	≤5.5
病房	100	≤5	≤4.5
护士站	300	≤9	≤8
药房	500	≤15	≤13.5
走廊	100	≤4.5	≤4.5
表 6.3.3 办公建筑和其他类型建筑中具有办公用途场所照明功率密度限值			
普通办公室	300	≤9	≤8
高档办公室、设计室	500	≤15	≤13.5
会议室	300	≤9	≤8
表 6.3.5 旅馆建筑照明功率密度限值			
中餐厅	200	≤9	≤8
多功能厅①	300	≤13.5	≤12
表 6.3.8-2 科技馆建筑照明功率密度限值			
会议报告厅	300	≤9	≤8
表 6.3.13 公共和工业建筑非爆炸危险场所通用房间或场所照明功率密度限值			
检验（精细，有颜色要求）	750	≤23	≤21
控制室（一般控制室）	300	≤9	≤8
控制室（主控制室）	500	≤15	≤13.5

① 医院报告厅有时也兼作职工节日文艺汇演或团建活动场所，可参照多功能厅执行，如明确只是学术交流报告功能，则参照“会议报告厅”执行。

注 1. 当房间或场所的室形指数（=2×房间面积/［房间周长×（光源安装高度－工作面高度）］）值等于或小于1时，其照明功率密度限值应增加，但增加值不应超过限值的20%。
2. 当房间或场所的照度标准值提高或降低一级时，其照明功率密度限值应按比例提高或折减。
3. 设装饰性灯具场所，可将实际采用的装饰性灯具总功率的50%计入照明功率密度值的计算。

手术室等房间的照明功率密度值可参阅 ASHRAE 90.1—2016 表 9.6.1 中列出的医疗保健设施项目，本书摘录作为表 2-10。

ASHRAE 90.1—2016 照明功率密度限值 表 2-10

房间类型		照明功率密度限值（W/m²）	*RCR* 限值
Exam/treatment room	检查/治疗室	18.1	8
Imaging room	影像间	11.4	6
Medical supply room	药房	5.8	6
Nursery	新生儿/婴儿护理	10.8	6

续表

房间类型		照明功率密度限值（W/m²）	RCR 限值
Nurse' s station	护士站	8.7	6
Operating room	手术室	23.4	6
Patient room	病房	6.7	6
Physical therapy room	理疗间	9	6
Recovery room	恢复室	11.1	6

注：1. 2017 ASHRAE Handbook-Fundamentals 第 18 章也有照明功率密度限值，但其引用的数据是 ASHRAE 90.1—2013 的数据，反而落后于 ASHRAE 90.1—2016，因此本书引用 ASHRAE 90.1—2016 的数据。
2. 表中 *RCR* 也是反映房间空间几何形体的数值，但与《建筑照明设计标准》GB 50034—2013 定义不同，*RCR*（Room Cavity Ratio）定义式为：*RCR*=2.5×房间周长×（光源安装高度－工作面高度）/房间面积，当计算 *RCR* 大于表中限值时，允许对该房间照明功率密度限值做出调整，调整增加值不超过 20%。
3. 对于走廊，当其宽度小于 2.4m 时，照明功率密度限值允许增加 20%。

需要说明的是：表 2-9 和表 2-10 均不含观片灯等医疗工艺需要的照明。

综合以上表中数据及医院房间面积大致的配比，估算医院照明冷负荷时，笔者建议：门诊区域可按 10W/m² 计算，医技区域按 15W/m² 计算，病房区域按 5.5W/m² 计算，估算数据已包含观片灯等照明负荷。对于 CT、MRI、PET/CT、SPECT、回旋加速器室、直线加速器室、配液中心等特殊场所，有些设备厂家要求照度值较高，建议照明负荷可按 15～20W/m² 计算。

2.4 医院负荷特点及冷热源配置

2.4.1 医院负荷特点

医院主要医疗功能（更多功能特点可参阅本书第 1.3 节内容）包括门急诊、医技、病房三大块，这三大块的需求确定了医院的负荷特点。急诊及病房要求全年 24h 提供通风空调及供暖，医疗设备如 MR 要求一旦投入使用，也要求全年 24h 提供空调；多数医疗综合楼体量较大，内区房间较多，因此过渡季也需要供冷；洁净手术部、洁净病房等设置净化空调的区域，一般处于建筑内区且自身存在一定热负荷，因此在过渡季乃至冬季都需要供冷。由此，医院空调冷负荷具有明显的时间段与季节特点：

（1）夜间负荷；

（2）过渡季内区冷负荷；

（3）净化空调冷负荷；

（4）医疗设备机房冷负荷。

这些特点很大程度上决定了医院冷源的配置，原则上，冷源的配置应当满足不同时段冷机运行效率基本在高效区附近的要求。

2.4.2 冷源配置原则

针对医院的特点，冷源的配置必须考虑以下因素：

（1）所有制冷机的装机容量总和应当满足总计算负荷的要求。在设计计算最大综合负荷出现的时刻，医院基本不需要再考虑同时使用系数的因素，即使负荷计算中有些不确定性，但考虑到医院通风空调系统保障的重要性，冷机容量不应低于总计算负荷的90%，蓄冷系统除外。

（2）如果空调系统关系到生命安全，应当设置应急备用冷源。例如血液病房，这一类区域收治的是高风险免疫功能不全患者，他们对空气或水传播微生物是具有最高感染风险的病人，空调系统则是血液病房屏障保护系统很重要的环节，需要全年不间断运行。因此，这类区域的冷源应当考虑应急备用。紧急情况可能包括电力供应故障或制冷、供冷系统故障，考虑到供电故障下由应急电源启动制冷机运行的难度较大，采用蓄冷是个优先考虑的备用冷源选择；

（3）为使冷源高效运行，冷机应根据第2.4.1节的负荷进行配置。应当明确：单台冷机额定容量按总负荷取平均数的做法是不可取的，通常情况下，过渡季内区负荷与净化空调负荷是决定冷机配置的关键。从笔者亲历的几十家医院的制冷机房设计结果来看，冷机大小搭配的组合方式是比较合理的。一般情况下，夏热冬暖地区的夜间负荷可以由大冷机（17：00～22：00）和小冷机（22：00～7：00）来承担，夏热冬冷地区及寒冷地区则由小冷机承担夜间负荷、过渡季内区负荷及净化空调负荷。

（4）坚持适度集中、灵活分散的原则。医院的一些功能房间如大型医疗设备所在的诊疗间、信息中心等，为避免系统漏水风险，不宜在室内设置集中空调末端，建议采用多联式分体空调、独立的恒温恒湿机组来满足这些空间的温湿度需求。

有关冷源规划请参阅本书第1.5节。

2.4.3 冷源设计注意事项

冷源形式应根据《民用建筑供暖通风与空气调节设计规范》GB 50736第8章的规定来确定，其中“8.1一般规定”的第1～6条规定是按优先顺序排列的，设计人员应按其顺序考虑能源的使用。但对于本书第2.4.2节中提到的必须保障的部分冷源，笔者建议优先考虑可靠性最高的能源，目前多数城市可靠性最高的能源仍然是电力。

以下主要针对电动压缩式的冷源展开阐述。地源热泵（包括地埋管、地下水、地表水三种地源热泵）受自身先天条件制约，在医院中使用较少，在本书的“医院”中更是极少采用，因此不作叙述。

1. 水冷冷水机组

水冷冷水机组作为医院的主冷源，一般要求位于负荷中心，需要关注的因素有：

（1）制冷机房位置。应远离MRI、CT、PET/CT等大型医疗设备机房，这些机房对振动都有严格要求，尤其MR场地对振动要求更高，以某公司的3.0T的磁共振机为例，在30Hz以下频段要求振动加速度小于$10^{-4}m/s^2$，比CT场地要求高出一个数量级。制冷机房内设备较多，振动在建筑结构体系内的传递也相对复杂，不容易准确计算这些医疗设备机房受到的振动影响。因此，制冷机房应尽量远离这些医疗设备机房。根据经验，当距离小于15m时就应该引起设计师的关注，一方面要加强机房内设备、管道的减振处理，另外需要联系医疗设备厂家技术人员联合认可。

制冷机房位置还应考虑的因素有：设备运输便利性、噪声影响、事故通风出口对地面的影响。另外，由于大量水管进出机房，对周边功能房间的影响也是需要照顾到的。

根据规范，制冷机房必须设置事故排风系统。在目前使用的制冷剂中，除了氨和水，其他制冷剂的密度都大于空气，因此，事故排风口应设置在机房靠近地面处，建议排风口下沿距地面不大于300mm，上沿不高于1200mm，事故排风系统的室外排放点应避开人员密集区、建筑出入口、地下坡道等区域，且便于扩散到大气中。

（2）冷却塔的位置。应避开或远离护理单元，以免为治理噪声增加不必要的投资；医院地面面积有限，且多数地面为人员通行活动区域，因此一般建议冷却塔设置在屋顶，此时应注意冷却塔与消防排烟风机、厨房排油烟风机出口的间距，相关规范与设计手册对此并无相关数据，考虑到排烟风机出口风速较高，建议间距至少10m以上。

一些大型综合医疗楼在初冬季节的日间仍然有制冷需求，而夜间则不需要，此时，冷却塔应有相应的防冻措施。开式冷却塔的防冻是指其集水盘和屋顶外露管道的防冻。防冻措施包括放空及电伴热，电伴热能耗较高，放空应在设计时充分考虑管路设计，使得局部放空得以实施，否则水资源浪费（如果没条件回收放空水）也不容忽视。图2-5所示为局部放空的理想做法。

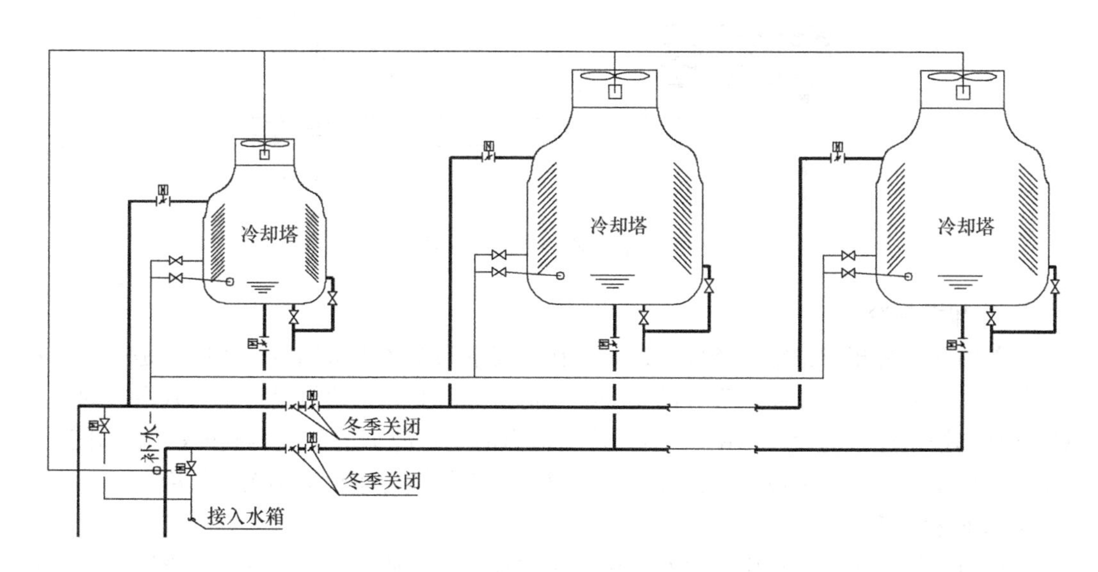

图2-5　冷却塔冬季夜间局部放空示意图

（3）冷机形式。应按照《民用建筑供暖通风与空气调节设计规范》GB 50736“8.2 电动压缩式冷水机组”的要求进行选型，医院冷机组合形式多为离心式＋螺杆式。此外，各厂商产品都有不同技术经济的配置，投资建设方、设计人员都应以全生命周期运行费用的思路提出招标技术要求。

2. 风冷冷水机组

在北方或夏热冬冷地区的一些医院，当过渡季负荷较小、不适宜再由冷水机房供冷时，就适合设置风冷冷水机组作为净化空调、局部内区的冷源。风冷冷水机组一般设置在门诊医技楼屋顶，如果是带有病房的综合楼，且风冷机组只能设置在裙房屋顶时，应注意机组噪声对高层护理单元的影响，机组位置需尽可能远离病房，并核算机组噪声对病房的影响，有关声学计算请参阅相关设计手册。

一般的风冷冷水机组在室外低温时制冷会有冷凝压力低压报警问题，因此，需要在过渡季、冬季制冷的机组，设计人员务必在设计文件中明确制冷的室外温度范围，并特别提醒设备采购方加以注意。

有专业厂家推出集合自然冷却、空调制冷为一体的新型风冷冷水机组，该机组自带干式冷却器，如果室外气温降低到设定温度，就可以完全利用干式冷却器获得设计负荷而不需要压缩制冷。此外，该机组的最大优势在于随着室外温度的变化，可以在自然冷却与压缩制冷两种工况下自由组合、调节，因此其能效比更高，对于北方地区冬季需要制冷的场合，是值得推荐的节能产品。由图 2-6 可看出其机组主要部件构成。

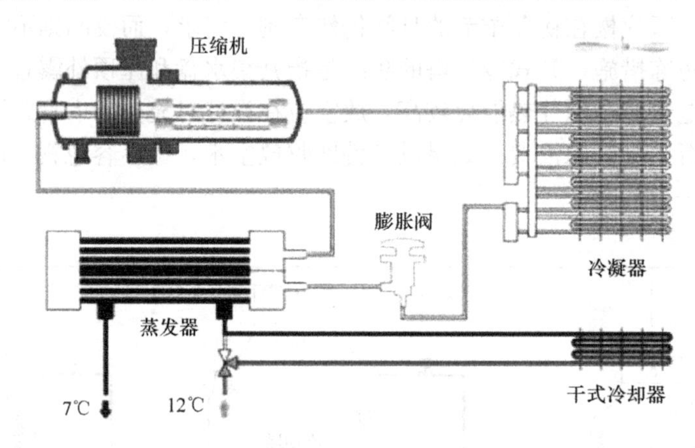

图 2-6　自然冷却风冷冷水机组

3. 冷却塔制冷

医院内区负荷相对稳定，条件合适时，在过渡季乃至冬季采用冷却塔制冷是一项很好的节能技术。有关冷却塔制冷设计的相关事项请参阅由北京市建筑设计研究院主编的《北京地区冷却塔供冷系统设计指南》。需要特别提出的是，冷却塔制冷得到的冷水供水温度与室外温度呈正相关关系波动，因此，不建议采用冷却塔为净化空调系统供冷。

4. 多联机空调

多联机空调系统作为集中式冷水空调系统的补充，在放射科、放疗科、核医学科、病案库、消防控制室、信息中心等区域得到广泛应用。但是，对于多联机空调系统，由于顾虑到制冷剂可能在焊接、部件处存在泄漏的风险，且一旦泄漏，制冷剂将直接进入生活空间对人体造成危害。因此，需要根据国家标准《制冷剂编号方法和安全性分类》GB/T 7778—2017 中有关制冷剂浓度限值做限定计算。

《制冷剂编号方法和安全性分类》GB/T 7778 中“表 5 制冷剂编号、安全性分类”主要限值指标有两个：*ATEL*（急性毒性接触极限，Acute-Toxicity Exposure Limit）、*RCL*（制冷剂浓度限值，Refrigerant Concentration Limit），其中 *ATEL* 是基于制冷剂对人体急性毒性危害的大小而制定的浓度限值，*RCL* 则是了降低毒性、窒息、可燃性危害等风险而制定的浓度限值。

ASHRAE 34—2016 同样根据制冷剂种类规定了其浓度限值（有关数据详见本书附录 G），主要指标有两个：*OEL*（职业暴露限值，Occupational Exposure Limit）、*RCL*（制冷剂浓度限值，Refrigerant Concentration Limit)。其中 *RCL* 与我国《制冷剂编号方法和安全性分类》GB/T 778 的定义相近，是为了降低急性中毒、窒息、可燃性危害等风险而制定的浓度限值，适用于非职业接触制冷剂的生活空间的浓度限值，相比《制冷剂编号方法和安全性分类》GB/T 7778，ASHRAE 34—2016 的限值多数偏低——要求更严格。ASHRAE 15—2016 则对医院等公共事业场所进一步提高要求，要求 *RCL* 值不得超过 ASHRAE 34—2016 中限值的 50%［在 ASHRAE 15—2016 的场所分类中，公共事业场所（Institutional Occupancy）包括：医院、疗养院、收容所、带锁的单元间的场所，其解释为这些场所的人或残疾、虚弱，或被限制，必须在他人帮助下才能轻易离开这些场所］。

从上述标准来看，公共空间的制冷剂浓度限值指标应该采用 *RCL*。多联机空调系统泄露到室内之后的 *RCL* 是否超标，取决于室内空间大小及泄露进该空间的制冷剂总量。下面以某放疗科为例进行计算，以便读者参考。

（1）计算条件

1）制冷剂：采用目前市场上多联机应用较广的 R410A。

2）浓度限值取值：依据《制冷剂编号方法和安全性分类》GB/T 7778，R410A 限值为 170000ppm，又根据 ASHRAE 15—2016，医院中 *RCL* 限值应减半为 85000ppm。

3）多联机空调系统概况：该系统服务范围包括直线加速器室、控制室、模拟定位机室、水冷机房。系统容量为 12P，水平总管长 54m，室内外机高差 20m，制冷剂充注量约为 15kg，系统平面布置详见图 2-7。

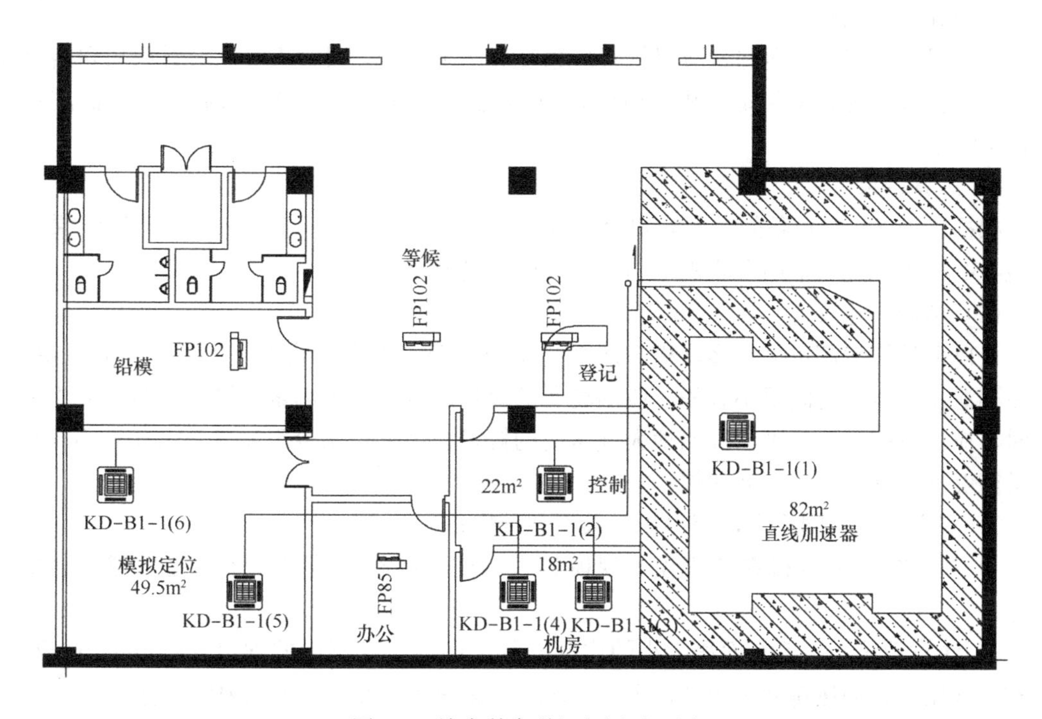

图 2-7　放疗科多联机空调平面图

（2）计算过程

1）*RCL* 浓度转换

根据《制冷剂编号方法和安全性分类》GB/T 7778，RCL 按下式由体积比（ppm）转换为单位体积质量（g/m³）

$$RCL_{M}=RCL_{ppm}\times M\times 10^{-6}\times\frac{P}{RT} \tag{2-16}$$

式中　RCL_M——单位体积质量的 RCL，g/m³；

RCL_{ppm}——体积比的 RCL，ppm；

M——制冷剂的摩尔质量，本例 R410A 的摩尔质量为 72.536g/mol；

T——计算标准温度，T=298K；

P——当地大气压，$P=1.01325\times10^{5}-10.001h$（这是 GB/T 7778 提供的公式，式中 h 为海拔高度），本例中 P 取为标准大气压，101325Pa；

R——通用气体常数，R=8.314J/(mol·K)。

由式（2-16）计算 R410A 的 RCL_M 为：

$$RCL_{M}=85000\times72.536\times10^{-6}\times\frac{101325}{8.314\times298}=252\text{g/m}^3$$

2）空间体积计算

对于多联机系统，室内部分出现漏点之后在不同房间的泄漏量基本相等，因此，最不利的房间应该是体积最小的房间（有关制冷剂泄露空间容积的计算规则，更多细节请参阅 ASHRAE 15—2016 第 7.3 节）。本例中控制室体积最小，为 66m³。

3）制冷剂泄漏量

多联机系统制冷剂泄漏量应以供货厂家计算结果为准，设计人员在设计阶段可咨询相关厂家，暂按系统总量与室外机自带制冷剂量之差并考虑一定安全系数，本例泄露量按 8kg 计算。

4）计算结果

根据以上 2）、3）条的结果，可计算室内浓度为 8000/66=121g/m³，计算结果小于限值 252g/m³，说明本例多联机空调系统的应用是安全的。

（3）结论与建议

从以上计算案例可见，多联机空调系统是否安全，剔除安装水平因素，主要取决于：制冷剂泄露总量、房间最小容积、应用场所的海拔高度这三个因素。设计人员参照本例计算时，应注意按海拔高度计算当地大气压后的修正；另外，制冷剂泄露总量往往不是设计人员能够准确掌握的，因此建议：

1）多方咨询不同厂家，获得相对最不利数据；

2）注意控制多联机系统规模，规模越大，充注制冷剂越多，泄露之后越容易浓度超标。

3）注意系统中不要有面积太小的房间。从上面计算案例中的 RCL_M=252g/m³ 反算，标准大气压下，如按房间吊顶 3m 计算，则房间面积小于 8m² 就可能浓度超标。

5. 水环热泵空调

（1）简介

水环热泵是以共用管路的循环水为冷热源的小型热泵机组，从原理上来讲是一台小型的源侧水换热、使用侧空气换热（送出冷/热风）的热泵机组。制冷时的工作原理如图2-8

所示，机组制冷时冷凝热由水管路带走，使用侧蒸发吸热送出冷风；供热时切换四通阀，水侧变为蒸发吸热供给机组，使用侧变为冷凝放热送出热风。因此共用管路的循环水可称为机组的冷热源。

水环热泵机组共三种形式：整体式、分体式、多联式。整体式机组结构紧凑，安装方便，只需接上水管电源便可供冷供热；分体式机组分为内机、外机两台机组，内、机主要为使用侧换热器，外机包括水侧换热器及压缩机，内、外机通过制冷剂管道连接；多联式机组也分内、外机，一台外机通过制冷剂管道可连接多台内机。

(2) 应用原则

水环热泵由于机组小型化，其能效相比大型冷水机组处于劣势，相比集中供热，可能有人会认为水环热泵 1kW 电能产出 4kW 左右的热，非常节能。其实不然，只有当源侧为空气换热——从大气中吸取热量时，热泵机组的人工能耗才能只计算电耗，而水环热泵产出的 4kW 热中有 3kW 热是由共用管路提供的，共用管路的热还是来源于各种人工能耗。以燃煤为一次能源计算，到达用电用户的能源效率大约 30%，锅炉热效率基本在 85%以上，考虑管路热损失及输送能耗，能源效率仍然达到 75%以上。据此计算，热泵的一次能耗为：$\frac{1}{30\%}+\frac{3}{75\%}=7.3\text{kW}$，而集中供热的一次能耗为：$\frac{4}{75\%}=5.3\text{kW}$。可见，水环热泵相比集中供热并不节能，反而多消耗 26%的一次能源！

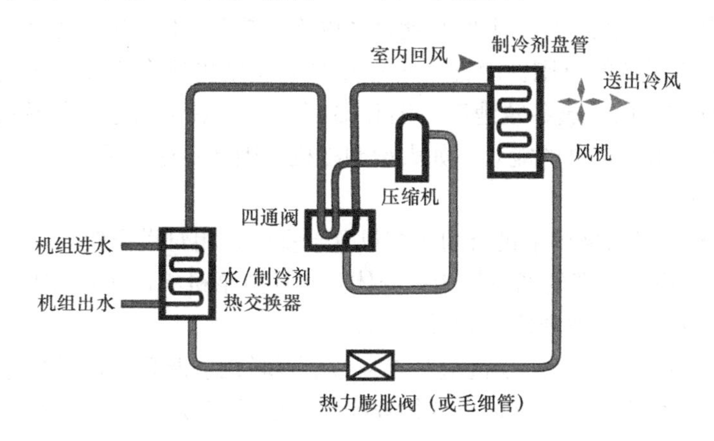

图 2-8 水环热泵机组制冷原理图

综上所述，水环热泵系统用于单独供冷或单独供热的场合中，并不节能。一般情况下，不建议医院中大规模或整体使用这种系统。

但是，从水环热泵的工作原理来看，当建筑物中同时存在冷、热负荷的时候，采用水环热泵系统却是较好的节能措施，尤其是当建筑中需要供冷的负荷与需要供热的负荷在共用水管中取得热平衡时，建筑物实现热量的搬移，这是最理想的、较为节能的设计。在分析热平衡时，应注意水环热泵在制冷、制热不同工况下的热量转化。下面通过公式推算来估算建筑冷热负荷关系。

$$Q_{EER}=CLQ\cdot(1+1/EER) \tag{2-17}$$

$$Q_{COP}=Q\cdot(1-1/COP) \tag{2-18}$$

式中 Q_{EER}——水环热泵制冷时释放到共用水管路中的热量，kW；

Q_{COP}——制热时从共用水管路中吸收的热量，kW；

CLQ——制冷量，kW；

Q——制热量，kW；

EER——水环热泵的制冷能效比，kW/kW；

COP——制热能效比，kW/kW（EER、COP 参照《水（地）源热泵机组》GB/T 19409—2013）。

理想状态是 $Q_{EER}=Q_{COP}$，由式（2-17）、式（2-18）可得：

$$CLQ=Q\times\frac{1-1/COP}{1+1/EER} \tag{2-19}$$

目前水环热泵机组制冷能效比 EER 一般可达 3.5 以上，制热能效比可达 4.0 以上，代入式（2-19）得：

$$CLQ=Q\times\frac{1-1/4}{1+1/3.5}=0.5833Q$$

从这个计算结果可以大致判断：在供热季，建筑冷负荷为热负荷的 50%～60%时，水环热泵系统处于理想运行状态，几乎不需辅助冷热源。换个说法，从节能角度出发，水环热泵系统应用原则之一就是：按“冷负荷=50%～60%热负荷”设置系统。

在医院中，供热季节存在冷负荷的主要是内区、医疗设备机房等区域，这些区域的全年冷负荷基本稳定，因此，另一个原则就是“以冷定热”，即：以冷负荷量确定热负荷量，从而确定外区供热区域的范围。因此，水环热泵的应用更适合于夏热冬冷地区、寒冷地区、温和 A 区使用，而夏热冬暖地区、温和 B 区由于供热负荷小、供热时间短，系统时间处于制冷工况，水环热泵的能效不如大型制冷机，因此不建议采用。

（3）注意事项

1）噪声。整体式水泵热泵机组的压缩机置于室内，相对噪声较大，一般为 45～55dB(A)，应避免在噪声要求高的场所使用；分体式水环热泵机组由于压缩机不在室内，噪声较小，内外机管路长度一般要求不超过 10m。

2）制冷剂。多联式水环热泵机组有点类似于多联机空调系统，只是它的释/取热侧的热交换介质由空气变为水，而室内空气循环换热侧还是直接与制冷剂盘管接触，应用中同样要校核计算制冷剂万一泄露之后室内的浓度是否超标。而整体式的水环热泵机组，其制冷剂充注量一般不会超过 3kg，根据 ASHRAE 15—2016 第 7.2 节的规定，制冷设备凡是充注制冷剂不超过 3kg（6.61b）且经过认证备案，不管其制冷剂的安全等级，只要正确安装，任何场所都可以使用，因此可以安全使用。

3）辅助冷热源。水环热泵系统夏季必须有冷源供应，冬季外区的供热需求受到室外温度变化的影响，也需要辅助冷源，目前应用较多的辅助冷源一般为闭式冷却塔或开式冷却塔加换热器。实际运行工况下，不论是开式还是闭式冷却塔，冬季都存在防冻问题。解决方法仍需根据不同地域采取相应策略，可供选择的做法包括图 2-7 所示的夜间放空，如夏热冬冷 B 区及温和 A 区，因其放空时间占全年比重较小；另外可考虑采用负荷模拟计算方法，通过加大供热区域避免冬季辅助冷源需求，这里声明一下本节第（2）条应用原则中“以冷定热”的概念，“定热”并不一定是确定热负荷的最大值，而是根据气候区属确定热负荷的一个范围，如夏热冬冷 A 区及寒冷 B 区，适当加大水环热泵外区系统，避免白天使用辅助冷源，也就不存在防冻问题了。

4）水泵。水环热泵机组就是一台小型热泵机组，流经机组的水量不可变，因此，系统循环水泵的流量应按所有末端机组的水量累加之和选择，不可根据负荷人为设定供回水温差计算流量，再根据流量选择水泵；由于机组冷热工况流量基本不变，因此水泵可冬夏共用。在医院的门诊医技区域使用水环热泵系统时，由于夜间只有急诊区域使用，系统所需流量比白天运行流量小很多，因此，宜另设小泵夜间运行。

5）管路。水环热泵机组的水量不可变，因此管路水力计算也要按该管路上的全部机组的水量累加之和进行计算，这也是水环热泵系统与风机盘管系统在管路计算上的区别。通常风机盘管水系统的水力计算要考虑一定的流量系数，而水环热泵的水系统就只能按全部机组水量累加之和进行计算。

6）控制。水环热泵机组的回水管上也设置电动两通阀，但与风机盘管不同的是，电动两通阀的控制不是根据室内温度进行开闭，而是与水环热泵机组的启停联锁开闭。由于水系统也是变流量运行，因此，水环热泵系统的水泵可设置为根据系统压差进行变频控制。

（4）建议

医院的医技区域内区较多、常年散热的医疗设备机房较多，全年的冷负荷相对稳定，在需要供热的地域，有条件应当合理采用水环热泵系统。

2.4.4 热源

热源形式同样应根据《民用建筑供暖通风与空气调节设计规范》GB 50736 第 8 章的规定来确定。为满足消毒、空调加湿、洗衣等蒸汽需求，多数医院拥有自建的锅炉房。

北方地区医院热源多以市政供热和/或自建锅炉房为主，为了增加供热保障安全，即使在市政供热保障性较高的城市，医院也会增加锅炉房容量作为供热余量。

南方地区情况比较多样化。有的自建锅炉房，有的采用热泵机组作为热源，在舒适性空调不需要加湿的地区，消毒需要的蒸汽由小型蒸汽发生器提供，这些医院就更倾向于取消锅炉房。一些城市采用风冷热泵热水机组单独供热（不作为冷源），需要注意的是，在长江中下游地区的城市，冬季湿度较大，导致风冷热泵除霜频繁且持续时间长，实际能耗未必比锅炉供热低，而且连续供热可靠性较差，因此这些地区采用风冷热泵供热时要慎重。

第3章　门　急　诊

3.1　门诊医疗功能简介

门诊是患者自觉或他觉躯体或精神上有异常表现而来医院寻求诊断治疗的部门，它是医院与患者之间第一时间接触的部门。门诊区域包括接待问询、挂号收费取药、诊断、处置等功能，由于门诊科室众多，因此必须配置非常简明易识别易懂的标识导向系统，以便患者便捷地到达分科就诊。

患者就诊流程主要为：挂号→候诊→叫号（二次候诊）→医生诊断开检查单或处方→缴费→检查→根据初步检查结果进行诊断→需要更精密准确诊断时再次开检查单→缴费→根据二次检查结果确诊→处方或治疗或住院。其中，多数医院的挂号业务已实现微信或网络预约挂号→现场自助机取号；初步检查一般为血、尿、便常规检查，在门诊部实施；二次检查则多数需要到医技部，二次检查结果可能还需要会诊才能确诊，时间较长。另外，就诊时需持有医院就诊卡，由于各医院电子化信息平台系统互不兼容，因此各医院就诊卡实现通用的时间点还将会很长，以北京市为例，截至2016年年底，全市仅20间医院可以通过“京医通”互联采用医保卡就诊。因此，医院还另设置有建卡处，患者初次就医需先建卡办理本院就诊卡。

门诊一般包括常规科室门诊、预防保健门诊（体检中心）、急诊急救、传染门诊（详见本书第7章）等科室，常规科室包括内科、神经科、外科、妇产科、儿科、中医科、耳鼻喉科、口腔科、眼科、皮肤科等，这些科室又根据医院本身特色细分出很多科室。其中必须设置独立出入口的有：儿科、急诊、传染科。体检或保健门诊针对的是健康人群，医院也会要求为其设置单独的出入口。孕产妇除了并发症患者外，也不属于病人，为减少感染机会，应尽量设置单独的出入口。

另外，为了提高诊断效率、方便患者，门诊区域一般也会设置一些常规化验检查、X光室，为了提高利用率，这些化验检查室通常与急诊合用。

儿童特别是婴幼儿抵抗能力差，容易遭受感染，因此儿科门诊多数设置于相对独立的区域。为了避免交叉感染，儿科内部一般设置隔离候诊、隔离诊室。有条件的医院，儿科也设置取药化验、X光室，避免与成人共用导致患儿等待时间太长而加重家长的焦虑。图3-1为某医院儿科平面的布置，配备了DR、B超等检查设备，并有独立的化验、药房、隔离区域。

预防保健门诊（体检中心）是为健康人群提供健康咨询、疾病普查、防癌普查、婴幼儿保健门诊等服务。目前预防性检查、预防接种等医疗服务一般放到下级医院或社区门诊。医院的预防保健（体检）包括：公众体检、特需体检等。特需体检为高端人群服务，体检区域相对封闭独立，除了常见的X光、心电图、超声等仪器外，一些更高端的体检

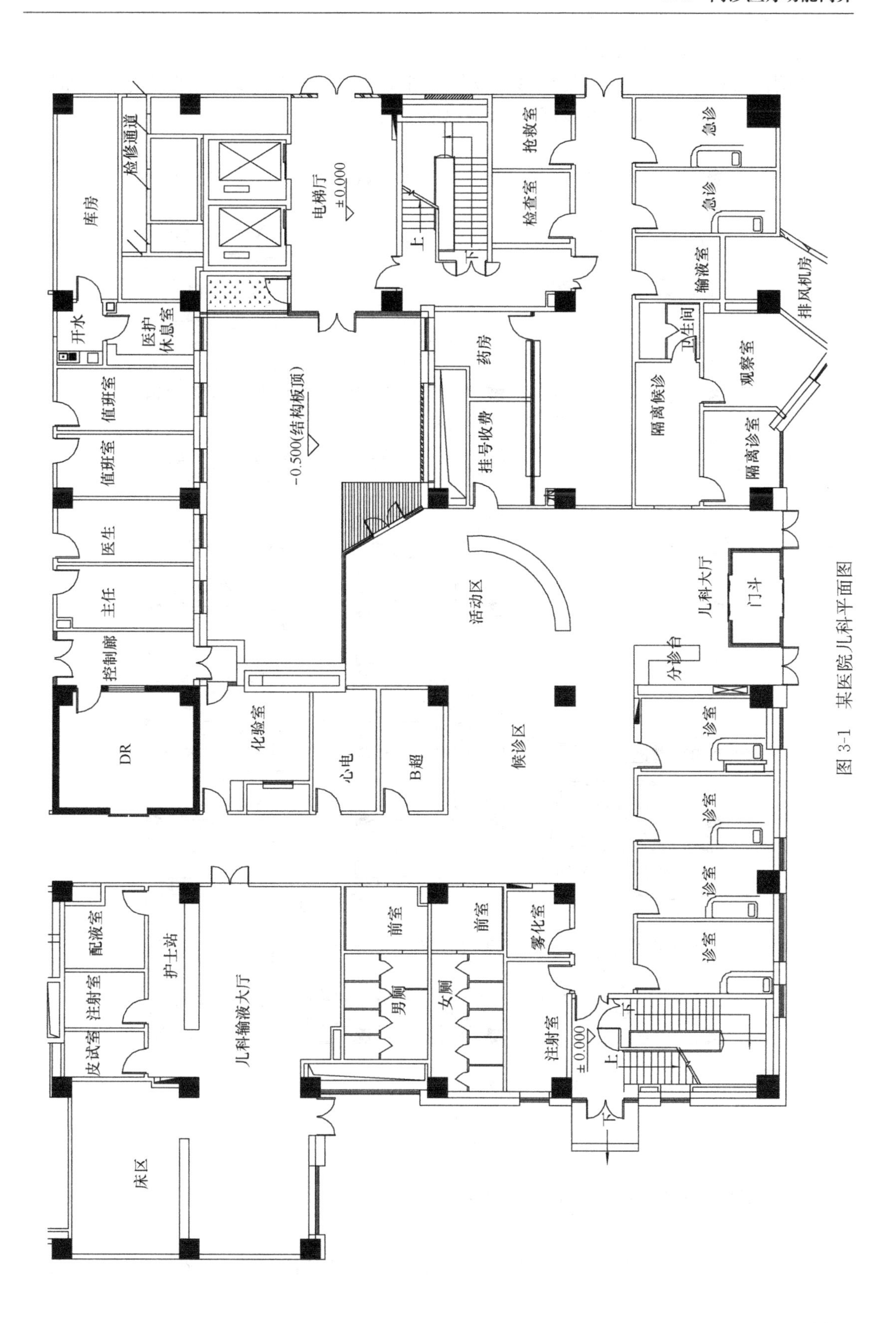

图 3-1 某医院儿科平面图

还配备 CT 和/或 MR 等大型检查设备。

常规门诊科室为大众患者提供诊疗服务，图 3-2 为某医院门诊普通外科的平面布置。科室内部除诊室外，还配有候诊区域、治疗处置间、医生办公室等。

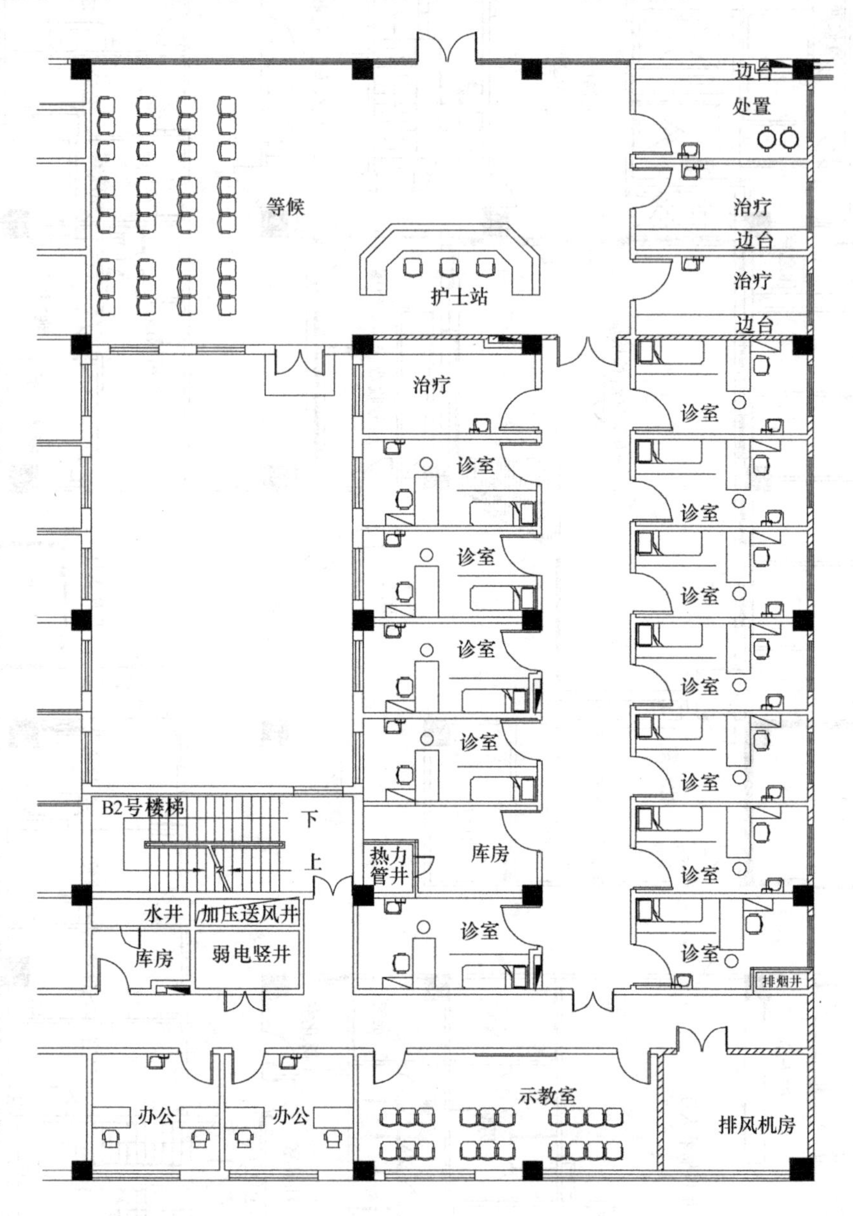

图 3-2 某医院门诊普通外科平面图

3.2 常规房间通风空调系统设计

门诊是医院中人员最密集、人群最复杂的场所。有年老体弱者、婴幼儿和抵抗力较低的病人，病人和健康人混杂在一起，病人人群中有一般急慢性疾病、感染性疾病，也可能有传染病甚至烈性传染病掺杂在一起，很易造成病人之间、病人与健康人之间的交叉感染，也会造成康复期病人的二次感染。因此，门诊部通风空调系统设计应优先关注通风，首要任务是通过通风降低室内污染、隔绝空气传播。其次再兼顾舒适性空调设计需要重点关注：

（1）送入清洁、足量的新风并排出污染空气；

（2）优良的空气分布效率；

（3）空气流向的控制。

3.2.1 门诊通风

1. 新风

门诊空调新风过滤组合参见第 2.3.4 节第 2 条第（3）、（5）款的内容，新风量的计算参见表 2-2。为使读者更直观地了解门诊部新风量，笔者统计了部分设计项目供读者参考，如表 3-1 所示。

门诊新风量指标 **表 3-1**

工程名称	门诊建筑面积（m^2）	新风量（m^3/h）	新风量指标［$m^3/(h \cdot m^2)$］
河北省职工医学院附属医院门诊综合楼	11051	57000	5.2
常州中医院门诊病房综合楼	18004	87600	4.9
河北省人民医院门诊楼新建工程	16054	74000	4.6
四川省什邡市人民医院门诊医技病房综合楼	13887	73000	5.3
中国人民解放军一五三中心医院东区综合楼	7399	35000	4.7
伊犁州新华医院新院区医疗综合楼	13956	64500	4.6
北京市密云县医院新建项目医疗综合楼	14632	70000	4.8
三亚阜外心脑血管康复中心康复医疗综合体	4691	25000	5.3

注：医疗综合楼一般都由医疗主街将门诊、医技、病房连接一起，有些项目很难清晰界定门诊、医技、病房之间的界线，因此门诊建筑面积统计结果难免有些误差。

不同项目的门诊面积占比差别较大、南北地域跨距很大，门诊业务内容也有所不同，因此统计结果显示单位建筑面积的新风量指标最大有 15%的差异；越是综合性的单体建筑，新风量指标相对高一些，而在建筑物理分隔明显的综合体中的门诊或是单一门诊功能单体，新风量指标则相对低一些；总体来看，门诊新风量指标基本维持在 $5m^3/(h \cdot m^2)$ 左右。

2. 排风

门诊部中一些污染、散发异味的房间应设置机械排风系统，以便控制污染源第一时间排出室外，不会扩散到相邻房间，3.3 节列举了门诊常见的一些必须设置机械排风的房间，供参考。以下探讨门诊部量大面广的诊室区域的排风考虑。

医院门诊部的建筑设计一般都能够照顾到自然采光通风的需求，或设置内庭院，或以连廊串接的模块化组合，都是在满足医疗功能需求的基础上力求达到良好的自然采光通风效果，为患者创造良好的就诊环境。然而，正是由于这种先天优势，一些设计人员很容易忽视门诊部的人工通风，认为诊室都有可开启外窗，自然通风条件好，空调新风系统作为维持建筑室内正压措施，不需要再设置机械排风系统。

诚然，在过渡季，门诊部多数房间可以通过开窗自然通风，但是，从节能的角度出发，在空调系统运行时间段，外窗是不允许开启的，当窗户关闭时，通过窗户渗漏的风量是多少呢？下面大致测算一下。

根据《公共建筑节能设计标准》GB 50189 的要求，外窗气密性不低于 6 级（≥10 层的建筑不低于 7 级），依据《建筑外门窗气密、水密、抗风压性能分级及检测方法》GB/T 7106—2008 表 1 的要求，在标准状态下，压力差为 10Pa 时，气密性 6 级的窗户的单位开启缝长的空气渗透量 $q_1 \leqslant 1.5m^3/(m \cdot h)$，假设诊室可开启单扇外窗尺寸为 0.6m×1.2m，计算空气渗透量最大为：$2\times(0.6+1.2)\times1.5=5.4m^3/h$。当室内相对室外压差小于 10Pa 时（《综合医院建筑设计规范》GB 51039 对有需要压差保护或隔离的房间的要求是相对邻室 5Pa。建筑的正压要求只是基于节能考虑——防止室外冷热空气渗透进室内，因此压差可进一步降低要求，ASHRAE 手册及标准中大多推荐相对室外 2.5Pa 的正压差），相应的渗透风量也将低于 $5.4m^3/h$。而且实际情况下，诊室是无法维持正压的——几乎所有诊室门处于半掩状态。因此，通过关闭的可开启窗户渗透的空气量几乎可以忽略，可开启窗户不能作为通风的有效排泄口。换句话说，当窗户气密性能达标且关闭时，外区房间并不存在自然通风条件。

注：有关维持室内正压风量计算的更多相关内容，可参阅本书第 5.3 节。

当房间外窗关闭时，送入门诊部的新风是通过房间门洞、走廊、再寻找开口往外排泄的，因此，门诊部若不设置机械排风系统，将导致空气从随机的建筑开口（可能是楼梯间顶部打开的门窗、一层大厅外门，也可能是某间诊室开窗）向外排出，由于开口的随机性，使得门诊内部空气无序流动，这种不受控的状态对于人群复杂的门诊部的感染控制是百害而无一利的。因此，即使是有外窗的诊室，也应设置排风系统。

毋庸讳言，确实有部分地区多年以来人们传承的生活习惯是：一年四季无论冬夏都必须开窗通风，即使夏季最热天，人们也习惯把窗户开一条小缝透气，这种自古以来传承下来的行为习惯不会因为现代社会空调的使用而改变。对于这些地区，笔者认为也应有区别地对待处理。

第一，使用者的传统观念是关键因素。当今社会人才流动性非常大，人才的流动带来传统观念、文化习俗的融合变化，诊室开不开窗的控制权一般掌握在医生手里。对于一些吸引力不高的城市，医生仍以当地人才为主，他们可能更倾向于开窗透气，这种情况下，建议按下面第二条确定是否设置排风系统；而对于深圳这一类的移民城市，只要医院管理措施执行力足够强，就比较容易统一意见，对于这些移民城市，一般情况下应设置排风系统。所以，不仅仅是建筑专业，暖通设计人员也应该深入研究使用者的行为习惯对系统设计的影响。

第二，建筑设计形式也是应当考虑的因素。如内庭院式的门诊部，即使多数使用者习惯于开窗，考虑到庭院相对封闭，室外空气扩散条件不利的特点，为减少楼层之间的交叉污染，也建议设置排风系统——最坏的情况无非是庭院内的室外空气侵入，总比室内空气因开窗导致楼层间交叉污染要安全。对于指廊式（中心放射形或平行并列式）的门诊部，建议根据第一条因素综合考虑是否设置排风系统。例如图 3-3 所示中心放射形的指廊式门诊，若使用者多数倾向于开窗，则排风系统可以不设。

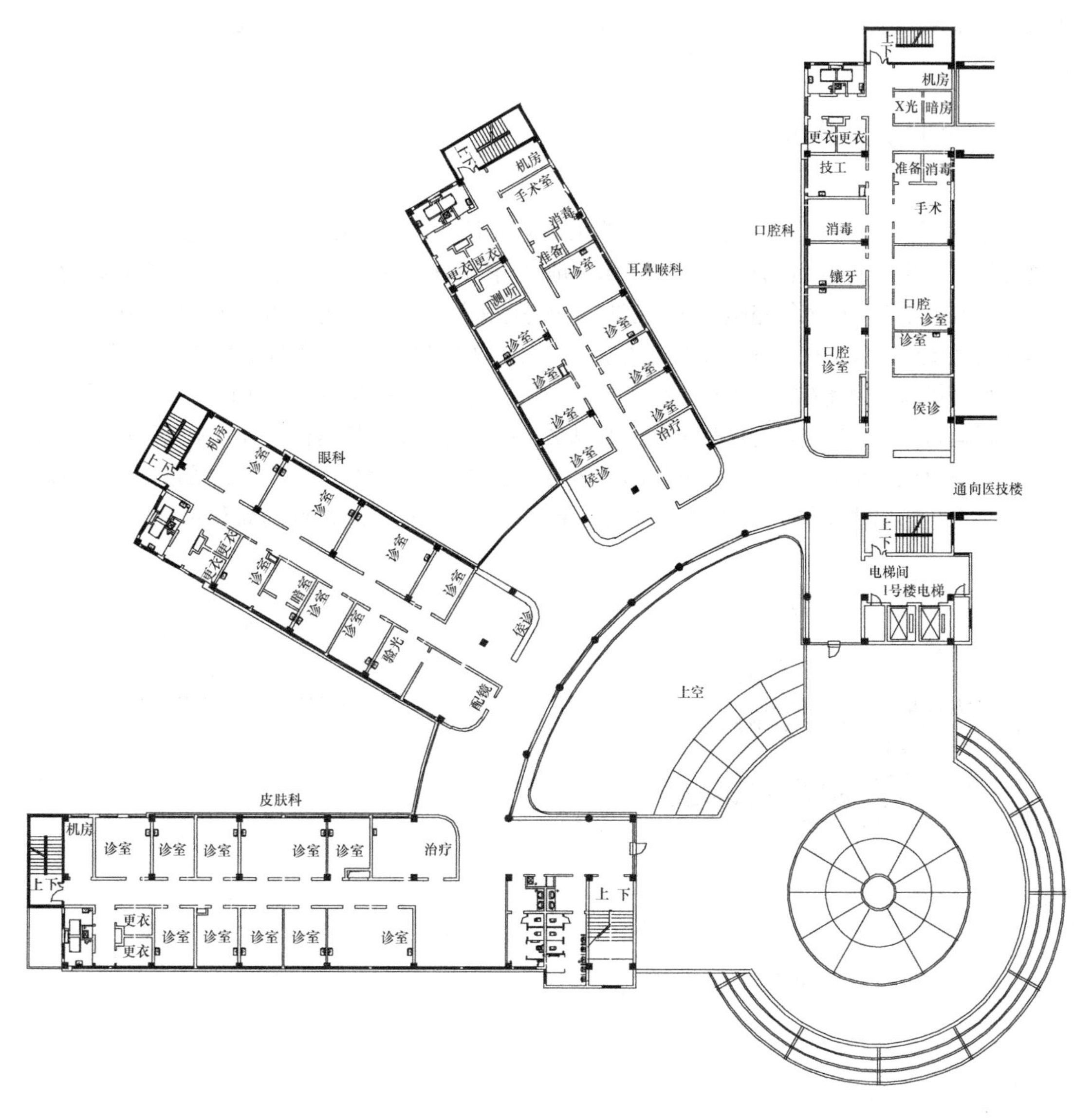

图 3-3　中心放射形指廊式门诊

3. 空气流向控制

门诊部中凡是污染操作区、疑似传染区等区域，都应当设置排风系统，确保该区域空气流向为流入。不同区域的流向控制详见本书第 3.3～3.5 节。

4. 通风动力选择

通风动力包括自然动力、机械动力、自然与机械结合的复合动力，强调门诊通风的重要性并不意味着只能采用机械通风，实际上，只要条件适宜，对于多数诊室区域（污染操作、疑似传染区域除外），自然通风改善室内环境的效果甚至远远优于机械通风，因此，门诊通风应结合实际考虑通风动力的选择。

正如 2.2.1 节所介绍的，我国地理的多样性形成复杂多样的气候特点，在温和地区和其他地区不需要供热供冷的季节，宜优先考虑自然通风，严寒地区的夏季也应优先考虑自然通风。自然通风设计的相关内容可参见设计手册，并应从方案阶段开始与建筑专业密切沟通配合。

3.2.2 空调系统形式

1. 大厅

门诊大厅、急诊大厅等人员密集场所应采用上送下回全空气系统，夏热冬暖地区基本上常年送冷风，可采用上送上回方式，空调机组一般采用单风机，特殊情况下，当回风管路阻力大于200Pa或大于新风引入管路阻力的2倍时，可考虑采用双风机系统。如大厅为挑空中庭，对于双风机系统仍建议在中庭顶部设置排风系统，以便夏季排除积聚在顶部的热空气，但冬季又不希望顶部排风，因此在控制策略上稍微复杂一些。建议回风机按季节变频运行——在夏季最小新风量运行时，回风机运行风量为最大回风量，排风机最小风量运行；过渡季变新风量运行时，回风机反比减频运行，排风机同比增频运行；冬季回风机运行风量等于送风量，屋顶排风机关闭，系统排风由空调机组排风段排出。单风机、双风机系统设计的简化示意图如图3-4所示。

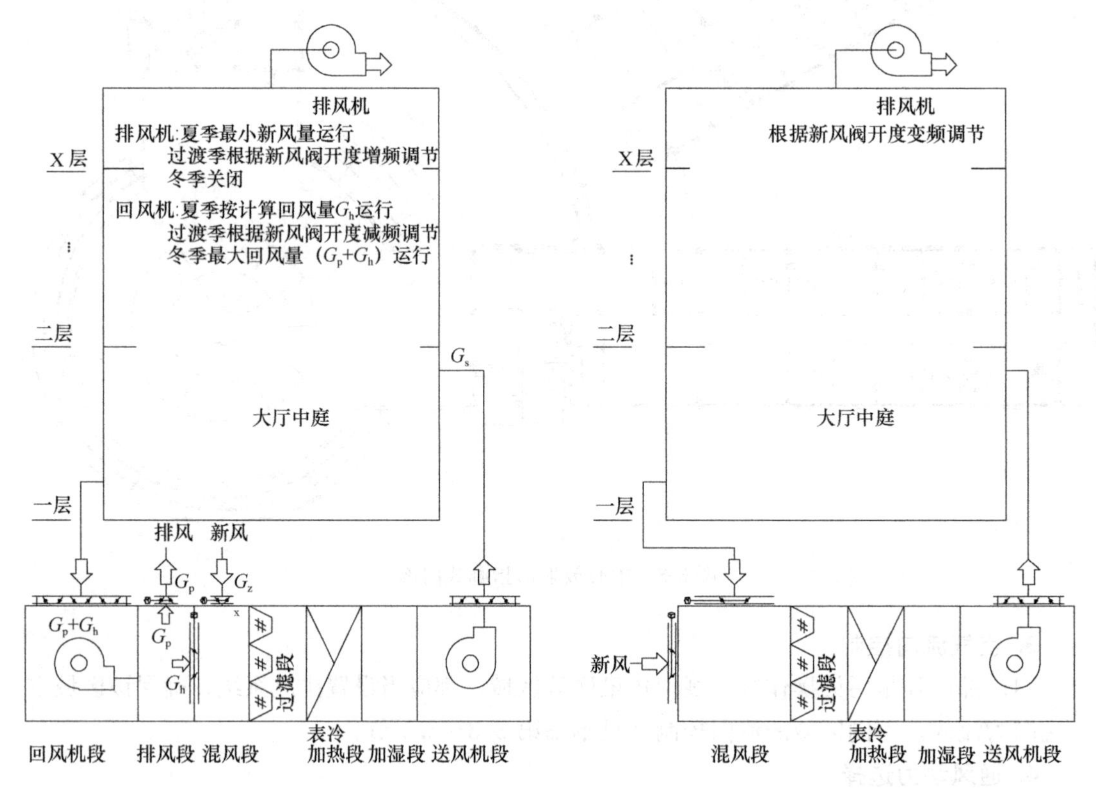

图3-4 大厅全空气系统示意图

（a）双风机空调机组；（b）单风机空调机组

挑空大厅（包括局部挑空）高度大于10m时应采用分层空调方式，由于医院门诊大厅多数与其他楼层联通，并非严格意义上的分层空调，因此计算负荷不适宜按《实用供热空调设计手册（第二版）》的经验系数取值，计算时建议可按全室空调负荷的0.7～0.95计算，按笔者经验，可根据挑空面积与大厅全部面积比值来取值，面积比值越大，数值取下限，面积比值越小则取上限。有关分层空调系统设计的详细设计请参阅《实用供热空调设计手册（第二版）》。

在寒冷地区，门诊挑空大厅人流进出频繁，冬季冷风侵入较为严重，由分层空调系统来保证大厅人员活动区温度的代价太大，也将导致上部科室温度过高，不符合节能要求，因此建议设置地面辐射供暖系统作为主要供热措施，而空调系统回归其通风功能，且最佳方案是等温（或低于室温 2℃左右）送风——使得水平射流形成对挑空区域上部隔绝的气幕，最大限度阻碍热空气上升。

大厅空调系统新风量应可自动调节，最大新风比可达 100%，这不仅仅是从节能角度考虑过渡季全新风运行的需要，也考虑到门诊大厅、急诊大厅作为医院应对突发灾害或疫情等应急救治场所时全新风运行的需要。

大厅新风量计算可参阅第 2.3.4 节第 1 条。

2. 诊室

门诊部诊室均为相对独立的小空间，空调应采用便于独立控制的系统，一般采用风机盘管水系统。从系统节能的角度看，不宜采用多联式空调系统。地域及建筑特点适宜时，水环热泵系统也是值得推荐的（详见第 2.4.3 节第 5 条第（2）款）。

3.3 一些特殊房间设计注意事项

（1）配置检查床、治疗床的诊室，应尽量避免在床位正上方设置风口。

（2）儿科区域相对相邻区域微正压，儿科隔离候诊、隔离诊室相对相邻房间微负压，排风系统宜独立设置。

（3）门诊化验室、换药室相对相邻房间微负压，排风系统宜独立设置。

（4）口腔科治疗室、技工室、消毒间、清洗间应设置机械排风系统，排出室内异味。技工室、消毒间、清洗间排风量可根据新风量按保持室内微负压计算。完整的技工室平面功能包括接待、消毒、工作间、模型间、热处理、铸造、烤瓷、材料库等，是制作人工牙（也叫义齿）的小型工厂，医院一般把这部分业务外包，但制作好的人工牙的牙冠往往需要再次进行细微调整，另外人工牙的修复一般也在医院完成，这些工作就在医院内的技工室完成，操作时会产生粉尘，应在工作台上设局部排风系统，排风应设中效以上过滤器滤除粉尘，设计时可按每台工作台排风 1000m^3/h 预留排风系统。

（5）一级药库内可能储存大量针剂，建议设置分体空调等作为备用冷源。

（6）中药煎药室一般设置在独立小楼内，需设置机械排风系统。

（7）中医的艾灸室气味道比较浓烈，建议排风换气次数取 4h^{-1}，应设置独立排风系统高空排放，相对相邻房间应为微负压。

（8）皮肤科的激光治疗室、康复科的紫外线治疗室都有臭氧产生，应设置排风系统，排风量可分别按 4h^{-1}、3h^{-1}计算，皮肤科异味大，空气污染物更多，因此通风量更大一些，对相邻房间都应设计为负压。

（9）眼科准分子治疗室所用激光波长为 193nm，属于短紫外波范围，治疗时产生臭氧，应设置排风系统，排风量可按 3h^{-1}计算。

3.4 门诊手术工艺特点与通风空调设计

门诊手术是指医院针对合适的患者，在1～2个工作日内安排患者的住院、手术、手术后短暂观察、恢复和办理出院，患者不在医院住院过夜，是一种源自欧美的手术模式，因患者无需住院过夜，故也称日间手术。随着医疗技术的发展与提升，近些年医院门诊手术已经开始逐渐增加与推广，虽然目前由于医疗保障政策未将患者在门诊进行的术前检查和准备相关费用纳入报销范围，但门诊手术相比住院手术具有的高效率、低费用、更优就医体验，随着国家及地方医保政策的完善与落实，门诊（日间）手术必将迎来迅速发展。

门诊手术适应症包括普外与泌尿外科、五官科、妇产科等病种，范围很广，浙江省卫计委2017年发布的“浙卫办医政[2017]7号”文推荐的日间手术就多达158种。

门诊手术的出现改变和模糊了原来医院的门诊、病房、手术三者之间的概念，可以想象随着医疗技术的发展，人类术后康复能力与速度继续提升，社区医疗服务能力不断完善，越来越多的手术后的病人在门诊做短暂的恢复与观察，就直接回家进入“家庭式护理”或者“社区护理”的模式了。可以预见，随着门诊手术的推广与发展，医院门诊部建筑功能将更加复杂、更加丰富。

首先，门诊手术必须具备住院手术的一些基本要求，如洁污分区、人流物流动线明确简洁、环境质量要求等，也同样要求与中心供应之间具备点对点的便捷运输通道。

其次，门诊手术又有自身特点：耗时短、难度低、创伤面小、患者手术后当日离院，因此手术室的规模以中小型为主，使用面积多数为20～25m^2；手术登记处应设患者物品暂存柜、家属等候区；虽然患者当天离院，但术后仍需留院观察，因此还应在手术室附近设有观察室（日间病房）。

由于门诊手术的特性，建筑布局上大致有三种模式：一种是将门诊手术与洁净手术部同层相邻布置，其优势是：共享手术医护用房、医护人力资源及部分辅助用房，共享洁污物流通道，洁污严格区分，对医院的感控管理极为有利，共享设备夹层，通风空调系统路由设计更加合理；另一种是在毗邻门诊的外科区域（多数门诊手术仍属于外科手术）设置集中独立的门诊手术区（门诊手术中心），其优势是：方便管理，减少对洁净手术部的干扰，更有利于保护门诊手术患者的隐私；第三种则是分散到具体科室内部的门诊手术，一些医院管理者认为，对于手术量较大的科室，如妇产科的门诊手术，在科室内部设置更为合理。图3-5为某医院门诊手术中心平面布置图。

以上三种模式，第二及第三种对于机电管线综合是个考验，由于门诊层高不高，又缺乏设备夹层，通风空调管道只能同层布置，尤其是对于有洁净度要求的门诊手术室，更需要从空调机房位置、手术间数及管线综合等多方面综合规划平面布局，否则将导致有些区域净高不能满足要求。门诊手术室应根据手术种类确定是否设置净化空调系统，一些无创手术，如：体外冲击波碎石术、内镜结肠息肉微波切除术、宫腔镜息肉切除术等手术室都可以不设置净化空调，一般的小切口手术，如：包皮环切术、膝关节交叉韧带重建术、骨折开放性复位伴内固定术、经腹腔镜阑尾切除术等手术最高可按Ⅲ级手术室设计，而痔切除术、肛裂切除术等污染手术可按Ⅳ级手术室设计。详细的通风及净化空调系统设计可参阅本书第5章内容。

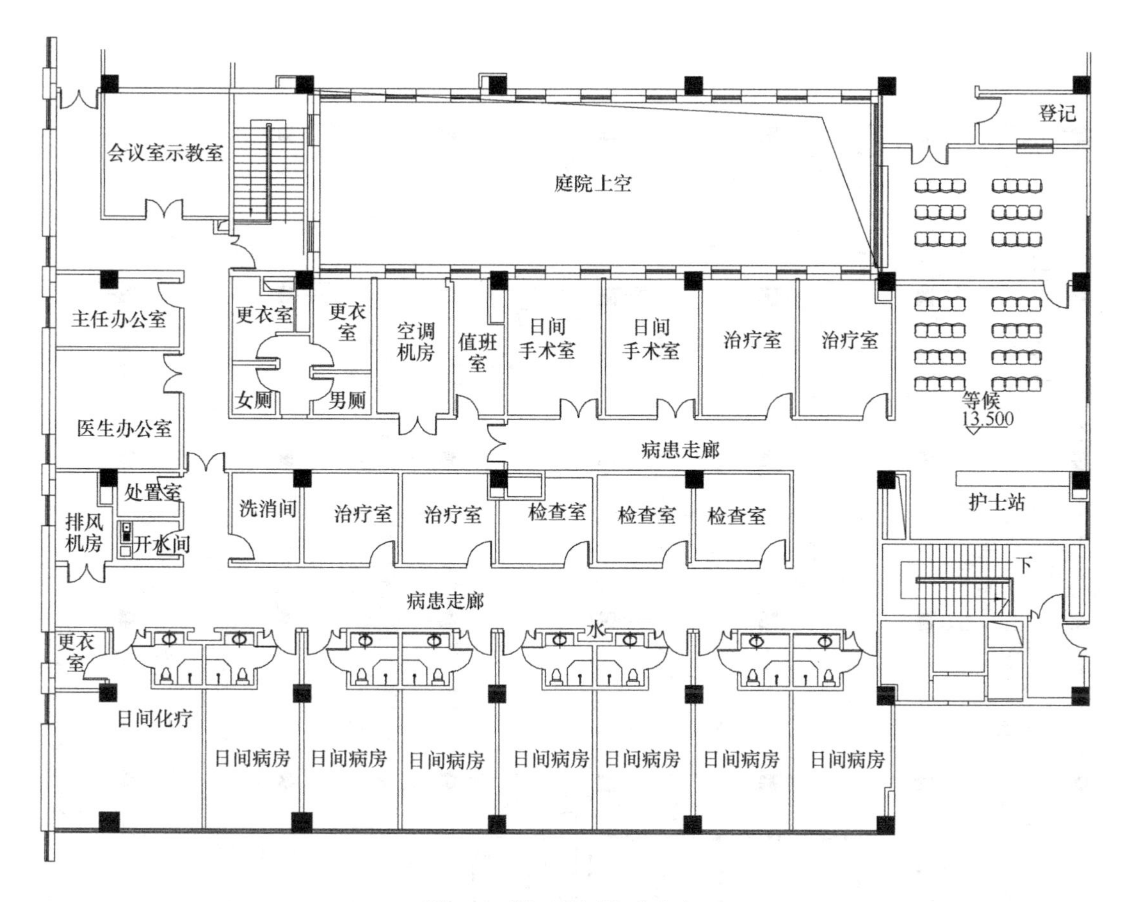

图 3-5 某医院门诊手术中心

3.5 急诊急救功能特点与通风空调设计

急诊急救的对象都是病情紧急、危机、需要及时诊疗或迅速抢救的病人，必须分秒必争，否则将导致死亡或不可逆的致残。因此急诊急救门诊都是昼夜 24h 开放的。一般医院急诊与急救整合为一个功能区，区域急救中心一般分为两个相邻区域设置，这样既突显急救的紧急重要性，又合理共享一些检查检验资源。

急诊所面对的是各种不同的紧急病例，因此急诊部通常形成相对完整独立、自成系统的区域，功能用房包括：急诊用房，如：诊查室、治疗室、手术室、清创室、洗胃、隔离室；医技用房，如：功能检查室、X 光等影像检查室、化验室、观察室、输液室等，规模较大的急诊部还设有 CT、MR 等大型医疗设备，规模较小时，通常需考虑预留与医技部的专用通道。

急救主要针对急性高危的患者，以心脑血管病为主，包括胸痛、脑卒中、急性中毒等急性病。急救用房包括抢救室、监护室、紧急处置室、观察室等，有条件的医院则在急救厅周边就近设置 EICU（与急诊合用）。图 3-6 为某医院急诊急救平面布置。

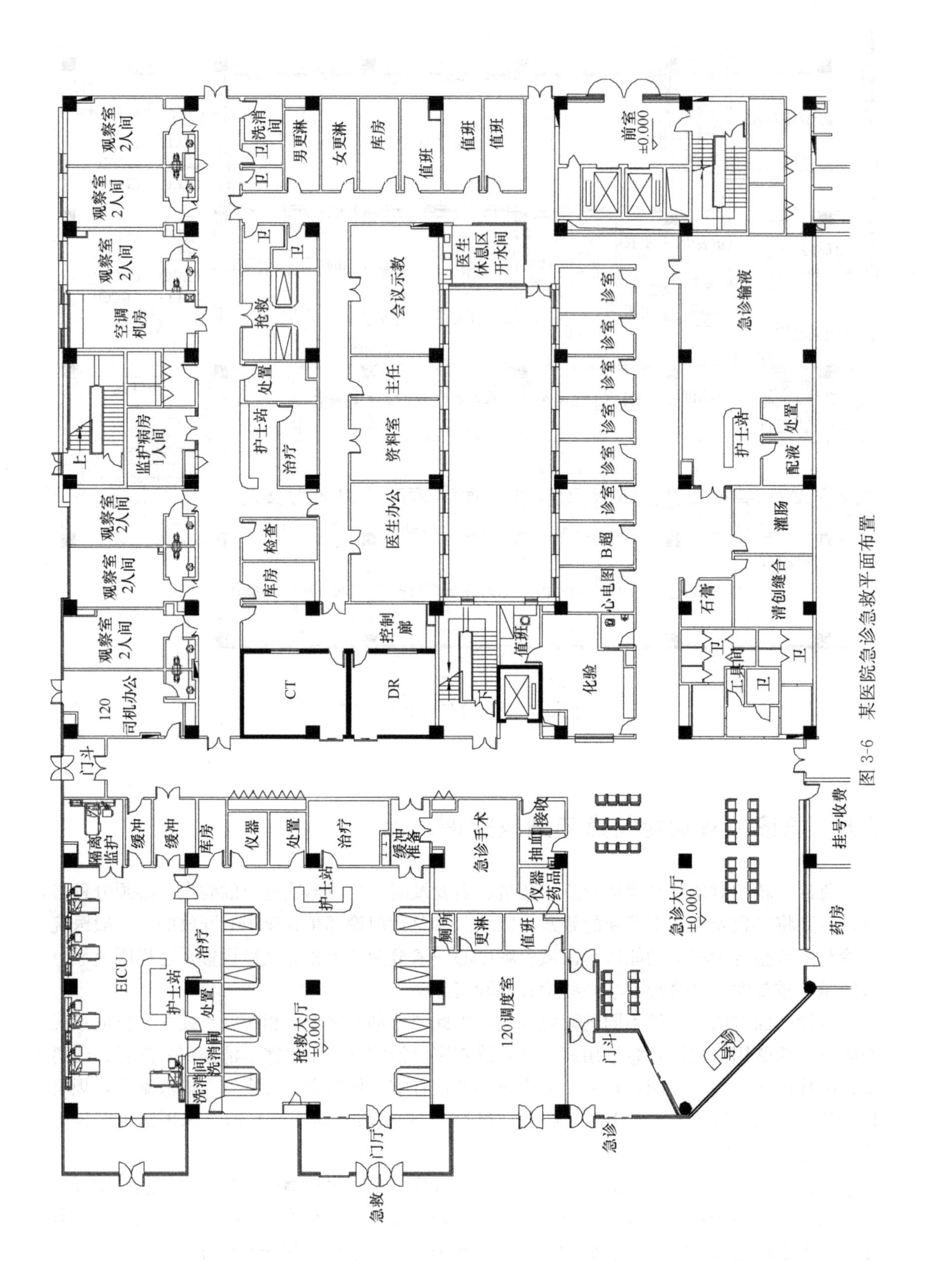

图3-6 某医院急诊急救平面布置

“胸痛”是许多疾病的常见症状，急救所指的“胸痛”是其中的高危病例，包括：急性冠脉综合征（ACS，Acute Coronary Syndrome）、主动脉夹层、肺动脉栓塞、急性心包填塞、张力性气胸等致命性疾病，其致死率和致残率很高。这些疾病的共同特征：发病突然、胸痛剧烈，新发心绞痛可以没有任何生命体征变化，在心电图检查正常情况下，突然发生心性猝死。

急性冠脉综合征包括：急性 ST 段抬高性心肌梗死（简称 STEMI，ST segment Elevation Myocardial Infarction）、急性非 ST 段抬高性心肌梗死（简称 NSTEMI，Non-ST segment Elevation Myocardial Infarction）和不稳定型心绞痛（简称 UA 或 UAP，Unstable Angina Pectoris）。ST 段抬高型心肌梗死是指具有典型的缺血性胸痛，持续超过 20min，血清心肌坏死标记物浓度升高并有动态演变，心电图具有典型的 ST 段抬高的一类急性心肌梗死。目前公认的对 STEMI 最有效方法是经皮冠状动脉介入治疗，

高危的胸痛病由于发病突然，一旦抢救不及时，死亡率很高，对人民生命安全危害极大，也因此，国家着力推动胸痛中心的建设，国家卫计委 2017 年 10 月发布《胸痛中心建设与管理指导原则（试行）》，图 3-7 引用其要求的以胸痛中心为基础的多学科联合诊疗模式图。由图中可见，“院前”构成急救的一项很重要的步骤，一旦救护人员在“院前”确认患者为 STEMI，院内的急救工作就已经开展，介入治疗设备、仪器、人员准备就绪，病人直接送入介入手术室进行急救。

从以上急诊急救的功能需求，可以总结通风空调系统设计的注意事项如下：

（1）系统安全性保障。系统应具备全年 24h 运行的条件，尤其是室内温度的保障对急救工作、急救病人都显得更为重要，合适的温度有利于医护人员有条不紊、更为高效地开展救护工作，同时也避免温度过高加重患者病情，或温度过低导致患者体温过低增加救护难度。因此，急诊急救部的空调系统除了集中空调供应外，建议在急诊手术、抢救大厅、抢救治疗间、EICU 等重点部位增设备用空调系统或备用冷源，同时要求电气专业按一级特别重要负荷为此系统供电；供热系统应满足提前、延迟供热的需要，如果采用市政热水为热源的散热器供暖，建议由院区锅炉房（医院一般都有自备锅炉）提供备用热源。

（2）通风空调系统冗余量。设计中应充分考虑到突发性群体事件的急诊急救需要，通风空调系统设计要留有一定的富余量来应对非正常状态。可采取的措施例如：新风机组采用双风机并联形式，单台风机风量大于系统风量的 75%，平时单台风机交替超频运行，应急状态双风机并联定频运行；或者直接双风机互为备用，应急状态并联运行。

（3）通风的重要性。急诊急救强调的是救治的时效性，因此平面流程上突出快捷性，多数房间拥簇一团，不具备自然通风条件，且人员较为密集复杂，医疗救治工作产生的污染也比门诊、病房更为严重。因此，急诊急救部的通风要求更高，设计参数详见表 2-2。

（4）急诊急救部中的手术室、EICU，因其急救工作的特殊性，一般不要求空气净化，急诊后还需要有洁净度要求的手术一般会转移到洁净手术部。但也不能忽视急诊急救部中手术室、EICU 的空气质量，全空气系统建议回风口设置中效以上过滤器，空调机组设置高中效过滤器；对于风机盘管+新风系统，建议风机盘管设置低阻高效过滤器，新风机组可按表 2-6 新风过滤组合设置过滤器。

（5）急诊部的隔离室可参照《急救中心建筑设计规范》GB/T 50939 的要求执行：“隔离用房应采用独立的空调系统，送风量不宜小于每小时 10 次换气次数，新风量不宜小

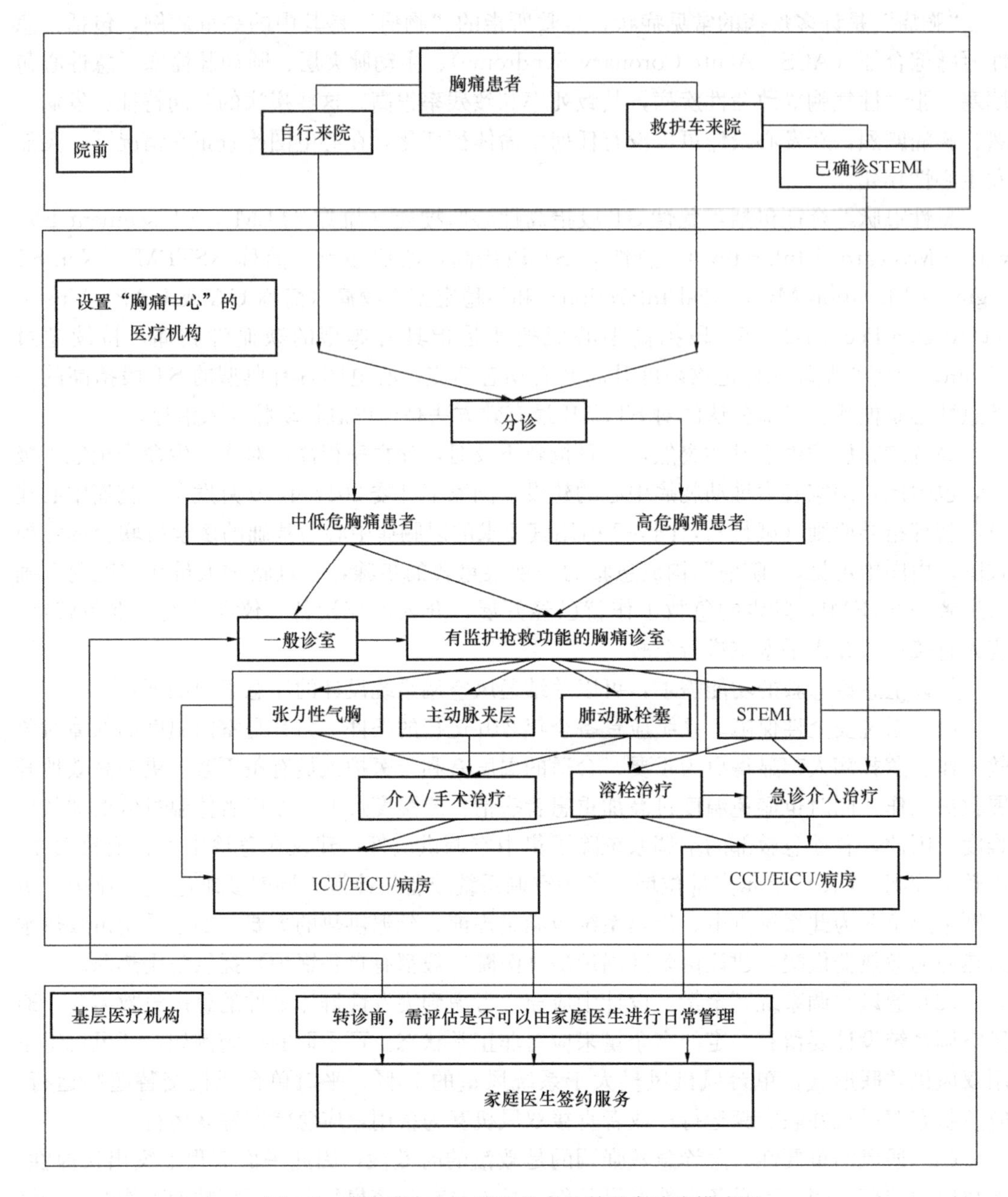

图 3-7 以胸痛中心为基础的多学科联合诊疗模式图

于每小时 3 次换气次数，并应能 24h 连续运行。隔离用房还应有独立排风系统，并应保持与其相邻、相通房间低 10Pa 的负压”。

第4章　医　　技

4.1　概述

医技科室是指运用专门的诊疗技术和设备，协同临床科诊断和治疗疾病的医疗技术科室。按工作性质和任务，可分为三大类：

以诊断为主的科室：如影像中心，包括X线系列设备的放射科、MRI磁共振成像、ECT等核医学影像等；检验、病理、功能检查、超声、各种内镜（也兼做治疗）等科室均属于诊断为主的医技科室。

以治疗为主的科室：如放疗科、透析、核医学科等。

以供应为主的科室：如药剂科、营养科、中心供应等。

医技科室有以下特点：

（1）一切工作围绕临床，面向全院，为各临床医疗科室服务。医技科室虽自成体系，构成医院的一部分，但其业务工作主要是为各临床医疗科提供诊疗依据，或配合治疗，直接或间接为门诊、急诊和住院病人提供技术服务，同时也为全院的科研和教学服务。临床各科对医技科室，特别是对拥有先进的现代化诊疗设备的医技科室有较强的依赖性。医技科室技术水平的高低、工作质量的优劣、检查报告结果是否准确及时，直接影响对疾病的诊断和治疗，同时还影响着全院医疗、科研和教学工作的效果。每一个具体的检查项目都关系到某一临床科的诊疗质量。可见，医技科室在医院医疗工作中起着举足轻重的作用。

（2）医技科室的专业性强，具有相对独立性。各医技科室有自己的专业分工，并有自己的工作特点和规律。即使同一科室，由于使用仪器设备的不同，从操作到出报告都是独立完成，具有工作的独立性。

（3）借助专用仪器设备和专门技术开展业务工作，为病人诊断治疗提供客观依据。医技科室的工作手段主要是各种仪器设备，工作水平在很大程度上取决于仪器设备的先进程度和更新周期的长短，同时也取决于医技科室技术人员专业技术水平和知识更新的快慢。在科学技术迅猛发展的今天，这一特点显得尤为突出。

（4）医技各科室拥有诊疗仪器设备多、更新周期短、要求条件高。医技科室的仪器设备是医院现代化的物质基础和重要标志。随着现代科学技术的发展，医疗设备更新换代越来越快，几年就更新一代甚至几代。每个科室、每个专业都拥有多种不同功能的仪器设备，同一专业同一功能的仪器设备，往往规格型号不一，操作各异。设备操作自动化、遥控化和电子计算机化，构成了医技科室形体各异的特点。而且每一台仪器设备都要求有特定的环境、建筑和保养设备，有相应的专门技术人员操作和维修管理。

可见，医技科室的工艺需求更为复杂、多样化，很多医疗设备的工艺需求对于建筑各专业设计起到决定性的影响。因此，每一位医院建筑建设参与者尤其是设计人员，必须及时了解医疗设备的发展动态、掌握已经成熟应用的医疗设备的工艺需求，否则设计出来的医技科室将无法投入使用。

在医技科室，医疗设备成为空调负荷的主要来源。在常见的办公、酒店等建筑中，设计手册通常可以提供设备的空调负荷计算指标。而在医院，由于医疗设备在类型和应用上的多样性，很难提供一种普遍性的负荷指标建议。ASHRAE 对一些设备进行了散热量测试，但所测试的设备只是可能遇到的该类型设备的一小部分样品。表 4-1 引用的是 2017 ASHRAE Handbook-Fundamentals 提供的便携式、台式设备散热数据，可供设计时参考。

典型医疗设备散热负荷 **表 4-1**

设备名称		铭牌负荷（W）	高峰负荷（W）	平均负荷（W）
Anesthesia system	麻醉仪	250	177	166
Blanket warmer	温热毯①	500	504	221
Blood pressure meter	血压仪	180	33	29
Blood Warmer	血袋温热器	360	204	114
ECG/RESP	心电图/呼吸监护仪	1440	54	50
Electrosurgery	外科电刀	1000	147	109
Endoscope	内窥镜	1688	605	596
Harmonical scalpel	超声手术刀	230	60	59
Hysteroscopic pump	宫腔镜泵	180	35	34
Laser sonics	激光声波仪	1200	256	229
Optical microscope	光学显微镜	330	65	63
Pulse oximeter	脉搏血氧饱和度仪	72	21	20
Stress treadmill	平板运动心电仪	—	198	173
Ultrasound system	超声诊断仪	1800	1063	1050
Vacuum suction	真空吸引器	621	337	302
X-ray system	X 线机	968	—	82
		1725②	534	480
		2070	—	18

① 心脏等低温手术用。

② 为手术室专用的 X 线 C 臂机。

医疗设备是非常特殊的，在不同的应用中会有很大的不同。表 4-1 中所提供的数据仅在最一般的意义上提供指导，设计时如条件许可，还应了解使用单位的使用时间、频率，以便更准确地确定空调负荷。

对于固定式、大型的医疗设备，它们的安装使用条件有进一步的要求，有的大型医疗设备如回旋加速器，机房周边区域房间的功能就是以它为中心而设计的，这就不仅仅是设备负荷问题，而且涉及机房环境要求、机房区域（为其服务的房间）工艺流程要求等。这些将在后面章节中介绍。

4.2 通风柜、生物安全柜、洁净工作台

医技科室如检验科、病理科、输血科、基础实验室、核医学实验操作中广泛使用通风柜与生物安全柜、洁净工作台，本节对其性能及应用作简单介绍。

这三种设备之间最大的区别在于提供不同的保护。

通风柜只保护操作人员。通过外部排风系统的抽吸，维持通风柜前窗一定的吸入面风速，使得通风柜内的气溶胶污染不会经由前窗逸出，保护操作人员不受柜体内操作的污染。

洁净工作台只保护实验对象。空气经高效过滤后覆盖工作区域，保持工作空间内的气流速度、洁净度，保护样本及实验对象。

生物安全柜最基本的保护对象包括：操作人员、环境。通过维持前窗一定的流入气流的面风速，保护操作人员不受柜体内操作的污染；外排空气经过高效过滤保护环境；除此之外，Ⅱ、Ⅲ级生物安全柜还通过柜体内高效过滤空气形成下降气流起到保护实验对象的作用。

室内送风气流对这三种设备尤其是通风柜与生物安全柜操作面气流控制的影响非常大。ASHRAE有实验表明，在通风柜操作窗口受到送风气流干扰时，通风柜原有面风速对柜内污染的控制失去作用；随着送风气流干扰增强到一定程度，无论多大的面风速都不能有效控制柜内污染。因此，对于有通风柜或生物安全柜的房间，暖通设计必须重视送风口的位置。通风柜与生物安全柜的安装位置由工艺需求决定，但多数时候在工程设计阶段工艺（使用方）并未确定具体安装位置；或只是草草圈了个位置，后期改动的可能性非常大。因此，暖通设计文件中务必明确“送风口应根据通风柜/生物安全柜安装位置而调整，避免送风气流影响通风柜/生物安全柜的正常使用”。

医院的通风柜与生物安全柜的排风中多数含有酸碱化学成分，排风系统的管道、风机、阀门、连接件、紧固件应更加关注防腐蚀问题，建议风管采用不锈钢材质。

所有生物安全柜及超净台的产品设计基于海拔2000m以内，使用地海拔高于2000m时，应当提交厂家复核。

4.2.1 通风柜

1. 物理特性

通风柜特性尺寸以其外形宽度表示，标准型通风柜尺寸为1.2m、1.5m、1.8m，通风柜高度一般为2.35m（行业标准小于2.4m），深0.85m（行业标准0.8～0.9m）。柜内背部导流板分上中下三段排风，可根据柜内的冷、热操作及污染气溶胶的密度调节导流板以消除排气死角，最大限度限制污染的逸出。通风柜柜门完全开启是最大高度为600～800mm，通风柜顶部排风接口口径一般为ϕ250。标准通风柜图形如图4-1所示。

关于通风柜面风速的选择，行业标准《排风柜》JB/T 6412—1999和《实验室变风量排风柜》JG/T 222—2007推荐的最高面风速均为0.5m/s，也有人认为应根据工艺操作的需求提高面风速。美国相关协会、委员会在这方面作了大量的研究测试，结果如下：

美国政府工业卫生学家协会（American Conference of Governmental Industrial Hygienists，ACGIH）：典型的通风柜是操作者站在通风柜前，伸手进入通风柜内部进行实验

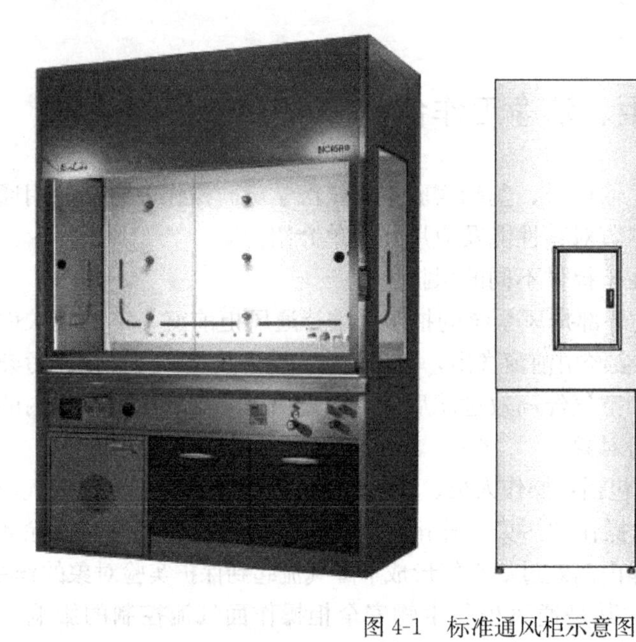
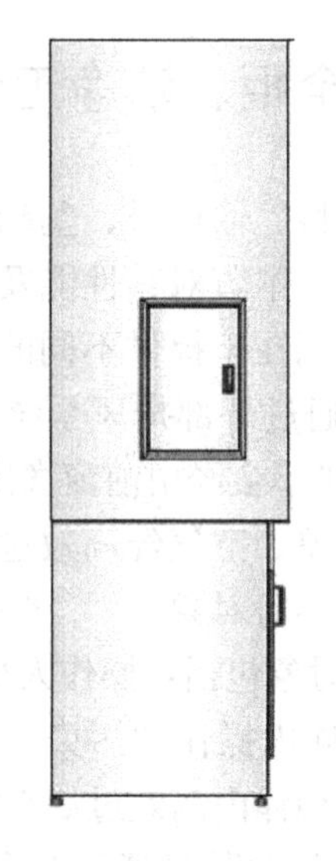
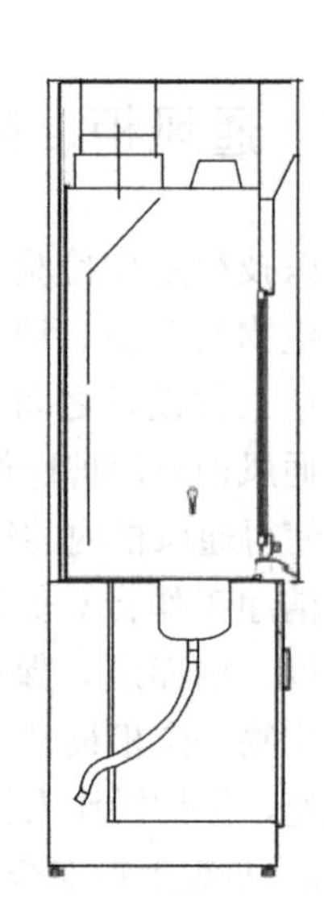

图 4-1　标准通风柜示意图

操作。此时进入通风柜的气流会在操作者身边形成旋转气流，从而引起柜内气体溢出，甚至沿操作者身体上升到达呼吸区域。进口风速越大，形成的旋转气流就越强。因此，事情并非人们想象的那样，进口风速越大，气流抑制效果就越好。较高的进口风速在浪费能耗的同时，却不会提高、甚至有可能会恶化通风柜的气流抑制效果。

美国职业安全和健康管理局（Occupational Safety and Health Administration）：通常情况下，推荐的通风柜进口风速应在 0.4～0.5m/s 之间。对于少数药品毒性较高或当外界对于通风柜的气流抑制能力有不利影响时，可采取进口风速为 0.5～0.6m/s。但是通风柜的能耗一般是与进口风速呈线性关系的。当进口风速接近或超过 0.75m/s 时，会在通风柜内形成紊流，从而降低通风柜的气流抑制效率。

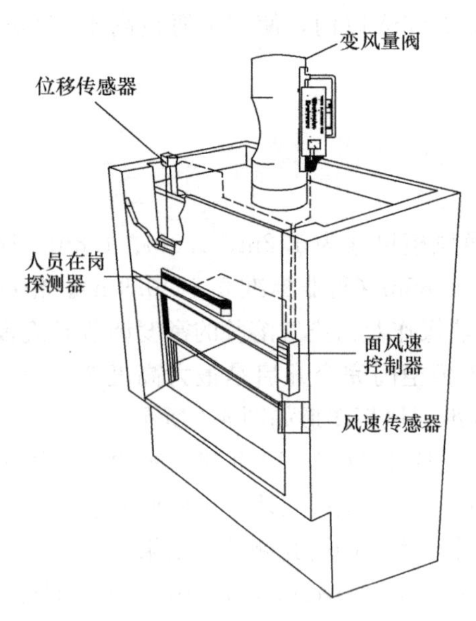

图 4-2　变风量通风柜示意图

研究结果表明：当通风柜面风速达到 0.6～0.75m/s 时，尽管几乎所有的通风柜都可以在此范围内达到高效的气流抑制，但其效果相对于 0.5～0.6m/s 并没有本质的改善，能耗却会因此而大大提高，所以，一般不推荐使用。而面风速大于 0.75m/s 时，在通风柜内引起紊流从而导致柜内毒害气体溢出的可能性大大增加，因此通风柜面风速不应大于 0.75m/s。

综上所述，笔者建议通风柜面风速最高按不超过 0.6m/s 计算。医院各种实验操作宜采用变风量通风柜（符合《实验室变风量排风柜》JG/T 222—2007 的要求）。变风量通风柜如图 4-2 所示。通风柜排风系统设计参数如表 4-2 所示。

通风柜排风系统设计参数 表 4-2

设备型号		面风速 (m/s)	建议适用操作	外排风量 (m^3/h)	阻力①/(Pa)	排风处理
通风柜	1.2m	0.4～0.5	检验、病理实验中无毒或毒性低的腐蚀性或可燃的化学试剂操作	900～1500	≤70	采用圆锥形风帽，高出屋面 3m
	1.5m			1100～1900		
	1.8m			1400～2400		
	1.2m	0.5～0.6	检验、病理实验中高毒性、易燃的化学试剂操作；核医学科中的一些简单操作	1500～2200	≤70	采用圆锥形风帽，高出周围 50m 内建筑屋面 3m
	1.5m			1900～2500		
	1.8m			2400～3200		

① 变风量通风柜需加上约 50～150Pa 的变风量阀阻力。

2. 排风系统设计相关事项

（1）通风柜安装位置应远离门口、结构柱等，与门口最小间距要求见图 4-3[11]。

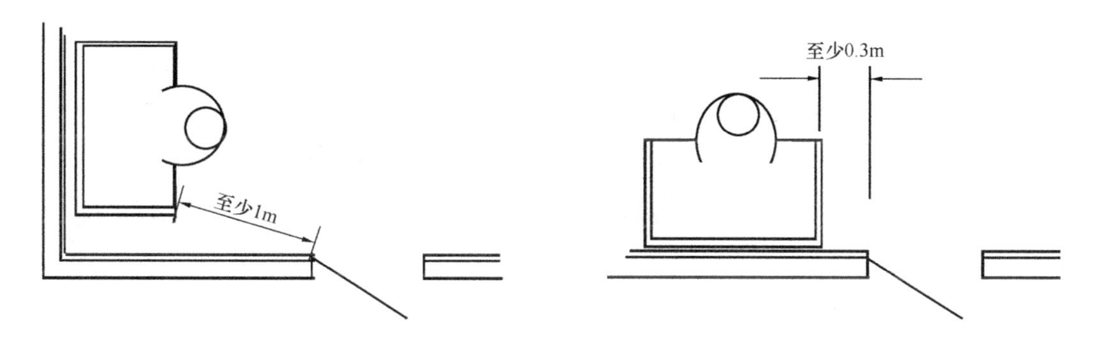

图 4-3 通风柜距门要求

（2）通风柜安装位置应远离送风口，距通风柜前窗 0.4m 处风速不得大于 0.2m/s[11]（测试条件详见 EN 14175—4：2004，5.8.3）。推荐室内吊顶高度 3m，至少 2.7m。

（3）一般建议单台通风柜设置独立排风系统，当实验操作工艺相近且毒性较低、非易燃气溶胶产物时，通风柜可多台并联设置排风系统。

（4）需要注意的是，如果通风柜中存放有剧毒物品，排风系统应常年 24h 开启，排风机应设备用风机且能根据故障信号自动切换。

（5）核医学科中一些简单实验操作（《电离辐射防护与辐射源安全基本标准》GB 18871 中规定的丙级工作场所）可以在防护通风柜中操作。核医学科应用通风柜的相关介绍详见第 4.6.4 节。

（6）实际使用中常见通风柜内存储试剂，因此通风柜接入排风系统处宜设置两位式电动气密风阀，且纳入系统联锁控制，避免通风柜不使用时气流倒灌。尤其是多台通风柜并联的排风系统，更应在每台通风柜排风支管上加设电动气密风阀，且应设置调节性能较好的手动调节阀或定风量阀（变风量通风柜一般只需设置变风量阀）作为初调试平衡措施。考虑风机变频幅度及其曲线变化，并联台数不宜超过 3 台。

（7）空调/送风系统应有相应措施平衡室内空气，避免通风柜启停产生的影响。房间健康卫生所需的空调/送风管道与补偿通风柜排风的空调/送风管道宜分开设置，补偿通风柜排风的空调/送风管道应设置两位式电动风阀，对于危险品操作的通风柜，应设置送排风系统的先后启停联锁控制。

（8）通风柜典型排风系统如图4-4所示。

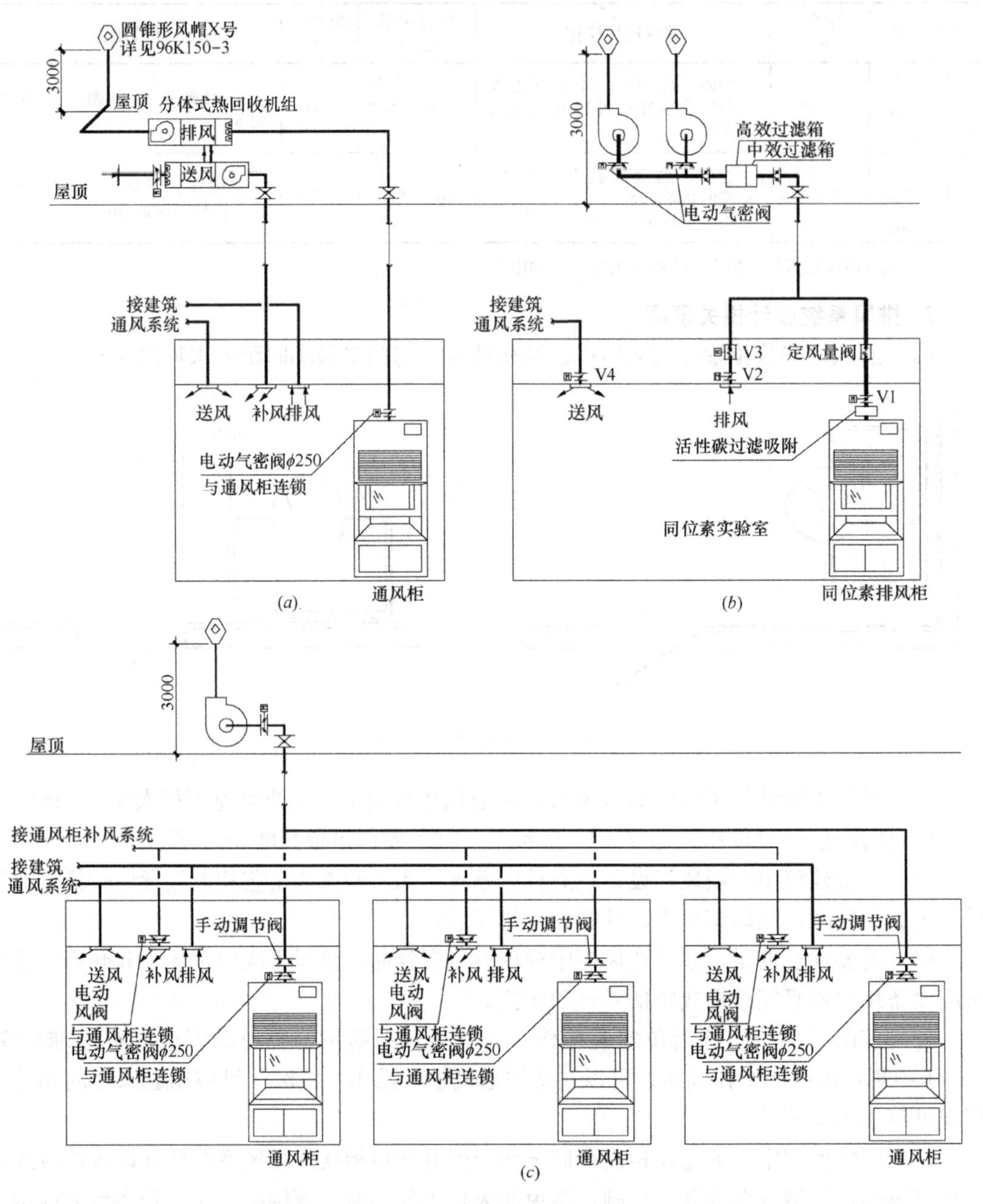

图4-4 通风柜典型排风系统图

（*a*）单台通风柜热回收补风系统图；（*b*）同位素通风柜系统图；（*c*）多台通风柜并联系统图

注：1. 图（*a*）电动气密阀ϕ250与通风柜、屋顶新排风热回收机组连锁启闭；新排风热回收机组宜采用新排风通道完全隔绝的分体式能量回收系统；无毒或极微量的低毒性化学试剂操作的通风柜，可采用泄漏量较低的热管式热回收机组；所有通风柜排风系统的热回收不应采用：转轮式、板式或板翅式热回收机组。

2. 图（*b*）不是常用做法，只是提供一种非常规通风控制思路供参考，其控制原理为：电动气密阀V1与通风柜连锁启闭；电动气密阀V2连锁屋顶排风机及其入口电动气密阀，根据室内工作状态启闭，并优先于电动风阀V4启动、延迟于V4关闭；电动两位式定风量阀V3连锁通风柜工作状态，通风柜开启，V3处于小风量状态，通风柜关闭，V3处于大风量状态。

3. 图（*c*）电动气密阀ϕ250与通风柜连锁启动，电动气密阀反馈开闭信号给控制器，屋顶排风机根据电动气密阀打开数量变频调节；独立的补风系统的支管上设置电动风阀，与对应的通风柜联锁启闭。

4. 电动气密阀泄漏量建议按《核空气和气体处理规范 通风、空调与空气净化 第2部分：风阀》NB/T 20039.2—2014中的Ⅰ级泄露量（具体数值可参见附录C）进行要求。

4.2.2 生物安全柜

1. 分级分类

生物安全柜按防护等级分为Ⅰ、Ⅱ、Ⅲ三级。所有生物安全柜均应按权威机构颁发的标准进行制造、安装、认证，全球范围内最为广泛使用的生物安全柜标准有两个，其中一个是源于北美的NSF/ANSI 49，另一个是源于欧洲的《生物技术—微生物安全柜性能标准》EN12469：2000（EN12469：2000 Biotechnology—Performance criteria for microbiological safety cabinets）。

目前NSF认证的Ⅱ级生物安全柜有五种：A1、A2、B1、B2、C1。而EN 12469只认证一种Ⅱ级生物安全柜，它通常相当于NSF指定的ⅡA2生物安全柜（也可以理解为：获得EN 12469认证的生物安全柜，基本可以确认其为ⅡA2生物安全柜）。

欧洲制造商还为细胞毒素药物操作生产一款专用的安全柜，通常称为细胞毒素安全柜，这款产品符合德国12980标准（DIN 12980—2005 Laboratory Furniture-Safety Cabinets For Handling Cytotoxic Substance）的要求，专门用于涉及细胞毒性物质的操作。细胞毒素药物是高危险性化合物，与微生物污染不同的是，这些药物粉尘污染无法被福尔马林或过氧化氢等普通的消毒方式中和。为了充分保护涉及药物分析制备的操作人员和安全柜维护人员，细胞毒素安全柜除了具备等同于ⅡA2生物安全柜的性能之外，其最大的特点是：在工作台下方扩大回风腔，腔内增加一道前置高效过滤器，前置高效过滤器采用模块化设计，安装及更换方式采用袋进袋出，有效保护安全柜维护人员，即使在安全柜运行状态下，也可更换过滤器。简言之，细胞毒素安全柜是一款有前置过滤器的细胞毒性物质安全柜，本质上仍是ⅡA2生物安全柜，本书内容若无特殊情况，将不再单列细胞毒素安全柜，而是叙述其所属的ⅡA2生物安全柜。图4-5所示为细胞毒素安全柜内部气流示意图。

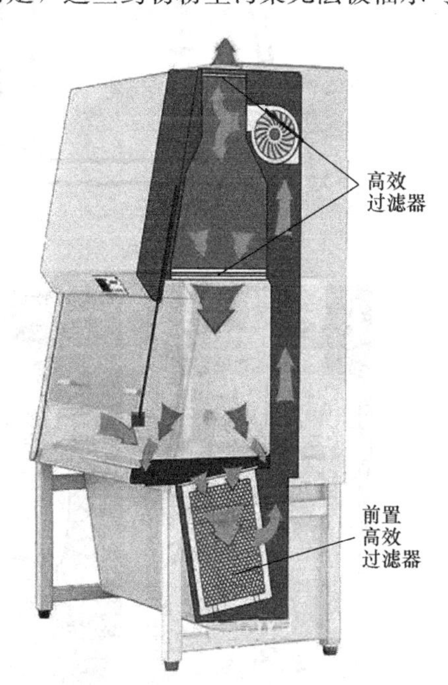

图4-5 细胞毒素安全柜气流示意图

生物安全柜可按其操作面宽的尺寸分为5种，国外常以3英尺、4英尺、5英尺、6英尺、8英尺（1英尺=0.3048m）表示，这些尺寸是以其内部操作空间宽度近似值表示的。

Ⅰ级生物安全柜相比通风柜多了内置的排风机及排风高效过滤器，它只起到保护操作人员和环境的作用，由于室内空气直接冲刷过实验对象，它不对实验对象提供保护，一般多用于医学教学实验，国内医院实际使用案例较少；Ⅲ级生物安全柜没有开放的操作口，为全密闭手套箱结构，医院的安全防护一般达不到使用Ⅲ级生物安全柜的要求。因此，本书对Ⅰ、Ⅲ级生物安全柜不再展开介绍，以下主要介绍在医院应用最为广泛的Ⅱ级生物安全柜。

我国《生物安全实验室建筑技术规范》GB 50346与《Ⅱ级生物安全柜》YY 0569都

将Ⅱ级生物安全柜细分为ⅡA1、ⅡA2、ⅡB1、ⅡB2四种。美国NSF/ANSI49－2016标准在2017年新增了第五种Ⅱ级生物安全柜：ⅡC1。ⅡA1与ⅡA2非常相近，工程实践中常以ⅡA2包含ⅡA1的应用。图4-6所示为上述几种Ⅱ级生物安全柜气流示意图，以便更具体地理解它们的防护原理。

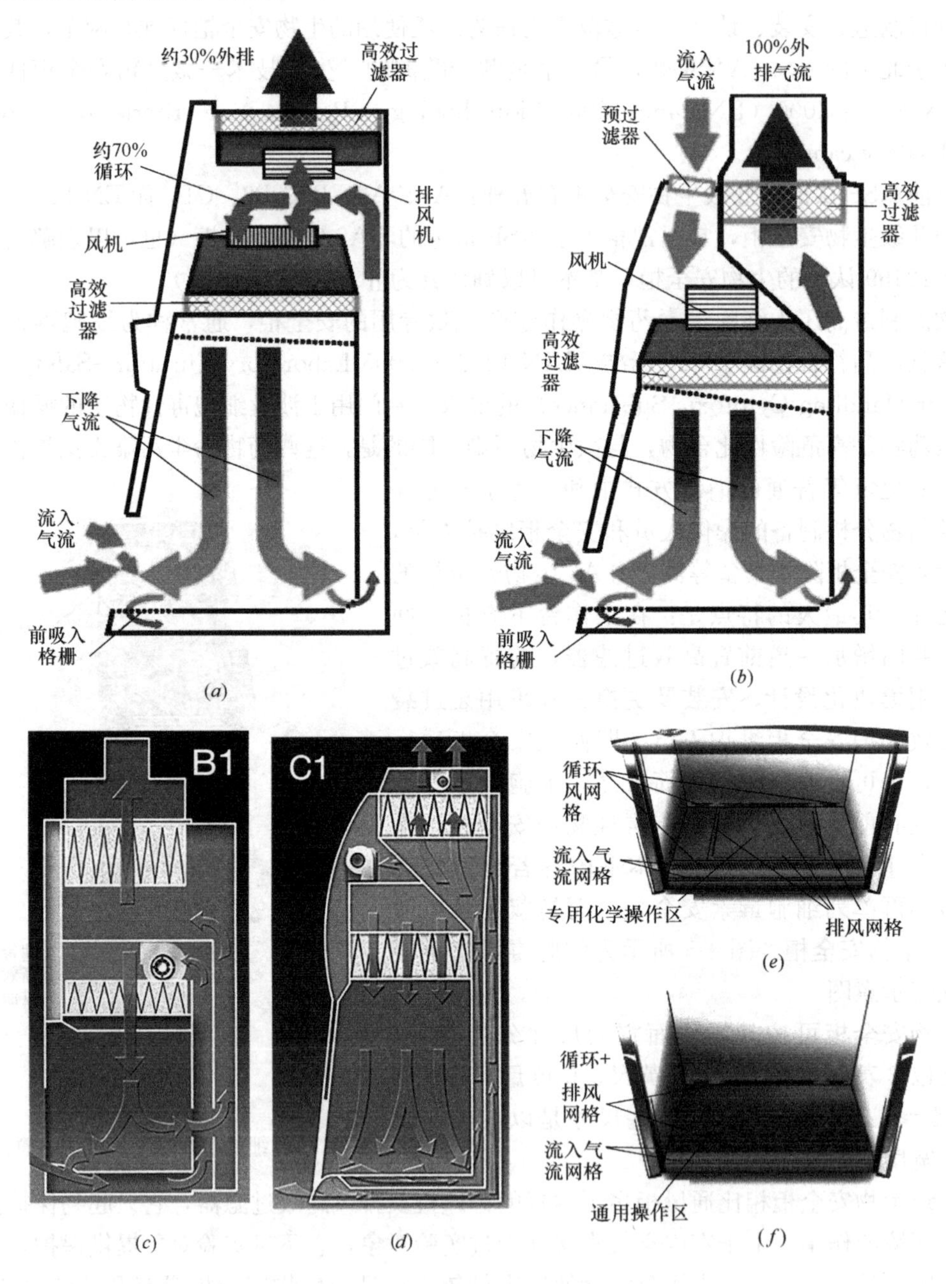

图4-6 Ⅱ级生物安全柜气流示意图

(a) ⅡA2气流示意图；(b) ⅡB2气流示意图；(c) B1柜内气流示意图；(d) C1柜内气流示意图；(e) ⅡC_1操作区示意图；(f) ⅡB_1操作区示意图

由图4-6可见，Ⅱ级生物安全柜的共同特点是它们都同时提供四种保护：

（1）保护操作人员。通过前窗流入气流，保护操作人员免遭柜内工作区域的空气生物危害。

（2）保护实验室和外部大气环境。通过对生物安全柜排出空气的高效过滤，实验室内或外部环境免遭柜内工作区域的空气生物危害。

（3）保护实验对象。通过柜内经高效过滤的下降气流的覆盖，使得实验对象免遭实验室内的空气污染。

（4）通过柜体内部均匀的下降气流覆盖，避免柜体内部不同实验对象的交叉污染。

同时，它们又有各自的特点：

（1）A型及C1型生物安全柜内置风机，可克服高效过滤器阻力，因此外部排风系统计算安全柜阻力时无需考虑高效过滤器使用过程中的阻力变化。

（2）B型生物安全柜外排风侧的高效过滤器阻力需要由外部排风系统克服，因此外部排风机压头应按高效过滤器终阻力的安全柜总阻力计算。

（3）A型及B型生物安全柜的操作台面均为通用型，并未按实验对象的性质划分出特殊区域。而C1型安全柜则指定独立的化学品操作区。

（4）A型及B1型生物安全柜都没有独立的排风通道，所有下降气流与流入气流混合后经同一通道再分配出分外排气流和循环气流。而C1型生物安全柜为中部化学品操作区专辟出排风通道，使得大部分的挥发性化学品单独过滤后排出柜体，从而大大降低下降气流中的化学成分的循环累积，这也是C1型生物安全柜在提供保护方面有别于A、B型的优势。

2. Ⅱ级生物安全柜性能参数

Ⅱ级生物安全柜的分类及其主要性能参数详见表4-3。

医用Ⅱ级生物安全柜性能参数 **表4-3**

设备型号		面风速①（m/s）	循环风比例	排风比例	初/终负压值②（Pa）	排风连接方式	适用操作⑥
生物安全柜	ⅡA1	≥0.4	70%	30%	170/170	排风罩连接④	不能用于有挥发性有毒化学品和挥发性放射性核素
	ⅡA2	≥0.5	70%	30%	170/170	排风罩连接④	用于以微量挥发性有毒化学品和痕量⑤放射性核素为辅助剂的微生物实验
	ⅡB1	≥0.5	30%	70%	170/245③	密闭连接	用于以微量挥发性有毒化学品和痕量放射性核素为辅助剂的微生物实验
	ⅡB2	≥0.5	0%	100%	249～622/871～1244	密闭连接	用于以挥发性有毒化学品和放射性核素为辅助剂的微生物实验
	ⅡC1	≥0.5	<50%	>50%	62/62	可直排室内或排风罩连接	可用于常见微生物操作，如经安全风险评估认可后使用挥发性有机化学品作为微生物研究辅助工作，应连接到排气系统

① 其中ⅡC1摘自NSF/ANSI49—2016的数据，其他生物安全柜摘自《Ⅱ级生物安全柜》YY0569的数据。

② 指的是外部排风系统在柜体接口处提供的负静压，此列数据摘录自NSF/ANSI49—2016附录E，A、C类在柜体处的负压值与柜体内过滤器阻力的变化无关。

③ 在《Ⅱ级生物安全柜》YY0569资料性附录A.2.2中有“……已污染的高效过滤器所允许的压力损失最少要500Pa”。结合ⅡB1柜体气流通路的特点，笔者理解国内标准认为ⅡB1总终阻力大于500Pa，一般来讲，只要是在国内安装使用，无论进口或国产的生物安全柜，都必须符合国内标准，但资料性附录又不能作为该标准必须执行的内容。因此，这里所列的NSF的数据应当谨慎参考，应以生物安全柜厂商提供的有效数据为准。

④ 这里按照《Ⅱ级生物安全柜》YY0569第4.2.2条的要求及其附录的推荐，建议所有ⅡA级生物安全柜采用排风罩连接方式。

⑤ 痕量指极小的量，少得只有一点儿痕迹；在应用科学领域，某种物质的含量在百万分之一以下称为痕量。

⑥ 根据《生物安全柜使用和管理规范》SN/T 3901—2014，所有Ⅱ级生物安全柜都适用于第二、三、四类病原微生物的操作。

生物安全柜的实际性能参数并非全部与标准一致，不同制造商生产的生物安全柜的性能参数略有不同。即使同一厂家同样的ⅡA2型生物安全柜，不同系列产品的性能参数也会略有差异。Ⅱ级生物安全柜基本一致的几个参数值为：A2柜体排风接口均为ϕ200，B2、C1柜体排风接口均为ϕ250，前窗操作口最大开启高度均约为500mm（用于非工作状态下安全柜的清洗擦拭消毒），A2、C1前窗工作高度有200mm及250mm两种，ⅡB2前窗工作高度一般只有200mm一种。采购国外进口的生物安全柜时，应注意其是否符合国家标准并经相关部门备案许可销售。表4-4和表4-5摘录了部分Ⅱ级生物安全柜性能参数，供读者参考。

某品牌1300系列Ⅱ级生物安全柜性能参数　　　表4-4

型号	尺寸	操作空间尺寸（m）	外排风量①（m^3/h）	终负压值②（Pa）	排风罩排风量③（m^3/h）	排风接口尺寸（mm）	初运行能耗③④（W）	散热负荷③（kW）
ⅡA2	3英尺	0.9×0.63×0.78	350/440	170	457/570	ϕ200	0.15/0.17	0.15/0.17
	4英尺	1.2×0.63×0.78	470/585	170	610/761		0.18/0.2	0.18/0.2
	5英尺	1.5×0.63×0.78	585/732	170	761/951		0.28/0.31	0.28/0.31
	6英尺	1.8×0.63×0.78	732/878	170	912/1142		0.36/0.4	0.36/0.4
ⅡB2	4英尺	1.23×0.45×0.74	1375	748～847	不能用	ϕ250	略小于A2	略小于A2
	6英尺	1.84×0.45×0.74	2070	748～847	不能用		略小于A2	略小于A2

① 表中数据分别对应：前窗工作高度8英寸（200mm）/10英寸（250mm），ⅡB2生物安全柜只按前窗工作高度8英寸（200mm）。

② 是指排风系统与生物安全柜接口处需要考虑的生物安全柜的最终总阻力（预过滤、高效过滤器均按总阻力计算），ⅡB2的阻力是根据制造商的要求计算得到的，这个阻力远大于其满足NSF要求的Concurrent Balance Value测试值。因此，读者应要求厂商确认生物安全柜总的终阻力，不可按其性能参数快查表或NSF/ANSI 49—2016所列阻力值选用排风机。ⅡA2的阻力是指排风罩的阻力。

③ 表中数据分别对应：前窗工作高度8英寸（200mm）/10英寸（250mm），电源为120V，比国内220V电压的散热负荷略高一点。

④"初运行"状态为：过滤器处于清洁状态、安全柜风机正常运行、内部灯源开启。

某品牌ⅡC1生物安全柜性能参数　　　表4-5

型号	尺寸	操作空间尺寸（mm）	外排风量③（m^3/h）	负压值（Pa）	排风接口尺寸（mm）	初运行能耗④（W）
ⅡC1	4英尺	1257×447×742	658/816	75	ϕ250	200
	6英尺	1842×447×742	945/1162	75		325

注：③④同表4-4的表注。

3. ⅡA2生物安全柜的排风连接方式

ⅡA2生物安全柜（EN 12469认可的Ⅱ级生物安全柜实际相当于NSF的ⅡA2，这里将这两种安全柜统称为ⅡA2生物安全柜）由于广泛的用途和全方位、足够的保护，成为最常用的生物安全柜。据Thermo Fisher Scientific应用技术专家Marc DuNR介绍，ⅡA2生物安全柜大约占全球已安装的所有生物安全柜的95%。在应用中，各标准对ⅡA2的排风系统连接方式的要求有所不同。表4-6列出不同标准对ⅡA2与排风系统连接的要求。

各标准对ⅡA2 连接要求 表 4-6

标准号	连接方式			
	直排室内	排气罩连接	套管连接	密闭连接
YY 0569—2011	√	√√	○	×
GB 50346—2011	√	○	√	√
NSF 49—2016	√	√	√	√
EN 12469：2000	√	√	√	√

注：√——允许；√√——推荐；○——标准中未提及；×——不准。

从表 4-6 可以看出，四个标准的分歧在于ⅡA2 能否直接管道密闭连接，国内两个标准在这个问题上也是互相矛盾。为何有的标准允许密闭连接，而有的却不许？目前笔者仍未查阅到相关权威解释。以笔者理解，要求排气罩或套管连接的原因可能有两个：

其一，密闭连接时，外部排风系统受到管道系统、室外风压、热压作用影响，在安全柜接口处的负压经常波动。负压大了，与安全柜内置排风机"抢风"；负压小了，外排风量不够。负压波动造成安全柜内部流入气流、下降气流变化，对操作人员及样本的保护作用都会受到影响。而采用排气罩或套管连接就可以很好地消除这种负压变化的影响，因此 YY 0569 与 NSF 49 都推荐采用排气罩或套管连接。

其二，当外部排风系统出现故障时，安全柜自体的排风机由于压头不足，密闭连接时不能克服外部排风管道的阻力，将使得安全柜的排风失效；而排气罩或套管连接时，安全柜排风虽然受到影响，但仍可继续工作，安全柜的保护作用仍然有效。在外部排风系统抢修的时间段内，操作人员可以选择继续或暂停实验。对于整个电力系统出现故障的情况，如果安全柜采用直流无刷电机且配备应急电池（个别品牌可提供 5min 应急用电），对于确保安全柜短时间内的保护作用就尤为重要，这时，排气罩或套管连接方式显然比密闭连接更为有利。

以上一点粗浅理解仅供参考，欢迎读者指正或提供更多参考资料，日后若能得到相关权威解释，将在本书修订改正。

总之，医院中使用的ⅡA2 生物安全柜，应按《Ⅱ级生物安全柜》YY 0569 的推荐采用排气罩连接。一些生物安全柜厂商可提供配套的排气罩，这些排气罩一般经过与其适配的安全柜的多工况联合测试，性能可靠，建议采用。但生物安全柜一般不属于工程建设采购范围，因此，设计文件中有必要提醒建设方协调：要求生物安全柜采购方将安全柜厂商配套的排气罩等附件列入采购清单。

4. 生物安全柜应用

Ⅱ级生物安全柜总共有五种类型，应该选择哪种安全柜，这是由使用者和安全风险评估人员充分沟通后共同评估的结果所决定的。其中，安全是摆在首位的因素，然而，由于跨专业带来的局限性，加上一些诸如"B2 比 A2 更安全"的概念性错误，一些安全柜的配置也存在问题。实际上，正如前面本节第 1 条所述及的，所有Ⅱ级生物安全柜都同时提供四种保护，不同类型的Ⅱ级生物安全柜的选择更多取决于操作中产生到空气中的化学品或放射性核素的性质与数量，性质与数量才是影响安全的因素，据此选择不同外排风比例的安全柜，而无谓的采用更高外排风比例的安全柜并不能提供更高的安全保护。例如，本来适合 A2 的操作，却选择 B1 甚至 B2 安全柜，并不能给操作人员、环境、实验对象中的任何一个提供更高的保护，相反，却因此使得运行能耗大大增加。通风专业人员应当在必要的时候提供尽可能详尽的有关通风安全的咨询建议，在恰当的安全范围内，也应当考虑能耗问题。表4-7摘录了Labconco公司测算的安全柜全生命周期的总费用，可作为对比参考。

生物安全柜全生命周期费用（单位：美元） **表4-7**

全生命周期费用	A2		B1	B2	C1	
	直排室内	排气罩连接			A模式	B模式
安装费	300	400	5150	5150	300	400
维护费	4500	4500	4500	4500	4500	4500
运行费	无	40500	40500	87000	无	42000
合计	4800	45400	50150	96650	4800	46900

表4-7中全生命周期按15年计算；安装费包括人工、管道系统、风机、电气连接；维护费包括高效过滤器更换及年度认证；运行费为排风系统运行费，按每年8美元/CFM（按：1CFM=1.699m^3/h）。

表4-7可见，费用高低排列为：B2 > B1 > C1 > A2。C1以B模式运行时，运行费只比A2、B1略高一点，但远远低于B2，且C1的构造特点使得它在排除挥发性化学品方面的性能几乎可以与B2媲美，这也是国外推崇并预言C1将在多数情况下取代B2的原因。而且，C1还兼具A、B两种运行模式。相信未来，国内也将使用C1，发展趋势有待检验。

5. 相关设计事项

（1）生物安全柜安装详见国家医药行业标准《Ⅱ级生物安全柜》YY 0569，另摘录NSF 49—2016的数据供参考，各种类型安装间距详见图4-7。NSF推荐图中A为最佳安装位置，B为次佳位置（一些厂家推荐B为最佳位置，A为次佳位置）。C示意的距墙距离、操作面前面的开敞空间要求适用于所有位置的安装要求（其他位置不再重复标注）。距离标注中，a为《Ⅱ级生物安全柜》YY0569的要求，b为NSF49—2016的要求。

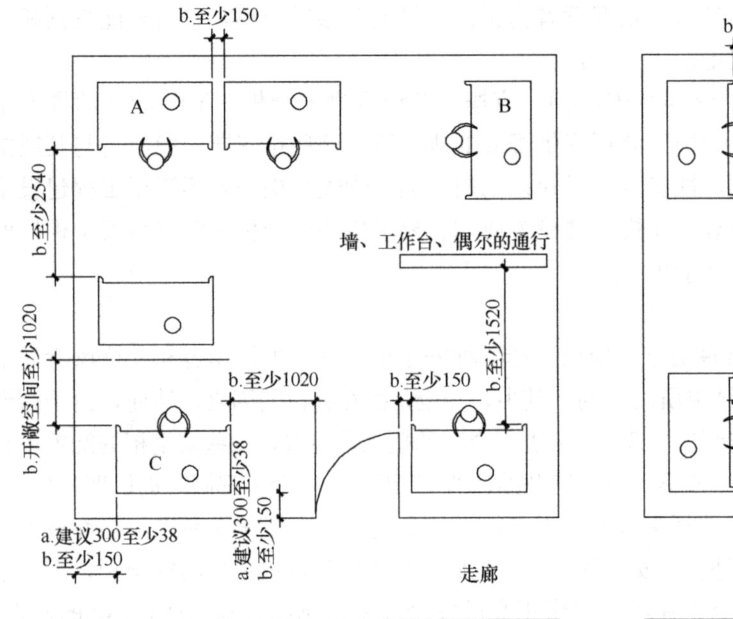

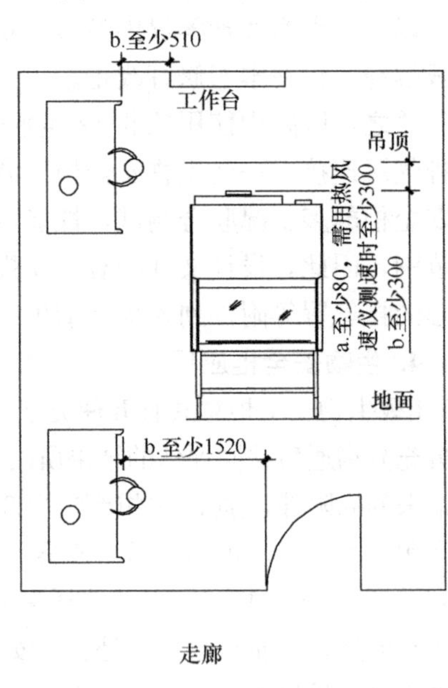

图4-7 生物安全柜安装间距要求

（2）Ⅱ级生物安全柜中，B类生物安全柜都必须配置外部排风系统；而对于A、C类的生物安全柜，只要生物安全柜内的操作涉及挥发性化学品或放射性核素，就必须配置外部排风系统。

（3）一般建议单台生物安全柜设置独立排风系统。当条件不允许时，A、C类生物安全柜可以分类多台并联，但必须满足各台生物安全柜之间的平衡。B类必须单台设置独立排风系统。

（4）B2生物安全柜宜设置备用排风机，且能根据故障信号自动切换。

（5）排风系统宜设置活性碳吸附，排风出口应高出建筑屋面3m；当安全柜操作中涉及放射性核素时，排风出口应高出周围50m范围内建筑屋面3m。一些生物安全柜厂商可提供配套的垂直向上的排气出口，建议采用这种配套产品，否则，排风出口应采用圆锥形风帽，风帽颈部风速按10m/s计算。

（6）B类生物安全柜接入排风系统处应设置两位式电动气密风阀，且纳入系统连锁控制，避免生物安全柜不使用时空气倒灌。A、C类生物安全柜多台并联时，排风系统应在每台通风柜排风支管上加设电动气密风阀，且应设置调节性能较好的手动调节阀或定风量阀作为初调试平衡措施。考虑风机变频幅度及其曲线变化，并联台数不宜超过3台。

（7）空调/送风系统应有相应措施平衡室内空气，避免生物安全柜启停产生的影响。房间健康卫生所需的空调/送风管道与补偿生物安全柜排风的空调/送风管道应分开设置，补偿生物安全柜排风的空调/送风管道应设置两位式电动风阀，应设置送排风系统的先后启停连锁控制。

（8）生物安全柜排风系统示意如图4-8所示。

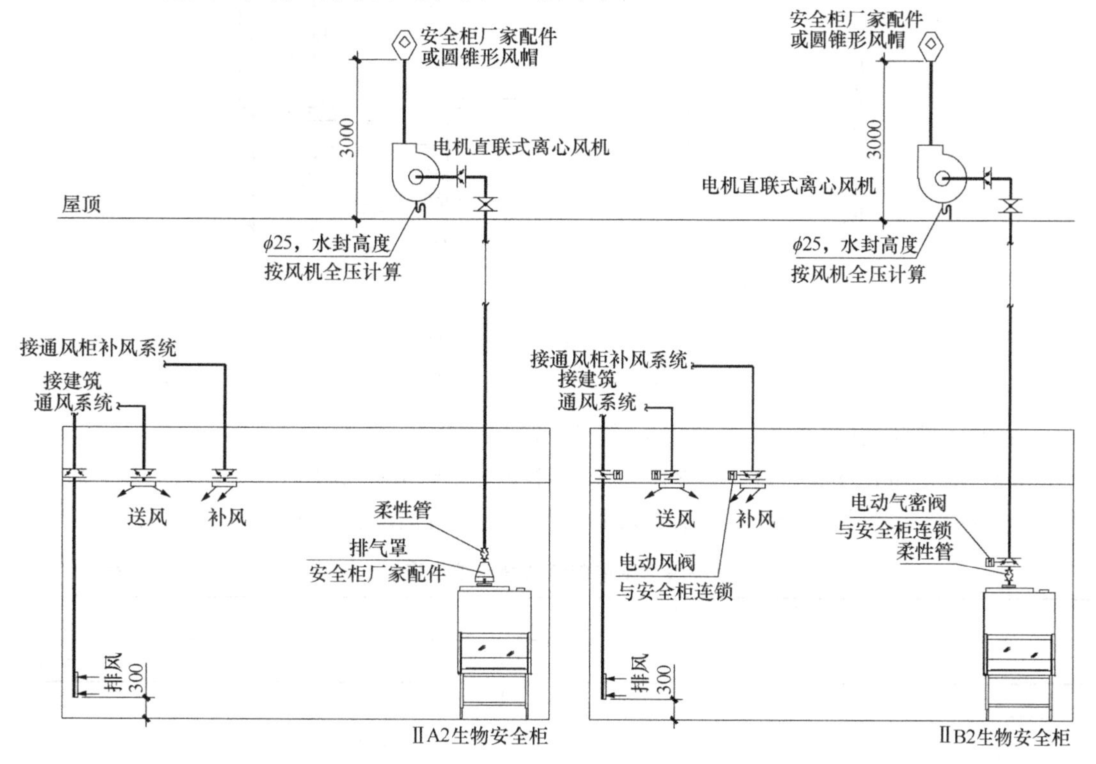

图4-8 生物安全柜排风系统示意图

4.2.3 洁净工作台

洁净工作台常见名称有：超净工作台、超净台、医用洁净工作台、生物洁净工作台。有关洁净工作台的国家标准有《洁净工作台》JG/T 292—2010 和《医用洁净工作台》YY/T 1539—2017。洁净工作台流经操作区的气流形式包括单向流与乱流，如非特殊注明，本书中提到的洁净工作台，均指适用于医用洁净操作的单向流工作台，并简称洁净台。

洁净台内置高效过滤器及风机，经高效过滤后的空气以单向流状态低速淹没工作台面，从而保护工作台面的样本/实验对象，气流最终由操作口流向室内。洁净台按气流流型分为水平单向流与垂直单向流两种，水平单向流洁净台风机及高效过滤器可设置于操作台下方或洁净台顶部，垂直单向流洁净台的风机及高效过滤器一般设置于洁净台顶部。图 4-9 所示为洁净台气流示意图。

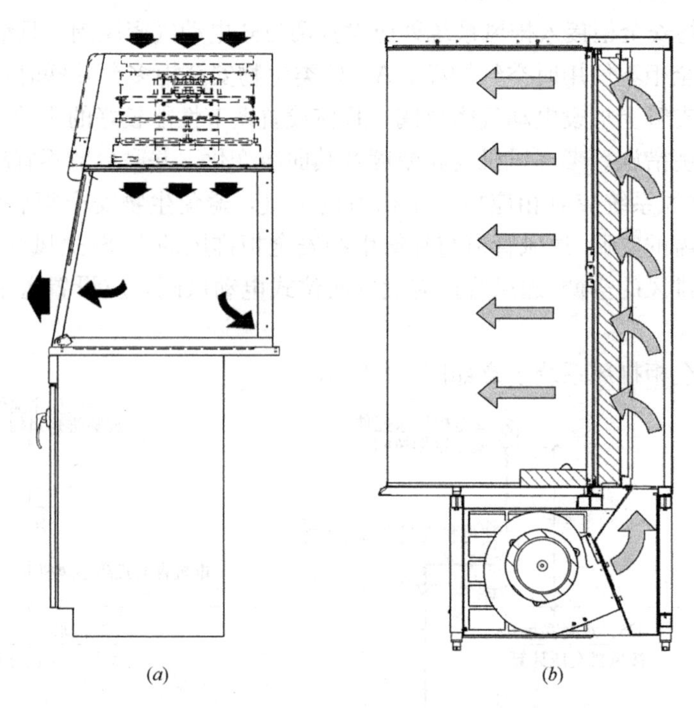

图 4-9 洁净台气流示意图
(a) 垂直单向流洁净台；(b) 水平单向流洁净台

洁净台规格按操作区宽度近似值表示，常见的有 600mm、900mm、1200mm、1500mm、1800mm 五种，最大为 2400mm，对应国外规格为 2 英尺、3 英尺、4 英尺、5 英尺、6 英尺、8 英尺。表 4-8 摘录了某品牌水平单向流洁净台技术资料。

某品牌水平单向流洁净台技术资料 表 4-8

主要技术参数		规格				
		900mm	1200mm	1500mm	1800mm	1800/950mm
操作空间尺寸 (mm)	宽	920	1220	1520	1820	1820
	深	585				785
	高	645				950

续表

主要技术参数		规格				
		900mm	1200mm	1500mm	1800mm	1800/950mm
散热量（kW）		0.15	0.2	0.28	0.34	0.34
水平气流速（m/s）		0.45%±20%			0.40%±20%	
电源	电压	230V				
	最大输入功率（kW）	1.57	1.57	1.65	1.65	1.65

洁净台应安装在房间最内侧角落，减少人员走动及开关门窗对气流的影响。

由于洁净台只保护样本及实验对象，操作人员处于操作台下风侧，因此，洁净台只适合于一些对人体无害的洁净物品的操作，有毒、挥发性化学品、放射性核素等均不得在洁净台操作。医院中洁净台主要应用于：PCR 实验室试剂溶液配置、细胞培养、静脉配液等。

4.3 检验科

检验科是临床医学和基础医学之间的桥梁，承载着研究病情、寻找病因、追踪疗效、药物过敏试验等功能，是医院重要的医技部门。检验对象涉及病人的血液、体液、粪便中的病原微生物，病原微生物种类繁多，患者表象的症状可能是不同的病原微生物引起的。如手足口病，引发的病毒除了柯萨奇病毒 A 组 16 型、4 型、5 型、9 型，B 组的 2 型、5 型，还有肠道病毒 71 型等 20 多种病毒。找出引发病症的病毒种类，施以有效的抗病毒药物，这也正是检验的实际意义之一。病原微生物对于工程设计人员是个没有实质化的概念，面对完全陌生的领域，在检验科通风设计时，把握不清设计的尺度，多少会有束手无策的焦虑感。即使积累这么多年的医院设计经验，笔者对检验科的设计也还是心里没底。下面尝试通过对病原微生物检测相关的工艺操作的简介，建立起与建筑防护、环境条件之间的联系，从而窥探一些检验科通风空调设计的内容与要求。

4.3.1 与工程相关的检验工艺简介

病原微生物是指可以侵犯人体，引起感染甚至传染病的微生物，又称病原体。病原微生物包括朊毒体、寄生虫（原虫、蠕虫、医学昆虫）、真菌、细菌、螺旋体、支原体、立克次体、衣原体、病毒。其中以细菌和病毒对人体的危害性最大。医院检验的病原微生物主要是病毒、细菌、真菌。

根据《病原微生物实验室生物安全通用准则》WS 233—2017 及【卫科教发［2006］15 号】文件《人间传染的病原微生物名录》（以下简称“名录”），病原微生物按危害程度分为四类，第一类危害程度最高，第一类、第二类病原微生物统称为高致病性病原微生物。生物安全防护水平分为四级，一级防护水平最低。危害程度并不直接对应生物安全防护水平，而是根据病原微生物的不同实验操作对应着不同的生物安全防护水平。例如：流感病毒（危害程度第二类）的“未经培养的感染材料的操作”、“病毒培养”都应在二级生物安全实验室内操作，而“灭活材料的操作”、“无感染性材料的操作”则只需在一级生物安全实验室内操作。即使是人人谈之色变的天花病毒（危害程度第一类），其“灭活材料的操作”也只需在一级生物安全实验室内操作。详细的各种病原微生物的不同实验操作对应的生物安全防护水平详见“名录”。

在医院检验操作中，病毒检验操作对象以第三、四类危害程度的病毒为主，兼有少量的、已知的、有疫苗的第一、二类病毒，多数第一、二类病毒的实验一般由国家或地方疾控中心的专业生物安全实验室负责。细菌、真菌检验操作对象主要是第三类、兼有少量的第二类危害程度的病原微生物。医院技师的关注点在于实验仪器、实验方法的选择与应用，以及实验结果的分析，有些技师也不太清楚自己的实验环境到底应该要求多高；这种情况下，技师更容易偏向于向建设部门提出更高标准的要求。这时，类似“名录”的文件就在医师与工程设计人员之间搭起沟通桥梁：技师最清楚自己科室特色的实验对象、实验操作内容，工程设计人员与技师就“名录”确认后即可确定实验室的安全防护级别，通风设计的尺度就得以确定。为方便读者查阅，本书附录H摘录了“名录”中部分内容。另外，由于实验室的建设都需要经过专业机构的生物安全评估，工程设计人员也可向医院索要拟建的实验室生物安全评估报告或病原微生物危害评估报告，从中获取工程设计资料。

由以上介绍可见，医院检验科实验区域属于生物安全防护水平一级或二级。二级生物安全实验室又分为普通型和加强型。根据《病原微生物实验室生物安全通用准则》WS 233—2017第6.3.2.6条的规定，加强型BSL-2生物安全实验室“排风系统应使用高效空气过滤器”，因此这里需要特别注意的是加强型BSL-2生物安全实验室。什么样的实验操作需在加强型BSL－2生物安全实验室内进行，应以生物安全评估报告为准。一般情况下，第一、二类病毒中经空气传播后感染致病概率较大的“未经培养的感染材料的操作”应在加强型BSL-2生物安全实验室内进行，如：SARS、禽流感等；不明原因的肺炎的所有操作（包括标本初步处理、分离物的血清学检测）都应该在加强型BSL-2生物安全实验室内进行；第三类病毒中的甲型流感H2N2亚型病毒“未经培养的感染材料的操作”，有的医院也在加强型BSL-2生物安全实验室内进行。国内加强型BSL-2生物安全实验室的概念刚提出一年多时间，还需在实践中不断探索完善相应的管理规定与配套设施，它与普通型生物安全实验室的区别在于机械通风要求，因此，暖通专业设计人员需要持续关注加强型BSL-2生物安全实验室的发展。

检验科按专业分组，主要的检验分支学科包括：临床化学、临床免疫学、临床微生物学、血液学、体液学等。按检验内容的差别可细分为常规检验、生化检验、微生物检验、血液体液细胞检验等多个实验室。

常见检验科的工艺流程及工作流程参见图4-10[10]及图4-11。[10]

4.3.2　检验科的工程设计

检验科在建筑平面上一般划分为医学检验功能区、辅助功能区、管理区。医学检验功能区包括：标本接收采集区、标本准备区、标本检验区、试剂和耗品保存区、标本保存区、医疗废物处理区等，辅助功能区主要为纯水供应、消毒供应，管理区包括：病案、信息、实验室质量控制与安全管理部门等。

检验科根据医院规模和承担任务大小量身而定。一般1个临床检验专业建筑面积不小于

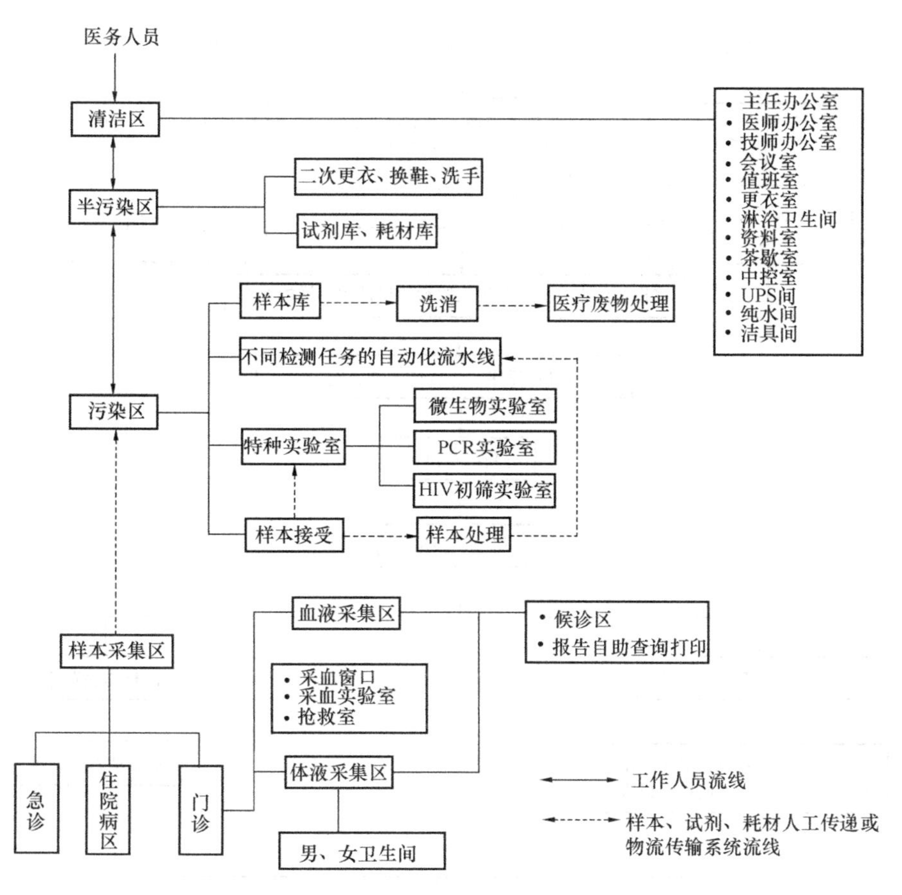

图 4-10　检验科工艺流程示意图

500m²，检验科设置 2 个以上临床检验专业的，每增加 1 个专业，建筑面积至少增加 300m²。三甲医院检验科面积不宜少于 1500m²，随着检验检测的精细化快速发展、功能的拓展使得检验科面积需求有增大趋势，笔者近些年设计接触到的检验科面积多数在 2000m²左右。

检验工艺对建筑设计的要求有：

（1）检验科平面布局由清洁区、半污染区和污染区组成。清洁区主要由更衣室、办公室、采血区等组成；半污染区主要由缓冲通过、冷库、制水间等辅助功能间组成；污染区主要由各实验室组成，污染区又分为轻污染区、重污染区，中心检验区为轻污染区；重污染区如 HIV 初筛实验室中，操作区为重污染区，而其样品、试剂库则属于轻污染区；各区之间都需要有明显的物理隔断分开。

（2）检验科应分开人流、物流，人员和物品应有独立的出入口，特别是污物应有专用出口，且经医院的污梯送至集中的医疗废物存放点，不得使用医院客梯。

（3）为保证检测工作的安全，生物安全实验室应符合 BSL－2 级实验室的要求，部分高污染风险的工作应在Ⅱ级生物安全柜内进行。检验科涉及使用生物安全柜的操作主要有：HIV 初筛实验室、PCR 实验室、微生物实验室，通风设计中应配置相应的排风系统。

（4）生化检查区在设计时应重点关注生化分析仪，生化分析仪的更新换代速度很快，设计时在预留空调、电量、水量、荷载等方面应留有余量。粪便分析仪上方应设置局部排风罩。

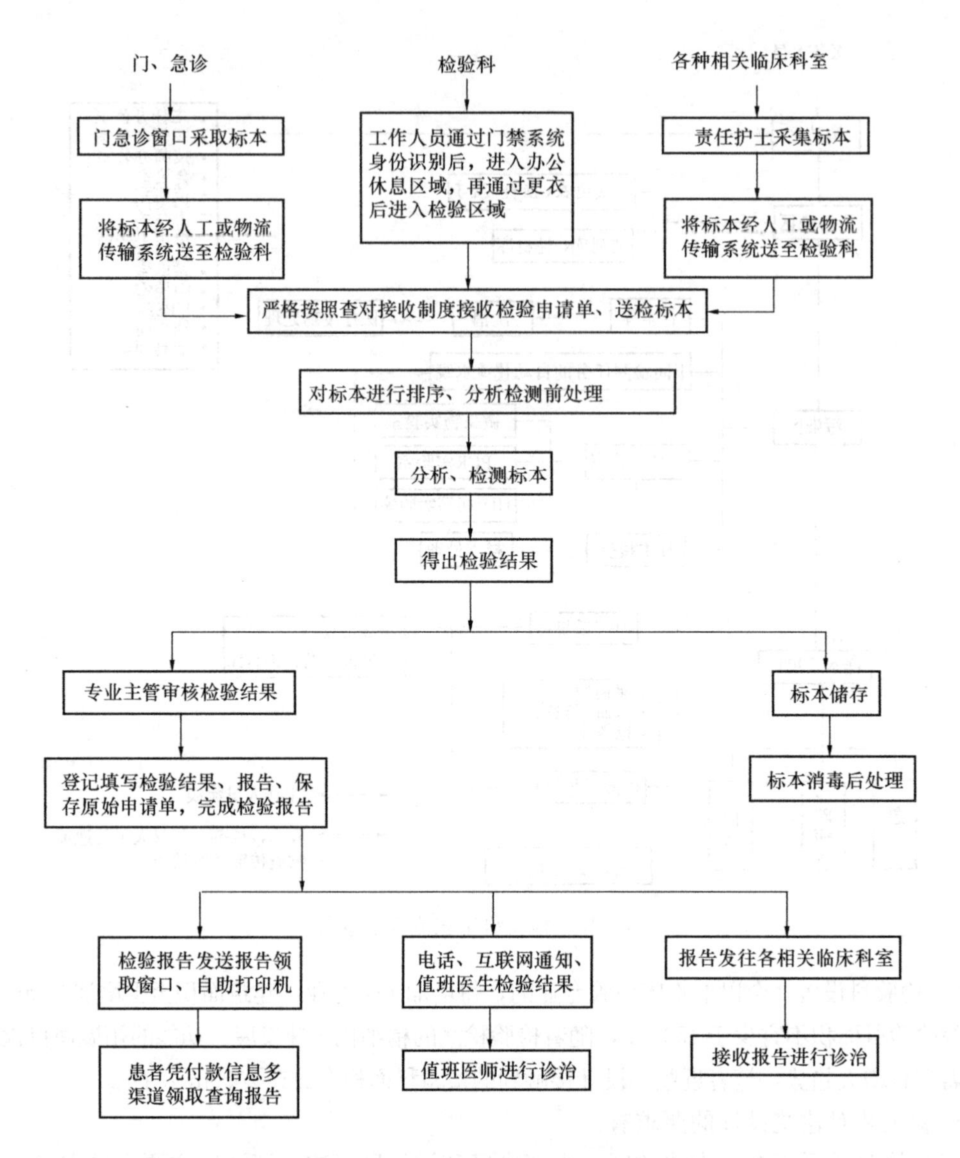

图 4-11 检验科工作流程示意图

(5) 血液、体液、尿液、粪便应有各自独立采集、送样区域，多数检验科利用医疗主街设置大面宽的血液采集窗口，同时也方便患者容易找到。

(6) 检验科容易产生气溶胶的操作包括：离心、研磨、振荡、匀浆、超声、接种、冷冻干燥，需注意这些操作的不同保护措施。例如：有的离心机可能需要设置局部排风罩，而有的离心需要静置后在生物安全柜中打开。

(7) 检验用的大多数试剂蒸气密度大于空气，实验室气流组织多数要求上送下排，以便及时排除设备仪器散热和试剂蒸气。但也有特例：体液实验室散发氨气较多，排风口应设置在顶部，排风量应不小于 $6h^{-1}$。

医院检验科平面布置因检验细分专业不同而略有差别，但主要区域大同小异。图 4-12 所示为某医院检验科平面布置图。

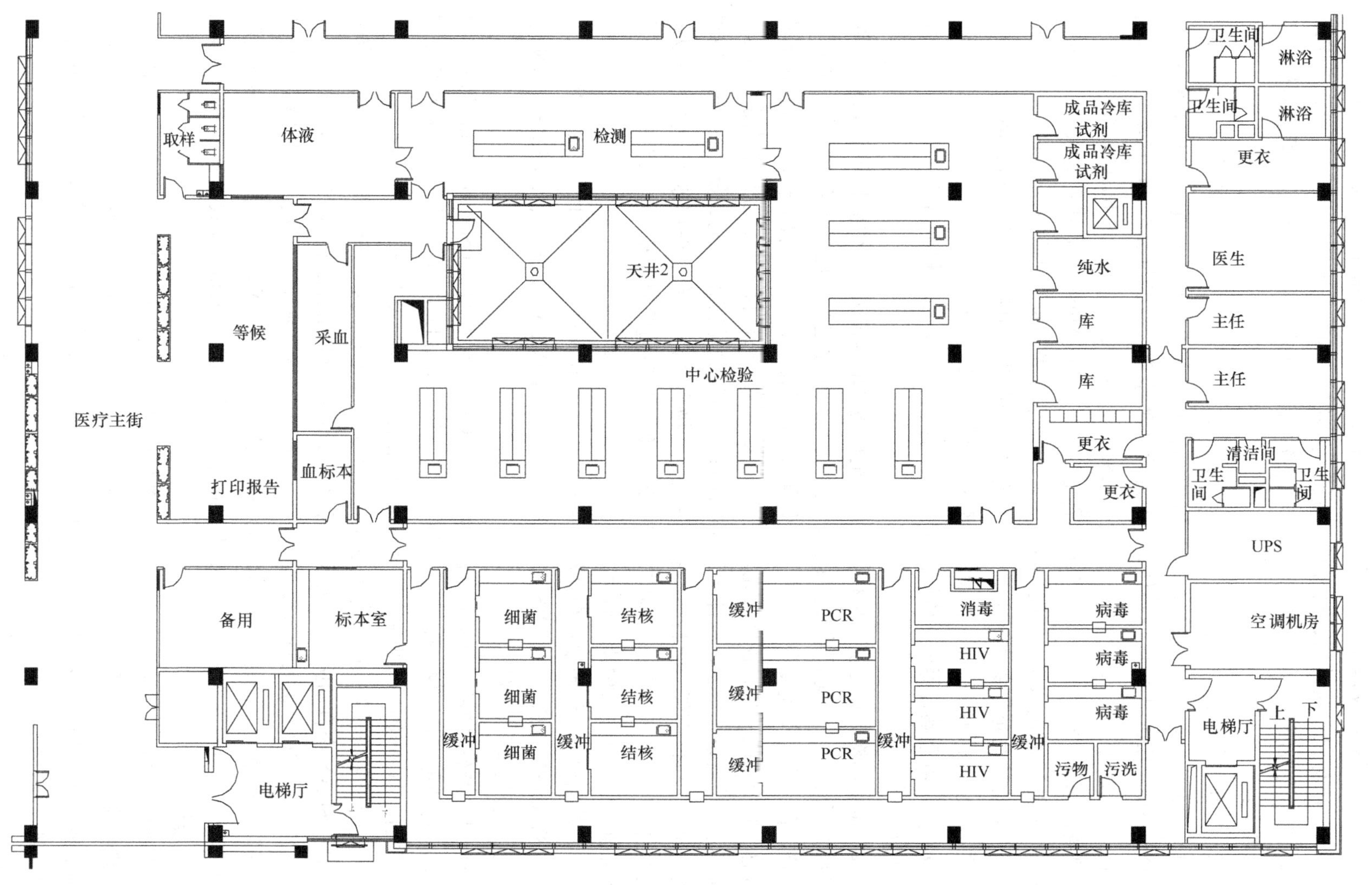

图 4-12 某医院检验科平面布置

检验科检测分析仪器较多，常用的有：生化分析仪、免疫分析仪、血细胞分析仪、血凝分析仪、酶标仪、质谱仪、离心机、冰箱（常用的有4℃、－20℃、－80℃）、工作站（电脑）等。为方便读者更具体了解检验科设备，特将北京协和医院检验科配置的仪器设备抄录如下：

（1）生化与免疫：1台样本全自动样本分拣接收机、一台智能运输机器人、3台贝克曼Automate1250样本处理系统、一套西门子aptio全自动流水线系统（配1台离心机）、4台Dimension EXL生化免疫一体机、1台后处理冰箱、一套贝克曼PE自动化流水线（配置4台离心机、3台AU5821）、2台DXI800、2台后处理冰箱、Sebia Capillary 2全自动毛细管电泳仪、Sebia hydrasys2毛细管电泳仪、Sebia Minicap毛细管电泳仪、Helena Spife 3000和4000电泳仪、罗氏cobas e601电化学发光免疫分析仪3台、雅培ARCHITECT系列化学发光免疫分析仪2台、酶免之星全自动酶免疫分析仪1台、Roche c8000全自动生化分析仪1台、液相色谱串联质谱仪（AB Sciex 4500MD、AB sciex 4000Qtrap），电感耦合等离子体质谱仪（Thermo iCAP Q），液相色谱仪（Waters Acquity UPLC）等。

（2）微生物检验：全自动接种仪1台，全自动血培养仪7台、恒温培养库1间，各型培养箱10台、飞行时间质谱系统4台、微生物全自动鉴定及药敏分析系统6套、全自动染片仪4台、全自动免疫分析仪4台、全自动纸片扩散法读取判定仪2台，全自动抗菌药物敏感性测定系统1套、各型荧光定量PCR仪4台、PCR仪5台、芯片杂交系统1套、微流控芯片检测系统1套、脉冲场凝胶电泳系统2套、凝胶成像系统2套、快速分子检测设备、超声细胞破碎仪、全自动核酸提取仪、生物安全柜12台、医用冰箱7台、各型离心机8台、纯水设备3套、实验室冷库系统1套、各型超低温冰箱（－80℃）13台、冷冻干燥机2台、高压灭菌器3台等。

（3）基础检验与细胞学：全血细胞分析仪（SIEMENS ADVIA 2120、SYSMEX XE-2100、SYSMEX XE5000、SYSMEX XT-1800i、SYSMEX XS-800i、SYSMEX XN系列）、血小板聚集分析仪等。

（4）内分泌：全自动免疫分析仪（Siemens Centaur）5台、（Siemens Immulite2000）1台；全自动免疫分析仪（Roche e601）1台、（Beckman DxI800）3台；全自动糖化血红蛋白测定仪（Bio-Rad TURBO）2台；液相色谱仪（岛津LC-20AD）1台等；

（5）分子生物学：life一代测序仪、ABI7900和LightCycler480 II型实时荧光定量PCR仪、SLAN全自动医用PCR分析系统、Thermo和BioRad PCR仪，Thermo Scientific Multiskan GO全波长读数仪/全波长分光光度计/核酸浓度测定仪、AUTRAX全自动核酸提取工作站、全自动核酸（RNA）提取仪（型号MagX）、NP968型核酸提取仪、ThermoFisher生物安全柜、ThermoFisher高速离心机、Sigma台式高速冷冻离心机、Labnet混旋器等。

检验科仪器设备种类多、型号多、更新发展快，因此基本无法对其形成的空调负荷给出一般性的建议，需要设计人员针对具体项目详细了解其设备配置、使用情况，才能相对准确地确定总体的设备散热量。各大医院检验科大型设备仪器的配置情况均可查阅其官方网站。孙苗设计的某医院检验科[12]实际配置仪器散热量参见本书附录I。

检验科使用的化学试剂种类较多，其中与通风专业相关的试剂参见表4-9。

检验试剂 **表 4-9**

试剂名称	物性	用途	危害
四甲基乙二胺（TEMED）	无色透明液体，微腥臭味，易挥发	可用于医药合成原料；用作生化试剂、环氧树脂交联剂	易燃，有腐蚀性，强神经毒性
β-巯基乙醇	无色透明液体，较强烈的刺激性气味，具有挥发性	作为生物学实验中的抗氧化剂。可以打开蛋白质中存在的＋F5：F14 二硫键，常用于蛋白质分析	可燃，有毒，经皮肤、吞咽吸收有致命危险；刺激眼睛、呼吸道黏膜，引起慢性咽炎
苯酚	有特殊气味的无色针状晶体	用于配制 Tris 饱和酚、水饱和酚，组织穿透力强。	易燃，有毒，对皮肤、黏膜有强烈的腐蚀作用，可抑制中枢神经或损害肝、肾功能，吸入高浓度蒸气可致头痛、头晕、乏力、视物模糊、肺水肿等，对环境有严重危害，对水体和大气可造成污染
Tris 饱和酚（碱性酚）	是用 Tris-Cl pH8.0 饱和过的重蒸酚，为浅黄色透明液体，有刺激性气味	用于核酸纯化提取 DNA。在碱性条件下，DNA 处于水相，RNA 处于有机相，从而达到分离获得 DNA 的目的	较强的腐蚀性，应尽量避免皮肤接触或吸入体内
水饱和酚（酸性酚）	是经水充分平衡的苯酚，其 pH 值在 5 左右，呈白色混浊	用于核酸纯化提取 RNA。在酸性条件下，RNA 处于水相，DNA 处于有机相，从而达到分离获得 RNA 的目的。水饱和酚同时能使蛋白质变性、沉淀，从核酸提取液中将蛋白质分离除去	较强的腐蚀性，应尽量避免皮肤接触或吸入体内
甲醇	无色透明液体，有酒精气味，易挥发	用作分析试剂，如作溶剂、甲基化试剂、色谱分析试剂	易燃，有较强的毒性，对人体的神经系统和血液系统影响最大，经消化道、呼吸道或皮肤摄入都会产生毒性反应，甲醇蒸气能损害人的呼吸道黏膜和视力
乙腈	又名甲基氰，无色液体，极易挥发，有类似于醚的特殊气味	乙腈作为流动相分离分子，常用于柱色谱和高效液相色谱。在核医学领域，乙腈用于合成氟代脱氧葡萄糖等正电子类放射性药品，此外，在这些药品的常规质量检验工作中，还采用乙腈水混合液作为薄层色谱分析的流动相	易燃，中等毒性
硫脲	白色而有光泽的晶体，具刺激性	用作染料及染色助剂、树脂及压塑粉的原料	可燃，有毒，吸入本品粉尘对上呼吸道有刺激性，出现胸部不适、咳嗽等

续表

试剂名称	物性	用途	危害
三氯甲烷（氯仿）	无色透明液体，有特殊气味，味甜，极易挥发。 在光照下遇空气氧化生成剧毒的光气，需保存在密封的棕色瓶中	用于有机合成及麻醉剂等	低毒，有麻醉性，属2B类致癌物，主要作用于中枢神经系统，具有麻醉作用，对心、肝、肾有损害，吸入或经皮肤吸收引起急性中毒
碘乙酰胺	白色至黄色结晶，见光易分解，应储存在棕色瓶中，并用锡箔纸裹住瓶身放于4℃冰箱中保存	用来抑制核糖核酸酶的活性	
异丙醇	无色透明液体，具有乙醇气味	作为色谱分析标准物测定钡、钙、铜、镁、镍、钾、钠、锶、亚硝酸、钴等	可燃，蒸汽与空气混合易形成爆炸混合物，微毒，高浓度蒸气具有明显麻醉作用，对眼、呼吸道的黏膜有刺激作用，能损伤视网膜及视神经
乙醚	无色透明液体，带甜味特殊刺激气味，极易挥发	用于高精度的化学样品分析流程	易燃、低毒，液体或高浓度蒸气对眼有刺激性。长期低浓度吸入，有头痛、头晕、疲倦、嗜睡、蛋白尿、红细胞增多症。长期皮肤接触，可发生皮肤干燥、皲裂。检验用量较少
苯甲基磺酰氟（PMSF）	白色至微黄色针状结晶或粉末	用异丙醇或无水乙醇溶解，作为蛋白酶抑制剂	剧毒，严重损害呼吸道黏膜、眼睛及皮肤，吸入、吞进或通过皮肤吸收后有致命危险

表中具有挥发性的试剂应尽量在通风柜或生物安全柜内操作。乙醚蒸气与空气可形成爆炸性混合物，其蒸气比空气重，能在较低处扩散到相当远的地方，遇火源会着火回燃，因此应根据使用量的安全评估结果采取相应措施。在通风柜内操作的少量泄露，建议排风系统设置活性炭吸附。

4.3.3　中心检验区

1. 简介

“中心检验区”是工程设计中的房间名称，并不特指哪个检验分支学科或哪种实验内容。现在的中心检验多数包括常规检验、生化与免疫检验、全血细胞分析检验等项目，实际上是将一些轻微污染的检验项目集中在一起，便于资源共享。中心检验区的检验工作包括了“名录”中需要在一级生物安全实验室的操作。中心检验主要采用的标本是血液、尿液、脑脊液等人体体液及人体组织，各种体液相对应的检测项目详见表 4-10。

体液检验项目 **表 4-10**

标本	检测项目
血液	肝功能（总蛋白、白蛋白、球蛋白、白球比，总胆红素、直接或间接胆红素，转氨酶）；血脂（总胆固醇，甘油三酯，高、低密度脂蛋白，载脂蛋白）；空腹血糖；肾功能（肌酐、尿素氮）；尿酸；乳酸脱氢酶；肌酸肌酶等
尿液	电解质、尿素氮、肌酐、钙、磷
脑脊液	蛋白、糖、氯
胸、腹水①	蛋白、乳酶脱氢酶、糖
引流液①	淀粉酶
汗液	氯

① 这些体液只在患者出现相应病理的情况下采集。

中心检验区一般设置名称为“标本”或“标本处理”的房间对样本进行接收、分拣、离心、归档等工作。

中心检验区使用的仪器较多，主要有：全自动生化及免疫分析仪、全自动电泳分析仪、杂交仪、色谱仪、质谱仪、多功能液相芯片分析仪等。工艺流程上很多采用流水线作业，因此建筑平面设计上要求大开间布置以适应工作需要，也有利于适应检测仪器更新发展的需要。图 4-13 为某医院中心检验区实景图，便于读者对区域内仪器设备有更直观地了解。

图 4-13 某医院中心检验区实景图

2. 通风空调设计

针对中心检验区的工艺特点，通风空调系统设计要点如下：

(1) 中心检验主要的空气污染是由工艺操作产生的，污染物包括离心机逸出的气溶胶、挥发性试剂、试剂粉尘、样本病原体气溶胶等。有的污染物具有一定的危害性，因此，室内全面通风量应有所加强，建议新风量按 $3h^{-1}$ 设计，为防止污染相邻的区域，排风量建议按 $4h^{-1}$ 设计。

(2) 绝大多数试剂蒸气密度大于空气，因此，建议气流组织采用上送下排，排风管可由吊顶沿结构柱下行，距地面1m处设排风口。

（3）设计应预留通风柜及生物安全柜的独立排风系统，中心检验区的标本多数在自动化仪器中检测，通风柜与生物安全柜的使用较少，一般可按1～2台4英尺ⅡA2生物安全柜及1.5m通风柜考虑预留。

（4）如果急诊的检验与中心检验共用空间，通风空调系统应按全年24h运行考虑，供热供冷都应考虑延迟和提前的需要。

（5）医院每天送检标本量都很大，一些标本不可能送入后就可以马上进入检测，全血标本对温度又比较敏感，因此，中心检验室温应相对低1～2℃，室内设计温度宜按24～25℃设计。

（6）空调冷负荷应留有冗余量以适应仪器设备的更新换代。由于大量设备尤其是流水线设备空调负荷的影响，中心检验区过渡季乃至冬季也需要供冷。因此，应结合当地气象情况选择空调系统形式。在夏热冬冷及寒冷地区，建议采用多联式空调系统作为辅助或唯一冷源。在夏热冬暖地区，则可采用集中冷源。

4.3.4 HIV

HIV全称为人类免疫缺陷病毒（Human Immunodeficiency Virus），即艾滋病（AIDS，获得性免疫缺陷综合征）病毒，是造成人类免疫系统缺陷的一种病毒。它是一种感染人类免疫系统细胞的慢病毒，属逆转录病毒的一种。医院对HIV的检验一般为血清学检测（包括HIV筛查与确认实验）、免疫学和核酸检测。HIV血清学检测操作人员受到的污染为非体液传播污染，只需在普通型二级生物安全实验室中进行。而HIV的分离、细胞培养及研究工作应在三级生物安全实验室中进行，医院一般不涉及这些实验操作，个别具备科研尖端实力的医院可能会涉及，根据《生物安全实验室建筑技术规范》GB 50346，三级生物安全实验室只能与其他实验室共用建筑物，不能设置在公共建筑内，因此本书不作介绍，有需要的读者可另行查阅相关规范及设计资料。

目前主要的筛检方法仍然是酶联免疫吸附测定法（Enzyme Linked Immunosorbent Assay，简称ELISA）。HIV区按下列分区：

清洁区：数据采集、资料整理、二次更衣（防护用品）、酶标工作站（电脑）等；

半污染区：试剂存储冰箱、血清样品；

污染区：即检测区——为HIV病毒筛检实验区，配置有：酶标分析仪、电脑洗板机、电热恒温培养箱、生物安全柜，便携式高压蒸汽灭菌器、离心机等。生物安全柜一般为6英尺ⅡA2生物安全柜（对第一、二类病原体，实验室安全管理一般要求两人相辅进行操作，6英尺以上宽度才能满足两人工作空间）。

图4-14所示为典型HIV分区及其仪器设备配置图。

HIV检测区设备较多，空调负荷较大。培养箱为酶标板中抗原抗体孵育提供恒温环境，一般温度在37℃左右，采用电热加温保温，输入功率500W以内；离心机功率2～3kW；酶标仪及洗板机功率较小，均为100W左右；高压蒸汽灭菌器为小型灭菌器，一般容量为100L以内，采用电热产生蒸汽，功率为3～5kW。灭菌器泄压时排气分为内排气与外排气两种。注意外排气需要接出约*DN*65的管道通向室外，排放口应注意防烫伤保护；内排气则是将泄压蒸汽引回集水箱或通过冷凝后排水。显然内排气的灭菌器更加节能环保，医院多数采用这种灭菌器，一些小型医疗机构或实验室为节约初投资采用外排气灭

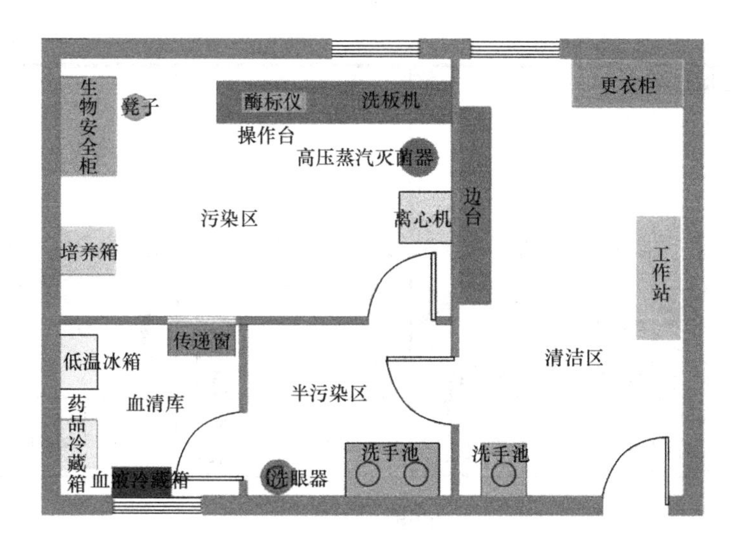

图 4-14 HIV 分区及其仪器设备配置图

菌器。灭菌器在升温阶段需排出内腔空气，会带有一定温度的水汽，在保压阶段安全阀可能会排气，这些都会形成室内的热湿负荷。由于设计阶段无法掌握灭菌器的详细信息，因此也无法预计其空调负荷，建议根据医院原有灭菌器功率按电气设备估算空调负荷。

HIV 检测区属于重污染区，有条件时宜设置独立的通风系统。如送风系统不能独立设置，应在进入 HIV 的送风支管上设置两位式电动风阀与排风系统连锁启闭；生物安全柜排风系统及房间排风系统应独立设置，室内排风口应设置在高压蒸汽灭菌器正上方，以便及时排除热湿空气；室内应按负压设计，新风换气次数按 $3h^{-1}$设计，排风按 $5h^{-1}$设计。

4.3.5 PCR

PCR 全称为 Polymerase Chain Reaction，即聚合酶链式反应，又称多聚酶链式反应。其原理是利用模板 DNA 在 93℃高温时变性为单链 DNA，55℃低温时引物与单链 DNA 按碱基互补配对的原则结合，72℃最适反应温度下 DNA 聚合酶合成复制链，这种复制链继续重复以上三个过程，2～3h 就能将待扩目的基因扩增放大几百万倍。PCR 是一种用于放大扩增特定 DNA 片段的分子生物学技术，它可看作是生物体外的特殊 DNA 复制，其最大特点是能将微量的 DNA 大幅增加。PCR 模板的取材主要依据 PCR 的扩增对象，可以是病原体标本如病毒、细菌、真菌等，也可以是病理生理标本如细胞、血液、羊水细胞等。PCR 在医学检验学中的主要应用领域就是对 HIV、乙肝、丙肝等感染性疾病及癌症、遗传病的诊断。理论上，只要样本有一个病原体存在，PCR 就可以检测到。PCR 对病原体的检测解决了免疫学检测的“窗口期”问题，可判断疾病是否处于隐性或亚临床状态。

PCR 实验室在临床上又称基因扩增实验室。理想的标准 PCR 组合式实验室包括 4 个分区，分别是：试剂储存和准备区、标本制备区、扩增反应混合物配制和扩增区、扩增产物分析区，分区及其仪器设备配置参见图 4-15。普通的 PCR 仪对标本扩增后，需再经电泳或杂交实验分析，才能判断标本含有哪种细菌、病毒。如果使用全自动分析仪如实时荧光定量 PCR 仪，由于扩增与分析集成在一台仪器内进行，故扩增区与分析区合并为一，PCR 实验室只需设置 3 个房间。PCR 两种分区及其配置参见图 4-15 和图 4-16。

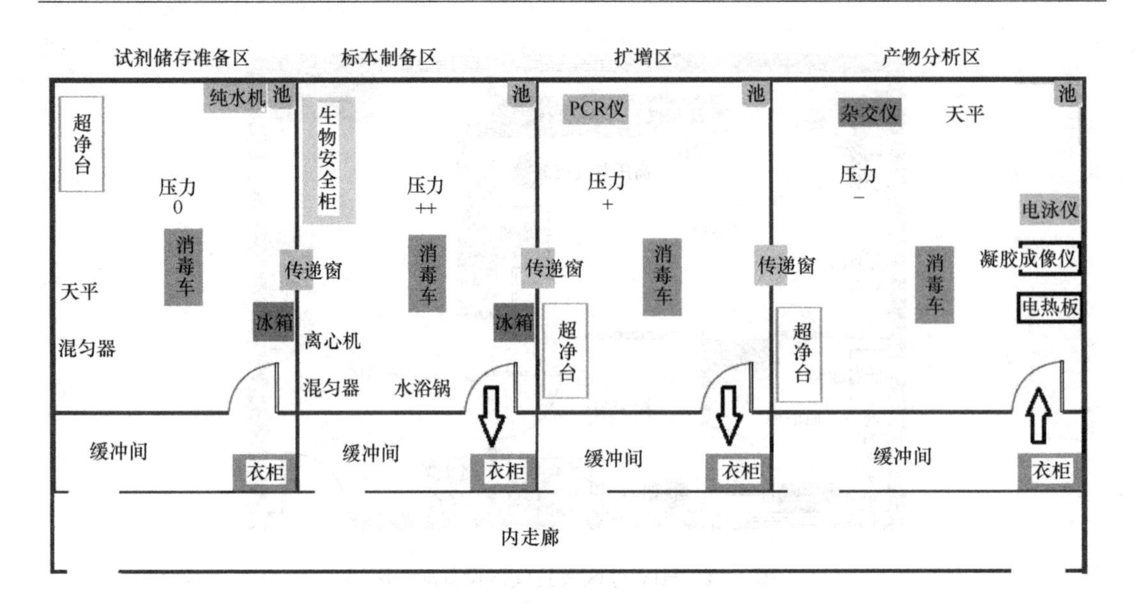

图 4-15　PCR 四分区配置图

注：内走廊并非必须，在防止交叉污染方面，缓冲间的作用效果远优于内走廊。

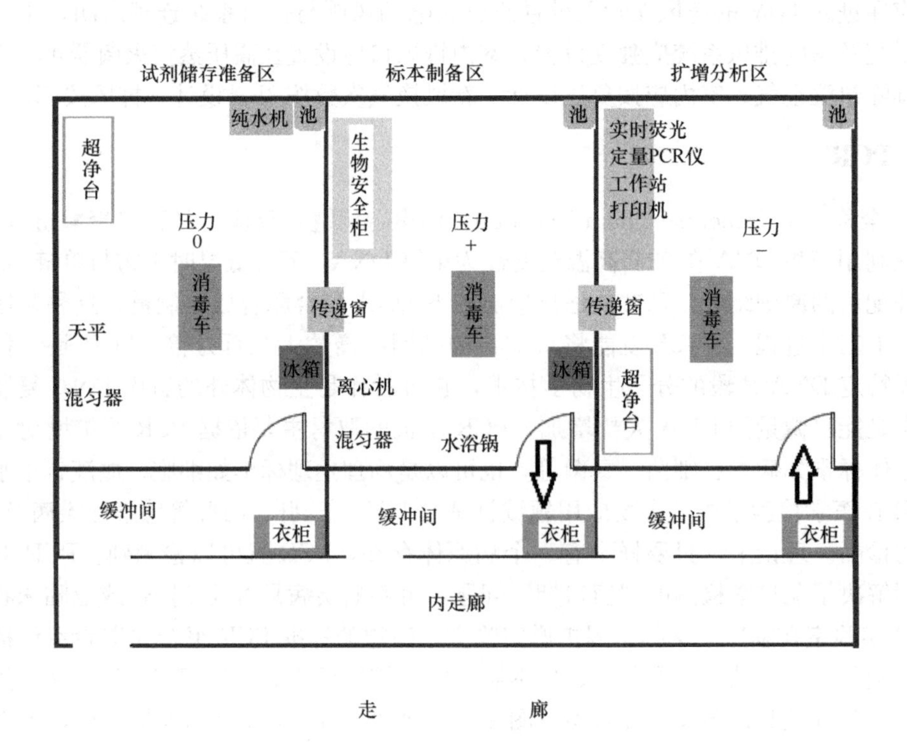

图 4-16　PCR 三分区配置图

注：同图 4-15。

各区主要功能及相关要求描述：

试剂储存和准备区（Ⅰ区）：储存试剂的制备、试剂的分装和主反应混合液的制备，可配置电泳溶液。试剂配置在洁净台内操作，一般采用900mm的垂直单向流洁净台。冰箱一般为4℃冷藏柜。

标本制备区（Ⅱ区）：主要是核酸（RNA、DNA）的提取和纯化，包括临床标本的保存、核酸储存、核酸加入到扩增反应管、cDNA的合成。核酸提取时需使用苯酚、氯仿等有毒致癌物，高速离心后得到沉淀的DNA。PCR反应的最大特点是具有较大的扩增能力与极高的灵敏性，但也正是这种特点，使得极其微量的污染即可造成假阳性的检测结果，因此核酸的纯化操作应生物安全柜内进行，为避免提取核酸气溶胶在柜内反复循环，造成标本间交叉污染，出现假阳性结果，最好采用全外排的ⅡB2生物安全柜。标本及DNA需在－20℃或－80℃的低温冰箱中保存。处理大分子DNA时使用超声波水浴仪（水浴锅）。房间相对于邻近区域为正压，以避免从邻近区进入的气溶胶污染。

扩增反应混合物配制和扩增区（Ⅲ区）：主要进行的操作为DNA或cDNA扩增。巢式PCR测定中，通常在第一轮扩增后必须打开反应管，因此巢式扩增有较高的污染危险性，第二次加样必须在本区洁净台内进行。房间相对于产物分析区应为正压，相对于标本制备区为负压。

扩增产物分析区（Ⅳ区）：对扩增后的产物种类进行分析，判断是哪种细菌、病毒。对于普通的PCR仪，目前最常用的方法是电泳分析。为防止分析产物污染其他区域，房间应为负压。设备中电热板额定功率1～4kW，发热量较大。

PCR检测的核心问题是避免污染，极其微量的污染就造成假阳性的检测结果。与通风相关的常见污染有以下几种类型：Ⅳ区扩增产物气溶胶逸出并进入Ⅰ～Ⅲ区对试剂、标本的污染；Ⅰ～Ⅲ区试剂使用过程的污染；标本制备时遭受的污染。针对这些潜在的污染，通风控制策略如下：

（1）Ⅳ区必须为负压，三分区情况则Ⅲ区必须为负压；

（2）Ⅰ～Ⅲ区相对Ⅳ区必须正压，Ⅱ区压力最高，必须确保Ⅱ区气流向外；

（3）Ⅱ区纯化操作时标本暴露受污染可能性最大，必须在生物安全柜内操作；

（4）试剂操作必须在洁净台内进行；

（5）缓冲间的屏障作用必须设置。

PCR实验室各房间温湿度为舒适性要求。但是Ⅱ区较为特殊，工作人员操作时注意力集中且穿戴实验服、口罩、护目镜等，不利于散热，因此室内设计温度按22～24℃为宜。暖通设计最为关键的是控制各房间的相对压力关系。关于缓冲间的压力和是否送排风问题，笔者认为，经过缓冲间，已经大大降低房间与外界的空气交换，从而降低标本受污染的风险，因此缓冲间可不设送排风，对压力也不做要求。

有的工程设计中PCR实验室采用了洁净空调系统，甚至采用全新风洁净空调系统，笔者以为这些做法可能存在过度净化的问题。只要操作人员按照实验标准程序操作，严格执行实验室工作制度，系统运行中房间之间压力关系得以维持，通风策略（见以上（1）～（5）条）得到正确实施，那么实验遭受污染的可能性就很小，在此基础上，洁净空调系统并不能对降低污染起明显改善作用，反而使得建设成本、运行成本提高不少。因此，不建议采用洁净空调系统。虽然如此，仍需强调新风过滤处理（详见第2章）应满足末级最低高中效过滤要求，这与 ASHRAE 标准及手册中关于实验室末级过滤 MERV13 的要求也是吻合的。

PCR 实验室新风换气次数可按 $3h^{-1}$ 计算，Ⅱ区应设置独立的生物安全柜补风系统，补风量可按安全柜排风量取值，并与生物安全柜连锁启停，由于生物安全柜的运行一般需提前和延迟于实验操作，因此补风系统与生物安全柜不需要设置先后启停顺序。

4.3.6 其他病原体检测

前面已介绍过，医院检验的病原微生物（也常称病原体）主要是病毒、细菌、真菌，中心检验区主要是常规检验、生化检验以及只需在一级生物安全实验室内进行的操作，HIV 专门用于 HIV 筛查确诊，PCR 是针对隐性或亚临床状态疾病的检测手段。其他常见病原体在检验科中的检测一般按病毒、细菌、真菌分类设置实验室。其中危险程度第二类的细菌如结核分枝杆菌、霍乱弧菌，因其通过空气传播，感染后可能危及生命，因此也常常设置独立的检测实验室。

结核分枝杆菌常引起肺结核病，主要传播途径是呼吸道传染。检验过程中，接种（将特定微生物接到适宜于它生长繁殖的人工培养基上或活的生物体内的过程叫做接种）、研磨、移液、离心等操作都可能产生分枝杆菌气溶胶，应在生物安全柜内操作，一般采用 6 英尺Ⅱ A2 生物安全柜可满足要求，个别医院要求 B2 生物安全柜。结核实验室平面设计应包括清洁间（办公、更衣）、缓冲间（需要时兼做二更）、培养（接种）、分析鉴定，配置仪器设备有：水浴锅、恒温培养箱、高压蒸汽灭菌器、离心机、显微镜、红外灭菌器、生物安全柜、低温冰箱等。

按病毒、细菌、真菌分类设置的实验室，建筑平面设计上与结核实验室类似。根据不同的病原体实验，配置略有不同，如培养箱分为 CO_2 培养箱、厌氧培养箱等。病毒、细菌实验室一般设置Ⅱ A2 生物安全柜，一、二类病原体实验需采用 6 英尺。真菌实验室一般不需要安全柜。

暖通设计上，对安全柜通风系统的设计要求可参见图 4-8，仪器设备负荷与 HIV 检测区类似。

4.3.7 微量元素检测

微量元素检测包括锌、钙、镁、铁、铜、铅等元素含量检测，标本为血液或头发，主要操作在通风柜内进行，主要仪器有：微量元素分析仪、铅镉专用分析仪、原子吸收光谱仪、色谱仪等。

原子吸收光谱仪包括火焰法和石墨炉法，实验中使用硝酸、丙酮、盐酸等有害有毒溶液清洗燃烧系统，产生酸性化学气溶胶，其上方应设置局部排风罩（实验人员常称为原子吸收罩），罩口尺寸一般为 400～500mm，排风量 400～600m^3/h，最好采用可升降的排风罩，当采用火焰法时可适当降低罩口高度。

微量元素检测室内存储硝酸、丙酮、盐酸等挥发性溶剂、火焰法原子吸收仪使用乙炔作为燃烧气体，房间平时的排风换气次数宜按不小于 $4h^{-1}$ 考虑。

4.3.8 细胞培养

细胞培养在建筑工程设计中常称为“细胞室”，是通过模拟体内的生理环境，培养从体内取出的细胞，并使之生存和生长的技术。通过细胞培养既可以获得大量细胞，又可以借此研究细胞的信号转导、细胞的合成代谢、细胞的生长增殖等。细胞培养应在无菌环境下操作，通常在洁净工作台内进行，细胞培养室一般不作洁净度要求。设备配置包括：洁净台、ⅡA2 生物安全柜、恒温培养箱、离心机、鼓风干燥箱、低温冰箱、液氮罐等。对存放液氮罐（如有）的房间应设置紧急事故排风系统。

4.3.9 色谱仪

色谱仪包括气相与液相两种，气相色谱仪使用氢气、氮气等，液相色谱仪使用烷类、醇类等挥发性有机溶剂，检验科使用较多的是液相色谱仪，其中的高效液相色谱法简称HPLC（High Performance Liquid Chromatography）。色谱仪最好也在其上方设置排风罩，特殊的操作（如溶剂配制）可在通风柜内进行。

液相色谱仪主要由二元泵、自动进样器、柱温箱、检测器等模块组成，溶剂盒内盛装的溶剂通过软管由泵吸入进样器。溶剂盒上方宜设置排风罩，用于及时排除挥发性溶剂气溶胶，罩口应比溶剂盒尺寸至少大 150mm，如某品牌长宽为 440mm×345mm，排风罩口尺寸可按 800mm×650mm 设计。由于溶剂挥发泄漏量很少，排风量一般为 500～600m^3/h 即可满足要求。图 4-17 所示为某型号液相色谱仪各模块组合叠放的两种形式。表 4-11 摘录了某品牌色谱仪的环境要求供参考。

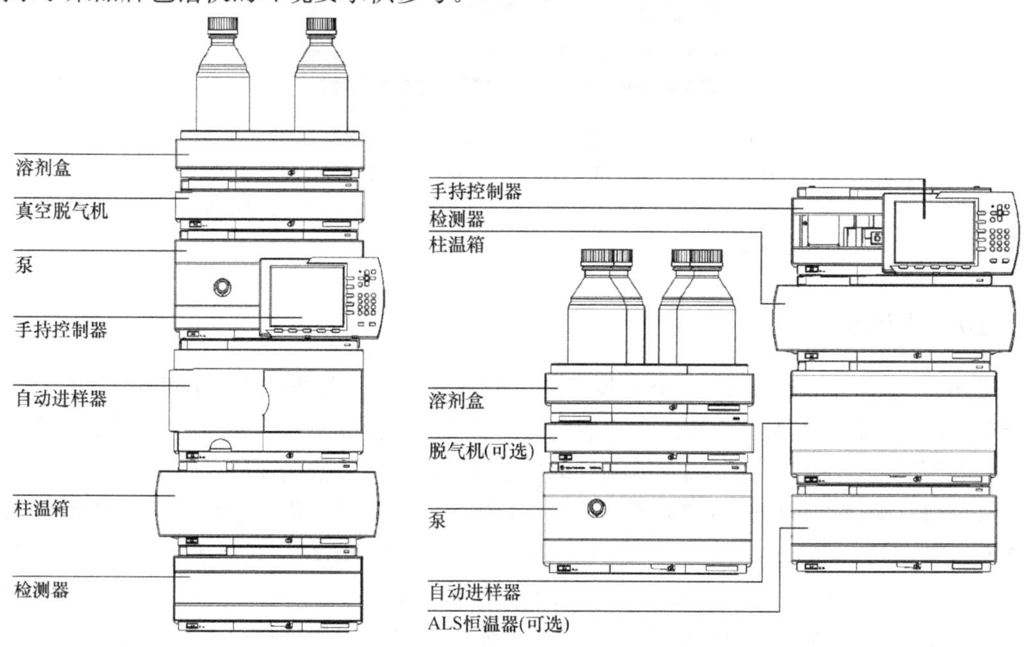

图 4-17　某型号液相色谱仪各模块两种组合形式

某品牌色谱仪的环境要求　　　**表 4-11**

类型	型号	室内温度（℃）	温度变化	相对湿度	电源（kW）	备注
液相色谱	1260	20～27	≤3℃/h	＜80%	2.5	溶剂：乙腈或甲醇，硝酸（电化学检测器，ECD），氮气（蒸发光检测器，ELSD）。散热量大约为 1.2kW
	1290	NR	≤2℃/h	无凝结	1.5	溶剂：乙腈或甲醇

续表

类型	型号	室内温度（℃）	温度变化	相对湿度	电源（kW）	备注
气相色谱	6850	20～27	NR	<80%	4	气体：高纯氮气、氢气、压缩空气
	7890	15～35	NR	无凝结	2.25/2.95①	气体：高纯氮气、氢气、氦气、氩气、压缩空气

① 电源取决于不同的柱温箱（Oven ramp），标准柱温箱 2.25kW，快速柱箱 2.95kW，设备散热量等同于电功率。可选用柱温箱废气导流器排除热量，排风量为 110.4m^3/h，如不使用废气导流器，柱温箱背面排风量大约为 170m^3/h。图 4-18 为某产品安装废气导流器排风管（ϕ100 保温金属管）实例图。

图 4-18　某气相色谱仪废气导流器排风管实例图

注：该柱温箱废气导流器基本没有背压，排气的主要目的是排除废热，排气温度约为 70～80℃，设计人员可根据管路实际情况考虑是否增设排风机。

4.3.10　质谱仪

质谱（Mass Spectrometry，MS）技术是一种重要的检测分析技术，在生化免疫、微生物检验、药理分析等实验室中使用。它通过将待测样本转换成高速运动的离子，根据不同的离子拥有不同的质荷比进行分离和检测目标离子或片段，然后依据保留时间和其丰度值进行定性和定量。质谱仪包括电喷雾离子源质谱（ESI-MS）、大气压化学电离离子源质谱（AP-CI-MS）、四极杆（QQQ）质谱仪、离子阱质谱技术以及各种串联、联用质谱仪等多种类型。

临床上，飞行时间质谱技术应用于细菌检测、肿瘤标志物检测；液相色谱质谱联用技术（LC-MS）用于临床前期的生物标志物大规模筛选以及取代价格昂贵的免疫测定方法；气相色谱质谱联用技术（GC-MS）测定尿琥珀酰丙酮精确性和准确性均较高，为临床上鉴别诊断酪氨酸血症Ⅰ型提供了新的方法；电感耦合等离子体质谱分析技术（ICP-MS）应用于血清、全血、尿液以及头发中铅（Pb）、砷（As）、铁（Fe）、硒（Se）、锌（Zn）等有害重金属元素和人体微量元素的测定。

质谱仪器种类非常多，而且对工程设计要求不尽相同，无法给出工程设计的通用要求。下面以常见的电感耦合等离子体质谱分析仪（ICP-MS）及液相色谱质谱联用仪

(LC/MS) 两种常用质谱仪为例，提供部分设计要求供参考。

1. 电感耦合等离子体质谱分析仪 (ICP-MS)

ICP-MS必须设计设备排风，排出的废气是由等离子体和真空系统中排出的，废气中含有溶剂、样品的蒸气，以及前级真空泵液汽化后生成的气体。某品牌ICP-MS排风量为255m³/h，排风接口ϕ100，要求排风风速9m/s±10%；另一品牌对排风要求不高，最大排风量为450m³/h，排风接口ϕ150，排风风速可在5～8m/s；有的厂商要求仪器室恒温21±1℃，普遍建议室温为20～23℃，相对湿度30%～65%，不能产生冷凝。

图4-19 某ICP-MS实物图

图4-19所示为某型号ICP-MS实物，顶部突出的圆管即为排风接口，图4-20所示为某型号ICP-MS及其配套仪器布局示例。表4-12为某品牌ICP-MS环境最低要求及排风参数，表4-13列出了其设备热负荷参数。

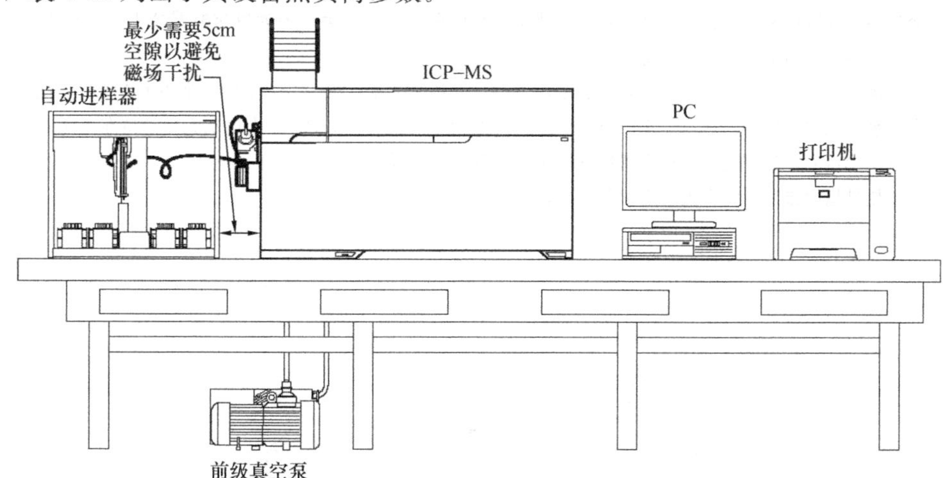

图4-20 ICP-MS及其配套仪器布局

某品牌ICP-MS环境要求及排风参数 **表4-12**

型号	温度①(℃)	温度变化②(℃/h)	相对湿度③	外排风量(m³/h)	风量变化	背压(Pa)	排风接口内径④(mm)
7500cs	15～30	<2	≥20%，不结露	420～480	±10%	140	150
7700	15～30	<2.8		300～420	±5%	40	150
8800	15～30	<2		300～420	±5%	40	150
8900	15～30	<2		300～420	±5%	40	150
7800	15～30	<2		300～420	±5%	40	150

① 室内温度为最低要求范围，推荐的最佳室温为18～22℃。
② 总温度变化小于5℃。
③ 室内相对湿度为最低要求范围，推荐的最佳相对湿度为35%～50%。
④ 外部接管应采用能够耐受75℃耐酸碱腐蚀（根据检测需要使用的溶液及清洗液的性质）的材料，排风系统与ICP-MS的连接应采用软连接，以便设备检修维护。

某品牌ICP-MS设备安装功率及热负荷　　表4-13

型号	分项①	主机	自动进样器②	前级真空泵	电脑及打印机	热交换器③	水冷机④	排风吸热⑤
7500cs	功率（kW）	6.6	1A	主机供电	1	2.2	2.65	
	热量（kW）	3.05	—	0.5	0.5	1.05/3.05	1.05/3.96	2
7700	功率（kW）	5.3	1A	主机供电	1.1	0.7	2.9	
	热量（kW）	2.9	—	0.5	0.5	1.3/2	1.3/3.2	1.2
8800	功率（kW）	5.3	1A	主机供电	1.8	0.7	2.9	
	热量（kW）	3.6	—	0.5	0.43	1.6/2	1.6/3.2	1.6
8900	功率（kW）	5.3	1A	主机供电	1.8	0.7	2.9	
	热量（kW）	3.6	—	0.5	0.43	1.6/2	1.6/3.2	1.6
7800	功率（kW）	5.3	1A	主机供电	1.8	0.7	2.9	
	热量（kW）	2.9	—	0.5	0.43	1.6/2	1.6/3.2	1.6

① 功率为仪器安装功率。

② 自动进样器供电要求为1A额定电流独立插座。型号7800、8900如果采用SPS4自动进样器（耗电55W），当使用酸性溶液时，建议在自动进样器上安装保护罩套件，此时，应通过保护罩侧罩板上的排气管道，全程将溶液挥发产生的气溶胶抽取出去。排风量至少为21m³/h，接口内径50mm。图4-21为SPS4自动进样器实物图。

③ 热交换器与水冷机两种配置可二选一，表中热量一行的两个数据，第一个为热交换器从ICP-MS吸走的热量，第二个为热交换器散发出去的热量。

④ 热交换器与水冷机两种配置可二选一，表中热量一行的两个数据，第一个为水冷机从ICP-MS吸走的热量，第二个为水冷机散发出去的热量。水冷机系统运行水温为15～40℃，ICP-MS出口水温应维持在40℃以下。热交换器及水冷机的散热侧建议就近设置独立机房，以改善噪声及热舒适性。

⑤ 排风吸热是指由排风系统带走的ICP-MS的散热量。

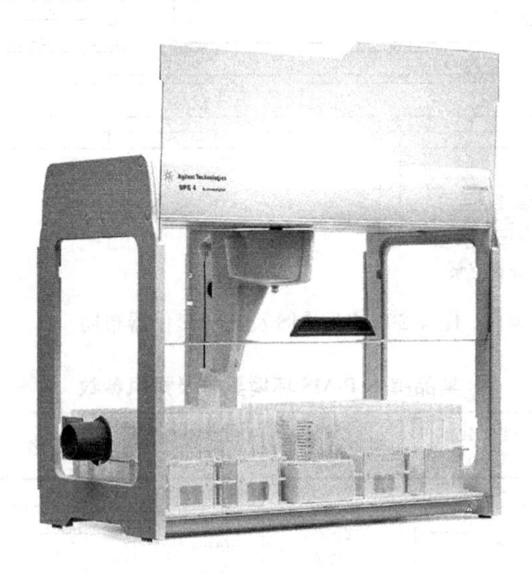

图4-21　SPS4自动进样器实物图

根据热交换器或水冷机散热侧位置的不同，ICP-MS系统的散热量计算也不一样，以表4-13中7800为例，计算如下：

（1）热交换器/冷水机散热侧与 ICP-MS 同一室内时，有：

总散热量＝主机＋前级真空泵＋电脑及打印机＋(热交换器/冷水机散热－热交换器/冷水机吸热)－排风吸热

采用热交换器时总散热量＝2.9＋0.5＋0.43＋(2－1.6)－1.6＝2.63kW

采用冷水机时总散热量＝2.9＋0.5＋0.43＋(3.2－1.6)－1.6＝3.83kW

（2）热交换器/冷水机散热侧设置独立机房时，有：

总散热量＝主机＋前级真空泵＋电脑及打印机－热交换器/冷水机吸热－排风吸热

采用热交换器时总散热量＝2.9＋0.5＋0.43－1.6－1.6＝0.63kW，独立机房散热量为 2kW；

采用冷水机时总散热量＝2.9＋0.5＋0.43－1.6－1.6＝0.63kW，独立机房散热量为 3.2kW；

2. 液相色谱质谱联用仪（LC/MS）

液相色谱质谱联用仪由液相色谱仪、质谱仪、真空泵、工作站（电脑＋打印机）组成。LC/MS 也要设计排风系统，排出的废气是由等离子雾化室和真空系统中排出的，雾化室废气中含有溶剂、样品的蒸气，真空泵废气为真空泵液汽化后生成的气体（碳氢化合物）。为防止真空泵排气管内的泵油蒸汽通过雾化室排气管进入离子源内（这种情况通常发生在氮气用完或被关掉而 ESI 或 APCI 探头仍然留在离子源内的时候），从而造成 ESI 或 APCI 源及四极杆等一系列的污染，真空泵废气和雾化室废气必须由两根单独的排气管接出。虽然各厂家要求不同，但排气量都很小，一般要求 LC/MS 房间靠近室外且排气管到室外的距离满足厂家要求（见表 4-14），按厂家的场地安装要求直排室外，两根排气管排气出口间距应大于 0.5m，排气管材质为 PVC。如果 LC/MS 排气管距离不能满足厂家要求，则需联合厂家的场地安装技术人员共同确定排气外排方案，如果能提供持续负压的管道，真空泵废气和雾化室废气可连接到该管道上，但雾化室废气必须在真空泵废气的上游侧，且两根管的接管间距也要求大于 0.5m。

图 4-22 所示为某品牌三重四极杆（左侧）和飞行时间（右侧）质谱仪实物，飞行时间质谱仪安装飞行管后高度将近 2m，故房间吊顶高度不得低于 2.9m，图 4-23 所示为某品牌液质联用仪及其配套仪器布局示例。表 4-14 列出了部分品牌液质联用仪的环境最低

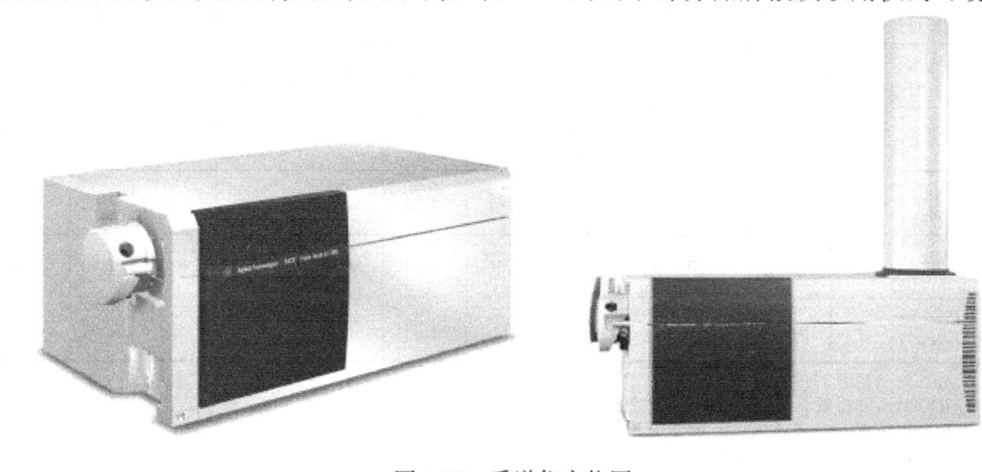

图 4-22 质谱仪实物图

要求及排气参数。

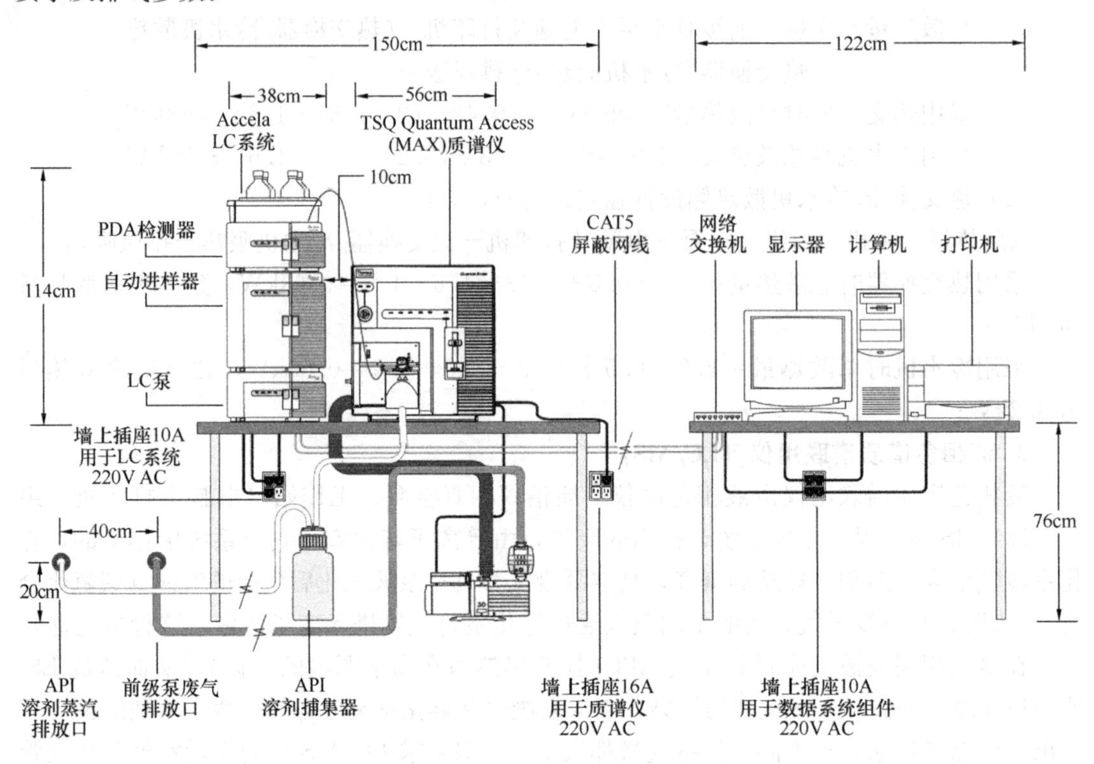

图 4-23 液质联用仪实物图

液质联用仪环境最低要求及排气参数 **表 4-14**

类型	型号	电源(kW)	温度(℃)	温度变化	相对湿度	散热量(kW)	排气量(m³/h)		排气接口直径(mm)外径/内径		排气背压(Pa)	排气直管长
							真空泵	质谱仪	真空泵	废溶剂蒸气		
单串联四极杆	6100系列	6	15～35	≤3℃/h	≤80%，不结露	2	0.18	1.8②	20/12.7	20/12.7	25	不超 3m
三重四极杆	6400系列	6	15～25	±3℃	≤80%，不结露	1.32	0.18	1.08～3③	20/12.7	20/12.7	未明	不超 4.6m
飞行时间	6550A	10	15～25	< 3℃/h	≤85%，不结露	4.55	0.36+0.6①	2.4	20/12.7	20/12.7	未明	不超 3m
三重四极杆	Access Max	7	18～25	±2℃	40～80	未明	未明	未明	ϕ40④	ϕ30	未明	4+3m
三重四极杆	4000Q	6	15～30	±2℃	35～80	3.5	未明	未明	ϕ40④	ϕ20	未明	未明
三重四极杆	Premier XE	7	19～22	≤1.5℃/h	≤80%，不结露	2	未明	未明	50⑤	20/12.7	未明	不超 5m

① 该型号有两套泵的排气管。
② 不带喷射流的排气量为 1.8m³/h，带喷射流的排气量为 0.96m³/h。
③ 该系列产品不同型号共分三种排气量，分别为 1.08m³/h、1.8m³/h、3m³/h。
④ 厂家资料中不太明确，无法判断该尺寸是排气管接口尺寸还是外墙留洞尺寸。
⑤ 外墙留洞尺寸。

4.3.11 设计小结

检验科通风空调系统设计要点参见本书第 4.3.3 节第 2 条。空调负荷在设计时应留有余量，不论工程建设处于什么阶段，当设备仪器确定供货厂商后，建设方、设计、供货商都有责任相互配合，对设备仪器的散热量、通风量、环境需求进一步作出确认，并据此及时对设计做出调整。以下对通风设计注意事项做个小结：

（1）材质。通风柜排风系统的风管、风机材质不应采用镀锌钢板，无机玻璃钢、聚乙烯等可满足耐酸碱腐蚀要求；环氧酚醛树脂涂层钢板具有很好的耐热性和耐溶剂性；硼硅酸盐玻璃材料适用于浓度较高的某些化学品（如：氯）的特殊排放系统。生物安全柜排风管一般建议采用不锈钢，它对酸和氯的抗腐蚀性取决于镍和铬的含量，实验室排气系统最常用的不锈钢合金是 304L 和 316L。房间送排风系统风管可采用镀锌钢板。

（2）气流组织。以上送下排为主，体液室应在顶部排风以排除氨气。

（3）排风罩。需要设置排风罩的特殊设备是粪便分析仪、液相色谱仪的溶剂盒，排风量可按 600m^3/h 预留。

（4）排风口。室内排风口宜设置在离心机、冷冻干燥机、高压蒸汽灭菌器、电热板、低温冰箱、鼓风干燥箱等散发气溶胶或热湿空气的设备上方。

（5）表 4-15 总结了检验科一些特殊局部排风，供参考。

检验科局部排风 **表 4-15**

典型场所		工艺设备	连接方式	设计排风量（m^3/h）	备注
中心检验	常规（临床）检验	粪便分析仪	排风罩	600	0.5m×0.5m
		通风柜	密闭	1900/2400	1.5m 或 1.8m 通风柜
	血液	通风柜	密闭	1500	1.2m 通风柜
	体液	通风柜	密闭	1900	1.5m 通风柜
	生化	通风柜	密闭	1900	1.5m 通风柜
		质谱仪	排风罩	—	
HIV	检测区	生物安全柜	排风罩/套管	1200	6 英尺 Ⅱ A2
PCR	标本制备	生物安全柜	密闭	1400/2100	4/6 英尺 Ⅱ B2
		生物安全柜	排风罩/套管	800/1200	4/6 英尺 Ⅱ A2
结核	接种	生物安全柜	密闭	2100	6 英尺 Ⅱ B2
		生物安全柜	排风罩/套管	1200	6 英尺 Ⅱ A2
	病毒	生物安全柜	排风罩/套管	800/1200	4/6 英尺 Ⅱ A2
	细菌	生物安全柜	排风罩/套管	800/1200	4/6 英尺 Ⅱ A2
		通风柜	密闭	1900	1.5m 通风柜
	微量元素	原子吸收光谱仪	排风罩	600	0.5m×0.5m
		质谱仪	密闭	500	电感耦合等离子体质谱仪（ICP-MS）
	细胞室	色谱仪	万向排风罩	300	ϕ100 万向排风罩
		生物安全柜	排风罩/套管	800	4 英尺 Ⅱ A2

需要注意的是：

(1) 表4-15中列出的只是一些典型应用案例的汇总，不能推广应用于正在设计的项目。表4-15中房间内有两种以上排风设备的，实际案例中并非一定两种共存，可能只是其一，也可能两者都有。如PCR标本制备，表中录入两种生物安全柜，但通常情况下只有一台，现状多数采用ⅡA2，也有采用ⅡB2的。

(2) 表中“设计排风量”一栏的数据是按照已有资料的最大值给出的，只供设计预留参考，实际风量仍需根据实际情况调整。例如：不同尺寸的通风柜、生物安全柜，不同形式的色谱质谱联用仪，不同规格（$\phi25\sim\phi100$等多种）的万向排风罩。

(3) 随着医疗设备仪器的发展，局部排风需求也会有变化，设计人员对每一个新项目都有必要重新收集资料、了解科室需求与发展，不能按以往经验盲目套用。

4.4 病理科

病理科是疾病诊断的重要科室，负责对取自人体的各种器官、组织、细胞、体液及分泌物等标本，通过大体和显微镜观察，运用免疫组织化学、分子生物学、特殊染色以及电子显微镜等技术进行分析，结合病人的临床资料，做出疾病产生及发展规律的诊断，从而协助临床医生确定治疗措施。在大中型医院中，病理科与检验科并列为两大分析诊断研究科室，由于工作性质有相近相通之处，在一些二级医院及专科医院，常常将病理并入检验科，一级各类医院及二级中医、口腔、传染病、皮肤病、整形外科等医院原则上不要求单独设立病理科。

4.4.1 病理工作内容及关键技术

如果把检验科的检验结果看作是对标本的技术数据描述，那么它告诉临床医生的是：送检的标本里有什么、有多少，临床医生根据检测结果做出疾病的诊断。而病理科的检查结果是直接给出疾病诊断，包括疾病性质的判断，在肿瘤方面，病理报告甚至会给出用药指导意见。

病理科工作内容主要为活体组织检查及细胞学检查，一些医院还有尸体解剖检查，医学技术人员常把这三项工作称为病理科的A、B、C——尸体解剖检查简称尸检（Autopsy），活体组织检查简称为活检（Biopsy），细胞学检查为Cytology。三级医院病理科开展的项目有：活检病理诊断、细胞病理诊断、术中快速冰冻病理诊断、病理学会诊、分子病理学诊断和尸体解剖病理检查等，分子病理学开展的诊断技术包括：多聚酶链式反应（PCR）、原位杂交（ISH）、荧光染色体原位杂交（FISH）、实时荧光定量PCR（Real-time PCR，ARMS、Super-ARMS）、一代测序（Sequencing），二代测序（Next Generation Sequencing）、液体活检等。

活检的优势是准确、及时。对于气管镜、胃镜、肠镜、腹腔镜等内窥镜检查的确诊有关键作用；对乳腺、甲状腺、胰十二指肠、脑、肝等部位，必须要有准确、及时的术中病理诊断帮助外科医生进行手术；尤其是术中冰冻切片诊断更显突出。细胞学检查方便、经济而又可靠、实用。痰、尿、胸腹水以及针吸细胞学检查，都能在简单的操作中做出明确的诊断。尸检在近代医学200多年发展中起到了基石和推动作用，至今它仍在医师的提高培养、新疾病的发现、对人类疾病的动态变迁认识等方面显示着独有的优势，尤其是对提高医院的医疗起着质量控制的“金标准”作用。

病理科关键技术有：免疫组织化学检查和特殊染色、原位杂交、基于PCR等技术的基因突变检测和基因测序等。

免疫组化用于疾病的诊断和鉴别诊断，以及判断某些恶性肿瘤的转归和预后。人体内很多器官和组织内的组成细胞都源于受精卵，在形态结构上非常相似，免疫组化就是对细胞的鉴定。免疫组化检查项目非常多，包括各种上皮性标记物、间叶性标记物、细胞增殖性标记物、癌基因蛋白等。配置仪器主要有：烤片机、高压消毒锅、医用微波炉、水浴锅、pH计、湿盒、全自动免疫组织化学仪、冰箱（－20、4℃）、光学显微镜等。

特殊染色相对于常规染色（HE染色）而言，一些免疫组化不能确诊的病例，需要进行相应的特殊染色技术才能明确疾病性质，例如：苏丹Ⅲ染色检测细胞内脂质或脂滴，网状纤维染色判断骨髓组织网状纤维增生情况等。因此特殊染色是免疫组化的补充。

原位杂交是指将特定标记的已知顺序核酸为探针与细胞或组织切片中核酸进行杂交，从而对特定核酸顺序进行精确定量定位的过程。原位杂交实验步骤繁琐，每一步都有固定时间要求，涉及医学知识较多，本书不再赘述。原位杂交总的实验时间为3天，过程中使用溶剂包括：30％、50％甲醇的PBST（磷酸盐吐温缓冲液）溶液、4％多聚甲醛的PBS溶液、50％甲酰胺等，仪器设备包括：60℃水浴锅、－20℃冰箱、4℃冰箱、摇床、电磁炉、离心机、PH计、杂交仪、荧光显微镜等。

结合PCR与原位杂交检查结果用于一些特殊病理诊断，如结核杆菌PCR与HPV－DNA检查是否出现结核杆菌感染与人乳状状瘤病毒感染。淋巴瘤组织T细胞受体与免疫球蛋白基因单克隆性扩增PCR检测是否为B细胞性或T细胞性恶性淋巴瘤。PCR详见本书第4.3.5节。

4.4.2 病理科工作流程

1. 活检及细胞学检查

图4-24所示为活检及细胞学检查从病理标本送检到出报告的整个工作流程（根据北京协和医院官方网站的图片编辑）。

图4-24中显示针对疑难病例的三种病理检查关键技术，从左到右分别是PCR、免疫组化和特殊染色、原位杂交（属于分子病理学）。标本前处理的各项工作描述如下：

取材、固定：获取的组织样本经离心等处理后加入固定液，病理切片最常使用的固定液为10％甲醛溶液或中性甲醇液（由甲醛120mL＋蒸馏水880mL＋磷酸二氢钠4g＋磷酸氢二钠13g配制而成，免疫组化染色固定时最常用）。需在取材台操作。

脱水、透明：固定后的组织材料需除去留在组织内的固定液及其结晶沉淀，否则会影响后期的染色效果。采用自动脱水机进行脱水，脱水剂采用逐级浓度为50％～100％的梯度酒精。由于酒精与石蜡不能相溶，为进行下一步浸蜡，就需用能与酒精和石蜡相溶的媒浸液，替换出组织内的酒精，这种媒浸液称为透明剂。常见的透明剂有二甲苯、苯、氯仿、正丁醇等。

浸蜡、包埋：浸蜡的目的是使得石蜡浸入组织取代透明剂，浸蜡全过程在60℃的温

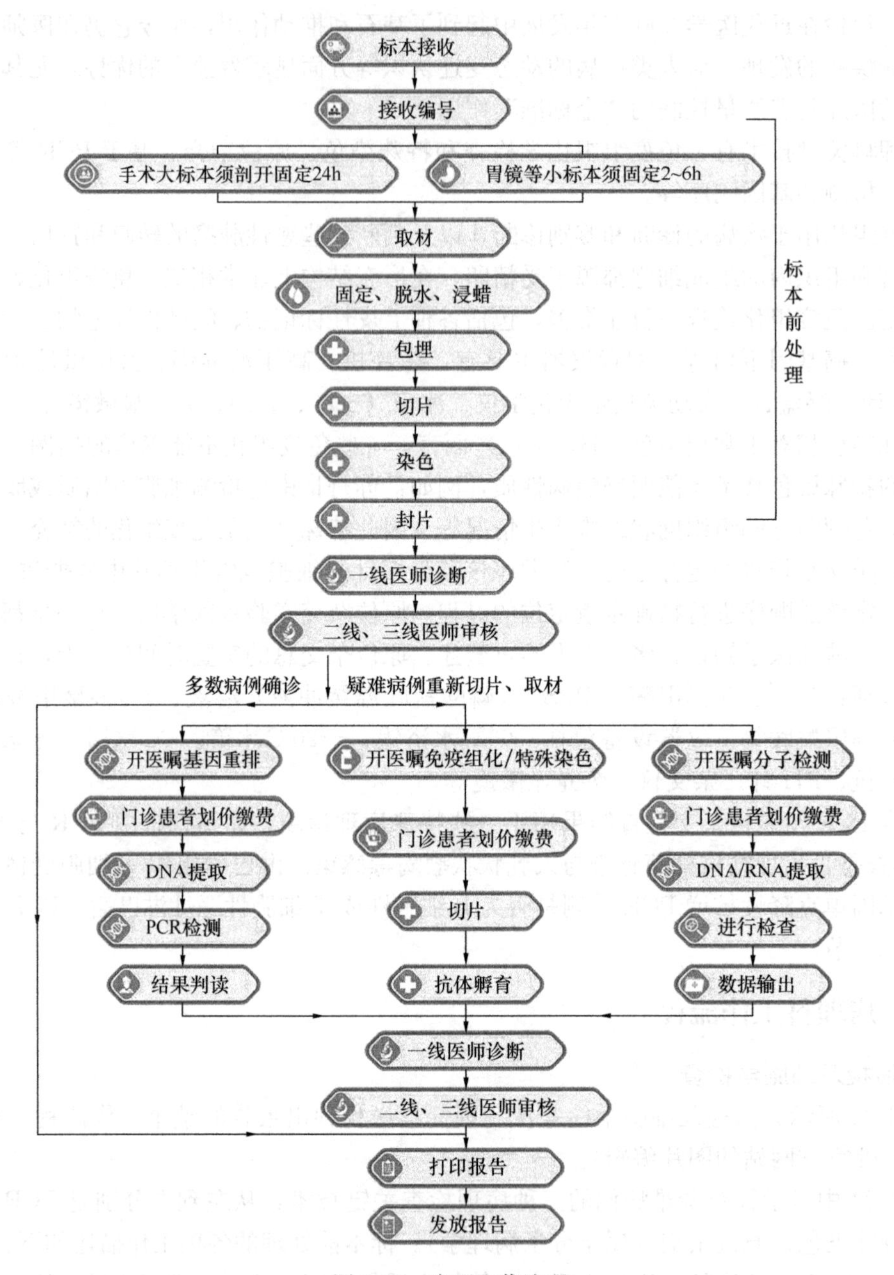

图 4-24　病理工作流程

箱内进行，如采用浸蜡与包埋一体化的设备，则把样本放入盛有石蜡液的石蜡包埋机中进行包埋，在包埋机中经冷却制成固体样本。

切片：包埋好的蜡块用刀片修成规整的四棱台，以少许热蜡液将其底部迅速贴附于小木块上，夹在石蜡切片机的蜡块钳内，使蜡块切面与切片刀刃平行，进行石蜡切片。

贴片与烤片：在洁净的载玻片上涂抹薄层蛋白甘油，再将一定长度蜡带（连续切片）或用刀片断开成单个蜡片于温水（45℃左右）中展平后，捞至玻片上铺正，烘干或晾干。

脱蜡与水化：干燥后的切片需脱蜡及水化才能在水溶性染液中进行染色。先用二甲苯脱蜡，再经过逐级浓度为100%～50%的梯度酒精（与脱水相反）、蒸馏水。

染色：用染液使组织中不同成分染上相应颜色，以便显微镜观察分析。常规染色采用苏木素一伊红（HE染色），适用于任何固定液固定的组织和各种包埋法的切片。染色后再经乙醇脱水、二甲苯才可以封片。特殊染色使用的染色剂不同，常用染色方法包括：胶原纤维染色（Masson等）、网状纤维染色、弹力纤维染色、肌肉组织染色（磷钨酸苏木素）、脂肪染色（苏丹III）、糖原染色（PAS）、黏液染色（PAS）等。特殊染色前后的工作流程与常规染色基本一致。

封片：滴加中性树胶，加盖玻片封片。封片时切片上仍保留适当的二甲苯以防干封产生气泡。

2. 冷冻切片

上一节中病理检查对标本的处理方法为常规的石蜡切片法，而冷冻切片是一种在低温条件下使组织快速冷却到一定硬度，然后进行切片的方法。主要用于手术中快速病理诊断，包括：判断肿瘤为良性还是恶性、确定手术范围是否足够、检查剖腹探查时发现的肿块。

冷冻切片减少了固定、脱水、透明、包埋等环节，取材后滴上包埋剂（如：聚乙二醇和聚乙烯醇的水溶性混合物）冷冻后便可切片、快速染色，主要设备为恒温箱冷冻切片机。

3. 尸检

尸检一般在太平间临近设置，尸检的核心工作内容是尸体解剖，目的包括：脏器保存、标本制作、切取组织标本分析死亡原因。脏器保存及标本制作一般就近设置，切取的组织标本则送至病理科检查，尸检应就近设置消毒间、器械间。尸体解剖应在解剖台上进行。

4.4.3 病理科的工程设计

病理科在建筑布局上划分为病理实验区、办公管理区。病理实验区包括：收件、取材、组织脱水处理、切片制作、细胞学处理、特殊染色、免疫组织化学、分子病理、原位杂交、试剂保存、标本保存。管理区包括：办公、讨论研究、远程诊断、质量控制与安全管理。其中，原位杂交实验室使用荧光标记探针的检测应保证避光操作。图4-25为某医院病理科平面布局。

4.4.4 病理科通风空调设计

病理科工作中使用的各种溶液较多，几乎每一步骤都离不开，各种溶液的应用详见本章第4.4.1节和第4.4.2节，与通风设计相关的常用溶液见表4-16。

病理科常用溶液 **表4-16**

溶液名称	物性	危害
甲醛	无色水溶液或气态存在，有刺激性气味，易溶于水和乙醚	可燃，强还原作用，与空气形成爆炸性混合物，对眼、鼻等强刺激，属1类致癌物
甲醇	无色透明液体，有酒精气味，易挥发	易燃，有较强的毒性，对人体的神经系统和血液系统影响最大，经消化道、呼吸道或皮肤摄入都会产生毒性反应，甲醇蒸气能损害人的呼吸道黏膜和视力

续表

溶液名称	物性	危害
乙醇	俗称酒精，易挥发，有特殊香味，略带刺激的无色透明液体	易燃，蒸气与空气可形成爆炸性混合物，遇明火、高热能引起燃烧爆炸
丙酮	无色透明易流动液体，有芳香气味，极易挥发	极度易燃，蒸气与空气可形成爆炸性混合物，遇明火、高热极易燃烧爆炸。有毒，长期接触导致咽炎、支气管炎、乏力、眩晕等
二甲苯	无色透明液体，有刺激性气味，与乙醇、氯仿或乙醚能任意混合，不溶于水	可燃，低毒，经对眼及上呼吸道有刺激作用，高浓度时，对中枢系统有麻醉作用
苯	无色透明液体，有强烈的芳香气味，易挥发	易燃，属1类致癌物，对中枢神经系统产生麻痹作用，引起急性中毒，长期接触对血液造成极大伤害
氯仿	无色透明液体，有特殊气味，味甜，极易挥发。 在光照下遇空气氧化生成剧毒的光气，需保存在密封的棕色瓶中	低毒，有麻醉性，属2B类致癌物，主要作用于中枢神经系统，具有麻醉作用，对心、肝、肾有损害，吸入或经皮肤吸收引起急性中毒
聚乙二醇	依相对分子质量不同，常温下为无色无臭黏稠液体或蜡状固体。无刺激性，味微苦	无毒，性能稳定
聚乙烯醇	白色片状、絮状或粉末状固体，无味	可燃，吸入、摄入对身体有害，对眼睛有刺激作用
DAB显色剂	由3，3二氨基联苯胺、四氯化碳溶于80%丙二醇配制得到，易挥发	有毒，致癌
甲酰胺	透明油状液体，略有氨臭味	可燃，有毒，急性症状以损伤神经系统为特征，呼吸障碍与结膜炎，直性抽搐，3～4天后即死亡，属1类致癌物

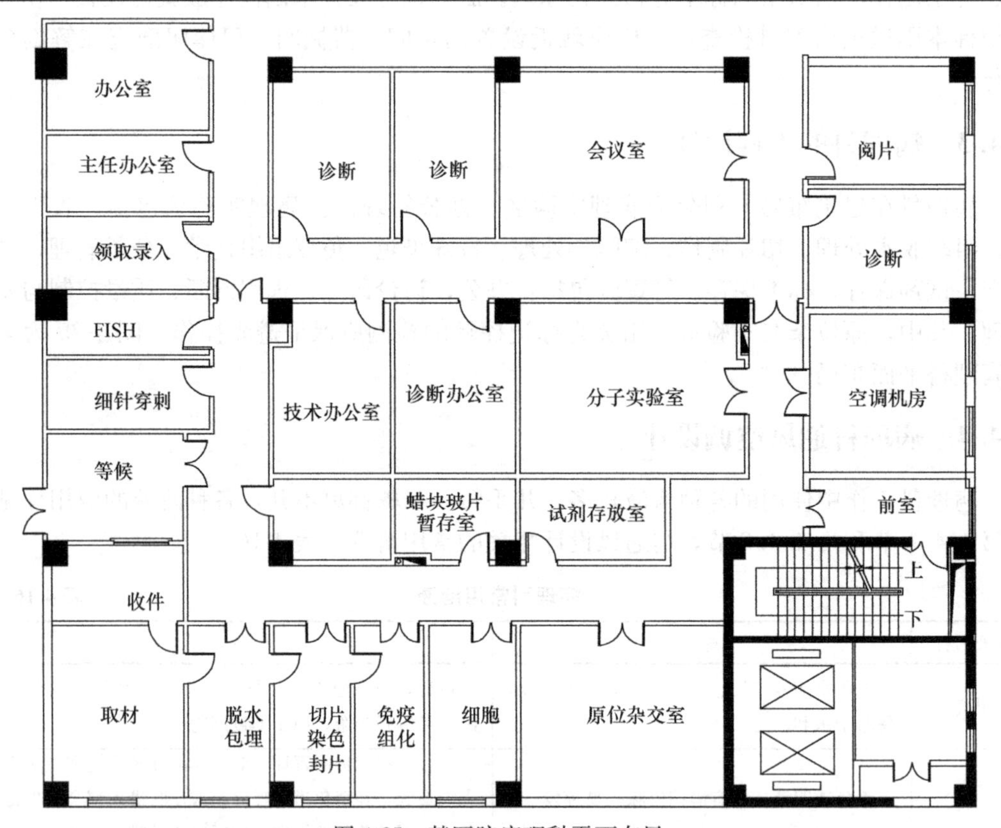

图4-25 某医院病理科平面布局

由于多种有毒有害挥发性溶液的使用，为保护操作人员生命健康，病理科使用通风柜较多，主要用于包埋机、脱水机、自动染色机、免疫组化染色机、手工染色时工作中产生的有害气体（蜡油、甲醛）的排风。其中，免疫组化染色使用的甲醛以及原位杂交使用的甲酰胺，均为1类致癌物，通风柜面风速建议按0.5～0.6m/s考虑，设计时一般可按1.5m通风柜考虑，通风柜排风系统设计详见本章第4.2.1节。

此外，病理科采用的通风柜也有特殊之处。比如：包埋时要坐着操作，包埋机用的通风柜下柜体要预留空位；自动染色机用的通风柜内部应在台面预留给水排水接口，给水用于染色机使用，排水用于插废液管；手工染色用的通风柜需预留水池及水龙头放染色缸的位置；有些医院还会根据使用需求定制步入式通风柜。因此，设计人员应在设计初期充分了解科室的使用需求，以便预留排风竖井。

病理科还有特殊的局部排风设施，如取材台、解剖台、标本柜等。表4-17列出了部分局部排风要求，供参考。

病理科局部排风 **表4-17**

典型场所	工艺设备	台数（台）	连接方式	设计排风量（m^3/h）	备注
取材	取材台	1～3	密闭	600	常用尺寸（宽度）为1.5m、1.8m两种，排风量均为500～600m^3/h
	标本柜	2～5	密闭	70～100	仅限于取材后暂存标本，大体标本排风量可高达2000～3600m^3/h
脱水、透明	通风柜	1	密闭	2400	1.8m通风柜
包埋	通风柜	1～2	密闭	2400	1.8m通风柜
切片技术室	通风柜	1～2	密闭	1900	1.5m通风柜
脱蜡	通风柜	1～2	密闭	2400	1.8m通风柜
手工染色	通风柜	1	密闭	2500	1.5m通风柜，面风速0.6m/s
自动染色	通风柜	1～2	密闭	2400	1.8m通风柜
原位杂交	通风柜	1	密闭	2500	1.5m通风柜，面风速0.6m/s
免疫组化①	通风柜	1	密闭	2500	1.5m通风柜，面风速0.6m/s
冷冻切片	取材台	1	密闭	600	常用尺寸（宽度）为1.5m、1.8m两种，排风量均为500～600m^3/h
	通风柜	1	密闭	1900	1.5m通风柜
细胞穿刺	通风柜	1	密闭	1900	1.5m通风柜
细胞学制片	通风柜	2～3	密闭	1900	1.5m通风柜
细胞学标本处理	通风柜	2～3	密闭	1900	1.5m通风柜
电镜室	通风柜	1	密闭	1900	1.5m通风柜
PCR标本制备②	生物安全柜	1	密闭	1400/2100	4/6英尺ⅡB2
	生物安全柜		排风罩/套管	800/1200	4/6英尺ⅡA2
实验室	解剖台③	1	密闭	1200～2000	台下排风

① 最新的全自动免疫组化染色仪如美国罗氏的BenchMark ULTRA不需要使用通风柜。

② 表中两种生物安全柜通常情况下只用一台，现状多数采用ⅡA2，也有采用ⅡB2的。

③ 在一些科研实验、法医尸检的解剖室，解剖台的排风量高达10000m^3/h。

需要注意的是：表4-17中列出的只是一些典型案例应用的汇总，“设计排风量”一栏的数据是按照已有资料的最大值给出的，只供设计预留参考，实际风量仍需根据实际情况调整。例如：不同尺寸的通风柜、生物安全柜。所有局部排风系统的风管材质必须满足防腐要求，可采用无石棉、无挥发性介质、无粉尘的无机玻璃钢风管或不锈钢风管。

病理科局部排风系统应参照第4.2.2节第5条和表4-2的要求高空排放，对于取材台、解剖台的排风以及免疫组化染色、原位杂交、手工染色等涉及1类致癌物操作的通风柜排风，排风出口周边3m范围内建议设置安全警示，有条件时排风系统应设置活性碳过滤吸附装置。

病理科空调以舒适性空调为主，空调系统可设置风机盘管+新风系统。其中免疫组化、分子病理实验室原位杂交的仪器设备较多，散热量为2～3.5kW，空调末端需考虑留有余量，另外也要考虑过渡季的空调制冷需求，考虑到这两个房间相对独立，也可设置独立的分体空调。空调新风系统应注意根据全面排风与局部排风需求做平衡计算，全科室相对相邻科室区域宜为微负压。

4.5　影像科

随着医学技术的发展，影像技术已经在临床医学上被广泛使用，并成为病案诊断的科学方法之一，同时也为医学研究提供量化的资料。影像就是对疑似病变的部位以各种技术获得内部组织图像并提供量化数据以供医生诊断的技术，影像技术主要包括：

X射线成像；

磁共振成像（Magnetic Resonance Imaging，MRI）；

核医学影像；

超声影像。

医院的影像科并非广义的影像技术科室，而是以x射线成像技术为主，包括磁共振成像（以下简称MRI）技术在内的科室。医技人员一般将x射线成像技术的功能科室称为放射科，一些医院也把MRI纳入放射科的日常管理。因此，在一些医院科室分类中，影像科也称为放射科。

由影像技术发展延伸到临床应用中促成了介入治疗的快速发展。介入治疗是在影像设备的引导和监视下，利用穿刺针、导管等精密器械，通过人体自然孔道或微小的创口将特定的器械导入人体病变部位进行微创治疗的一系列技术的总称。有了影像设备的协助，介入治疗能够准确、直接到达病变部位，又没有大的创伤，因此具有准确、安全、高效、并发症少等优点，尤其在血管性和实体肿瘤的微创治疗方面优势明显。介入治疗因其突出的微创特点，又称为微创治疗、微创手术。常见的介入治疗包括DSA、B超介入、氩氦刀等。其中DSA属于放射影像介入，一般设置于放射科，其机房设计在本节中介绍；B超介入设置于功能检查及超声科，将在第4.8节中介绍；氩氦刀用于肿瘤治疗，一般设置于放疗科，在第4.7节中介绍。

本节内容包括放射检查机房、DSA及MRI机房的设计，核医学影像及超声影像分别在第4.6节、第4.8节中介绍。

4.5.1 放射检查设备简介

放射检查设备主要包括X光机、CR、DR、钼靶、数字胃肠、CT等。这些设备都是通过X射线的照射来获取图像，是根据X射线的穿透作用、差别吸收发展出来的一系列成像技术的产品。

X光机利用胶片感光强弱与X射线量成正比的原理获得图像。当X射线通过人体时，因人体各组织的密度不同，对X射线量的吸收不同，胶片上所获得的感光度不同，从而获得X射线的影像。X光机价格低廉、操作简易，且胶片成像出结果所需的时间与CR、DR相比也没有明显劣势，因此在各种医疗机构中仍在广泛使用。

CR（Computed Radiography）一般译为计算机X线摄影，是通过一个可反复读取的成像板（IP板）来替代X光机所用的胶片和增感屏。IP板曝光后生成潜影，将IP板放入CR扫描仪，读取信息，经模/数转换后生成数字影像。CR对患者的剂量比传统X线摄影的剂量要小，同时数字化影像便于接入医院影像归档和通信系统（Picture Archiving and Communication Systems，PACS），而且可以利用计算机技术实施各种图像后处理，增加显示信息的层次，符合医院数字信息化发展要求，因而在信息化过渡阶段逐渐取代传统X光机。但因为有IP板扫描的步骤，CR的出片时间、密度分辨率都不如DR，工作强度、辐射剂量都比DR大，因此在实力较强的医院，CR逐步被DR淘汰。

DR（Digital Radiography）一般译为直接数字平板X线成像系统，是指在计算机控制下直接进行数字化X线摄影的技术，DR采用非晶硅（主流产品）平板探测器把穿透人体的X线信息转化为数字信号，由计算机重建图像并进行一系列的图像后处理。DR成像速度快，大约只需3s，放射诊断医师即可在屏幕上观察到图像。数秒即可传送至后处理工作站，经医师阅片后便可发出诊断报告，常规胸部DR照片从检查到出诊断报告5～10min。DR机房吊顶需设置2～3根（一般为3根，荷兰公司一些型号2根）悬挂电缆及球管运行的滑轨（见图4-26），滑轨经钢架与房顶结构楼板固定。

钼靶又称乳腺钼靶，全称乳腺钼靶X线摄影检查，是专门针对乳腺检查的一种低剂量X光拍摄乳房的技术，是目前诊断乳腺疾病的首选和最简便、最可靠的无创性检测手段，已成为公认的乳腺癌临床常规检查和预防普查的最好方法之一。

数字胃肠又称胃肠造影，胃肠造影检查的患者服用钡剂作为对比剂，然后在X线透视下进行胃肠道疾病检查。

CT（Computed Tomography）即计算机断层摄影术。它由X线对检查部位的多个层面进行扫描，用高灵敏度的监测器记录透过人体的X线强度，经信号转换和计算机处理获得各断面层图像。CT的突出优点是密度分辨力高，对于密度差别小的人体软组织，也能形成对比而成像。所以，CT可以更好地显示由软组织构成的器官，如脑、脊髓、纵隔、肺、肝、胆、胰以及盆部器官等，并在良好的解剖图像背景上显示出病变的影像。医院使用的多数为第三、四代多排螺旋CT，目前最高排数为256排CT，门架旋转2圈，可重建形成512层图像。

DSA（Digital Subtraction Angiography）即数字减影血管造影技术。DSA的基本原理是将注入造影剂前、后拍摄的两帧X线图像经数字化输入图像计算机，通过减影、增强和再成像过程来获得清晰的纯血管影像，同时实时地显现血管影。DSA具有对比度分辨率高、检查时间短、造影剂用量少、浓度低、患者x线吸收量明显降低等优点，在血管疾患的临床诊断中具有十分重要的意义。目前DSA逐步专用化，单向C型臂系统用于全身的血管造影与介入放射学，双向C型臂系统则用于心脏和脑血管检查。

图4-26展示了几种放射影像设备的实物图片。

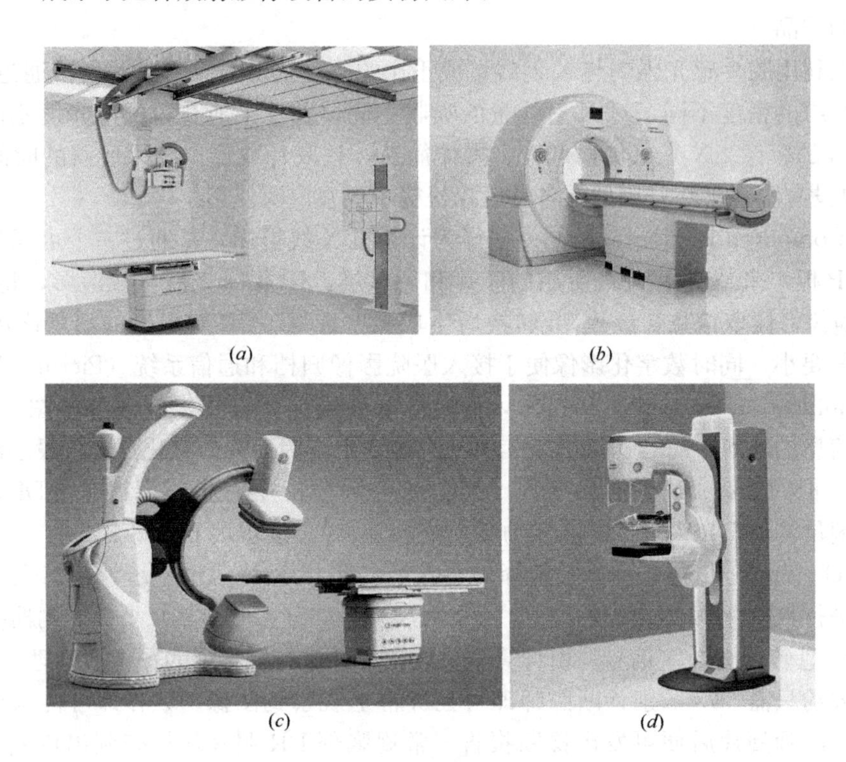

图4-26 放射影像设备

(*a*) DR；(*b*) CT；(*c*) DSA；(*d*) 乳腺钼靶

4.5.2 放射检查机房工程设计

医院应用的放射影像设备X射线波长都在0.01nm以上，X射线对空气的电离作用非常有限，工程设计主要关注射线防护。防护工程以1mm厚度的铅板作为1个铅当量，铅当量是衡量防护材料对射线屏蔽的指标。放射科常用的不同屏蔽材料的铅当量厚度详见《医用X射线诊断放射防护要求》GBZ 130—2013，所需屏蔽的铅当量一般小于3mmPb。

放射检查机房都要防电磁干扰，机房位置应在静磁场1高斯线以外，远离变配电室、水泵房、冷水机房等大功率设备机房。场地振动影响CT图像质量，在0～80Hz频率范围内，CT对场地的稳态振动有效值按分段频率做出不同要求，因此场地应远离水泵房、冷水机房、空调风机房等房间。

放射科建筑布局主要围绕放射检查机房进行设计，包括医技人员控制区域以及必要的医生办公、会诊室等办公区域。放射检查机房一般包括扫描间、控制室，扫描间即为患者接受射线检查的房间，有时相邻扫描间的控制室也合并为控制廊。图4-27所示为某医院放射科平面布局。

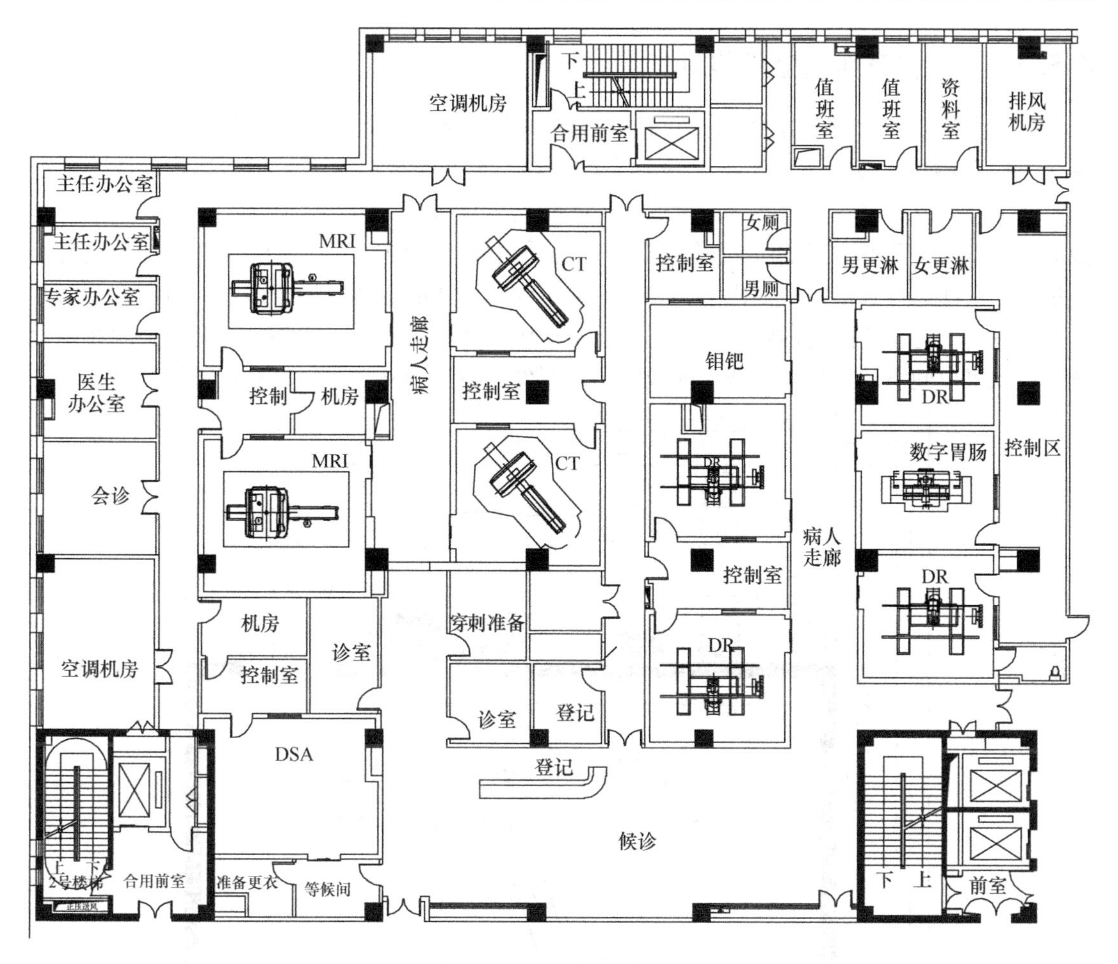

图 4-27 某医院放射科平面布局

放射检查机房工程设计上与通风空调有关的注意点有：

(1) 市场主流的 DR 多数不需要水冷机冷却。但美国某公司 DR 所采用的平板探测器工作时发热量较大，需要水冷机冷却，例如其型号为 Revolution XQ/i、Revolution XR/d、Definium 8000 的 DR，这些型号的 DR 的水冷机散热直接散发到扫描间室内。

(2) 德国某公司 CT 机的机架可采用水冷或风冷两种方式，风冷机架散热直接散发在扫描间内，水冷机架的散热由水系统带走，由于机架散热量由水冷机带走排至室外，因此扫描间的散热量大大减少。厂家配置的水冷机包括室内机和室外机，室内机需要有设备间放置，机架热量传递路线为：机架→水管→室内机→防冻溶液管→室外机→大气。采购方订购时应明确设备机架冷却方式，并提交工程建设相关各方。

(3) DSA 机房可利用导管实施介入手术，因此通常按手术室要求设计。多数 DSA 采用水冷机为 C 臂球管吸热降温，需设置设备间放置水冷机，水冷机散热直接散发到设备间内。

(4) 所有水冷系统都是厂家标配产品，不需要暖通专业设计，与暖通专业相关的问题是：水冷机的散热侧放置的位置，当散热侧置于室外时，应考虑预留室内外机之间连接管路的路由；当散热侧置于室内时，应提供通风、空调降温措施。

4.5.3　放射检查机房空调设计

放射影像设备多数属于大型贵重精密设备，为避免系统漏水造成贵重设备损失，空调系统不应采用风机盘管空调系统，通常采用多联式空调系统，也可采用分体式水环热泵空调系统（参见第2.4.3节第5条），CT室水环热泵设计实例参见图4-28；对于个别相对独立、不在放射科区域内的放射检查机房，可采用分体空调，或将风机盘管设置于机房外通过风管送回风方式给机房提供空调。无论采用什么形式的空调，由于多数放射影像设备存在待机负荷，为避免因空调停机导致影像设备产生故障（厂家要求空调失效时应关闭影像设备，但如果夜间空调故障，可能未能及时关闭影像设备），都建议考虑应急备份空调系统。

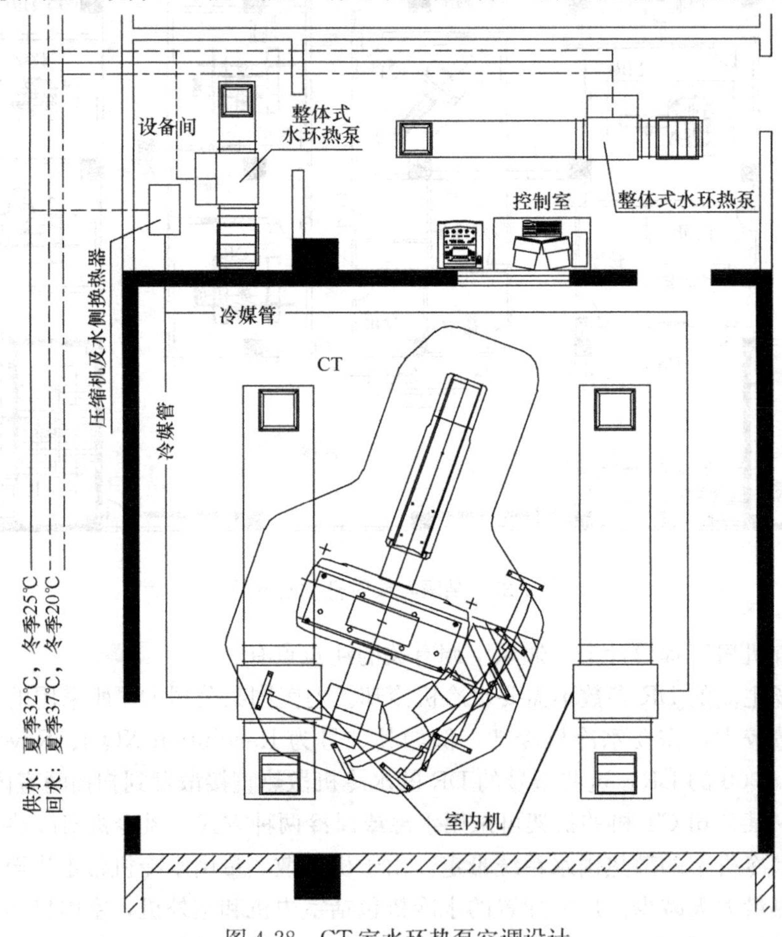

图4-28　CT室水环热泵空调设计

空调设计不仅要满足舒适性要求，更要满足设备的工艺要求。通常情况下，CT设备对环境要求较高，一般要求运行温度范围为18～26℃，相对湿度为30%～60%，厂家推荐设计温度为22℃，温度变化率为3℃/h，相对湿度变化率为5%/h。除CT外，其他放射检查机房一般按舒适性要求设计即可，要注意相对湿度控制，避免室内产生冷凝。在高湿地区，过渡季集中空调停机时，新风系统没有空调冷源，未经除湿的新风进入室内可能导致冷凝产生，因此，运行中应注意末端空调系统提前开启。

空调负荷计算除了常规计算外，放射检查机房的特点是设备散热量较大，但各厂家设备的散热量各有差异，同一厂家不同型号的产品散热量也不一样。在工程设计阶段，设备厂家及型号通常还没确定，需要设计人员留有足够的负荷余量，可能需要等到施工图设计阶段、施工期间甚至主体工程竣工后才能确定设备，此时才能结合厂家要求调整末端设计。表4-18给出了一些设备的散热量供参考。放射检查机房空调负荷的特点还有：

（1）夜间负荷。放射检查设备只要开机，即使待机时也有一定的散热负荷。从使用科室了解的情况看，在急诊部，所有放射检查设备基本不关机。放射科中，多数DSA夜间会关机；CT基本不关机；DR使用情况不一，有的每天关机，有的每周关机一次用于校正。可见，夜间负荷也与使用习惯有关，因此，设计人员在收集设计资料时也应向医院询问原有放射检查设备的使用情况。多联式空调系统设计时应考虑夜间低负荷运行的特点，避免负荷过小制冷系统无法运行；相应的设计措施是结合多联机厂家技术，控制系统总负荷与夜间负荷的比例，使得总的夜间负荷满足系统运行需要。

（2）非制冷季节的供冷。放射检查机房一般处于建筑内区，且设备持续散热，因此在过渡季仍需制冷。对于散热量大的机房，如CT扫描间、DSA设备间等，即使冬季也需要供冷。理论上讲，冬季可以采用室外低温新风供冷，但实际的空间条件通常不能满足，因此冬季仍采用空调供冷。在夏热冬冷及其以北地区，冬季多联式空调制冷可能会遭遇冷凝压力过低的问题，这种情况应当分析系统的负荷构成，如果冷热负荷满足条件，可采用热回收（三管式）多联式空调系统，否则，应考虑采用机房空调、水源多联空调或分体式水环热泵系统。

4.5.4 放射检查机房通风设计

放射检查机房应设置机械送排风系统，空调新风换气次数不宜低于$2h^{-1}$，排风量可按新风量取值。给水排水专业一般会在扫描间设置气体灭火系统，因此需要相应设置灭火后排风系统，排风量按$5\sim6h^{-1}$计算，灭火气体多采用二氧化碳或七氟丙烷，密度都比空气大，因此排风口应设置在房间下部，风口底边距地面可取0.2m或0.3m。由于平时排风与灭火后排风风量差别较大、排风口要求的位置不同，因此平时排风与灭火后排风系统不应合并。为确保气体灭火效果，进出扫描间的新风、平时排风管应设置风阀，火灾时切断通风管道。灭火后排风系统如有条件最好每个房间设置独立系统，但实际条件往往有限，需要将各个房间合并设置系统，这种情况下，每个房间排风支管上应设置阀门，当气体灭火房间灭火之后，开启该房间排风支管阀门排除灭火的气体。图4-29所示为放射检查机房通风系统设计实例，供参考。

有关气体灭火房间通风支管阀门设置的说明如下：

（1）新排风支管上的阀门。该阀门只要在灭火时能切断风管即可，工程上常见做法有两种：开关型电动风阀、电信号关闭防火阀，两种阀门的区别在于楼控供电与消防供电。笔者认为，由于着火点位置不可预测，消防供电线路可靠性更高，因此建议采用电信号关闭防火阀。

（2）灭火后排风管上的阀门。该阀门要求在灭火后开启，以排除灭火气体，因此要求阀门在火灾后一定时间内应该不受影响，参照国标图集，建议采用排烟阀，取消其排烟联动功能，火灾时该阀不动作，灭火后可远程或就地手动打开，阀门安装位置应考虑手动开启缆绳长度的要求，一般手动控制装置设置在气体灭火房间外靠近门侧距地1.5处，设计时应满足阀门到手动控制装置距离不大于6m。

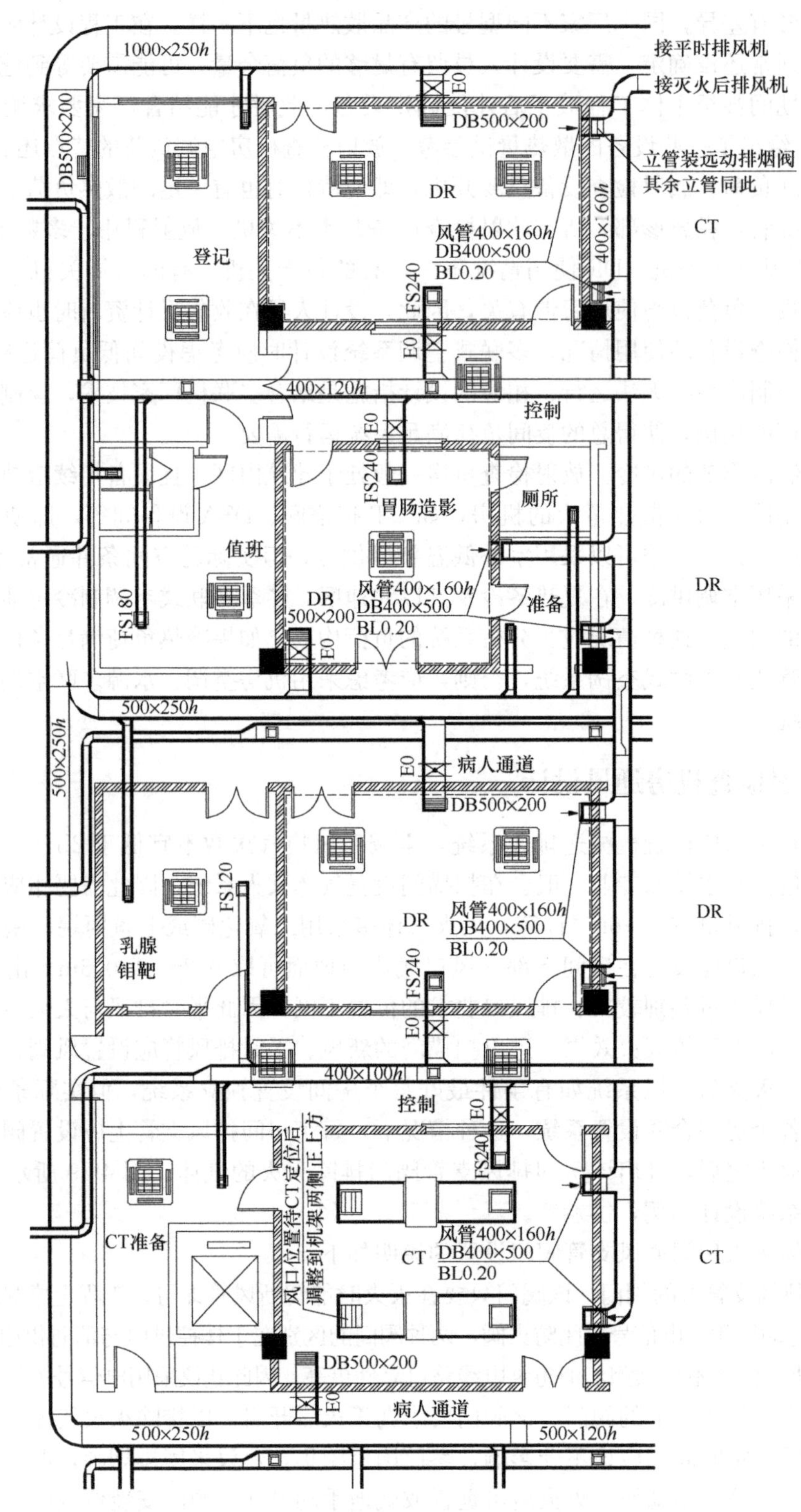

图4-29　放射检查机房通风设计

注：图中进出检查室新排风管上设置的是电信号关闭防火阀，图例：E0 ⊠。

4.5.5 放射检查机房通风空调设计其他事项

（1）DR 机房吊顶悬挂电缆及球管运行的滑轨通过钢架与房顶结构楼板固定，吊轨上方钢架空间较为复杂，应避免风管穿越。

（2）CT 机最大散热部件是机架，机架两侧进风，热气由机架顶部排出，如图 4-30 所示。因此，厂家也建议回风/排风口设置在机架上方，如图 4-31 所示。包括冷凝水管在内的所有水管都应避开机架正上方区域。

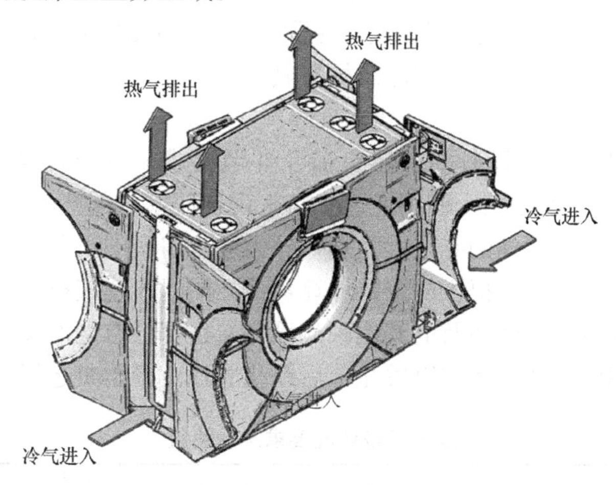

图 4-30 CT 机架气流示意

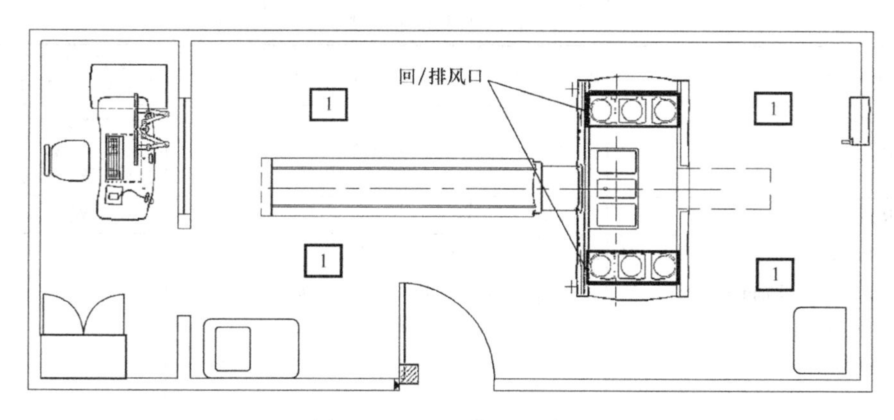

图 4-31 CT 机房风口位置

注：1 为建议的送风口位置。

（3）机房的电力分配柜（PDU）散热量为零点几到一点多千瓦，外方通常放置在扫描间内，而国内有些厂家技术人员将其放置在控制室或设备间，对于暖通设计人员，有必要跟厂家确认其统计的扫描间设备散热量是否包括 PDU 的散热量。

（4）DSA 通常按手术室要求设计，但是否需要设置洁净空调，这在业内、在医学界都存在不同的理解，有些工程技术人员和医生认为 DSA 房间已经按手术室要求设置，在感染控制、生物接触方面可以满足 DSA 作为微创手术的感控要求，没必要再增加洁净空调系统（一些工程的洁净空调系统运行维护不当，反而造成手术室运行的困扰，这可能也是有些医生对 DSA 设置洁净空调产生怀疑、抵触情绪的原因）；而另一方则从洁净空调对空气中细菌浓度控制的优势认为应当在DSA设置洁净空调；由于缺乏洁净空调在DSA感控方面的贡献度的基础数据，因此对DSA是否应设置洁净空调，目前仍存在争议。根据《综合医院建筑设计规范》GB 51039第7.7.5条“心血管造影室的操作区宜为Ⅲ级”，卫生部2011年印发的《心血管疾病介入诊疗技术管理规范（2011年版）》，对其重症监护室要求“能够满足心血管疾病介入诊疗专业需要，符合心血管内科、心脏大血管外科或者胸外科专业危重病人救治要求”、“达到Ⅲ级洁净辅助用房标准”。鉴于国内医患关系及医院感控水平差异，笔者建议，DSA手术室按Ⅲ级洁净用房设置洁净空调。

（5）DSA的C形臂分为落地和悬吊式，悬吊式C形臂的吊轨上方同样应避免风管穿越。

（6）采用多联式空调系统时，应注意核算其*RCL*值是否符合要求，其计算请参见第2.4.3节第4条。

（7）表4-18给出了一些设备的散热负荷及环境要求，供读者参考。需要注意的是，表中有的设备在10年前就已投入使用，这些年来设备厂家不断推出老旧设备的升级部件，设备的配置可能已和当初设计的有较大差别，导致各个房间的设备散热量可能与表中所列数据不同。设计人员应按厂家提供的资料计算负荷，同时也建议空调留有一定余量以适应日后设备的升级。在本书后面述及的其他医疗设备，也都会有老旧设备升级更新或置换导致散热负荷变化的问题，请读者加以关注，后续相关章节不再赘述提醒。

放射设备环境要求及散热量 **表4-18**

设备名称	型号	温度①（℃）	相对湿度①（%）	散热量②（kW）			最大/工作功率（kVA）	备注
				扫描间	设备间	控制室		
DR	GE Definium 8000	10～35	20～70	7.01	NR	1.04	125	峰值9kW（时长22s），待机散热约1.4kW
	GE Definium 6000	15～30	30～80	6	NR	—	125	厂家资料只给出系统散热量为6kW，其中应包括控制室散热量约为1kW
	GE Revolution XR/D 2x	15～35	20～70	5.7	NR	1.04	80	待机散热量为1.5kW
	PHILIPS Digital Diagnost Bucky TH	20～30	30～70	0.85	NR	—	65	
	PHILIPS Digital Diagnost TH	18～30	30～70	1.36	NR	0.2	167	
	PHILIPS MultiDiagnost Eleva FD	21～27	20～80	4.82	NR	0.36	167	
	KODAK DR3500	15～35	30～75	1.33	NR	—	100	
DSA	GE INRova 4100	15～32	10～65	0.7	11.6	1.0	171/20	推荐扫描间温度为18℃，设备间温度为20～25℃，X球管与探测器水冷机散热在设备间，待机时设备间散热量：INRova 4100、INRova plus均为3.84kW，IGS 620为8.91kW；
	GE INRova plus	13～24	30～70	2.1	9.75	2.34	150	
	GE Bi-Plane INRova IGS 620	15～32	30～70	2.92	21.02	1.81	150/60	
	PHILIPS Allura Xper FD20（悬吊式）	18～28	20～80	2.17	2.27	0.42	100	悬吊式C形臂待机时散热量为0.5kW，曝光时散热量为1.5kW；
	PHILIPS Integris Allura	22～26	30～70	1.06	6.1	0.42	100	球管冷却柜散热量为2.1kW，如接有排风管排出热量，可不计，否则设备间散热量应为6.1＋2.1＝8.2kW；
	PHILIPS Allura 12C/15C	20～30	30～70	0.81	7.95	0.63	100	球管水冷机柜放置于设备间，直接散热到设备间

续表

设备名称	型 号	温度①（℃）	相对湿度①（%）	散热量②（kW）			最大/工作功率（kVA）	备注
				扫描间	设备间	控制室		
CT③	PHILIPS Brilliance CT Big Bore	15～22	15～75	6.6	NR	2.3	112.5	16层CT，散热量比英文版数据稍大，可能国内配置略有不同
	PHILIPS Brilliance CT 64 chaNRel	18～24	35～70	5.964	NR	1.3	150	64层CT
	PHILIPS Brilliance iCT Elite	18～24	35～70	9.64	3.3	2	225	256层CT
	GE Revolution	20～24	30～70	13.5	NR	1.5	200/20	
	GE Revolution Discovery	18～26	30～60	9.77	1.1	1.76	150/11	注：电力分配柜（PDU）、UPS设置于设备间。配置GOC6.6控制台，如采用NIOHD64控制台，控制室散热量约为1kW
	GE Lightspeed VCT & Pro32	18～26	30～60	12.8	1.5	2.6	150/25	64层CT
	GE Lightspeed Qxi/Plus	15～24	30～60	9.45	1.5	1.45	90/20	
	GE BrightSpeed	18～26	30～60	7.2	NR	2.4	90/20	
	GE Optima540	18～26	30～60	7.3	NR	1.18	90/20	
数字胃肠	GE Precision RXi	18～30	30～75	4.1	NR	—	80/4.6	厂家资料只给出系统散热量4.1kW，其中应该包括控制室散热量1kW左右
钼靶	PHILIPS Mammo Diagnost	20～30	30～75	0.7	NR	NR	7.5	
	GE SENOGRAPE DS	15～35	30～75	3	NR	NR	9	

① 为扫描间设备运行温度、相对湿度范围，设计温湿度推荐取中间值。

② 表中所列均为最大散热量，凡是没有设备间的，其电力分配柜或系统柜散热量计入扫描间。

③ CT扫描间均要求：温度变化率≤3℃/h，温度梯度≤3℃，相对湿度变化率≤5%/h。

注：表中符号NR表示不需要，—表示资料未明确。

4.5.6 磁共振

1. 磁共振机简介

磁共振以前也称核磁共振，这里“核”是指原子核，并非放射性核素，为了避免与核医学放射成像混淆，现多称为磁共振成像（Magnetic Resonance Imaging，MRI）。其成像原理：通常情况下，原子核自旋轴的排列是无规律的，但将其置于外加磁场中时，核自旋空间取向从无序向有序过渡。自旋系统的磁化矢量由零逐渐增长，当系统达到平衡时，磁化强度达到稳定值。此时核自旋系统在外界作用下（如一定频率的射频）下激发原子核，即可引起共振效应。射频脉冲停止后，自旋系统已激化的原子核，将回复到磁场中原来的排列状态，同时释放出微弱的能量，成为射电信号，把这许多信号检出，并使之能进行空间分辨，就得到运动中原子核分布图像。MRI对人体没有电离辐射损伤，也没有核素放射性污染。

MRI有高于CT数倍的软组织分辨能力，它能敏感地检出组织成分中水含量的变化，故常可比CT更有效和早期地发现病变。颅脑与脊髓的磁共振成像对脑肿瘤、脑炎性病变、脑白质病变、脑梗塞、脑先天性异常等的诊断比CT更为敏感，可发现早期病变，定位也更加准确。

医用磁共振设备主要由磁体、梯度系统、射频系统、计算机系统等硬件组成。目前医院常用的磁共振机多数采用的是液氦低温超导型，在液氦低温环境下，电阻接近于零，电流得以高速运动从而产生高磁场。医院常用磁场强度一般为1.5T、3T（T为磁场强度单位特斯拉的英文缩写，1T=10000G，G为高斯，地球磁场强度约为0.5μT，即0.005G），更高强度的磁共振机已不同程度地在临床测试中。图4-32所示为MRI机房实景。

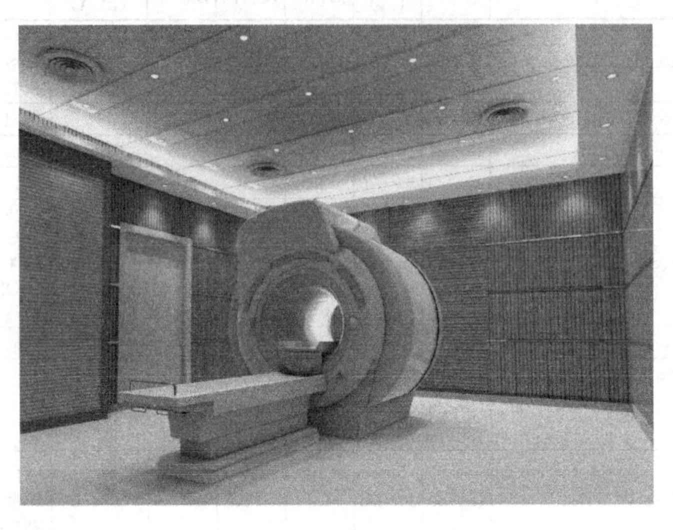

图4-32 MRI机房实景

2. 工程设计注意事项

（1）磁场影响。大型金属物体如汽车、地铁、电梯在移动过程中切割磁力线导致磁场变化，对MRI图像质量影响较大。因此，磁共振机房选址应远离这些可能的路由。近距离的铁质物体会影响MR磁场的均匀性，厂家资料中，一般根据磁体中心点划定一定范围（如：3m），该范围内与磁体中心点距离越近，允许的铁质物体的质量限值（指标为kg/m^2）越小。以上两点是防止外部物体对磁场影响的关键点。此外，当两台磁共振机相邻设置时，应根据两台磁共振机的3G线不相交的原则确定两个机房的距离。

（2）磁屏蔽。磁屏蔽的目的是减少磁场对机房外部周边的影响，例如：心脏起搏器或神经刺激器携带人员严禁进入5G线范围内，CT、PET、PET/CT、加速器设备应在不大于1G线范围外。以3T磁共振机为例，不做磁屏蔽的情况下，5G线与磁体中心点的距离在水平沿检查床长度方向为5m（设备故障状态下为7.5m），另一方向及竖向则均为2.8m（设备故障状态下为6m）。在医院设置这么大面积的禁区是不可行的，因此必须设置磁屏蔽。屏蔽材料一般采用高导磁率的钢板，但钢板反过来可能影响磁场的均匀性造成MRI图像质量问题，这就需要专业屏蔽设计计算确定。

（3）射频屏蔽。射频是一种高频交流变化电磁波，MRI使用5～130MHz的射频激发原子核产生共振，为防止外部射频进入机房产生叠加作用影响MRI图像质量，建筑围护结构体需设置射频屏蔽，材料一般采用0.5mm厚的铜板。

（4）电磁干扰。变配电室、大型电机设备都会产生低频电磁干扰，影响MRI图像质量。因此，磁共振机房与设备机房应有一定距离，从以往工程实践经验看，10m的距离一般能满足厂家的电磁测评。此外，MR与CT、PET、PET/CT、加速器等大型医疗设备存在磁场及电磁互相干扰，也不能相临近设置机房。磁屏蔽及射频屏蔽同时也起到电磁屏蔽作用。

（5）振动。磁共振机房对振动的要求非常严苛，一般在 0～30Hz 频率段内，要求场地的稳态振动加速度最大值不超过 100μg。暖通专业多数水泵、风机的转速为 1450r/min 以下，计算扰动频率在 25Hz 以下，恰恰在 10～30Hz 频率段内，很容易通过结构构件传递振动影响 MRI，因此，水泵、风机房应尽量远离磁共振机房，具体距离还需结合多专业技术人员及工程实际情况一起计算确定。根据实践经验，在磁共振机房周边 15m 范围内的机房，都应加强减振措施，尤其是水泵房，一些采用联轴器连接的水泵，可能水泵本身平衡设计质量就一般，加上联轴器安装误差，运行稳定性较差，导致振动加剧，加强积极减振措施尤为必要。此外，水泵进出口管道也要注意支吊架与楼板、梁等结构体之间的隔振，减少振动通过结构构件传递。

（6）噪声。磁共振机扫描时噪声很大，有的可达 120dB(A) 以上，因此应进行消声降噪处理。

（7）防冻伤安全区。磁共振机失超排气的温度低至－269℃；在排气口附近必须明示一定范围的安全禁区。

（8）室外机。磁共振机房需要两种室外机的布置空间，建筑总图专业需要在磁共振机房附近考虑室外摆放位置。

（9）消防。不建议设置气体灭火系统，可在控制室摆放手提式无磁灭火器。

图 4-33 为摘自厂家资料中磁体间防护层构成建议，供参考。

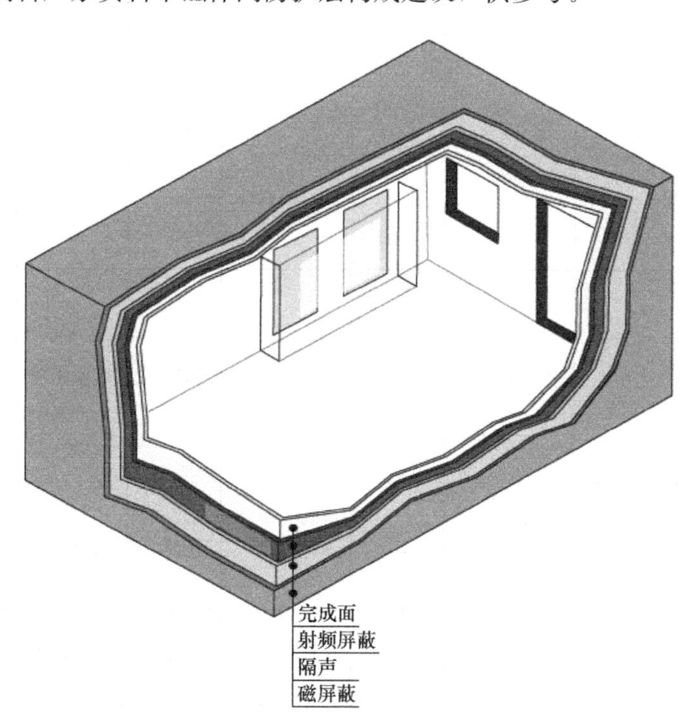

图 4-33 磁体间防护层构成示意

3. 通风空调设计

磁共振机房通风空调关键点在磁体间及设备间。几大厂商对各房间温湿度的要求参见表 4-19，一些型号的磁共振机在各房间的散热量参见表 4-20。

磁共振机房温湿度要求 **表4-19**

厂家	温度范围（℃）			相对湿度范围①（%）			温度梯度	温度变化率	相对湿度变化率
	磁体间	设备间	控制室	磁体间	设备间	控制室			
GE	15～21	15～32	15～32	30～60	30～75	30～75	3℃②	3℃/h	5%/h
PHILIPS	20～24	15～24	18～24	40～60	30～70	30～70	未明确	5℃/10min	未明确
SIEMENS	21±3	15～30	15～30	40～60	40～80	40～80	未明确	未明确	未明确

① 磁体间、设备间的相对湿度务必严格控制，任何时候都不能有冷凝产生，国内已有多起因相对湿度过高导致高压放电引起设备故障的实例。

② 近年来推出的新产品资料中未对室内温度梯度做要求。

注：GE厂家资料中强调磁体间温度不能超过21℃，但并未明确该温度为磁体运行所需，却提到病人舒适性要求，因此笔者认为，可能美国人习惯低温空调，在我国未必不能适当提高磁体间的室内温度。

磁共振机房设备散热量 **表4-20**

型号	最大/待机散热量（kW）			最大/工作功率（kVA）	冷水机组	冷却水系统	备注
	磁体间	设备间	控制室				
Signa Excite HD 3.0T	2.8	20.4～34.5	1.45	94.3/74	厂家配套	见备注	如两台冷水机都采用MRCC，则不需要冷却水系统；如梯度线圈采用GWHX冷水机，用户需提供冷却水系统
Signa Creator 1.5T type A	3.6	7.5	1.45	60/29	厂家配套	厂家配套	工作功率29kW中，系统柜中PDU占20kW，氦气压缩机柜9kW全年24h运行
Discovery MR750 3.0T	3.15	19.2	1.45	123/99	厂家配套	用户提供	如有CADstream选项，控制室增加散热量1.773kW
GE Signa Pioneer 3.0T	2.4/0.56	9.25/1.15	1.45	80/17	厂家配套	用户提供	应急备份电源9kW
Achieva 1.5T Nova Dual	3	8.5/2	0.79	80	厂家配套	用户提供	厂家资料未明确冷水机组负责哪些柜体，导致设备间散热量与表4-21数据总和不符
Achieva 3.0T Quasar	3	7/2	0.79	60	厂家配套	用户提供	

（1）磁体间

磁体间通风空调设计内容包括：

1）管道材质及屏蔽。磁体间内的风管及其配件须采用非磁性材料，可采用304不锈钢或铝合金。管道穿墙（射频屏蔽）处必须安装波导管，磁共振厂家可接受的波导材料有：不锈钢、铜、铝，建议采用与射频屏蔽相同的材料，避免不同金属产生电链应，有关波导的计算和安装由屏蔽公司负责。

2）房间通风空调。负责为房间提供适宜环境，满足磁体运行所需的环境条件、人员舒适性要求，温湿度要求参见表4-19。考虑到病人检查时被罩在狭小的空间容易紧张、恐慌，磁体间的新风量建议按$3h^{-1}$计算。磁体间气流组织为上送上回形式，空调送风口应设置在机架后面底座和“送风箱（Blower Box）”（给机架内腔病人送风的设备，磁共振厂家配件，安装在机架后方的墙角地面，通过埋地管道接入机架）吸入口的上方，回风口可设置在扫描床尾部上方。

磁体间空调由设备间内双压缩机系统风冷冷风机房空调机组提供，详见本条第(2)款第3）点相关内容。

3）失超排气。磁共振机采用液氦创造低温超导环境，考虑到超导磁体可能故障停机以及日常的部分液氦蒸发，必须安装管道将这些氦气排到室外。这个排气系统外方资料称为“Cryogen Venting System”，即制冷剂排气系统。在国内常称为“失超排气”，“失超”很容易让人误解为只有设备失去超导时才会有排气，其实不然，设备日常运行中也有少量氦气排出。

建筑设计单位一般不负责失超排气系统的设计。但应配合确定失超排气出口位置及其安全禁区，同时，暖通专业应注意空调新风或送风系统的取风口避开失超排气口的安全禁区，失超排气系统的设计安装一般由磁共振厂家和专业屏蔽公司共同完成。以下内容为GE Signa Pioneer 3.0T资料中有关失超排气系统设计安装的要点，仅供参考（其他型号磁共振机所要求的数据有所不同）。

GE配套提供两种配件用于连接排气系统：磁共振机法兰适配连接管（长600mm）、柔性绝缘连接（VENTGLAS）。

失超时最大排气量为$91m^3/min$。液氦总储量为1950L，每升大约汽化为$1.25m^3$，因此计算失超排气时间大约为20～30min。

失超排气不需要风机，磁体排出的氦气最大可克服的管道阻力为138kPa（可根据厂家安装资料中提供的水力计算表进行计算），磁体机架顶部的排气接口外径为200mm，要求接管管材及壁厚：304不锈钢—0.89～3.18mm，6061-T6铝合金—2.11～3.18mm，DWV M或L铜—2.11～3.56mm。

除GE配套提供的配件外，管道必须是整体成型（无接缝）或焊接而成；表面应光滑，不能使用波纹管或螺旋管；如果需要热伸缩节，可以使用长度小于300mm的波纹管；管道最大承压需达到241.4kPa；整个排气系统（包括吊架）需承受11125N的氦气流动推力。

所有与射频屏蔽体连接的管道吊架必须与屏蔽体绝缘断开。

失超管内的气体温度最低可到－269℃，排气系统需采用38mm厚柔性闭泡绝热材料包裹，绝热材料外部加设PVC保护套。

排气出口应有防雨、雪措施（不建议在排气口安装建筑常用的防雨百叶，应采用下弯管或外部隔离的雨棚），应安装铜丝网（孔径不大于12.7mm）防鸟虫进入管道，出口底边距室外地坪至少3.65m。

图4-34为失超管两种出口位置的安装示意图。

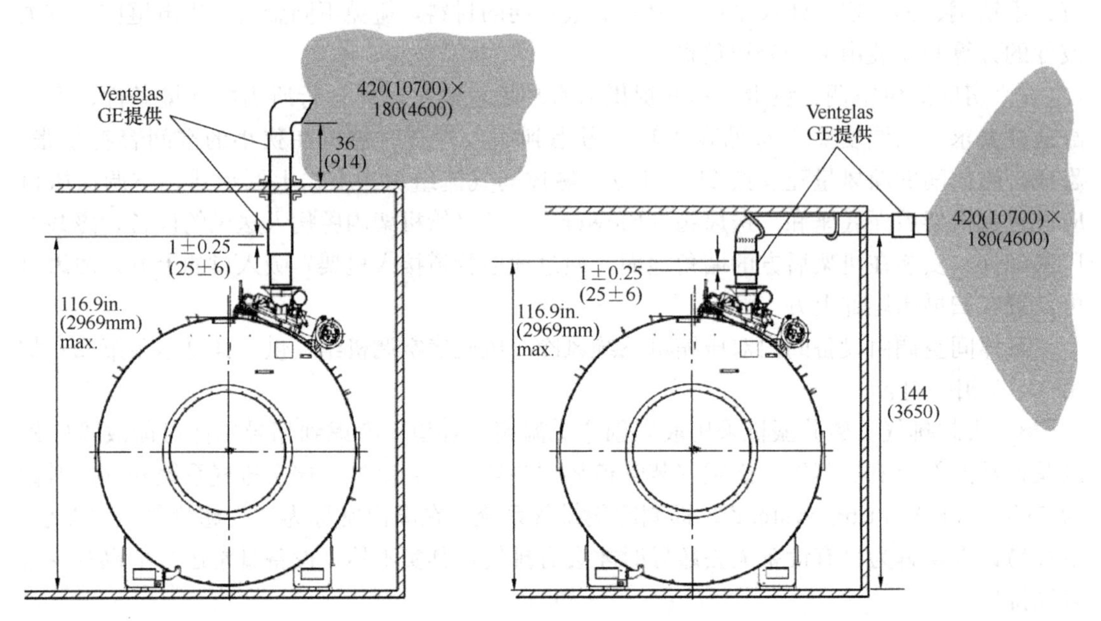

图4-34 失超管安装示意图

注：图中标注尺寸为：英寸（毫米）。

柔性绝缘连接做法详见图4-35。

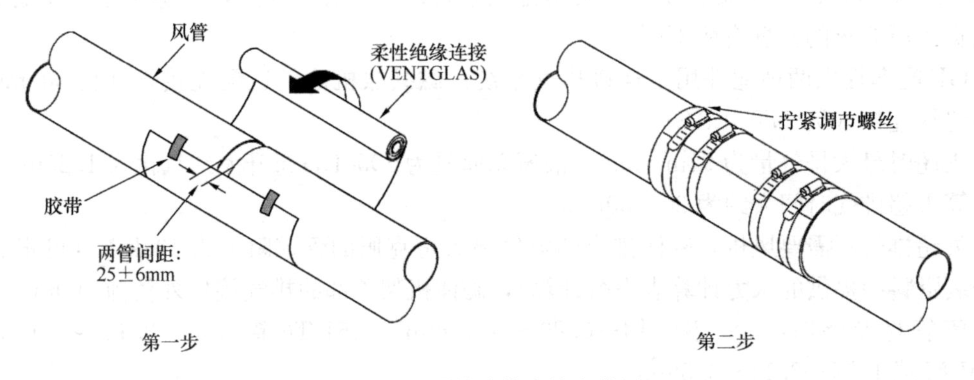

图4-35 柔性绝缘连接安装图

4）事故通风。磁体间应设置事故排风系统，防止氦气泄漏造成室内人员缺氧窒息，事故排风量按不小于2040m^3/h且换气次数不小于$12h^{-1}$计算。事故排风口应设置在靠近失超接口的吊顶上，如果房间吊顶与射频屏蔽体之间有空气自由流通空间（非屏蔽吊顶），还应在此空间增设排风口。排风机应安装在屏蔽体外，且其运行功能不受磁场影响（在订货时提出），风机应在磁体间内靠近门处、控制室内设置手动开关，风机与磁体间内氧气浓度探测器联锁，氧浓度低于18%时启动。风管上如需设置防火阀，不得使用电机驱动的防火阀，可使用熔断防火阀。图 4-36 所示为磁体间事故排风示意图（摘自 GE 厂家安装资料）。

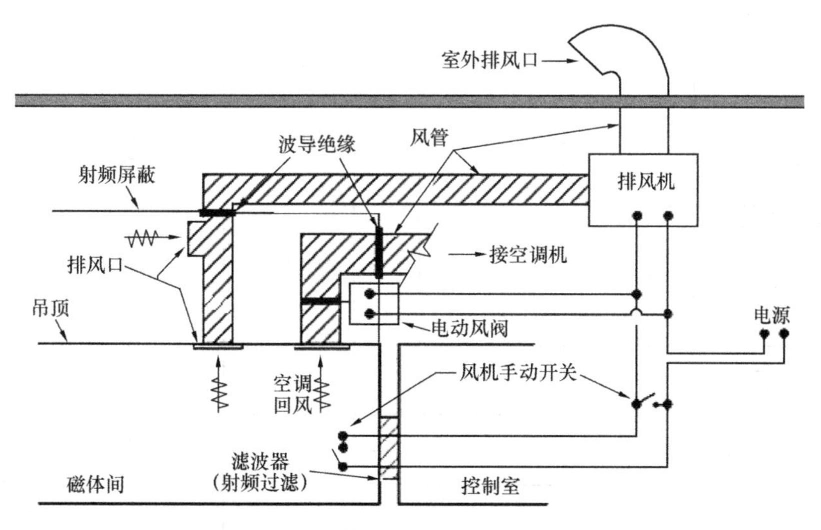

图 4-36　磁体间事故排风系统示意图

（2）设备间

设备间主要放置的设备有：氦压缩机柜，梯度放大器机柜（Gradient Amplifier Cabinet，GAC），射频放大柜（包括窄频带、宽频带），电源分配柜（Power Distribution Unit，PDU），稳压柜，系统柜（System Cabinet），机房空调机组，水冷机组，其他电气柜、数据柜。

根据医院要求，MR 厂家还提供一些附加功能（如：脑电波融合磁共振成像）的配置，这些增加的硬件设备多数也需要放置在设备间。磁共振机机型不同，设备间配置也有很大差异，对暖通专业来讲，设备间的设计重点在空调。

1）空调负荷

设备间空调负荷的构成主要取决于氦气压缩机冷却方式、MRI 的配置、冷水机组形式及安装位置。

氦气压缩机的冷却多数采用水冷形式，散发在设备间内的热量很小，但风冷形式的散热量就很大，如 GE Signa Creator 1.5T Type D 的氦气压缩机柜采用风冷，散发在设备间的热量为 8.24kW。

选配的功能越多，设备间内的柜体散热量越大。以前的磁共振机设备间各种柜体较多，散热量大，其中射频放大柜、电源分配柜、梯度放大器机柜等散热量更大，总体上，设备间散热量多在 20～30kW。近年来，厂家进行优化集成设计，例如，将梯度放大器机柜、射频放大柜、电源分配柜、系统柜整合为一台系统柜，使得设备间占用建筑面积大大减少；再辅以水冷系统带走系统柜部分散热量，使得设备间的散热量大大降低。表 4-21 列出一些磁共振厂家配置的设备柜散热量，供读者参考。由于各型号磁共振机对应的设备柜功能略有不同，厂家给出的设备柜名称也有所不同，为方便读者对照英文资料（厂家在国内的中文版资料过于简单，没有分项），表 4-22 中给出了相应英文名称，中文名称为作者意译，仅供参考。

设备间柜体最大散热量（W）　　　　表 4-21

编号	型号	基本配置								冷水机组			可选项							
		主隔离柜	滤波板	射频放大柜	系统柜	电源分配柜	梯度柜	磁监测	氦气压缩机柜	室内机	室外机		磁监测UPS及调制解调器	多核光谱	宽频带射频放大柜	直流照明控制面板	直流照明控制器变压器	病人舒适模块	脑电波融合套装柜	弹性成像
1	Signa Excite HD 3.0T	264	95	6253	2532	10000	690	60	可忽略	500	16800	15400	132	1500	7205①	300	50	4200	685②	—
2	Signa HDxt，HDx 3.0T	264	95	6253	3005	10000	690	60	可忽略	500	16800	15400	132	1500	7205①	300	50	4200	—	—
3	Signa Creator 1.5T type A③	264	五柜合一，共5000W					60	500	1670	15400	15400	—	—	—	—	—	—	—	200④
4	Discovery MR750 3.0T	264	3135	四柜合一，共6137W				240	500	1000	70000		—	7205	—	—	—	—	685②	—
5	Signa Pioneer 3.0T	264	五柜合一，共7100W					240	500	1000	36000		—	—	—	—	—	—	—	141
6	Achieva 1.5T Nova Dual	未单列	未单列	未单列	7004	498	8177	未单列	未单列	996	40000		—	—	—	—	—	—	—	—
7	Achieva 3.0T Quasar	未单列	未单列	未单列	7004	498	4103	未单列	未单列	996	40000		—	—	—	—	—	—	—	—

① 包括8kW多核光谱（MNS），编号1、2中“多核光谱”为4kW。

② 加上第三方提供的视听设备，散热量可能增加到815W。

③ 该型号共分A、B、C、D、E五种配置，各种配置的不同之处在于室外水冷机负责的范围不同，导致设备间散热量大不相同，其中D型的氦气压缩机采月风冷，设备间散热量最大，总计23.85kW。

④ 标配，热量散发在磁体间。

注：1. 编号1～3的机型水冷机为两套，分别为氦气压缩机柜、梯度线圈提供冷水，因此表中室外机散热量有两个数值。

2. 有的机型“基本配置”中“未单列”，主要是由于该配置集成到其他柜体中；“可选项”中“—”可能在新机型中已经成为标配；也可能该项为新的可选项，原有机型不可配。

3. 氦气压缩机柜由外部冷水机组水冷时，散热量可忽略不计，与冷水机组集成时，有少量散热，如编号3～5中散热量500W。

4. 冷水机组室内机的散热需要空调送风冷却，正常情况下室外机安装在室外，场地安装条件不能满足时，也可能安装在室内，因此给出其最大散热量。

5. 表4-21中机柜名称详见表4-22。

中英文名称对照 **表 4-22**

<table>
<tr><th>编号</th><th>型号</th><th>主隔离柜</th><th>滤波板</th><th>射频放大柜</th><th>系统柜</th><th>电源分配柜</th><th>梯度柜</th><th>氦气压缩机柜</th></tr>
<tr><td>1</td><td>Signa Excite HD 3. 0T</td><td rowspan="5">Main Disco NRect Panel</td><td rowspan="2">Penetration Panel</td><td rowspan="2">RF Amplifier Cabinet</td><td rowspan="2">RF System Cabinet</td><td rowspan="2">HFD/PDU Cabinet</td><td rowspan="2">Twin Accessory Cabinet</td><td rowspan="2">Shield/Cryo Cooler Compressor Cabinet</td></tr>
<tr><td>2</td><td>Signa HDxt，HDx 3. 0T</td></tr>
<tr><td>3</td><td>Signa Creator 1. 5T type A</td><td colspan="5">System Cabinet</td><td>Shield/Cryo Cooler Compressor</td></tr>
<tr><td>4</td><td>Discovery MR750 3. 0T</td><td>Penetration Panel Cabinet</td><td colspan="4">Power，Gradient，RF Cabinet</td><td rowspan="2">Cryocooler Compressor (CRY)</td></tr>
<tr><td>5</td><td>Signa Pioneer 3. 0T</td><td colspan="5">Integrated System Cabinet (ISC)</td></tr>
<tr><td>6</td><td>Achieva 1. 5T Nova Dual</td><td>未单列</td><td>未单列</td><td colspan="2" rowspan="2">Data Acquisition Control Cabinet</td><td rowspan="2">Mains Distribution Unit</td><td>Gradient Amplifier 787 Double Cabinet</td><td>未单列</td></tr>
<tr><td>7</td><td>Achieva 3. 0T Quasar</td><td>未单列</td><td>未单列</td><td>Gradient Amplifier 781 Single Cabinet</td><td>未单列</td></tr>
</table>

表 4-21 中编号 1、2 其他名词对照：射频——Radio Frequency (RF)；多核光谱——Multi－Nuclear Spectroscopy (MNS)；宽频带射频放大柜——Broadband Radio Frequency Amplifier Cabinet (BB RF Amp)；病人舒适模块——Chilled Air Blower (CAB)，CAB 是 Integrated Patient Comfort Module (IPCM) 的硬件设备，场地布局图中名称为 Blower Box；脑电波融合套装柜——BrainWave HW Lite Cabinet；弹性成像——Magnetic Resonance Elastography (MRE)。

影响空调负荷的最大因素是给磁共振及其附属设备降温的冷水机组，目前常见的冷水机组主要是风冷、水冷两种形式。风冷冷水机组一般在室外安装，但如果安装位置与水冷设备之间垂直高差、水平距离或其他安装条件不能满足厂家要求时，可能会被迫安装在室内，散热量很大。无论是采用通风还是空调措施消除这部分散热量，这种设计都很不节能。但目前很多大型医疗设备厂商在场地要求方面又有很强的话语权，他们更多的是"指导"医院满足安装条件，作为有经验的建筑设计师和暖通设计师，应该尽可能多地及时与医院、厂商沟通，避免风冷机组安装在室内。其实安装距离不外乎是关系冷水机组水泵扬程与设备承压问题。梯度线圈承压问题比较敏感，所以垂直高差一定要确保满足厂商要求，水平距离应该是可以与厂商协商处理的。水冷冷水机组安装在室内，通过冷却水管连接室外冷却机，近些年来厂商推出的机型多采用水冷冷水机组。有的厂商配套提供室外冷却水系统，如表4-21中编号6、7的机型；有的则要求用户提供室外冷却水系统，如表4-21中编号4、5的机型。水冷冷水机组的室外冷却水系统一般不属于建筑设计单位的设计范围，但作为主体设计单位，有义务进行总体协调优化配合工作，因此各专业设计人员都应该对冷水机组整个系统要求有清晰的了解。以下资料供参考。

GE Signa EXCITE HD 3.0T 水冷系统。根据厂家安装资料对水冷系统的描述，为方便读者更形象地了解磁共振机不同部件水冷原理，笔者绘制了其系统图如图4-37所示。

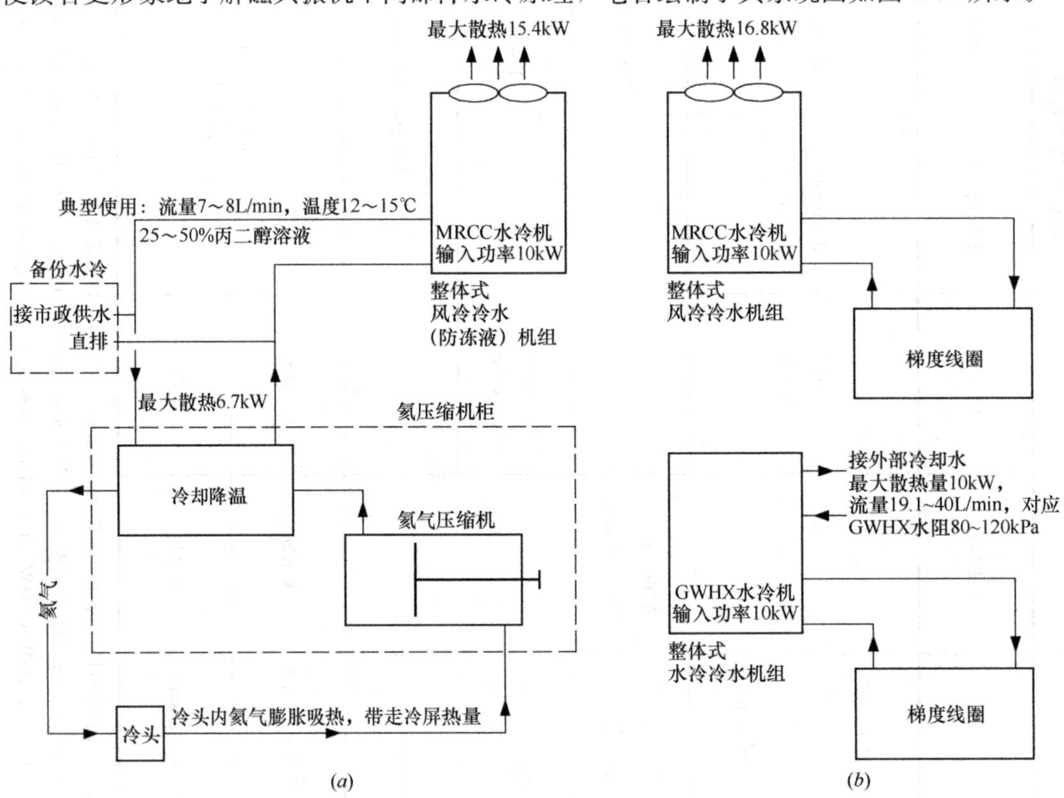

图4-37　磁共振水冷系统图

(*a*) 氦压缩机械（Shield/Cryo Cooler Compressor Cabinet）水冷系统；

(*b*) 梯度线圈（TRM Gradient Coil）水冷系统

注：梯度线圈（又称磁场线圈）水冷系统只能选用MRCC或GWHX水冷机，不能由使用方自行采购。氦气压缩机水冷系统可选用另一台MRCC水冷机，也可由医院自行选用冷水机组。MRCC为风冷冷水机组，一般安装于室外，要求与梯度线圈管道总长≤61m，安装于磁共振机之上时，垂直高差≤30m，安装于磁共振机之下时，垂直高差≤3m；GWHX为水冷冷水机组，安装在设备间，需要医院另外提供冷却水系统。

图 4-38 为 GE Creator 1.5T A 型磁共振机水冷系统图（摘自 GE 公司场地安装资料）

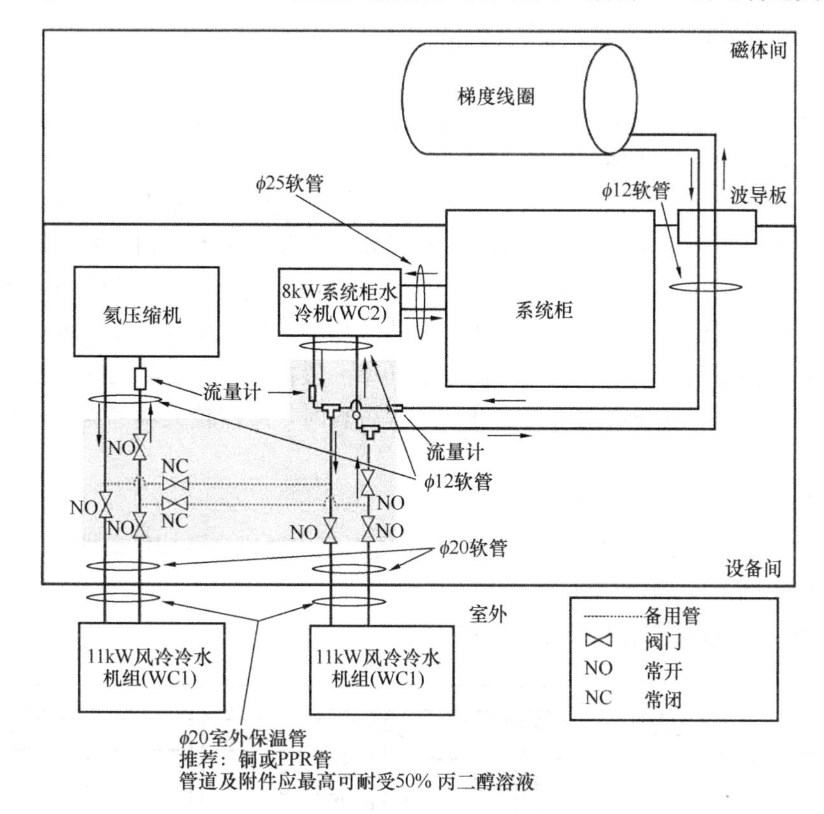

图 4-38 GE Creator 1.5T A 型磁共振机水冷系统图

2018 年推出的 GE Signa Pioneer 3.0T，配置的水冷机组集成为一台 Integrated Cooling Cabinet（ICC），且需要由用户配置冷却水系统，冷却水要求如下：采用小于 40%的丙二醇防冻液，流量 3～4.8m^3/h，额定流量 3.6m^3/h，ICC 水阻 180～340kPa（对应流量最大最小值），供水温度 5～15℃，pH 值 6.5～8（25℃时），电导率＜0.8mmho/cm（水的纯净度等级"非常纯净"，核电厂要求小于 1mmho/cm，比生活用水高一个数量级），氯、硫酸根离子＜200ppm，总硬度＜200ppm，钙硬度＜150ppm，硅离子＜50ppm，铁、氨＜1ppm，铜＜0.3ppm，悬浮物＜10ppm，粒径＜100μm。

近年来医疗设备厂家推出的新产品中，需要水冷的设备越来越倾向于两种情况：要么配备完整的水冷系统，要么配置换热柜，由用户提供冷却水系统。第一种情况只需对用户提出场地安装要求，第二种情况主要对用户提出水质、水压要求，两种情况都更有利于明确厂家与用户之间各自负责的范围，对于建筑设计单位，在设备情况不明确的条件下，两种情况都应考虑预留条件。

2）气流组织

设备间气流组织建议采用下送上回形式，以便设备柜维持比室内更低的温度，送风口可设置在主要散热柜体（如上所述散热量大的射频放大柜等）前面。

3）机房空调机组

空调机组一般由磁共振厂家的合作伙伴提供，一般采用风冷单元式空调机，由于存在待机负荷，空调机组必须全年24h运行，因此应采用双压缩机系统。空调机组的服务范围包括：磁体间、设备间。其他相关注意事项如下：

冷量：根据磁体间、设备间的设备负荷及常规的围护结构、人员、灯光负荷计算。

新风：建议由建筑内集中新风系统供给，夏季室外热湿空气经新风机组除湿后送入设备间空调机组，更有利于磁体间湿度控制。如果空调机组就近自采新风，应将新风负荷计入机组制冷量，并建议新风采用等同于建筑集中新风系统的过滤要求。新风量主要是磁体间有要求，设备间对新风量一般不做要求，但设备间负荷占比大，相应的风量也大，建议空调机组的新风量按《公共建筑节能设计标准》GB 50189 第 4.3.12 条的公式计算。

加湿：一般采用电极式加湿，最好采用电热式加湿，加湿用水应经处理。

安装功率：根据负荷不同，机房空调安装功率一般在30～50kW之间，虽然实际运行功率要小很多，但在设计阶段与电气专业配合提资料时，应按较大功率提出，避免电气专业预留不足。

（3）控制室

控制室内主要设置磁共振机的控制台、电脑等，室内通风空调按舒适性空调设计即可。

（4）设计实例

图 4-39 为磁体间通风空调设计图，供参考。

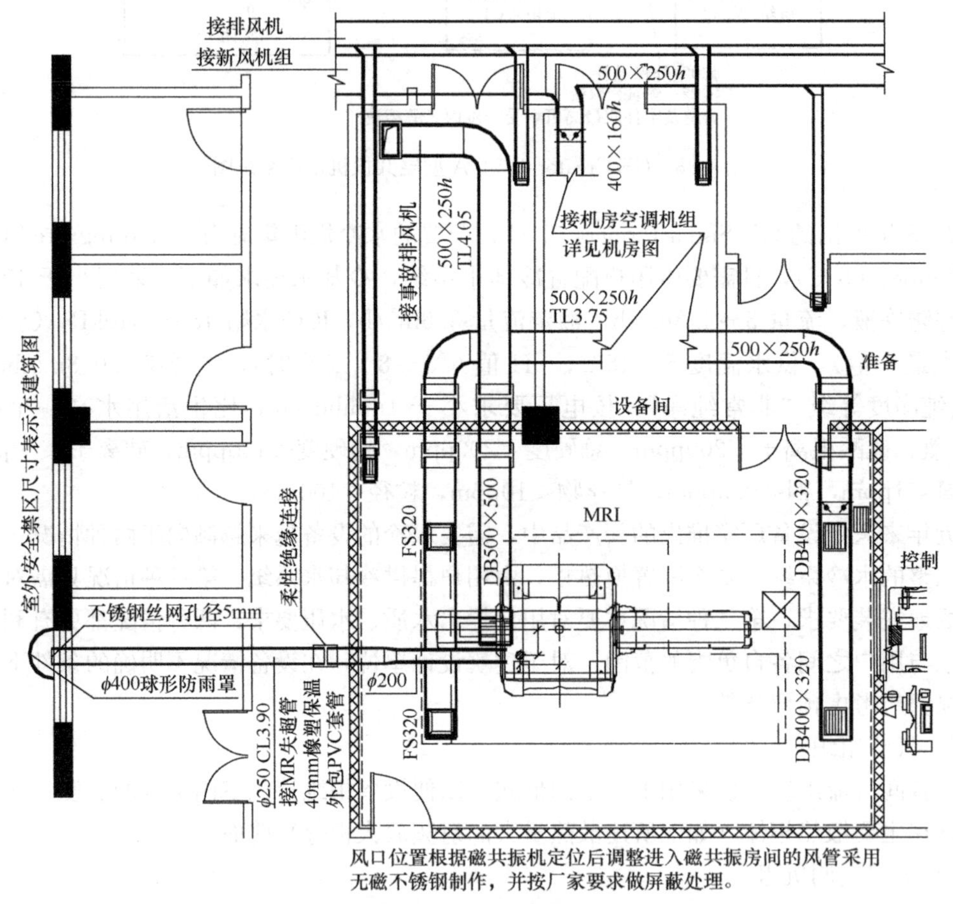

图 4-39 磁体间通风空调设计

4.6 核医学科

4.6.1 简介

核医学在医院的临床应用主要有两方面：诊断与治疗。治疗核医学是利用放射性核素发射的核射线对病变进行高度聚焦照射，破坏病变细胞，从而达到治疗目的，治疗室设计将在第4.7节放疗科中介绍。本节的主要内容为诊断核医学相关的功能房间设计介绍。

医院核医学科主要业务是核医学检查项目，包括甲状腺、肾功能、核医学影像等项目，是医生对疾病做出正确诊断的有效手段之一。核医学科与x射线、MRI等影像有所不同。核医学的成像取决于脏器或组织的血流、细胞功能、代谢活跃程度等因素，是一种功能代谢显像，是动态的；而x射线、MRI、B超等检查主要是显示脏器或组织的解剖形态学，追求显像断面层的高分辨率以便发现病变组织，是静态的。核医学研究的是人体的功能，而x线、MRI研究的是人体的结构。

核医学影像成像原理：不同脏器、组织、病变对不同药物会有选择性的吸收、代谢，患者摄入有选择性的放射性同位素或其标记药物，就在特定的脏器（或组织、病变）与临近组织之间形成放射性浓度差，利用核医学显像装置探测到这种浓度差并将其显示成像，就得到脏器、组织、病变的影像。

4.6.2 影像设备简介

影像设备主要为伽马相机、ECT（Emission Computed Tomography，发射型计算机断层扫描仪）。

伽马相机是最早的核医学成像设备，只能得到动态二维平片，随着技术发展更新为ECT中的SPECT，可以说SPECT是在一台高性能的γ照相机的基础上增加了旋转支架、断层床和图像重建软件而构成的新设备。因此在个别专用领域如乳腺核医学检查，SPECT仍习惯性地称为伽马相机。图4-40为乳腺伽马相机实物图。

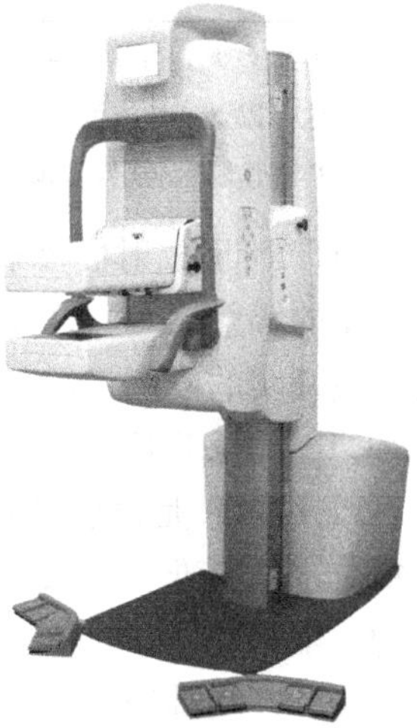

ECT可分为两种，一种是SPECT（Single Photon Emission Computed Tomography，单光子发射计算机断层成像术），是以γ光子发射核素为探测对象的单光子发射型计算机断层仪，另一种是PET（Positron Emission Computed Tomography，PECT，正电子发射型计算机断层成像术，常简称为PET），是以正电子发射核素为探测对象的正电子发射型计算机断层仪。

ECT成像是一种具有较高特异性的功能显像和分子显像，除显示结构外，着重提供脏器与病变组织的功能信息。与CT相比，ECT的图像比较粗糙、空间分辨力较差；但CT是依赖于组织密度的差异作出有无异常的判断，当病变组织与正常组

图4-40 乳腺伽马相机

织无密度差异或差异在仪器分辨能力以下时，就难以显示脏器的客观状况；而ECT是依赖于脏器组织对摄入体内的放射性药物吸收的多少及其发射伽玛光子的量构成影像，它显示的是正常组织与病变组织功能的变化和差异。结合CT与ECT的各自优势，技术融合发展形成了SPECT/CT与PET/CT。其中单一的SPECT逐渐被SPECT/CT所取代，习惯上仍统称为SPECT。另外，由第4.5节可知，MRI有高于CT数倍的软组织分辨能力，因此将PET与MRI的各自优势融合，又发展出PET/MR设备。

SPECT一般用于功能性成像（Functional Imaging），通过分析同位素标记的分子在器官、组织内的分布，来诊断其功能是否正常。针对不同的器官、组织，采用同位素标记不同的分子，比如对于肺部灌注显像，通常使用^{99m}Tc-HMA或^{99m}Tc-MAA。

SPECT临床应用于：骨骼显像——早期恶性肿瘤骨转移诊断；心脏灌注断层显像——心肌缺血诊断；甲状腺显像——异位甲状腺的诊断和定位；局部脑血流断层显像——癫痫致痫灶的定位诊断；肾动态显像及肾图检查等。

PET从分子学层面检查病变，临床上主要用于肿瘤检查。就成像原理来说，PET和SPECT比较类似，都是通过摄入放射性同位素标记的药物，并通过探测伽马射线进行成像而获得其在身体内部的分布，然后根据药物本身的药动力学和生物化学性质对病患进行诊断。PET中使用的是正电子发射同位素，如^{11}C、^{13}N、^{15}O、^{18}F，正电子被发射后很快和电子湮灭产生伽马射线。而SPECT则直接使用伽马射线发射同位素，如^{99m}Tc，^{123}I、^{67}Ga。核医学常用同位素半衰期见表4-23。

常用同位素半衰期 **表4-23**

符号	中文名	半衰期	符号	中文名	半衰期
^{11}C	碳-11	20.4min	^{123}I	碘-123	13.27h
^{13}N	氮-13	9.96min	^{99m}Tc	锝-99m	6.02h
^{15}O	氧-15	2.04min	^{133}Xe	氙-133	5.24d
^{18}F	氟-18	109.77min	^{67}Ga	镓-67	78.2h
^{62}Cu	铜-62	9.67min	^{111}In	铟-111	67.3h
^{68}Ga	镓-68	67.63min	^{201}Tl	铊-201	72.9h

注：左半表为PET常用核素，右半表为SPECT常用核素。碘-131（^{131}I）半衰期为8.3天，在核医学中，碘-131除了以NaI溶液的形式直接用于甲状腺功能检查和甲状腺疾病治疗外，还可用来标记许多化合物，供体内或体外诊断疾病用，如碘-131标记的玫瑰红钠盐和马尿酸钠就是常用的肝、胆和肾等的扫描显像剂。

PET所用放射性核素的半衰期都比较短，检查时可以给予较大的剂量却不会增加人体遭受的辐射剂量，这样就大大提高了图像的对比和空间分辨率，可获得比SPECT更清晰、更真实的图像，但SPECT最大的优势是可以得到三维立体图像。图4-41为某品牌的SPECT与PET/CT。

PET/MR是目前最先进的多模态多参数影像设备，其优势在于辐射剂量少、能同步采集、定位更准、消除运动伪影及高软组织对比度等。一次检查可将人体组织的精细形态结构、细胞代谢和功能、疾病的分子表型等信息融为一体，为受检者提供全面、精准的诊断报告。它在肿瘤、神经系统、心血管系统三大领域做到了真正意义上的强强联合、优势互补。据有关报道，在相同图像质量下，儿科肿瘤患者采用PET/MR检查，辐射剂量最

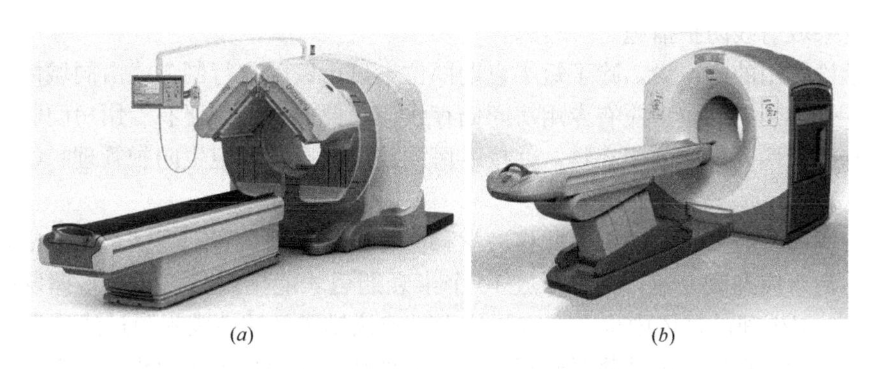

图 4-41 某品牌的 SPECT 与 PET/CT
(a) SPECT；(b) PET/CT

高可降低 73%，因此成为儿科肿瘤的首选检查手段。PET/MR 外观与 PET/CT、MRI 等设备相似，此处不再附图。

4.6.3 科室工程设计

核医学科内部的工程设计主要考虑：内部布局、辐射防护、影像设备要求等因素。

1. 布局

主要根据检查流程的需要而设计，同时也要考虑放射源供应通道及暂存、分装、药物标记等流程需要。图 4-42 为某医院核医学科平面，供参考。

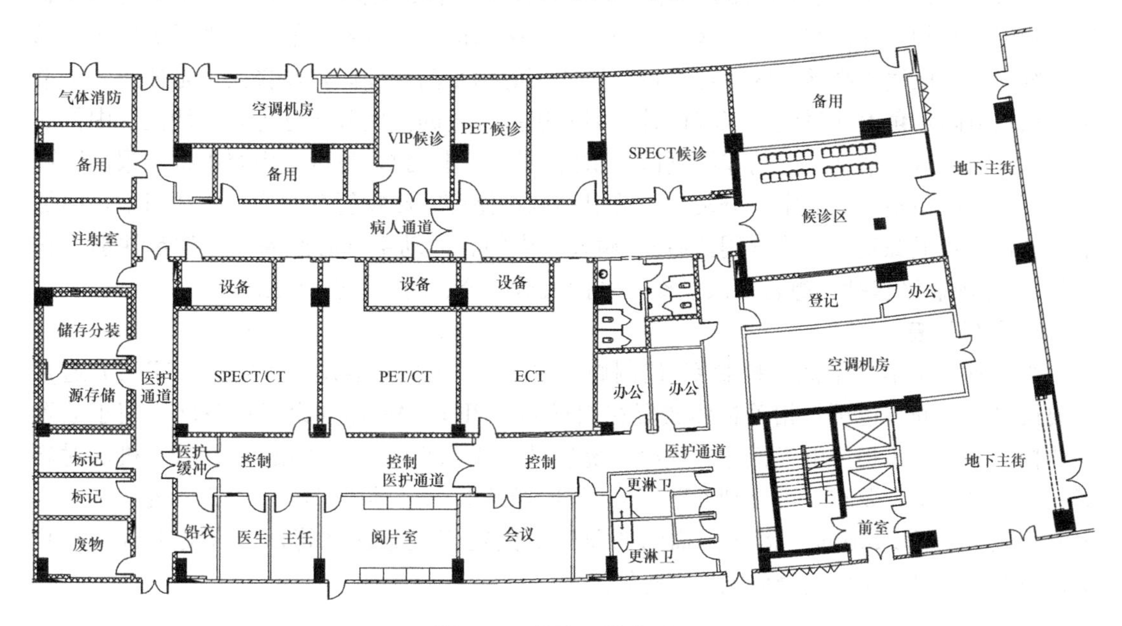

图 4-42 某核医学科平面

检查流程主要考虑病人检查候诊、医护人员准备的需要。为避免医护人员受到用药后病人的辐射，应设置医患双通道。对于心肌灌注显像的患者，需要通过运动后显示正常心肌与缺血心肌血流灌注的差别，因此需单独设置运动房间。医护人员准备工作主要包括同位素分装、标记、心电图监测等。从以上流程可以看出，病人的二次候诊区、运动间、注射间都需要采取射线防护措施。

核医学检查用的同位素，除了短半衰期同位素可由医院自行制备或由同城内其他制备点供应外，长半衰期同位素应有专用房间储存供应。此外，还需要有专用房间收集暂存注射器等含有放射性同位素的废弃物，并按《医用放射性废物的卫生防护管理》GBZ 133 的要求转运处理。

患者扫描前一般要求排尿，因此核医学科应在候诊区内设置卫生间，尿液中含有放射性同位素，污水应经衰变池，至少存放 10 个半衰期后才能排放。当使用易挥发的同位素（如^{131}I）时，卫生间的排风中也会含有同位素，建议排风经活性碳吸附过滤后高空排放。

在核医学检查期间，因药物吸收代谢、放射性活度出院标准等要求，检查前、后等待的时间较长，有的等待需要静卧，因此等候空间应相应足够大。本书附录 J 列举了几个典型检查流程，供参考。

2. 辐射防护

主要根据使用的同位素放射性活度进行计算。一般 SPECT 机房可按 2mm 铅当量（约 150mm 混凝土）考虑，PET/CT 机房按 5～6 mm 铅当量（约 200～250mm 混凝土）考虑。

核医学科应按《电离辐射防护与辐射源安全基本标准》GB 18871 严格区分控制区、监督区、非限制区。从 GB 18871 对控制区、监督区的定义与《临床核医学辐射安全专家共识》来看，还不能将控制区、监督区简单地等同于传统称谓的高活性区、中低活性区；在中华医学会核医学分会编写的《临床核医学辐射安全专家共识》中，显像室归为控制区，标记、废物贮存区归为监督区。而按活度分区的话，显像室一般属于中低活性区，标记、废物贮存区属于高活性区。可见控制区并不等同于高活性区，监督区也是如此。本书主要从辐射防护角度探讨建筑工程设计，因此仍按传统的活度分区分为高活性区、中低活性区，无活性区（清洁区）与非限制区所指的区域范围一致，故以下内容中按非限制区称之。高活性区包括：储源室、分装室、放射性制剂储存、废物暂存、标记、注射室，中低活性区包括：显像室、候诊（用药后）、病人卫生间、运动室（心肌灌注显像剂注射也在此处），非限制区包括：患者一次候诊、医护人员办公、阅片、会诊区。

3. 影像设备

影像机房包括扫描间、控制室/控制廊。SPECT 一般可不设设备间；PET/CT 通常需要设置设备间，也可将相关柜体放置在扫描间；PET/MR 需要设置设备间，用于放置换热柜、氦压缩机柜、电气柜等，水冷系统参见第 4.5.6 节第 3 条第（2）款。机房对磁场强度、振动都有要求，可分别参照 CT、MR 场地要求，具体参阅第 4.5 节内容。个别 SPECT（如：GE Infinia）需在扫描间的顶棚上固定安装悬挂球管及电缆的平行滑动轨道，与 DR 类似，需尽量避免风管穿越轨道上方空间。

4.6.4 通风设计

核医学科暖通设计的重点在通风。其中关于 PET/MR 的失超排气、事故排风系统的设计要点可参见第 4.5.6 节第 3 条第（1）款内容。通风设计的重点还在于结合活性分区控制气流流向，即：空气流动方向依次流经非限制区、中低活性区、高活性区，核医学科通风需要重点关注高活性区的局部排风与活性区的全面通风。

1. 局部排风

放射性同位素对人体的危害包括两方面：一方面是容器、注射器中的同位素产生伽马射线对人体的辐射，属于外照射，可通过铅衣、铅罐、钨合金注射防护套等防护措施屏蔽；另一方面是同位素升华、挥发到空气中形成放射性混合气体以及操作过程中附着到微粒上形成的放射性气溶胶被吸入体内，在体内产生内照射，由于这种危害不易察觉，对于医护人员却有辐射累积作用，因此这方面危害成为同位素对人体的主要危害。为防控降低同位素逸出产生放射性气体与气溶胶，高活区内同位素的分装、药物标记应使用防护设备操作，防护通风设备的排风都应设置独立的排风系统。

防护设备主要包括：通风柜、手套箱（工作箱）、热室和机械手等。我国目前对于核医学防护设备还没有明确的产品标准，导致市场上的称谓非常混乱，有的叫防护通风柜，有的叫热室，可能说的都是功能相同的设备。以下作简要介绍。

（1）通风柜

核医学使用的通风柜只适用于丙级工作场所（有关工作场所的分级分类详见本书附录K——摘自《电离辐射防护与辐射源安全基本标准》GB 18871 和《临床核医学放射卫生防护标准》GBZ 120）的放射性操作。通风柜结构形式与第 4.2.1 节介绍的基本一致，具有六面铅防护屏蔽，正面为铅玻璃，防护厚度由使用单位根据使用的核素的加权活度提出要求。

通风柜有相对固定的开启高度，按《临床核医学放射卫生防护标准》GBZ 120 的要求，通风柜半开时面风速不应低于 1m/s。参照第 4.2.1 节第 1 条介绍的美国相关研究，面风速大于 0.75m/s 时，在通风柜内引起紊流从而导致柜内毒害气体溢出的可能性反而大大增加。再参照 GBZ 120 的 2002 版与 2006 版相关规定的对比，2002 版条文中明确"在半开的条件下风速不应小于 1m/s"，而 2006 版条文语焉不详，"工作中应有足够风速（一般风速不小于 1m/s）"，前后对比，笔者理解新版标准不再使用强制性词汇，可能也是使用中发现有些问题，但可能未经大量实验研究证明恰当的风速，所以仍提出参考风速 1m/s。我国标准不太明确强制的数据与美国研究结果之间的矛盾，可能对设计人员造成一些困惑，笔者建议在系统设计时仍可按 1m/s 风速计算，但应配置相应的可调节措施。

通风柜出口附近宜设置活性炭吸附，排风系统出口应比周围 50m 范围内的建筑屋面高出 3m，并采用圆锥形风帽，风帽颈部风速一般按 10m/s 计算，且不低于 7m/s（凡是涉及放射性气体或气溶胶的排风，如非特殊说明，本书均以"高空排放"代指这些排放措施：高出周围 50m 范围内建筑屋面 3m、圆锥形风帽颈部风速 10m/s，以下内容不再赘述）

（2）手套箱

我国很多厂家的防护通风柜实际上多数是手套箱，分为单联、双联两种，外形如图 4-43 所示，手套箱适用于乙级和甲级工作场所，实际上是一个用来限制放射性物质扩散的小室，利用装在这种箱子上的手套或机械手完成操作任务。手套箱采用完全隔离式防护设计，具有独立的负压排风机组，内置放射性气体过滤器。柜体由三部分结构组成：上部为控制区域及独立的排风机组单元；中部为工作区域，正面安装有铅玻璃视窗和两个用于进入工作区域的操作手孔，侧面安装双锁防护门；下部为辅助区域，安装有活度计和放射

单联手套箱

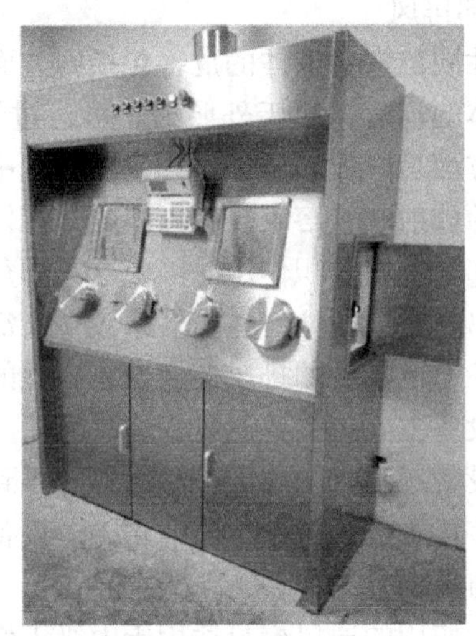
双联手套箱

图 4-43 手套箱

性物品屏蔽传送等装置。手套箱可以满足 PET、SPECT 所用各种核素的放射性药物的分装。

手套箱防护铅当量一般为 10～50mmPb，可根据用户需要调整。

手套箱外排风量较小，单联为 110～250m^3/h，双联为 200～450m^3/h。排风系统在柜体接口处应有 50～100Pa 负压，并应设置密闭调节阀。手套箱排风系统建议单独设置，排风经中效过滤、活性炭吸附后高空排放。

(3) 热室

热室的“热”并非有什么散热负荷，而是来源于射线引起被照射物质产生热效应，因此将厚屏蔽小室称为热室。热室适用于高活度放射性操作，通常用于操作量较大的辐射源的分装或合成，主要包括分装热室、合成热室、固体靶热室（回旋加速器固体靶产生的正电子核素需要分离、纯化处理，将此处理装置与分装、合成热室、全自动微量分装器结合一起成为固体靶热室），外形如图 4-44 所示。在分装、合成热室的基础上又衍生出多种组合式热室，如：将合成与分装整合为一体的热室、多功能热室。工作人员可以通过窥视窗观察，原则上只采用远距离操作工具（如机械手）操作。分装热室也设有手套孔，当热室内辐射源处于密闭屏蔽状态下，可经由手套进行调整位置、辅助机械手等简单操作。屏蔽材料可用铸铁或铅等，机械手可手动或手控。热室内部气流与ⅡB2 生物安全柜类似，循环气流保护产品（动态条件下，分装热室空气洁净度 5 级，合成热室空气洁净度 7 级）满足 GMP 要求，外排风保持内腔 50～100Pa 负压，内置外排风高效过滤器及放射性气体吸附装置。热室内部可安装全自动分装或合成系统。热室结构形式与手套箱类似，热室的下部主要为升降机构及放射性物品屏蔽传送装置。

热室防护铅当量一般为 50～75mmPb。

热室的排风应单独设置独立系统，各台热室可以合并排风系统，排风应经高效过滤、活性炭吸附后高空排放。不同类型、不同厂商的热室排风量、柜体阻力各不相同。表 4-24列举了几种热室参数，供参考。

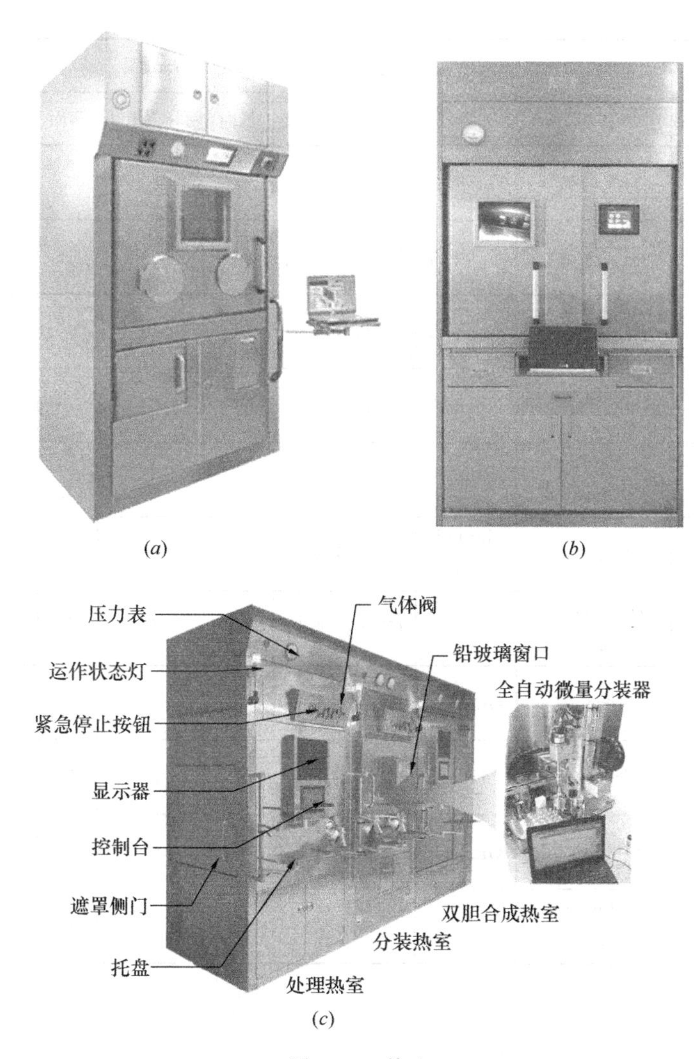

图 4-44 热室
(a) 分装热室；(b) 合成热室；(c) 固体靶热室

热室技术参数 **表 4-24**

品牌	型号	名称	内部洁净级别	内置过滤装置	屏蔽（mm 铅当量）			外形尺寸（mm）（宽×深×高）	质量（kg）
					正面	手孔/靶线	侧面		
善为	DHC-850	分装热室①	Grade A	H14＋吸附	60	60	50	1180×1050×2400	5380
	SHC-75L	合成热室（单室）②	Grade B	H13＋吸附	75	50	60	1180×1050×2400	5500
	DSC-75L	合成热室（双室）②	Grade B	H13＋吸附	75	50	60	1180×1050×2400	9200

续表

品牌	型号	名称	内部洁净级别	内置过滤装置	屏蔽（mm 铅当量）			外形尺寸（mm）（宽×深×高）	质量（kg）
					正面	手孔/靶线	侧面		
贝克西弗	BQ-2/60-FS	合成热室③	Grade A	HEPA+吸附	60	60	60	1120×1020×2400	8000
	BQ-60-FD	分装热室④	Grade A	HEPA+吸附	60	60	60	1250×1120×2400	8000
	MHC-75	多功能热室⑤	Grade A	HEPA	100	60	60	1200×1200×2400	5200
	DHC-1060	分装热室	Grade A	HEPA	60	50	50	1130×1100×2400	5500
	DGB-05/10/20	分装热室手套箱⑥	Grade A	HEPA				850×770×1990	
	SHC-75	合成热室	Grade B或C	HEPA	75	60	60	1120×1050×2400	5500
	SDHC2-75	四合一双胆合成热室	⑦	HEPA+吸附	75	60	60	1700×1100×2400	8500
TEMA	NMC 50 DDS	分装热室	Grade A	H13+活性炭	50	50	50	980×920×2480	4000
	SYNT1L	合成热室	Grade B	H13+活性炭	75	75	75	1170×1000×2480	7500
Capintec	—	多功能热室⑤	Grade A	HEPA	75	60	50	1200×1200×2700	6800
	—	All-in-one热室	⑦	HEPA+活性炭	75	60	50	1800×1130×2700	11800

① 循环气流 1000m^3/h。
② 外排风量 600m^3/h。
③ 外排风量 40m^3/h。
④ 外排风量 170m^3/h。
⑤ 可两人同时操作，用于生产及研究。
⑥ 型号中 05/10/20 分别代表 5mm、10mm、20mm 铅当量防护，对应质量分别为 400kg、500kg、700kg。
⑦ 分装热室 Grade A，合成热室 Grade B 或 C。

注：1. 洁净级别与空气洁净度对应关系：Grade A——静态 ISO 5，动态 ISO 5；Grade B——静态 ISO 5，动态 ISO 7；Grade C——静态 ISO 7，动态 ISO 8。
2. 单台热室电源一般要求 220V/16A 插座。

图 4-45 为热室排风处理装置。

2. 全面通风

在高活性区，辐射源在多重防护措施作用下，正常情况下对工作人员的辐射剂量已降至职业照射剂量限值以下，但对室内空气仍有一定的照射从而产生电离作用。此外，因核素及其药物的升华、挥发（尤其是^{131}I），操作中不可避免地仍有极少量的逸出，造成室内空气含有一定量的放射性气体、放射性微粒。因此，高活性区的全面排风应独立设置系统，且需处理后高空排放，处理措施建议设置高中效以上级别过滤和活性炭吸附装置。全面排风量可参照表 1-2 进行计算，建议不低于 $6h^{-1}$。

在中低活性区，患者通过口服、注射或吸入放射性同位素并进行扫描诊断和治疗，在大多数情况下，同位素随体液排出体外，室内空气几乎没有受污染的概率。但是，同位素^{133}Xe是个例外，需要特别考虑。^{133}Xe主要用于脑局部血流量测定及肺通气显像等，Xe 为惰性气体，在血浆及水中溶解度很低，不与血中蛋白等物质结合，不参与代谢，具有脂溶性，细胞膜对 Xe 不起屏障作用，它可以自由穿过、扩散，均匀分布在肺、脑等组织中，无论是注射^{133}Xe注射液还是吸入$^{133}Xe-O_2$混合气体，最终大部分^{133}Xe都以气态由肺部呼出体外。在我国《医用放射性废物的卫生防护管理》GBZ 133 第 7.2 条要求："凡使用^{133}Xe诊断检查患者的场所，应具备回收病人呼出气中^{133}Xe的装置，不可直接排入大气"，在回收装置使用过程中，^{133}Xe气体很有可能逸出从而污染室内空气，使室内空气含有放射性气体。因此，对于可能使用^{133}Xe的检查室，室内排风应经活性炭吸附后高空排放。建议排风量不低于 $4h^{-1}$。

图 4-45 热室排风处理装置

注：该装置由粗效过滤器、高效过滤器、核生化级活性碳吸附器组成，过滤器、吸附器均采用袋进袋出更换安装方式，在装置的进出口均应设置气密阀，阀门漏风量建议满足《核空气和气体处理规范 通风、空调与空气净化 第 2 部分：风阀》NB/T 20039.2—2014 中 Ⅰ 级泄露的要求（NB/T 20039.2 的具体参数可参见本书附录 C）。

4.6.5 空调设计

核医学科除了非限制区采用风机盘管等形式的舒适性空调外，其他区域空调设计主要关注以下几点：

1. 甲状腺疾病治疗病房

有的医院可能会设置甲状腺疾病治疗病房，由于甲亢病人代谢亢进，机体能耗大，产热量大，需要凉爽干燥的环境来促进体表的散热与蒸发，因此室内温湿度与一般舒适性要求有所不同，建议室内温度 18～22℃，湿度控制在 50%以下。

2. PET/MR 机房

美国厂家要求扫描间温度不大于 21℃，原因还是与表 4-19 的"表注"提到的一样，可能美国人习惯于低温空调，如有可能，应当与厂家技术人员沟通，在满足精密设备运行要求温度范围内，适当提高室内设计温度，否则就只能按资料要求的 21℃设计了。PET/MR 与 MR 机房类似，空调应采用独立的双压缩机系统风冷冷风机房空调机组，机房设计的相关内容可参阅第 4.5.6 节第 3 条。

3. PET/CT 与 SPECT 机房

PET/CT 与 SPECT 机房的空调设计要求与 CT 机房类似，相关内容可参阅第 4.5.3～4.5.5 节。虽然医院仍有些单一的 SPECT 机房，但其要求不会比 CT 严格，如果考虑设备升级、置换的因素，还是可以按 SPECT/CT 机房的要求进行设计的。PET/CT 与

SPECT/CT机房的空调系统可采用多联式空调系统、分体式水环热泵空调系统、独立的风冷冷风机房空调机组。推荐采用独立的双压缩机系统风冷冷风机房空调机组。

4. 高活性区空调

正如第4.6.4节第2条所述，高活性区不可避免地存在微量放射性气体及放射性微粒，为避免放射性物质在室内的累积，不建议高活性区设置室内循环的空调末端，推荐采用全新风系统。核医学科一般处于地下室或建筑内区，高活性区室内没有明显的设备负荷；工艺操作中只有心肌灌注显像剂需要在标记时采用沸水浴煮后置于室内自然冷却，但显像剂用量只有十几毫升，也不会造成明显的空调负荷。可见，从消除室内负荷角度考虑，高活性区采用全新风系统也是可行的。新风量应根据排风量进行计算，确保相对于中低活性区为负压，估算时可按3～4h^{-1}取值。

5. 机房设计参数及散热量。

核医学影像设备机房的设计参数及散热量如表4-25和表4-26所示。

核医学影像设备环境要求及散热量　　表4-25

设备名称	型　号	温度①(℃)	相对湿度①(%)	散热量②(kW)			最大/工作功率(kVA)	备注
				扫描间	设备间	控制室		
PET/CT	SIEMENS Biograph 16	22±3	35～70	2.48	7.2	3	85	如有UPS则设备间散热增加0.75kW，扫描间温度变化率≤1.5℃/h，厂家配有水冷机，机架经水系统→室内机→防冻液系统→室外机，热量散发大气中
	GE Discovery Ste	15～24	30～60	18.35	1.0	3.32	150/25	—
	GE Discovery 610 & 710 64 Slice	20～24	30～60	10.55	NR	1.07	150/15.5	扫描间中电源分配柜(PDU)散热1kW、图像重建柜PARC4散热2kW，如有设备间，则散热负荷相应转移
	GE Discovery IQ	20～24	30～60	9.3	NR	1.07	90/10	扫描间中电源分配柜(PDU)散热1kW、图像重建柜PARC4散热1.3kW，如有设备间，则散热负荷相应转移到设备间
	PHILIPS Gemini TF 64	18～24	35～70	7.73	NR	4.55	112.5	控制室中图像重建机架柜散热2.5kW
	PHILIPS Gemini TF Big Bore	18～24	35～70	7.76	NR	5.36	125	控制室中图像重建机架柜散热1.55kW，125kVA STACO UPS电气柜散热2.04kW

续表

设备名称	型 号	温度①（℃）	相对湿度①（%）	散热量②（kW）			最大/工作功率（kVA）	备注
				扫描间	设备间	控制室		
SPECT	SIEMENS Symbia T6	18～30	20～80	9.4	NR	1.07	75	机架待机时散热2.4kW，要求温度梯度≤4.4℃，温度变化率≤4℃/h
	GE Discovery NM 530c	18～25	40～60	1.55	NR	NR	1.9（220V）	—
	GE Discovery NM/CT 670	18～26	30～60	9.98	NR	2.63	90/20	—
	GE Infinia System	20～25	40～70	2.62	NR	0.47	4.2	—
	PHILIPS Bright View X	16～24	20～70	1.4	NR	1.04	25	温度变化率≤5℃/h
乳腺伽玛照相机	GE Discovery NM 750b	18～26	30～60	0.55	NR	NR	1（220V）	—

① 为扫描间设备运行温度、相对湿度范围，设计温湿度建议取中间值。

② 表中所列均为最大散热量，凡是没有设备间的，其电力分配柜或系统柜散热量计入扫描间。

注：1. NR——不需要。

2. 除注明外，扫描间均要求：温度变化率≤3℃/h，相对湿度变化率≤5%/h。

由表4-25可见，PET、SPECT设备主要散热量在扫描间，不同机型散热量差别也较大。SIEMENS Biograph 16由于配置机架水冷系统，使得扫描间散热量大大降低。此外，单一的SPECT机散热量明显低于SPECT/CT，但由于日常称呼中并未明确，大家几乎都统称为SPECT，建议设计人员在初设条件预留中统一按SPECT/CT考虑。

PET/MR机房环境要求及散热量　　表4-26

型号	温度①（℃）			相对湿度（%）			温度变化率②	相对湿度变化率②	散热量（kW）			最大/工作功率（kVA）
	扫描间	设备间	控制室	扫描间	设备间	控制室			扫描间	设备间	控制室	
GE SIGNA PET/MR③	15～21	15～32	15～32	30～60	30～70	30～70	3℃/h	5%/h	4.24	21.6	1.45	133
PHILIPS Ingenuity TF PET/MR	20～24	15～24	18～24	40～70	30～70	30～70	5℃/10m	未明确	2.7	待机9.1，检查19.1	1.2	88
SIEMENS Biograph mMR	18～22	未明确	未明确	40～60	未明确	未明确	未明确	未明确	待机状态散热量不大于27kW，检查时散热量33kW，厂家资料未分出各个房间明细散热量。可选配水冷系统			110

①温度梯度没有要求。

② 温湿度变化率均指扫描间要求。

③ 该型号可选配项及其散热量见下表。

可选项	多核光谱	脑电波融合成像	弹性成像	CADstream
散热量（kW）	7.205	0.815	0.141	1.773

如用户增加选配项，设备间相应增加散热量。

对照表 4-25 与表 4-26 可见，PET/MR 机房散热量主要还是取决于 MR，包括场地的环境要求、振动要求、磁屏蔽、射频屏蔽等要求也多是基于 MR 的要求提出的，因此本节第 2 条中指出 PET/MR 机房设计参照 MR，也是基于上述原因。

6. 供冷系统可靠性

医疗设备几大厂家无一例外地都在资料中强调高温环境及冷凝对精密设备的损害，因此要求制冷系统常年 24h 正常运行。对于暖通设计，不论采用什么形式的空调，为保障医疗设备的正常运行，供冷系统都应有较高的可靠性。这点在第 4.5 节中的 CT、DSA 等机房设计中已述及，这里再次提出，希望能引起读者的重视。本书后面还将介绍的加速器等机房，同样对供冷系统的可靠性有较高要求，都建议考虑备份措施，如：双压缩机系统，同时具备一定的冗余。

7. 气流组织

多数 PET/CT 与 SPECT 机架为两侧下部进风，上部排出热风，因此推荐室内回风口、排风口布置在机架上方。由于 ECT 探测器对温度变化比较敏感，故切不可让送风口直吹机架。图 4-46 为厂家建议的送回风口位置，供参考。

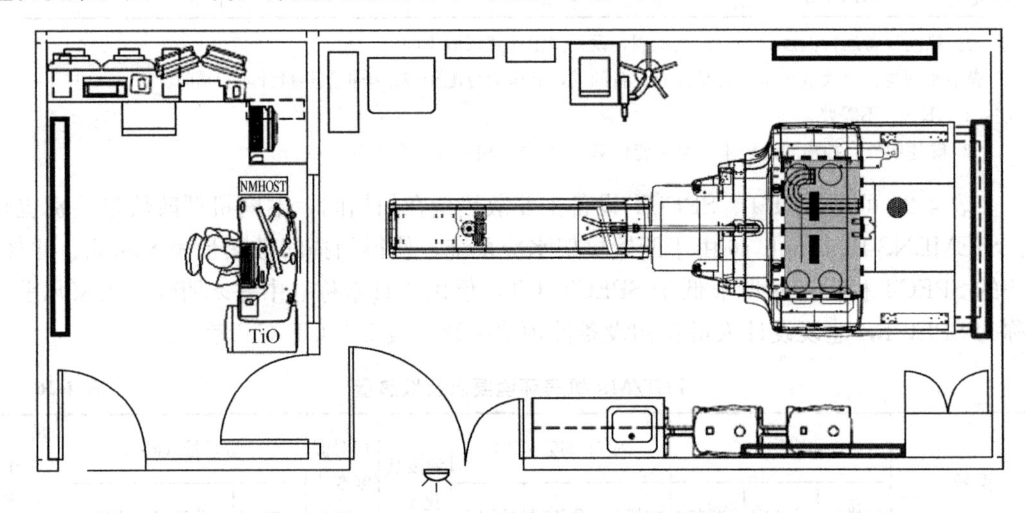

图 4-46 PET/CT 与 SDECT 检查室风口布置

注：图中实线方框为送风口建议位置，送风气流靠墙贴附下送，虚线方框为回风口/排风口建议位置。

4.6.6 回旋加速器机房

核医学影像 PET 所用核素的半衰期很短，从表 4-23 可以看出，只有 ^{18}F、^{68}Ga 半衰期在 1～2h 内，除非医院附近有可靠的生产企业且规划路线所需时间得以充分保证，否则无法保证显像剂质量。为获得保障性更高、种类更多的短半衰期同位素，有条件的医院便在 PET 机房旁边设置生产这些短半衰期核素的回旋加速器。

回旋加速器机房是个统称的概念，除了回旋加速器室及其动力供应室、控制室、靶室（IBA 公司的 CYCLONE 30 及 70 系列产品根据用户需求，设置 2～3 个独立的靶室）之外，它必然还包括放化实验室（外方常称为 Hot Lab，通常也称为热室，这里的热室是房间的名称，因其室内主要放置热室而名）、质控室、GMP 通过等设施，这些设施用于快速制备短半衰期核素的标记放射性药物。回旋加速器制取的正电子放射性核素经由敷设在铅屏蔽地沟内的管道直接输送到处理热室进行处理（固体靶产生的核素需经分离、纯化），再进入分装热室、合成热室，获得所需放射性药物；经质量检测合格后放入铅罐送到核医学科。图 4-47 为某医院回旋加速器机房平面布局，供参考。

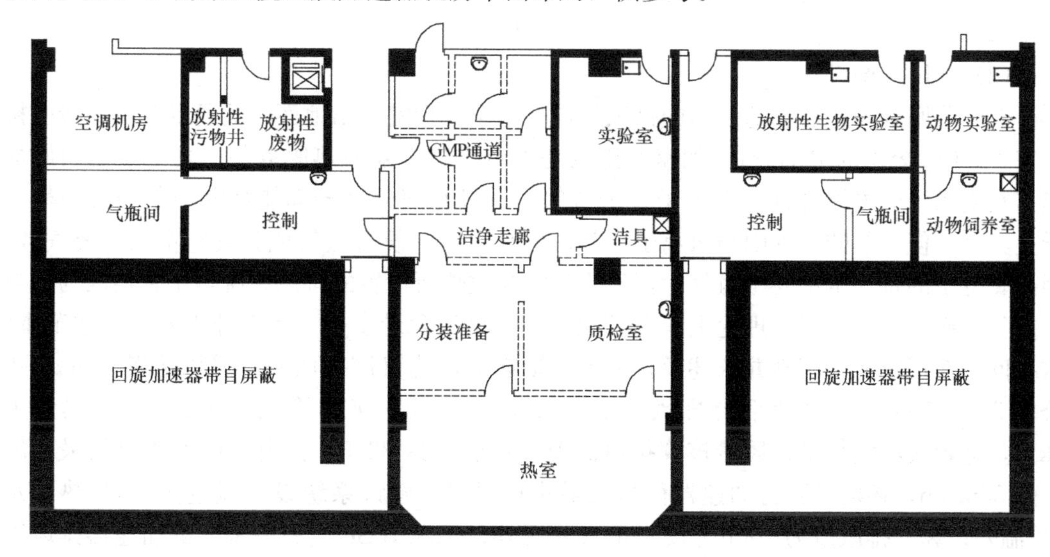

图 4-47 某医院回旋加速器机房平面

1. 回旋加速器室

(1) 简介

回旋加速器是一种利用磁场和电场共同作用使带电粒子作回旋运动，在运动中经高频电场反复加速的装置。经多次加速的粒子达到预期能量后，轰击靶系统中的靶材料，就获得所需的正电子放射性核素。多数医用回旋加速器的粒子能量为 10～30MeV，目前最高能量为 IBA 公司的 CYCLONE 70 系列产品，能量高达 70MeV，具备双束流引出，可同时生产两种不同放射性同位素，已在美国、法国、俄罗斯等国家成功应用。

回旋加速器按辐射防护分为自屏蔽与不带自屏蔽两种，不带自屏蔽的回旋加速器（20MeV 以下）室的围护结构混凝土防护厚度需要 2m 左右，施工难度大，质量难以保证，而自屏蔽回旋加速器室防护厚度可以减少一半以上，因此医院多数采用自屏蔽回旋加速器，其外观参如图 4-48 所示。

图 4-48 自屏蔽回旋加速器

回旋加速器运行时会产生磁场，距离加速器中心大约 6m 的三维空间是其 1 高斯线范围，对于需要防磁干扰的 PET、CT、MR、超声等医疗设备，应布置在允许的高斯线范围外。

回旋加速器多采用氢、氘（D_2，也称为重氢）作为离子源气体，靶装置与热室的合成系统需要氟气、氨气、氮气、氦气、氩气、压缩空气等气体，这些气体由气瓶间内瓶装高压气体供应。压缩空气如果由空压机供应，应注意机房的进气和降温，具体参见第8.5节内容。由于气瓶间内存放氢气、氘气、氟气、氨气，前两者易爆，后两者有毒，故房间应设事故排风系统，并采用防爆风机。从安全角度考虑，建议设置两台风机，一台日常排风，另一台事故排风并兼为备用，事故风机应定时开机检查。

（2）通风空调设计

自屏蔽回旋加速器底部引出的排风管道，厂家负责安装出地面，暖通专业负责接引排出室外。GE公司的PETtrace加速器排风是为前级真空泵散热服务的。真空泵是回旋加速器真空系统的关键部件，在电子轰击氢气时，只有部分分子都能被电子轰击成为氢离子，其余“侥幸”的氢气则与氢离子一起进入真空室，使得氢气成为真空室的主要气载，因此真空泵的排气也主要是氢气。至于为真空泵散热所设置的排风系统，是否会因为真空泵排气泄露而含有氢气？理论上是有可能的，但氢气含量多少、是否处于安全考虑范围？这些问题在厂家相关资料并未述及，如果谨慎起见，建议该排风系统采用防爆风机。GE公司2017年版资料对此系统排风量要求最小$36m^3/h$，接口管径为80mm，排热量为1kW，笔者按给定热量、风量核算排风温差，竟然高达82.5℃！由于厂家要求的最小风量是$36m^3/h$，怀疑是否为加速器待机时最小排风量，建议系统设计风量按1kW热量及5℃温差计算，排风量为$600m^3/h$。Siemens公司的ECLIPSE资料中未明确加速器排风缘由，给定的排风量为$850m^3/h$，接口管径为150mm，要求出地面后变径为250mm。加速器排风管埋地安装如图4-49所示。

回旋加速器运行时，机房内空气也会产生气体活化，但产量很少，因此回旋加速器室的房间通风应按有辐射性气体及气溶胶考虑，此外高能射线对空气电离作用产生O_3及NO_2。建议排风量按$6h^{-1}$计算，排风口设置在房间底部，排风出口应高空排放。新风量应按室内负压15～20Pa（厂家有明确要求时，应按其负压值）核算。回旋加速器运行时散热量较大，室内应设置空调末端。考虑到加速器存在待机负荷，空调末端应满足夜间、过渡季、冬季的运行与待机负荷变化需求，可根据厂家对室内温湿度的要求设置独立的多联式空调系统或机房空调系统。如采用机房空调机组，不建议通过风管系统对加速器室送回风，为减少屏蔽体穿管数量及管径，建议室内机组直接明装在加速器室内地面上；室内机的冷凝水也可能含有放射性及腐蚀性物质，可与厂家技术人员协商排放到低放射性废水储存沟，如不可行，可在空调机组内部配置冷凝水提升泵，将冷凝水排至就近的放射性废水地漏。表4-27列举了几个厂家的环境要求，供参考。

回旋加速器机房环境要求 **表4-27**

型号	温度[1]（℃）	相对湿度[1]（%）	散热量[2]（kW）			最大/工作功率（kVA）	备注
			加速器室	设备间	控制室		
GE PETtrace[6]	18～25[3]	30～60[4]	1.85	3.05	0.3	119[5]	加速器室负压15～20Pa
SIEMENS ECLIPSE HP	21±1	40～55	15	NR	未明确	35	另一型号ECLIPSE ST&RD要求相同
Sumitomo HM-20	23.5±5	30～60	8.14	NR	未明确	110	加速器待机时散热2.4kW
IBA CYCLONE 10	17～25	35～65	3	10	未明确	70	加速器室负压25～40Pa
IBA CYCLONE 30 ST	未明确	未明确	6	15	未明确	130	靶室散热量2kW

续表

型号	温度①（℃）	相对湿度①（%）	散热量②（kW）			最大/工作功率（kVA）	备注
			加速器室	设备间	控制室		
IBA CYCLONE 70 Proton	未明确	未明确	6	40	未明确	350	靶室散热量 2kW

① 为加速器室运行温度、相对湿度范围，设计温湿度建议取中间值。
② 表中所列均为最大散热量，设备间主要为电力供应设备。
③ 该型号机房的三个房间均要求温度变化率≤3℃/h。
④ 该型号机房的三个房间均要求相对湿度变化率≤5%/h。
⑤ 不带自屏蔽的设备功率为 105kW。
⑥ 该设备还配套放化实验室设备，其中：处理热室要求排风量 $150m^3/h$，接口处负压值 150Pa，接口管径 ϕ125mm；热室排风量 $72m^3/h$，接口处负压值 80Pa，接口管径 ϕ115mm。
注：NR——不需要。

回旋加速器工作时磁体线圈产热量较大，此外，靶体、真空系统二级泵、射频、离子引出源等部件都需要散热，因此需要配置水冷系统，由于水冷系统对加速器系统非常重

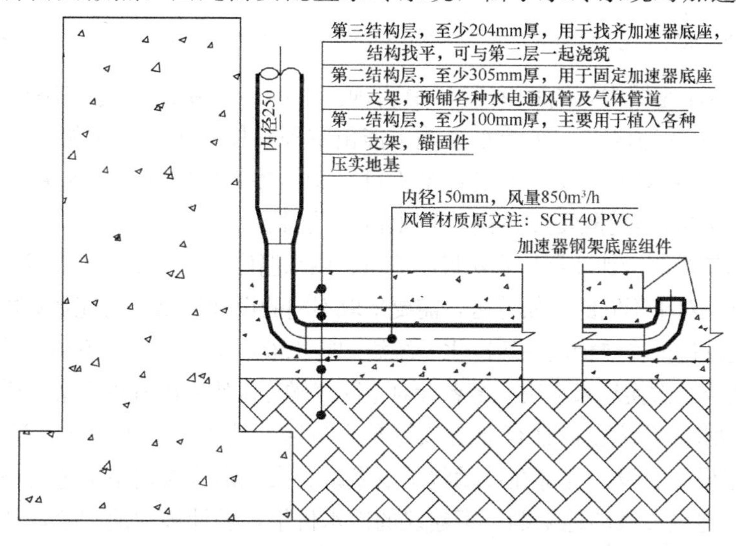

图 4-49 自屏蔽回旋加速器排风管安装图

要，各厂家还要求利用市政给水作为应急备份水冷系统。水冷系统一般由两级水冷构成，一、二级水冷系统通过板式换热器进行热交换，二级水冷系统由设备厂家配套供应，用户需提供一级水冷系统。表4-28提供了部分加速器的一级水冷系统主要参数，供参考。

回旋加速器一级水冷系统主要参数　　表4-28

型号	散热量(kW)	供水温度(℃)	最小流量(m^3/h)	压降(kPa)	系统最大压力(MPa)
GE PETtrace①	70②	10～15	7.2～9.6	130	1
SIEMENS ECLIPSE HP③	20.5④	7±3	2.28	34	0.69
Sumitomo HM-20	91	5～10±1	13.2	200	0.8
IBA CYCLONE 10	50	6	3.6	100	1
IBA CYCLONE 30 ST	120	未明确	未明确	未明确	未明确
IBA CYCLONE 70 Proton	450	未明确	未明确	未明确	未明确

① 参照2017年发布的第18版资料。
② 关机时真空系统仍持续工作，需水系统散热4kW。
③ 参照资料版本A。
④ 加速器待机时水冷系统散热6kW，另一型号ECLIPSE ST&RD要求相同。

表4-28所列加速器中，有两家资料中明确：一级冷水系统不允许添加防冻液。因此在冬季有防冻要求的地区，一级冷水系统不能由室外整体式风冷冷水机组直接供应，这里特别要提醒用户（采购方）注意的是：绝不可采购整体式风冷冷水机组并要求放置在室内机房，如此巨大的散热量散发在室内将付出巨大代价！

一级冷水系统受制于加速器厂家对最小流量、供水温度范围、水质的要求，在我国如此复杂的气候条件下，对于不同的气候分区，需要采取不同的设计策略，可能最难的是需要防冻的地区，厂家不允许进入换热柜的一级冷水系统添加防冻液，就必须采用室内制冷系统＋室外散热系统组合形式或二次换热来解决。笔者针对不同气候分区研究出各种方案，详见图4-50。

医疗设备的水冷系统在设计行业应该算是个盲区，其中的原因很多，这里不再深入分析。很多时候建设方、设计方都在被动状态下做事。大家都认为这是工艺设备需求，只要配合厂家做就行。建设方被动地采购厂家建议的冷水机组，设计被动地配合，几乎没人深入研究水冷系统。厂家的建议可能是国外总部基于某种气象条件下给出的方案，普遍性地应用到我国复杂多样的气候区显然不合适，在一些项目上造成很大的能源浪费，图4-50提供的三个方案只是起抛砖引玉作用，希望引起各位同行、使用方、厂家的关注、讨论，欢迎指正。

2. GMP 制药区

制药区包括放化实验室、质量检控室、GMP通道等，其功能是：把回旋加速器制备的同位素（通过地沟内管道输送）快速处理，通过全自动分装、化学合成系统制取同位素药物或供下一步药物标记用的同位素。制药区按GMP要求进行设计，室内环境空气洁净度等级7级，GMP通道一更可按8级考虑，合成热室内部空气洁净度等级不低于7级，分装热室内，放射性药物暴露，空气洁净度等级应达到5级。为防止放射性物质在室内的累积，制药区洁净空调系统应采用直流式全新风系统。

制药区工作人员穿戴防护装备，不利散热，因此室内温湿度应取较低值，建议设计温度为18～22℃，相对湿度为20%～50%，放化实验室设备散热量为2～3kW，质控室检测仪器有些发热量，设计时可按1.5kW考虑。

据有关调研，PET中心使用的显像剂中，^{18}F-FDG约占90%，因此回旋加速器主要生

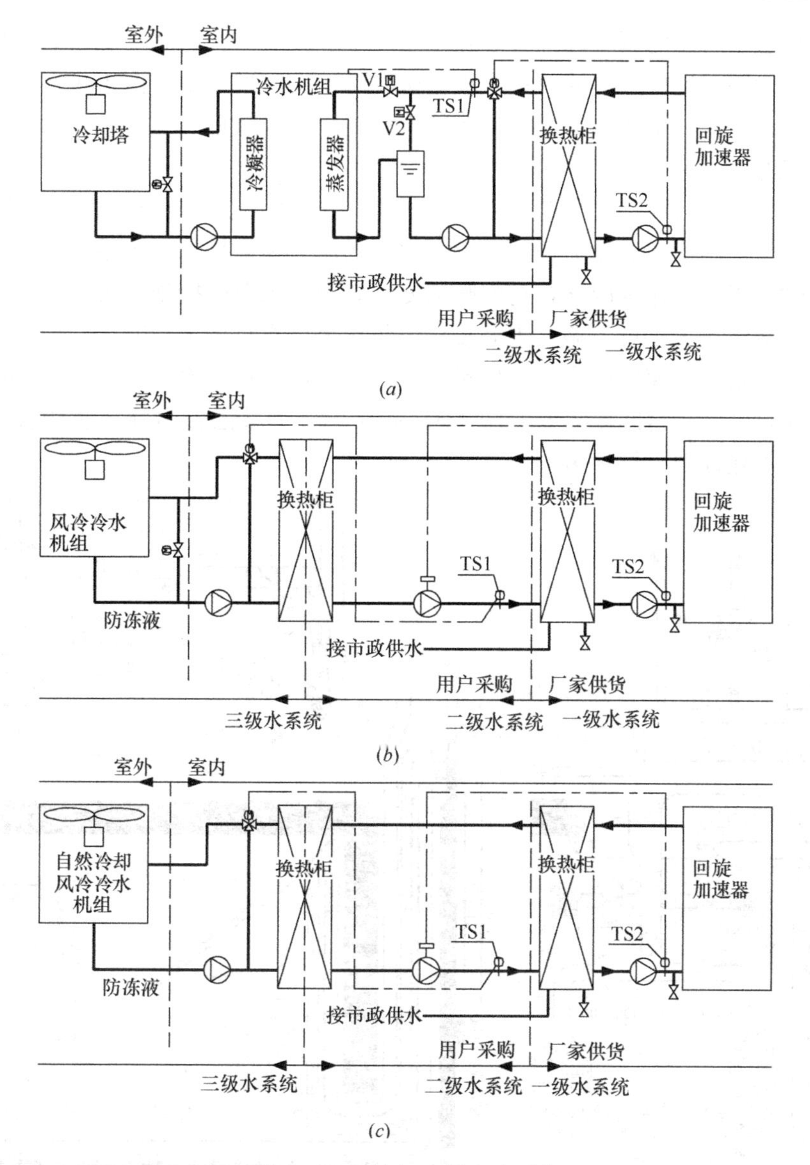

图 4-50 回旋加速器水冷系统

(*a*) 夏热冬暖、温和区；(*b*) 夏热冬冷、寒冷 B 区；(*c*) 寒冷 A、部分严寒区

注：1. 图(*a*)适用于夏热冬暖、温和地区，由于不存在防冻要求，因此可采用水冷冷水机组全年供冷，为保持冷水机组蒸发器水流量恒定，二级冷水系统采用三通调节阀调节(由一级系统供水温度传感器 TS2 控制)，二级冷水系统采用开式系统，图中水箱有两个作用：定压、蓄冷。当加速器处于待机状态时，一级水系统负荷量很小，冷水机组无法正常运行，可利用水箱部分蓄冷功能进行自循环，此时 V1 关闭 V2 开启，当循环水温过高时，由二级系统的回水温度传感器 TS1 控制启动冷机，V1 开启 V2 关闭，待 TS1 检测低温后关闭冷机，又进入自循环。

2. 图(*b*)适用于夏热冬冷、寒冷 B 区，考虑夜间防冻问题，可采用风冷冷水(防冻液)机组，由于一级系统的换热柜不允许使用防冻液，因此风冷机组还需再经一次换热才能供给一级系统的换热柜，因此形成三级冷水系统。系统通过以下控制环节保证一级系统的供水温度：一级系统供水温度传感器 TS2 控制二级系统水泵变频运行，二级系统供水温度传感器 TS1 控制三级系统三通调节阀。

3. 图(*c*)适用于寒冷 A、部分严寒区，与图(*b*)相似，不同之处在于采用自然冷却风冷机组，可利用寒冷 A、部分严寒区冬季室外自然冷源，即使白天也可自然冷却，节省风冷机组冬季电耗。自然冷却风冷冷水机组原理详见 2.4.3 节第 2 条。

产[18]F。这种情况下放化实验室室内设置两台合成热室、一台分装热室就能满足一般的用药需求。然而，随着回旋加速器能量的增大和双束流引出技术的成功应用，回旋加速器已经可以生产核医学所需的所有同位素，且产量几乎加大一倍。因此，现在的放化实验室与以往不可同日而语，室内热室的数量将根据医院的使用需求而定。由于热室局部排风的需求，为维持室内负压，全新风洁净空调系统有必要采用变风量系统。

3. 压力控制

加速器机房作为放射性源的生产与操作场所，为最大限度降低对周边环境的辐射危害，必须做好机房各房间的压力控制。房间之间的压力梯度控制是个系统的工程，涉及围护结构气密性、工艺操作等因素，对于暖通专业，通常采取的措施是设计送排风量差，但其他因素的影响作用也不可忽略，因此设计风量也要留有可调节的冗余，以补偿某些情况下恶化的其他因素。加速器机房的通风量调节，建议以排风量至少 $6h^{-1}$ 作为相对固定值，通过调节新风量来实现房间压力差。图 4-51 和图 4-52 为某医院回旋加速器机房通风设计实例及压力梯度建议值，供参考。

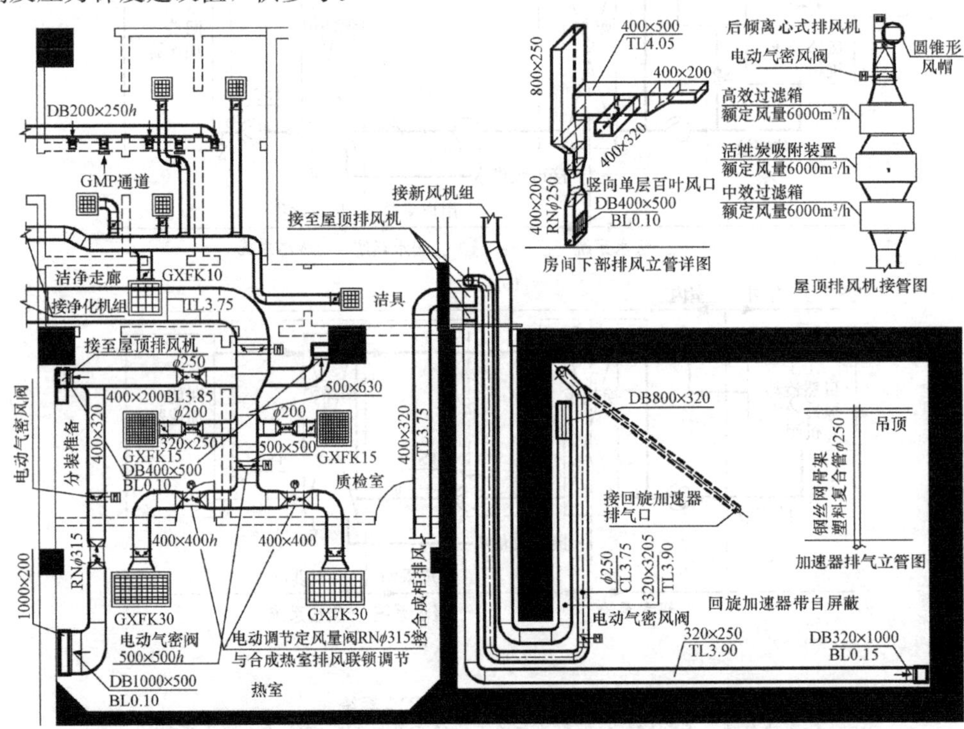

图 4-51 回旋加速器机房通风设计

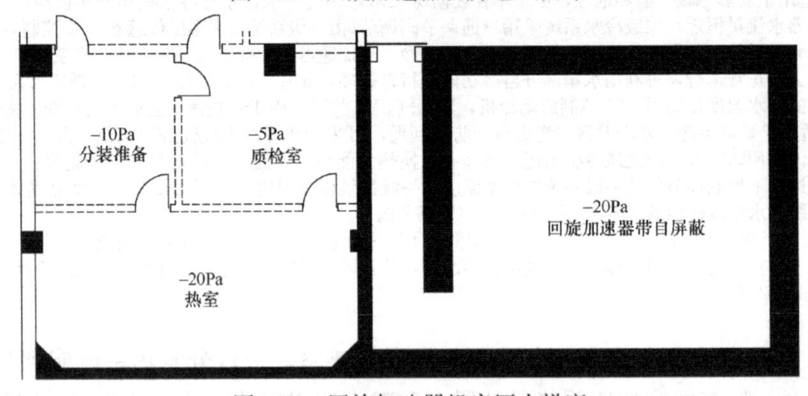

图 4-52 回旋加速器机房压力梯度

4.6.7 小结

核医学科的医疗设备相比影像科更加复杂、更加贵重，又涉及放射性污染，因此，有必要对其通风空调设计做个小结，重申一些重点注意事项：

（1）核医学检查科室必须控制各区的空气流向：非限制区→中低活性区→高活性区；

（2）所有活性区的排风和设备的局部排风必须经过过滤吸附后高空排放；

（3）检查科室的高活性区、回旋加速器室及GMP制药区必须保持（常年24h）负压，屋顶排风机建议备用；

（4）各个医疗设备机房的空调宜采用独立空调系统，空调机组容量应有冗余并考虑备份；

（5）所有活性区的通风空调系统应有调节、密闭措施。

4.7 放疗科

放疗是放射治疗的简称，是治疗肿瘤的一种方法。放疗的本意是指射线治疗，利用射线治疗肿瘤的设备主要包括：直线加速器、螺旋断层放疗、X刀、后装机、^{60}Co、伽玛刀、射波刀、同步加速器。由于针对的是肿瘤患者，放疗科通常也将热疗、海扶刀、氩氦刀等非射线治疗肿瘤手段纳入其中，本节内容也将包含上述各种治疗机房的介绍。

除全身热疗外，其他治疗手段都需在治疗前对肿瘤准确定位，据此制定详细治疗计划，因此放疗科应设置模拟定位机房；直线加速器需要根据不同治疗剂量调整铅挡块尺寸，因此一般需要设置铅模室。此外，肿瘤治疗技术的发展同样涉及多学科综合诊疗，相应的会诊室也是必需的。图4-53为某医院肿瘤中心放疗科平面。

4.7.1 治疗设备简介

直线加速器利用微波电场对电子进行加速，产生X辐射和/或电子辐射束。高能X射线具有高穿透性、较低的皮肤剂量、较高的射线均匀度等特点，适用于治疗深部肿瘤；电子束具有一定的射程特性，穿透能力较低，用来治疗浅表肿瘤。按照能量区分可以分为低能机（X辐射能量4～6MeV）、中能机（两档X辐射6/8 MeV＋ 4～5档电子辐射5～15MeV）和高能机（两档或三档X辐射6/8 MeV＋ 5～9档电子辐射），高能直线加速器最高电子辐射能量可达25MeV；按照X射线能量的档位划分，医用电子直线加速器可以分为单光子、双光子和多光子。目前最新技术应用包括三维适形放疗（3DCRT）、调强放疗（IMRT）、容积旋转调强放疗（VMAT）等立体定向放疗技术。

螺旋断层放疗是集IMRT（调强放疗）、IGRT（影像引导调强适形放疗）、DGRT（剂量引导调强适形放疗）于一体的新型放疗装置，它将直线加速器与螺旋CT完美结合，突破了传统加速器的诸多限制，在CT引导下360°聚焦断层照射肿瘤，对恶性肿瘤患者进行高效、精确的治疗。虽然已经不仅仅是一台升级版的直线加速器，但习惯上仍称为螺旋断层直线加速器（以下简称断层加速器）。断层加速器于2004年经美国FDA批准临床应

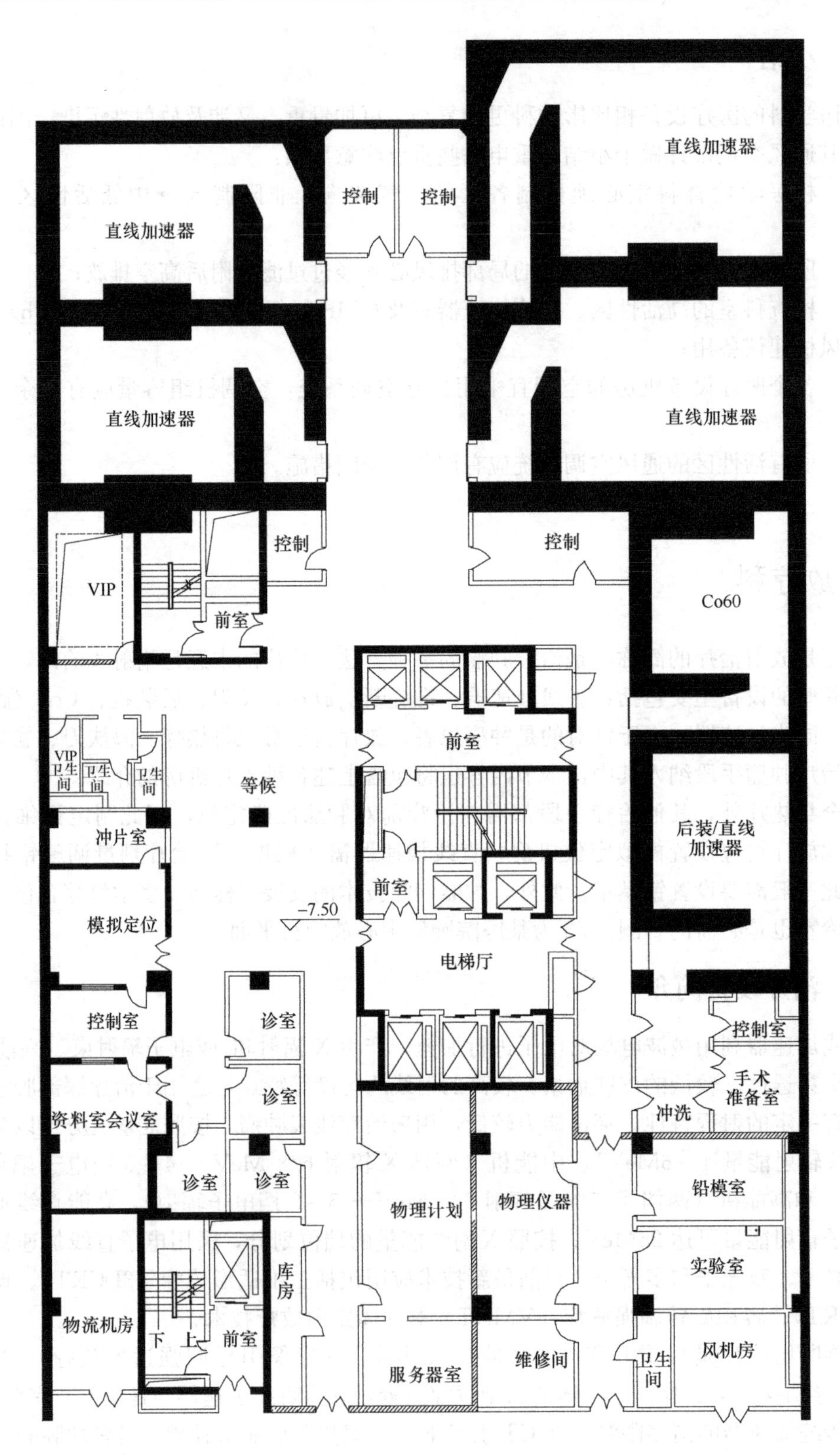

图 4-53 放疗科平面布局

用，目前已发展到第四代产品，主要包括两类产品：螺旋断层调强放疗系统（图像引导放射治疗+调强放射治疗）、螺旋断层容积旋转调强放疗系统（图像引导放射治疗+容积旋转调强放疗）。

X 刀属于立体定向放射治疗技术，利用直线加速器产生的高能射线，结合光子同位仪系统构成三维适形放疗技术，使多束射线汇聚在病变部位，聚焦能量灭杀肿瘤细胞。目前的 X 刀多采用可旋转的直线加速器，放射源围绕等中心点作 270°～360°旋转。

后装技术是在治疗之前，先将施源器（金属或塑料容器）植入患者病灶部位固定之后，用传导管或施源器接头将施源器与治疗机连接，采用程控步进马达驱动微型放射源进入施源器进行腔内照射治疗，由于放射源是后来装上去的，故称之为“后装”。常用放射源主要为^{60}Co、^{192}Ir，^{192}Ir 半衰期为 74.2 天，易于制成微型源通过纤细导管送入施源器，因此使用更广。施源器植入方式主要有：植入支气管、食管等，需在内窥镜科室引导下进行；体内器官或组织植入施源器，需要在洁净手术室中进行；管状施源器直接置入鼻腔、口腔等人体腔内，近表皮层组织采用针状施源器直接插入，都不需要在特殊场合进行，只需在后装机房旁边设置的准备间内便可完成，图 4-53 中房间名称为“手术准备室”，其实对暖通并无特殊要求。

^{60}Co 治疗机由^{60}Co 发出 γ 射线经准直器定向限束照射肿瘤病灶，平均能量约 1.25MeV，最高装源活度一般不超过 8000 居里。停机后钴源回缩进密闭屏蔽装置里，但仍可能会有少量射线泄漏。

伽玛刀全称是伽玛射线立体定向治疗系统。它将许多束很细的伽玛射线从不同的角度和方向照射进人体，并使它们都在一点上汇聚起来形成焦点，由于每一束射线的剂量都很小，不会对它穿越的人体组织造成损害，而许多束射线汇聚的焦点处则形成很高的剂量，只要将焦点对准病变部位，就可以像手术刀一样准确地一次性摧毁病灶；其主体结构是个半球形金属屏蔽系统，其中排列了多个（192、201 个不等）^{60}Co 放射源，发出的 γ 射线经准直器校正后，形成窄光束聚焦于半球中心。旋转式 γ 刀治疗时每个放射源体均以病灶为中心作锥面旋转聚焦运动，将病灶切除。同^{60}Co 治疗机，伽玛刀停机后也可能会有少量射线泄漏。

射波刀（CyberKnife）本质上还是一台直线加速器，但它是一台亚毫米级高精度智能机器人直线加速器，是世界上唯一的智能机器人放射治疗设备。适用于全身以及颅内的放射外科治疗，能够追踪并自动校正在治疗过程中肿瘤的移动，在全身范围内开展极其精确的机器人放射外科手术治疗。依靠精密灵活的机器人手臂，可实现任意角度的照射，配备呼吸、脊柱等追踪系统，即使是随人体呼吸而变换位置的肿瘤，射波刀也能实施精准打击，可以说射波刀是传统直线加速器的革命性创新，由于其优异的精准度，射波刀单次剂量可以高于常规放疗的十倍乃至几十倍，从而大大减少治疗次数。目前最新机型已发展到第六代。

同步加速器是质子、重离子治疗中心的主要设备，用于将质子或重离子加速到 70%光速，然后引出射入人体，质子或重离子在到达肿瘤病灶前，射线能量释放不多，对正常细胞影响不大，但是到达病灶后，射线会瞬间释放大量能量，形成名为“布拉格峰”的能量释放轨迹，对肿瘤进行“立体定向爆破”。质子治疗肿瘤是目前国际公认的最有效、最尖端、副作用最低的肿瘤精准放射治疗技术，治疗中心建设资金巨大，动辄十亿甚至几十亿的投入。我国内地首家质子重离子治疗中心于2015年在上海质子重离子医院正式开业，随后武汉、江苏、北京等地质子重离子中心相继开工建设，目前我国内地处于筹备或在建的质子（包括重离子）项目达已20个。2018年5月，我国首台拥有自主知识产权的重离子治癌系统在甘肃省武威重离子治疗中心进入临床试验阶段，国产重离子治癌装置进入临床试验阶段。

海扶刀也称超声聚焦刀，是利用高强度聚焦超声技术治疗各类实体性良性、恶性肿瘤的物理治疗仪，由重庆海扶医疗科技股份有限公司在全球率先突破聚焦超声外科治疗肿瘤的关键核心技术，也因此命名为“海扶刀”，它是我国具有完全自主知识产权大型医疗器械，因此从心理层面上笔者更倾向于将聚焦超声治疗仪称为海扶刀，这也有助于加强中国品牌影响力（射波刀原本也就是一个品牌名称，海扶刀挺好听的）。海扶刀的治疗原理主要利用超声波本身具有良好的组织穿透性和可聚焦性等物理特性，将超声换能器发射的无数束低能量的超声波准确聚焦于体内靶组织，焦点能量得到千、万倍放大，在肿瘤内产生瞬态高温，杀死靶区内的肿瘤细胞，尤其是针对子宫肌瘤的治疗，海扶刀已成为各种治疗手段的优先选择。

热疗的基本原理是利用物理能量加热人体全身或局部，使肿瘤组织温度上升到有效治疗温度，并维持一定时间，利用正常组织和肿瘤细胞对温度耐受能力的差异，达到既能使肿瘤细胞凋亡，又不损伤正常组织的治疗目的。对化疗、放疗和手术等肿瘤治疗手段具有明显的增效和补充作用。热疗分为局部、全身两种，局部热疗的优点在于可以使肿瘤组织局部温度达到42.5℃以上，能在相对较短的时间内杀灭癌细胞。我国在热疗仪领域同样拥有独立知识产权，先科SRI全身热疗系统采用电磁和红外双热源加热的专利技术，全身热疗仪控制治疗温度为40.5±0.5℃，热疗室要求射频屏蔽，屏蔽材料采用24～30目的紫铜丝网。

氩氦刀通过实施冷冻—加热来破坏肿瘤组织，由带有实时测温的“冷刀”、气体管、气源、主机构成，冷刀直径为1.7～8mm。氩氦刀的冷、热只在刀尖产生，在刀尖内部，氩气由2800psi（约19.3MPa）经微孔节流减压到150psi，温度急剧下降，从而使刀尖快速冷冻；而氦气正相反，节流减压后温度升高，从而使刀尖变为热源；刀杆采用真空绝热处理，不会对穿刺路径上的组织产生损伤。氩氦刀常在内镜、B超或CT等影像设备的引导下对肿瘤组织准确定位穿入，先由氩气节流降温将刀尖周围病变组织在60s内降温冷冻至零下140℃，使细胞内结成冰晶，随后氦气节流升温，对超低温状态的病变组织加热，当温度回升到−20℃时，细胞内的冰晶膨胀爆裂，使细胞变成碎片；如此反复，这种“冷热逆转疗法”对病变组织的摧毁尤为彻底，会使细胞坏死得更加彻底。坏死的细胞碎片一般情况下会在3周左右被吸收，吸收后的灭活肿瘤组织，具有调控肿瘤抗原、激活肿瘤免疫反应的作用。

图4-54给出了一些设备图片。

4.7.2 机房通风空调设计

放疗科除了多数治疗机房外，其他区域如办公、候诊等空间都可采用水-空气空调系统。

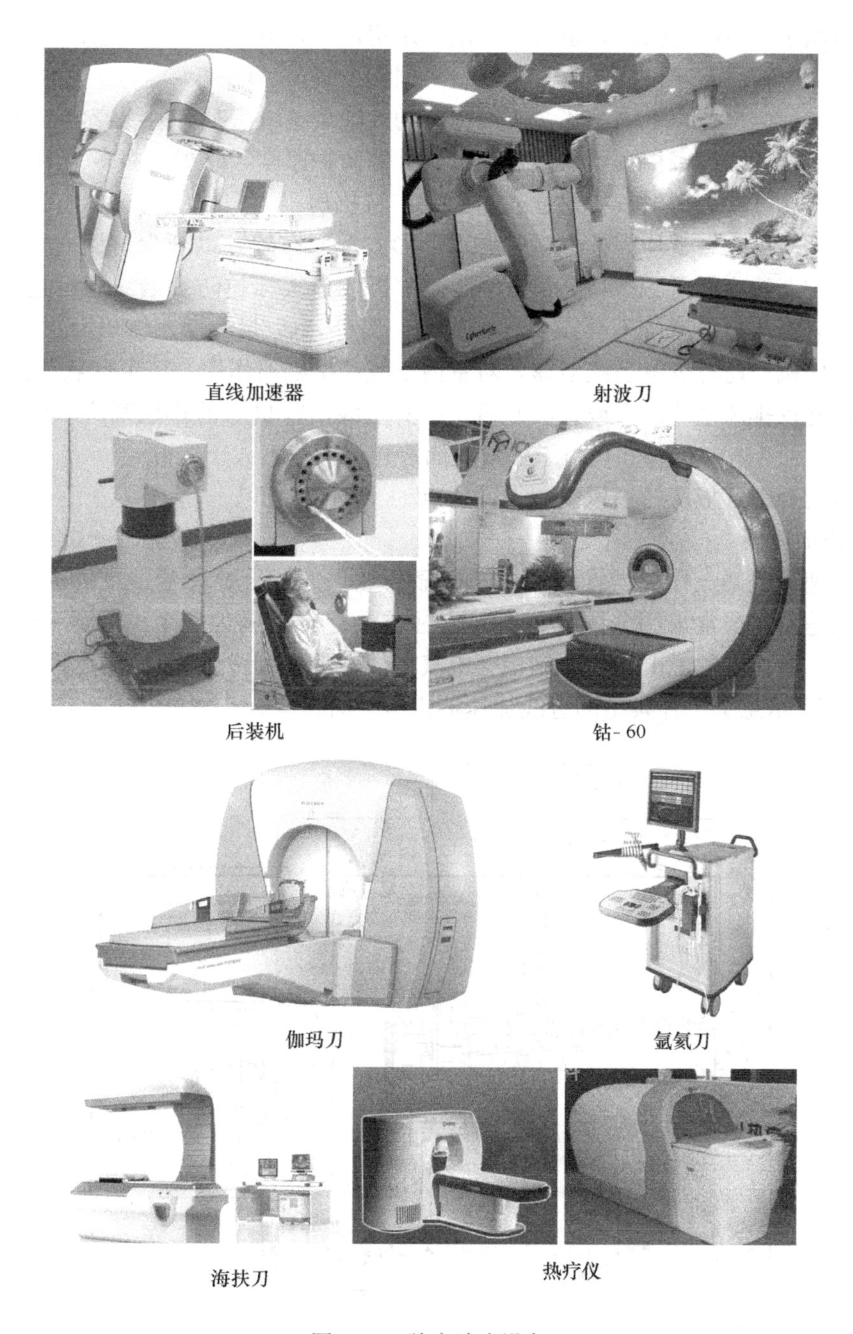
直线加速器 射波刀

后装机 钴-60

伽玛刀 氩氦刀

海扶刀 热疗仪

图 4-54 肿瘤治疗设备

海扶刀机房对室内温湿度没有特殊要求，新风量可按 $2h^{-1}$ 计算。设备散热量等技术资料暂缺，厂家技术资料只要求提供 3～5kW 空调用电，某工程实例中安装 136 风机盘管，使用中未反馈有问题。

热疗机房室内设计温度宜保持在 25～28℃之间，夏季不高于 28℃，冬季不低于 25℃，相对湿度在 65%左右，新风量可按 $2h^{-1}$ 计算。

氩氦刀属于微创手术，可参照 DSA 按Ⅲ级洁净用房设计，根据使用方意见，如果只是近表皮组织小口径冷刀操作，也可不按洁净用房设计，但相应的器材消毒、空气过滤等措施仍需保证，新风量建议按 15m³/(m²·h) 计算。

除上述三种机房外，本书第 4.7.1 节介绍的其他设备机房都有射线产生，这些机房都必须做好射线防护措施，根据不同能量的射线计算防护厚度，防护材料多采用混凝土、铅板等重质量金属，并利用射线折射衰减的原理，将机房出入口设置为“迷宫通道”形式。进出机房的通风空调管道均需按“迷宫通道”形式迂回布置，以减少射线通过风管泄漏；风管穿越防护墙处应尽量减少断面积，并以 45°折线形式穿越防护墙。满足这些措施后，多数情况下防护体外的风管不再需要屏蔽处理。另外，后装、^{60}Co、伽玛刀由于采用放射性同位素，停机后还有少量射线泄露，对室内空气产生电离作用，产生臭氧及氮氧化物等有害气体，建议排风系统常开或提前开启。所有射线治疗机房的排风都应采取下部排风，风口底边距地面 150～300mm，由于贴近地面，建议风速不大于 2m/s。

以下分别介绍各机房的通风空调设计要点。

1. 直线加速器

直线加速器机架立柱区域接线较多，略显杂乱，为了给患者营造良好的治疗视觉环境，直线加速器室通常采用分隔板将机架立柱与治疗床分隔为两个房间，一般称为机架区、治疗区。主机架的配电箱、调制柜等电气柜体通常也放置在机架区，使得治疗区干净整洁。图 4-55 示意了一种典型的直线加速器机房平面布局。

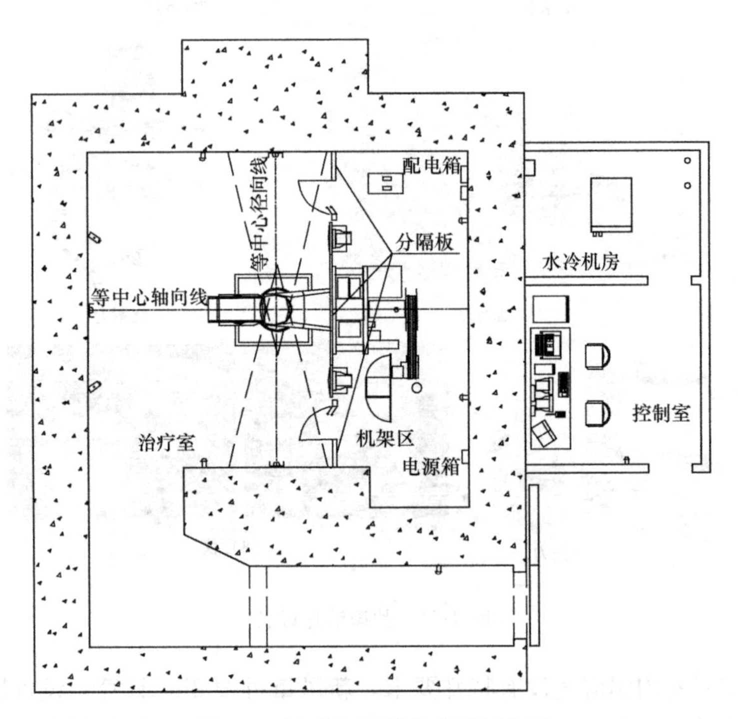

图 4-55 直线加速器机房平面布局

直线加速器机房设计注意事项：

(1) 环境要求

不同厂家要求的温度各不相同，Elekta 要求较高，对机架区、治疗区、控制室均要求温度范围 22～24℃，湿度要求不高，只需确保不冷凝。直线加速器机房环境要求如表 4-29 所示。

直线加速器机房环境要求 表 4-29

型号	温度①（℃）	相对湿度①（%）	散热量②（kW）		最大功率（kVA）	水冷机散热量③（kW）
			机架区	控制室		
VARIAN 2100C/2300C/21EX/23EX④	16～27	15～80	8	2.5	60	2～25
ELEKTA Precise 15MeV	22～24	30～70	6	2	42	15
ELEKTA Compact 6MeV	18～26	40～70	6.3	2	50	15
ELEKTA Synergy 15MeV	22～24	30～70	5.9	1.7	74	15

① 治疗区、机架区、控制室均适用，为运行温度、相对湿度范围，设计温湿度建议取中间值；水冷机房一般要求 5～40℃。

② 表中所列均为最大散热量，治疗区散热量约 1kW。

③ 采购方务必要求厂家提供分体式水冷机，分体式水冷机由室外机将热量散发到大气中；如厂家只配套提供一体机，表中热量将散发在水冷机房内，需另外设置空调给水冷机房降温。

④ 要求室内正压以确保电动防护门关闭严密；水冷机室内机与加速器距离：水平≤40m，垂直≤10m；水冷机室内、外机距离：水平≤15m，垂直≤10m。

（2）水冷机

从笔者接触到的加速器来看，厂家均配套提供水冷机，Varian 提供的是分体式水冷机，Elekta 有一体式与分体式可选。需要特别提请医疗设备采购方注意的是：采购之前务必明确是否可选一体式或分体式，如是，则务必选择分体式。Elekta 几个型号的加速器水冷机散热量均为 15kW，如果选用一体式水冷机，这些热量将全部散发在狭小的机房内，处理起来代价太高、难度很大。实际工程中遇到一些项目就是使用一体式水冷机，付出了很大的代价。

（3）设备散热量

加速器的散热量集中在机架区，如表 4-29 所示，治疗区只有治疗床、摄像头、监视器等电气设备，发热量较小，治疗床散热量最大，大约 0.6kW，治疗区总散热量（只计治疗系统）为 1kW 左右，而机架区散热量普遍在 5kW 以上，空调降温的重点在机架区，表 4-29 中 VARIAN 系列需要压缩空气，如果为其设置单独的空压机，通常也放置在机架区内，计算负荷时应将空压机散热量附加进设备负荷，这点有时容易遗漏，应当引起注意。

（4）通风

不同厂家对治疗室要求的通风换气次数也不一样，Varian 要求 4～7h^{-1}，Siemens（已停产）要求 4～6h^{-1}，Elekta 要求 10～12h^{-1}。通风量差距较大，可能给设计人员造成困惑。众所周知，通风的目的是及时排除加速器治疗时射线电离空气产生的有害气体，通风量可以根据有害气体量、允许浓度、初始浓度计算出来，目前最大的问题在于有害气体产生量未知，缺乏相关资料，可能也还没有机构进行这方面研究。因此，现阶段只能按照厂家要求的换气次数进行设计。若有读者有相关研究资料，盼能共享。

加速器治疗室室内空气含有臭氧、氮氧化物等有害物质，排风口应设置在房间下部，机架区主要为排热，排风口应设置在上部。系统排风出口建议设置在距地面3m以上，排风建议按3级空气考虑，与新风入口间距5m（参见第1.4.1节）。不可将排风口设置在首层办公、诊室等可开启窗附近，更不可将排风排放到内庭院或下沉窗井内，以免影响周边房间空气质量。

（5）空调

如上所述，治疗区负荷较小，又因立体防护需要，直线加速器机房通常设置在地下较深位置，因此在供暖地区，治疗区冬季基本不需要供冷，有的地区还需要供热；而机架区由于散热量大，冬季也一直需要供冷。因此加速器机房应按气候分区决定是否分系统设置：

夏热冬暖地区：基本全年供冷，治疗区、机架区、控制室可合并一个系统；

其他地区：冬季时治疗区可能需要供热，而治疗区一致需要供冷，因此应分系统设置空调。

实际工程中也发现一个现象，在某地区的直线加速器机房，按经验，治疗区冬季本来应该不需要供冷，但实际却发现治疗区温度过高。对各种因素分析以后，认为是新风造成了治疗区过热。如上所述，治疗区新风量达到$6h^{-1}$甚至$12h^{-1}$，新风量很大；而该新风系统机组盘管冬夏共用，盘管按夏季负荷选取，冬季供热能力大大超过所需要的热负荷，即使回水管上电动调节阀开度最小（由于冬季防冻需要，阀门设定最小开度），新风送风温度仍达到40℃以上。可见：是大风量、高送风温度的新风送入室内造成室内温度过高。新风送风温度控制不下来，根本的解决措施是单独设置供热盘管。经改造后，该加速器治疗室冬季正常运行，不再需要供冷。

（6）管线路由

前已述及，直线加速器机房的通风空调管道均需按“迷宫通道”形式迂回布置，此外，还有两个细节需要注意：

1）机房在等中心轴线（见图4-55）正上方要安装一根通长的工字钢，以供加速器吊装就位使用，工字钢中心600～800mm宽作为滑车通道，其范围内不应有任何障碍物影响，因此空调末端设备、风管等都应避开该区域。

2）“迷宫通道”并非通高设置，一般在通道内需要设置400mm宽的吊梁，以加强射线防护，另外，在防护门上方也是吊梁，风管穿越应注意与结构专业沟通预留洞口。

（7）设计实例

图4-56为某医院加速器机房通风空调设计。

迷道内风管剖面图如图4-57所示。

2. 断层加速器

X刀与断层加速器都是在直线加速器的基础上发展的新产品，X刀只是增设光子同位仪系统，机房的设计可参照直线加速器。断层加速器变化较大，这里单独介绍。

断层加速器属于甲类大型医用设备，据统计，截至2016年，全国拥有断层加速器也不过10台。亚洲第一台断层加速器由解放军总医院于2006年引进我国，笔者当时亲历其机房设计，但当时获取的资料也已经过时（最新产品为第四代radixact），因此不再介绍其场地要求。本节内容根据ACCURAY（抱歉写出厂家名称，实在是大型高端医疗设备厂家太少，公开的资料更少）场地要求资料整理而成，不代表其他厂家设备要求。

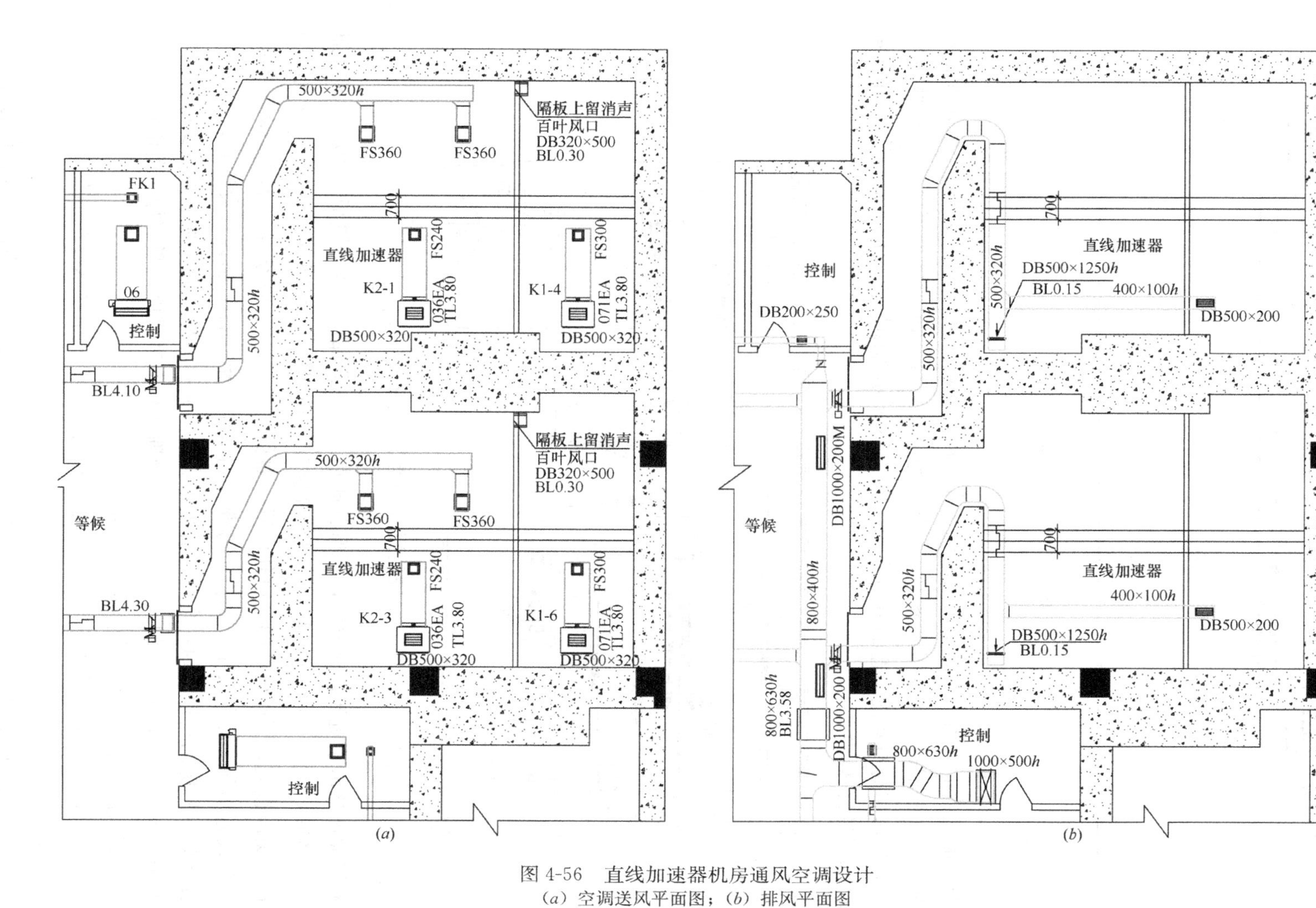

图 4-56 直线加速器机房通风空调设计

（a）空调送风平面图；（b）排风平面图

注：机房内风管、空调末端留出吊装加速器的滑车通道活动空间，需要跨越工字钢的排风管设置在靠近治疗区端头处，不会影响滑车；机房内按治疗区、机架区分开设置多联式空调系统，治疗区编号为 K2，机架区编号为 K1，满足机架区常年供冷需求。

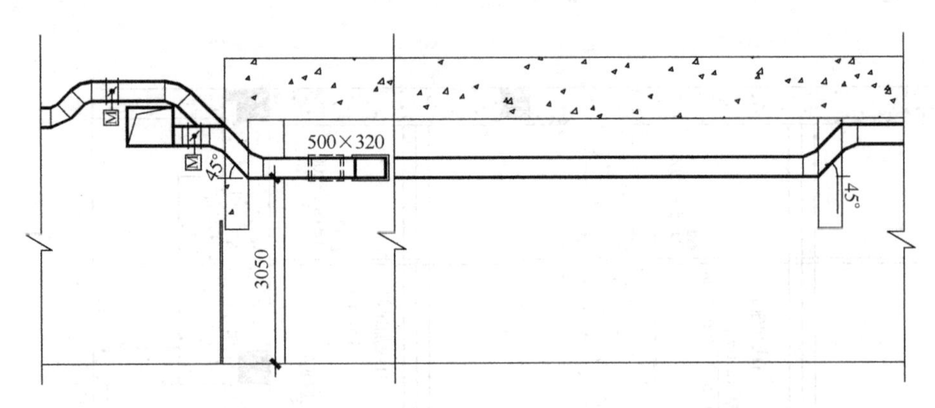

图 4-57 迷道局部剖面图

(1) 机房布局

断层加速器汇聚当前最高精度的成像技术与剂量计算优化技术，其数据存储分析能力非常强大，为此配置一台专用服务器，服务器室要求常年 24h 温度低于 20℃。这些特殊要求导致机房布局与常规加速器有所不同，图 4-58 所示为断层直线加速器机房平面布局(摘自厂家资料，供参考)。

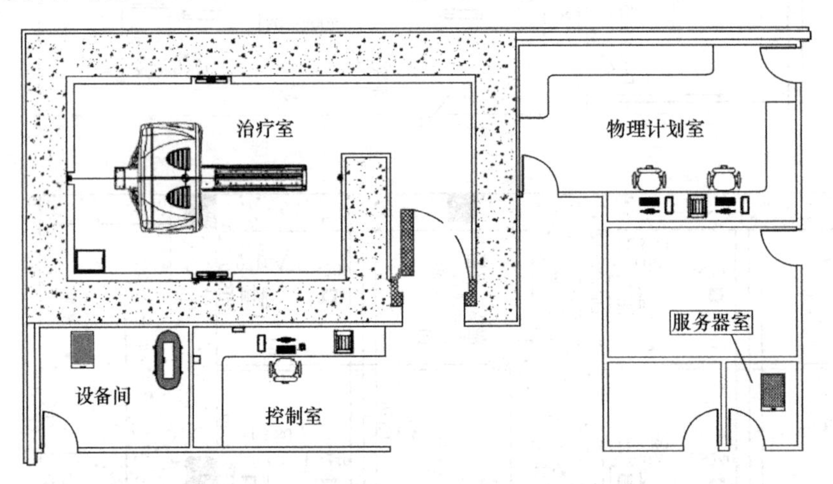

图 4-58 断层直线加速器机房平面布局

断层加速器由于机架自成整体，不像普通直线加速器那样需要分隔板隔出机架区（通常兼作设备间)，而断层加速器需要压缩空气控制气动部件，设备间内需要放置空气压缩机，运行噪声较大，因此设备间应单独设置，面积大于 15m^2。服务器对温度有特殊要求，必须单独设置房间，面积大于 4.2m^2。物理计划室作为治疗计划制订、会诊确认的场所，可与其他放疗机房的物理计划室合用，需配置彩色激光打印机，断层加速器需要占用两个以上的个人工作站（电脑）空间。服务器室、物理计划室都可以不紧邻加速器治疗室，这三者的距离取决于连接它们的网络系统的要求。

断层加速器治疗室实景图见图 4-59。推荐机房尺寸 7.6m(B)X5.2m(C)3.0m(A)。

(2) 环境要求

断层放疗机房环境要求见表 4-30。表中 PDU、FCU 两台电气柜由于放置位置相对灵

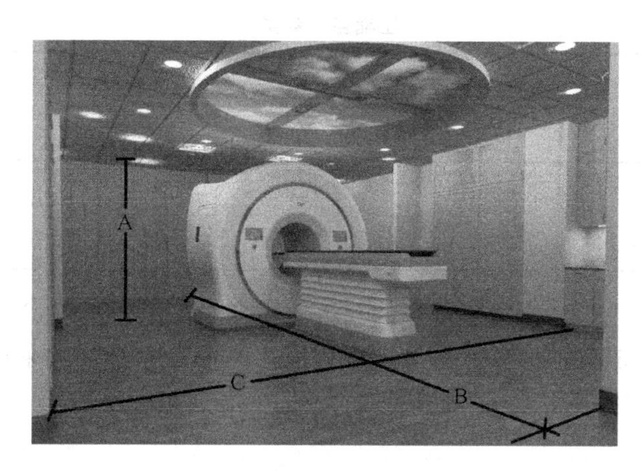

图 4-59 断层直线加速器治疗室

活，PDU 可放在治疗室也可放在设备间，FCU 通常放在设备间，为便于读者根据实际情况统计不同房间的设备散热量，故将 PDU、FCU 的散热量单列。

断层放疗机房环境要求 **表 4-30**

型号	治疗室		数据服务器室①温度	机架底部送风②			散热量（kW）				最大功率（kVA）
	温度（℃）	相对湿度（%）		温度	风量	预埋管	机架	PDU③	服务器	FCU④	
Radixact	20～24	30～60	≤20	12.8	450	305×200或ϕ305	14.3	0.7	5.28	3.52	50
Tomo Therapy HD及H系列	20～24	30～60	≤20	12.8	238	200×100或ϕ150	11.14	0.6	5.28	3.52	58

① 数据服务器输入并存储患者资料，并进行剂量优化与计算，要求常年 24h 温度≤20℃，最高送风温度 12℃，应采用专用空调。

② 机架底部送风预埋管高出完成面 50mm，距等中心 736mm（机架背部方向），必须在可操作高度范围内设置手动调节阀。

③ PDU——Power Distribution Unit，电源分配柜，要求接入电源频率 60±2Hz。

④ FCU——Frequency Converter Unit，用于将电源频率由 50Hz 转为 60Hz 的转换柜，由于厂家 PDU 要求接入电源频率 60Hz，故国内需加购其选配件 FCU。

（3）空调负荷

根据实际房间布置的电气柜按表 4-31 统计设备负荷，需要注意的是：

1）治疗室要求照度较高且光线自然柔和，照明负荷建议按 20W/m^2 计算；物理计划室至少按两人两台电脑考虑。

2）设备间空气压缩机、干燥机的散热量需要自行计算。加速器需要的压缩空气参数详见表 4-31。

压缩空气参数 表 4-31

型号	压力 (MPa)	流量		储气罐容积 (L)	品质
		lps	m^3/h		
ACCURAY Radixact	0.62	14.2	51	227	干燥（露点温度 1～4℃）无油，过滤精度高于 0.5μm
TomoTherapy HD 及 H 系列	0.62	7.1	25.6	227	

根据经验，空压机可按其安装功率的 0.5～0.65 计算散热量，上述两种空压机安装功率分别约为 10kW、5kW，估算散热量可分别取为 5kW、3kW，如采用冷冻干燥方式除水，还应计入冷冻式空气干燥机的散热量。

（4）设计参数

断层加速器不同于常规直线加速器的治疗措施，它采用的是低能量（6MeV）聚焦的原理，由于能量低，空气被电离产生的有害气体不如直线加速器（一般为 10～18MeV）的量大，因此室内新风量可取 5～6h^{-1}。

表 4-30 已给出室内温湿度要求，但如何选取设计值还需再研究。厂家为了避免机架排气温度过高影响设备运行，要求治疗室送风温度为 12.8℃，由此产生两个影响：

1）必须采用独立的专用机房空调。常规集中空调 7℃供水温度很难处理到送风温度 12.8℃，更何况末端供水温度常常高于 7℃，全年为局部提供空调冷水在很多地区都是不经济的。

2）必须考虑风口防结露。这就倒推过来确定室内设计参数，如取 1.5℃防结露安全温差，则室内露点温度应为 11.3℃，在标准大气压下，室内干球温度为 22℃，相对湿度为 50%的露点温度为 11.1℃，才能满足送风口不结露要求。在本书附录 F “新风负荷计算” 中已经证明：露点温度只取决于干球温度和相对湿度，与大气压无关。因此，对于不同海拔地区，断层加速器室的室内设计参数都可以采用（22℃，50%）。当然，如果对湿度控制有信心，也可设定为（24℃，40%～45%），但笔者不建议这么做，原因在于：对湿度过于严格的要求将迫使机组不得不采取基于湿度控制的策略，而湿度传感器是出了名的不准确，这将大大增加控制失效的几率。

（5）气流组织

断层加速器没有水冷系统，其机架通过空气冷却降温，机架内部气流通道为：背面下部进风，顶部排出热风，因此在室内空调风口的布置上应该与设备的进出风位置相适应，图 4-60 为最新型号 radixact 的送回风口布置示意图。

加速器底部送风要求参见表 4-30，通风空调平面设计图参见图 4-61。图中送回风口均以加速器等中心为基准定位。

加速器底部送风的管道应在立管上距地面 1.5m 处设置风阀，如装修要求暗装风管，还应要求装修专业预留检查口。

断层加速器的室内排风口、系统排风出口相关注意事项参见第 4.7.2 节第 1 条。

（6）小结

治疗室：应采用独立机房空调，建议配置双压缩机系统，有条件时考虑接入应急电源；温、湿度按 22℃、50%设计，空调系统可以覆盖控制室。

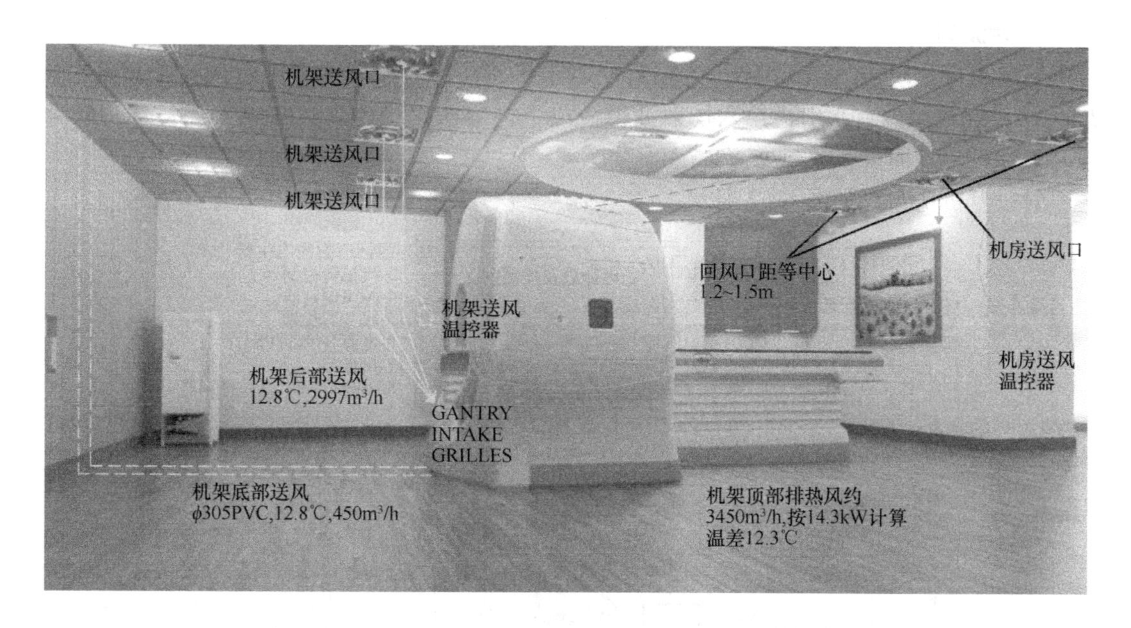

图 4-60　断层直线加速器机房风口布置

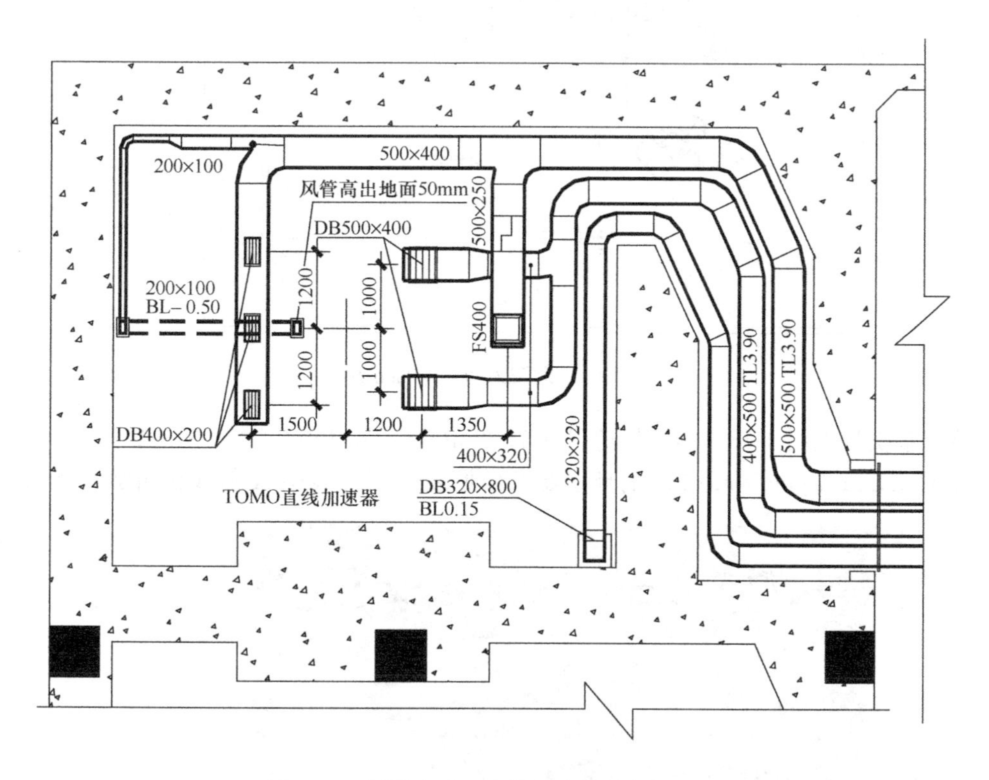

图 4-61　断层直线加速器机房通风空调平面

服务器室：应采用独立机房空调，应配置双压缩机系统，建议考虑接入应急电源。

设备间：采用集中空调并设置独立通风系统以满足全年降温需要，可参见第 8.6 节内容。

3. 射波刀

射波刀也是属于ACCURAY的创新加速器产品，目前已发展到第六代，山东某医院2017年年底在国内首次引进第六代射波刀。以下内容根据ACCURAY Cyberknife M6场地要求资料整理而成，仅供参考。

射波刀机房布局如图4-62所示。

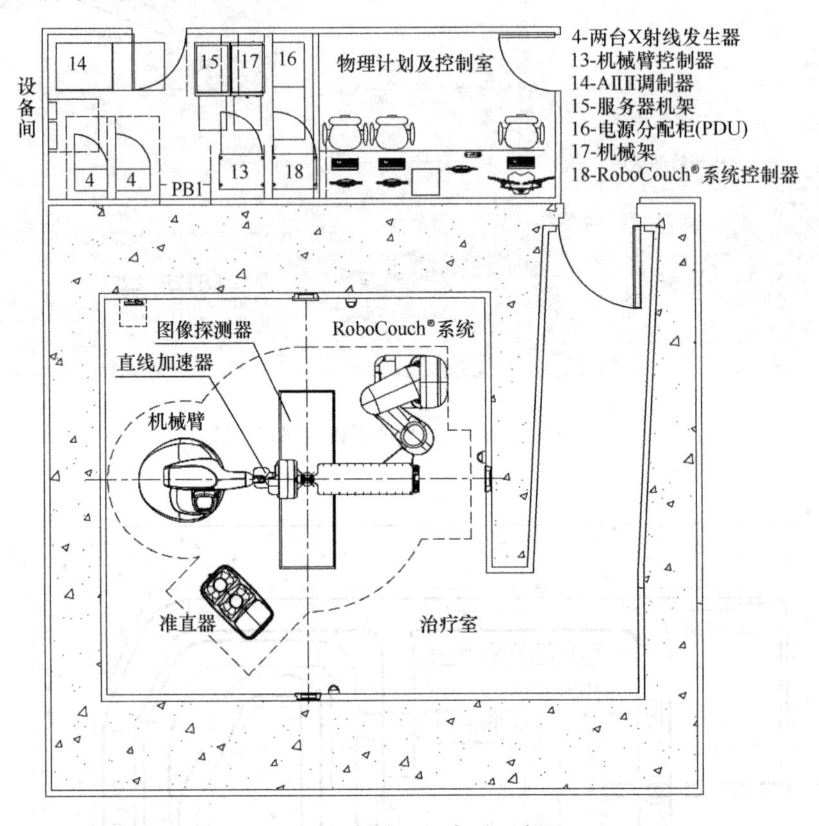

图4-62 射波刀机房平面布局

治疗室实景见图4-63，推荐机房尺寸7.32m(B)× 6.4m(C)×3.0m(A)。

ACCURAY Cyberknife M6的环境要求详见表4-32。表中X射线机可放在治疗室也

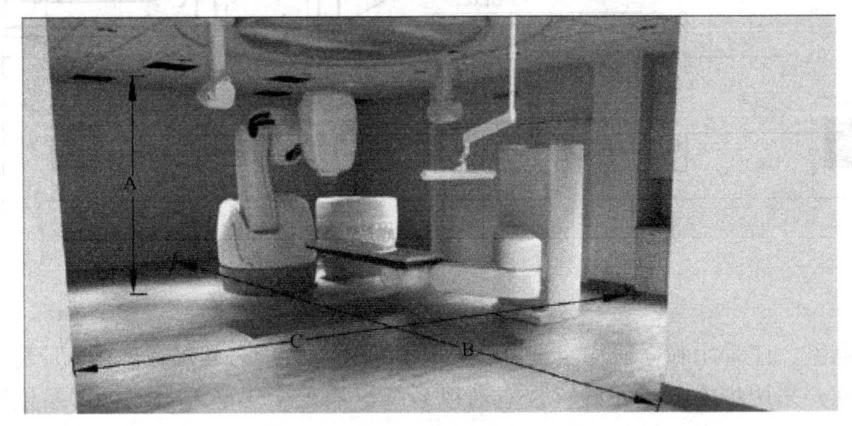

图4-63 射波刀治疗室

可放在设备间，RoboCouch®系统及其控制器是可选项，为便于读者根据实际情况统计不同房间的设备散热量，故将这两者的散热量单列。

射波刀机房环境要求　　表 4-32

型号	温度① (℃)		相对湿度 (%)	散热量 (kW)				最大功率 (kVA)
	治疗室	设备间		治疗室	X 射线机②	RoboCouch®系统控制器③	设备间④	
ACCURAY Cyberknife M6	10～24	≤21	30～70	1.06	0.322	1.377	8.5	55

① 治疗室、设备间都要求常年 24h 维持该温度范围。

② X 射线机可以放在治疗室或设备间，总共两台，表中散热量为两台合计的散热量。

③ RoboCouch®系统是可选项，如用户配置 RoboCouch®系统，则设备间应计入其控制器散热量。

④ 噪声最高可能达 90dB，机房应做好消声隔声。

根据其要求，设计时可将治疗室与设备间合用空调系统，采用独立的双压缩机系统的机房空调，并以设备间温度为调节控制依据。由于设备间噪声较高，因此进出设备间的风管应在设备间外设置消声器。治疗室新风可由机房空调单独引入新风，但由于设备间并不需要新风，而治疗室还需要排风，两者风量控制上有很大区别，因此笔者建议治疗室新风与科室的大新风系统合用，将治疗室的通风需求与机房的温度需求独立分开控制，这样控制策略明确，控制措施简单。

射波刀的射线能量与断层加速器一样为 6MeV，室内新风量也可取 $5 \sim 6h^{-1}$，室内排风口、系统排风出口相关注意事项参见第 4.7.2 节第 1 条。

4. 后装、^{60}Co、伽玛刀

这三种机房都是利用同位素发出的放射性 γ 射线进行治疗，室内温湿度按舒适性要求设计即可，设备散热量较少；治疗时，放射源在对患者病灶照射的同时，也会引起室内空气电离，产生臭氧等有害气体；停机时，放射源收回密闭屏蔽装置内，正常情况下不会有放射源泄露，但可能会有射线泄露；这三种机房设计主要考虑射线防护、有害气体排放，不会有放射性气体或气溶胶危害，因此排风也无需如核医学科那样特殊处理。

通风量计算，我国玛西普 SRRS 及 GMBS 型伽玛刀均要求排风 $3000m^3/h$。其他无明确要求的产品，通风换气次数可按 $6h^{-1}$，室内排风口、系统排风出口相关注意事项参见第 4.7.2 节第 1 条。

4.7.3 其他房间

如第 4.7 节开始所述，放疗科除了治疗机房外，还需配置模拟机房等治疗辅助房间，本节对这些房间设计稍作简介。

1. 模拟机房

模拟机房全称为模拟定位机房，其作用是在治疗之前利用 X 线、CT 等对病灶进行定位，以便医生分析图像确定治疗范围、使用剂量。近年来又出现 MR 模拟机，因此模拟定位机可分为三种：传统模拟定位机、CT 模拟定位机、MR 模拟定位机。前两者机房都要考虑 X 射线防护，MR 模拟定位机则考虑磁屏蔽、射频屏蔽、场地振动等因素，可分别参照第 4.5 节相应机房设计。

在设备散热量方面，传统模拟定位机需要模拟加速器的机架旋转、照射野指示、治疗床等机械运动，比普通 X 射线机散热量要大，如 ELEKTA PrieciseSIM 散热量为 2.1kW；CT、MR 模拟定位机与放射影像的 CT 机、MR 机散热量差不多，如 GE Discovery CT 590 RT 散热量为 10.3kW；Philips Ingenia 3.0T 磁体间散热量为 2kW，设备间散热量为 12kW，水冷机散热为 15kW。其他温湿度、通风要求均可参见第 4.5 节相应机房设计。

2. 铅模室

铅模室主要用于对直线加速器铅挡块的二次加工处理，容易产生铅粉尘，暖通专业设计时应预留独立的排风系统，排风量可按 $2500m^3/h$ 考虑，并建议在排风入口处设置不低于 Z1 中效的过滤器。

3. 办公用房

物理计划室是医生制订治疗计划的房间，室内人员、电脑较多，相对其他办公室散热量较大，设计时空调末端、新风量应有所考虑，其他均可按舒适性空调设计。

4.8 功能检查及超声

科室主要功能房间包括心电图、运动平板试验、B 超、彩超、脑电图、肺功能等检查室以及超声介入治疗室。这些房间的检查设备都是移动式或台式设备，设备散热量不大（见表 4-1），其中散热量较大的是超声检查，约 1kW 左右。科室对环境也没有特殊要求，可按舒适性空调设计。

超声介入治疗室是在 B 超的引导下细针穿刺，直接到达病灶区域，抽吸囊液或者注入药物，使囊肿萎缩消失，腺肌瘤或肌瘤经过注药变性坏死，临床症状随之缓解。由于采用的是细针，感染控制主要考虑的是器械消毒操作流程，一般不需要考虑空气洁净。

医院 B 超、彩超检查量都比较大，候诊区人员密度较高，通风空调设计要注意这个特点。根据医院不同等级、所处地区医疗资源等情况，建议候诊区人员密度按 0.4～$0.7p/m^2$ 取值，对于老旧城区改扩建的医院，建议取高值，新城区新建医院可取低值。

功能检查及超声科室通风空调系统可采用风机盘管加新排风系统，检查室通风量可按 $2h^{-1}$ 计算。

4.9 内镜中心

内镜是内窥镜的简称，通常将科室称为内镜中心，内窥镜是一根将图像传感器、光学镜头、光源照明、机械装置等集成一体的纤细管子，它可以经口腔进入胃内或经其他人体天然孔道进入体内，利用内窥镜可以看到 X 射线不能显示的病变。内镜中心主要功能房间包括支气管镜、ERCP、膀胱镜、胶囊内镜、肠镜、胃镜等内窥镜检查及治疗室。

4.9.1 简介

支气管镜直径约6mm，在施行咽喉局部麻醉后，可经由口腔、鼻腔、气管切开口放入。支气管镜可用于检查及治疗。检查项目包括：肺叶、段及亚段支气管病变的观察、活检采样、细菌学、细胞学检查、配合TV系统进行摄影，支气管镜附带有活检取样仪器，能帮助发现早期病变。治疗项目包括：取出气管内异物、抽取气管内分泌物及血块、配合激光装置切除支气管内肿瘤或肉芽组织、开展息肉摘除等体内外科手术。检查或治疗过程中可能会引起气管、支气管黏膜破损出血、炎性分泌物渗出等，要经常吸痰并用血氧仪监护，防止气管分泌物过多或声带水肿而发生窒息。

ERCP全称为：经内镜逆行性胰胆管造影术（Endoscopic Retrograde Cholangio-Pancreatography）。是将十二指肠镜经口腔进入，直至十二指肠乳头，由活检管道内插入造影导管至乳头开口部，注入造影剂后X线摄片，以显示胰胆管的技术。据北京友谊医院医生介绍，现在的胰胆管显像主要采用磁共振技术，ERCP已经由原来的检查手段变成治疗胰胆管的重要手段。ERCP可进行急性化脓性梗阻性胆管炎治疗、行胆管支架引流术、胆总管结石取石术等微创治疗，治疗时需要辅助C形臂X射线影像，因此机房设计应满足射线防护。

膀胱镜通过输尿管插管窥镜，可用于检查尿路、膀胱、肾盂，是筛查膀胱癌的重要手段；经导管向肾盂或输尿管注入12.5%碘化钠造影剂，可施行逆行肾盂造影术；膀胱镜治疗包括：膀胱内出血点或乳头状瘤、膀胱内结石、膀胱内小异物取出等。为方便患者，有条件的医院也在膀胱镜室配置C形臂，直接施行逆行肾盂造影术，这种情况下机房也应满足射线防护要求。

胶囊内镜是没有导管的胶囊形状的内窥镜，与普通胶囊药差不多，是用于检查人体肠道的医疗仪器。患者吞服后，胶囊随胃肠肌肉运动沿消化方向运行，拍摄图像，再把图像传至患者系于腰间的数据传输装置，胶囊在24h内随排便排出体外。

肠镜通常包括结肠镜、大肠镜，通过肛门进入直肠，用于检查大肠及结肠内部病变。通常说的肠镜不含小肠镜，小肠镜是经由口腔进入的。

胃镜经口腔进入人体，用于检查食道、胃和十二指肠的病变，胃镜也可使用活检钳取出病变组织送检。

内镜应经消毒灭菌后才能使用，内镜中心一般都设置有消毒室，部分适于压力蒸汽灭菌的硬式内镜及耐湿耐热的内镜附件清洗后送往中心供应消毒，软式内镜基本都在本科室内消毒灭菌。按《软式内镜清洗消毒技术规范》WS 507—2016的要求，不同系统（如呼吸、消化系统）内镜的清洗、消毒应分开设置，经肛门的肠镜与胃镜、ERCP等经口腔的内镜也应分开清洗消毒。虽然多数医院采用全自动清洗消毒机，可以满足不同类型内镜分开消毒，但仍有少量需要手工清洗或消毒，加上传统观念影响，因此内镜中心应设置两间清洗消毒室，消毒后用于存放的镜库可共用一间。内镜清洗消毒流程见图4-64（摘自《软式内镜清洗消毒技术规范》WS 507—2016）。图4-65为某医院内镜中心平面图，供参考。

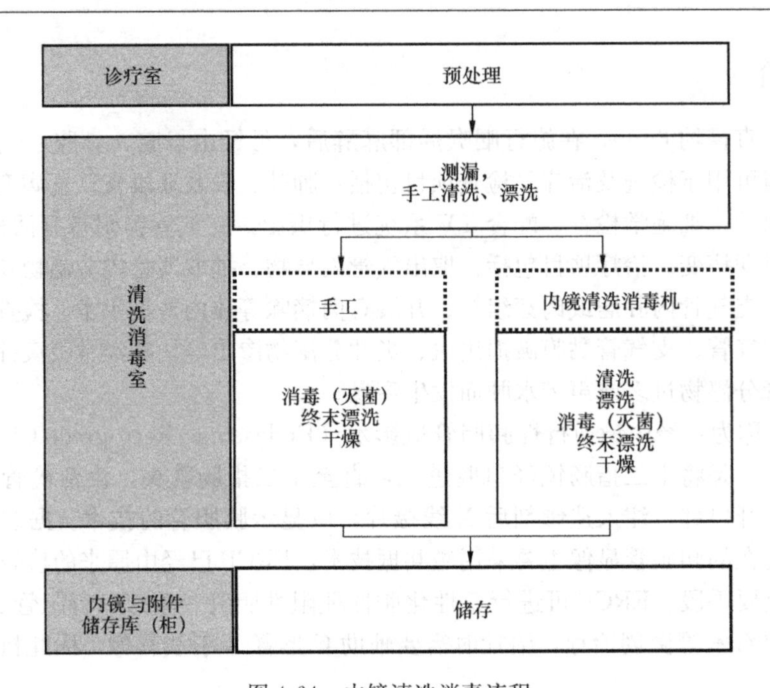

图4-64 内镜清洗消毒流程

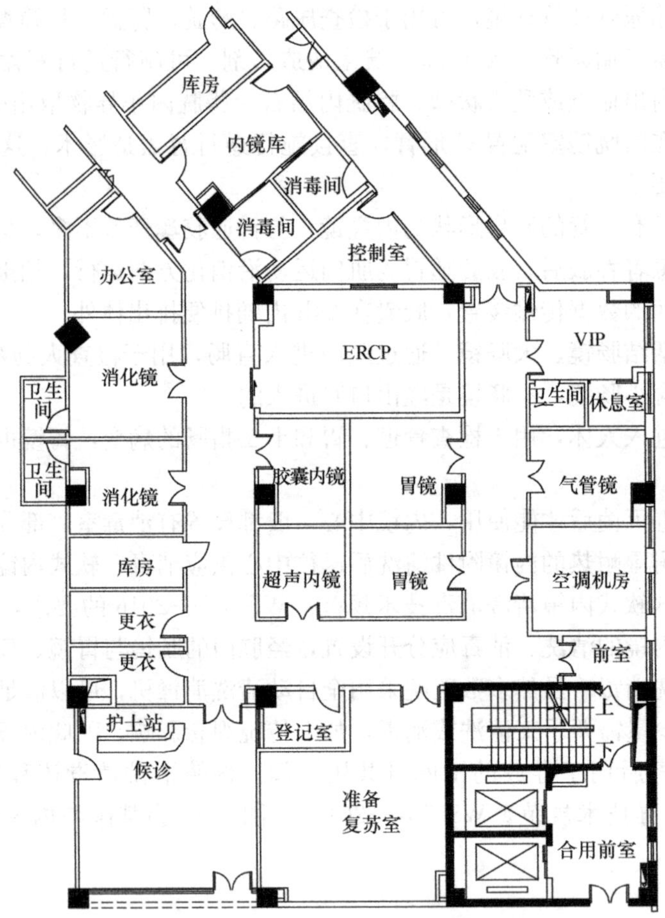

图4-65 某医院内镜中心平面

4.9.2 通风空调设计

内镜散热量约600W（见表4-1），检查治疗室对环境没有特殊要求，通风空调系统可采用风机盘管加新风系统。

内镜室中，医护人员的操作需要细致轻柔，注意力高度集中，工作强度较大；特别是ERCP、配有C形臂的膀胱镜，由于X射线辐射，医护人员多数情况下身着防护服，为了给检查治疗创造更有利的环境，夏季室内设计温度应适当降低1～2℃，其他房间均可按正常舒适性要求设计。

支气管镜室产生污染物较多，伴随吸痰、痰液收集过程产生异味及有害气溶胶，因此相对邻室应设计为负压；肠镜室内臭气较重，特别是患者内出血时臭气更重，房间相对邻室应设计为负压；膀胱镜经由易感染的尿路，为避免消毒后的导管在使用过程中受邻室污染空气感染，应设计为正压。

国内对膀胱镜室的通风空调设计还没有详细的要求，这里引用ASHRAE 170—2017对膀胱镜室的设计要求供参考。ASHRAE将膀胱镜室归类为外科与危重监护，不属于检查治疗类（参见本书附录D），与手术室作同等要求：房间正压至少2.5Pa，操作区域内设置单向向下集中送风，风量457～640m³/(h·m²)，送风覆盖范围应按手术台四边至少外扩305mm形成的区域［12in. (305 mm) beyond the footprint of the surgical table on each side］。另外，区域外还允许有其他送风，负责满足集中送风区以外的空间的温湿度要求，这部分送风量与集中送风量叠加后，应满足房间总换气次数为$20h^{-1}$的要求。房间的回风或排风应设置在面对面的墙下部，风口距地面203mm。按照ASHRAE 170的上述要求，除了空气洁净度没有要求外，膀胱镜室通风空调系统做法基本等同于我国Ⅲ级洁净手术室的要求。送风量的计算上，按手术台尺寸为1.8m×0.6m，计算送风覆盖区域尺寸为2.4m×1.2m，则集中送风量为1316～1846m³/h。ASHRAE对膀胱镜室有特殊要求的原因，笔者尚未得知，在各医院设计征求科室意见过程中，也没有医生对膀胱镜室提出有关要求，甚至于膀胱镜室的面积也差异很大，20～42m²的区间内大小都有，所以，有关膀胱镜室的设计可能需要进一步与医生确认，以上ASHRAE的要求仅供参照。

消毒室使用的消毒剂包括：邻苯二甲醛、2%碱性戊二醛、过氧乙酸、二氧化氯等溶液，这些消毒剂均有刺激性，多数可随水蒸气挥发。全自动清洗消毒机可在很大程度上降低人工清洗消毒所遭受的污染，但消毒后的内镜也会有部分残留，特别是开盖时蒸气污染依然存在。因此，消毒室应设置机械排风，排风量可按$6h^{-1}$计算。内镜中心的全自动清洗消毒机为常温清洗消毒，散热量较小，靠排风完全可以满足排热需求，室内没必要设置空调末端。

4.10 中心供应

中心供应是通俗称呼，正式名称为消毒供应中心，它是医院内承担各科室所有重复使用诊疗器械、器具和物品清洗、消毒、灭菌以及无菌物品供应的部门。

4.10.1 流程与布局简介

中心供应建筑设计中，建立安全屏障、实行物理隔离措施是贯穿始终的设计原则。房间和布局应该符合人流、物流、气流洁污分开的消毒隔离原则；应对污物、清洁物品、无菌物品施行严格的分类分空间管理，物品处理过程由污到净再到无菌存放，必须单向流程设计。

中心供应的物资及其来源有三方面：各科室送来的诊疗器械、器具，洗衣房（院内或院外）送来的敷料（敷料通常包括手术室、DSA、妇产科等部门使用的孔单、洞巾、治疗巾、无菌手术衣、大小单等医用棉布及其外包装棉布），外购的一次性物品。敷料及一次性物品均属于清洁物品，而诊疗器械、器具属于污染物品，因此在物品传递流程上要分开，从接收到发放的主要工作流程图如图4-66所示。

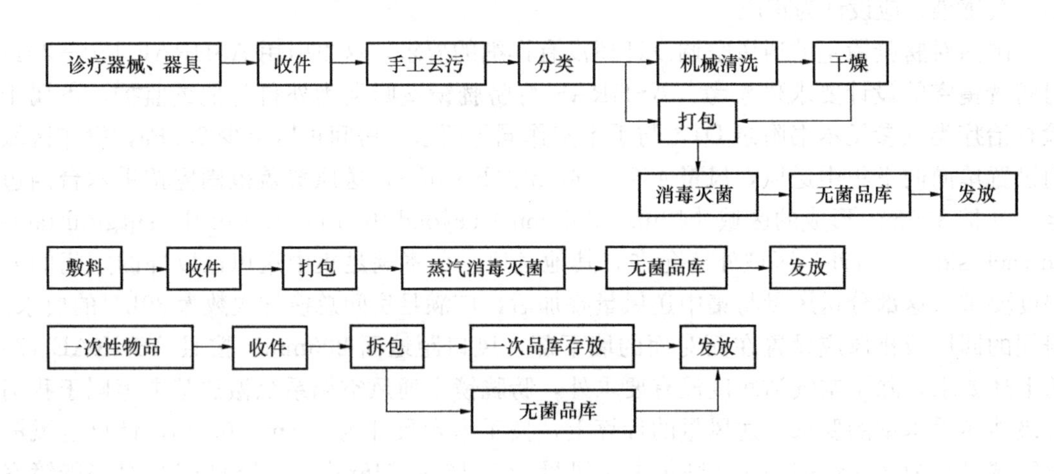

图4-66 中心供应收发流程图

上述清洗消毒流程基本决定了中心供应的平面布局，其中，灭菌后区域为无菌区，敷料存放、敷料打包、一次品接收及拆包区域均为清洁区，诊疗器械、器具的接收、去污、分类区域为污染区。

此外，平面布局还要考虑另一种灭菌措施，除上述的高压蒸汽消毒灭菌外，还有低温（不是人们常识中的低温，一般低温灭菌温度为40～60℃）灭菌。不耐热、不耐湿的物品经清洗、消毒剂浸泡后可采用低温灭菌。常用低温灭菌剂主要包括：环氧乙烷、过氧化氢低温等离子、低温甲醛蒸气。低温灭菌后的物品应经传递窗进入无菌品库。

图4-67为某医院中心供应室平面图。

4.10.2 通风空调设计

中心供应室通风空调设计应符合清洗消毒流程的需要，重点在于确保空气由无菌区向清洁区、污染区依次渗透，建议各主要空间的压力值为：无菌区10～15Pa，清洁区5～10Pa，污染区－5～0Pa，各区之间控制大约5Pa的压差。以下分别介绍中心供应通风空调设计要点。

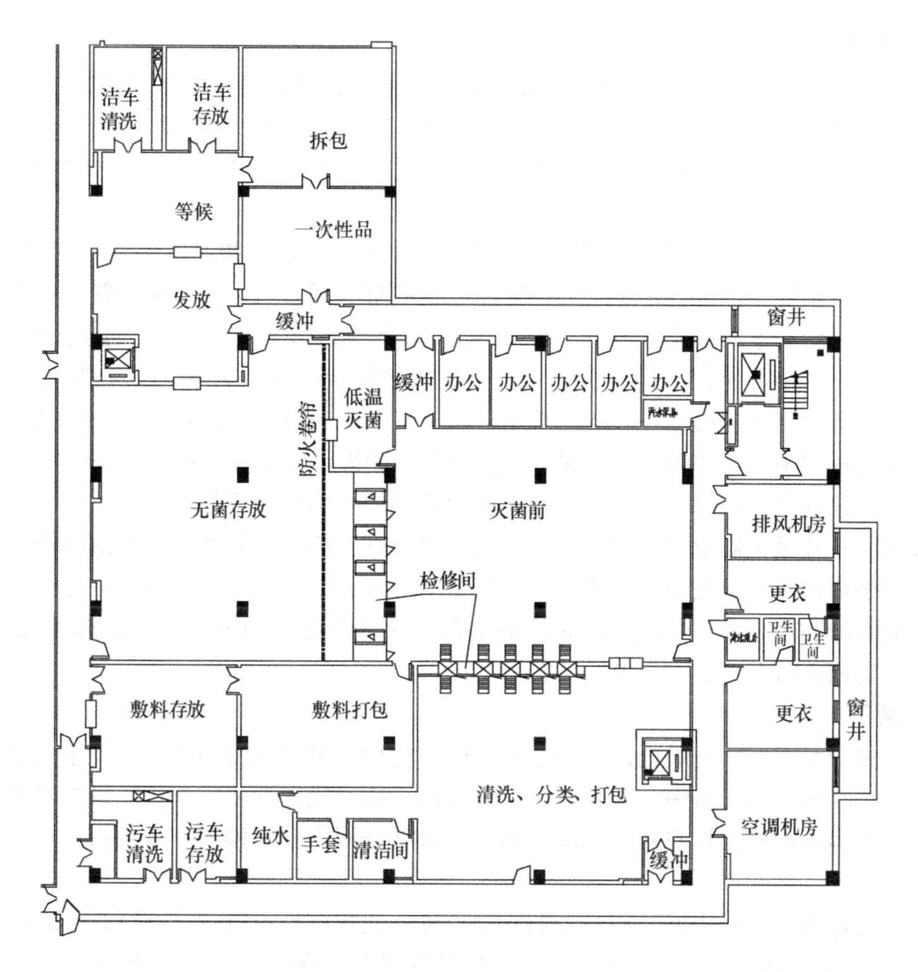

图 4-67 某医院中心供应室平面图

1. 温湿度

《医院消毒供应中心 第 1 部分：管理规范》WS 310.1—2016 参照美国 ANSI/AAMI ST 79：2010 医疗机构蒸汽消毒和灭菌保障综合指南（ANSI/AAMI ST79：2010 Comprehensive Guide To Steam Sterilization And Sterility Assurance In Health Care Facilities），给出各区域的环境要求（属于推荐性条款），如表 4-33 所示。

中心供应环境要求 **表 4-33**

工作区域	温度（℃）	相对湿度（%）	换气次数（h^{-1}）
去污区	16～21	30～60	≥10
检查包装及灭菌区	20～23	30～60	≥10
无菌物品存放区	低于 24	低于 70	4～10

由于表 4-33 的要求在 WS 310.1—2016 中明确为推荐性条款，在建筑工程领域，目前真正按其温度范围设计的并不多，我们无意去探究美国标准在我国的适用性，建议设计人员在选用空调末端容量时考虑一定余量，满足实际运行中能达到表中要求的温度范围。

2. 负荷特点

中心供应室空调负荷最大的特点是蒸汽灭菌器的散热和灭菌后物品的散热。

根据灭菌操作规程，在灭菌结束后，灭菌器内温度降至60℃以下，再经自然冷却10min以上，才能打开灭菌器，取出灭菌物品。物品取出后应放在铺有织物的台面上冷却一段时间使之降到室温，再进行下一步操作。可见，灭菌后物品虽不是高温状态下取出，但大量40～60℃物品的散热量也造成较大的空调负荷。灭菌后物品的散热量与物品种类、数量有关，医院日手术量则是决定灭菌物品数量的重要因素（中心供应一般根据手术部计划增加5～10台手术的供应量）。手术量也受到很多因素影响，在一些“过度医疗”的地区或医院，手术量可能翻倍的增长。可见，影响散热量的因素太多，也缺乏相关统计数据，无法准确给出灭菌后区域的空调负荷。根据经验及反馈信息来看，灭菌后区域的空调面积负荷指标在160～270W/m^{2}之间，差距较大。如果设计输入资料比较齐全，可参考王庆昌对某医院的中心供应室蒸汽灭菌器及灭菌物品的散热量计算的探讨[13]。

灭菌前打开灭菌器舱门装载物品时，舱内也有部分热湿负荷进入灭菌前区域，但相对散热量就小很多了；清洗设备的热量多数滞留在清洗液中，构成空调负荷主要是设备后门的辐射与对流散热，采用蒸汽煮沸的设备单台散热量大约1.5kW[14]。按经验数据，灭菌前区域的空调负荷在110～150W/m^{2}之间。

3. 通风

中心供应室的通风是暖通设计的重点，内容包括全室通风与局部通风。全室通风结合空调考虑，在本节第4条中一并介绍，本节介绍局部通风设计要点（排风量参考某知名品牌，本节内容中述及的检修间、灭菌器等名词可结合图4-67，能更直观理解）。

(1) 清洗设备

清洗消毒器及干燥柜（如有）的排气是间歇性排气，每个排气阶段的最开始不到1min内排气温度可达90℃，湿度100%，随后排气温度降为45℃，湿度小于50%。需采用局部排风罩与设备排气口对接，排风罩口尺寸可按300mm×300mm设计，排风量可按单台设备400m^3/h考虑。文献[13]中还给出大型物品清洗器排风量为2000m^3/h，长龙清洗器排风量为600m^3/h的建议，这些数据可供初设时参考预留。清洗器的排风属于工艺设备排风，在南方地区，建议考虑通过管道引入室外空气平衡这部分排风量；而北方地区由于冬季防冻问题，不建议引入室外空气来平衡，可通过检修门上设置自然进风百叶由污染区补风，在计算污染区风量平衡时应考虑这部分排风量。

(2) 蒸汽灭菌器检修间

检修间排风的目的是排除废热废湿，排风量可按单台设备700m^3/h考虑，或按换气次数30h^{-1}计算，空间体积可按维修间体积扣减蒸汽灭菌器体积计算（常用高温蒸汽灭菌器尺寸为0.9m×2m×1.98m）。检修间通风只是为了缓解内部高热高湿环境，采用室内空调空气补风不利于节能，且检修间运行时无需考虑防冻，因此，应引入室外空气进行风量平衡，进风口建议设置在检修间下部不影响检修的地方，检修间计算风量平衡时应考虑相对无菌区微负压。另外，为防止夜间室外低温空气侵入检修间，送排风机应连锁启停，并在送风管上设置电动保温风阀与风机连锁。

(3) 低温灭菌器

过氧化氢低温等离子最后分解产物无毒，但灭菌的物品材质、种类受限太多，应用较少，设计时不应只按过氧化氢等离子灭菌考虑。环氧乙烷、甲醛都是有毒的一类致癌物质，其灭菌器都有外排放废气的管道接口，设计时应考虑预留高空排放的路由，环氧乙烷灭菌器一般预留 DN25 镀锌钢管用于排出废气。

4. 空调

中心供应室空调系统至少应分为两套系统：无菌区的洁净空调系统、舒适性空调系统。

灭菌后操作区、无菌品库（也可与灭菌后合用）应设置洁净空调，空气洁净度等级为 8.5 级（相当于对 0.5μm 粒径的最大浓度限值为 11120962pc/m³，相当于原来的 30 万级洁净，有关计算参见第 5.1 节），满足Ⅳ级洁净用房要求。由图 4-66 所示的流程还可以看出，一次品库有些物品需要进入无菌区统一打包发放，因此，一次品库也建议纳入洁净空调系统。空调系统送风量可按 $12h^{-1}$ 计算，但应按空调冷负荷核算送风温差，建议送风温差控制在 6℃以内，最多到 8℃，若不满足，应按负荷计算送风量。洁净空调区域的新风量建议按 $3h^{-1}$ 计算，洁净区域的排风应单独设置，排风量可按新风量的 85%～90%计算，以便正压调试时有一定余量和灵活性。

去污区、灭菌前操作区等区域均设置舒适性空调系统，由于主要操作区工艺散湿量较大，有条件时应采用全空气系统，但中心供应室通风空调系统较多（参见本节第 5 条），建设方、建筑专业往往无法给出足够的机房面积，因此多数工程仍只能采用风机盘管＋新风系统。新风量可按 $2h^{-1}$ 计算。污染区的总排风量可按 $4\sim5h^{-1}$ 计算，如本节第 3 条所述，如果清洗器的设备排风靠检修门上的百叶由室内补风，则总排风量应扣减相应的这部分补风量。清洁区的排风量可按新风量等值计算。

5. 机房面积

因工艺多样化的需求，中心供应通风空调系统较多，基本必备的系统如表 4-34 所示。

中心供应室通风空调系统机房面积 **表 4-34**

系统编号	系统名称	服务对象	机房面积（m²）	备注
1	排风系统	非洁净区①	25～35③	建议污染区与清洁区分开设置系统
2		洁净区②		—
3		清洗设备		—
4		灭菌器维修间		—
5	送风系统	灭菌器维修间		
6	空调新风系统	非洁净区	≥25	建议污染区与清洁区分开设置系统
7	洁净空调系统	洁净区	≥27	—
8	排烟系统	全区域	≥15	—
9	排烟补风系统	全区域	≥15	—

① 非洁净区包括：去污区、污车清洗、灭菌前、敷料拆包存放、敷料打包、一次品拆包、低温灭菌间、洁车清洗、发放、办公。

② 洁净区包括：灭菌后、无菌品库、一次品库。

③ 全部风机落地安装时取大值，两台落地安装，两台吊装时可取小值。

由表 4-34 可见，中心供应室至少应设置 9 个系统，总机房面积至少 110m²，如果按洁污分设系统的原则，如表中备注的内容，则总计达到11个系统，机房面积将随之再增加。表中机房面积还是在空间高度、接管方向比较理想的条件下计算的，如果空间高度、接管方向不合适，机房面积将可能远大于表4-34中的数据。

暖通空调专业占据了中心供应将近10%的面积，给各方都带来很大压力，因此有必要提前知会建筑专业，建筑专业在与建设方、使用科室讨论功能布局时，对于是否能满足科室的面积要求（这也是每个科室第二关心的问题），做到心中有数。

6. 设计实例

图4-68和图4-69为某医院中心供应室通风空调设计实例。

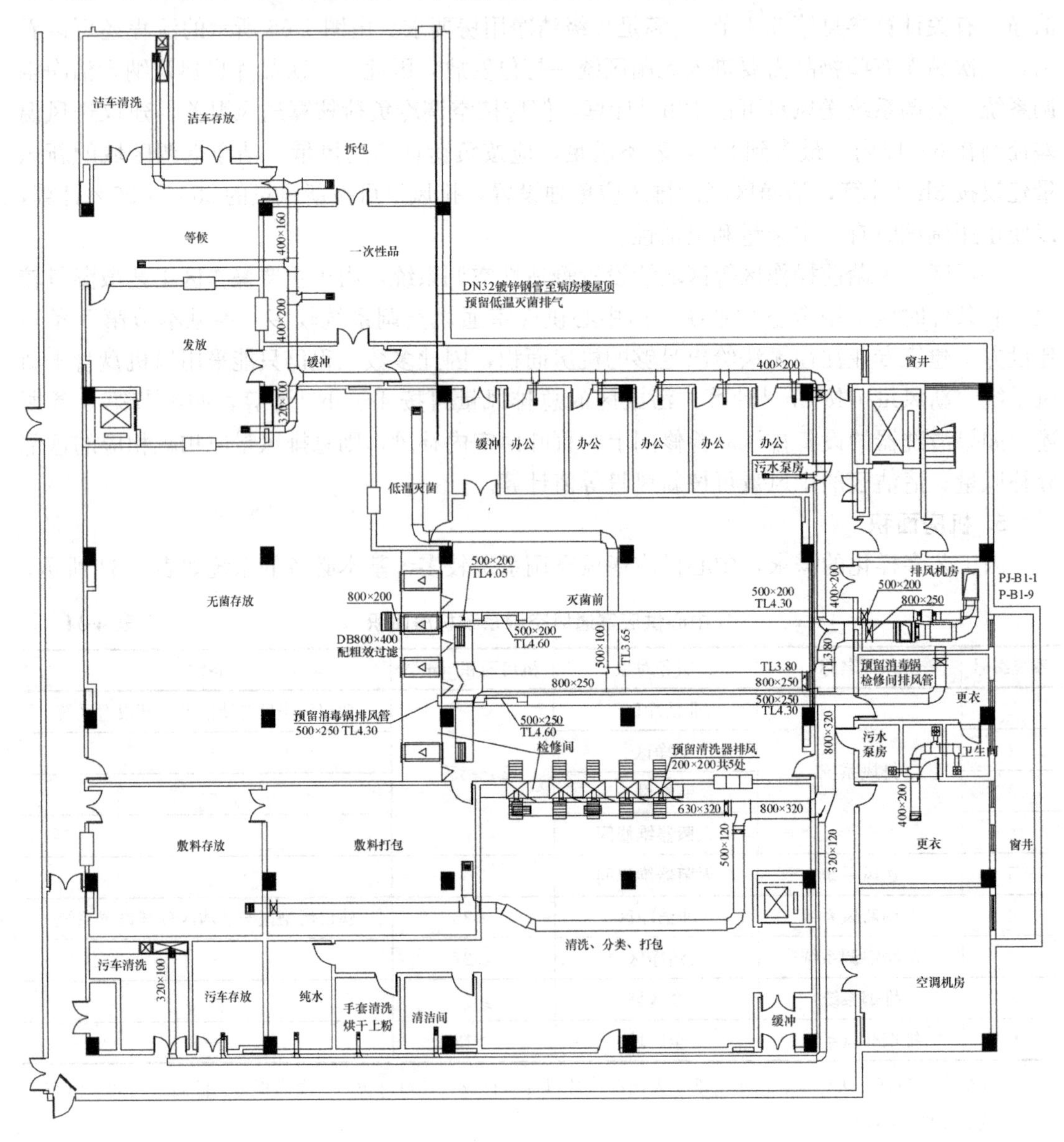

图4-68 中心供应通风平面图

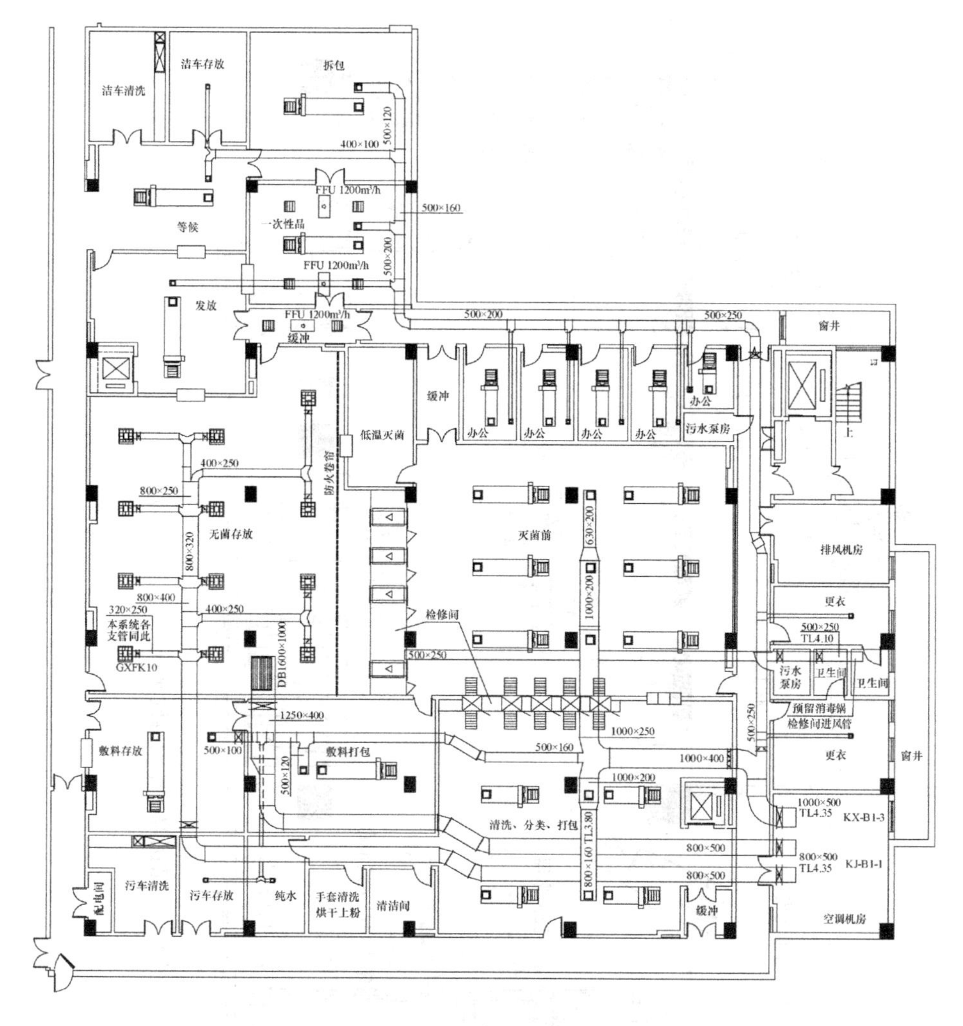

图 4-69 中心供应空调平面图

注：1. 图中为蒸汽灭菌器检修间预留的送排风系统，需待工艺设备确定后作调整、确定风机参数。

2. 缓冲间及一次品库设计 FFU，满足Ⅳ级洁净用房要求。

4.10.3 病床消毒间

在一些有条件的医院，可能还设有病床消毒间，病床消毒间通常独立设置在靠近护理单元处，很少见将其与中心供应室合并一处，但它与中心供应室在医院管理上同属一个科室，这里也一并介绍。

病床清洗消毒器是一台大容量设备，可将病床整体推入进行清洗消毒，设备全自动清洗、消毒一体化运行，消毒间分污染区和清洁区，中间为病床清洗消毒器及其检修间。需在检修间内预留排风管，单台设备可按 800m³/h 考虑，风管接口可按 DN200 预留，材质应耐热（排风温度约 50℃）、耐腐蚀。设备散热量约为 4.5kW，检修间内最高温度控制在 35℃，据此可计算检修间的排风量。检修间的排风与设备排风可合用系统，进风可由污染区室内进风。污染区与清洁区的空调为舒适性空调，新风量可按 $2h^{-1}$ 计算，污染区排风量按 $4h^{-1}$ 计算，确保空气由清洁区流向污染区。图 4-70 为某医院病床消毒间工艺平面布置。

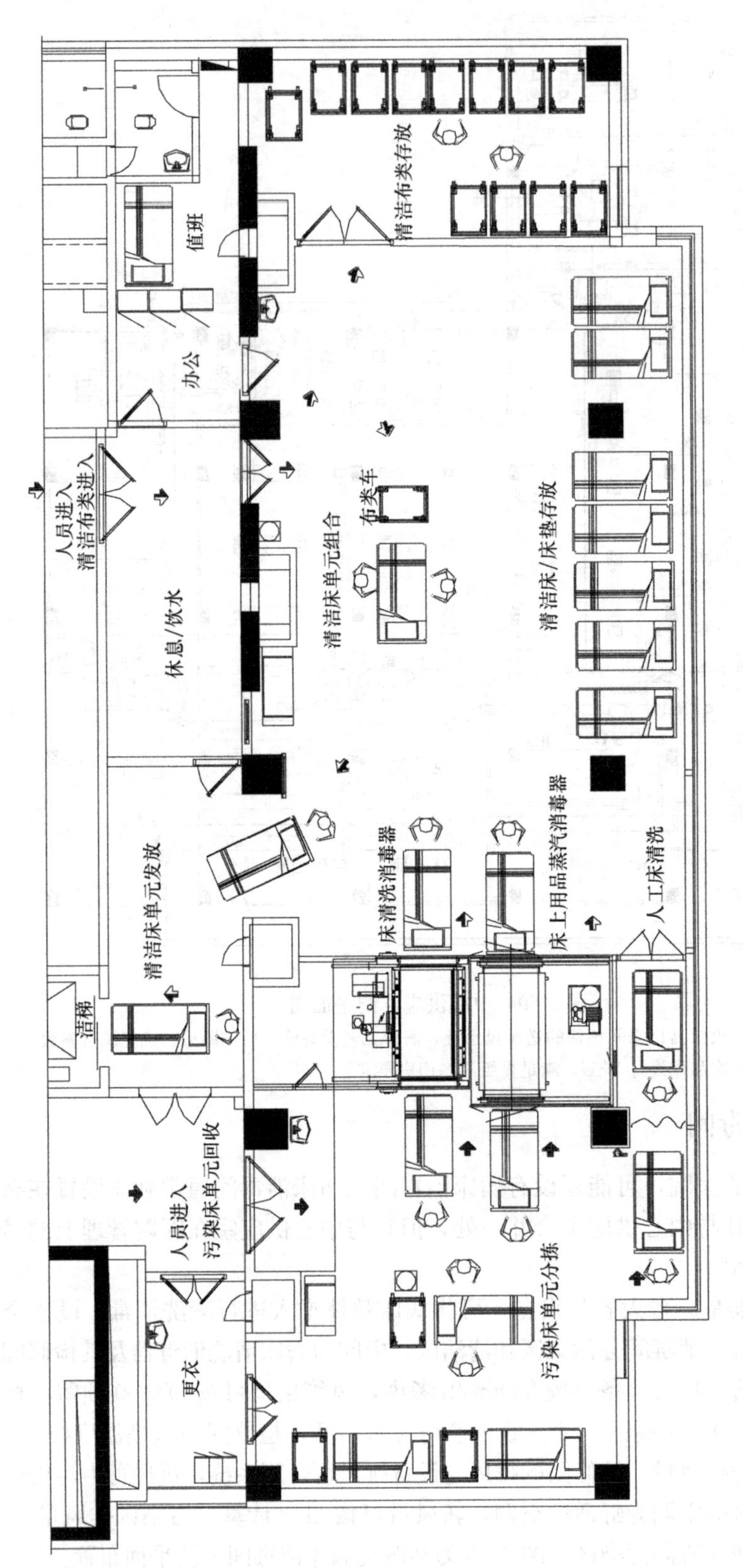

图 4-70 某医院病床消毒间平面

4.11 其他医技科室

本节主要介绍药剂科的配液中心、输血科、血透中心、病案室、药库的通风空调设计。

4.11.1 配液中心

1. 简介

配液中心全称为静脉药物配置中心，英文名称为 Pharmacy Intravenous Admixture Services，简称 PIVAS。主要包括：全胃肠外营养液、细胞毒性药物和抗生素等静脉药物的配置。医院配液中心一般包括全胃肠外营养液和抗生素静脉药物配置，以肿瘤治疗为特色的医院则以细胞毒性药物配置为主，但工程设计上常常分不清抗生素与细胞毒性药物，反映在图纸上就以抗生素代指包括细胞毒性药物和抗生素的静脉药物配置，由于细胞毒性药物和抗生素同属对操作人员有毒害的药品，防护要求相近，因此以下内容中，也以抗生素代指包括细胞毒性药物和抗生素的静脉药物。全胃肠外营养液英文名称为 Total Parenteral Nutrition，简称 TPN，有些建筑设计图上也把房间名称标为 TPN。

配液中心的布局主要由核心工作区、辅助工作区构成。上述全胃肠外营养液配置区和抗生素配置区构成配液中心的核心工作区。全胃肠外营养液通过静脉给液，帮助不能经消化道摄取营养或长期摄入量不足的病人补充营养，成分主要为氨基酸、糖、电解质及微量元素等，配制的过程不产生对人体有害的成分。而抗生素配置的原材料多数为对操作人员有毒害的药品，虽然有生物安全柜等防护设备，但室内空气仍不可避免地含有微量有害气溶胶。因此，从安全角度，根据 GB 50457 相关规定，全胃肠外营养液配置区和抗生素配置区应分别设置独立的洁净空调系统。

辅助工作区包括：排药区、校对打印区等。排药区药品柜比较密集，需设置单独房间放置有毒药品，毒性较强的药品还应放置在专用药品柜中。校对打印区是药师审核用药混合配伍、记录、打印标签的办公区。

2. 空气洁净度

配液中心的设计应遵循《医药工业洁净厂房设计规范》GB 50457 的要求。其最终产品通过患者静脉注射或静脉点滴进入人体，属于无菌药品。根据 GB 50457 相关规定，配液中心生产区空气洁净度应按 10000 级设计，一些关键操作应在 100 级洁净度环境下进行，局部 100 级洁净度环境由洁净工作台或生物安全柜提供。

注：根据目前《医药工业洁净厂房设计规范》有效版本对空气洁净度的表示方法，这里仍按该规范以 100 级、10000 级表示，相当于 ISO 的 5 级、7 级。有关空气洁净度分级的新、旧表示方法及换算详见第 5.1 节。

更衣间是否考虑空气洁净度、采用什么级别的空气洁净度，这个问题常常对初次接触洁净工程或洁净设计经验较少的同行造成困扰。以下谈谈笔者的理解，请读者指正。

更衣间分为一更与二更，从更衣管理流程来看，一更是更换外衣，穿上工作服的房间，到了二更才穿上洁净工作服。从规范要求来看，《医药工业洁净厂房设计规范》GB

50457—2008第9.2.11条的各细分要求中，均明确为“……洁净室（区）的更换洁净工作服室，换气次数宜为……”；参照《洁净厂房设计规范》GB 50073—2013，第4.3.6条“洁净工作服更衣室、洗涤室的空气净化要求宜根据产品工艺要求和相邻洁净室（区）的空气洁净度等级确定”；再参照《电子工业洁净厂房设计规范》GB 50472—2008第5.3.6：“洁净工作服更衣室的空气洁净度等级宜低于相邻洁净室（区）的空气洁净度等级”；以上各规范均已明确：洁净工作服更衣室（即二更）应纳入洁净区，而对一更并无明确要求。又参照《医院洁净手术部建筑技术规范》GB 50333—2013第5.3.1条：“医务人员应在非洁净区换鞋、更衣后，进入洁净区，……术前穿手术衣……”，可见，手术部的一更不属于洁净区。综上对各洁净设计规范的理解，笔者认为：一更不需要洁净，二更要洁净。

二更采用什么级别的空气洁净度呢？以上GB 50457、GB 50472都是2008年发布的，都明确二更“宜低于相邻洁净室（区）的空气洁净度等级”，且该规定都是参照GB 50073—2001中“洁净工作服更衣室的空气洁净度等级宜低于相邻洁净区1级～2级”，但这条规定在新版的GB 50073—2013中被删除，修改为“宜根据产品工艺要求和相邻洁净室（区）的空气洁净度等级确定”。既然GB 50457、GB 50472所参照的GB 50073—2001的条文已不复存在，显然其规定也就失去合理性，强行执行就未免牵强。追源溯本，再来看看GB 50073—2013，其修改条文的原因，“近年来，国内设计、建造的洁净厂房，一般是根据产品生产工艺要求或洁净厂房的布局情况按相邻洁净室（区）的洁净度等级确定洁净工作服更衣室的空气洁净度等级，还有……”。笔者理解，这是根据原条文在实际执行过程中收到一些不合理情况反馈之后，规范编制组作出的修改。但修改后的条文又失去执行标准，操作起来有时会无所适从。笔者建议：鉴于配液中心二更面积较小（一般不会超过$10m^2$），设计时可按等同于配液区的空气洁净度（即10000级）计算。

3. 辅助工作区空调系统

辅助工作区的排药区占用面积最大，以它为代表考虑空调系统设置，其他房间如药师办公室可灵活采用风机盘管+新风系统。

排药区温度应控制在18～26℃，相对湿度不应超过65%，新风量可按$2h^{-1}$计算；室内没有明显的散热负荷，空调系统宜采用舒适性全空气系统，避免风机盘管等形式的空调水管产生漏水隐患；气流组织可采用上送上回。

4. 全胃肠外营养液配置区洁净空调

全胃肠外营养液配置区的工作人员都需经过一更、二更，穿戴工作服、洁净工作服、口罩、帽子、手套，不利人体散热。因此，室内设计温度应适当降低，GB 50457规定10000级洁净度的区域温度应为为20～24℃，相对湿度应为45%～60%。建议设计取中间值，设计温度为22℃，相对湿度为50%。

全胃肠外营养液配置区洁净空调送风量可按$20h^{-1}$计算，根据经验，由于室内没有明显的工艺操作或工艺设备散热负荷，这个风量足以满足空气洁净度和消除热、湿的需要；区域内没有局部排风设备，新风量至少按$2h^{-1}$计算。

洁净空调系统的气流组织形式应采用上送下回，回风口建议设置粗效过滤器，回风口的位置应当与工艺专业协商，尽量使洁净工作台与回风口互相远离。一般可不设排风口，如需要，可设置在房间下部，由于排风量较小，也可设置在吊顶。

5. 抗生素配置区洁净空调

与全胃肠外营养液配置区同理，建议抗生素配置区设计温度为22℃，相对湿度为50%。

根据GB 50457第9.2.5条，抗生素配置区洁净空调应采用全新风直流式系统，避免有害有毒气溶胶在室内累积。风量可按$25h^{-1}$计算。区域内设有生物安全柜，对于肿瘤病的化疗药物和细胞毒性药物的配置，需采用专用的细胞毒素安全柜（参见第4.2.2节第1条）或ⅡB2生物安全柜，而抗生素药物配置可采用ⅡA2生物安全柜，通常细胞毒素安全柜、ⅡB2生物安全柜为单人操作（4英尺），ⅡA2生物安全柜为双人操作（6英尺），有关生物安全柜的技术参数及排风设计详见第4.2.2节。

抗生素配置区空调系统的设计，由于有了生物安全柜这个变数，使得系统的控制略显复杂，工作中也可见同行讨论室内排风变风量设计，甚至有工程实施室内变排风量设计。因此，这里有必要重申一个基本概念：生物安全柜的排风不能代替室内排风。把生物安全柜的排风与室内排风合并考虑，不仅加大系统的波动，难以保证室内空气洁净度与压差要求，而且还增加控制的复杂性与难度，这种做法是不可取的。

笔者认为，正确的做法是：室内排风定风量运行，全新风系统根据生物安全柜的启停变风量控制，且最小新风量与定风量运行的室内排风量之间满足室内负压要求。这样的系统控制策略简单清晰：新风系统的变风量控制只有生物安全柜一个输入变量。如果室内排风变风量设计，将增为两个输入变量，室内风量变化波动将会加大（任何控制系统都有一个响应时间）。

因此，抗生素配置区全新风直流式洁净空调的风量除了维持空气洁净度所需的$25h^{-1}$之外，还应加上生物安全柜的总排风量，不能将生物安全柜的风量代替或抵消室内总通风量。由于生物安全柜局部排风可能存在同时使用系数，也可能有启停（例如中午休息时间），为适应这种变化，也为了确保抗生素配置区相对邻室负压，全新风直流式洁净空调应采用变风量设计。考虑到传统变风量系统（风管静压控制或室内压力控制）对风量控制的滞后性，为缩短控制系统的响应时间，保证室内负压，不宜采用传统变风量系统的控制方法，建议将控制措施前置，在送风管上设置电动调节定风量阀，直接连锁生物安全柜的启停台数。电动调节定风量阀比风管静压或室内压力检测的响应时间短，反应快，而且调节到位后稳定性好，风量波动小，对维持室内负压值的影响小，适合于有局部排风且需要维持室内负压的场合。

抗生素配置区全新风直流式洁净空调系统的气流组织形式应采用上送下排，排风口位置应当与工艺专业协商，尽量使生物安全柜与排风口互相远离。

6. 设计实例

图4-71为某肿瘤医院配液中心通风空调系统设计。

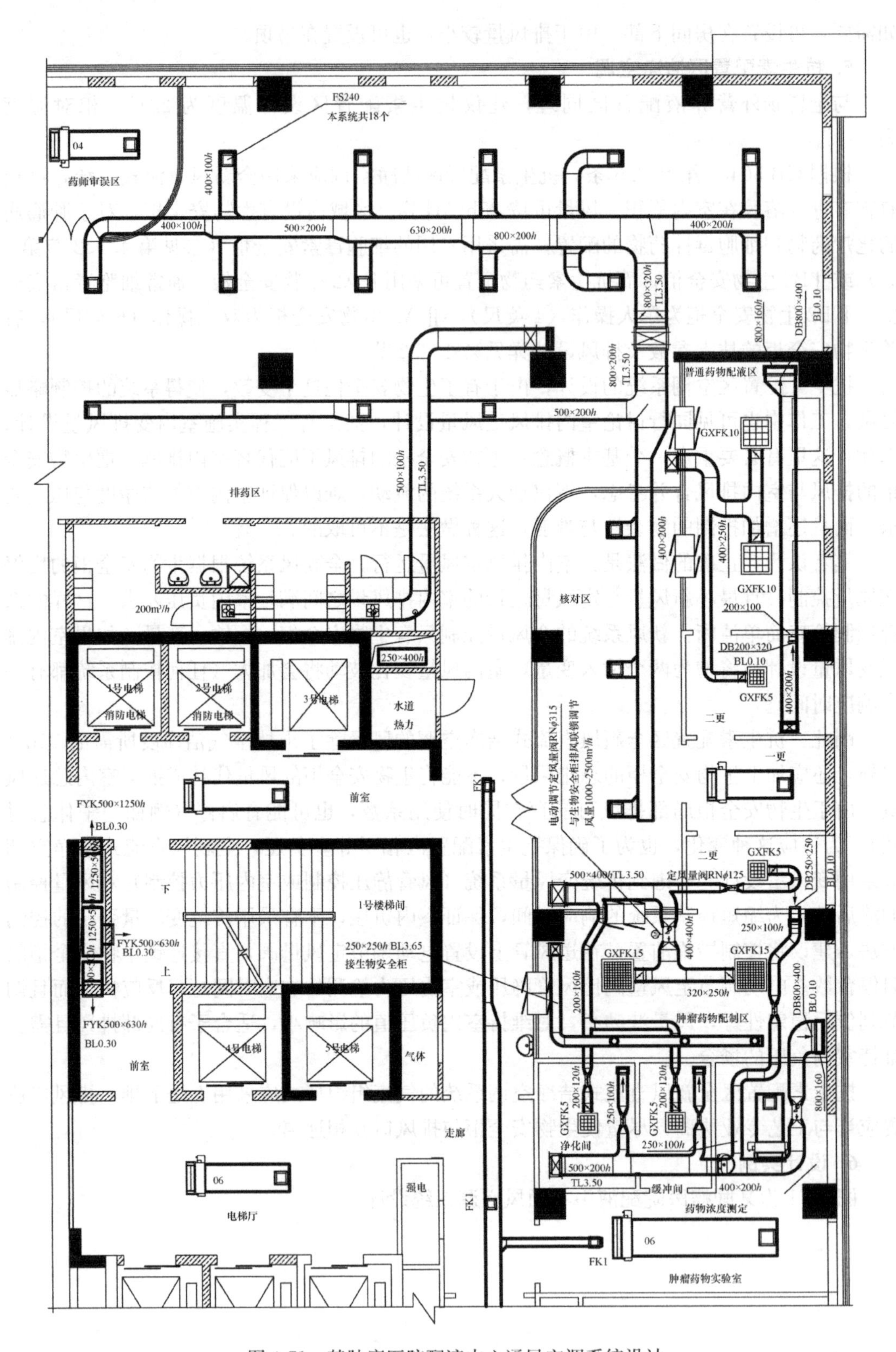

图4-71 某肿瘤医院配液中心通风空调系统设计

4.11.2 输血科

医院输血科通常又称为血库，主要负责临床用血的技术指导和技术实施，确保贮血、配血和科学合理用血措施的执行。各医院输血科工作内容差别较大，二级医院输血科还隶属于检验科，而大型、科研实力较强的综合医院的输血科不仅包括血液入库管理、输血前实验室检测和输血疗效与风险评估、输血反应的实验室检测以及监测和评估等工作内容，还开展与输血和移植相关的分子生物学检测、血细胞分离治疗、输血医学相关科研和教学等工作。常见的综合性医院输血科通常包括血库、血细胞分离贮存、配血、感染疾病筛查以及与输血相关的评估监测工作，本节内容据此作简要介绍及通风空调设计的简介。

医学上输血有个重要的概念：成分输血。是将血液的不同成分采用科学方法分离，依据患者病情的实际需要，分别输入有关血液成分。分离后的血液成分统称成分血，临床主要包括：红细胞、血小板、血浆。成分血的浓度和纯度高，有针对性，副作用小，是《临床输血技术规范》中明确要求积极推广的输血方法。成分血一般由医院制作，主要设备采用大型低温离心机或自动血细胞分离机，利用离心原理将全血分离为各种成分血。

成分血的存储温度要求比较严格，都是在专用的恒温设备中分类保存，不需要暖通专业设计恒温空调，常用成分血的保存参见表 4-35。

成分血保存　　表 4-35

品种	保存温度	设备
浓缩红细胞、少白细胞红细胞、红细胞悬液、洗涤红细胞、冰冻红细胞、新鲜液体血浆、全血	4±2℃	4℃冰箱或医用冷藏柜
手工分离浓缩血小板、机器单采浓缩血小板	22±2℃	恒温振荡保存箱
机器单采浓缩白细胞悬液	22±2℃	恒温保存箱
新鲜冰冻血浆、普通冰冻血浆、冷沉淀	≤ −20℃	低温冰箱

低温冰箱保存的血浆使用前需采用恒温解冻箱解冻、水浴融化等设备。以上恒温保存、解冻设备对室内环境要求不高，一般要求温度 10～30℃，不冷凝。

配血也是目前医院输血科的主要工作之一，常用设备包括台式离心机、细胞洗涤离心机等。

感染疾病筛查主要是对血液中乙肝两对半、丙肝、艾滋病、梅毒等病毒的检测，多数医院将这部分工作放到检验科统一检测，若输血科独立设置感染疾病筛查实验室，其通风空调系统设计可参照第 4.3 节相关内容，血液的 PCR 检测相对特殊，仪器需 24h 开启运行，空调系统应单独设置。

综上，输血科室内环境可按舒适性要求设计，主要设备如冰箱、离心机单台散热量都不大，数量通常为 2～3 台，形成的空调负荷都较小；空调系统可采用风机盘管等形式，新排风量按 $2h^{-1}$ 计算。

4.11.3 血透中心

血液透析简称为血透，是利用血液透析的方式，对慢性或急性肾功能衰竭患者进行肾脏替代治疗的场所。通过血液透析治疗达到清除体内代谢废物，排出体内多余的水分，纠正电解质和酸碱失衡，部分或完全恢复肾功能。

血透病人需先做动静脉内瘘手术，将前臂动脉和邻近的静脉作一处缝合，形成血流量充分（200～300mL/min）的血管通路，内瘘成熟（一般术后需1个月左右）以后才能接受血透。血透时在内瘘缝合处之上的动脉及之下的静脉各选取一处穿刺点，两处穿刺点构成血透的血液回路。

血透中心的布局主要包括功能区和办公区，功能区包括透析间、隔离透析间、水处理间、候诊、接诊、抢救室等，隔离透析间主要为乙肝、丙肝、梅毒等传染病患者使用；办公区包括医生办公、休息、示教等。血透中心平面布局如图4-72所示。

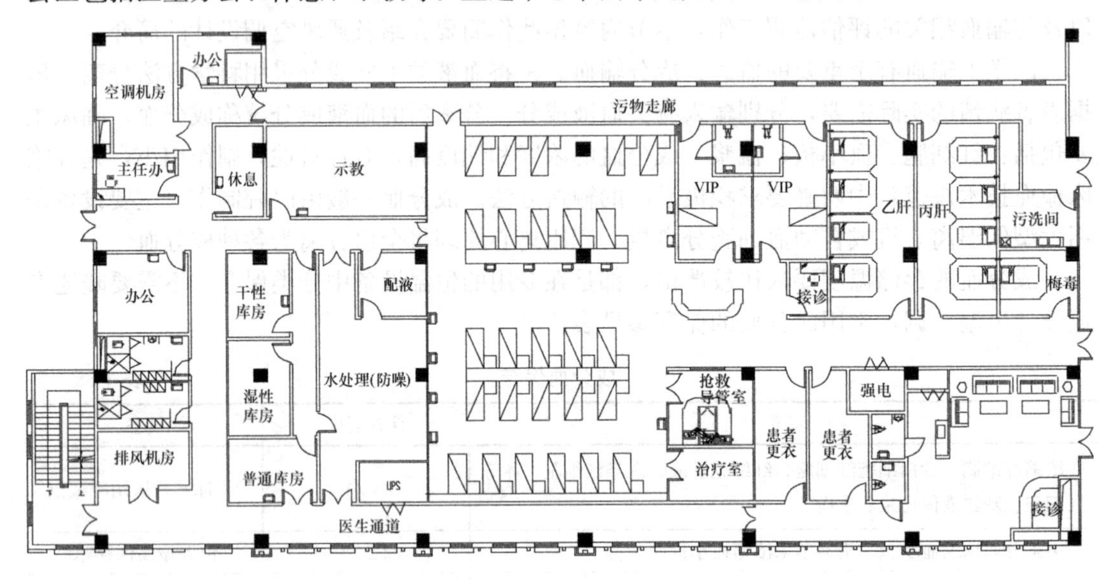

图4-72 血透中心平面布局

透析间需不需要空气洁净？早期有些项目是做了洁净空调的，依据是1994年卫生部的有关文件要求血透室与ICU同等环境，导致目前有些医生或暖通设计人员还认为血透应该设置洁净空调。笔者未能找到当时的卫生部文件，但笔者以为早期项目设置空气洁净可能是对卫生部文件的理解有偏差造成的。即使是最近，2012年发布的国家标准《医院消毒卫生标准》GB 15982—2012，在环境分类中，血透中心与消毒供应中心的无菌区、普通住院病房也是同属于Ⅲ类环境要求，对空气菌落数的要求是≤4CFU/皿（5min）。若是简单地以消毒供应中心的无菌区为参照的话，可能也会理解为血透中心应该设置洁净空调，但其实菌落数指标主要是检测各种消毒措施是否到位的一种标准，虽然空气洁净在滤尘的同时也截留病菌，可以说空气洁净措施是降低菌落数的一项措施，但不能反过来从菌落数指标要求必须采用空气洁净。此外，从血透治疗对患者的侵入也可以得到判断：只是采用穿刺针插入动静脉，与寻常体检抽血、输液的针穿刺并无太大区别，有什么理由要求血透就必须设置空气洁净呢？因此，血透间不需要洁净空调，只需设置舒适性空调即可。

透析间空调设计需要注意的是新风量的取值。大开间的透析间室内人员密度较高，除了患者外，参照2016年卫计委67号文，每台血液透析机至少配备0.5名护士，透析间的人员密度约为$0.2p/m^2$，按新风量指标$40m^3/h$计算，合计$8m^3/(h\cdot m^2)$，因此建议室内新风量至少按$2.5h^{-1}$计算。透析机在每位患者治疗结束后都需要消毒，消毒剂一般采用复合柠檬酸或次氯酸钠，会有少量酸性气体产生，室内应设置排风系统，排风量可等同新风量取值，按 2.5h^{-1}计算。空调系统可采用风机盘管等形式，气流组织为上送上回/排。

隔离透析间是通过接触或体液传染的传染病患者使用的透析间，病毒通过空气传播的可能性几乎没有，对通风系统没有特殊要求，所以不需要为其设置独立的通风系统，设计参数可按普通透析间取值。

4.11.4 病案室

病案室为病历存档处，室内多为密集库，需通风良好，建议通风量为 2h^{-1}。通常会设置气体灭火系统，需设置灭火后排风系统，有关灭火后排风系统设计注意事项可参见第 4.5.4 节。病案室可不设空调，但应设置除湿机，尤其是南方地区，必须保持室内干燥，不允许出现冷凝。

4.11.5 药库

药库包括一级药库和门诊、住院部的药房，一级药库暂存药厂送来的药品，根据门急诊、住院部计划需要的用药量送往药房，药房经验证无误后发放药品。药库应保持通风良好，不能自然通风时建议机械通风量为 2h^{-1}，毒品应单独设置房间存放，建议通风量为 6h^{-1}；中药库相对相邻的西药库应为正压，避免中药材受影响，若是中成药库房，可以不提压力要求。中药库一般可不设空调，西药库一般会有针剂存放，建议设置空调，室内设计温度可取为 27℃或 28℃，不设置空调的药库，都应设置除湿机，保持药品存放区相对干燥，不允许出现冷凝。药房直接为患者发放药品，工作人员长时间停留，应考虑设置舒适性空调。

第5章 洁净手术部

5.1 洁净手术室相关概念

国内医院设计单位多数为民用建筑设计单位，承接的工程项目很少涉及工业领域，因此对洁净工程不是那么熟悉，加上历史原因导致现在对空气洁净的一些传统称呼依然流传，而设计规范、科技论文却使用新的名词——洁净用房等级和空气洁净度等级，使得一些设计人有些混乱，因此有必要先把洁净基本概念厘清。

5.1.1 空气洁净度

1. 标准洁净度分级

空气洁净度级别通常采用国际标准《洁净室及相关被控环境 第一部分，空气洁净度的分级》ISO 14664—1 的分级规定，该标准将空气洁净度等级分为 9 级，以阿拉伯数字 1～9 表示，每一整数等级规定了不同粒径下的最大浓度限值。业内普遍认可这种表示方法，也逐渐将以前常用的 100 级、1000 级、百级、千级等说法统一为 ISO 表示方法。近几年来更新改版的标准规范包括《洁净厂房设计规范》GB 50073—2013、《医院洁净手术部建筑技术规范》GB 50333—2013、《综合医院建筑设计规范》GB 51039—2014 等，空气洁净度等级也都统一为 ISO 的表示方法。空气洁净度等级标准详见表 5-1。

空气洁净度整数等级 **表 5-1**

空气洁净度等级（N）	对指定粒径的浓度限值（pc/m³）					
	0.1μm	0.2μm	0.3μm	0.5μm	1μm	5μm
1	10	2	—	—	—	—
2	100	24	10	4	—	—
3	1000	237	102	35	8	—
4	10000	2370	1020	352	83	—
5	100000	23700	10200	3520	832	29
6	1000000	237000	102000	35200	8320	293
7	—	—	—	352000	83200	2930
8	—	—	—	3520000	832000	29300
9	—	—	—	35200000	8320000	293000

注：按不同的测量方法，各等级的浓度限值有效数字不应超过 3 位。浓度限值的含义是：在指定粒径情况下，对应某级空气洁净度等级，测量到的当量直径大于或等于该指定粒径的所有微粒的数量的最大值。例如，空气洁净度等级 5 级，若指定粒径为 0.3μm，则测量结果应该是：每 m³ 空气中当量直径大于或等于 0.3μm 的微粒总数不超过 10200 个。

指定粒径、浓度限值、洁净度等级三者的关系，可按下式计算

$$C_n = 10^N \cdot \left(\frac{0.1}{D}\right)^{2.08} \tag{5-1}$$

式中 C_n——对应指定粒径 D 的浓度限值，pc/m^3；

C_n——四舍五入到相近的整数，有效数字不超过 3 位；

N——空气洁净度等级，非整数时按 0.1 为最小允许递增量；

D——指定粒径，μm。

例如，对 0.5μm 微粒要求洁净度等级 8.5 级，可由式（5-1）计算浓度限值：

$$\begin{aligned} C_n &= 10^N \cdot \left(\frac{0.1}{D}\right)^{2.08} \\ &= 10^{8.5} \cdot \left(\frac{0.1}{0.5}\right)^{2.08} \\ &= 11120963\text{pc/m}^3 \end{aligned}$$

取 3 位有效数字，则最终计算浓度限值为 11100000pc/m^3。

2. 传统洁净度分级

我国洁净厂房设计规范最早在 1984 年 12 月发布，1985 年 6 月实施。该规范使用多年，该规范将空气洁净度等级分为四个等级：100 级、1000 级、10000 级、100000 级，在使用中为方便，又对应称为：百级、千级、万级、十万级。由于早期所有洁净工程都在使用这本规范，应用非常广泛，其中的各种称谓已成习惯，所有，现在仍然有很多人提到洁净工程还是称为百级、千级……。

设计人员在与医院交流中，常常听到医生说“我这要百级、要层流……”，为了真正理解使用需求，必须清楚传统的洁净度分级与现在标准分级的关系。

传统洁净度分级是以 0.5μm 微粒数除以 35（当时规范对浓度限值有效数字最多取 2 位）得到的整数命名的，例如，空气中含有的大于或等于 0.5μm 微粒数为 3500pc/m^3，计算空气洁净度就是 3500/35=100，即空气洁净度为 100 级。对照表 5-1，就是现在的 5 级洁净度。再如上面计算的 8.5 级的浓度限值为 11100000pc/m^3，变成传统洁净度就是：11100000/35=317142，相当于 30 万级。因此，新旧洁净度等级之间的对照可见表 5-2。

空气洁净度等级对照 表 5-2

新标准	传统标准
5	百级
6	千级
7	万级
8	十万级
8.5	三十万级
9	百万级

5.1.2 洁净用房分级

随着 2002 版《医院洁净手术部建筑技术规范》的颁布实施，洁净用房分级的概念逐渐为人们接纳并应用。洁净用房按空气中的细菌浓度分级，并以空气洁净度级别作为必要

保障条件。与电子工业的空气洁净不同的是，医院、食品等领域的空气洁净是以控制细菌浓度为最终目标的所有措施中的一项必要的、有较高保障性的措施，并非唯一条件。洁净用房对空气中细菌浓度的控制措施主要包括：

（1）科学合理的平面布局与空间物理隔离降低人体携带病菌的可能性，减少生物接触；

（2）人流、物流的流程控制降低交叉感染的可能性；

（3）合适的温湿度控制抑制病菌繁殖；

（4）控制空气中微粒与湿度，使病菌失去依附、滋生的条件；

（5）通过压差控制封锁病菌传播通道；

（6）严格的人、物消毒流程，降低人体携带病菌的数量。

洁净用房按动态或静态条件下的细菌浓度分为四个等级，称为Ⅰ、Ⅱ、Ⅲ、Ⅳ级洁净用房，各级洁净用房必要的空气洁净保障条件详见表5-3（摘自《综合医院建筑设计规范》GB 51039—2014）。

洁净用房空气洁净保障条件 **表5-3**

洁净用房等级	空气洁净度级别	换气次数（h^{-1}）		送风末级过滤要求
		要求值①	最大限值	
Ⅰ	局部5级，其他区域6级	截面风速根据房间功能确定		B类高效过滤器②
Ⅱ	7	17～20	24	高效或亚高效过滤器
Ⅲ	8	10～13	15	亚高效过滤器
Ⅳ	8.5	8～10	12	高中效过滤器

① 是《综合医院建筑设计规范》GB 51039要求的换气次数范围，最多不应超过1.2倍。

② 参照《医院洁净手术部建筑技术规范》GB 50333，高效过滤器对0.5μm微粒最低效率要求99.99%，即不低于B类。

洁净手术室的分级同样是四个等级，但手术区集中送风的概念使得手术室的空气洁净度分为两个区域，详见表5-4。

洁净手术室空气洁净保障条件 **表5-4**

洁净用房等级	空气洁净度级别		换气次数/（h^{-1}）		送风末级过滤要求
	手术区	周边区	建议值①	最小限值②	
Ⅰ	5	6	工作区截面风速0.2～0.25m/s		B类高效过滤器
Ⅱ	6	7	30	24	A类高效过滤器或亚高效过滤器（对0.5μm微粒的过滤效率大于99%）
Ⅲ	7	8	22	18	亚高效过滤器
Ⅳ	8.5		15	12	高中效过滤器

① 是笔者建议的取值，仅供参考。

② 是《医院洁净手术部建筑技术规范》GB 50333要求的最小换气次数。

5.1.3 过滤器

空气过滤器在洁净技术中起到关键性作用，我国把民用（不包括军事、核工业等）空气过滤器分为两大类：高效空气过滤器、空气过滤器，《高效空气过滤器》GB/T 13554—2008 与《空气过滤器》GB/T 14295—2008 为现行对应的两个国家标准。

空气过滤器分为四大类九小类；高效过滤器分为 A～F 六类，其中 D、E、F 又称为超高效空气过滤器，生物洁净技术常用的为 A、B 类。各种类型过滤器的主要性能参数见表 5-5 和表 5-6（根据 GB/T 14295、GB/T 13554、GB/T 6165 汇编）。

空气过滤器性能参数 **表 5-5**

类别	代号	额定风量下效率 E（%）		额定风量下最大初阻力（Pa）
粗效 4	C4	标准人工尘计重效率	$50>E\geq10$	50
粗效 3	C3		$E\geq50$	
粗效 2	C2	计数效率（粒径≥2.0μm）	$50>E\geq20$	
粗效 1	C1		$E\geq50$	
中效 3	Z3	计数效率（粒径≥0.5μm）	$40>E\geq20$	80
中效 2	Z2		$60>E\geq40$	
中效 1	Z1		$70>E\geq60$	
高中效	GZ		$95>E\geq70$	100
亚高效	YG		$99.9>E\geq95$	120

高效空气过滤器性能参数 **表 5-6**

类别		测试方法	特征粒径	额定风量下效率 E（%）	额定风量下最大初阻力/（Pa）
高效	A	钠焰法	质量中值直径 0.5μm	$99.99>E\geq99.9$	190
	B			$99.999>E\geq99.99$	220
	C			$E\geq99.999$	250
超高效	D	计数法	计数中值直径 0.1～0.3μm	99.999	250
	E			99.9999	250
	F			99.99999	250

在工程上，国外过滤器标准还存在一定的市场，也常接触到如“F8”等称谓的过滤器，这里顺便对欧洲、美国的过滤器标准作简要介绍。

欧洲过滤器包括两个标准：EN 779、EN 1822，分别是一般通风用过滤器、高效过滤器的标准，2012 年发布的 EN 779 包括 G、M、F 三组，分别为 G1～4、M5～6、F7～9，2009 年发布的 EN 1822 把原来的 H 组细分为 E、H 两组，加上不变的 U 组，变为：E10～12、H13～14、U 15～17。

美国过滤器标准为 ASHRAE 52.2—2017，与其他标准不同的是，ASHRAE 52.2 分别对 0.3～1μm、1～3μm、3～10μm 三个粒径段分别提出不同效率要求。例如，MERV12 要求效率值同时满足：35%（0.3～1μm）、80%（1～3μm）、90%（3～10μm）。

为便于读者辨识对照，表 5-7 列举了美国、欧洲和我国过滤器的效率对照，供参考。

中美欧三种标准过滤器近似对照表　　表 5-7

<table>
<tr><th>美国</th><th colspan="3">中国</th><th colspan="3">欧洲</th></tr>
<tr><td rowspan="2">MERV1～4</td><td>粗效 4</td><td rowspan="2">标准人工尘计重效率</td><td>$50>E\geqslant 10$</td><td></td><td></td><td></td></tr>
<tr><td>粗效 3</td><td>$E\geqslant 50$</td><td>G1</td><td rowspan="4">标准人工尘计重效率</td><td>$65>E\geqslant 50$</td></tr>
<tr><td rowspan="2">MERV4～8</td><td>粗效 2</td><td rowspan="2">计数效率（粒径≥2.0μm）</td><td>$50>E\geqslant 20$</td><td rowspan="2">G2～G3</td><td>$80>E\geqslant 65$</td></tr>
<tr><td>粗效 1</td><td>$E\geqslant 50$</td><td>$90>E\geqslant 80$</td></tr>
<tr><td rowspan="3">MERV9～13</td><td>中效 3</td><td rowspan="6">计数效率（粒径≥0.5μm）</td><td>$40>E\geqslant 20$</td><td>G4</td><td>$E\geqslant 90$</td></tr>
<tr><td>中效 2</td><td>$60>E\geqslant 40$</td><td>M5</td><td rowspan="5">计数效率（粒径≥0.4μm）</td><td>$60>E\geqslant 40$</td></tr>
<tr><td>中效 1</td><td>$70>E\geqslant 60$</td><td>M6</td><td>$80>E\geqslant 60$</td></tr>
<tr><td rowspan="2">MERV13～14</td><td rowspan="2">高中效</td><td rowspan="2">$95>E\geqslant 70$</td><td>F7</td><td>$90>E\geqslant 80$</td></tr>
<tr><td>F8</td><td>$95>E\geqslant 90$</td></tr>
<tr><td>MERV14～16</td><td>亚高效</td><td>$99.9>E\geqslant 95$</td><td>F9</td><td>$E\geqslant 95$</td></tr>
</table>

应当明确的是：所有国内应用的空气过滤器都应符合我国标准的要求，建议招标、采购文件避免使用他国标准，并要求投标方按照我国标准标示过滤器的额定风量、额定风量下的效率和初阻力。表 5-7 只是为读者日常中粗略辨识过滤器效率使用，并非提倡使用国外标准。高效过滤器是洁净工程的关键部件，更应执行中国标准，因此表 5-7 未列出不同标准之间的对照。

过滤器应用中的注意事项：

（1）过滤器建议按额定风量的 70%～80%选用，当设计风量与额定风量相差较大时，过滤器的初阻力应按"风量—阻力曲线"确定。对于高效以下的过滤器，其"风量—阻力曲线"并非线性关系，因此需根据具体产品、具体风量确定初阻力；高效过滤器的"风量—阻力曲线"接近线性关系，可按风量比例计算大致的初阻力。

（2）终阻力可按初阻力的 2 倍计算。

（3）医院的洁净工程属于生物洁净范畴，根据 GB/T 13554 的要求，医院使用的所有高效过滤器都应单台检漏。

（4）同一系统中，不同末级过滤器在设计风量下的阻力应相近，建议偏差不超过 5%。

5.1.4 新手术室名称

杂交手术室：是在实时影像（DSA）的指引下，采用介入技术联合外科技术手段的手术室。主要应用于心脏外科手术，引入介入技术可以减小创口面积，而且相比直视的准确度更高，从而缩短体外循环时间，甚至避免体外循环，提高整体疗效。杂交手术室通常为Ⅰ级手术室，如只用于心血管手术，也可按Ⅲ级手术室设计。

复合手术室：泛指配备先进医疗成像设备的洁净手术室，影像设备包括 DSA、内镜、CT、MR 等，比杂交手术室应用更广，其中 MR 复合手术室通常采用可移动的隔断分隔为手术区和磁共振影像区，要求占用建筑面积通常在 100m^2 以上。

术中放疗手术室：对于非根除性肿瘤、可疑非根除性肿瘤或手术不能切除的肿瘤，可以通过手术使瘤床暴露，医生通过限光筒精确设定照射区域，实现了手术切除与放射治疗的无缝连接，给予肿瘤、残留病变区以及可能产生转移或复发部位一次大剂量照射。术中放疗相比常规体外照射剂量更大、更彻底。

数字一体化手术室：是将医学、洁净、数字信息化三者完美融合，将所有关于患者的信息进行系统集成，使手术医生、麻醉医生、手术护士获得全面的患者信息、更多的影像支持、精确的手术导航、通畅的外界信息交流，为整个手术提供更加准确、更加安全、更加高效的工作环境，从而创造手术室的高成功率、高效率、高安全性。

这些新型的手术室基本都融合了先进的医疗设备技术，在设计中还需结合本书第4章中相关设备的需求。

5.2 手术室负荷

洁净手术部空调负荷最特殊之处就在手术室，其他辅助区域如走廊、预麻醉室、苏醒室等区域的负荷可按常规负荷计算考虑，此处不再赘述。本节主要分析手术室各项负荷构成。

5.2.1 人员负荷

手术是一项高强度的劳动，尤其对主刀医生，而护士劳动强度则相对较轻。因此，计算人员负荷时，建议按人数约取一半劳动强度为中等，另一半人数劳动强度为轻度。人员负荷计算参数见表5-8，由于人员负荷按非稳态方法计算，因此一天中的负荷特点是随着时间而增大；同时也与手术周转率有关，周转率越高，人体散热中的辐射热持续的时间越长，到下午的负荷就越大。手术室的人数及人员负荷计算结果参见表5-9。

人员负荷计算参数 **表5-8**

劳动强度	显热（W）	潜热（W）	全热（W）	散湿量（g/h）
中等	88	147	235	219
轻度	69	112	181	167

注：表中数据是按室内设计温度24℃查到的。在进行心脏、神经外科（开颅）手术时，外科医生常常要求降低室内温度，最低要求达到16℃。低温条件下人体散热以显热为主，因此即时冷负荷变小，散湿量变小。以室温16℃为例，Ⅰ级手术室仍按13人计算，即时冷负荷约为1.8kW，散湿量为1500g/h。可见，低温条件下人员散湿量的减少更为明显，从而导致热湿比线斜率更大，这对后面即将介绍的空气处理过程产生更大影响。

手术室人员负荷 **表5-9**

洁净手术室等级	人数	负荷		
		显热负荷（kW）	全热负荷（kW）	散湿量（g/h）
Ⅰ级	13	0.5～1.1	2.2～2.8	2500
Ⅱ级	11	0.4～0.9	1.8～2.3	2100
Ⅲ级	9	0.3～0.7	1.5～2.0	1700
Ⅳ级	6	0.2～0.5	1～1.3	1200

注：表中负荷给出一定范围，是由于一天中人员显热散热按非稳态计算得到的负荷变化，上午第一台手术的人员负荷最小，下午最后一台手术的人员负荷最大，切勿误以为这个负荷范围是医护人员数量变化引起的。之所以要计算出一天中负荷变化的范围，是为了更好地理解后面将要介绍的手术室可能在一天中不同时间段的冷热源需求。下一节的照明负荷计算同样出于这种考虑。

5.2.2 照明负荷

手术室照度要求较高，多数达到 700Lx 以上，参照表 2-10，建议照明负荷按 25W/m^2计算。从笔者近几年设计的项目来看，除了复合 MR 手术室，其他手术室的面积并未因为杂交手术室、数字化手术室的发展而显著变化，多数Ⅰ级手术室面积仍维持在 45～60m^2之间，Ⅱ级手术室面积为 40m^2左右，Ⅲ级手术室应用最广，面积差异也较大，常见 30～45m^2。照明负荷也是按非稳态方法计算，一天中的负荷特点与人员负荷类似。按面积计算的各级手术室照明负荷计算结果可参见表 5-10。

手术室照明负荷　　表 5-10

洁净手术室等级	面积（m^2）	照明负荷（kW）
Ⅰ级	45～65	0.5～1.7
Ⅱ级	40～45	0.4～1.2
Ⅲ级	30～45	0.3～1.2
Ⅳ级	20～27	0.2～0.7

注：表中负荷范围不仅考虑了面积因素，还考虑了照明散热按非稳态计算得到的负荷变化。

5.2.3 其他负荷

手术室还需计入设备散热负荷，设备负荷也应按非稳态方法计算，但设备散热主要为对流散热，辐射散热大约占 30%，且基础资料缺乏，所以这部分负荷只按网络资料以稳态方法计算，结果参见表 5-11。

手术室设备负荷　　表 5-11

洁净手术室等级	负荷（W）			
	观片灯	无影灯	功能监护仪	麻醉机
Ⅰ级	120	500	650	650
Ⅱ级	100	500	650	650
Ⅲ级	60	320	650	650
Ⅳ级	60	320	650	650

特殊的，如杂交手术室，将使用高频电刀、电动胸骨锯、体外循环机、变温水箱、自体血回收机、变温毯、心脏除颤器等设备，室内负荷将增加 1.3～4kW，复合 CT 手术室增加的负荷更多，这些新型手术室都需要结合具体的医疗设备考虑负荷。

5.2.4 手术室负荷汇总

洁净手术部上方通常为洁净设备层，手术室处于建筑内区，负荷计算可以忽略建筑围护结构负荷，因此，将表 5-8～表 5-11 各单项负荷汇总，并附加Ⅰ、Ⅱ级手术室常用的血袋温热器负荷 200W，就可以得到手术室大致的空调负荷，参见表 5-12。

手术室负荷 表 5-12

洁净手术室等级	显热负荷（kW）	全热负荷（kW）	散湿量（g/h）
Ⅰ级	3.1～4.9	4.7～6.6	2500
Ⅱ级	2.9～4.2	4.1～5.6	2100
Ⅲ级	2.2～3.6	3.5～4.9	1700
Ⅳ级	2～2.9	2.8～3.7	1200

5.3 新风系统

5.3.1 新风量

GB 50333 对手术室按单位面积给出最小 15～20m³/h 的新风量指标，需要注意的是，这不是新风量指标的范围，而是最低要求，手术室新风量还与压差、人员卫生需求、工艺有害气溶胶散发量等因素有关。

GB 50333 对手术室与相邻区域要求压差范围控制在 5～20Pa，从压力梯度关系分析，手术室、洁净区走廊、室外/非洁净辅助区构成三层压力关系，建议压差值为 5Pa，手术室相对洁净区走廊正压 5Pa，洁净区走廊相对室外/非洁净辅助区正压 5Pa。室内维持正压所需的风量与围护结构的密闭性相关，国内各种手册推荐值为 2～4h^{-1}，ASHRAE 手册提供漏风量计算公式［见式（1-1）］。通过大量测试调研，ASHRAE 得到的结论是：多数尺寸适中的病房的泄漏面积为 0.05～0.09m²，对于一个泄漏面积 0.09m² 的房间，维持 2.5Pa 压差所需的风量差为 250cfm（425m³/h）。图 5-1 为 ASHRAE 提供的房间泄漏面积—

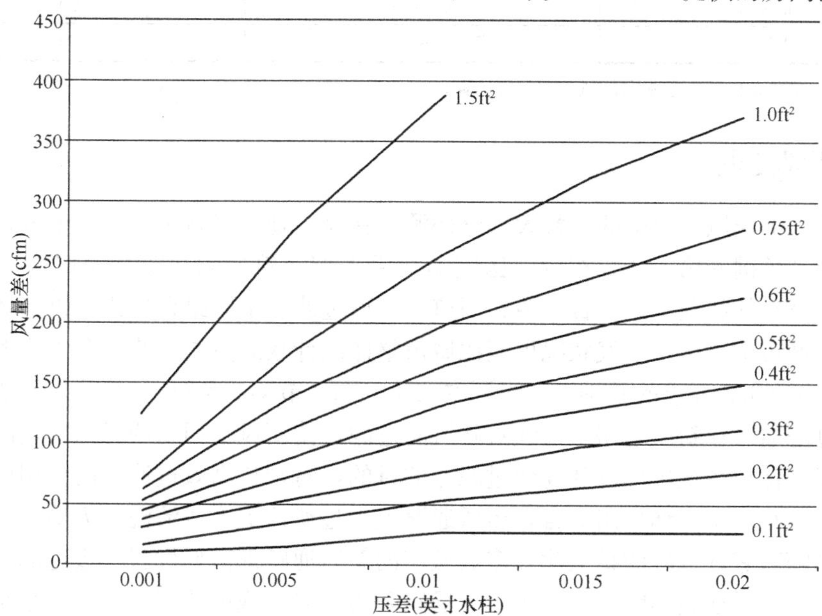

图 5-1 房间泄漏面积—风量差—压差关系

注：1ft＝0.3048m，1ft²＝0.093m²，1 英寸水柱＝249.1Pa，
图中 0.02 英寸水柱约为 5Pa，1cfm＝1.699m³/h。

风量差—压差关系图，供参考。

在压差一定的条件下，虽然提高围护结构密闭性可大大降低房间所需的风量差，但提高围护结构密闭性并非一件简单的事，影响手术室密闭性的主要因素包括：墙面及吊顶板材的搭接缝或拼接缝、门缝、电气开关插座、医用气体接口等，对密闭性提出更高要求将付出昂贵代价，并且对施工质量要求更高。根据上述 ASHRAE 的调研结果，由于手术室的密闭性明显优于病房，因此，可认为手术室泄漏面积不超过 0.07m^2，由图 5-1 可查出：压差 5Pa 时，风量差约为 425m^3/h。根据 GB 50333 的规定，手术室排风量不宜低于 250m^3/h，因此，建议手术室新风量不低于 700m^3/h。实际使用当中，Ⅳ级手术室通常为污染手术（肛肠外科等手术），一般不要求对走廊正压，反而可能要求负压，因此Ⅳ级手术室新风量可降为 600m^3/h。

在Ⅰ、Ⅱ级手术室，电刀的使用更为频繁，过程中产生异味、有毒的气溶胶，新风量的需求会更大。此外，近些年来利用麻醉机使用挥发性麻醉药的静吸复合麻醉法在Ⅰ级手术室全身麻醉的应用比例越来越大，挥发性麻醉药的排除也需要新风的补充。参照相关文献，笔者建议，Ⅰ级手术室的新风量可适当提高到 30m^3/（h·m^2），若按室内吊顶高度 3m 计算，相当于换气次数 10h^{-1}。表 5-13 列出常见手术室的建议新风量，供参考。

手术室建议新风量 **表 5-13**

洁净手术室等级	面积（m^2）	新风量建议值（m^3/h）
Ⅰ级	45～50	1200
	50～65	1500
Ⅱ级	40～45	1000
Ⅲ级	30～45	700
Ⅳ级	20～27	600

注：空气传染疾病的负压手术室新风量需另行计算。

5.3.2 新风处理

洁净手术部送风气流中的尘粒大部分来源于新风，处理好新风的含尘浓度，就抓住了空气洁净处理关键的第一步，根据《医院洁净手术部建筑技术规范》GB 50333，新风宜根据当地环境空气状况分别设置一道、两道或三道过滤器串联组合形式。以笔者体会，医院多数处于城市中心区，空气状况可能比城市整体统计数据更差一些，含尘浓度更高，因此建议在 GB 50333 要求的基础上，参照本书第 2.3.4 节第 2 条第（3）款建议的新风过滤组合设置过滤器。在新风通路上加强对新风的过滤，使新风与回风两者的含尘浓度大体相当，真正起到保护系统中部件和高效过滤器的目的，对延长高效过滤器的使用周期有明显的效果；而且相对于空调机组而言，新风通路上的过滤器更换或清洗更为简便。

近年来随着雾霾区域的扩大化，多数城市的新风通路都需要设置三级过滤器，由此带来的问题是：新风通路的阻力远大于回风通路阻力，对常规做法来说，一是很难保证新风量的供给，再者空调机组送风机要克服新风三级过滤器阻力，压头要求太高，也会导致噪声增加，因此系统中增设新风送风机已成为必然之举。对手术部的每个空调系统分别设置新风三级过滤及相应新风送风机显然不是经济的做法，采用新风机组集中处理新风可以简化系统、节约初投资。根据手术部使用功能的分区，兼顾到简化控制对象之间的联系，新风机组的设置建议分为两类：一是专供各间手术室，二是供洁净区走廊及辅助用房，这两类均可按手术部规模考虑设置适量的台数，建议Ⅰ级手术室设置独立的新风机组，其他新风机组单台风量不低于 2000m³/h。

新风相对集中由新风机组供应以后，就引出是否要对新风冷热处理的问题。夏季对新风的冷处理，如果只是处理到室内等焓状态，洁净空调机组仍然是湿工况运行，似乎意义不大，反而多出一处湿盘管。如果能处理到新风完全承担室内湿负荷状态，使得洁净空调机组再无冷凝水，断绝病菌滋生场所，这将是最佳方案。工程上有的项目为了达到新风深度处理的目的，采用直接膨胀制冷盘管，对此应当谨慎，万一制冷剂泄露，对手术部的影响巨大。热处理是为了避免在洁净空调机组内部与回风混合时产生冷凝，一般加热到5℃。需要特别注意的是：如果考虑对新风进行冷、热处理，一定要分为冷、热两个盘管，否则由于冷热水流量相差较大，要么盘管冻结，要么新风过热形成额外的制冷需求。

在北方地区，未经加热的新风管道也要注意保温，避免冬季低温空气造成管道外表面产生冷凝。

有关新风取风口的注意事项，请参见第 1.4.1 节，另外还要注意的是：新风机组和洁净空调机组通常设置在设备层，有些项目设备层外墙相邻的是医技楼的屋面，屋面与设备层外墙的墙角处经常有雨雪、鸟粪积存，成为病菌滋生的温床，因此，GB 50333 要求“新风口距地面或屋面应不小于 2.5m”。虽然近几年执行新的面积计算标准以后，多数新设计的设备夹层的层高已经提高到 3m，但这个层高扣除结构梁高、建筑面层之后，可利用净高也不足 2.5m，与 GB 50333 的要求仍然不符，因此，设备层相邻于屋面的外墙不应设置新风吸入口。这点在工程上常常被忽略，应当引起注意。

5.4 冷热源

5.4.1 风机得热负荷

众所周知，计算负荷≠冷热源容量，除了新风负荷、管道损失，洁净空调系统还有一个容易被忽略却影响很大的负荷：风机得热形成的负荷。

风机得热负荷包括两部分：风机输入功率和电机散热负荷。风机输入功率一部分转化为空气的机械能，另一部分用于克服风机内部损失，这两部分最终都转化为热能。对于电机，如果不在输送气流内，可不计电机散热负荷，但洁净空调机组出于漏风等因素的考虑，风机的电机一般处于气流之内，因此电机散热负荷也应考虑在内。

综合以上分析，风机的得热负荷应按电机输入功率计算，参见式（5-2）。

$$Q=\frac{GP}{3600\eta_1\eta_2\eta_3} \tag{5-2}$$

式中 Q——得热负荷，W；

G——风量，m³/h；

P——风机全压，Pa；

η_1——风机效率，洁净空调机组的风机效率可按0.55～0.62取值，一般风量越大，效率越高；

η_2——电机效率，根据《中小型三相异步电动机能效限定值及能效等级》GB 18613—2012的规定，η_2可按0.85～0.9取值，电机功率越大，效率越高；

η_3——传动效率，离心风机一般采用皮带传动，η_3=0.95，若采用直联式无蜗壳离心风机，则η_3=1.0。

根据式（5-2），为便于直观了解，表5-14列举了几个典型风量下洁净空调机组的风机得热负荷计算结果，供参考。

典型风量下洁净空调机组的风机得热负荷 **表5-14**

风量（m^3/h）	全压（Pa）	风机效率η_1	电机效率η_2	传动效率η_3	得热负荷（kW）
2500	1050	0.55	0.85	0.95	1.64
4500	1050	0.58	0.88	0.95	2.71
9000	1050	0.6	0.9	0.95	5.12

由表5-14计算结果可见，随着风量加大，风机得热负荷也变大，其中Ⅰ级手术室甚至接近表5-12汇总的室内负荷！因此，应重视并详细计算洁净空调的风机得热负荷。

5.4.2 冷源

1. 通常考虑

从初投资、冷源保障性、设备利用率等方面考虑，手术部冷源应当结合集中冷源统一考虑。在夏季，通常由大楼的集中冷源提供。春秋季，如果大楼还有供冷区域（如：大面积内区、其他洁净空调区域），则需要汇总负荷，根据负荷量大小确定冷源形式。一般情况下，大楼的集中冷源应配置小型螺杆机，以适应过渡季负荷需求；当过渡季汇总负荷偏小时，可单独设置风冷冷水机组作为冷源。在冬季，除非地处夏热冬暖地区，或洁净空调区域面积较大，负荷量较大，才会采用水冷冷水机组；若只是一般的洁净手术部，通常采用风冷冷水机组。

手术部的冬季冷源，应当是冬季专用而非全年专用，夏季仍然由集中冷源供应，一般情况下，这样的系统能效要更高一些。以下主要分析冬季冷源的选择与应用。

2. 冬季冷源

手术室常年存在室内散热负荷，这个特点使得手术室需要全年送冷风。在冬季，冷源形式应根据气候分区来考虑。

首先需要明确一个基本概念：送冷风与季节无关，也不等于需要动力冷源。年轻设计师常常忽视这一点，或认为冬季怎么还要送冷风？或认为送冷风就得开冷机供冷。送冷风的意思是送入比室内温度低的空气，只要室内存在余热，送风就是送冷风。在冬季，除了动力冷源，还有天然的冷源——室外低温空气，未必就一定要开冷机。

洁净手术室是否需要动力冷源，取决于室外空气参数，当新风足以消除系统负荷（包括室内余热、余湿、管道损失、风机得热）时，就不需要动力冷源。

在夏热冬暖地区和温和地区的冬季，绝大多数时间内新风不足以消除室内余热、余湿，这些地区冬季应启用动力冷源。

在夏热冬冷地区、寒冷地区、严寒地区的冬季，是有条件利用低温新风作为冷源的。在这些地区应根据室外气象参数、手术室的新风量、手术室的负荷进行计算，才能确定是否需要动力冷源。以下针对这些地区的冬季冷源进行分析。

在这些地区，考虑到低温新风与回风混合过程可能会产生冷凝（即使 *h-d* 图上的室内外状态点连线没有穿越“雾区”——100%相对湿度线，也不代表混合过程不产生冷凝），而冷凝不仅对系统内的设备、材料有影响，还影响后续的加湿负荷，还成为病菌滋生的最佳场所。因此，在洁净空调中应当杜绝系统内冷凝产生。为确保不产生冷凝，可以采取以下保险措施（这是笔者的保守建议，仅供参考，欢迎讨论）：第一，室外温度按极端最低温度考虑；第二，极端最低温度与室内设计状态点连线不穿越 85%相对湿度线。注意这只用于判断冷凝，不要把极端最低温度当成计算温度，在设计计算中，室外温度仍采用 GB 50736 的“冬季空气调节室外计算温度”。

采取以上保险措施，基本可以杜绝冷凝产生，但多数城市就很难满足第二点，因此需要先预热新风。设计中一般将新风预热到 5℃，这样新风作为天然冷源的初状态就不是室外设计温度，而是按 5℃计算。对于不需要新风预热的城市（例如重庆），可以最大限度利用低温新风冷量，在手术室负荷、新风量相同的条件下，相比新风需要预热的寒冷地区，这些城市冬季需要动力冷源的时间反而减少。于是，可能会产生一个奇怪的现象：冬季长春的手术部要制冷，重庆反而不需要。对于这种反常规的现象，一定要仔细分析原因，搞清问题本质，不要因为反常规而立马否定，否则就容易出错。

从两个典型城市的对比，可以得出结论：手术部是否需要动力冷源，不是由它所在地区决定的，需要新风预热的寒冷地区供冷的可能性反而更大。但这里有个前提：新风量一定。于是，又产生另一个思路：对需要新风预热的地区采用加大新风量的方法取代动力冷源。新风还是预热到 5℃，加大风量，新风可提供的冷量自然加大，就不需要动力冷源了。这是一个可行的办法，但同时也要注意到：(1) 加大新风量意味着预热量随之增加，(2) 新风量加大则新风的过滤能耗加大、过滤器更换费用增加，(3) 按规范要求的过滤组合，新风的含尘量还是高于洁净区的，加大新风量可能影响洁净度，因此而加强新风过滤又会增加新风的过滤能耗。所以，不同地区还要有区别地进行技术经济分析，才能确定更佳方案。

通过上述分析可见，冬季利用新风作为冷源，系统情况略微复杂，限于时间、精力，无法对更多情形一一详细分析，以下将按新风需预热、新风量一定的情况进行分析介绍。

根据对全国各城市冬季室外气象参数的统计计算，在室外温度低于 0℃的地区，除东南沿海的部分地区外，一般空气含湿量不大于 $1g/kg_{干}$，因此，预热后的新风可按含湿量 $1g/kg_{干}$计算。由此，按初状态（$t=5℃$，$d=1g/kg_{干}$）与终状态（$t=22℃$，$\phi=45\%$）可计算出：每 $100m^3/h$ 的新风能提供的冷量大约为 0.5～1.1kW（与当地气象参数有关，但主要受室内湿负荷影响。由于蒸汽加湿是等温增焓过程，这一过程将抵消部分新风冷量，室内湿负荷小，需要的加湿量就大，抵消的新风冷量多，新风提供的冷量就少，当室内没有湿负荷时，新风提供的冷量最小，约 0.5kW；室内湿负荷大，则新风可提供的冷量就多，当系统不需要加湿时，新风提供的冷量最大，约 1.1kW）。按表 5-12 及表 5-13 进行测算，手术室每 $100m^3/h$ 的新风能提供的冷量大约为 0.7kW。如按表 5-13 取值，新风量为 $1500m^3/h$ 的Ⅰ级手术室、Ⅱ级及以下的手术室基本上可以依靠新风作为冷源，冬季可不需要动力冷源。

但是，实际运行中情况并非这么简单。

首先是新风预热的控制。由于热盘管负荷按照设计参数选取，多数设计人员还习惯性地增加盘管的安全系数，而白天手术时间的室外温度通常高于设计计算温度，这就造成盘管容量偏大，新风预热过热。特别是对于热水盘管，由于水的热容量大，盘管的热响应时间较长，更容易造成过度加热。新风温度控制不住，所能提供的冷量就可能不足以抵消系统负荷，导致冬季仍然需要运行冷机。

其次是室外温度变化的影响。例如：北京市区冬季白天的气温多数时间在10℃左右，可能上午的手术不需要人工冷源，而下午的手术就需要了。对于洁净空调，可能一天中就有不同的季节运行策略，因此，笼统地按自然季节来判定是否需要动力冷源也是欠妥的。每个城市都有自身的气候特点，单单从规范给出的气象参数很难确定实际的运行工况，需要设计人对当地气候特点有总体把握，并进行详细计算分析，从而确定新风冷源与动力冷源的运行策略。

再者，手术室的运行负荷也是变化的。除了室内湿负荷的变化影响新风实际提供的冷量外，手术室的冷负荷变化也不小。有些Ⅰ级手术室低谷负荷时只有几千瓦，新风提供的冷量完全能满足系统负荷，甚至可能还需要一点热量补充，但高峰时室内负荷可能达到十几千瓦，再加上5kW的风机得热负荷，新风提供的冷量就无法满足系统的负荷要求。

综上所述，冬季手术室是可以利用新风作为冷源的，但不是一成不变的，受到系统控制、室外温度变化、手术室负荷变化等因素影响。以5℃新风作为冷源，对外部能源的需求存在三种可能：

（1）热源：当手术室运行负荷低于设计负荷时，新风提供的冷量大于需求，这时就需要外部热源，但热负荷很小，等于新风冷量减去风机得热和室内负荷，一般需要的热负荷不超过3kW。这种情况下可采用两种办法解决：一是提高新风温度，由于各个手术室运行负荷并不同步降低，因此这个办法不适合采用集中新风的系统，只适合新风与空调机组一一对应的系统；另一种办法则是维持新风送风温度5℃不变，各台空调机组利用夏季再热段作为冬季的补充加热，这种办法适合于任何形式的新风供给方式，但由于夏季再热常采用电再热，无法利用低品位热源。

（2）冷源：当室外气温高于5℃或手术室运行负荷高于设计负荷时，新风提供的冷量不能满足系统需求，就需要外部动力冷源补充。

（3）不需要外部能源：新风提供的冷量正好抵消系统需求，只靠5℃新风作为冷源，不需要外部冷热源。

综合分析，当手术室运行负荷在设计负荷范围内时，夏热冬冷地区、寒冷B区的冬季，由于多数时间白天温度仍然偏高，动力冷源在这些地区仍是必备的补充；当手术室运行负荷超出设计负荷时，所有地区都有可能需要动力冷源供冷。

3. 冬季冷水温度

对于绝大多数地区的洁净空调系统，即使冬季需要动力冷源，其目的也只是降温，不会有除湿要求（我国只有三亚、西沙等热带地区冬季需要除湿），因此，需要重新审视冬季冷源的供水温度。常规7℃供水将导致空气冷凝除湿，增加后面加湿负荷，有害无利，因此，冬季不应采用常规冷水温度；提高供水温度对任何形式的冷机都不会有害处，而且是节能的运行措施，因此，建议冬季采用高温冷水。一般情况下（室内设计温度22℃），当新风集中处理加热到5℃以后，Ⅰ级手术室新回风混合后温度为20℃以上，Ⅳ级手术室混合后温度为17.5～20℃，因此，供水温度可以提高到14～15℃。

既然冬季需要的是高温冷水，那么冷源形式又可回归到天然冷源上。从这种需求出发，在第2.4.3节第2条提到的自然冷却风冷冷水机组就具有很大优势。相比常规的风冷机组，高温冷水系统使得它可以更大限度、更长时间地利用室外低温空气制冷，而不需要启动压缩机，因此节能率更高，还没有常规风冷机组的低压保护问题。同时，在冬季的一些非正常高温天气（有时白天气温可能达到十几度）里，又能启动压缩机制冷，灵活性比水冷冷水机组高，确实值得在手术部冷源中推荐应用。

另外，由于供水温度提高，也要重新校核夏季盘管的能力，如不合适，应考虑增设冬季专用表冷器或适当调整供水温度。

5.4.3 热源

手术部的热需求来自两方面：夏季洁净空调机组的再热、冬季新风加热。

夏季再热热源可采用电再热或集中冷源的冷却水。采用空调冷却水作为再热热源时，应严格校核盘管的负荷，避免过度再热，建议按最小再热负荷选择盘管，另外再设置电再热作为补充。

冬季新风加热热源可采用热水或蒸汽，热水盘管同样要注意避免加热过度的问题；为避免过度加热，推荐采用低压蒸汽加热，蒸汽加热的控制性能比热水要好得多，需要注意的是，要特别重视疏水器的计算选择、安装，疏水不畅是导致盘管冻结的主要原因。

工程上还存在另一种热需求——冬季上午上班的快速加热，有些手术室冬季经过一个晚上的围护结构传热，早上上班时室内温度偏低，需要让室内温度快速提升。这种情况不建议采用热水盘管，原因还是一直提到的：热水热容量、热惰性太大。即使快速加热升温后关闭热水管的阀门，通过管道的传热仍然给空调机组提供很大的热量，造成手术室温度过高，这样的实际工程案例是真实存在的。另外说明一点，快速加热只是临时性的使用需求，不应纳入空气处理过程的分析。

5.5 系统空气处理

5.5.1 过滤

根据GB 50333的要求，洁净空调系统（包括手术室及其他洁净用房）的过滤措施包括：

（1）新风单独的过滤，这里汇总第5.3.2节、第2.3.4节第2条第（3）款相关内容，把笔者建议的洁净新风过滤组合列出，参见表5-15。

（2）手术室回风口设置不低于中效Z1的过滤器。

（3）空调机组的正压段设置不低于中效Z2的过滤器；

洁净新风过滤组合 表5-15

PM2.5年均值（$\mu g/m^3$）	第一道过滤	第二道过滤	第三道过滤
PM2.5≤15	粗效C3	高中效	
15<PM2.5≤35	粗效C3	中效Z2	高中效
PM2.5>35	粗效C3	中效Z2	亚高效

（4）系统末端或靠近末端的静压箱附近设置末级过滤器，不同级别的洁净用房末级过滤器设置要求详见表5-16。

末级过滤器或装置的效率 表5-16

洁净手术室和洁净用房等级	对大于等于0.5μm微粒，末级过滤器或装置的最低效率	过滤器名称
Ⅰ	99.99%	B类高效过滤器
Ⅱ	99%	A类高效过滤器
Ⅲ	95%	亚高效过滤器
Ⅳ	70%	高中效过滤器

（5）排风系统设置高中效过滤器，设置过滤器的目的既是为了防止室外空气倒灌，也是为了滤除有害气溶胶，防止排风污染手术部周边环境。

5.5.2 夏季空气处理过程

洁净空调对空气的处理有别于舒适性空调，舒适性空调侧重于温度控制，而洁净空调对温湿度并重控制。在计算上与舒适性空调的思路也有相逆向之处，舒适性空调的计算思路是：室内负荷→假定送风温差→计算送风量→计算空调机组负荷，而洁净空调则是：送风量、室内负荷→送风点→送风点的含湿量→空气处理终状态→计算空调机组负荷。下面以Ⅰ级手术室为例介绍夏季空气处理过程。

1. 一次回风系统

计算条件：气压为标准大气压，Ⅰ级手术室计算冷负荷 $CLQ=6.2$kW，湿负荷 $W=2.5$kg/h，空调机组风量 $G=9000m^3/h$，新风量 $G_x=1200m^3/h$，新风只经过过滤、没有冷却除湿处理，按一次回风系统计算，风机处于表冷器下游。室内设计参数：干球温度 $t_n=24$℃，相对湿度 $\varphi=50\%$，室外设计参数：干球温度 $t_w=33.5$℃，湿球温度 $t_s=26.4$℃。

计算过程（空气处理过程见图5-2的左图）：

（1）在 $h-d$ 图上确定室内外状态点。得到室内焓 $h_n=48.18kJ/kg_{da}$，含湿量 $d_n=9.41g/kg_干$，按式（2-14）计算室内干空气密度 $\rho_{da}=1.17kg_干/m^3$，室外焓 $h_n=83.11kJ/kg_干$，含湿量 $d_n=19.23g/kg_干$。

（2）确定混合点。根据新风比 $n=G_x/G=13.33\%$，C点参数为：干球温度 $t_C=25.3$℃，焓 $h_C=52.84kJ/kg_干$，含湿量 $d_o=10.72g/kg_干$。

（3）绘制热湿比线。$\varepsilon=CLQ/W=3600\cdot6.2/2.5=8928$kJ/kg。

（4）确定送风状态点O。可由冷负荷、送风量计算，由 $CLQ=\rho_{da}G（h_n-h_o）/3600$，

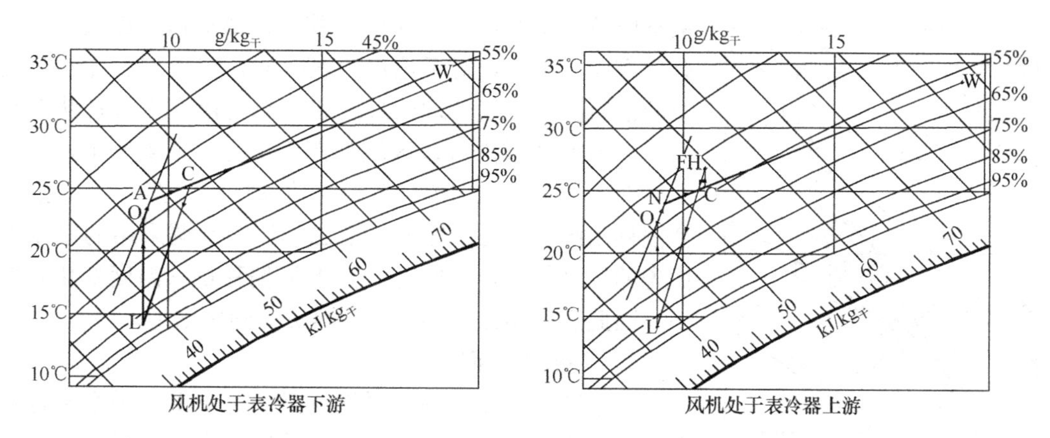

图 5-2　Ⅰ级手术室夏季一次回风处理过程

得 $h_o = h_n - 3600CLQ/(\rho_{da}G) = 46.06$ kJ/kg干，由等焓线与热湿比线交点确定送风状态点 O，O 点参数为：干球温度 $t_o = 22.5$℃，含湿量 $d_o = 9.17$g/kg干；

（5）确定空气冷却除湿处理后状态点。盘管处理后空气相对湿度取 90%，O 点等含湿量线与 90% 相对湿度线相交点 L，L 点参数为：干球温度 $t_L = 14.2$℃，焓 $h_L = 37.48$kJ/kg干，含湿量 $d_L = 9.17$g/kg干。

（6）计算空调机组盘管负荷。根据式（2-15）（注意式中含湿量单位为 kg/kg干），空气由 C 点处理到 L 点，冷负荷计算如下：

$$CLQ = \frac{BV}{1033351.2(t_L + 273.15)(1 + 1.607858d_L)}[(h_C - h_L) - 58.6(d_C - d_L)]$$

$$= \frac{101325 \times 9000}{1033351.2(14.2 + 273.15)(1 + 1.607858 \times 9.17/1000)}[(52.84 - 37.48) - 58.6(10.72 - 9.17)/1000]$$

$$= 46.2\text{kW}$$

表冷器需要供冷量为 46.2kW。

（7）计算再热负荷。空气由 L 点处理到 O 点，再热量为：$Q = c\rho V\ (t_o - t_L) = 1.01 \times 1.19 \times 9000\ (22.5 - 14.2)\ /3600 = 25$kW。

（8）计算外部供冷量和供热量。当风机处于表冷器下游时，风机得热构成再热负荷的一部分，参见表 5-14 计算的风机得热负荷，可计算外部供热量为 25－5.12＝20kW；如果风机处于表冷器上游，则风机得热构成表冷器负荷（处理过程见图 5-2 的右图），外部供冷量为 46.2＋5.12＝51.3kW。计算结果对比见表 5-17。

风机位置对总能耗的影响　　**表 5-17**

风机位置	冷源负荷（kW）	热源负荷（kW）	总能耗（kW）
风机在表冷器下游	46.2	20	66.2
风机在表冷器上游	51.3	25	76.3

可见，由于风机位置的不同，仅一间Ⅰ级手术室的总能耗就相差 10kW，这也是在第 5.5.4 节中笔者更倾向于将表冷器设置在负压区的主要原因。

由以上计算过程可以看出：一次回风系统再热负荷很大。在实际运行过程中，当手术

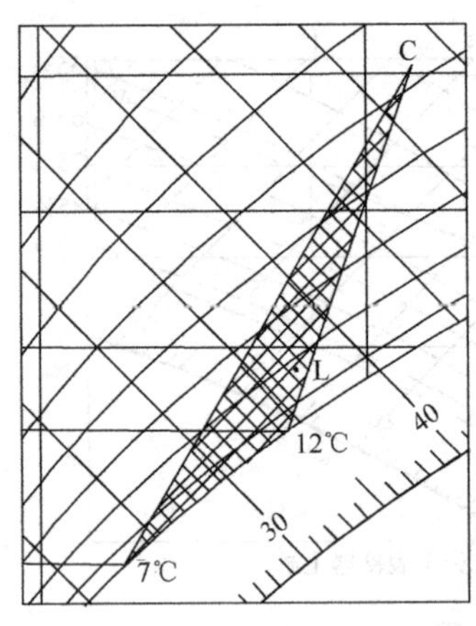

图 5-3 空气处理终状态区域

室室内负荷降低，送风点 O 上移，再热负荷将加大。原因有两方面：第一，对于选定的表冷器，空气与表冷器热交换的性质决定空气处理的最终状态总是落在空气初状态与供回水温度区域内（该区域如图 5-3 阴影区域所示，有关空气在过程中的状态渐变分析，请参见相关教材），L 点不会偏移出图 5-3 阴影区域。第二，洁净空调采用的是湿度优先的控制策略，这使得 L 点上下偏移量（温度变化）较小。因此送风温差将加大，再热负荷随之增加。

2. 二次回风系统

为了减少洁净空调的再热负荷，对于Ⅰ级手术室这种大风量、小负荷的系统，有必要采用二次回风系统，这也是业内的基本共识。

理想的二次回风系统空气处理过程如图 5-4 所示。空气经一次混合后处理到机器露点，与二次回风混合，混合点在热湿比线下，经风机温升后状态点正好是送风点，系统不需再热，一次混风量小（从图 5-4 中两线段长度比例可以看出），机组需要的冷负荷也小。

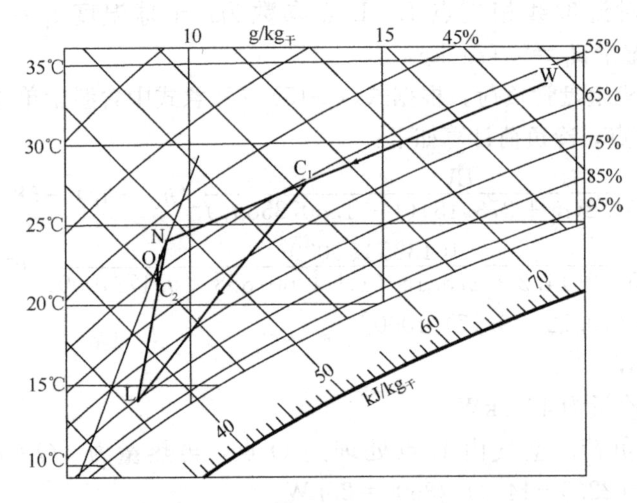

图 5-4 二次回风系统空气处理过程

但实际上，二次回风系统要符合理想状态也不容易。主要还是热湿比线的影响，不论是冷负荷减少还是室内湿负荷增大，当设计计算的热湿比线斜率较小时，二次混风点经风机温升后的状态点也还在热湿比线下，导致送风状态偏离需要的送风点。其次，正如图 5-5 所示，一次混风处理状态点 L 点受制于盘管的供回水温度，一旦热湿比线空气终状态的受控区域偏离得足够大，二次混风点经风机温升后也不会与送风点重合。另外，受制于盘管的实际条件，L 点的温度通常在 13.5～16℃之间，相对湿度则为 80%～95%，可见 L 点参数变化幅度偏小，不能完全适应复杂多样的设计工况，这也最终导致二次回风系统难以达到理想过程。

综上所述，实际设计的系统，二次混风点很难真正与送风点吻合。典型案例是二次混风点经风机温升后的状态点还在热湿比线下方，仍需经再热才能到达送风点，下面以此为例介绍二次回风系统的处理过程，参见图 5-5，本例只介绍计算步骤，相关详细计算参见本节第 1 条。

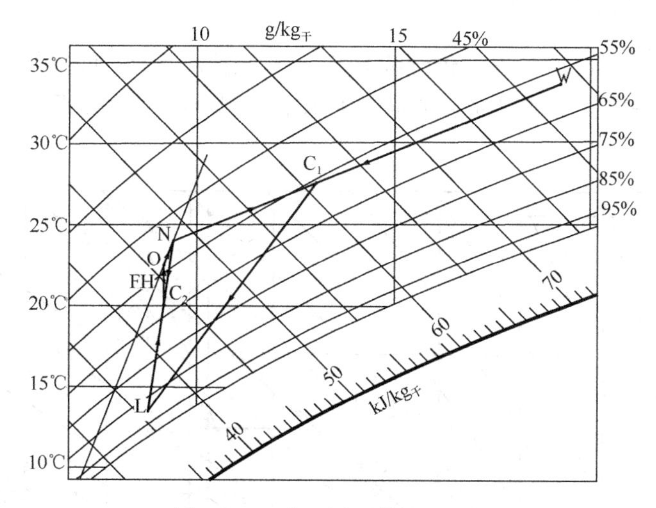

图 5-5 二次回风系统处理过程

（1）确定室内外状态点。与一次回风计算过程（1）相同。

（2）绘制热湿比线。与一次回风计算过程（3）相同。

（3）确定送风状态点 O。与一次回风计算过程（4）相同。

（4）由于已知条件不足以确定 L 点，也就无法计算一、二次回风量，通常可假定 L 点相对湿度为 90%，14℃（该点的露点温度 12.2℃，基本上已达到处理极限），确定 L 点，连线 N、L，与 O 点等含湿量线交于 C_2 点。

（5）由 C_2 点计算二次回风量。

（6）计算一次回风量，确定 C_1 点。

（7）计算再热量。由 C_2 点经风机温升得到 FH 点，根据 O、FH 两点计算再热量。

（8）计算空调机组盘管负荷。由 C_1、L 两点计算盘管冷负荷，计算时注意风量取值不是总风量，而是新风量＋一次回风量。

至此，二次回风系统的计算完成。

与一次回风系统类似，在运行过程中，当室内负荷减少或湿负荷增大时，热湿比线斜率变小，二次回风系统的再热量也是变大的。因此，设计时应当估计到最小热湿比的情况，对Ⅰ级手术室，可按 $\varepsilon=7200$ 作为最小热湿比，据此计算最大再热量。在运行中的控制仍采用湿度优先策略，传统的控制方法是：湿度控制表冷器、温度控制再热器；不建议通过调节一、二次回风量来控制温度，原因可以从上面二次回风系统处理过程中找到：二次混合点是个不断试错得到的状态点，它取决于 O 点的含湿量，调节一、二次回风量将导致湿度控制的振荡，因此不应采用。相反的，应该在设计中将一、二次回风量固定下来，在连接机组的直管段上预留风量测量孔，以便于调试时测量风量。

综合本节第 1.2 条的内容可见，Ⅰ级手术室等大风量、小负荷系统应采用二次回风系统，Ⅱ级手术室有条件时也建议采用二次回风系统。但二次回风系统造价高、系统复杂、初调试难度大，因此对于再热负荷较小的Ⅲ、Ⅳ级手术室，通常采用一次回风系统。

5.5.3　冬季空气处理过程

对于手术室冬季工况的计算，仍延续第5.4.2节第2条的条件进行介绍，即新风预热到5℃，且新风量一定。下面以北京某Ⅲ级手术室为例介绍计算过程。冬季空气处理过程的焓湿图如图5-6所示。

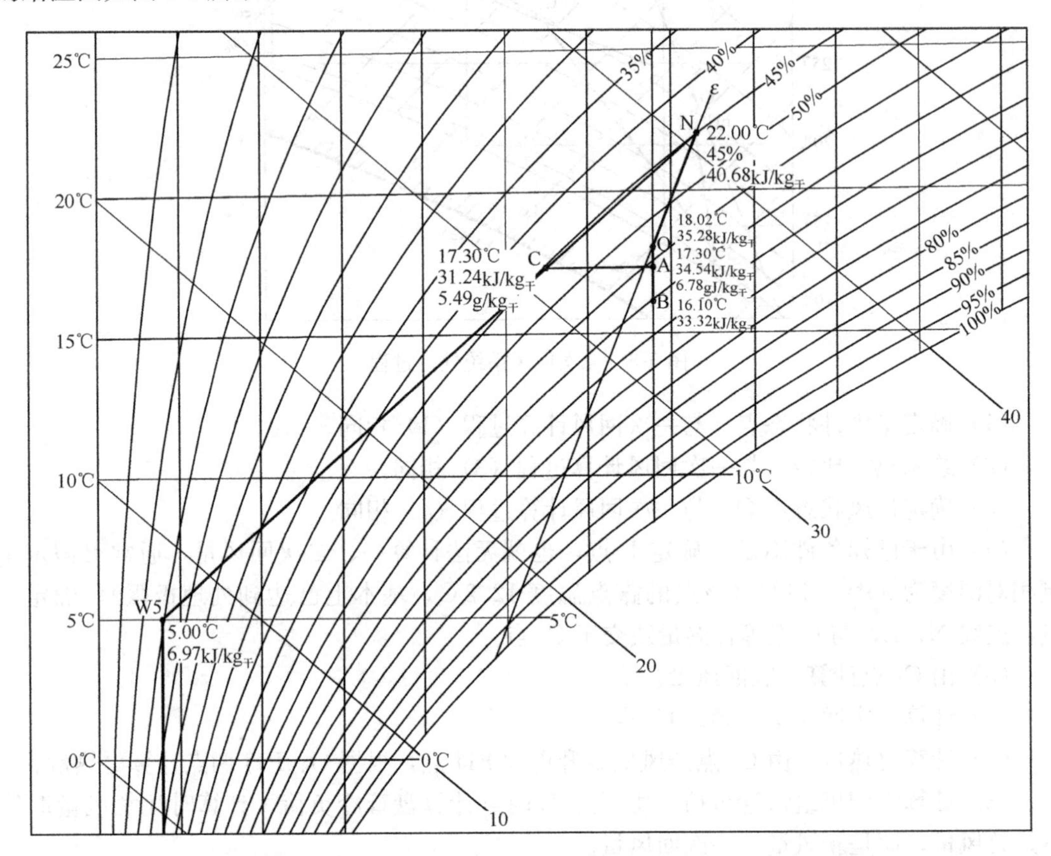

图5-6　Ⅲ级手术室冬季处理过程

计算条件：气压102170Pa，手术室计算冷负荷CLQ=4.5kW，湿负荷W=1.6kg/h，空调机组风量G=2500m³/h，新风量G_x=700m³/h，新风预热到5℃。室内设计参数：干球温度t_n=22℃，相对湿度45%，室外设计参数：干球温度−9.9℃，相对湿度44%。

计算过程：

（1）在$h-d$图上确定室内状态点。得到室内焓h_n=40.68kJ/kg干，含湿量d_n=7.31g/kg干，按式（2-14）计算室内干空气密度ρ_{da}=1.19kg干/m³。

（2）新风预热后状态点W_5的参数：焓h_{W5}=6.97kJ/kg干，t_{W5}=5℃。

（3）确定混合点。根据新风比$n=G_x/G$=28%，C点参数为：干球温度t_C=17.3℃，焓h_C=31.24kJ/kg干，含湿量d_o=5.49g/kg干。

（4）绘制热湿比线。$\varepsilon=CLQ/W$=3600×4.5/1.6=10125kJ/kg。

（5）确定送风状态点O。可由冷负荷、送风量计算，由$CLQ=\rho_{da}G$（h_n-h_o）/3600，得h_o=35.28kJ/kg干，由等焓线与热湿比线交点确定送风状态点O，O点参数为：干球温

度 t_o=18.02℃，含湿量 d_o=6.78g/kg干。

(6) 确定风机温升点。按表 5-14 取值，风机得热负荷 1.64kW，计算风机温升为 1.9℃，由 O 点等湿向下 1.9℃得 B 点，B 点参数为：干球温度 t_B=16.1℃，焓 h_B=33.32kJ/kg干。

(7) 从 $h-d$ 图上可以看出，混风点温度高于 B 点，从 C 点到 B 点，还要经过加湿降温的过程，应先加湿再等湿降温。由 C 点等温加湿与 OB 交于 A 点，A 点为加湿终状态点，A 点参数为：干球温度 t_A=17.3℃，焓 h_A=34.54kJ/kg干，含湿量 d_A=6.78g/kg干。

(8) 计算空调机组盘管冷负荷。A 点等湿降温到 B 点，冷负荷为：$\rho_{da}G\ (h_A-h_B)\ /\ 3600$=1kW。

(9) 计算加湿量。C 点等温加湿到 A 点，加湿量为：$\rho_{da}G\ (d_A-d_C)$ =3.9kg/h

从本例计算过程及结果看，有个情况需要重新考虑：冬季所需冷负荷量只有 1kW，配置、调节都很不方便，可考虑加大新风量，取消冬季表冷器。

5.5.4 洁净空调机组

1. 机组段位

本节讨论洁净空调机组段位的前提条件是：新风已被加热到 5℃。对于新风不加热的系统，应根据当地气象资料决定是否在混合前的新风段设置加热盘管。在此前提下，空调机组段位通常包括：混风段、表冷段、风机段、过滤段、再热段、加湿段。以下介绍几个段位的注意事项及有关次序问题。

(1) 表冷器

在段位组合形式上，按表冷器与风机的相对位置分为两种：一种是表冷器位于风机上游（按气流方向），也就是表冷器处于负压区；另一种是表冷器位于风机下游，也就是表冷器处于正压区。表冷器位于上游的优势在于：可利用风机得热负荷作为天然的再热负荷，且流经表冷器的断面风速均匀，空气与表冷器热交换充分；但冬季运行时，水封失效，导致由水封吸入未经过滤的空气（机房或设备层的实际卫生状况都很不理想，吸入空气含尘量可能较大），这也是规范及一些学者对表冷器负压运行的最大担忧。与之相反，表冷器正压运行的优缺点正好对调。两种形式各有优缺点，业内也一直有争议，笔者更倾向于表冷器处于负压区的做法，因为它利用了风机得热，减少了系统再热负荷，在一些情况下甚至可以抵消再热负荷，从表 5-17 就可以看出两者能耗的差距。冬季水封的问题可以通过增设切断阀、增设给水、采用新型浮球式凝结水封等措施来解决。水封结构尺寸参见图 5-7[15]。

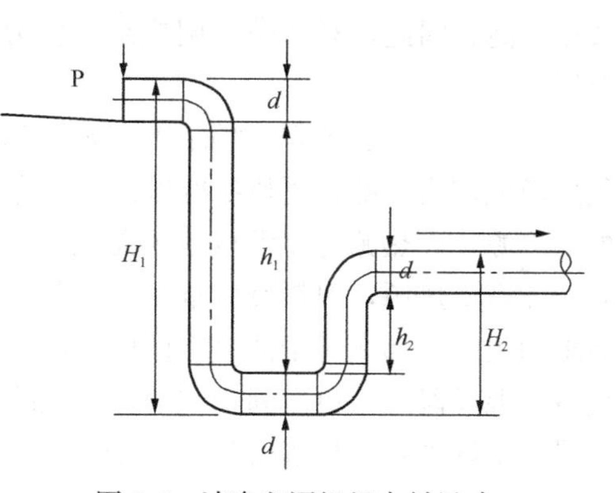

图 5-7 洁净空调机组水封尺寸

水封高度计算应满足两个原则；第一是运行过程中排水顺畅，按不利条件下水平管段 1、2 非满流，则计算式为：

$$h_1-h_2>\frac{P}{\gamma} \tag{5-3}$$

其次是机组启动时水封不被破坏，计算式为：

$$2h_2 > \frac{P}{\gamma} \tag{5-4}$$

式中 P——凝水盘处的负压，Pa；

h_1——水封最大静压的水柱高度，mm；

h_2——水封存水的水柱高度，mm；

γ——水的容重，9.807kN/m³。

对洁净空调机组，处于负压区的表冷器凝水盘处的负压为450～550Pa，可计算出：$h_2>28$mm，$h_1>84$mm。ASHRAE建议考虑250Pa（相当于25mmH_2O）安全系数，则可取$h_2=41$mm，$h_1=123$mm，洁净手术部的空调机组凝结水管径通常可按DN25考虑，则：$H_1=173$mm，$H_2=91$mm。

根据以上计算结果，设备层空调机组设备基础高度100mm就可能不够。凝水排水问题应多加重视，尤其是采用本书建议的表冷器负压段的空调机组，失效的水封将影响过滤器寿命，甚至影响手术室内空气洁净度。为确保水封高度，建议空调机组设备基础高度达到150mm。

以上介绍的是夏季使用的表冷器，在第5.4.2节中还提到冬季可能需要单设表冷器。对于冬季使用的表冷器，需要注意的是，由于室内（22℃，50%）露点温度为9.6℃，混合点的露点温度虽然小于9.6℃，但为了保险起见，冬季表冷器供水温度不应低于10℃，建议采纳第5.4.2节的分析，采用高温供水。冬季单独使用的表冷器不需要凝水盘，为了防止低温供水（例如上午系统刚启动时），建议采用比常规空调水管更厚的保温层，并在供回水干管末端增设电动两通阀或在机组水管上采用电动三通阀，在供水管上设置温度传感器，低温时打开阀门使系统循环达到预定的高温供水温度。

（2）过滤器

根据GB 50333的规定，必须在正压段设置至少中效Z2以上的过滤器，原因详见规范条文解释。如风机采用三角皮带轮传动，为更好地滤除皮带运转产生的微粒，建议配高中效以上过滤器。空调机组的过滤器应考虑更换问题，参照欧洲标准DIN1946-4相关要求，建议不在洁净空调机组使用侧拉式更换过滤器，应在机组气流方向的上游（污染侧）设置可进入的检修段，在污染侧更换过滤器。

（3）加湿段

常规空调机组通常把加湿段放在加热器后面，因为空气温度越高，空气对蒸汽的吸收效率越高。因此，对洁净空调机组，应分析什么段位的空气温度最高，就在那里设置加湿器。

对于新风加热到5℃的洁净空调系统，在第5.4.2节已经分析并得到结论：系统可以利用新风作为冷源，夏热冬冷地区、寒冷B区的冬季由于白天温度超过5℃，多数需要额外的冷源，而热源的需求与地区无关，只有室内负荷低于设计负荷且新风温度维持5℃时，才需要热源，但热负荷量基本不超过3kW。因此，对多数系统来说，冬季是以供冷需求为主的，那么对于洁净空调机组，混合后的空气才是机组中温度最高的地方，加湿段设置在混风段之后更有利于空气对蒸汽的吸收，这样加湿段就处于表冷段上游，这样还带来另一个好处：如果加湿器发生故障大量加湿，表冷器密集肋片作为天然的“除雾器”，也会排除过度加湿产生的冷凝，避免过度加湿对后续过滤器的影响（过滤器一旦受潮，过滤性能将大大削弱）。

由于洁净空调比舒适性空调的冬季空气温度低，因此建议加湿段留有至少 600mm 长的吸收距离，避免送风气流带有液滴。虽然 ASHRAE 170—2017 允许采用高压微雾加湿，但基于我国的复杂情况及管理水平，现阶段仍不建议在洁净空调机组中采用高压微雾加湿。

综上所述，建议手术室洁净空调机组的功能段位顺序为：混风段、加湿段、表冷段、风机段、再热段、过滤段，不同回风方式的空调机组段位组合如图 5-8 所示。

当冬夏两季不能共用表冷器时，空调机组段位组合如图 5-9 所示。

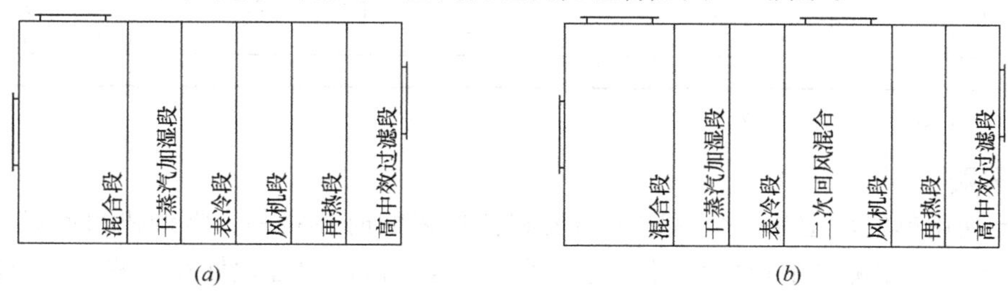

图 5-8　手术室洁净空调机组段位组合（冬夏表冷器合用）

（a）一次回风系统；（b）二次回风系统

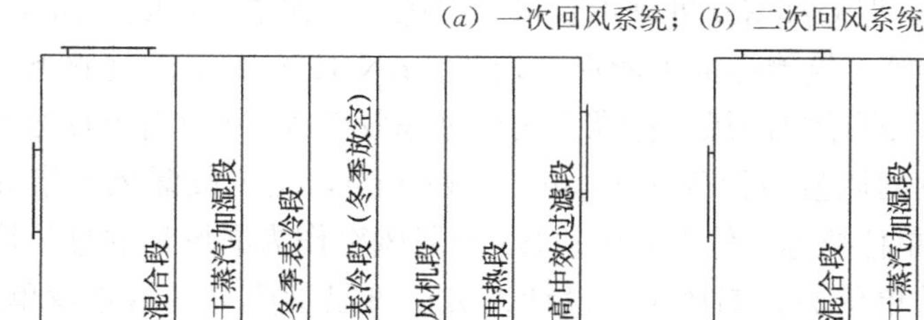

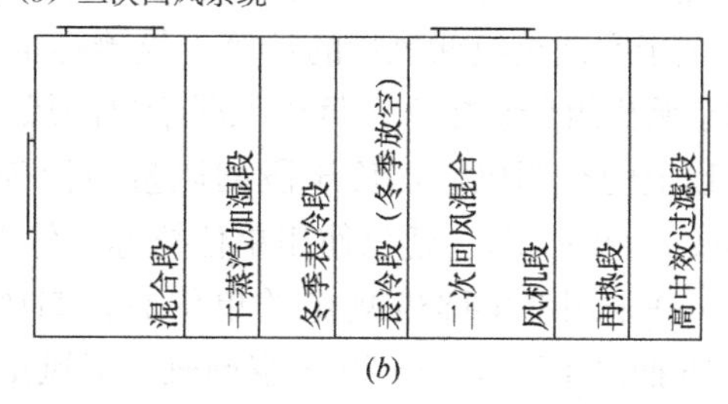

图 5-9　手术室洁净空调机组段位组合（冬夏表冷器分设）

（a）一次回风系统；（b）二次回风系统

注：若有早上快速加热需求，可在混风段之后设置加热段

洁净区走廊除了照明负荷外，其他非围护结构负荷基本可以忽略不计，内部散热负荷较低，冬季通常需要供热，因此空调机组段位组合应把加湿段放在加热段后面。但对于有外围护结构的走廊（原来的清洁走廊），特别是南向较长而其他方向较短的走廊，在冬季晴天时，太阳辐射热非常大，如果没有外遮阳措施，窗户气密性又好，这种情况下冬季也要送冷风，至于是否需要外部动力冷源，可参见第 5.4.2 节第 2 条手术室的相关分析，再根据计算结果确定空调机组段位组合。常用洁净区走廊空调机组段位可参见图 5-10。

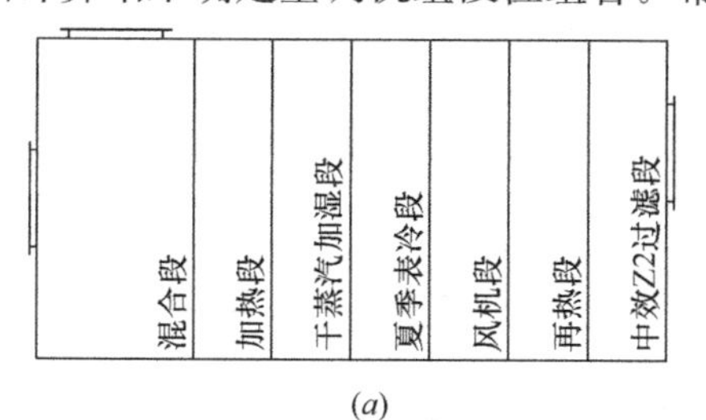

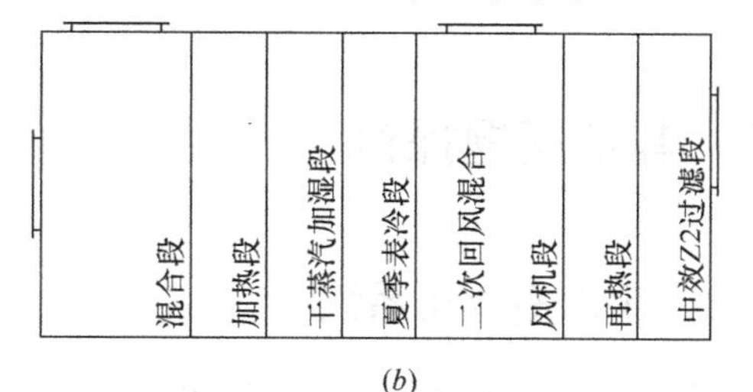

图 5-10　走廊洁净空调机组段位组合

（a）一次回风系统；（b）二次回风系统

2. 电气安装功率

洁净空调机组用电设备主要为：风机、电再热器、电加湿器，合计的用电负荷较大。为方便设计人员在方案阶段大致估算手术部用电负荷，表5-18列出了常见手术室（不含第5.1.4节中的手术室）空调机组的各项用电负荷，供参考。

常见手术室空调机组电气负荷　　表5-18

洁净手术室等级	安装功率（kW）			
	风机	电再热	电加湿	合计最大
Ⅰ级	5.5	15	6	21
Ⅱ级	3	11	4.5	15
Ⅲ级	1.5/2.2	5.5	3.5	8
Ⅳ级	1.1/1.5	4	3	6

注：合计最大值四舍五入取整数。

3. 采购

对于使用单位，还有一个问题是需要在招标采购时注意的：空调机组漏风量。GB 50333对空调机组漏风量指标采用的是漏风率，这个指标的合理性在一些文献中已被质疑，原因在于对不同功能段的空调机组，其漏风率采用一个指标显然缺乏公平性，而且也存在虽然总体漏风量指标合格，但局部密封处理不合格的隐患。相比之下，欧洲标准EN 1886关于空调机组漏风量的计算、检测标准可能更合理些。EN 1886对不同过滤级别要求的空调机组分别按正、负压工况给出漏风量标准，例如过滤效率M5（相当于我国中效Z2）以上的空调机组，负压段漏风量指标为4.752m^3/（h·m^2），正压段漏风量指标为6.84m^3/（h·m^2）。建议使用单位招标文件以GB 50333的漏风率作为漏风量的总量控制指标，并采用EN 1886规定的单位面积漏风量，设计人员也可以参照提供给建设单位。表5-19摘录EN 1886—2007空调机组漏风量指标，供参考。

有关空调机组及其部件的材质，可参见GB 50333及《洁净手术室用空气调节机组》GB/T 19569—2004相关要求，加湿器的选用可参见图集《洁净手术部和医用气体设计与安装》07K505。

EN 1886—2007空调机组漏风量指标　　表5-19

泄露等级	最大泄漏率［L/（s·m^2）］		过滤等级
	负压400Pa	正压700Pa	
L1	0.15	0.22	高于F9
L2	0.44	0.63	F8、F9
L3	1.32	1.9	G1～F7

5.6 其他问题探讨

5.6.1 手术室合用系统

GB 50333要求每间Ⅰ、Ⅱ级手术室采用一个独立净化空调系统，Ⅲ、Ⅳ级手术室可2～3间合用一个净化空调系统。目前手术部建设中Ⅲ级手术室面积差异较大，有的Ⅲ级手术室面积只有 23m²左右，小面积的手术室系统送风量太小，如只是按换气次数计算，送风量只需 1500m³/h，而系统阻力却还那么大，风机全压仍需 1000Pa 左右。一般情况下，小风量的风机可以通过提高转速来提升压头，但相应的噪声太大，风机效率太低。可能是基于这个原因，规范允许Ⅲ、Ⅳ级手术室可 2～3 间合用一个空调系统。

从减少初投资角度出发，设计中也常将 2～3 间Ⅲ级手术室合用一个净化空调系统。合用系统需注意的是新风量的分配问题，设计中应确保每间手术室得到的新风量满足最小新风量要求。因此，不建议采用《公共建筑节能设计标准》GB 50189 中关于多空间空调系统的新风量计算公式。为了确保送入手术室的空气中含有的新风量满足最低要求，应分别计算各间手术室新风比，取最大新风比，总新风量由下式计算（以两间Ⅲ级手术室合用系统为例）：

$$G_x = n_{max}(G_1 + G_2)$$

式中 G_1、G_2——两间手术室各自的送风量；

n_{max}——最大新风比（通常为面积最小的手术室）；

G_x——系统总新风量。

上式表明合用系统的新风量大于独立系统的新风量总和，当两间同级别手术室面积差异 20%时，总新风量大约增加 10%，相当于增加 200m³/h 左右的新风量。有的Ⅲ级手术室面积差异能达到 50%以上，如果还强行合用空调系统，所需增加的新风量更为可观。对于一些大型的手术部，手术室高达 40～50 间以上，如果设计配置不合理，总增加的新风量可能高达 10000m³/h 以上。新风量的增加不仅增加初投资、冷热源容量，甚至影响冷机机型配置，在净化空调中还引起其他相关问题（参见第 5.4.2 节第 2 条）。因此，建议面积差异不大（独立计算的新风比相近）的手术室合用系统，面积差异太大的手术室不宜共用一个系统。

5.6.2 送风量校核

德国专家研究表明[16]，送风温差对集中送风无菌区的大小有一定影响。送风温差太小，气流送不下来；送风温差太大，中心无菌区域会缩小。在 2008 年颁布的 DIN 1946-4 中，对ⅠA 级手术室，也强调维持原先的送风温差要求不变，即送风温差应控制在 0.5～3℃之间。温差大于 3℃，送风引射周围较脏空气越多，手术区的污染程度越大，中心无菌区就会缩小。送风温差太低，仅靠低速的送风无法使无菌空气单向下降送达手术操作区。

注：德国洁净手术室只分为ⅠA、ⅠB 两级，ⅠA 级适用手术包括：整形手术、伤科手术（如假体植入，关节置换等）、存在极高风险的神经外科手术、妇科手术、心血管手术、器官移植、存在大面积创口且长时间的肿瘤手术、其他外科手术（如 Hernien 植入）；ⅠB 级主要适用于小创口手术，如：微创手术、内窥镜、血管造影检查、持续时间较短的手术。

从 DIN 1946-4 列举的ⅠA 级适用手术清单来看，它覆盖的范围相当广，我国的Ⅰ、Ⅱ级和多数Ⅲ级手术室都相当于其ⅠA 级手术室。Ⅰ、Ⅱ级手术室风量较大，通常情况下送风温差不会超出 0.5～3℃的范围；对于Ⅲ级手术室，如果只是按规范要求的换气次数计算风量，送风温差就有可能偏出范围。因此，建议Ⅲ级手术室的风量应按送风温差进行校核。

手术室送风量多大时需要校核呢？参照表 5-12，Ⅲ级手术室显热负荷为 2.2～3.6kW，考虑到表 5-12 的显热负荷范围不仅与面积有关，还有负荷按非稳态计算的因素——下午的负荷要高于表5-12中计算的下限，实际计算负荷约为3kW，据此按3℃送风温差反算，可以得到风量为2970m³/h，手术室送风量如低于此风量，则送风温差可能超过3℃。按换气次数22h⁻¹计算，则手术室面积约45m²，说明面积小于45m²的手术室，按换气次数计算的风量就应该校核送风温差。

举例：Ⅲ级手术室面积30m²，送风天花高度3m，按换气次数22h⁻¹计算，风量为1980m³/h，室内设计计算显热负荷为2.6kW，核算送风温差为3.9℃。按送风温差3℃重新计算风量为2574m³/h，因此，该手术室设计计算风量应改为2574m³/h。

5.6.3　气密性风阀

规范没有给出有关气密性风阀的性能指标要求，应用中可参照的国内标准为：《核空气和气体处理规范 通风、空调与空气净化 第2部分：风阀》NB/T 20039.2—2014，可按其中Ⅱ级泄露指标作为气密性风阀的要求，这个指标在某些尺寸范围内的要求要比欧洲标准EN 1751—2014的2级泄露指标略微严格一些。图5-11所示EN 1751—2014风阀泄露等级分级图，供读者参考。

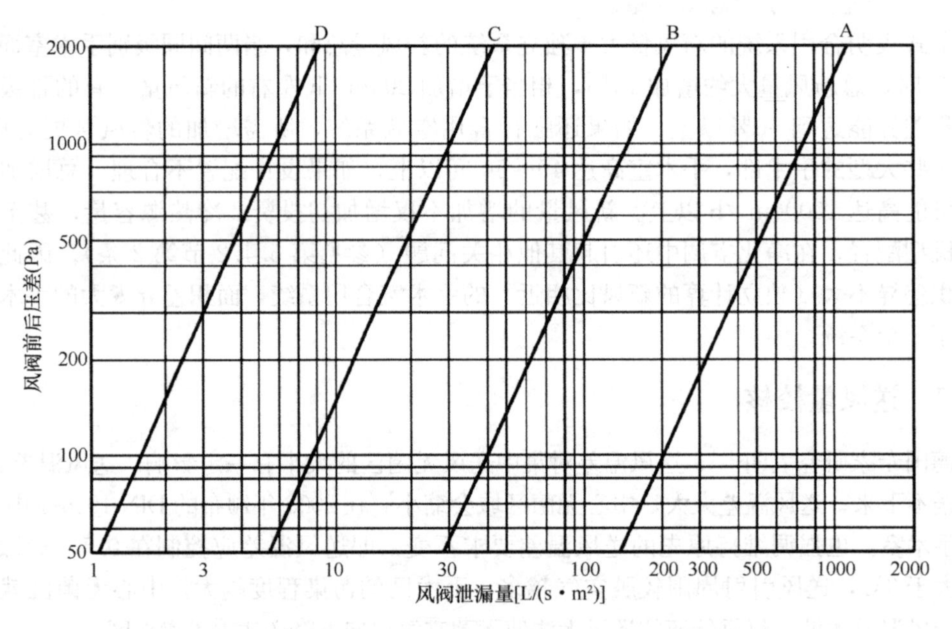

图5-11　洁净空调机组水封尺寸

注：线段A～D分别为1～4级风阀在不同压差下的允许泄露量。

5.6.4　关于“受控”

洁净手术部的受控状态是指手术部不会受到某间手术室的启停而整体压力梯度分布，各室之间正压气流的定向流动不会改变方向。对比GB 50333的新旧版本可以发现：2002版对手术部受控要求的用词是“宜”，而2013版则采用“应”，从中也可以体会规范编制组对这个问题重视程度在加强。德国、美国相关标准也都强调维持相对压力关系的必要，笔者在《谈〈医院洁净手术部建筑技术规范〉》[17]中曾提出手术部整体受控方案图示，经简化后如图5-12所示，仅供参考。

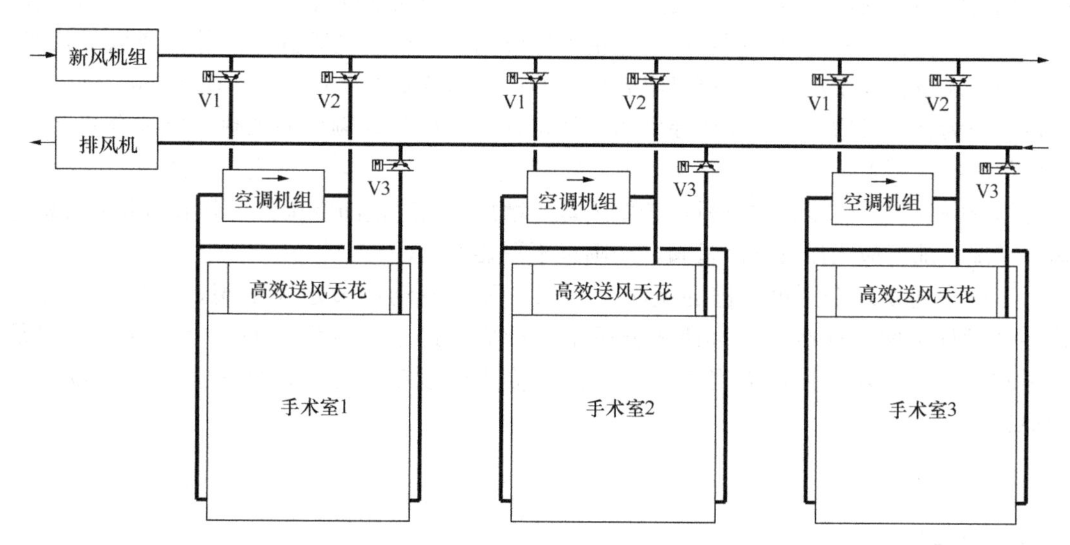

图 5-12 手术部整体受控方案

注：空调机组运行时，V1、V3打开，V2关闭；空调机组停机时，V1、V3关闭，V2打开，新风机组低风量运行；室内表面消毒后，V1关闭，V2、V3打开。V1与空调机组连锁，防止新风经混风段、回风管进入室内，反吹回风口过滤器。

5.6.5 定风量阀

定风量阀的构造工作原理使得它可以不受系统压力波动而维持阀门所在支路的风量恒定，在多支路系统中起到很好的风量平衡作用，洁净空调系统中也常见使用，但有些工程却有滥用嫌疑，因此，有必要分析讨论一下定风量阀的应用。

追根溯源，要回到定风量阀的作用，然后分析系统中是否有恒定风量的需求，如果有这种需求，再这使用定风量阀基本上就不会错。

二次回风系统的回风管上有没必要设置定风量阀？笔者认为没必要。

走廊、洁净区辅助房间的送风支管上要不要定风量阀？笔者认为不需要。走廊通常为独立系统，基本上各个末端高效或亚高效风口的设计风量相等，支路阻力远远大于干管阻力，系统很容易就达到天然平衡，不应该设置定风量阀；洁净区辅助房间面积大小各异，负荷也不同，设计送风量可能差别较大，这种情况首先应正确选择高效风口，使得系统中各个高效风口的设计风量/额定风量的比值基本一致，这样各支路的阻力也基本一致，同样的，由于支路阻力远远大于干管阻力，不需要设置定风量阀。但是，高效风口作为定型产品，有可能在个别末端无法满足上述风量比值的一致性，这样在该支路设置定风量阀也不算错，但洁净辅助区空调系统使用时间是一致的，并不存在各个房间“此起彼伏”的开关，只要初调试调好，运行中并不存在开关引起的压力波动，这种情况下，加装手动调节风阀，做好初调试就行了，为什么要使用价格昂贵、安装要求高的定风量阀呢？

集中新风供应系统接入各台空调的新分支管要不要定风量阀？笔者认为需要详细分析。当新风系统中某一支路关闭时，引起新风系统压力瞬间升高，在新风机变频控制还没起作用的时间段内，会引起其他支路的新风量加大，送入空调机组的新风量增大是有利还是有弊？需要分两种情况分析：第一，集中供应的新风已经处理到室内等焓或以下状态，增大的新风量在夏季对洁净空调机组表冷器的运行调节基本没有影响，在冬季的某些工况下可能因为新风量增加导致新风提供的冷量增加，从而需要额外的加热，但综合起来看，新风量的增加利大于弊，因此不需要设置定风量阀。第二，集中供应的新风未经冷处理，这种情况需要更进一步具体分析，若新风量的增加会引起洁净空调机组调节的混乱或恶化运行工况，那就应当设置定风量阀，否则也不需要。

工程中还发现个别更离谱的做法，例如：采用电动调节定风量阀，不知道起什么作用就设计上图，这些就不再评述分析了。最后，还是一直强调的，设计理念一定是从需求出发，按需求采取恰当的措施，使用恰当的设备、部件，这应当成为一以贯之的原则。

5.7 小结

作为医院救死扶伤的核心一线部门，手术部的重要性无需赘述，洁净空调作为手术部感染控制的必要保障条件，既是暖通设计在医院的重点，更是难点。限于篇幅，本书并未系统性地介绍洁净空调的设计理论，甚至连手术部辅助洁净区的设计也未述及，只是针对常见的认识上的误解或模糊作了一些澄清，并着重介绍手术室设计中应注意的细节——洁净空调系统中风机得热负荷的影响、冬季冷源的考虑、空气处理过程的计算、空调机组段位的次序等，这些细节最多只能算是对 GB 50333 的一些说明和补充，但从中也表达笔者的意图：在洁净手术室设计中，应该打破常规空调设计的惯性思维，应该进行详细的分析计算，要把每间手术室都作为特殊个体进行详细的负荷计算。在同一手术部内，即使是相同级别的手术室，由于室内负荷不同，可能存在这间需要供冷那间需要供热的情况。典型例子如要求低温进行心脏手术的Ⅰ级手术室，与其他Ⅰ级手术室相比，热湿比线斜率明显增大，后续相应的计算都将发生改变。如果不进行详细分析计算，就不可能得到正确的判断。此外，也要分析实际运行工况及其需求，在设计中采取相应的措施去保障。

但是，这些分散的知识点对于手术部的洁净空调设计显然是远远不够的，如需系统性学习洁净空调，建议参阅相关教材、规范、《空气洁净技术原理》（许钟麟著），许钟麟、沈晋明等专家经常发表介绍国内外生物洁净技术的前沿研究成果和发展动态，需密切关注。

5.8 设计图纸参考

洁净手术部通风空调设计案例如图 5-13 和图 5-14 所示。

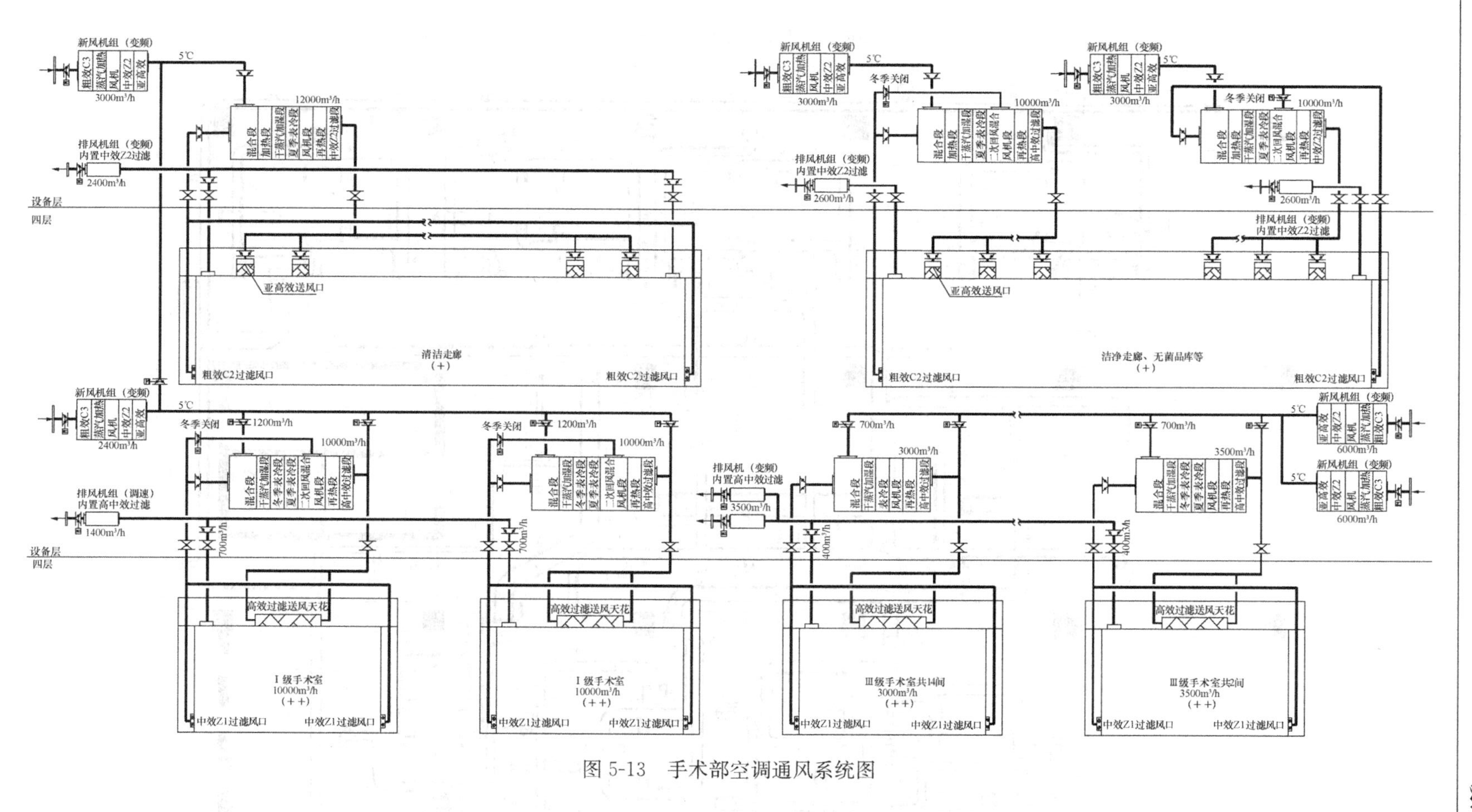

图 5-13 手术部空调通风系统图

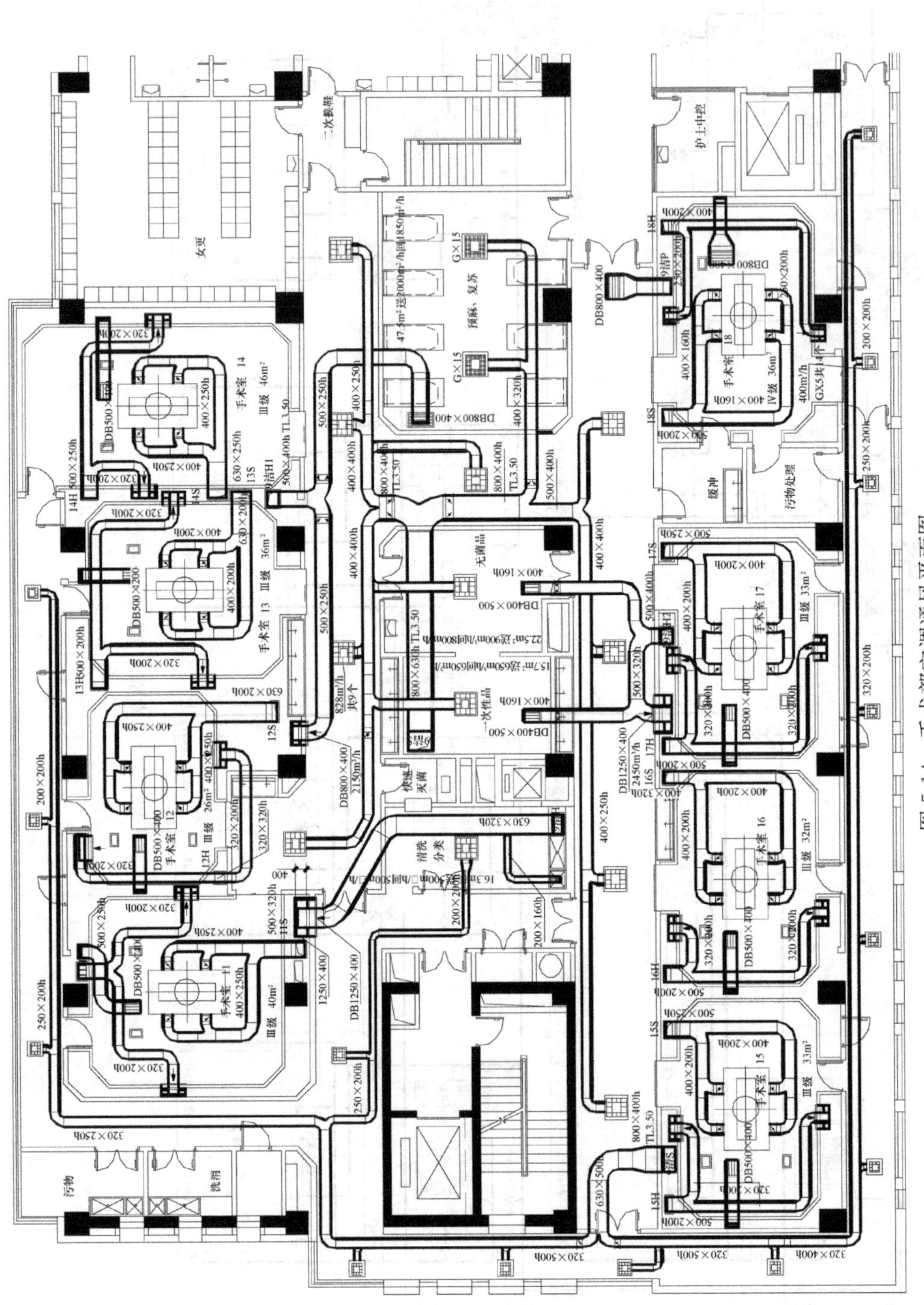

图 5-14　手术部空调通风平面图

第6章 病　房

本章主要介绍普通病房和洁净病房，空气传播的隔离病房在第7章中介绍。

作为病房，必须强调其居住性，为患者创造安全、健康、舒适、便捷的住院环境，将对其康复起到积极作用。具体落在通风空调设计中，应在通风量、温湿度、噪声控制等方面加以重视，特别是夜间的噪声控制，应严格按照睡眠要求做好消声设计，靠近病房的通风空调机房应注意加强减振处理，有关消声减振设计可参阅设计手册。

6.1 普通病房

普通病房为确诊患者过夜住院持续护理的用房。由于患者均为确诊病例，通风设计不需要考虑传染疾病所需的压差及气流流向控制，需要注意的是确保设计计算的新风量得以送入病房。有的设计将新风支管接入风机盘管回风箱，当风机盘管不开时，新风送入室内的阻力增加，使得新风量减少并反吹回风口过滤器，导致室内环境恶化，这种做法实不可取，新风应由独立的新风口送入病房。病房新风量按 $2h^{-1}$ 计算，一般情况下，对于常见的两床、三床病房，每间病房可按 $150m^3/h$ 新风量计算；在方案阶段，护理单元新风量可按单位建筑面积 $4\sim4.5m^3/(m^2\cdot h)$ 估算。

对于卫生间、污洗间、换药处置间等污染空间，应加强通风，GB 51039 建议 $10\sim15h^{-1}$。另外，鉴于目前国内病房区人满为患的现状，常常加床加到走廊，建议患者走廊及护士站区域也应加强通风，新排风量均按 $2h^{-1}$ 计算，有些项目只设置新风，患者走廊污浊空气不能及时排出，使用效果还是很不理想，因此，一定要重视患者走廊的排风设计。病房的排风一般只考虑通过卫生间排风，室内不需再设排风口。

普通病房空调属于舒适性空调，一般采用风机盘管加新风系统。新风系统一般按护理单元设置，一个护理单元的床位数通常为40～50床，建筑面积为 $1600\sim2000m^2$，单个新风系统的风量为 $6500\sim8500m^3/h$。

病房楼中较为特殊的是产科护理单元，不仅新风量相对大一些，冬季室内设计温度也要求高一点，建议不低于21℃。近些年产科护理单元逐步兴起针对围产期（围产期顾名思义是指："围绕着怀孕后28周到产后一段时间内的重要时期"）人性化护理的产房，国外简称LDRP（Labor/Delivery/Recovery/Postpartum，待产/分娩/恢复/产后），目前国内多数还是简化版的LDRP，即LDR，产后的美体康复、心理指导等方面的发展还不是太成熟。对于LDRP，由于自然分娩就在房间内进行，产妇无需转移到传统的产房，因此室内设计新风量建议按 $3h^{-1}$ 计算，室内应设置单独的排风，与卫生间排风共同组成LDRP的排风。设置LDRP的护理单元，通常在同层较近位置设置两间剖腹产手术室，其中一间考虑为非空气传播的传染病产妇使用。参照ASHRAE 170—2017标准，剖腹产手术室建议按不低于Ⅲ级洁净手术室设计，洁净空调系统应独立设置，不建议两间合用，计算手术室人员负荷时，一般按6人计算即可，其他可参照第5章并按GB 50333的要求进行设计。

在我国的多数地区，应考虑产科提前供热的需要。如采用散热器供暖系统，建议由热源为产科单独分出供暖水管。如采用空调系统，在夏热冬冷及其以北地区，多数医院空调水系统采用分区两管制，可通过运行管理实现产科提前供热，也可由热源单独分出供热水管接至产科空调水干管，具体的提前供热方式可与医院沟通确定；夏热冬暖地区的空调水系统通常不需要分区，而且由于整体供热时间非常短，为产科单独增加供热水管在投资、系统维护管理上都很不划算，可以与医院沟通采用热泵式分体空调机、热泵式多联空调系统或其他电供热形式满足供热需求。

在一些夏热冬冷或温和地区，有些项目的病房楼采用多联式空调系统，应当结合当地具体气象参数、项目具体情况，对能耗进行综合分析，如果全年能耗水平相对合理，多联式空调系统节约空间、运行灵活、系统简单等特点将比常规水系统更具有优势。但同时也要注意制冷剂的安全问题，有关制冷剂浓度限值的计算可参见第2.4.3节第4条。

6.2 洁净病房[18]

洁净病房是为免疫力低下患者的治疗、恢复提供具有一定空气洁净度的生物洁净病房，按洁净用房分为Ⅰ、Ⅱ、Ⅲ、Ⅳ四个等级。由于治疗时间较长、被限制在特定相对封闭的病房内，病人普遍有烦躁情绪，应充分考虑到室内环境的重要性。硬件方面包括室内温湿度、空气流速、室内用品的舒适方便、室内装饰材料的质感与色彩、病人视野开阔性、病人与亲属交流的探视窗等；软件方面包括室内装饰品的布置与更新、医护人员的亲和力等。病房内气流组织一般采用典型的上送下回形式，防止尘粒、细菌在室内滞留繁殖。综合考虑病房运行经济性及护理需要、病人心理所接受的居住空间大小，目前Ⅰ级洁净病房面积一般控制在7～11m^{2}之间。

6.2.1 洁净病房种类及其特点

根据患者特点，洁净病房包括血液（主要指造血干细胞移植治疗的白血病）病房、烧伤病房、重症监护病房等。

白血病是一类造血干细胞恶性克隆性疾病，克隆性白血病细胞在骨髓和其他造血组织中大量增殖累积，抑制人体正常造血功能。白血病主要通过化疗及造血干细胞移植治疗。患者在预处理阶段通过超大剂量的放化疗灭杀克隆性白血病细胞，导致自体免疫功能低下。入住洁净病房后，一般前十天内通过注射免疫抑制剂完全消除自身免疫力；随后约十五天时间为完全丧失免疫力的移植期，这个阶段是最危险期，轻微的病菌都可能引起病人感染而危及生命；以后为患者自身逐渐产生、健全免疫力的恢复期，病人住院时间为两个月左右。白血病房应按Ⅰ级洁净用房设计，恢复后期可转移到Ⅱ级洁净病房，室内要求温度22～26℃，相对湿度45%～60%，气流方式采用垂直层流或水平层流形式。

传统的烧伤病房均设计为垂直或水平层流病房，随着医疗方法、医疗手段的技术更新，目前烧伤病房已经不需再采用如此高昂运行费用的层流病房。医学上按烧伤面积和烧伤部位的受损程度（按烧伤深度分为Ⅰ、Ⅱ、Ⅲ、Ⅳ度）对烧伤进行分类，通常所说的重度烧伤包括三种情形：（1）烧伤面积31%～50%；（2）Ⅲ度烧伤面积10%～20%；（3）烧伤面积虽不达上述百分比，但已发生休克等并发症、呼吸道烧伤或有较重的复合伤。重度及以上烧伤患者应在Ⅲ级洁净用房内治疗、恢复，复合伤、并发症等情况严重的患者需要进入Ⅱ级洁净病房。多数重度烧伤患者属于大面积烧伤，多采用暴露治疗，为防止病人体内水分过度蒸发和体温降低，烧伤病房要求室内温度30～32℃，相对湿度最高可达90%（2015 ASHRAE Handbook-HVAC Applications要求可达到95%），这种高热高湿环境对建筑材料、围护结构的保温及气密性也提出新的要求。重度及以上烧伤患者在护理初期不能下床活动，此时正是皮肤结痂、最易感染的时期，为避免病人自身感染，空调气流方式应采用上送下回形式，并在病床上方集中送风，送风面积至少应达到病床四周各自外延300mm以上，提供足够的无菌气流保护范围。重度以下烧伤患者的病房宜按Ⅳ级洁净用房设计，与重度烧伤不同，为减缓中度烧伤患者烧伤部位的体表渗液，室内应维持正常偏低的温度，一般要求24～26℃，相对湿度40%～60%。由于病人可下床活动，除非医生从治疗角度提出特殊要求，一般室内送风口可均匀布置，气流组织应采用上送下回形式。

重症监护病房（以下简称ICU）种类很多，包括：脏器（肝、肾、心、肺等大器官）移植病房、心脑外科术后监护病房、关节置换术后监护病房、新生儿重症监护病房等。ICU洁净等级一般为Ⅲ、Ⅳ级，在Ⅰ、Ⅱ级洁净手术室成功完成外科手术后的患者，通常需要转入Ⅲ级ICU，例如脏器移植病人，卫生部"卫医发〔2006〕243号"文件明确要求脏器移植ICU应按Ⅲ级洁净用房设计；一般外科手术以及内科重症患者，可转入Ⅳ级ICU。ICU室内要求温度22～26℃，相对湿度40%～60%，气流组织采用上送下回形式。

注：ICU种类很多，要求各不相同，并非所有ICU都要求洁净度级别，设计人员应了解ICU监护的病种并结合科室意见判定ICU是否需要洁净空调、洁净度等级。

表6-1汇总了常见洁净病房设计参数，供参考。

洁净病房设计参数　　　表6-1

洁净病房分类		等级	净面积指标（m^2/床）	温度（℃）	相对湿度（%）	新风量（h^{-1}）	送风形式	送风量计算
白血病房	治疗期	Ⅰ级	7～11	22～26	45～60	12	满布单向流	0.15/0.25m/s①
	恢复后期	Ⅱ级	10～15	22～26	45～60	3	均布乱流	$22h^{-1}$
烧伤病房	特重度	Ⅱ/Ⅲ级	10～15	30～32	50～95	3	集中送风	$22/15h^{-1}$
	重度	Ⅲ级	10～15	30～32	50～95	3	集中送风	$15h^{-1}$
	中度	Ⅳ级	10～15	24～26	45～60	3	均布乱流	$10h^{-1}$
ICU	脏器移植、新生儿、外科术后	Ⅲ级	≥15	22～26	40～60	3	均布乱流	$13h^{-1}$
	内科监护等	Ⅳ级	≥15	22～26	40～60	3	均布乱流	$10h^{-1}$

① 截面风速0.25为设计风速，夜间病人睡眠时降为0.15m/s。

注：噪声均不高于45dB（A）。

6.2.2 空调通风设计特点

（1）洁净病房室内特定环境用于保护免疫力低下患者，因此相对邻室应为正压，通常要求正压差为5Pa。

（2）洁净病房的空调在病人入住后必须不间歇连续运行，直至病人出院，这就要求空调通风系统必须具有很高的可靠性以及应对设备故障所需的备用功能。具体做法有两种：1）设置备用空调机组，2）空调机组内部风机设置备用。显然方法1）的初投资更高一些，占用建筑面积也大，但备用可靠性更高。空间条件允许时，可在多个Ⅰ级洁净用房中增设一台机组作为其他机组的备用，即空调机组配置数量为$n+1$。方法2）适合于空间条件不充裕的Ⅰ级洁净用房，更适合于移植、外科术后、新生儿等专用重症监护，这些ICU共同特点是：大开间、多床共室，空调机组按1+1配置既没必要，经济上也不是每家医院都能承受的，因此只需对易损部件——风机作备用即可，需要注意的是，最好在两台风机之间设置分隔板，以便其中一台需要维修时，另一台仍能持续运行。在自控设计上，应对两台风机分别监控。

（3）为了给病人创造安静的睡眠环境，Ⅰ级洁净用房的空调系统夜间必须具备低速运行的条件。Ⅰ级洁净用房风量大，日间运行噪声通常在45～50dB（A），患者睡眠时，应降低送风风速，使噪声降到40dB（A）以下。应采用变频风机调节送风量（这也符合风机应对系统过滤器阻力变化的需要），不建议采用双速风机——难以适应系统过滤器阻力变化且噪声相对更大。

（4）洁净病房的空调设计有着不同于手术室的特点。对于Ⅰ级洁净用房，需要保持全室的单向流而非手术室重点保证手术区单向流，因此风量比Ⅰ级手术室更大；重度及以上烧伤患者需在病床上方设置集中送风，这与手术区集中送风类似；其余Ⅱ、Ⅲ、Ⅳ级洁净用房均为均布送风，不需要对某区域集中送风。

（5）洁净病房室内负荷一般比手术室要小得多，室内常规配置监护仪、呼吸机等，散热量都很小。烧伤病房可能是个例外，除常规仪器外，烧伤病床还配置心电图机、无创心排监护仪、血气分析仪、悬吊式烤灯、悬浮床（只用于特大面积烧伤，躯干后侧、臀部烧伤）。图6-1摘自北京积水潭医院官方网站，方便读者更直观了解烧伤病房配置。

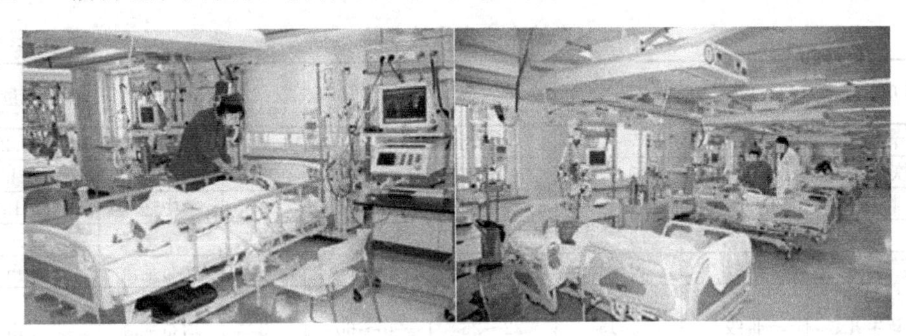

图6-1 烧伤病房实景

综上所述，洁净病房空调设计最大的特点可总结为两个关键词：备用、睡眠模式。除此之外，各类洁净病房的空调系统均可参照手术室的要求进行设计。这两个关键词在Ⅰ级洁净病房显得更为突出，下面以白血病房为代表对Ⅰ级洁净病房空调设计做简要介绍。

6.2.3 白血病房平面布置

在平面布置上，白血病房应符合五条流线的设计：

第一，病人流线。病人应经过更衣淋浴、药浴，阻断外部污染物及病菌后，经洁净走廊、准备前室，再入住病房。

第二，医护人员流线。医生护士应经过更衣、刷手后进入洁净区。

第三，洁净物品流线。所有物品必须经严格消毒后通过传递窗进入洁净区。病房内可回收利用的洁净物品也通过传递窗运出。

第四，污物流线。污物应在洁净区内就近进行简单打包后经污物传递窗、污物通道送出，污物通道应独立设置，不可与洁净通道混用。

第五，探视人员流线。一般均需设置探视通道，一方面方便病人与亲属见面谈心以缓解病人孤独感；另一方面也方便医生例行查房观察病人。

在病房内部设计上，应有医护人员使用的观察窗、病人开阔室外视野的窗户等，相关细微的设计由建筑专业设计，不再赘述。病房的平面设计上，有两处对暖通专业有较大影响；一为病房是否设有独立前室；二为病房内是否设置卫生间。

独立前室的设置，方便医护人员送药、配药，也作为病房与洁净走廊之间的缓冲，但不利于医生护士直接观察病人，另外由于前室与洁净走廊为不同级别的洁净用房，需要为前室单独设置空调系统，导致空调系统多而复杂，从医院方面反映的情况来看，目前逐渐趋于不采用独立封闭的前室，而演变为开放式的前室，如图 6-2 所示。

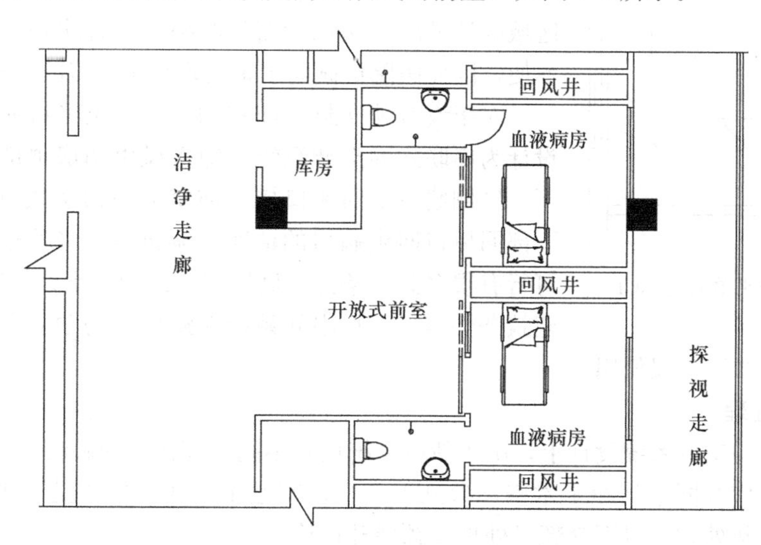

图 6-2　血液病房开放式前室

病房内是否设置卫生间，在医护人员内部以及医护与工程设计、医护与感染研究机构之间都存在很大争议。近些年随着医疗技术的发展及其与生物洁净技术综合应用，自从 2008 年解放军总医院内嵌卫生间血液病房成功投入使用，并获得良好效果[19]之后，国内开始逐步接受在血液病房内设置卫生间。

6.2.4　白血病房空调设计

从第 6.2.1 节的介绍可以看出，白血病房的洁净空调系统关乎患者生命安全，因此，安全、可靠应当成为系统设计中优先考虑的因素，在此基础上，再考虑节能运行问题。本节内容也是基于此原则介绍系统的设计。

1. 特点

根据白血病房平面布置上流线的需要，病房一般处于建筑内区，因此室内全年存在冷负荷，但负荷量较小，室内计算负荷0.5～0.9kW（随不同治疗阶段而变化），湿负荷约100g/h。送风量大，送风温差小；每间病房应设置独立的洁净空调系统；空调机组长时间连续运行，应设置备用机组或在机组内设置双送风机，并能自动切换，以提高可靠性；系统运行能耗大，设计中应采用能耗低的系统。

2. 气流组织

白血病房空调气流组织方式有垂直与水平单向流，水平单向流的典型模式为NCI（National Cancer Institute）（见图6-3），其最大的优点是将病房设置成开放式以减轻病人心理负担，病房敞开部位面积设计为送风面积的1/4，使敞开处的风速达到送风速度的4倍（约1.1m/s），从而阻止外部污染空气侵入病房。这种形式的白血病房国内已建成的有天津儿童医院、上海儿童医院、华西医院等。

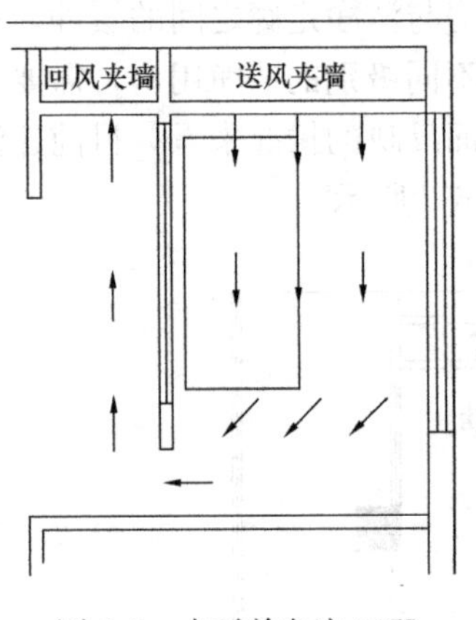

图6-3 水平单向流NCI

水平单向流的空调形式虽然有一些优点，但也存在缺点。例如噪声处理相对困难、送风最先流经病人头部容易导致病人感冒、室内消毒擦洗不方便等。尤其以上提到的NCI形式，开口部可能存在温差对流，使得门洞附近局部区域的洁净度不达标，而且医护人员普遍担心对病人管理不便，因而医院更倾向于采用垂直单向流的方式。

对于设有独立封闭前室的病房，也可将病房与其前室设计为串联式的空调系统，即送风由病房顶部垂直压挤而下，经侧墙下部回风口接入前室的吊顶送风口，再由前室下部回风口回到病房的洁净空调机组。当然这种方法是否可行有很多制约条件，例如前室面积大小、前室空调负荷、建筑条件等，而且串联系统对病房作为独立无菌空间也存在隐患，因此并不建议使用。

3. 新风处理

在白血病房空调系统设计上，由于新风系统设置不同而存在多种做法。对新风进行过滤处理的要求应等同于洁净手术室，参见表5-15。问题主要在于新风是否集中处理、新风是否经过冷热处理。以下就新风处理问题展开讨论。

（1）病房的新风量

按病房净面积9m²，新风换气次数12h⁻¹计算，新风量为300m³/h左右。参照图5-1，维持病房对邻室5Pa正压所需风量约为255m³/h。故新风量可按300m³/h设计。

（2）新风集中处理

对于多数城市，新风经过三级过滤处理，过滤器终阻力达到500Pa，系统终阻力将高达700～900Pa，如果每间病房单独设置新风机组，其新风量仅为300m³/h左右，在这个风量范围内要选配高达900Pa静压的风机是非常困难的，即使有，其噪声也可能大得无法接受。因此，采用一拖多方式设置新风机组为多间病房提供洁净新风成为更佳选择。这种做法的优势在于新风风机选型较为容易，初投资低，维护工作量小。虽然有人担心一旦新风机组故障会导致多间病房没有新风供应，但只要设置备用新风机组即可解决此问题。

另外，从设备维护及更换过滤器的角度出发，新风机组也建议设置备用。

综上所述，白血病房新风应集中供应，并建议设置备用新风机组，或采用带有分隔板的双风机新风机组。

(3) 新风冷热处理

对新风冷热处理有两方面好处：

首先，可实现空调机组干工况运行。洁净病房的湿负荷仅为100g/h左右，新风处理到承担室内湿负荷状态点并不难。空调机组干工况运行避免了系统中滋生病菌的“水患”，避免了表冷器水封遭破坏，也使得空调机组的段位组合具有更高灵活性，在生物洁净空调中，干工况运行的优势是很明显的。

其次，新风可直接经末端高效过滤器送入室内。新风经冷热处理后，状态参数与要求的送风点参数差距不大，所以可以直接与空调机组送风合并送入室内，不需再经过空调机组的冷热处理。这使得新风系统同时可作为各个病房维持正压的加压系统而不需开启空调机组，根据高效过滤器阻力—风量特性曲线近似于线性的特点，末端高效过滤器对新风的阻力仅为15Pa左右。因此，新风机组几乎不需额外增加风机压头也可送入室内。而对于新风进入空调机组的做法，维持病房正压必须运行空调机组。

于是，新风送入室内可以有两种途径，如图6-4所示。

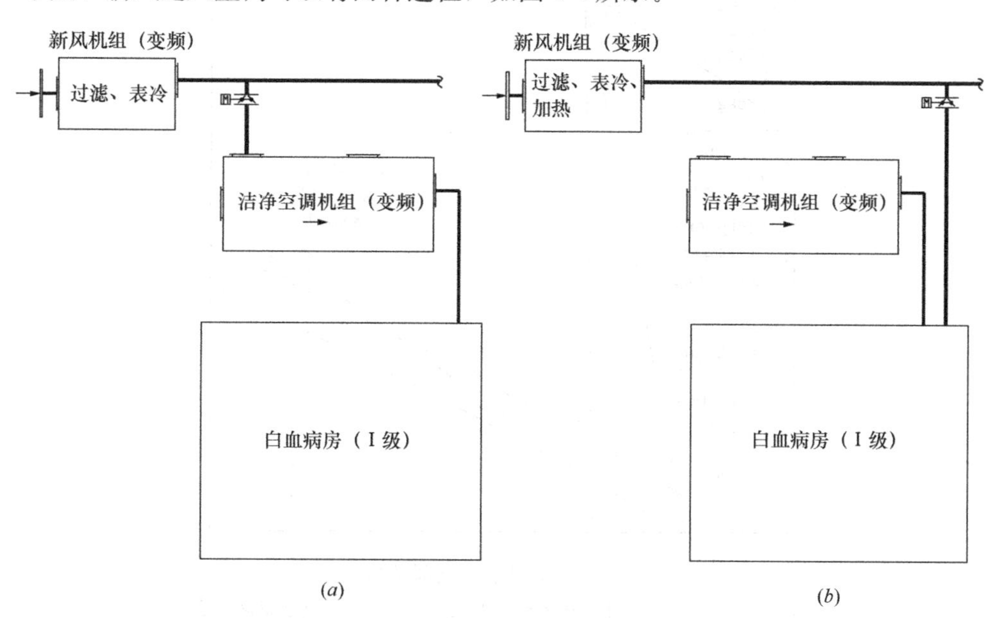

图6-4 新风送入途径

(a) 新风送入空调机组；(b) 新风直接送入室内

在夏热冬暖及温和地区，冬季新风不需考虑加热，可更进一步简化系统。在北方地区，冬季新风需加热后才可以直接送入室内，加热就有防冻问题。常规防冻措施是通过检测温度控制新风阀的开关，从安全角度考虑，要维持白血病房的相对压力关系，关闭新风阀的防冻措施不宜采用。因此，不建议新风采用热水作为热源，可采用蒸汽或电加热。由于希望在冬季利用新风作为天然冷源，所以，这里的“加热”与常规空调加热的意义是不同的，这里的“加热”属于防冻需要的预热。

4. 空气处理新方案

正如本节第 1 条所述，白血病房空调送风量大而送风温差小，空气处理方案的确定应避免冷热抵消带来的能耗，传统的一次回风系统显然不适合，目前大风量小温差场合多数采用二次回风系统。但病房有其自身特点：室内负荷常年稳定而偏小、各个病房负荷量差别不大、新风负荷相对较大而且是空气处理过程中几乎唯一变化的量，从这些特点出发，是否可以探寻一种新的空调方案（新风负担全部空调负荷）来应用于白血病房的空气处理呢？这样的好处是简化了系统的调节控制：温湿度由新风机组调节控制，空调机组只负责净化过滤、维持室内单向流的作用。空调机组再无二次回风、冷热量的控制环节，大大提高系统的安全可靠性。本节第 3 条内容中已经讨论新风集中处理并承担室内湿负荷的优点，也明确实际处理并不难，再进一步将新风处理到承担室内冷负荷与风机得热负荷，理论上应该也是可行的。下面通过焓湿图（见图 6-5）计算来验证方案的可操作性。

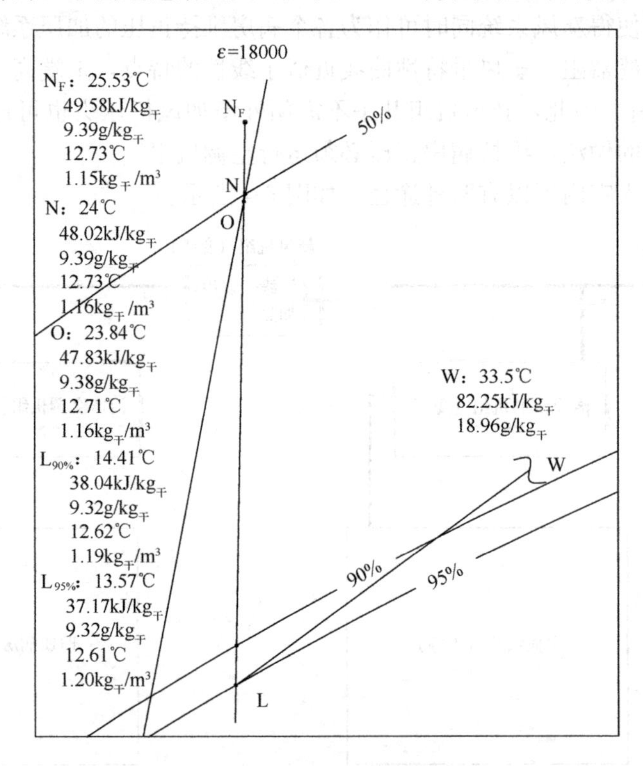

图 6-5　新风承担全部负荷

注：由于室内负荷太小，送风点 O 紧贴室内点 N，两点之间含湿量差只有 0.01g/kg干，导致 N_FOL 线看起来几乎与 N 点等含湿量线重叠。实际并非如此，建议读者应用焓湿图多加试算。

计算条件：地域：北京，白血病房净面积 9m²，吊顶高度 2.8m，断面风速 0.25m/s，夏季室内设计温度 24℃，相对湿度 50％，室内空调冷负荷 0.5kW，湿负荷 0.1kg/h。

计算过程：

（1）送风量。$G=0.25\times9\times3600=8100\text{m}^3/\text{h}$。

（2）热湿比。$\varepsilon=3600\times0.5/0.1=18000\text{kJ/kg}$。

（3）风机得热负荷。$Q_F=GP/(3600\eta_1\eta_2\eta_3)=8100\times1000/3600/0.62/0.9/1=$

4.03kW，其中风机效率 η_1 取 0.62，电机效率 η_2 取 0.9，采用无蜗壳离心风机，$\eta_3=1.0$，空调机组只设过滤、风机段，风机全压按 1000Pa 计算。

（4）风机温升。$\Delta t=Q_F/(\rho G c_m)=4.03\times3600/(1.16\times1.01\times8100)=1.53$℃。

（5）风机温升点。由 N 点等含湿量向上 1.53℃得到温升点 N_F，$h_{NF}=49.58$kJ/kg干。

（6）送风点。在焓湿图上确定室内点 N，作 ε 线，根据 $CLQ=\rho_{da}G(h_n-h_o)$，计算 $h_o=h_n-CLQ/\rho_{da}G=48.02-3600\times0.5/1.16/8100=47.83$kJ/kg干，由 ε 线与 47.83 等焓线交点，为送风点 O。

（7）新风处理点。连线 O、N_F。并延伸到 95%相对湿度线（参照图 5-3，95%相对湿度线最为接近），交点即为新风处理终点 L，$h_L=37.17$kJ/kg干。

（8）新风量。空调机组循环风 N_F 点与新风 L 点混合到 O 点，因此 N_F、O、L 三点焓差风量关系有：

$$\frac{G_X}{G}=\frac{h_{NF}-h_o}{h_{NF}-h_L}=\frac{49.58-47.83}{49.58-37.17}=0.141$$

注：本来还应该计算新风机温升，由新风处理终点经温升后与 N_F 混合，这样计算出来的新风量会少一些，这里忽略新风机温升作为新风量计算的富余系数。

故新风量 $G_X=1142\text{m}^3/\text{h}$，循环风量为 $6958\text{m}^3/\text{h}$。在上面计算步骤（3）、（4）中均采用总风量计算，从（3）、（4）中两个计算式可以看出，风机温升与风量无关，所以不需要按实际计算风量校核。

如果总风量 $8100\text{m}^3/\text{h}$ 不变，新风处理点落到 90%相对湿度线，则新风量计算为 $1228\text{m}^3/\text{h}$，因此建议新风量可取为 $1200\text{m}^3/\text{h}$。

（9）新风负荷。按式（2-15）计算：

$$\begin{aligned}CLQ_X&=\frac{BV}{1033351.2(t_2+273.15)(1+1.607858d_2)}[(h_1-h_2)-58.6(d_1-d_2)]\\&=\frac{100020\times1200}{1033351.2(13.57+273.15)(1+1.607858\times9.32/1000)}[(82.25-37.17)\\&\quad-58.6(18.96-9.32)/1000]\\&=17.77\text{kW}\end{aligned}$$

计算结论：

（1）新风处理焓差为 82.25−37.17=45.1kJ/kg干，目前市场上新风机组能满足要求，无需定制，新风承担全部负荷的方案实际可操作。

（2）按换气次数计算的新风量为 $302\text{m}^3/\text{h}$，本方案新风量高出 $900\text{m}^3/\text{h}$。

5. 二次回风系统

本节第 4 条通过计算确认了“新风承担全部负荷”的实际可操作性，但新风量需要增加 3 倍，是否会导致能耗太高？下面通过对常规二次回风系统（见图 6-6）的计算来比较两种方案的能耗。

计算条件：与本节第 4 条相同。与第 5.5.4 节第 1 条分析结果相同，空调机组段位还是采用表冷器处于负压段的形式。

计算过程：

（1）～（2）步骤与本节第 4 条相同。

（3）风机得热负荷。二次回风空调机组多了混风、表冷等段位，风机全压大约增加 200Pa，按 1200Pa 计算。其余参数取值同上节，$Q_F=GP/(3600\eta_1\eta_2\eta_3)=8100\times1200/$

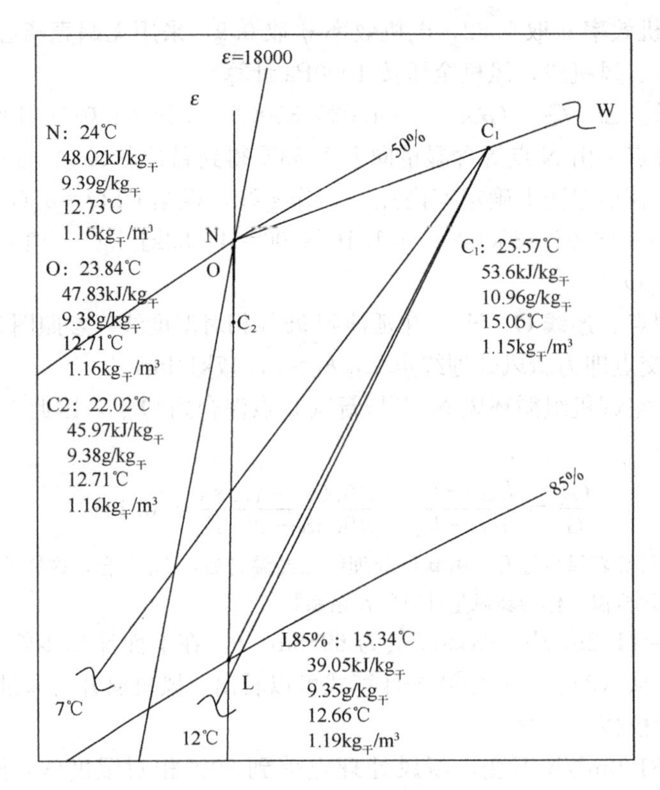

图 6-6 二次回风系统

(3600×0.62×0.9×1) =4.79kW。

(4) 风机温升。$\Delta t=Q_F/(\rho G c_m)$ =4.79×3600/ (1.16×1.01×8100) =1.82℃。

(5) 送风点。同上一节步骤 (6)。

(6) 二次混风点。空气经风机温升到达送风点 O，因此由 O 点等含湿量向下 1.82℃ 得到二次混风状态点 C_2，h_{C2}=45.97kJ/kg干。

(7) 一次混风的终状态点。由 N、C_2 点连线与 90%相对湿度线（参照图 5-3，估计 90%相对湿度线最为接近）交于 L 点，h_L=38.12kJ/kg干。

(8) 二次回风量。二次回风 N 点与 L 点混合到 C_2 点，因此 N、C_2、L 三点焓差风量关系有：

$$\frac{G_X+G_{h1}}{G}=\frac{h_N-h_{C2}}{h_N-h_L}=\frac{48.02-45.97}{48.02-38.12}=0.207$$

故一次混风量为 8100×0.207=1677m³/h，一次回风量为 1677−302=1375m³/h，二次回风量为 8100−1677=6423m³/h。

(9) 一次混风点。由步骤(8)风量比值计算一次混风焓值，h_{C1}=(1375×48.02+302×82.25)/1677=54.18kJ/kg干，由 54.18 等焓线与 N、W 线交点得到一次混风点 C_1。

(10) 检查 L 点。由 C_1 分别连线 7℃、12℃饱和点，发现 L 点处于连线区域外，说明步骤 (7) 中估计 90%相对湿度线偏低，改为 85%相对湿度线确定 L 点，h_L=39.05kJ/kg干。

(11) 重复步骤 (8)，计算一次混风量为 8100×0.2285=1851m³/h，一次回风量为

1851－302＝1549m³/h，二次回风量为 8100－1851＝6249m³/h。

（12）重新计算一次混风点。同步骤（9），h_{C1}＝(1549×48.02＋302×82.25)/1851＝53.6kJ/kg干，由 53.6 等焓线与 N、W 线交点得到一次混风点 C_1。

（13）检查 L 点。L 点落在 C_1、7℃饱和点、12℃饱和点区域内，因此 L 点有效。

（14）新风负荷。按式（2-15）计算：

$$CLQ_X = \frac{BV}{1033351.2(t_2+273.15)(1+1.607858d_2)}[(h_1-h_2)-58.6(d_1-d_2)]$$

$$= \frac{100020\times1851}{1033351.2(15.34+273.15)(1+1.607858\times9.35/1000)}[(53.6-39.05) -58.6(10.96-9.35)/1000]$$

$$= 8.84\text{kW}$$

通过本例计算，对比第 5.5.2 节第 2 条 I 级手术室二次回风系统的计算，可以发现：室内湿负荷越小，热湿比线斜率越大，将"挤压"L 点向右偏移，使得 L 点越接近表冷器的实际处理点，二次回风系统越有可能达到理想过程——不需再热。白血病房就是二次回风理想处理过程的典型例子。

在本节第 3 条中还谈到新风集中处理承担室内湿负荷的优点，下面再看看新风经除湿处理的二次回风系统的能耗。从焓湿图上看，二次回风混合点是由送风点扣除风机温升后确定的，一次混风点、二次混风点、室内点必然在一条直线上，因此新风终点也必然在这条直线上。若还是采用冷冻除湿，这其实与本节第 4 条的新风承担全部负荷是一样的，二次回风系统没有意义；若采用转轮除湿，处理过程如图 6-7 所示。

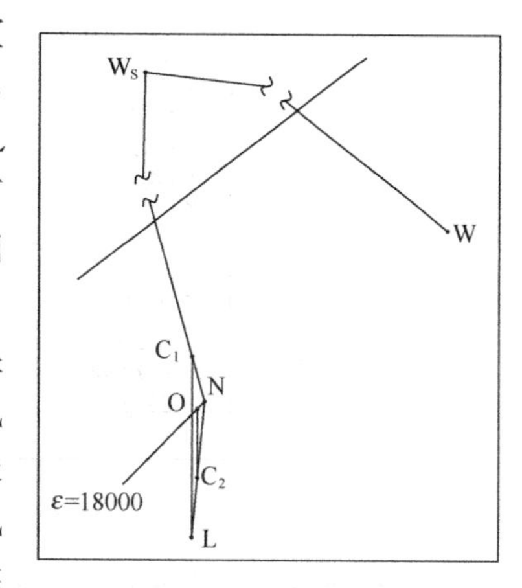

图 6-7 转轮除湿二次回风系统

注：由于实际过程 NC_2、OC_2、C_1L 三条线距离很近，几乎纠缠在一起，为清楚表示空气处理过程，图 6-7 未按实际比例绘制，而是故意的拉开三线间距。

空气处理过程为：

W → 转轮除湿 → W_S ＋ N → C_1 → 干冷却 → L ＋ N → C_2

由于转轮除湿在民用工程中应用较少，具体计算也需厂家配合，这里不再继续介绍。

6. 方案一冬季空气处理

前面对两种方案（新风承担全部负荷、二次回风系统，以下简称为方案一、二）的比较都是基于夏季工况，再来看看冬季工况的计算。

病房室内负荷不受季节影响，冷负荷为 0.5kW，湿负荷为 0.1kg/h。假设新风量 1200m³/h 不变，新风预热到 5℃，空气处理过程如图 6-8 所示。

计算过程：

（1）室内状态点 N。t_N＝22℃，φ_N＝45%，h_N＝41.08kJ/kg干，d_N＝7.47g/kg干。

（2）送风点 O。$h_o=h_n-CLQ/(\rho_{da}G)$＝41.08－3600×0.5/（1.17×8100）＝40.89kJ/kg干，t_o＝21.84℃。

（3）新风预热点 W_5。H_{W5}＝7.01kJ/kg干，d_{W5}＝0.79g/kg干。

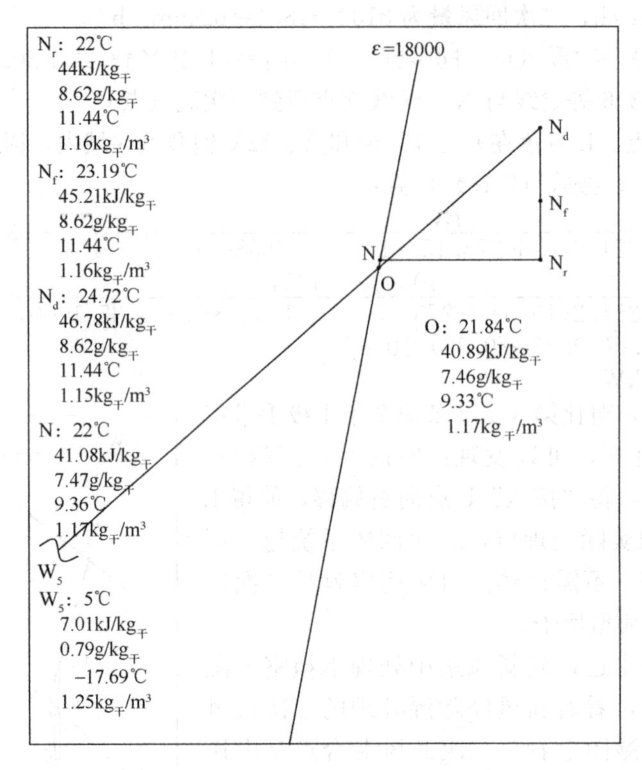

图 6-8 方案一冬季空气处理计算过程

(4) 冬季室内处理终点 N_d。室内最终处理点与 W_5 混合到 O 点，因此有：$G_X H_{W5}+G_h h_{Nd}=Gh_o$，$1200\times7.01+6900h_{Nd}=8100\times40.89$，$h_{Nd}=46.78$kJ/kg干，确定 N_d 点，得到 $d_{Nd}=8.62$g/kg干，$t_{Nd}=24.72$℃。

(5) 风机温升前点 N_f。N_d 点等含湿量向下 1.53℃得到温升点 N_F，$t_{Nf}=23.19$℃。

(6) 可见，N_F点温度比 N 点高出 1.19℃，说明新风提供的冷量过大，导致室内还需要加热。加热量为 $1.16\times6900\times1.006\times1.19=2.66$kW。

(7) 加湿量。$W=\rho_{da}G_h(d_{Nd}-d_N)=1.15\times6900\times(8.62-7.47)/1000=9.1$kg/h。

在步骤 (6) 中，由于新风量按夏季 1200m³/h 不变，新风提供的冷量过大，导致室内还需要加热，解决的方法有两个：

方法一：新风量不变，增加加热量。由于本方案空调机组只负责过滤循环，需要将上述计算步骤 (6) 中的加热量"迁移"到新风机组中，需要控制的新风温度可按"迁移"的加热量计算：

$$Q=c\rho G_X(t-5)$$

$$t=5+Q/(c\rho G_X)=5+2.66\times3600/(1.006\times1.2\times1200)=11.6℃$$

也就是说，室外气温高于 11.6℃时，开始需要制冷。采用方法一，新风机组将不再按 5℃而是按 11.6℃控制送风温度，控制系统可设定为：室外气温低于 11℃时，按送风温度 11.6℃控制加热量；室外温度高于 12℃时，关闭加热系统。由于新风温度较低，冬季加湿还是设置在循环机组中。空气实际处理过程如图 6-9 所示。

方法一冬季最大加热量为 $Q=c\rho G_X\Delta t=1.006\times1.2\times1200\times(11.6+9.9)/3600=8.7$kW。

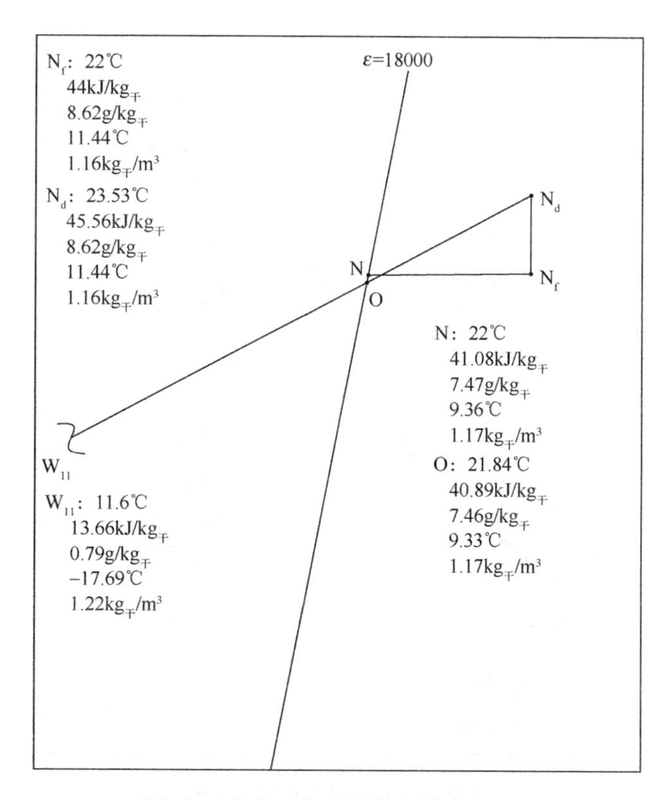

图 6-9 方案一冬季空气实际处理过程

方法二：冬季根据室外温度变新风量运行。同样预热到 5℃，冬季需要的新风量可按空气混合的温度关系进行计算，关系式为：

$$t_X G_X + (8100 - G_X)(t_N + 1.53) = 8100 t_o$$

式中，t_X=5℃，t_N=22℃，t_o=21.84℃，可算出需要新风量 G_X=739m³/h。

具体变风量的控制策略为：当室外温度低于 0℃时，新风预热到 5℃，新风量为 740m³/h；当室外温度高于 0℃低于 11.6℃（方法一的计算结果）时，新风不加热，根据上式重新计算所需新风量；当室外温度高于 12℃时，开始制冷，新风量为夏季工况 1200m³/h。

方法二冬季最大加热量为 $Q = c\rho G_X \Delta t = 1.006 \times 1.2 \times 740 \times (5+9.9)/3600 = 3.7$kW。

以上两种方法各有优缺点，方法一能耗高，但控制简单，可靠性高一些；方法二节能，但控制复杂，可靠性相对差一些，实际操作中可能还是需要部分加热。如何取舍，还需读者自行斟酌。

7. 方案二冬季空气处理

二次回风系统冬季时关闭二次回风阀，改为一次回风系统。冬季空气处理过程如图 6-10 所示。

计算过程：

(1) ～ (3) 步骤与上一节相同。

(4) 混合点 C。由 $G_X h_{W5} + G_h h_N = G h_C$，$302 \times 7.01 + 7798 \times 41.08 = 8100 \times h_C$，$h_C$ = 39.81kJ/kg干，确定 C 点，得到 d_C=7.22g/kg干，t_C=21.37℃。

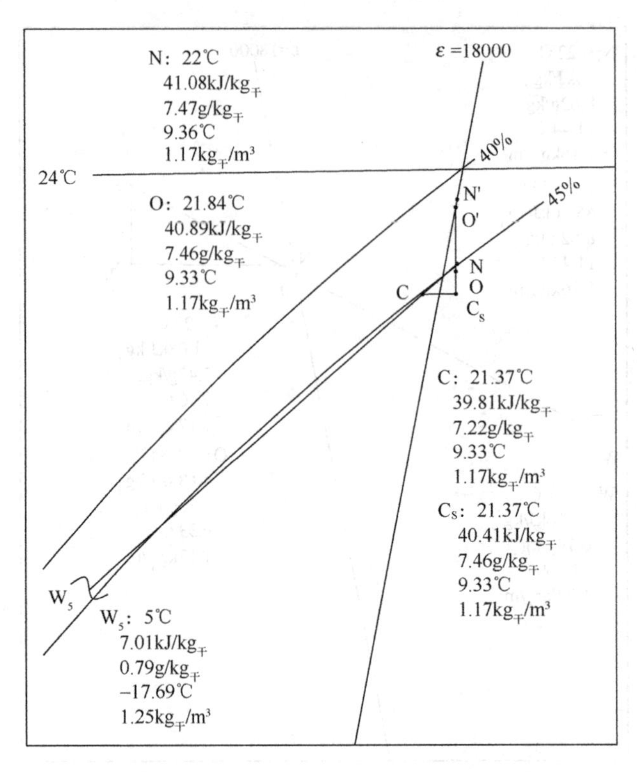

图 6-10 方案二冬季空气处理

(5) 风机温升前点 N_f。O 点等含湿量向下 1.82℃得到温升前点 N_F，t_{Nf}=20.02℃。

(6) 可见，C 点温度比 N_F点高出 1.35℃，说明新风提供的冷量不足，混合之后还需要制冷。

解决这个问题可以有两种方法：

方法一，增加新风量，使得新风提供的总冷量满足系统需求。焓湿图上将 C 点移到 N_F点等温线，h'_C=37.07kJ/kg干，所需新风量计算：$G_X h_{W5}+(G-G_X)h_N=Gh'_C$，$G_X=G(h'_C-h_N)/(h_{W5}-h_N)$=8100(37.07−41.08)/(7.01−41.08)=953m³/h，所需加湿量 $W_1=\rho_{da}G(d_{Nf}-d'_C)$=1.17×8100×(7.46−6.68)/1000=7.4kg/h。

方法二，在空调机组设置表冷器供冷。新风量不变，仍按 302m³/h 计算。C 点加湿后等含湿量向下到 N_F点。制冷量 $CLQ=\rho_{da}Gc(t_C-t_{Nf})$=1.17×8100×1.006×(21.37−20.02)/3600=3.58kW，所需加湿量 W_2=1.17×8100×(7.46−7.22)/1000=2.3kg/h。

以上两种方法各有优缺点，方法一增加新风量，随之需要的加湿量也增加，过滤器更换费用、蒸汽消耗量都有所增加；方法二需要提供外部冷源。

冬季少量的冷源需求在北方地区是个比较难处理的问题，原则上能不供冷就不供，因此有必要详细分析其影响。以上例子以 9m²病房进行计算，如果不提供冷源，则实际室内状态将偏移到 23.4℃，相对湿度为 41%，也是可接受的范围。从焓湿图分析可知，当病房面积减少，总风量变小，混合点将下移（本节第 3 条中估算维持正压的新风量取值为 300m³/h，因此新风量不随面积减少而变小），而 N_F点与风量无关，因此面积小的病房冬季需要的冷量进一步减少，室内状态与设计（22℃，45%）的偏移量也将进一步缩小，由此可见小面积的病房可以不供冷。以上分析是基于新风预热到5℃，当室外气温升高到10℃左右（典型城市是北京冬季下午），由于新风量小，增加的负荷为0.5kW，对室内温度影响不到0.2℃，室内状态还是在允许范围内。

对于面积大于9m²的病房，新风量也随之增加，需要重新计算。以实际工程中面积最大的11.6m²的病房进行计算，结果表明，引起室内温度偏移量还是小于1.5℃。一般需要单向流的白血病房面积很少超过11m²，因此，可以得到结论：白血病房冬季可以不供冷。

由此看来，只要室内温度没有特殊要求，冬季不需要增加新风量。

冬季系统的加热量即为新风预热量：1.006×1.2×302×(5+9.9)/3600=1.5kW。

8. 空气处理总结

在本节第4～7条详细分析了两种方案的冬夏处理过程，最终的数据对比如表6-2所示。

设计能耗对比 **表6-2**

		方案一：新风负担全部负荷	方案二：二次回风系统
新风量（m³/h）		1200	302
夏季	负荷（kW）	17.77	8.84
冬季	加热量（kW）	8.7/3.7	1.5
	加湿量（kg/h）	9.1	2.3

从数据上看，方案一完败，无论夏季还是冬季，能耗都高于方案二，但它却有以下优点：

（1）系统简单、控制可靠。温湿度调节只有新风机组一个环节，循环机组只起空气过滤作用，有效降低大风量条件下温湿度调节的误差与滞后。

（2）循环机组再无“水患”，从根本上解决了空调机组内部细菌繁殖的问题，对免疫力极度低下的白血病人起到安全保障作用。

（3）由于各间病房负荷量相差无几，使得集中新风处理也适用于多间病房共用一个大的新风系统。

（4）设备选型灵活，由新风负担全部空调负荷时，系统新风量为1200m³/h左右，机组选用不难，可以每间病房设置独立的新风机组，也可以一拖多集中供应新风；而二次回风系统新风量为300～400m³/h，单台机组选用困难，通常需要合并集中供应新风。

从近几年血液病房建设规模看，多数医院不超过10间，方案一总的设计能耗只不过多出200kW，考虑新风负荷随季节变化，实际运行能耗增加的量并没有这么多，虽然能耗有所增加，却换来一个简单、可靠、安全的系统，从这点上，推荐采用方案一。

9. 机组段位及参考图

本节介绍两种方案对应的系统图及机组段位组合的考虑。

方案一：新风负担全部负荷。参照本节第4、6条的内容，新风机组有两种形式：变风量与定风量。变风量新风机组冬季只对新风预热，热源可采用蒸汽或电；定风量新风机组冬季需加热到11.6℃，按GB 50736的要求，热源宜采用热水，笔者一向对需要严格控制送风温度的机组采用热水盘管有不同意见，这里仍建议有蒸汽的地方采用蒸汽加热，没有蒸汽的地方仍采用电加热（需要向审图机构详细解释）。循环机组及两种新风机组的段位组合如图6-11所示。

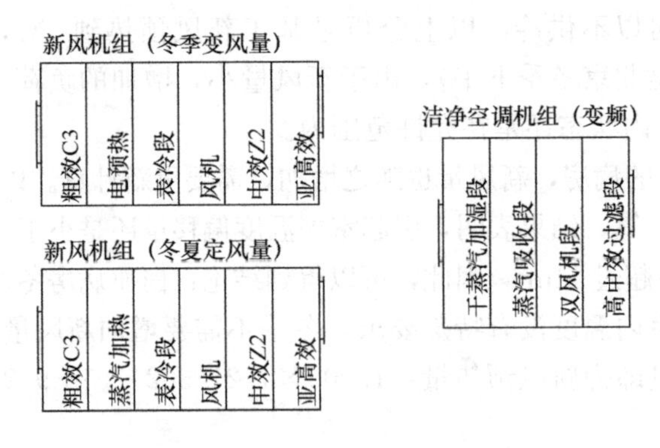

图 6-11 方案一机组的段位组合

方案二：二次回风系统。在本节第 5 条已经分析到对新风冷冻除湿承担全部湿负荷的做法与方案一实际上是一样的，二次回风系统反而多余。既然如此，就没必要在新风机组设置表冷器，以免新风机组、空调机组两处盘管湿工况运行。考虑计算误差、一二次回风实际风量与设计风量的误差、控制调节误差等因素，建议空调机组还要考虑一点再热。二次回风系统的新风机组、空调机组段位组合如图 6-12 所示。

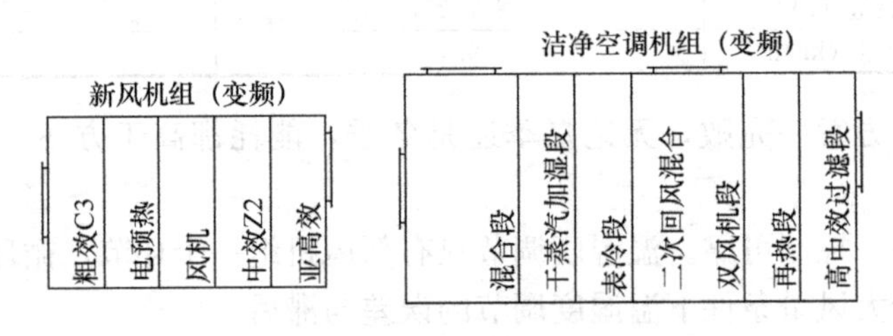

图 6-12 方案二机组的段位组合

图 6-13 为某医院 20 间白血病房平面图，供参考。

图 6-14、图 6-15 分别为两种方案的系统图，供参考。

10. 卫生间的设计

对于病房内的卫生间，设计可不考虑温湿度要求，关键在于通风和洁净度。为了维持卫生间一定的洁净度（卫生间的空气洁净度也是大家对其设在病房内所争论的主要问题），其排风量必须达到一定换气次数。笔者 2005 年设计的解放军总医院肿瘤中心血液病房就是内嵌卫生间，考虑到卫生间内马桶抽水引起的气流扰动及压力波动、淋浴产生的热气流等，情况远比洁净用房复杂，虽然病人停留时间短，但病人免疫力有缺陷，因此确定卫生间内空气洁净度按 6 级设计，换气次数为 50～60h^{-1}。为了确定卫生间气流组织形式，当时由解放军总医院孙鲁春处长牵头联合清华大学、灵境医疗净化工程公司、中元国际工程设计院，四方联合研究试验，最终确定卫生间送排风方式，如图 6-16 所示。

作为最容易滋生病菌的场所，卫生间的通风在白血病房中显得尤为重要。通风系统必须快速排除室内的污浊空气，在气流组织上还必须考虑尽量减少污浊空气流经病人呼吸区，因此上部排风方式不应采用。然而病人淋浴、洗手用水产生的热气却上升汇聚在卫生间顶部，不做上部排风就不能及时有效地排除热湿空气，潮湿环境正是病菌滋生的最佳条件。这就构成卫生间排风的矛盾，图 6-16 中排风口的设置较好地解决这个问题，通过调试调节，排风口上下部排风速度大，中部风速相对小。排风口设置在马桶后面夹墙（该工

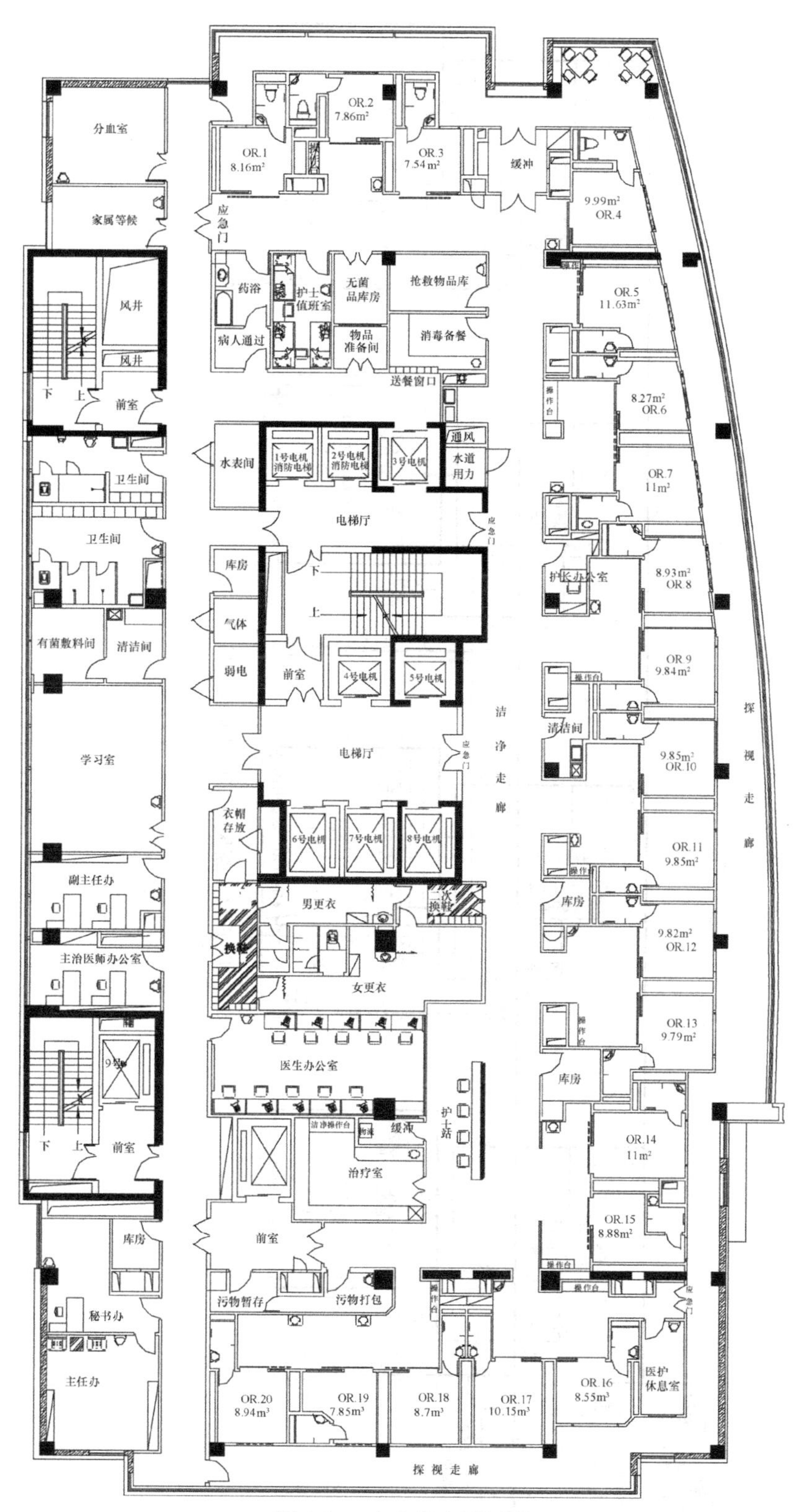

图 6-13　白血病房平面图

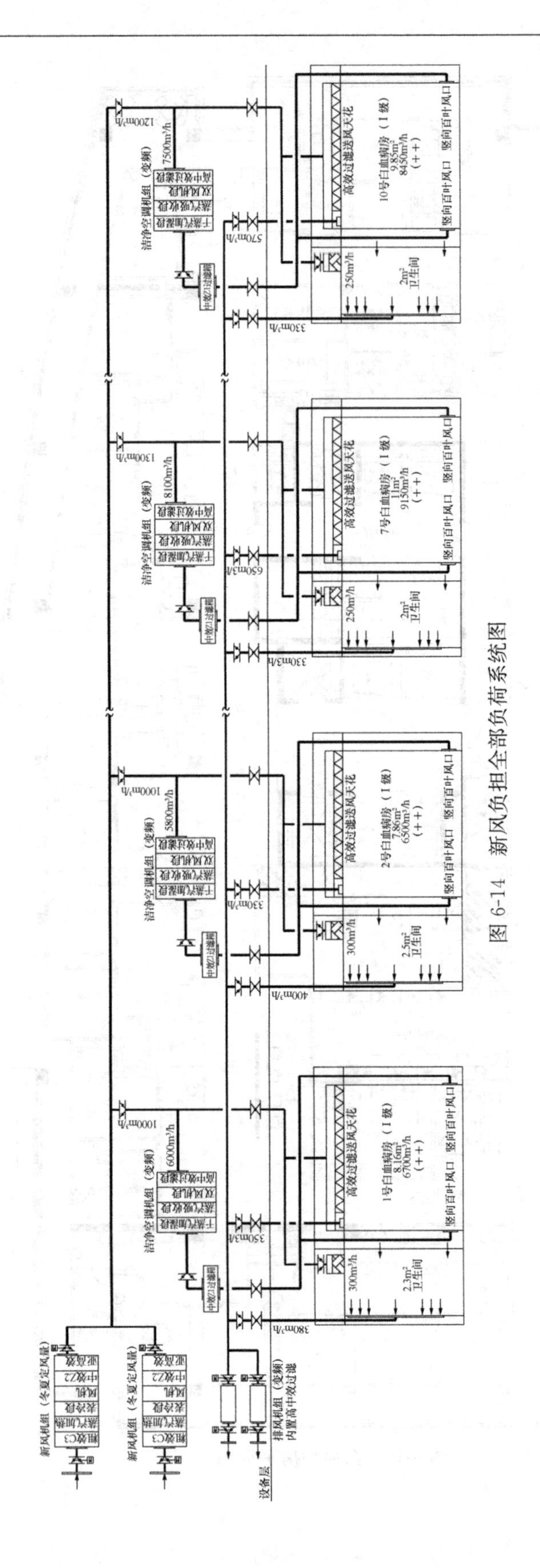

图 6-14　新风负担全部负荷系统图

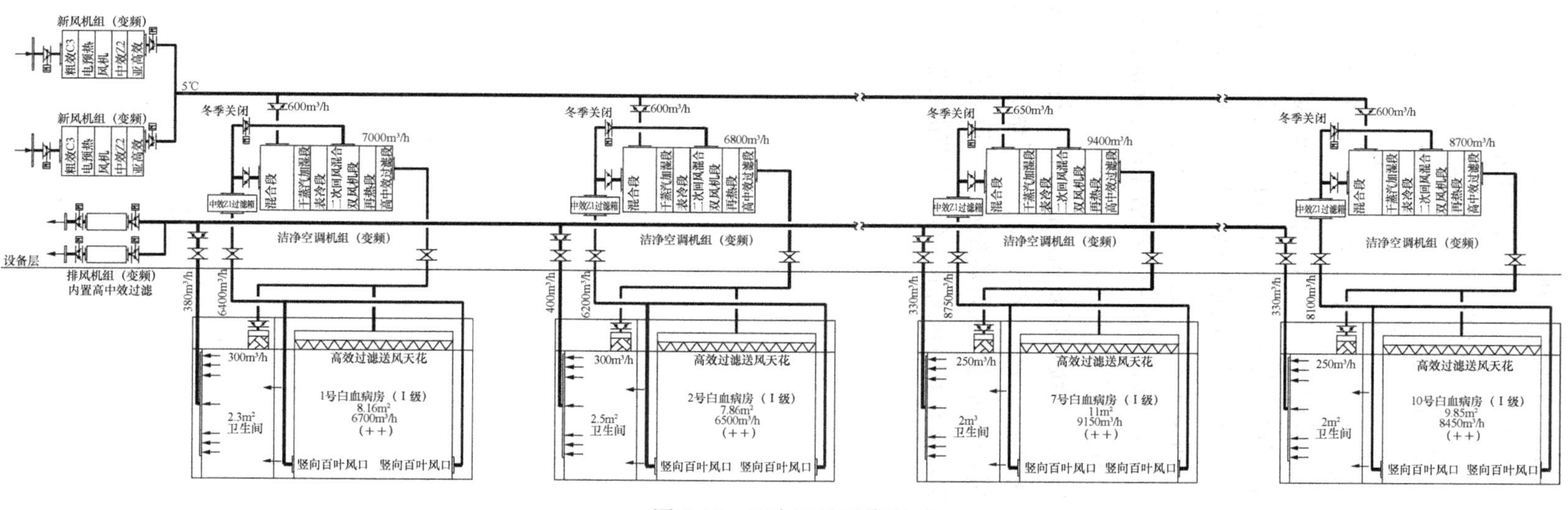

图 6-15　二次回风系统图

注：

1. 图中新风入口电动风阀的作用是在备用新风机组不运行时，关闭风阀以保护机组内过滤器不受室外空气影响，而非防冻用。
2. 为减少维护人员进入洁净病房，在设备层设置回风过滤箱，病房内采用竖向百叶回风口。
3. 对于新风负担全部负荷的系统，集中供应的新风机组负责的病房间数不宜过多，建议新风机组风量不大于 $8000m^3/h$。
4. 二次回风系统冬季不供冷，室内温度将偏移到 23.5℃，相对湿度为 40%左右。
5. 上述两图均按寒冷地区配置机组段位，其他地区相应增减。

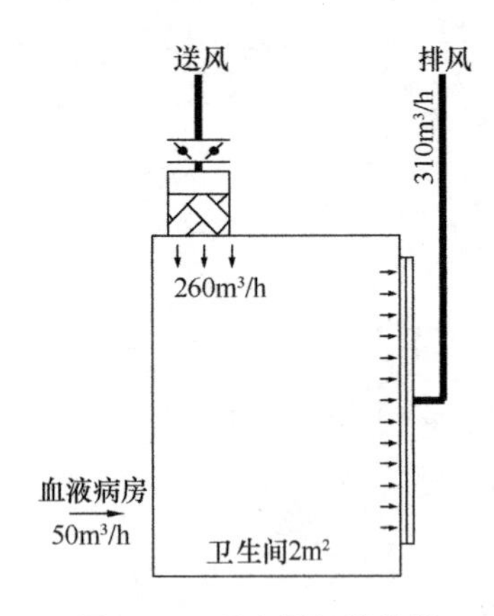

图 6-16　卫生间气流组织

程采用无水箱的马桶)，排风口下沿紧贴马桶盖，病人使用马桶时，大部分污染空气被及时排走，不会上升到病人呼吸区；卫生热水产生的热汽则通过上部排风口快速排出。此外，顶部的高效送风口一方面加强对气流的挤压作用，减缓下部污浊空气扩散上升从而被排风口及时排走，另一方面形成对卫生间门口的保护作用，避免卫生间顶部热气流通过温差效应与病房产生对流而污染病房。

经使用单位实测[20]，该项目病房内各项指标均优于规范要求的指标，卫生间洁净度达到 6 级标准，即使在马桶冲水后（污染最高），卫生间沉降菌浓度也只有 2.3 个/(30min · ϕ90 皿)，接近于Ⅱ级洁净用房标准。说明对卫生间的气流组织设计是成功的。

内嵌卫生间的病房，由于排风的需要，系统新风量就不能只按维持正压的 300m³/h 考虑，还应加上卫生间排风量，卫生间面积通常为 1.6～2m²，排风量为 270～330m³/h，因此总新风量宜按 650m³/h 考虑。所需新风量的加大，将缩小本节第 8 条中两个方案之间的能耗差，因此，内嵌卫生间的病房，推荐采用新风承担全部负荷的方案。

第7章　传　染　楼

自20世纪70年代以来，全球几乎每年都有一种及一种以上新发生的突发急性传染病出现，随着全球一体化进程的加快，突发急性传染病对人类健康安全和社会经济发展构成的威胁不断增大。2003年“非典”疫情导致我国5327人发病，死亡349人；2017年全年人感染H7N9禽流感导致我国589人发病，259人死亡[①]。境外突发急性传染病输入我国的风险也在不断增加。近年来，我国境内先后发生中东呼吸综合征、黄热病、寨卡病毒病、脊髓灰质炎等多起输入性疫情。国家卫计委印发的《突发急性传染病防治“十三五”规划（2016—2020年）》中提出：“设置突发急性传染病临床救治定点医院。推动各省份和各地市在本辖区改造、建设1所综合性医院和传染病医院，使其具备高水平的综合救治能力和生物安全防护条件，并积极发挥其突发急性传染病诊疗支撑和中心医院的作用。”。“非典”以后，各地都开始重视传染病患者集中收治设施的建设，一般综合医院在门诊楼一层设置传染门诊部，各县市综合中心医院通常建设独立的传染楼。本书内容仅限于综合医院内规模较小的传染楼的介绍，专门的传染病医院要复杂得多，请另见许钟麟等专家的专著。

通常所说的传染病主要包括肠道、肝炎、艾滋病、呼吸道传染病，肠道传染途径包括水体、食物、接触、昆虫传播，肝炎主要通过血液传播。对暖通专业来讲，传染病可分为两类：呼吸道传染病与非呼吸道传染病。

呼吸道传染病是指通过空气传播的传染病。病菌附着在粒径为1～5μm的微粒上，这些小体积微粒不会在空气中沉降，而是长期悬浮于空气中形成气溶胶，很容易被吸入到肺部深处，一旦遇到易受感染人群或病菌达到一定浓度，就会使人致病。因此，在呼吸道传染病区，通风的目标就是控制气流流向和稀释降低浓度。通过对室内气流的控制，使得清洁空气从清洁区流向污染区，从健康人群（医护人员）流向传染病患者；通过送入室外低浓度新鲜空气、排出室内高浓度污染空气，置换稀释降低室内病菌浓度。

非呼吸道传染病是指通过接触（包括消化道摄入的“接触”）传播的传染病。主要是通过手接触后沾染病菌并接触易感染部位（眼、鼻、口、创口等），导致病菌侵入人体；与传染病人近距离相处时，因病人打喷嚏、咳嗽等行为产生的传染性液滴喷溅到手、脸等部位，也可能最终通过接触而发生感染。在非呼吸道传染病区，对传染病的控制主要是依赖物理隔离与洗消，通风对传染病控制的作用很小，但不良的通风却会加剧恶化传染病的控制。因此，非呼吸道传染病区也应重视通风设计。

① 数据来源于国家卫生健康委员会官方网站。

7.1 传染楼平面布局

典型的传染楼为多层建筑，主要为门诊及病房。一层设置传染门诊，分设呼吸道门诊和肠道门诊，病人经初筛后由不同门诊入口进入就诊。呼吸道门诊常设置X光机用于初诊，需要CT等大型设备进一步诊断的，一般转移到医技楼，极少在传染楼设置大型医疗设备机房；肠道门诊则设置B超检查；病人血液的初步检验应按呼吸道和肠道病区分开设置。平面布局上，病人候诊区与医护工作区分开设置，两区之间以就诊需要作为联结点（如诊室、采血窗口）。图7-1所示为两区及其结点相对关系，供参考。

传染楼二层及以上为病房，至少设置两个病区，呼吸道与肠道各一个病区。住院病区平面应按污染区、半污染区、清洁区设计。医生办公室、值班室应设置在清洁区，治疗、处置室、护士站为半污染区，病房、病人通道为污染区。图7-2阴影区域表示半污染区，下方病人区域为污染区，上方为清洁区。

传染病房与走廊之间应设置缓冲间，国内外感控专家普遍认同缓冲间对人员出入的动态隔离起到关键作用。许钟麟等人的研究对缓冲间的作用还给出具体计算数值[21]。美国Haydeng等人在一项研究中发现：房间排风量为50～220cfm（85～374m^3/h）时，房间与缓冲间之间的空气流动量为35～65cfm（60～110 m^3/h）。例如，一个500ft^3（14m^3，5m^2左右）的缓冲间，若空气流动量为50cfm，则缓冲间的稀释作用可以使得进入或流出隔离房间的污染空气降低90%。可见，缓冲间可以容纳稀释流动空气，有效减少传染病房与走廊之间过多的空气对流，从而降低污染浓度。

7.2 传染楼通风空调设计

传染楼通风空调系统应根据《传染病医院建筑设计规范》GB 50849的要求进行设计。主要设计要点有：

（1）系统设计。由图7-2可见，清洁区与半污染区有明显的物理分隔，为避免污染区的空气通过风管污染清洁区，清洁区与污染区、半污染区的送排风系统应按区域分别独立设置。清洁区应关注送风，污染区、半污染区则更关注排风。

实际操作中，清洁区面积较小，在新风需要加热才能送入室内的北方地区，独立设置送风系统难度较大，可以做成竖向系统，将各层清洁区合并为一个送风系统；半污染区同样有这个问题，但由于各层传染病性质不同，不可做成竖向系统，如确实无法选用到合适的新风机组，可将同层的半污染区与污染区合并送风系统，系统应从机组出口分别引出独立风管，半污染区的排风应独立设置；污染区的送排风系统都应独立设置，不能采用竖向系统合并各层污染区，卫生间的排风可与病房排风合并系统，要杜绝卫生间竖向排风系统的习惯做法。

（2）风量。非呼吸道传染病门诊、医技、病房等用房最小新风量按$3h^{-1}$计算，呼吸道传染病用房按$6h^{-1}$计算。

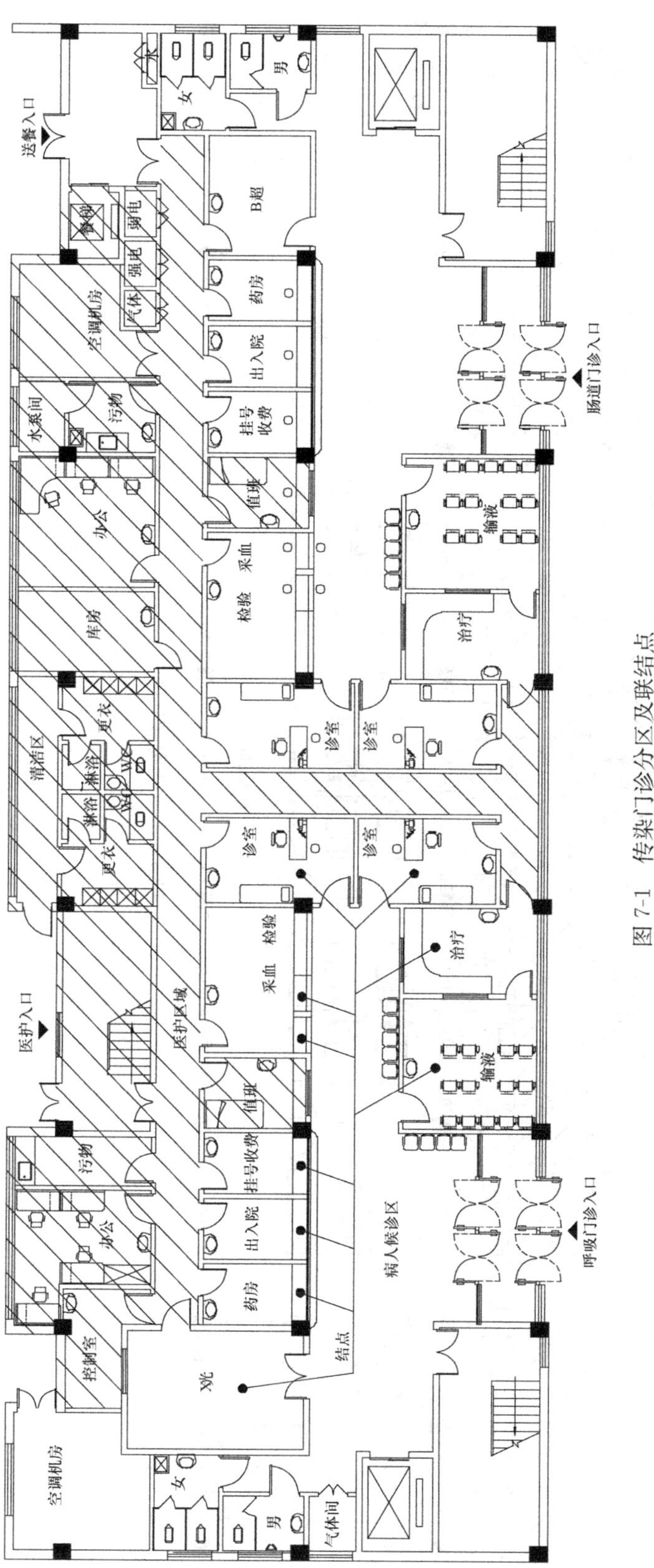

图 7-1 传染门诊分区及联结点

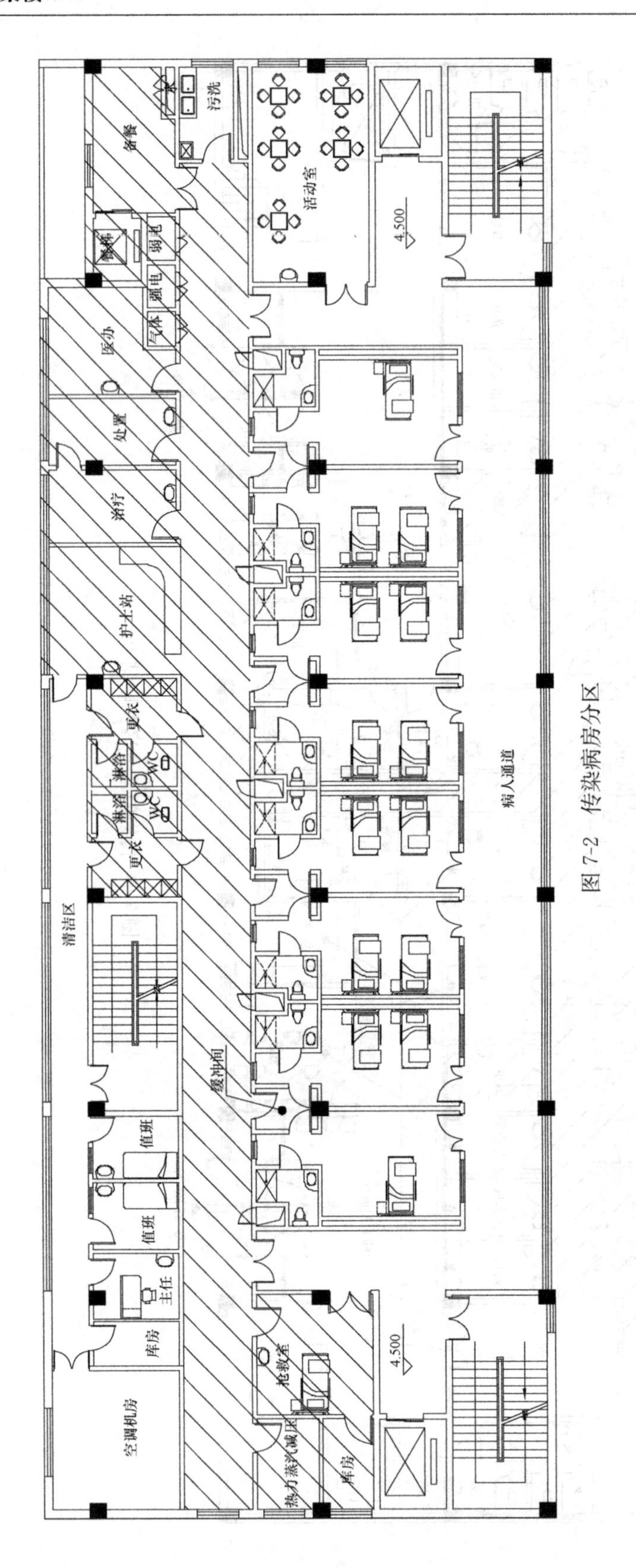
备餐
污洗
活动室
4.500
弱电
强电
气体
医办
处置
治疗
护士站
更衣
淋浴
淋浴
WC
WC
更衣
清洁区
缓冲间
病人通道
值班
值班
主任
库房
空调机房
抢救室
4.500
热力蒸汽减压
库房

图 7-2　传染病房分区

（3）压差关系。清洁区相对半污染区应为正压，污染区相对半污染区为负压，通常要求压差值为 5Pa。控制压差的目的是为了形成气流流向，使得空气由清洁区依次流向半污染区、污染区。压差的形成不仅取决于风量差值，也取决于房间的密闭程度。GB 50849 要求每房间风量差大于 150m³/h，ASHRAE 认为一般情况下要保证最小 75cfm（127m³/h）的流量差，两者要求基本吻合（ASHRAE 要求最小压差 2.5Pa）。需要注意的是，两者要求的风量差都是最小值要求。要形成一定的压差，实际的风量差值还取决于房间的密闭程度，而 GB 50849 中并未对房间密闭性提出最低要求，鉴于施工质量的影响，建议设计人员根据当地平均施工水平做出评估，适当加大风量差值。

（4）气流组织。呼吸道传染病区应采用上送下排方式，非呼吸道传染病区可采用上送上排方式。ASHRAE 170-2017 表 6.7.2 对空气传染隔离房间（Airborne Infection Isolation，AII）要求送风类型为 A 或 E，虽然 A 类包括水平侧送形式，但要求为自由射流，呼吸道传染病房由于病床的遮挡不能满足自由射流的需要，因此实际可实施的送风方式还是顶送。典型的呼吸道传染病房通风设计参见图 7-3。

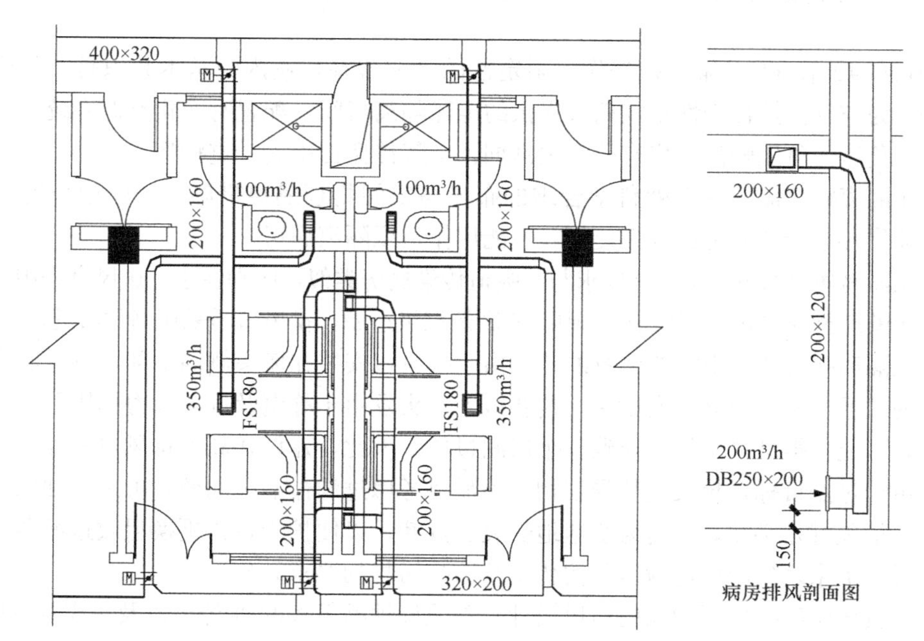

图 7-3 呼吸道传染病房通风设计

注：病房卫生间淋浴时产生大量水汽，很容易在排风管道内凝结，因此建议病房室内排风与卫生间排风分开设置支管，避免凝结水进入病房，同时，可在卫生间排风口处加装尼龙网阻隔大颗粒液滴进入排风管道。为防止通风系统故障时病房之间通过风管的联通产生交叉污染，也为了病房单独熏蒸消毒，呼吸道传染病房的通风支管上应设置电动风阀（只要开关量控制即可）。

（5）负荷。传染楼综合计算送风量小于排风量，建筑整体为负压。这些侵入的室外空气形成的负荷相当可观，绝非普通建筑冷风渗透那么小的数量级，因此负荷计算应附加这部分的冷、热量。

（6）取风口、排出口。新风取风口的要求可参阅第 1.4.1 节相关内容，并建议取风口尽可能设置在建筑的迎风面，呼吸道传染病区的排风应在传染楼的屋顶高处排放。

（7）过滤。GB 50849 只对负压隔离病房送风过滤提出要求，未提出其他场所的一般要求，建议按《综合医院建筑设计规范》GB 51039 的要求执行，也可参照本书表 2-6 建议的过滤组合。

(8) 冷凝水。在呼吸道传染病区，如室内设置循环空调装置如风机盘管，空气流经盘管，部分携带传染性病菌的微粒被冷凝水捕捉流向冷凝水盘，并大量繁殖滋生，冷凝水中携带的病菌在合适条件下又随水蒸发散发到空气中。在 2003 年小汤山非典医院设计中，笔者就对冷凝水产生顾虑，并提出集中收集排放处理的措施。因此，呼吸道传染病区空调冷凝水应集中收集并随生活污水排放消毒处理。在非呼吸道传染病区的空调装置，病菌进入盘管的几率几乎为零，冷凝水可不经过消毒处理，但水天然就是病菌的最佳滋生场所，肠道等病人都是体质弱的易感人群，因此，非呼吸道传染病区的空调冷凝水也应集中收集随生活废水排走。

7.3 负压隔离病房

GB 50849 未对负压隔离病房作出限定性的名词解释，业内的基本共识是：负压隔离病房是专为空气传播传染性重症病人提供的屏障隔离房间，配置有净化空调系统，并持续维持房间负压。负压隔离病房有两个关键词：空气传播传染病、重症病人。

负压隔离病房需要一系列科学合理的布局与空间物理隔离措施，ICU 中设置的负压单间只能供接触传播的传染病人使用，不能用作负压隔离病房。

负压隔离病房通风系统设计要求与呼吸道传染病房类似，区别在于：送风宜采用全新风系统，新风量至少 $12h^{-1}$，并经粗、中、亚高效三级过滤，排风口需采用高效过滤风口。

负压隔离病房使用中需要注意的是：由于排风口安装在床头侧墙下部，有可能会被床上用品的绒毛、病人掉落头发堵塞，这些绒毛、头发由于静电及排风吸力作用贴附在高效风口上，可能使得排风不足而导致整个房间过压。因此，建议在高效排风口外加装粗效过滤器，由于过滤目标是超大超长颗粒物，不需要考虑过滤器漏风问题，可采用抽取或磁吸的方式，最关键是必须非常简易快速地安装、拆卸，以便护士日常更换粗效过滤器。粗效过滤器拆卸下来之后应就地封装并按传染性医疗污物的要求处理。

关于负压隔离病房缓冲间的通风设计，参照许钟麟等人的研究[22]以及 ASHRAE 170-2017 的相关要求，建议在缓冲间设置自循环空气高中效净化装置，循环风量按 $60h^{-1}$ 计算；当无法确定缓冲间是否相对走廊负压时，应考虑在缓冲间设置机械排风。

负压隔离病房是否可采用高效过滤循环装置来减少新风量换气次数，可能需要征得当地医疗卫生感控专家的同意。

7.4 新型隔离病房

近年来，医疗救治的需求还诞生一种新型的隔离病房，它是针对免疫系统脆弱的空气传播传染性重症病人而设置的。这种病房既要保护病房外环境——免受病房内空气传播传染性病菌的污染，也要保护病房内环境——保护患者免受微生物感染（一些对免疫系统正常的人来说是无害甚至是良性的微生物，以烟曲霉为例，其孢子在外界环境中普遍存在，但对免疫抑制病人却是非常危险的)，因此这种病房既要防止室内空气外泄，也要防止外界空气侵入病房。ASHRAE 170-2017 称之为空气传染隔离/保护组合病房（Combination Airborne Infectious Isolation/Protective Environment Rooms，简称 AII/PE 病房)。国内对这种病房还没有相关建设标准，以下摘录 ASHRAE 170 标准对 AII/PE 病房通风设计要求供参考。

（1）送风口位于病床上方。

（2）排风口位于靠近病房门口下部。

（3）前室的压力相对于病房和走廊（或普通区域）要么都是正压，要么都是负压，设计可选，但必须同时正压或负压，不允许在病房、前室、走廊（或普通区域）之间出现递增（或递减）的阶梯压差。

注：无论前室相对正压还是负压，病房相对室外总是正压，参见本书附录 D。

（4）应安装两套永久性的压差监测装置，一套监测病房与前室压差，另一套监测前室与走廊（或普通区域)，每套装置都应在病房外提供就地可视化装置来显示压差是否得以维持。

从 ASHRAE 170 标准的要求来看，对 AII/PE 病房的通风设计最关注两点：一是室内气流组织，强调送排风口位置，送风口位置与许钟麟等人的研究成果[21]也是相吻合的。二是前室（国内常称为缓冲间）的隔离作用，前室对两侧都是正压或都是负压，才能对两侧都起到更好保护作用；如果出现病房、前室、走廊压差递增，则走廊空气侵入病房，可能使患者遭受微生物感染；反之，则走廊受到空气传播的传染病菌污染。因此，前室对病房、走廊必须同时为正压或负压，不能一正一负。图 7-4 示意了这种病房的气流流向，图中暂且称这种病房为保护型空气传播隔离病房。

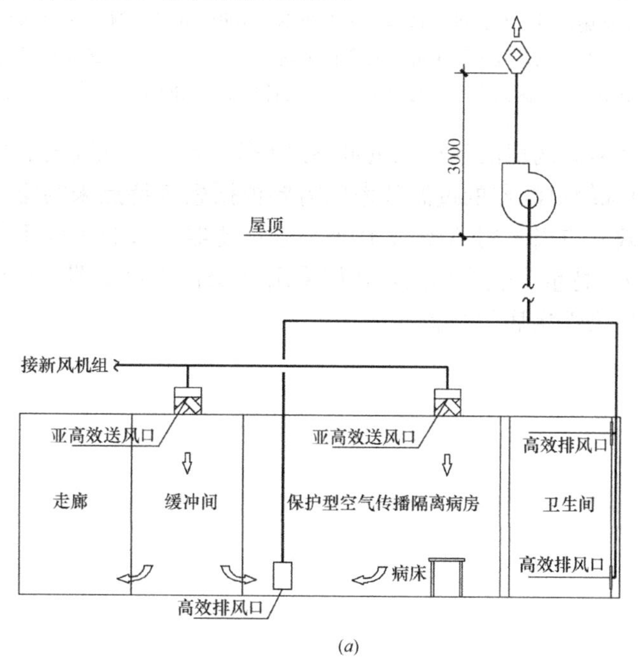

(*a*)

图 7-4 保护型空气传播隔离病房通风示意图（一）
(*a*) 缓冲间正压隔离；

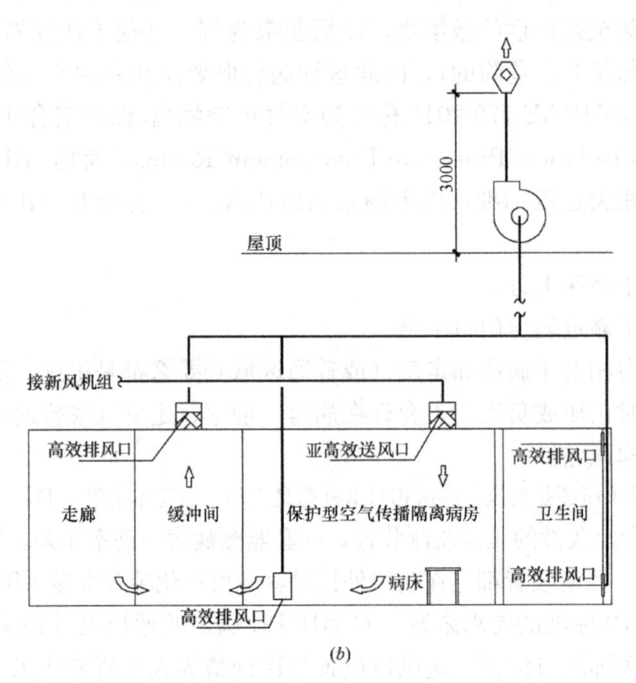

图 7-4 保护型空气传播隔离病房通风示意图（二）

(b) 缓冲间负压隔离

注：缓冲间正压隔离时采用亚高效送风口、负压隔离时采用高效排风口，这是为了满足 GB 50849 负压隔离病房的送排风要求；卫生间采用上下高效排风口，是参照第 6.2.4 节第 10 条卫生间的做法，但卫生间如何防止高效过滤器受潮？这是很关键的问题，GB 50849 要求在排风口部设置高效过滤是出于防止病房之间交叉污染的考虑，但如果对排风机采取包括风机备用、风机供电纳入一级负荷中特别重要负荷等安全措施之后，是否可以理解排风系统不会中断，不会出现病房之间交叉感染？如果可以这样理解的话，当排风系统采取足够的安全保障措施之后，是否还有必要设置高效过滤？这些疑问，还需要规范编制组、国内专家共同研究确定，笔者只能抛出问题，也希望各位同行讨论指导

保护型空气传播隔离病房的计算风量可参照 GB 50849 负压隔离病房的最小换气次数 $12h^{-1}$，病房内送风末级过滤器的过滤效率也需要根据患者特点来制定，例如骨髓移植病人，末级过滤器的效率应当采用 A 类或 B 类高效过滤器（参照Ⅰ级手术室要求，建议采用 B 类高效过滤器）；特重度烧伤病人，建议采用 A 类高效过滤器。这里所说的病人都是同时患有空气传播传染性疾病的患者。

第8章　后勤保障用房

医院的后勤保障用房主要考虑通风设计。在北方地区，冬季仍然使用的保障用房，则需要对送风加热。各类后勤保障用房通风设计参数参见表8-1。

医院保障用房通风设计参数　　表8-1

名称	温度（℃）		最小换气次数（h^{-1}）	备注
	夏季	冬季		
变配电室	40	—	10	兼作气体灭火后排风
柴油发电机房	35	5	3/6	平时停机时$3h^{-1}$，工作时$6h^{-1}$
日用油箱间①	30	5	6	参照《锅炉房设计规范》GB 50041第15.3.9条对油库的要求，采用$6h^{-1}$换气
地下锅炉房	—	5	12	送风应增加燃烧空气量或$3h^{-1}$，排风机需防爆
换热站	35	5	10	
制冷机房	35	5	6	事故通风$12h^{-1}$
水泵房	35	5	4	
空压机房	35	5	10	房间送风应附加空压机额定流量并足以维持机房相对邻室正压
负压吸引泵房	35	5	10	相对邻室维持负压
制氧机房	35	5	3	按设备散热量计算通风量
汇流排	35	5	3	事故通风$12h^{-1}$
洗衣房	28	16	20	根据工艺设计进行深化
厨房②	28	15	60	根据工艺设计进行深化
生活垃圾间	—	—	15	
医疗垃圾间	—	—	20	根据场地情况确定是否设置活性炭吸附过滤
弱电间（竖井）	27	—	3	
燃气表间	—	—	6	事故通风$12h^{-1}$，排风机需防爆
地下车库	—	5	6	结合排烟系统考虑
电梯机房	30	5	10	

① 民用建筑中柴油发电机、燃油锅炉使用的柴油一般为0号、5号柴油，闪点都高于55℃，不会用到闪点低于45℃的柴油（−35号及−50号）。即使多数发电机房的排风系统日常不运行，柴油蒸发聚集浓度升高，但由于室内温度不会超过55℃，不会有爆炸危险，因此油箱间无需防爆。

② 表中换气次数仅为排油烟风量估算值，厨房通风还应设置$3h^{-1}$的全面排风、$12h^{-1}$的事故排风、洗碗间排风、岗位送风。

下面重点介绍后勤保障用房中一些需要特别关注的内容，其他的通风设计可参见相关规范及设计手册。

8.1　变配电室

变配电室通风的目的主要是排除废热，通风量可按换气次数 $10h^{-1}$ 计算，并按废热量核算。室内柜体散热量可按表 8-2 估算。

变配电散热量　　　　**表 8-2**

分项名称		散热量
变压器	≤500kVA	0.0152kW/kVA
	>500kVA	0.0126kW/kVA
主回路盘		100～500W
低压配电屏		200～500W
高压开关柜		约 200W
母线		600W/m
高压配电盘		100～500W
高、低压屏		200～300W

以某实际工程（一栋 10 万 m^2 的医疗综合楼）为例，主变配电室配置 1600kVA、1250kVA 变压器各两台，计算总散热量（包括低压固定配电屏、高压开关柜等）约 120kW。如按室外通风计算温度为 30℃、室内排风温度为 40℃计算，所需通风量约 $35000m^3/h$，折算换气次数将近 $20h^{-1}$。可见，原来按换气次数为 $10h^{-1}$ 计算的风量远远不够。实际工程中也很难满足通风排热所需的空间要求。因此，笔者在实际工程中常采用空调方式为变配电室降温，通风只需按 $3h^{-1}$ 计算。变配电室的空调需要全年 24h 使用，集中空调存在漏水隐患，不能采用，因此，通常设置多联式空调系统，室内机应采用风管机形式，便于避开配电柜灵活布置。

虽然主要降温措施改为空调，但从节能角度出发，仍要重视通风气流组织。通风设计应使空气由高低压配电流向变压器，在变压器组上方集中设置排风口，使主要废热在第一时间就地排走，避免热空气进入室内循环增加空调负荷。通常电气专业在初步设计时就已将变配电室布置完成，施工图设计时完全有条件根据电气专业的布置设计送排风系统。

变配电室通常采用气体灭火系统，平时排风系统的风量与灭火后排风量差不多，因此一般将两套系统合用。有的项目因条件所限，排风机吊装在变配电室内，由于风机可能经受火灾影响，因此建议采用消防专用风机。变配电室通风系统示意如图 8-1 所示。

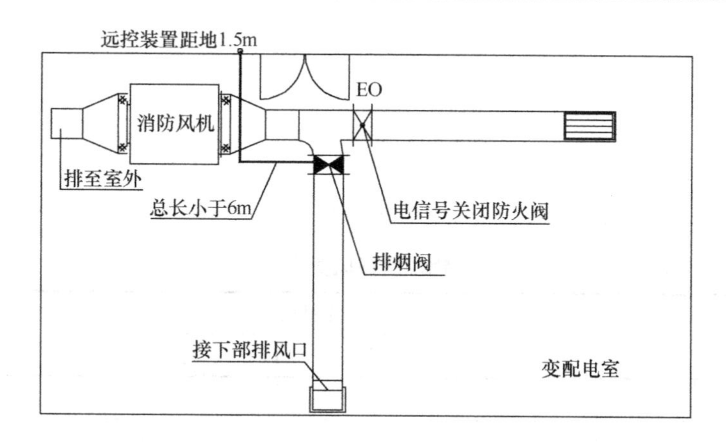

图 8-1　变配电室通风示意图

注：1　气体灭火时消防控制中心远程关闭平时排风支路上的防烟防火阀（电信号关闭）。

2　气体灭火后电信号打开排烟阀，输出电信号开启排风机，排除消防气体。这里排烟阀的控制相对特殊一些，应取消其烟感联动功能，火灾时该阀不动作，灭火后可远程或就地手动打开。

3　排烟阀位置：需要考虑到排烟阀以手动方式开启，因此，阀门安装位置应考虑手动开启缆绳长度的要求，一般手动控制装置设置在气体灭火房间外靠近门侧距地 1.5m 处，设计时应满足阀门到手动控制装置距离不大于 6m。

8.2　不间断电源（UPS）间

医院的很多医疗设备机房、检验科、信息中心等都需要 UPS 的支持，这些 UPS 通常为在线式 UPS。在市电正常时，由市电进行整流提供直流电压给逆变器工作，由逆变器向负载提供交流电，在市电故障时，逆变器由电池提供能量，逆变器始终处于工作状态，保证无间断输出。其特点是，有极宽的输入电压范围，基本无切换时间且输出电压稳定、精度高，特别适合对电源要求较高的场合。

UPS 的散热主要来源是电源监控和调节（整流器和逆变器）设备。这些设备通常有独立的冷却风扇，从地板或设备下部吸入空气，并在设备顶部排出热空气。通风系统的设计应考虑符合 UPS 进、排风口的位置。UPS 散热量可由产品资料进行计算：散热量＝功率·（1－功率因数），通常功率因数为 0.8～0.9，估算时可按 0.8 计算，即：

UPS 估算散热量＝0.2·功率

虽然 IEEE（电气和电子工程师协会，Institute of Electrical and Electronics Engineers）484 标准认为，UPS 间的最佳温度为 25℃，温度过高会降低电池的使用寿命，温度过低可能会降低电池的充电能力。但 UPS 的实际运行温度范围很广，0～40℃一般都没问题。医院中使用的 UPS 多为分散式、小功率，有的 UPS 间设置全年制冷空调的难度很大。因此建议 UPS 间应设置通风排热，有条件时应设置空调制冷。

8.3 锅炉房

根据其使用的燃料及所处位置，《锅炉房设计规范》GB 50041 对通风的要求见表 8-3。

锅炉房通风要求 表 8-3

位置	燃料	最小排风量（h^{-1}）		最小送风量（h^{-1}）
		正常	事故	
地上	燃油	3	6	3
	燃气	6	12	6
半地下	燃油、燃气	6	12	6
地下	燃油、燃气	12	12	12

表中送风量未包括燃烧空气量，下面介绍燃烧空气量的计算，并给出估算值，以便设计人员初设时相对准确的计算风量。

根据教材（《锅炉及锅炉房设备（第二版）》，中国建筑工业出版社），理论燃烧空气量计算式为：

对于液体燃料

$$V_k^0 = 0.203\frac{Q_{dw}}{1000} + 2\text{Nm}^3/\text{kg} \tag{8-1}$$

对于气体燃料

$$V_k^0 = 0.26\frac{Q_{dw}}{1000} - 0.25\text{Nm}^3/\text{Nm}^3 \tag{8-2}$$

式中 V_k^0——理论燃烧空气量，Nm^3/kg 液体燃料或 Nm^3/Nm^3 气体燃料；

Q_{dw}——燃料低位发热量，液体燃料 kJ/kg，气体燃料 kJ/Nm^3。

我国轻柴油低位发热量可取为 42700kJ/kg，天然气低位发热量可取为 $35169kJ/Nm^3$。

代入上式，得到：

燃油锅炉理论空气量：$V_k^0=10.7Nm^3/kg$；

燃气锅炉理论空气量：$V_k^0=8.9Nm^3/Nm^3$。

锅炉按蒸吨（0.7MW）计算，所需燃油量约为 65kg/h，燃气量约为 $80Nm^3/h$，因此每蒸吨锅炉的理论燃烧空气量约为：

燃油锅炉理论空气量：$V_k^0=10.7\times65=696Nm^3/h$；

燃气锅炉理论空气量：$V_k^0=8.9\times80=712Nm^3/h$。

以上两种燃料计算结果差不多，估算时可按燃气锅炉所需理论空气量进行计算，参照有关产品资料，燃油燃气锅炉的过量空气系数为 1.05～1.15，估算取值为 1.15，因此实际所需空气量为：

$$V_k=1.15V_k^0$$

$$1.15\cdot712=820Nm^3/h$$

考虑气压及空气温度的影响，更是为了便于估算，空气量可取为 $1000m^3/h$。例如：

对于 2×5t/h 的锅炉房，估算燃烧空气量就是 $10000m^3/h$。

回到前面表 8-3，把锅炉燃烧空气量考虑进送风量，则锅炉房的通风量计算表最终可变为表 8-4。

锅炉房通风量估算 **表 8-4**

位置	燃料	锅炉房总容量 (t/h)	最小排风量 (h^{-1})		最小送风量 (m^3/h)
			正常	事故	
地上	燃油	n	3	6	$3h^{-1}+1000n$
	燃气	n	6	12	$6h^{-1}+1000n$
半地下	燃油、燃气	n	6	12	$6h^{-1}+1000n$
地下	燃油、燃气	n	12	12	$12h^{-1}+1000n$

8.4 换热站

换热站通风设计要考虑凝结问题。换热站内湿度通常很大，尤其是汽水换热，由于各种原因导致间歇排汽，排风管道如果经过空调房间，很容易在管道内产生凝结水，严重时漏水造成吊顶水斑。因此，一方面需要相关专业处理好换热设计，另一方面通风管道的路由应尽量避免穿越经常有人使用的空间，并以最短距离排出室外。

8.5 空压机房

医院使用压缩空气的场合很多，除《医用气体工程技术规范》GB 50751 中量大面广的医疗空气以及器械空气、牙科空气外，检验科、中心供应、洗衣房、回旋加速器机房等场合都需要使用压缩空气，这些非医用空气通常采用气瓶或独立空压机供气。因此，医院的空压机房并非集中设置，有的空压机还“隐藏”在其他设备间内（如断层加速器设备间），这类机房在设计计算通风负荷或空调负荷时，容易遗漏空压机的散热量，需要加以注意。

空压机房通风的目的主要是排除废热。空压机的散热量可按下式计算：

$$Q_s = n_1 n_2 n_3 N/\eta \tag{8-3}$$

式中 Q_s——空压机散热量，kW；

n_1——同时使用系数，医用空压机通常为一用一备或两用一备，不计备用空压机的安装功率，n_1 可取为 1；

n_2——实际耗功率与安装功率之比，可取为 0.85；

n_3——小时平均实际耗功率与最大实际耗功率之比，可取 0.5；

N——扣除备用机的总安装功率，kW；

η——电机效率，医用压缩空气机功率基本在 11kW 以上，根据《中小型三相异步电动机能效限定值及能效等级》GB 18613—2012 的规定，电机效率可按

0.9计算。

以上各数值代入可得：

$$Q_s = 0.47N \tag{8-4}$$

估算时可按0.5N计算散热量。通风量可按下式计算：

$$G = \frac{3600Q_s}{\rho c(t_2 - t_1)} \tag{8-5}$$

式中　G——计算风量，m^3/h；

ρ——空气密度，取为1.2kg/m^3；

c——空气定压比热，取为1.01kJ/（kg·℃）；

t_2——排风温度，按35℃计算；

t_1——进风温度，按当地室外通风计算温度。

故计算式可改为：

$$G = \frac{1396N}{35 - t_1} \tag{8-6}$$

可见，空压机房通风量是很大的，在室外通风计算温度超过31℃的地方，只靠通风降温效果并不好；也有些工程空间受限无法满足风管尺寸的需要；这时需要空调降温。从节能需要，设计人员需要选择一个空调、通风工况转换的室外温度点，一般建议以28℃为界。但这个值也受限于风管可用的空间，风管尺寸可以做大一些，相应的室外温度点也可以提高。具体还需结合实际工程确定。

空压机需要的空气量不大，通常不超过500m^3/h，需要说明的是，空压机的流量并非其额定压力下的流量，而是吸入口处的流量，不要通过压力关系转换计算流量。

由于空压机多数采用室内吸气，为确保医疗空气洁净度，空压机房应相对邻室为正压。室内送风量可按下式计算：

送风量＝排风量＋空压机流量＋2h^{-1}

压缩空气系统中设置有吸气过滤器和三级压缩空气过滤，送风的过滤可只设置粗效C2以上过滤器，有条件的建议参照表2-6执行，以便更好保护压缩机及其后端过滤器。

在北方的冬季，空压机房的送风还是应该加热后送入，可加热到5℃，维持室内温度不低于5℃，以免机房管道内凝结小冰屑而损坏过滤器等附件。

空压机房的气流组织宜采用下送上排，如机房空间条件允许，应在空压机的冷却排气口处设置排风罩，及时排除热空气。

8.6　负压吸引机房

负压吸引机房通风排热的设计计算可参见第8.5节。真空泵的排气应引至屋顶高空排放（一般由动力专业设计考虑）。由于机房内真空罐、污物收集罐的定期排污，机房属于污染区域，因此相对邻室应为负压。有些工程负压吸引泵房和空压机房紧邻，更要注意两个机房之间压差的保护。送排风系统都应单独设置，不可与空压机房合用。

8.7 制氧机房

制氧机房的主要设备包括空压机、分子筛制氧机。分子筛制氧机利用吸附原理制氧，耗电量很小。因此，制氧机房通风可参考空压机房的设计。

氧气钢瓶汇流排作为制氧机房的应急备用气源，通常与制氧机房配建，氧气汇流排间应设置机械通风，换气次数按 $3h^{-1}$计算，事故通风量为 $12h^{-1}$。

8.8 垃圾站

医院垃圾站通常为独立建筑或与污水处理站邻建。生活垃圾站可按 $15h^{-1}$计算排风量，医疗垃圾站按 $20h^{-1}$计算排风量。医疗垃圾站临街或处于院区上风向时，建议排风设置高中效过滤及活性炭吸附。

8.9 污水处理站

医院污水处理站的泵房、加药及消毒药剂制备等房间应设置机械排风，如采用次氯酸钠等产生氯气的药剂，排风机应采用防爆风机，排风量不小于 $6h^{-1}$。

8.10 太平间

太平间包括停尸房、尸检、美容、告别等房间，通常设置在地下，应设置机械通风。停尸房排风量可按 $3h^{-1}$计算。美容室一般兼作死者清洗，异味较大，排风量可按 $6h^{-1}$。尸检情况比较复杂，如果涉及病理解剖，应在专门的解剖台操作，解剖台局部排风参见第4.4.4 节，尸检房间排风量应不小于 $6h^{-1}$。以上房间均按相对邻室负压设计。

8.11 洗衣房

洗衣房的特点是高热高湿，用电负荷非常大。主要设备包括：全自动洗涤脱水机、全自动烘干机、全封闭干洗机、自动熨平机、真空熨台、空压机等，绝大多数设备需要接入蒸汽。因此，洗衣设备的散热负荷实际上包括电动设备负荷、蒸汽凝结负荷两方面。

有的医院把一部分清洗工作社会化，有的则整体保留洗衣房功能，各个医院情况不一样，洗衣房的设备配置也不一样，加上蒸汽、水的用量不同的影响，使得洗衣设备的散热量很难估算，设备厂家也很少给出这方面资料。因此，洗衣房的通风计算并无通用规律可循。通常在施工阶段工艺布置完成后，才能确定洗衣房的通风量，设计时可按 20～30h^{-1}预留管井。

表 8-5 为某医院洗衣房配置设备的性能参数，供参考。

某医院洗衣房设备参数　　表 8-5

设备名称	数量	安装功率 (kW)	蒸汽			排风量 (m^3/h)	压缩空气
			耗量（kg/h）	压力（MPa）	管径		
全自动洗涤脱水机	1	30	85	0.4～0.6	40		√
	5	7.5	50	0.4～0.6	25		√
	2	4	30	0.4～0.6	20		√
全自动烘干机	6	6	100	0.5～0.6	25	6000	
全封闭干洗机	1	7.5	10	0.4～0.5	15		√
自动熨平机	2	1.5	260	0.4～0.6	25	3600	
去渍台	1	1.35	10	0.4	15		√
人像精整机	1	0.55	15	0.4	15		
真空熨台	6	0.37	5	0.4	15		
干洗夹机	2	0.55	20	0.4	15		
除湿机	2	1.1				1800	
空压机	2	7.5					
旋转衣架	1	0.5					

注：总耗水量 13.1t/h，总耗汽量 1.58t/h，总功率 145kW，设备总排风量 46800m^3/h。

在这个实际案例中，工艺设备的排风量折算换气次数为 22h^{-1}（该洗衣房面积 485m^2），可见，工艺设备的排风量占据洗衣房通风量的绝大部分。

洗衣房除了工艺设备的排风，还有很多地方散发蒸汽、水汽以及衣物携带的热、汽。因此，建议单独设置全面排风系统，风量按 5h^{-1}计算。洗衣房相对邻室应为负压，送风量可按排风量的 90%计算。由于很难确保全室的温度要求，建议送风分为两部分：一部分岗位送风，另一部分补充送风。

在熨烫、整理区等工作人员位置相对固定的区域实施岗位送风，这部分送风应经冷却、加热处理，冬、夏季都可按处理到 20℃送风，岗位送风量建议取 1000～1500m^3/h。岗位送风的目的是创造局部的舒适性环境，在冬季，即使新风经过加热，相对室内温度还是送冷风，冷风自然下沉，因此没必要采用喷口等高速射流形式。如风口安装高度为 3m 左右（多数洗衣房吊顶高度为 2.7～3m），则建议风口风速按 0.5m/s 计算，这样送达人体头部区域不会风速过高，温度也合适。

补充送风夏季可不经冷却，冬季则需加热，由于工艺设备缺乏散热量数据，无法进行热平衡计算，但室内散热是存在的而且散热量不小，因此建议送风温度不超过 20℃。

洗衣房在操作区域上也分为清洁区与污染区，通风设计气流组织应安排气流由清洁区流向污染区。因此，补充送风系统应设置在清洁区，而全面排风系统主要设置在污染区，隔离洗衣间则应设置独立的排风系统。

8.12 厨房

医院厨房的功能分区相对其他民用建筑要复杂一点，除了常见的单独设置回民厨房外，还有专门为病人服务的营养配餐间、为昏迷或不能自己进食的患者服务的鼻饲间（使用胃管通过鼻腔送到患者胃中，通过胃管往患者胃中注入流食）。营养配餐间、鼻饲间在暖通设计上应相对邻室正压。

厨房同样是高热高湿场所，也需要由工艺设计提出散热、散湿量（现在的厨房工艺常常直接给出排风量）才能进行深化设计。在设计阶段，通常可按 $60h^{-1}$ 估算排油烟井道尺寸。

除了排油烟系统，厨房还应设置全面排风系统，以便灶具不使用时室内通风保持相对邻室负压，全面排风量可按 $3h^{-1}$ 计算。

厨房还应设置事故排风系统。根据《城镇燃气设计规范》GB 50028—2006 第 10.5.3 条规定，有燃气管道的房间事故通风量不小于 $12h^{-1}$。实际工程设计中，可将平时全面排风系统与事故通风系统合用。事故通风系统不应由排油烟系统兼用，原因有五个：（1）厨房的事故通风机必须采用防爆风机，为防止产生火花，防爆风机材质常采用铝或工程塑料，这两种材质都不能经受油烟腐蚀及高温环境；（2）排油烟系统管道内常积存大量可燃油垢，事故排风的空气中含有较高浓度的燃气，存在更大的事故隐患；（3）电气控制过要求更高，事故排风时需要关闭油烟净化器（目前市场上多数油烟净化器采用高压静电除尘原理），如不能关闭，很有可能导致燃气点燃引发爆炸；（4）两套系统防火阀动作温度不一样，事故通风应采用 70℃防火阀，而排油烟采用 150℃防火阀；（5）排油烟系统的排风高度较低，排风罩的下边沿高度通常为 1.8m，而天然气密度比空气小，泄露的天然气积聚在房间顶部，排油烟系统不能及时排除顶部高燃气浓度的空气。基于这些原因，事故通风系统与排油烟系统不能合用。

厨房洗碗间的洗碗机排风建议单独设置排风系统，洗碗机排除的是高湿空气，高湿空气更有利于排油烟系统中油污的沉淀积存，因此不建议与排油烟系统合用。洗碗机排风量可按每台 $8000m^3/h$ 估算。

以上介绍的是厨房排风系统，相应的，还需设置送风系统。送风的目的有三个：补充排风避免负压太大、送入舒适性空气改善厨房环境、补充事故排风加速解除燃气爆炸危险。因此，送风系统大致分为三类：一类作为排油烟系统工作时的补风，风量可按排油烟风量的 80%～90%计算；第二类作为岗位送风改善工作环境，第一、二类送风合计的总风量应小于排油烟风量；第三类送风配合全面排风系统、事故排风系统，以加强通风效果，医院厨房常设置在地下，通风条件较差，事故通风时排风量很大，如不补充送风，由于负压太大，排风量往往达不到要求。

综上所述，厨房的通风系统可总结如表 8-6 所示。

厨房通风系统 表8-6

编号	排风系统	送风系统	备 注
1	排油烟	补风	总送风量＝90％×排油烟风量
		岗位送风	
2	全面排风	补风	全面排风与事故排风系统可合用管道，全面排风机与事故排风机并联，风机总风量＝事故通风量，送风量可取80％全面排风量且不低于事故排风量的50％
	事故排风		
3	洗碗机排风		

注：洗碗机排风为间歇性排风，如补风系统与“2”合用，应作风量平衡计算。

厨房送风的过滤可根据《饮食建筑设计标准》JGJ 64—2017第5.2.3条的要求，补风系统设置不低于粗效C1过滤器，岗位送风系统设置不低于粗效C1、中效Z2两级过滤。

8.13 地下车库

1. 风量计算

地下车库通风设计依据有两本规范。《民用建筑供暖通风与空气调节设计规范》GB 50736—2012第6.3.8条第3款：“送排风量宜采用稀释浓度法计算，对于单层停放的汽车库可采用换气次数法计算，并应取两者较大值。送风量宜为排风量的80％～90％”。《车库建筑设计规范》JGJ 100—2015第7.3.4条：“对于设有机械通风系统的机动车库，机械通风量应按容许的废气量计算，且排风量不应小于按换气次数法或单台机动车排风量法计算的风量”。JGJ 100要求按“容许的废气量计算”实质上与GB 50736的稀释浓度法是一样的，都是为了控制车库内CO的浓度。因此，车库应采用稀释浓度法计算通风量，换气次数法或单台车排风量法可作为校核用。稀释浓度法计算式如下：

$$L=\frac{T_1}{T_0}\cdot\frac{m\cdot t\cdot k\cdot n\cdot y}{y_1-y_0} \tag{8-7}$$

式中 L——计算风量，m^3/h；

T_1——车排气温度，按500℃计算，$T_1=500+273=773K$；

T_0——标准温度20℃，$T_1=20+273=293K$；

m——单台车排气量，按0.02～0.025m^3/min取值；

t——汽车在车库内运行时间，取2～6min；

k——车位利用系数，即1h内出入车数与设计车位数之比，取0.5～1.2；

n——设计车位数；

y——汽车排气的CO平均浓度，取55000mg/m^3；

y_1——车库内CO允许浓度，为30mg/m^3；

y_0——室外大气CO浓度，取2～3mg/m^3。

随着汽车的普及，现在车位使用率都很高，基本不会有富裕车位空着，因此$k\cdot n$即是每小时内车库运行车辆数量，k值大小取决于就医时间长短。在综合医院，患者就医时长与很多因素有关，高效合理的就诊流程、智能化系统、物流系统、合理的建筑布局、先进的医技检查检验设备等，这些都能有效缩短患者就医时长。参照相关调查报告[9][23][24]，患者平均就医时间为2～2.5h，因此建议k值可取0.8～1。设计人员在前期收资阶段也可向医院咨询该院病人平均就医时间，据此计算k值。

汽车运行时间t的取值可按单层停车4min、机械停车6min取值。

以上各计算参数代入式（8-7），可得到：

$$L = 430n \tag{8-8}$$

$$L = 645n \tag{8-9}$$

式（8-8）为单层停车库计算式，式（8-9）为机械停车库计算式，两计算式的k值均取0.8。两式计算结果还应与按换气次数$6h^{-1}$或单台汽车$500m^3/h$的计算结果对比，取较大值为设计计算风量。

2. 系统设计

车库送风量通常可按排风量的80%计算，剩余20%通过坡道出入口自然进风，因此，理想的通风机房位置应当是：排风机房居中靠外侧，送风机房在车库的最内侧（见图8-2）。这样室外空气得以充分发挥稀释作用，通风效果更好一些。工作中发现有些设计人员很不重视车库的通风，有的项目在坡道出入口附近布置大量排风口，有的送排风口距离太近形成短路，这些都是常识性错误，设计中稍加重视就可以避免。

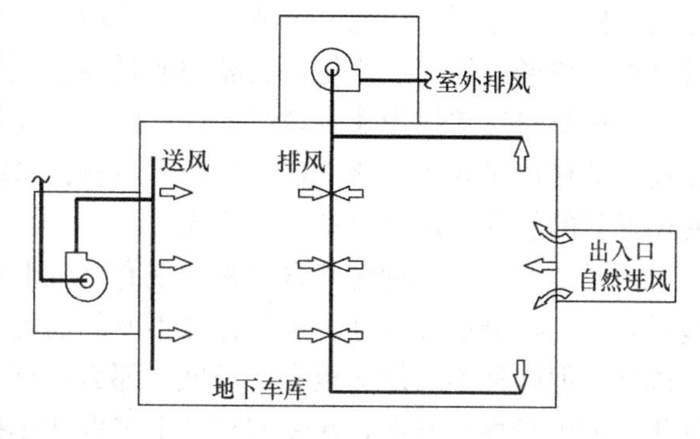

图8-2 车库通风示意图

车库排风系统常兼用为排烟系统，在排风量、排烟量、送风量三者之间应协调计算。机械停车库的停车位上方要避免穿越风管干管，管道汇总条件允许的话，排风支管应延伸至车位上方，否则，建议局部设置诱导设备。

医院车流量具有明显的峰谷时间段，上、下午上班前都是高峰期，为应对这种特点，建议送排风都配置两台风机，单台风机风量按总风量的0.6～0.7选用，高峰期全开，其余时间可灵活运行台数。

第9章 节　　能

在谈节能技术、节能措施之前，有必要再深入理解节能的含义。节能字面上的意思是节约能源消耗，这里包含两个关键词：节约、能耗。

先谈能耗，对于建筑来说，广义的能耗应当包括建筑材料生产制造、建筑施工、建筑使用的全过程能耗。在其中的生产制造环节，显然，非标产品的能耗大于标准产品；对暖通专业来讲，设计中应选用标准尺寸的管道、风管，选用厂家工业化流水线生产的设备，避免非标产品定制。在施工环节，设计采用标准尺寸、工业化预制产品有利于总能耗的降低（相比现场制作，工业化预制品的能耗通常更低），而且也有利于材料的节约——施工现场的边角料通常作为建筑垃圾处理，而标准尺寸、工业化预制产品的应用都能降低材料损耗，节材也是间接节能。在使用环节，各种系统的设计作为先天条件，将直接影响建筑使用过程的能耗，这部分在后文详述。

再说节约，笔者理解其含义是在现有基础上（无论好的差的、对的错的）的改善，这包括：(1) 在舒适性标准、工艺标准不变的前提下降低能耗；(2) 舒适性标准、工艺标准得以提高但能耗不增加甚至有所降低。那么，首先要了解现有基础是什么情况，然后分析其优化的可行性；其次，在哪些环节上采取什么措施去改善；最后，改善的目标值还需要实施后的验证。现有基础的情况怎么样呢，就笔者所接触到、了解到的，并不乐观。有设计人员水平、能力参差不齐的原因，有施工、采购的原因，更有体制的原因。现在的建设模式依然是设计、施工各管一摊，各有各的问题，只靠规范、从业道德的约束，工程实施过程中制约影响因素太多，要实现最终真正的节能运行，难度很大。节约一定是与经济相关的，重庆海润节能技术股份有限公司的总承包模式值得借鉴，这是一种全程负责深化设计、施工、运维的模式，最终与医院分摊节能收益，这种模式不仅确保设计施工质量，而且真正以节能目标为导向贯穿整个建设过程，设计、施工、运维同一家单位，甚至可能始终是同一个负责人，这种真正全过程的服务模式打破以往不同主体单位的壁垒，更有可能真正实现节能效果。

综上所述，节能的含义是在综合考虑全过程各个环节的基础上提高能源利用率、减少总能源的消耗。

回到设计，节能设计中一定要牢牢把握《公共建筑节能设计标准》GB 50189 的条文精神，特别是其中“一般规定”中第 4.1.3～4.1.7 条，一些设计人员常常容易忽略各种规范的“一般规定”，其实这些条文如果真正贯穿到整个设计过程并且应用得当，那么这个项目的节能设计就已经是合格线以上了，其他具体条文没什么技术难度，只需选择执行。

关于节能设计，笔者认为目前工作还需要两方面齐头并进：一方面固然是新技术的推广应用；另一方面还要抓好不费能，先夯实基础，不浪费，才能进一步谈节能。曾经有一个项目，8 万 m^2 的医疗综合楼设计 14 台风冷机组作为冷热源，评审会上没有任何理由显示该项目所在地区缺水或无法建锅炉房（该地区燃气供应没问题）作为热源，这还是工作十几年的工程师设计的，产生这种低级错误的原因我们无从探究，但这个例子侧面反映：不费能虽然只是节能最基本的要求，但其实还需要很多努力。现阶段，可能还需要把更多精力放在做好不费能这件事上，避免堆砌带有噱头性质的节能新技术，以此掩盖很多费能的做法。本章将更多侧重于介绍现有技术应用中的节能做法。

9.1 暖通系统能耗

在详细分析不费能之前，还是有必要了解一下暖通系统的能耗。正如第 2.1 节所介绍的，医院能耗统计结果的差异性太大，气候、能源服务系统、运行维护、人员行为模式等因素决定着医院的能耗，暖通系统的能耗同样如此。下面选取几个相对明确的数据供参考。

北京协和医院 2016 年送排风机电耗 933021.30kWh[25]，折合 4.44kWh/(m^2·a)。

北京朝阳医院 2014～2016 年冷机电耗年平均 317.7×10^4kWh，折合 22.7kWh/(m^2·a)。

佛山市第一人民医院，根据其 2011 年冷机用电抄表统计计算，折合 25.4kWh/(m^2·a)。

北京市某三甲医院 2012 年门诊楼[3]空调系统及冷热源电耗 71kWh/(m^2·a)，冷机电耗 18kWh/(m^2·a)。

上海市 11 家三甲医院 2002～2007 年空调系统及冷热源平均电耗 113.4kWh/（m^2.a）（根据文献[3]计算）。

医院电耗中，空调电耗占比最大，约占 40%～60%，其中冷机电耗最大，约占 30%～40%，因此冷源的规划与配置的优劣将直接影响医院能耗高低，必须加以重视，有关冷源规划、配置的原则可参阅本书第 1.5、2.4 节。

9.2 蓄冷

蓄冷在节能技术中是个特殊例子。通常来讲，具体使用单位的节能累计为社会总能耗的减少，蓄冷却是使用单位的费能带来社会总的节能。对使用单位来讲，蓄冷采用低温制冷，还要经过换热，制冷能耗、输送能耗都高于常规系统，从局部上看其实是个费能的技术。但把蓄冷放到电网的用电需求侧来看，空调的使用是导致电网峰值的主要原因，特别是近几年来高能耗产业结构调整，使得空调对电网峰值的影响更加明显，而蓄冷恰恰起到削峰填谷的作用，提高了用电负荷率，是电力三大调峰方式（发电机组、抽水蓄能、空调蓄冷）中最节能，最经济的一种。调峰不仅通过减少发电机组低负荷运行时间（相当于提高发电机组运行效率）来节能，也通过减少发电机组的启停能耗达到节能目的，文献[27]中 125MW 火电机组启停煤耗高达 22.4t，按 1997 年发电煤耗 375g/kWh 计算，相当于 6×10^4kWh 的能耗。可见火电机组调峰能耗之大，而蓄冷不仅削峰（蓄冷装机电量一般可比常规制冷降低 30%）还调峰，对发电节能贡献远大于蓄冷本身多消耗的能源，因此蓄冷是一项节能技术。对用户来讲，只要峰谷电价比大于 3，增加的初投资回收年限通常不大于5年，经济上也是合算的。

对医院来讲，Ⅰ、Ⅱ级洁净病房及洁净手术室都是关系生命安全的空间，这些地方最好有应急冷源供应。在电力故障时，蓄冷系统只需水泵应急供电便可提供冷源，在所有冷源形式中需要的应急供电负荷最小，因此蓄冷最适合作为应急冷源。在电力保障不高的地区，如台风经常登录地区，医院如果设置关系生命安全的特别重要空间，建议采用蓄冷系统。

医院医疗设备机房虽然夜间也存在待机负荷，但通常不由集中空调水系统供冷，因此不计入蓄冷的夜间负荷；夜间负荷主要是病房、急诊、ICU等，通常把这部分夜间负荷作为机载负荷。蓄冷负荷计算应按《蓄冷空调工程技术规程》JGJ 158的要求执行，医院的附加得热建议按设计日总冷量的10%计算，门诊医技部中非全天运行的区域，可将7：00～8：00的负荷计入蓄冷负荷。设计日总冷量的逐时负荷系数可参见表9-1。

医院设计日逐时冷负荷系数 **表9-1**

时刻	系数	时刻	系数	时刻	系数	时刻	系数
1	0.28	7	0.41	13	1	19	0.71
2	0.28	8	0.65	14	0.95	20	0.53
3	0.28	9	0.81	15	0.92	21	0.45
4	0.28	10	0.92	16	0.91	22	0.31
5	0.27	11	0.96	17	0.86	23	0.28
6	0.26	12	1	18	0.81	24	0.28

注：JGJ 158中未给出医院的逐时冷负荷系数，表中的数据为笔者根据两家医院（均为门诊医技病房综合楼）的制冷机房抄表数据统计处理得到，仅供参考。

9.3 水环热泵系统

医院的内区、医疗设备机房、检验科等区域常年散发热量，在需要供热地区的冬季，这些“内热”可通过水环热泵系统转移给外区供热，一个设计合理系统的水环热泵系统，无疑是一项很好的节能应用。有关水环热泵系统设计原则及注意事项参见第2.4.3节第5条。下面以北京密云县医院医疗综合楼的应用为例介绍其节能效果。

工程概况：医疗综合楼建筑面积118938m^2，地下2层，地上12层。夏季空调计算冷负荷9653kW，建筑面积冷指标为81.1W/m^2，冬季空调计算热负荷7686kW，建筑面积热指标为64.6W/m^2。

根据第2.4.3节第5条第（2）款的应用原则，本例确定采用水环热泵的区域如下：

（1）医疗设备机房。如直线加速器室、核医学机房、放射科等，另外中心检验、中心供应等区域同样存在常年散热问题，也将其纳入采用水环热泵的区域，以便解决冬季供冷问题。

（2）医技部的内区房间。由于医疗设备机房分散在医技部各层，且医技部多数为内区房间，为避免同一区域同时存在水环热泵和集中供冷热两套水系统使得系统管线复杂化，同时也解决医技部内区房间过渡季供冷需求，因此将医技部内区纳入采用水环热泵的区域。

（3）门诊区域。以上确定了采用水环热泵的区域，为利用其冬季负荷，在位置上门诊与医技相邻，且门诊部多数为外区房间，冬季需要供热，因此初拟门诊区域采用水环热泵系统。

首先统计门诊医技的内区及医疗设备机房冬季冷负荷，详见表 9-2。

冬季冷负荷　　表 9-2

楼层	冬季冷负荷（kW）
地下二层	57
一层	147.2
二层	126.4
三层	98.4
四层	22.4
汇总	451.4

取水环热泵制冷能效比为 3.5，制热能效比 4.3，根据式（2-17）、式（2-18），则上表冬季冷负荷可提供热量为：

$$Q_{EER}=451.4\times4.5/3.5=580kW$$

此部分热量释放到水管路，经外区水环热泵吸热后可供热量为：

$$Q_{COP}=580\times4.3/3.3=755kW$$

门诊医技总面积 52824m^2，扣除门诊大厅、手术、ICU、设备层，统计门诊医技楼的冬季热负荷（不含新风）为 1232kW，Q_{COP}不能满足门诊医技的冬季热负荷，且差额太大，因此需拆分门诊医技的热负荷。医技外区计算热负荷为 602kW，门诊部以门诊大厅分为东西侧两部分，东侧部分计算热负荷为 269kW，西侧部分计算热负荷为 361kW，因此选择采用水源热泵的区域为：门诊东侧、医技区域。两部分热负荷相加为 602＋269＝871kW，略大于内区水环热泵提供的热量，这与当初设定的恰好吻合，冬季所需补热量仅为 871－755＝116kW。水环热泵系统冬季需要辅助热源，这样既避免冬季冷却塔的防冻，又适度控制水环热泵的使用规模，避免大规模使用带来的能耗问题。

在这个实际案例中，水环热泵系统冬季制冷量为 451.4kW、供热量为 755kW，以下按一次能耗分析其具体节能的数量。

（1）制冷。直线加速器室、放射科、中心检验、中心供应等区域散热量较大，由于冷却塔制冷的供水温度随室外气温波动，多数时间因水温过高导致室内末端容量不够，因此这些区域冬季也不宜采用冷却塔。统计约 135.4kW 可采用冷却塔制冷，这部分制冷量由于采用水环热泵而增加的电耗约为 135.4/3.5＝38.7kW，按国家统计数据，2017 年供电煤耗为 309g/kWh，相当于供电效率为 40％，增加的一次能耗约为 38.7/0.4＝97kW。

（2）供热。如采用锅炉供热，按综合效率 80％计算，则一次能耗约为 755/80％＝944kW；对于水环热泵系统供热，应扣除其耗电量，大约为 170kW，则水环热泵耗电的一次能耗约为 170/40％＝425kW。因此采用水环热泵而节约的能耗约为 944－425＝519kW。

（3）冷却塔制冷、常规热水供热方式同样存在水泵功耗，可能比水环热泵系统的水泵能耗会低一些，这部分差别简化为两相抵消，不计能耗差。

综上三点，本例按一次能耗折算后的节能量为：519－97＝422kW。把门诊医技楼冬季供热也按锅炉供热折算为一次能耗，则节能率为$\frac{422}{1232}\times0.8=27.4\%$；可见节能效果还是很明显的。

注：医院的门诊医技区域采用水环热泵系统在当时属于国内首创（通过万方数据平台文献检索，未检索到在医院门诊医技区域应用水环热泵的案例），作为一个影响力很小的县级医院，该项目获得第六届中国建筑学会优秀暖通空调工程设计二等奖。

9.4 制冷机

医院的制冷机如何配置，在节能设计中是关键的环节。医院不同时间段、不同季节的负荷（详参第2.4.1节）的分项计算结果，决定了冷机的配置。配置原则是选用高*IPLV*值的冷机，并最大可能地使冷机长期在高效区域运行，只有详细计算分析日间、夜间以及各个季节的负荷量，并据此配置相应容量的冷机，这个冷源设计才有可能节能运行。各个医院情况不同，不能照搬套用，这也是精细化设计的要求。

9.5 水系统

9.5.1 水泵

文献［3］对北京某三甲医院门诊楼空调系统能耗拆分数据中，冷水泵、冷却泵的耗电量达到16kWh/(m^2·a)，耗电量接近整个空调系统的30%。可见，水泵的选择计算也是节能中的关键环节。

水泵的耗电功率由流量、扬程决定，影响因素包括各项效率值。水泵的几个功率之间的关系可用图9-1表示。

泵的耗电功率最终可由下式表示：

$$N=\frac{GH}{367\eta_d\eta_c\eta_b} \tag{9-1}$$

式中 N——水泵耗电功率，kW；

η_d——电机效率；

η_c——传动效率；

η_b——水泵效率；

G——水泵体积流量，m^3/h；

H——扬程，mH$_2$O。

空调水泵与电机的连接方式一般为直连或联轴器连接，联轴器以弹性联轴器为主，同时弹性联轴器也是应用发展的趋势。弹性联轴器传动效率在99%以上，计算中可取$\eta_c=1$。

电机效率与电机极数、功率有关，空调循环水泵电机功率通常在11kW以上（大约相当于1万m^{2}民用建筑所用的空调水泵）；水泵扬程较小，因此转速要求不高，多数为1450r/min，对应同步电机转速为1500r/min，电机极数为4极；由以上测算的11kW、4

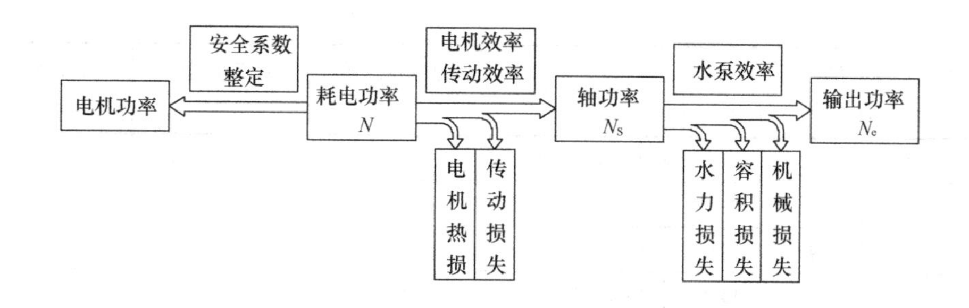

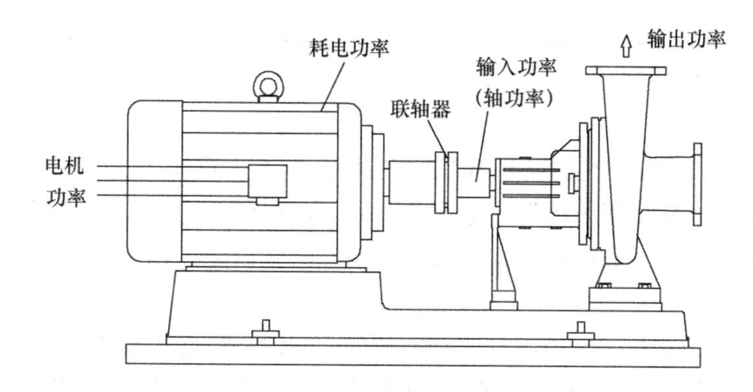

图 9-1 水泵功率关系

极电机，查《中小型三相异步电动机能效限定值及能效等级》GB 18613—2012（本书摘录其中 1、2 级能效电机效率作为附录 L)，电机效率为 91.4%，因此，空调循环水泵电机效率应取 91%以上。

水泵的效率应按《清水离心泵能效限定值及节能评价值》GB 19762—2007 的要求选用，GB 19762 定义“泵节能评价值”为：“在标准规定测试条件下，满足节能认证要求应达到的泵规定点最低效率”。“泵节能评价值”在“基准值”的基础上按比转速进行修正，比转速计算式如下：

$$n_s = 3.65 \cdot n \cdot \frac{(G/3600)^{0.5}}{H^{0.75}} = 0.06083 \cdot n \cdot \frac{G^{0.5}}{H^{0.75}} \tag{9-2}$$

式中 n_s——水泵比转速；

n——水泵转速，r/min；

G——水泵体积流量，单吸泵按 G 计算，双吸泵按 $0.5G$ 计算，m^3/h；

H——扬程，mH_2O。

在医院空调水系统中，循环水泵扬程范围通常为 25～36mH_2O，转速 n 一般为 1450r/min，根据式（9-2）计算的“泵节能评价值”的结果详见表 9-3。

空调循环泵节能效率　　表 9-3

流量 G（m^3/h）	扬程 H（mH_2O）		转速 n（r/min）	比转速 n_s		未修正效率值 η（%）	效率修正值 $\Delta\eta$（%）	泵节能评价值 η_3（%）
80	25	30	1450	70.6	61.5	77	−7.3～−5	71.7～74
100	25	32	1450	78.9	65.6	78	−6～−3.1	74～76.9

续表

流量 G（m^3/h）	扬程 H（mH_2O）		转速 n（r/min）	比转速 n_s		未修正效率值 η（%）	效率修正值 $\Delta\eta$（%）	泵节能评价值 η_3（%）
150	25	32	1450	96.6	80.3	79.5	−3.2～−1.4	78.3～80.1
200	27	32	1450	105.3	92.7	80.6	−1.7～−0.7	80.9～81.9
300	30	34	1450	119.2	108.5	82	−0.6～0	83.4～84
400	30	34	1450	137.6	125.3	83	+1	84
＞400	30	36	1450	＞137.6	＞120.0	＞83	+1	＞84

注：表中计算比转速均按单吸泵考虑。

由表9-3可以看出：

（1）当$G\leqslant 300m^3/h$时，空调循环水泵比转速n_s基本上都小于120，按GB 19762的规定修正，最低的“泵节能评价值”也达到68%；通常$10000m^2$以上的建筑采用集中空调，如按两台泵并联运行，折算所需水泵流量为$80m^3/h$以上，由表9-3，水泵的节能效率应该在72%以上。

（2）当$400m^3/h\geqslant G>300m^3/h$时，空调循环水泵比转速$n_s$可能大于120，也可能小于120，取决于水泵扬程，如扬程控制在$30mH_2O$，则比转速必然大于120，那么“泵节能评价值”应大于83%。

江亿院士曾经发表过关于空调水力计算的观点，他认为（笔者理解的大致意思）：由于水泵能耗较大，可能需要改变以前按比摩阻计算水泵扬程的做法，改为按控制水系统的总阻力（即设定水泵扬程）来计算管径。参照这个观点，当水泵流量为$300\sim400m^3/h$范围内时，如水系统总阻力控制在$30mH_2O$，则水泵节能效率可提高一个百分点。

（3）当$G>400m^3/h$时，空调循环水泵比转速n_s大于120，泵的节能效率应大于84%。

上面分析的是单吸泵的情况，众所周知，随着水泵流量增大，单吸泵承受的轴向推力越来越大，因此流量较大时，应采用双吸泵克服轴向力。那么多大流量适合采用双吸泵呢？按水泵扬程$32mH_2O$、转速1450r/min计算的单双吸泵效率如表9-4所示。

单双吸泵节能效率对比　　**表9-4**

流量 $G/(m^3/h)$	比转速 n_s		泵节能评价值 η_3	
	单吸	双吸	单吸	双吸
300	113.6	80.3	82.7	80.9
350	122.7	86.7	83.5	82.2
400	131.1	92.7	84.0	83.3
450	139.1	98.3	84.4	84.2
500	146.6	103.7	84.7	84.9
550	153.8	108.7	85.0	85.4
600	160.6	113.6	85.2	85.9

由表9-4可见，当流量为$450\sim500m^3/h$时，双吸泵效率开始大于单吸泵，考虑到双

吸泵造价高于单吸泵，建议选用双吸泵效率应大于同等条件下的单吸泵，因此，流量大于 $450m^3/h$ 时，可选用双吸泵；流量大于 $500m^3/h$ 时，单吸泵不仅效率不如双吸泵，而且比转速高于 150（通常希望循环泵的比转速控制在 80～150 之间），因此，流量大于 $500m^3/h$ 时，应选用双吸泵。

综上所述，水泵的效率可按表 9-5 要求。

循环泵最低效率　　表 9-5

流量 G（m^3/h）	水泵最低效率	水泵形式	流量 G（m^3/h）	水泵最低效率	水泵形式
80	72.0%	单吸	300	83.5%	单吸
100	74.0%	单吸	400	84.0%	单吸
150	78.0%	单吸	500	85.0%	双吸
200	81.0%	单吸	600	86.0%	双吸

除了对水泵效率要求之外，节能设计中还要注意水泵与冷机的连接方式，图 9-2 示意了两种常见的连接方式。

图 9-2（*a*）为推荐做法，三台水泵两用一备，水泵与冷机一一对应，控制清晰，两台冷机容量不一致时，对应的水泵也不一样。如以 S_a、S_b 分别表示（a）、（b）两种连接方式的总阻力数，可得到 $S_a<S_b$，因此（b）的管路特性曲线更陡一些，导致并联水泵的总流量比（a）小一些，为了满足冷机的流量，（b）选用的单台水泵流量需要比（a）大，显然（b）的水泵的实际运行耗电功率大于（a），因此应尽量避免图 9-2（*b*）的做法。

工程中还发现不同型号冷机也采用图 9-2（*b*）的连接方式，为了确保冷机流量，在冷机入口安装动态平衡阀（定流量），这种做法更不可取，不仅并联水泵流量大，还需要多消耗好几米的平衡阀阻力，白白浪费能耗，而且单台冷机运行时可能出现超流量，增减冷机的过程也容易出问题。可见，图 9-2（*b*）的连接方式除了接管简单，别无益处，不应采用。

9.5.2 管路

空调水系统设计中，与节能相关的主要包括三点：系统阻力、水力平衡、系统分区。

1. 系统阻力

首先明确：水系统的阻力必须计算，凭经验估算的做法只适用于初步设计阶段，最终施工图上水泵扬程应以计算的系统阻力（施工图中需要对冷机、末端的阻力作出限值要求）为准。上一节提到江亿院士关于水力计算的观点，从节能的角度，笔者比较认同这种观点。尤其对于 $20000m^2$ 以下的建筑，有些设计人员还习惯性地按 $30mH_2O$ 扬程估算，在一些小型项目中导致水泵比转速只有 40～60，低比转速的水泵性能曲线比较平缓，只要管路中一点点的阻力变化就引起流量较大的变化，因此常常导致系统实际运行工况处于超流量运行，无端浪费能耗。因此，低于 $20000m^2$ 的小型项目应限制系统总阻力，具体计算步骤如下：（1）首先明确水泵性能曲线应采用陡降型；（2）确定水泵的比转速范围，结合性能曲线要求及节能效率要求，建议比转速取值为 85～140；（3）由比转速反算系统阻力（扬程），参见式（9-3）。

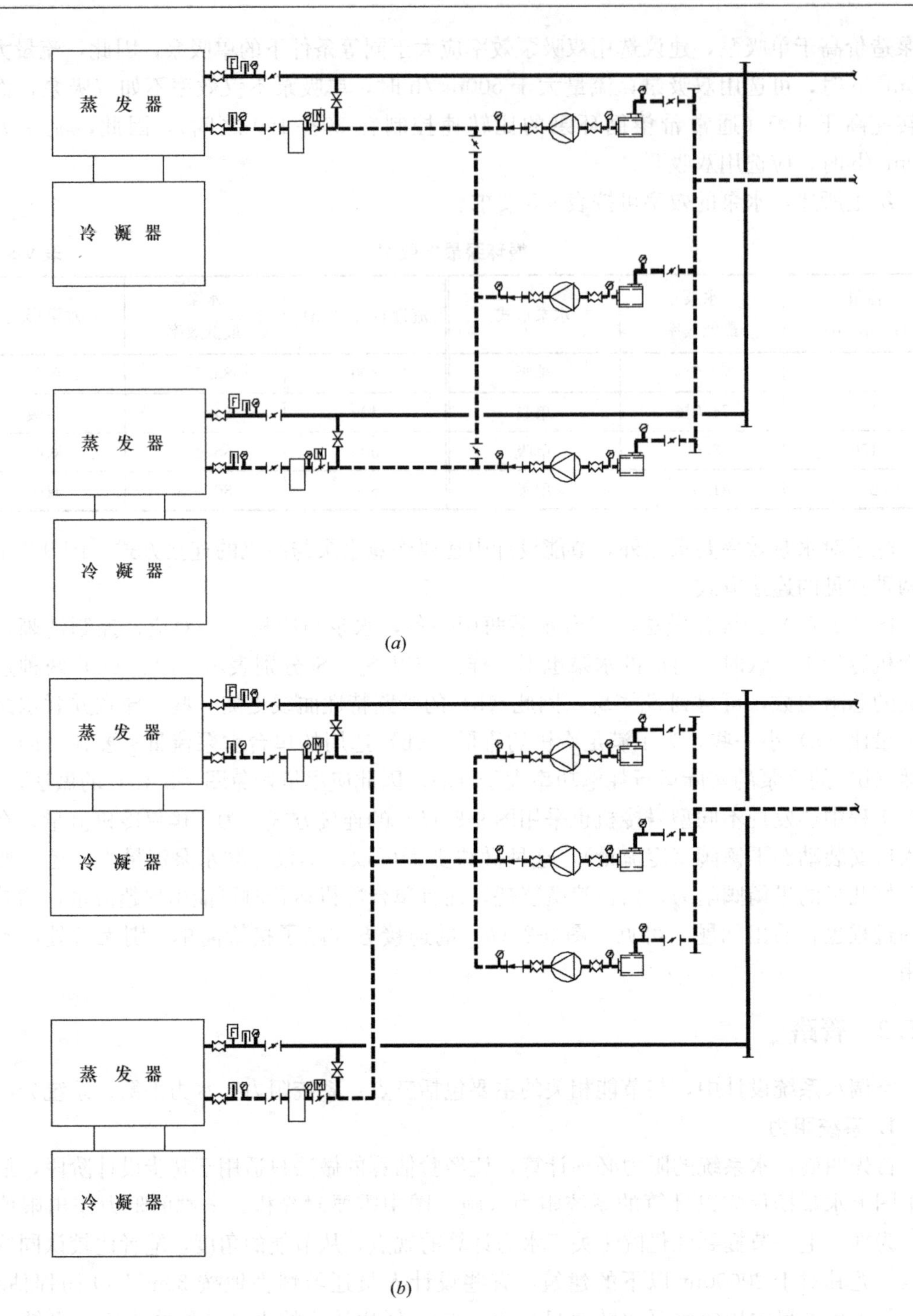

图 9-2 水泵与冷机的连接方式

(a) 水泵与制冷机一一对应串联；(b) 水泵并联后与制冷机串联

$$H=\left(0.06083\cdot n\cdot\frac{G^{0.5}}{n_s}\right)^{\frac{4}{3}} \tag{9-3}$$

表 9-6 所示为几个流量状态下系统阻力限值范围，供参考。

系统阻力建议值　　　　表 9-6

建筑面积 (m^2)	大概冷量 (kW)	系统流量 (m^3/h)	水泵台数	水泵流量 (m^3/h)	系统阻力 (mH_2O)
10000	1000	171.96905	2	85.984523	～20
15000	1500	257.95357	2	128.97678	20～26
20000	2000	343.93809	2	171.96905	22～28
30000	3000	515.90714	3	171.96905	22～28
40000	4000	687.87618	3	229.29206	24～30

注：水泵转速均按 1450r/min 计算，由于是从水泵反算系统阻力，如水泵设置台数与本表不同，应重新计算。

2. 水力平衡

管路水力平衡既是保证末端出力满足设计要求的必要措施，也是节能的要求。水力不平衡导致过冷过热，就会促使人们行为模式的改变，例如夏季房间过热，使用者就会要求增设分体空调，而过冷的房间却可能开着窗户。可见水力平衡也是节能的一种措施。

9.5.3 平衡阀

工程上有些项目的平衡阀似乎有“滥用”的嫌疑，因此有必要简单介绍平衡阀的原理。

平衡阀包括静态平衡阀、动态平衡阀、压差平衡阀等，本质上都是阻力元件。静态平衡阀实际上也是一种手动调节阀，只不过在阀体两侧开设压力测量孔，测量阀门的压差，通过专用仪表测出流量，由于能定量读出管路流量，因此初调试时平衡阀能更准确，但在系统运行过程中，由于阀门两侧压差变化，静态平衡阀流量会跟随着变化。动态平衡阀除了具有静态平衡阀的特点外，还具有自动改变过流面积、保持流量恒定的特点，当阀门两侧压差变化时，产生作用力给弹簧，使阀胆移动，水流过流面积得以改变，从而保持流量不变。压差平衡阀安装在回水管上，经导压管连接供水管，靠阀门内部自动调节机构使供回水管压差恒定。

请注意：所有平衡功能的阀门本质上都是高阻力元件！

在一些简单的系统中，空调末端的阻力远远高于管路阻力，根本没必要使用平衡阀，采用平衡阀就是费能！

以上观点仅供参考，在分析平衡阀应用之前，首先明确一个概念：空调末端的阻力是比较大的，系统天然就比散热器供暖系统更容易达到平衡。以新风机组为例，盘管的阻力通常在 4～6mH_2O 之间，考虑阀门、过滤器阻力，支路阻力大约为 4.5～6.5mH_2O，电动调节阀阀权度按 0.4 考虑，则支路总阻力为 8.5～10.8mH_2O，而医院水系统的近端与远端新风机组的距离一般不会超过 100m，管路总阻力只相当于 4～5mH_2O，近端与远端支路之间的不平衡率完全可以通过调整近端电动调节阀的阀权度来满足平衡（有关电动调节阀的特性等相关内容，可参阅潘云钢编著的《高层民用建筑空调设计》）。

对空调水系统末端支路阻力有相对清晰的认识以后，再分析平衡阀的应用。现在的空调水系统基本都是变流量设计，因此，在空调水系统中设置动态平衡阀就令人费解。有人认为：设置动态平衡阀可以确保这一支路的流量不受其他支路调节的影响，先保证支路的流量，然后在此基础上由电动调节阀根据末端需求进行调节。似乎有道理，其实是夸大了支路之间的互相影响，也夸大了调节的精确度要求，如果只是为了确保每一支路流量，那跟业内一直诟病的超流量有何区别？再者，动态平衡阀的应用将消减电动调节阀的阀权度，从而影响电动调节阀的调节性能。因此，动态平衡阀用于变流量末端实不可取。

动态平衡阀不能用，静态平衡阀呢？对于新风机组、空调机组，静态平衡阀同样不建议用，它所起的作用依然只是一个阻力元件的作用，缺点还是削弱调节阀的阀权度，只有当远近机组之间管路阻力差超过可选调节阀范围（见图 9-3，摘自某厂家两通调节阀资料，供参考）时，才需要加装静态平衡阀。

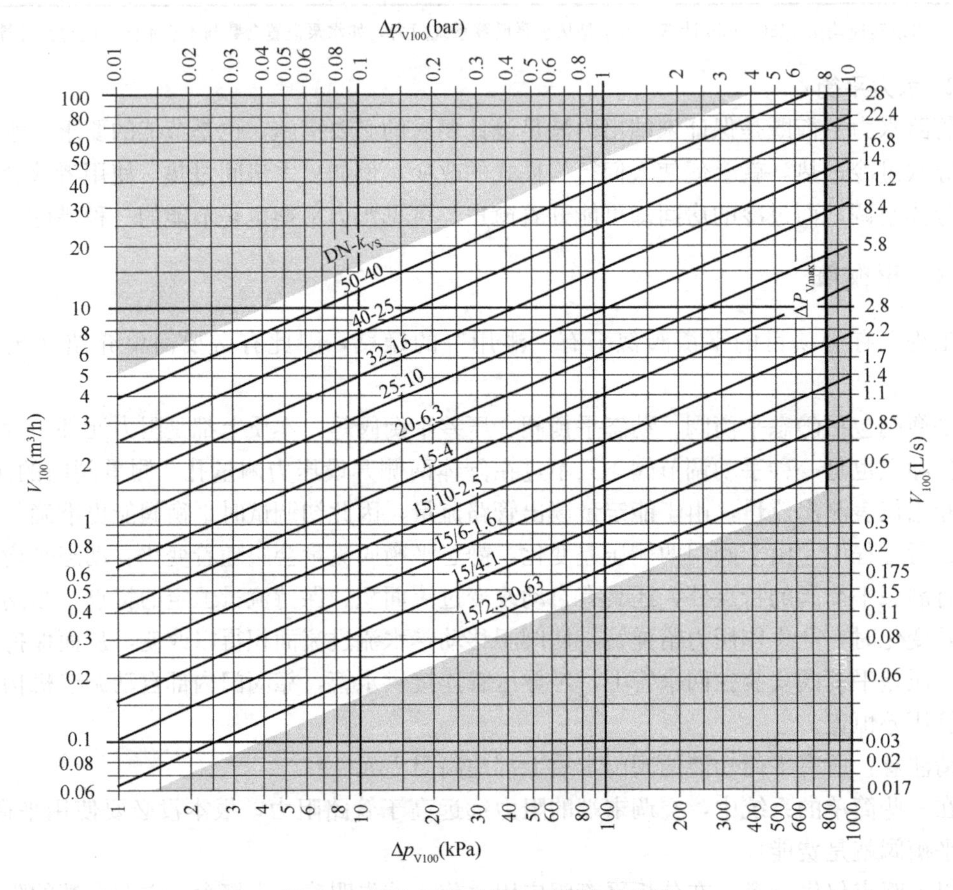

图 9-3 调节阀全开状态下的性能曲线

对于风机盘管水系统，医院门诊医技空调水平干管长度（供水＋回水）通常不超过300m，包括风机盘管在内的总阻力约 11mH_2O；病房空调水平干管长度（供水＋回水）通常不超过 200m，包括风机盘管在内的总阻力约 8.5mH_2O；按近端门诊与远端病房距离 100m 计算，管路总阻力约 4.5mH_2O；则不平衡率为：

$$\frac{4.5+8.5-11}{11}\times 100\% = 18\%$$

可见，风机盘管水系统也没有必要在每层水平干管设置平衡阀。

9.6 新风机组

医院的门诊医技通常有大量的内区房间，这些房间在过渡季常需要供冷，一些室内散热量大的房间甚至在冬季也需要供冷。理想的办法是按内外区分别设置新风系统，内区可利用新风作为冷源供冷。但实际工程的空间条件并不许可，因此内外区的新风系统通常合用为一套系统。

常见的新风机组冷热盘管是共用的，盘管通常按夏季工况设计，夏季供冷时，合用的新风系统没有问题，冬季供热就有问题了。很多地区冬夏的新风处理负荷差别不大，但冬季的换热温差（热水平均温度与新风的温差）远远大于夏季的换热温差，本来冬季只需要大约 1/3 的换热面积（以北京为例），由于冬夏盘管共用，相当于换热面积增加 3 倍，导致冬季的实际供热量远远大于设计热负荷，即使电动调节阀调到很小开度，冬季新风温度仍高达 30～40℃，此时的新风相当于热风供暖，与内区要求的供冷背道而驰，冷热能源抵消，造成能源浪费。

除内区房间，还有一些地下机房如直线加速器机房的新风系统，由于加速器机房的治疗区散热量较小，出于射线防护要求，机房通常在地下较深位置，室内散热量和地下围护结构在冬季完全有可能获得热平衡，如新风送风温度过高，也会引起室内过热，导致空调制冷。因此，这些区域的新风机组冷热盘管也应分开设置。

在寒冷地区，新风机组的冷热盘管分开设置还带来另一个好处：防冻。冷水温差通常为 5℃，而规范要求热水温差达到 10℃（夏热冬冷地区）甚至 15℃（寒冷及严寒地区），温差的变化意味着水流量的变化，寒冷地区的冷水流量相当于热水流量的 3 倍，如共用盘管，则盘管在冬季的设计流量只有夏季的 1/3，加上上文分析的换热温差、换热面积的因素，使得电动调节阀的实际开度常处于最小开度，盘管内的水流速非常低，这时的回水温度很低，就容易导致盘管冻结。而冷热盘管分开设置就不存在这种问题，只要不随意附加计算负荷的安全系数（笔者认为冬季新风计算负荷没必要附加什么系数，要加也是负系数），电动调节阀设置防冻最小开度，一般就不会有盘管冻结的危险。

9.7 风系统

风管设计中需注意管道风速、进风百叶口风速、与设备连接做法、弯头、三通等，应避免不规范做法增加风机电耗，有关内容请参阅设计手册，这里特别提出容易忽视的：风机接管。

风机入口的接管应使气流平稳，不造成涡流、偏心流（美国 AMCA 指出：风机入口产生涡流的系统中，有证据显示有高达 45%的流量损失）。风机出口应顺着离心叶片的旋转方向转弯或直管段，对于风机箱及新风机组、空调机组，建议设计图中示意风机，以明确方向。

图 9-4 所示为风机接管的错误做法及推荐的正确做法。

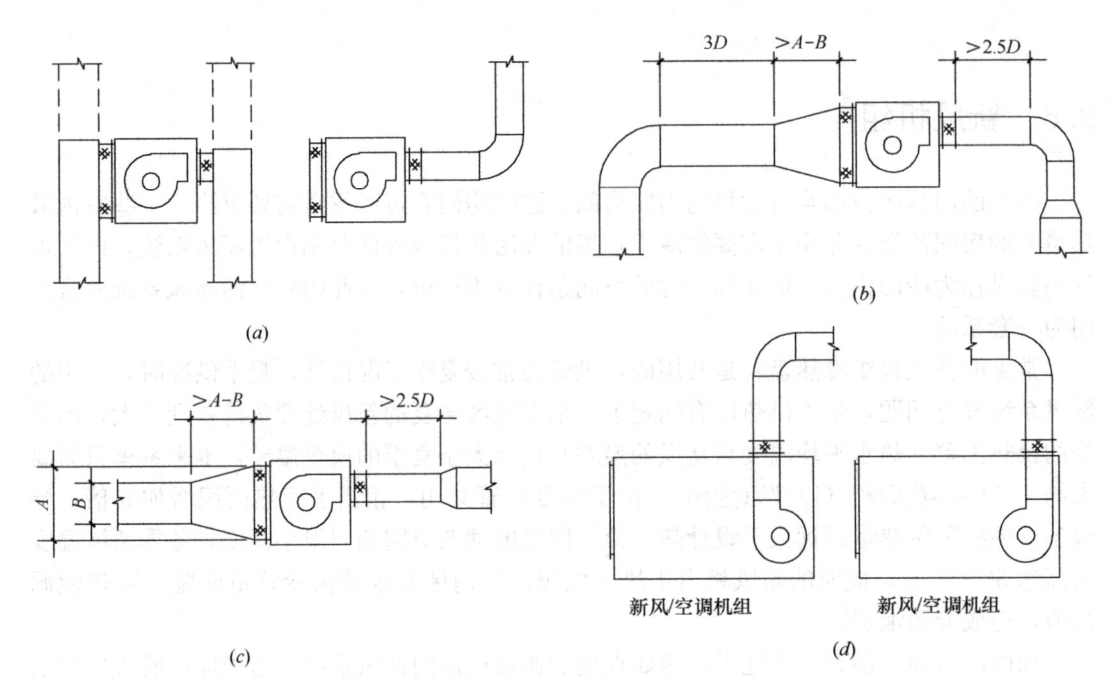

图 9-4　风机接管

(*a*) 错误接管；(*b*) 正确接管；(*c*) 正确接管；(*d*) 新风/空调机组示意

注：图（*a*）左侧图虚线表示风管向上，无论风管向上或向下，或只是其中一种，都是错误的做法，将导致风量大幅度下降，白白浪费能耗；右侧图是由于风管转弯方向错误。

图（*b*）：风机入口端如果有弯管，弯头距离入口至少有 3D 长的直管段，风机出口至少 2.5*D* 长的直管段。*D* 为当量直径，对于矩形风管，宽、高分别以 *a*、*b* 表示，则 $D=(4ab/\pi)^{0.5}$。

图（*c*）：风机入口、出口均为直管段。

图（*d*）：建议在设计图中表示新风/空调机组内部风机，以便订货时明确风机方向。

第 10 章　专业设计配合要点

医院建设中的三方主体（甲方、设计、施工）的关系是密不可分的，三方的配合工作始终贯穿整个建设过程。在设计内部，专业之间的配合更加紧密，每个专业都需要其他专业的支持，设计过程也是不断协商解决各种专业需求之间矛盾的过程，只有各专业之间紧密配合，互相理解、互相支持，才能拿出一份相对优质的设计。

10.1　甲方

以前的甲方就是医院，立项投资、建设管理、使用三方合一。近些年随着建设模式的多样化，现在医院建设的甲方的组成也发生变化，可能投资、建设管理、使用三方分属不同单位，对设计来讲，项目投资虽然是制订设计标准时摆在第一位的因素，每个设计人都要在制定方案、设计过程中考量经济因素，但项目投资更多的是对总体投资的把控。对于具体专业，主要的配合工作更多地体现在了解、解决、满足使用方的需求上。暖通专业与甲方配合的要点如下。

10.1.1　冷热源方案的确定

冷热源在暖通专业中的投资额相对较大，因而成为投资方重点关注的问题之一。冷热源不仅仅关系到投资，还关系到运行管理、建设规划等，甚至可能影响建设用地（例如地源热泵）。对医院，冷热源还要考虑可靠性。正如本书第 1 章所述，冷热源方案设计应该在规划设计阶段就介入并根据工程总体规划做出冷热源的规划。冷热源方案需要与甲方互动的有：

（1）当地能源。目前绝大多数医院的冷源还是采用电制冷，但不排除有的地方可能采用天然气，甚至热水、蒸汽、太阳能作为制冷能源，这与国家、地方能源政策有关。设计人可通过包括咨询甲方等多种途径了解当地可利用能源，并作出定性判断后再与甲方协商。如采用电制冷，在暖通方案比较中，应联合电气专业把电压（是否采用高压冷机）、供电可靠性（注意偏远地区、台风频发或登录地区）、用电允许增容量、用电增容费等因素考虑在内。热源主要有两种：市政热源（包括区域锅炉供热、热电厂供热）、自建锅炉房，设计人员有必要提醒甲方关注当地市政供热的初装费、用热计费方式，有的地方用热计费方式不是根据用热量计费，而是按医院总建筑面积计费，有的市政供热还不稳定，这些都可能导致甲方放弃市政供热而改为自建锅炉房。

（2）冷热源规划。有关要点详参第 1.5 节，确定近期冷热源规模及冷热源机房位置。

（3）冷热源形式。这也是设计与甲方沟通商洽的重点，冷热源形式多种多样，没有哪一种是最好的，只能说哪种更适合于具体的项目。这里主要是技术经济分析比较，经济上应包括初投资、运行维护费的比较；技术上则需结合项目的特点从以下几方面进行分析比较：负荷大小、负荷时间、可用能源的形式、冷热源的能源利用率、冷热源技术可靠性、冷热源与具体要求的负荷之间的兼容性、对运行维护管理的技术要求，等等。冷源配置可参阅第2.4.2、2.4.3节。

10.1.2　医院管理

医院的管理作为使用者的行为模式因素，与建筑物的使用密切相关，其中影响到暖通专业设计的有：

（1）儿科与急诊的关系：如果急诊包含儿科，则夜间的供冷、供热不需要考虑儿科；如果儿科单独开放急诊，则夜间供冷、供热要包括儿科。

（2）平均就诊时间：通常门诊部会有这方面的统计数据。可用于测算门诊大厅人员负荷及新风量、车库计算风量。

（3）空调季节对开窗的管理：纳入负荷计算、通风设计考虑因素。

（4）锅炉房供热质调节：供水温度的高低也是空调热水盘管是否独立设置的一个影响因素。

（5）病房管理：夜间陪护管理，陪护人员限制，日间探视人员人数、时间段的管理，这些因素将影响负荷计算。

10.1.3　科室

科室的工艺需求对暖通专业设计影响较大，特别是医技科室，相关内容详参第4章。设计人员需要从甲方获取的资料举例如下：

（1）检验科、病理科现有通风柜、生物安全柜的类型、台数，拟增加的类型、台数；抗生素配液区的生物安全柜台数；核医学科局部通风设备（详参第4.6.4节第1条）的数量。

（2）检验检测仪器的现状，以及拟新购的设备仪器，最好有厂家的场地要求说明书。

（3）对于大型医疗设备，设计人员应密切配合甲方工作，凡是需要水冷机的设备，应提前知会甲方有关水冷机的注意事项（详参第4章）。

（4）门诊中医科是否设置艾灸、按摩等治疗室。

（5）明确口腔科人工牙修复工作室的具体位置。

（6）门诊手术室的环境要求。

……

10.1.4　其他

环评——有关放射放疗、核医学工作场所分类分级的认定，废气排放的要求。

能评——有关能源及使用、效率、节能要求等。

以上两种经批准的报告书均可作为设计依据。

10.2　建筑专业

医院设计单位的建筑专业实际还兼具工艺专业，而暖通专业在医院设计各专业中又与工艺专业关系最为紧密，在洁净区域，暖通专业甚至成为工艺专业的重要组成部分，可以说，暖通与工艺是互相依存、互相影响的关系，因此医院设计更需要这两个专业的紧密配合。

暖通专业需要向建筑专业提出的资料包括：

1. 制冷机房

通过大致的估算负荷，预估制冷机的配置，从而确定制冷机房的大小。通常制冷机房面积约占总建筑面积的0.7%～1.2%，机房的净高要求为4～4.5m，层高为4.8～5.5m。制冷机房位置应处于建筑负荷中心，但医院还需考虑与医疗设备机房的距离要求。应考虑制冷机吊装孔及运输通道。

2. 新风机房、空调机房

各层新风机房应上下对应，以便外墙百叶整齐美观。门诊大厅、住院大厅通常采用全空气系统，空调机房应就近设置，面积约占大厅面积的5%～8%。门诊新风系统可按2～3个科室设置，医技新风系统可按1～2个科室设置，新风机房面积20～30m²。地下、一层的机房由于外墙百叶接管占用空间，要求面积相对大一些。

3. 风机房

排风系统通常与新风系统、送风系统相对应设置。普通送排风机房面积15～20m²；车库送排风机房（按两台风机考虑）面积22～27m²；防排烟机房面积16～20m²，屋顶防排烟机房应根据设备台数、是否合并机房计算所需面积；厨房、中心供应的通风系统较为复杂，可参见第4.10.2节第5条及第8.12节内容。

4. 机房统一要求

所有机房均应设计消声隔声，制冷机房设置排水沟，新风/空调机房需设置地漏、给水点。

5. 管井

风井包括：防排烟竖井，厨房排油烟竖井，通风柜、生物安全柜排风竖井，核医学活性区排风竖井，卫生间排风竖井，等等。放疗机房的排风如有条件也建议设置竖井高处排放。风井尺寸应考虑风管安装尺寸要求，通常要求二次砌筑井道应在风管安装检验合格后再砌筑，图10-1所示为风管安装尺寸要求，供参考。

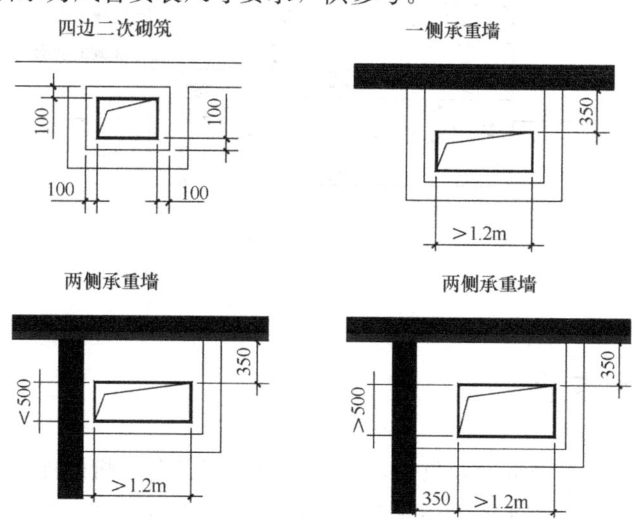

图10-1 竖井内风管安装尺寸

水管立管通常设置在新风机房内，不需设置井道，个别立管需要设置井道时，应考虑保温安装要求，建议水管外壁距井道150～200mm。

6. 墙洞

通常大于500mm宽的墙洞需要提出，考虑各种因素，建议按穿管外径附加100mm留洞，相当于宽度大于300mm的管道需要提出留洞资料。

10.3 结构专业

暖通专业需要向建筑专业提出的资料包括：外墙预埋防水套管、人防口部及临空墙预埋密闭管、结构墙洞、楼板洞、楼板后浇区域（通常为多根水管立管位置）、各种设备的重量及基础高度。结构墙的留洞应注意尽量避免在其短边开洞（常见于楼电梯疏散门、建筑专业门洞处），如不可避免（常见于楼电梯的加压送风口），应提前沟通，不可等到出图前提结构资料时才提出。室内设备基础高度可按100mm，洁净空调机组基础高度建议至少150mm，屋顶室外风机基础高度可按300mm（高出建筑完成面，保温找坡做法通常要占用200～400mm）。医院的空调水泵如果处于医技楼地下，建议设置配重减振（见图10-2），建议配重为设备重量的3倍，因此提交给结构专业的总重量为设备的4倍。

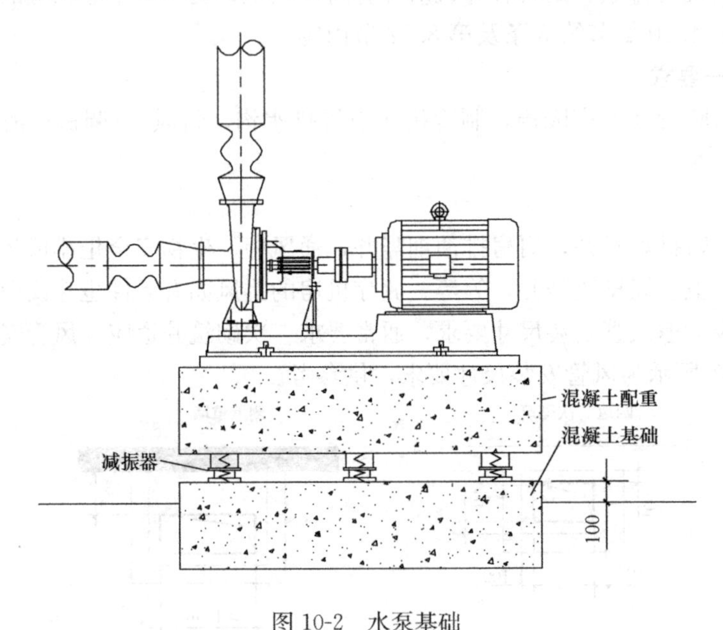

图10-2 水泵基础

10.4 给水排水专业

如冷却水系统由给水排水专业负责，暖通专业应将各台冷机的冷却水系统的要求分别提交给水排水专业。在供暖地区，还应告知建筑内的非供暖区域，如设备层，以便其考虑管道的防冻。医院的洁净空调如采用电热式加湿，可将水质要求提给给水排水专业，也可执行配置水处理器（一些加湿器厂家也会有配套产品）。

有些经验不足的给水排水设计人员可能会遗漏返提资料给暖通专业，需要尽早跟他们确认设置气体灭火的房间。设置气体灭火的房间通常为：变配电室、信息中心、病案库、大型医疗设备机房。

10.5 电气专业

在所有专业中，需要提给电气专业的工作量无疑是最大的。初步设计阶段，电气资料可以分为四大类：(1) 制冷机房、风冷机组等大容量设备；(2) 防排烟等消防类用电（属于电气专业的一级负荷）；(3) 洁净空调用电（属于电气专业的一级负荷中特别重要负荷）；(4) 舒适性空调、通风用电。

施工图阶段，则需将每处用电点的负荷、电压明确提给电气。除此之外：

(1) 对供电保障性要求高的通风空调系统也应提给电气。包括：洁净空调、通风机组，洁净空调冷源及其循环泵，MR、PET/MR的恒温恒湿机组，呼吸道传染区的排风机，核医学高活区的排风机，热室的排风机，等等。建议这些用电都纳入电气的一级负荷中特别重要负荷。

(2) 当设备与使用场所距离较远时（例如各种高空排放的风机、厨房排油烟风机），还应要求电气专业设置就地和远程两处开关。

事故通风机应要求在室内外分设开关。

对弱电专业应提出各种设备的控制要求、连锁关系、消防控制要求等，应明确区分70℃、280℃防火阀、排烟阀，如有要求电信号关闭的防火阀，也应明确提出。

建议对公共区域的风机盘管提出群控要求，以方便运行管理。

10.6 动力专业

有的单位可能暖通动力合并专业，如果分设专业，通常热力、蒸汽管道、医用气体、锅炉房、换热站等内容属于动力专业。暖通专业需要提出的资料包括：用热负荷、热媒温度、系统阻力、系统是否变流量、用热时间段、蒸汽用点及蒸汽量等，还需协商管道接口界面，明确补水定压、热量表由谁负责。

10.7 会签

图纸会签除了查漏补缺、核定互提资料外，暖通专业还应关注：新风吸入口与室外污水检查井的距离，新风口与负压吸引排气口、麻醉废气排放口的距离，这些问题虽然应当在初步设计或施工图设计起始阶段就得到相互确认，但实际工作中常发现在施工图设计后期由于各种原因产生变化，因此，图纸会签时应再次确认，如有问题，应与相关专业协商解决。

第11章 设计说明样板

本章给出寒冷地区施工图设计说明供参考，其他地区可根据情况增删有关内容，以下几点建议供参考：

（1）严寒地区供冷时间短，过渡季时间也短，从经济考虑可不做分区两管制。

（2）夏热冬暖地区供冷时间长，多数地区不供热，从经济考虑也可不做分区两管制。

（3）严寒地区净化空调新风不做冷却处理，其他地区由设计者决定修改。

（4）华南地区、长江沿线城市通常水质硬度较低，不需要软水装置。

一、设计依据

1. 主要标准、规范

《民用建筑热工设计规范》GB 50176—2016

《车库建筑设计规范》JGJ 100—2015

《室内空气质量标准》GB/T 18883—2002

《环境空气质量标准》GB 3095—2012

《公共建筑节能设计标准》GB 50189—2015

《绿色建筑评价标准》GB/T 50378—2014

《民用建筑绿色设计规范》JGJ/T 229—2010

《建筑机电工程抗震设计规范》GB 50981—2014

《民用建筑供暖通风与空气调节设计规范》GB 50736—2012

《锅炉房设计规范》GB 50041—2008

《蓄冷空调工程技术规程》JGJ 158—2008

《辐射供暖供冷技术规程》JGJ 142—2012

《地源热泵系统工程技术规范（2009年版）》GB 50366—2005

《建筑设计防火规范》GB 50016—2014

《汽车库、修车库、停车场设计防火规范》GB 50067—2014

《建筑防排烟系统技术标准》GB 51251—2017

《人民防空工程设计防火规范》GB 50098—2009

《综合医院建筑设计规范》GB 51039—2014

《人民防空医疗救护工程设计标准》RFJ 005—2011

《人民防空工程防化设计规范》RFJ 013—2010

《绿色医院建筑评价标准》GB/T 51153—2015

《急救中心建筑设计规范》GB/T 50939—2013

《传染病医院建筑设计规范》GB 50849—2014

《精神专科医院建筑设计规范》GB 51058—2014

《医院洁净手术部建筑技术规范》GB 50333—2013

《食品工业洁净用房建筑技术规范》GB 50687—2011
《医药工业洁净厂房设计规范》GB 50457—2008
《洁净厂房设计规范》GB 50073—2013
《生物安全实验室建筑技术规范》GB 50346—2011
《实验动物设施建筑技术规范》GB 50447—2008
《实验动物 环境及设施》GB 14925—2010
《病原微生物实验室生物安全通用准则》WS 233—2017
《公共场所集中空调通风系统卫生规范》WS 394—2012

2. 建筑专业提供的平、立、剖面图，甲方设计要求、传真文件。

二、项目概况及设计范围

工程地点、项目名称总建筑面积XXXm²。（只有一个单体时）地上建筑面积XXXm²，地下建筑面积XXXm²。建筑高度XXm，地下X层，地上X层，功能包括门急诊、医技、病房、手术部等。（多个单体时）本项目共含X个单体建筑，各单体技术指标详见下表：

序号	单体名称	建筑面积（m²）			建筑高度（m）	层数 地上/地下
		地上	地下	总面积		
1						
2						
3						
4						

本工程所需空调冷源由楼体名称、楼层冷水机房提供，热源由院区锅炉房（及/或市政热源）提供。

设计范围为本项目建筑物编号或楼体名称的暖通空调系统设计，其中冷却塔设置详见给水排水专业，热交换站、空调用蒸汽加湿管道设计详见动力专业。地板辐射供暖系统、变制冷剂流量多联式分体空调系统、净化空调系统由专业厂家根据本次施工图进行二次深化设计。

三、设计计算参数

1. 主要室外设计气象参数（XX市气象参数）

	夏季	冬季
大气压力（hPa）		
供暖室外计算温度（℃）	—	
空调室外计算干球温度（℃）		—
通风室外计算温度（℃）		
空调室外计算相对湿度（%）	—	
空调室外计算湿球温度（℃）		—
室外平均风速（m/s）		
年最多风向及（频率）		
最大冻土深度（cm）		

2. 主要室内设计参数

(1) 供暖

房间名称	病房	产房	护士站	诊室	候诊	B超	楼梯间	卫生间（带淋浴）	卫生间	地下车库
温度（℃）	20	23	20	20	18	23	16	25	16	5

(2) 通风

名称	温度（℃）		换气次数（h^{-1}）	备注
	夏季	冬季		
变配电室	40	—	6	一般兼作灭火后排风
柴油发电机房	35	5	3/6	平时停机时 $3h^{-1}$ 工作时 $6h^{-1}$
日用油箱间	30	5	6	防爆
换热站	35	5	10	
冷冻机房	35	5	6	事故通风 $12h^{-1}$
水泵房	35	5	4	
电梯机房	30	5	10	
空压机房	35	5	10	维持正压
负压吸引泵房	35	5	10	维持负压
锅炉房	—	5	12	送风应增加燃烧空气量或 $3h^{-1}$，防爆
弱电间（竖井）	27	—	3	
洗衣房	28	16	20	设备排风量另计
厨房	28	15	60	①
生活垃圾间	—	—	15	
医疗垃圾间	—	—	20	根据场地情况确定是否设置活性炭吸附过滤
燃气表间	—	—	6	事故通风 $12h^{-1}$

① 表中换气次数为排油烟风量估算值，厨房通风还应设置 $3h^{-1}$的全面排风、$12h^{-1}$的事故排风、洗碗间排风、岗位送风。

(3) 空调

房间名称	夏季		冬季		新风量（h^{-1}）	噪声标准[dB（A）]
	温度（℃）	相对湿度（%）	温度（℃）	相对湿度（%）		
病房	26	60	20	—	2	40
产房 LDRP	26	60	23	30	3	40
护士站	26	60	20	20	3	45
诊室	26	60	20	20	2	45
候诊	26	60	18	20	3	50
放射科	26	60	23	30	4	45

续表

房间名称	夏季		冬季		新风量 (h^{-1})	噪声标准 [dB (A)]
	温度 (℃)	相对湿度 (%)	温度 (℃)	相对湿度 (%)		
中心供应	26	60	20	35	4	50
核医学科	26	60	20	35	6	50
加速器室	26	60	20	35	12	50
洁净手术室	24	50	22	45	按规范	50
ICU	24	55	22	40	3	40
检验科	26	60	20	20	5	50
病理科	26	60	20	20	6	45
配液中心	22	50	20	30	3	50
药库	26	60	20	—	2	45

四、建筑围护结构热工参数

本工程地处寒冷地区，属甲类公共建筑。体形系数、窗墙比、屋顶透光面积占屋顶总面积比、围护结构热工参数详见建筑专业设计图纸，均符合《公共建筑节能设计标准》GB 50189—2015（或当地地方标准）的要求，不需进行权衡判断的计算。

五、热源

1. 本工程热源由院区锅炉房提供，锅炉房提供95℃/70℃的热水，经室外管网由地下一层进入楼体名称，供应情况如下表（不同单体单独列表）：

热源		热水参数 (℃)	供应范围	供应方式	换热机组编号	使用侧参数 (℃)	负荷 (kW)	热源负荷 (kW)
1	锅炉	95/70	空调热水	直供	—	60/45		
			地面辐射供暖	换热	X-XX-X	60/50		
2	市政	110/70	散热器供暖	换热	X-XX-X	75/50		
			热风幕	换热	X-XX-X	75/50		

2. 补水定压：热源的补水定压由锅炉房及市政各自负责；二次热水系统的补水定压由换热站负责，详见动力专业设计。

（换热站由暖专业设计时：热交换机房设在楼体名称、楼层，每套换热机组设两台板换，每台负担75%的机组热负荷。空调二次水循环泵采用变频泵，一用一备，换热系统控制均设供热量自动控制装置。）

3. 热计量：在热交换机房内的一次热水回水管及二次水回水管上设置平衡流量计的热计量装置。

六、供暖系统设计

1. 病房的卫生间设置散热器供暖系统，一层门诊大厅、住院大厅设置地板辐射供暖系统，主要出入口设置热风幕。

2. 供暖系统形式：散热器供暖系统采用下供下回垂直双管式，供回水干管敷设在XX

层设备夹层。

3. 供暖控制：除楼梯间外的每组散热器供水管设高阻力恒温阀，以控制室内供暖温度并防止供暖系统垂直失调。地板辐射供暖系统温控方式采用分集水器总管控制方式，在分水器进水管设自动温控阀，由设在典型区域的温控器控制，地暖盘管每个回路设手动调节阀。

4. 地面辐射供暖系统设计压力XXMPa，散热器供暖系统设计压力XXMPa，热风幕供暖系统设计压力XXMPa。各系统管路与热源关系详见系统图。

5. 散热器采用钢制三柱散热器，型号为____，高度为__mm。平均温差64.5℃时单片散热量为__W，平均温差37℃时单片散热量为__W。

七、冷源

1. 空调计算冷热负荷

本工程夏季空调计算冷负荷____kW，冬季空调计算热负荷__ kW，冬季空调干蒸汽加湿量为____kg/h（蒸汽压力____MPa）。各单体负荷详见下表：

序号	单体名称	冷负荷（kW）	热负荷（kW）	加湿量（kg/h）
1				
2				
3				

2. 空调冷源

（1）制冷机房位于楼体名称、楼层，冷源侧采用____级泵系统。

（一级泵冷机变流量：共设置__ 台制冷量为____kW的离心式制冷机，总装机负荷为____kW。制冷机水流量可变，变水量制冷机最小流量为额定流量的____。总供回水管之间设置最小流量时的调节旁通阀。冷冻水泵变频变流量，设置__ 台冷冻水泵，__用一备；__ 台冷却水泵，备泵不备泵位。）

（一级泵冷机定流量：空调冷源共设置__台制冷量为__ kW的离心式制冷机，__台制冷量为__ kW的螺杆式制冷机，总装机负荷为__ kW。螺杆式制冷机可适应本工程夜间负荷需要，同时作为过渡季净化空调、内区空调系统运行制冷的冷源。制冷机水流量不可变，负荷侧变流量设计，总供回水管之间设置压差调节阀。冷水泵、冷却水泵与制冷机一一对应，设置__ 台冷水泵，__用一备；__ 台冷却水泵，__用一备。）

（二级泵变水量：一级泵定频、二级泵变频运行。一级泵与冷机一一对应设置，并设置备用泵，二级泵根据各系统阻力、运行时间等因素分别设置系统。设置__ 台一级冷水泵，__用一备；__ 台二级冷水泵，均为__用一备；其中____ 系统增设小流量循环泵供冬季净化空调用；__ 台冷却水泵，__用一备。）

（2）冷冻水供/回水温度_____℃，冷却水供/回水温度_____℃，制冷机采用环保冷媒R134a。

（3）冷却塔应与冷冻机相对应设置，并有一台满足过渡季、冬季运行时的防冻需要，具体设计详见给水排水专业。

（4）能量计量：在冷水机房总回水管设置平衡流量计、供回水管设置温度传感器计量供冷量；冷机、循环水泵均单独设置电表。

(5) 水处理：设置______对冷水循环水进行杀菌、灭藻、除锈、防垢等处理，设置______排除冷水系统中游离、溶解性气体。制冷机组冷凝器侧设胶球自动在线清洗装置。冷却循环水处理详见给排水专业。

蓄冷冷源：采用电制冷+冰/水蓄冷系统。采用部分负荷蓄冷方式，制冷主机和蓄冰设备采用主机上游的串连接方式，并为夜间负荷设置机载主机。

(1) 设计日峰值冷负荷为________kW，设计日总冷量________kWh，设计日蓄冷量________kWh。

(2) 分时电价及时段：22：00～7：00为低谷电价，电价为________元/kWh；________至________为平段电价，电价为________元/kWh；________至________为峰段电价，电价为________元/kWh。

(3) 设计日负荷平衡表：

时间	总冷负荷(kW)	基载制冷量(kW)	主机制冷量(kW)		蓄冰装置(kW)		取冰率(%)	峰谷时段
			主机制冰	主机制冷	储冰量	融冰量		
1：00							0	谷段
2：00							0	谷段
3：00							0	谷段
4：00							0	谷段
5：00							0	谷段
6：00							0	谷段
7：00							0	谷段
8：00								
9：00								
10：00								
11：00								
12：00								
13：00								
14：00								
15：00								
16：00								
17：00								
18：00								
19：00								
20：00								
21：00								
22：00							0	谷段
23：00							0	谷段
24：00							0	谷段
合计							0	
日移高峰电量：____ kWh；日移平峰电量：____ kWh。								

（4）选用三台____ kW（____ RT）的制冰/制冷双工况水冷离心机组，夜间制冰，白天制冷。制冰工况乙二醇供/回水温度为−5.6℃/−2.1℃，冷却水供/回水温度为30℃/35℃；制冷工况乙二醇供/回水温度为5℃/11℃，冷却水供/回水温度为32℃/37℃。制冷剂采用环保冷媒。

（5）为夜间负荷设置一台基载冷水机组，机组选用____ kW（____ RT）的水冷螺杆机组全天供应空调冷水，冷水供/回水温度为6℃/12℃，冷却水供/回水温度为32℃/37℃。

（6）蓄冰设备：采用____台整装式蓄冰槽，设于____层____，每台蓄冰槽潜热蓄冷量____ kWh，总潜热蓄冷量为____ kWh。

（7）选用____台乙二醇/水板式换冷器，一次侧（乙二醇）供/回温度为5℃/11℃，二次侧（空调冷水）供/回水温度为6℃/13℃。

（8）冷却水泵、乙二醇泵及基载冷水机组的冷水循环泵定/变流量运行。二次侧冷水循环泵（融冰泵）定/变流量运行；

（9）乙二醇系统采用补水定压装置定压，补水泵一用一备，启泵压力200kPa，停泵压力300kPa。

计量及水处理参照常规冷源的第（4）～（5）

八、空调系统设计

1. 空调水系统设计

（1）空调水系统为冷源定/变流量一/二级泵变水量分区两管制。

（2）空调冷水采用补水泵补进软化水，补水自来水管设置水表计量补水量，在屋顶设置膨胀水箱定压。

（3）空气处理机组冷水系统为异程两管制系统，风机盘管冷水系统为水平同程两管制系统，风机盘管冷水系统在每层水平分支处的回水管设置静态平衡阀。

（4）空气处理机组回水管上设电动调节阀，风机盘管设带温控三速开关，回水管设置电动两通阀。电动调节阀流量特性为等百分比，性能参数详见下表。

机组编号	冷水盘管			热水盘管		
	设计流量（m^3/h）	阀门全开阻力（kPa）	K_{vs}（m^3/h）	设计流量（m^3/h）	阀门全开阻力（kPa）	K_{vs}（m^3/h）
KX-B1-1						
KX-1-1						
KX-2-1						
KX-3-1						
KX-4-1						
KX-5-1						
KX-6-1						
……						

空气处理机组订货后，应将其盘管额定流量、阻力提交设计复核电动调节阀的K_{vs}值。

（5）空调冷凝水分别集中后经空气隔绝排入地漏，冷凝水管起始端应设清扫口。

（6）净化空调冷水由单独的立管提供，可保证过渡季、冬季提供冷水；净化空调冬季热水由空调新风机组供回水立管接出，净化空调机组夏季再热采用电加热。

（7）空调水系统设计压力____MPa。冷水机组的冷水侧、冷却水侧工作压力均不小于1.0MPa。空调水泵、所有附件均要求承压1.6MPa。

2. 空调风系统设计

（1）空调系统的形式：一层门诊大厅、住院大厅设置变新风量全空气空调系统；病房、诊室、医技等分区设置风机盘管加新风系统。

（2）空气处理措施：

1）全空气系统空调机组：空气经过板式粗效过滤器、袋式中效过滤器、______过滤器过滤，夏季降温除湿，冬季加热、干蒸汽加湿，回风口设置______过滤器，全空气空调机组可变新风量运行。

2）新风机组：空气经过板式粗效过滤器、袋式中效过滤器、______过滤，夏季降温除湿，冬季加热、加湿，新风机组夏季新风处理到室内等湿线。

3）风机盘管：采用余压为30Pa的高静压风机盘管，回风口配______过滤器。病理科、检验科、妇产科等采用______，以去除室内异味。

3. 净化空调系统设计

（1）本工程设置净化空调系统的区域包括：中心供应灭菌后无菌品库、洁净手术部、ICU、配液中心，手术部共__间Ⅰ级手术室、______间Ⅱ级手术室、______间Ⅲ级手术室。

（2）手术部每间手术室设置一个全空气净化空调系统，Ⅰ级手术室、洁净走廊采用二次回风系统，系统设计详见“净化空调通风系统原理图”。

（3）各洁净辅助用房按规范要求确定等级后设计相应的全空气净化空调系统。

（4）净化空调均采用______式的干蒸汽加湿器加湿。

（5）净化空调新风单独经过粗、中、亚高效三级过滤处理，新风经过表冷器处理到室内等湿线以满足净化区域湿度要求，新风机组与各个净化空调系统的循环机组一对多对应。

（6）手术室及其辅助用房的通风量：

1）Ⅰ级手术室按手术区工作面高度截面平均风速$v=0.25m/s$计算，Ⅱ、Ⅲ、Ⅳ级手术室设计换气次数分别为$30h^{-1}$、$22h^{-1}$、$15h^{-1}$，ICU、无菌敷料、器械设计换气次数为$13h^{-1}$，洁净区走廊设计换气次数为$10h^{-1}$。

2）新风量：Ⅰ级手术室$1200m^3/h$，Ⅱ级手术室$1000\ m^3/h$，Ⅲ级手术室$700\ m^3/h$，Ⅳ级手术室$600m^3/h$，ICU、无菌敷料、器械和洁净区走廊均按换气次数为$3h^{-1}$。

（7）净化工程公司的二次深化设计应根据本设计的系统配置及要求进行深化，并经设计核定同意后方可实施。

4. 其他空调系统设计

（1）电梯机房预留单冷分体空调插座。

（2）放射科、检验中心、弱电竖井等设置变制冷剂流量多联式分体空调系统，系统管路计算由专业厂家负责。

（3）信息机房、MR机房设计恒温恒湿空调，信息机房待工艺确定后调整设计，MR

恒温恒湿空调由MR厂家配套提供或由设计根据MR厂家资料选型。

九、通风及防火防排烟系统设计

消防设计要点：楼梯间及前室设置加压送风系统，楼梯间按地上地下分设系统；避难间设置加压送风系统；根据规范要求设置排烟系统及其补风系统；所有防排烟系统、排烟补风系统及其兼用通风系统、排风排烟兼用系统、灭火后排风系统、事故排风系统均纳入消防管理控制。所有防火阀、排烟防火阀、排烟阀、排烟口、排烟风机应经3C认证/消防备案。

1. 防火阀（包括防火阀、排烟防火阀，均为常开）的设置：

(1) 空调、通风管道应在穿越防火分区、通风空调机房、变配电室、消防泵房、信息机房、弱电间（管井）、弱电机房、消防控制中心处设置70℃熔断关闭并反馈关闭信号的防火阀。

(2) 空调、通风管道应在穿越所有设置甲级防火门的房间、重要医疗设备机房（加速器室、CT、MRI、DSA、ECT、PET等）、变形缝的两侧、每层水平风管与竖向风管连接处设置70℃熔断关闭防火阀。

(3) 厨房排油烟风管穿越管井墙、防火墙处设置150℃熔断关闭的防火阀。

(4) 排烟补风管、加压送风管在穿越防火分区处设置70℃熔断关闭防火阀。

(5) 灭火后排风系统应在穿越气体灭火房间处设置“全自动防烟防火阀”，其特点为：常开，70℃熔断关闭，电信号开闭连锁启停风机。火灾时该阀熔断关闭或由控制中心发出电信号关闭，灭火后控制中心发出电信号打开阀门，开启风机排除废气。

(6) 排烟风机入口均设置排烟防火阀，280℃熔断关闭并输出关闭信号，连锁关闭对应的排烟风机。

(7) 排烟风管应在穿越防火分区处、每层水平风管与竖向风管连接处设置280℃熔断关闭排烟防火阀。

2. 净化区域排烟系统采用高气密性排烟阀［压差为1000Pa时，漏风量≤350m^3/(h·m^2)］，排烟口均采用板式排烟口。

3. 变配电室灭火后排风系统与平时排风系统共用，火灾时关闭，灭火后启动排除消防气体。

4. 地下车库设置排风兼排烟系统，同时设置补风系统。

5. 本建筑中长度不超60m有外窗的内走道均采用自然排烟方式，并使设计开启外窗面积大于走道面积2%。

6. 楼梯间的前室及消防电梯的前室、合用前室的加压送风系统每层设加压送风口，当火灾发生时打开着火层及上下相邻层的加压送风口。

7. 楼梯间的加压送风系统每隔2～3层设置百叶送风口（地下每层设置）。

8. 净化空调房间单独设置排风，排风出口设置电动气密阀及F8高中效过滤器。

9. 地下房间、内区房间均设置排风系统，风量按3h^{-1}计算。

10. 病房卫生间均设置排气扇，排风进入竖向风管经屋面排风机排出室外，卫生间排风量按10h^{-1}计算。

11. 病理科、检验科的通风柜、生物安全柜分别设置独立的排风系统，于____屋顶排放。

12. 柴油发电机房、油箱间合用排风系统，油箱间按 $12h^{-1}$设计事故通风，排风机采用防爆风机。

13. 厨房烹饪间设置排油烟排风系统，排风最高允许排放浓度≤2.0mg/m³，油烟净化设施效率≥75%，排风机设置在屋顶。补风量为排风量的80%，补风由新风机组送入，夏季送风温度18℃，冬季送风温度20℃。厨房排油烟排风及补风系统由厨具公司深化完成。

14. 燃气表间按 $6h^{-1}$设计机械排风，按 $12h^{-1}$设计事故通风，排风机采用防爆风机，并与燃气浓度报警装置连锁。

15.（与电气专业确认电池种类）UPS、EPS 电池间的排风系统应与有害气体（氢气）浓度控制器相关联，易燃易爆气体应设置浓度检测连锁事故风机。

十、管材及保温材料说明

1. 通用保温材料性能参数要求

（1）闭泡橡塑：难燃B1级，湿阻因子≥10000，0℃下导热系数≤0.032W/(m·K)，40℃下导热系数≤0.037W/(m·K)，表观密度50～70kg/m³，外覆铝箔。

（2）离心玻璃棉：管壳密度48kg/m³，板材密度60～80kg/m³，20℃下导热系数≤0.036W/(m·K) 0℃下导热系数≤0.033W/(m·K)，外覆铝箔。

2. 供暖系统

（1）供暖管道采用热镀锌钢管。地板辐射供暖系统管道采用____管材，管径DN20，壁厚__mm，管材使用条件等级为__级。

（2）一次侧热源管道均需保温，保温材料采用离心玻璃棉，室内管道保温厚度（室外管道详见动力专业）：供暖管道50≤DN≤100时厚度为40mm，DN≥125时厚度为50mm。二次侧所有敷设在管井、吊顶内及设备层的供暖管道均设计保温，保温材料采用闭泡橡塑，保温厚度：供暖管道DN≤40时厚度为28mm，50≤DN≤125时厚度为32mm，150≤DN≤400时厚度为36mm。

3. 空调水系统

（1）循环水管、冷凝水管均采用热镀锌钢管。

（2）循环水管保温材料采用闭泡橡塑保温材料，保温厚度：管道DN≤50时，厚度为28mm；65≤DN≤150时，厚度为32mm；DN≥200时厚度为36mm。

（3）冷凝水管保温采用闭泡橡塑保温材料，保温厚度为10mm。

（4）空调水管道穿越防火墙处采用50mm厚离心玻璃棉保温。

4. 风管材质

（1）普通空调送回风管、新风管、通风管、防排烟风管均采用镀锌钢板。

（2）病理科、检验科排风系统（P-XX-X）风管采用内衬聚氯乙稀镀锌钢板以防止腐蚀。

（3）净化空调系统采用优质镀锌钢板。

（4）核医学科排风系统（P-XX-X）风管采用内衬聚乙稀镀锌钢板。

5. 风管保温

（1）吊顶内排烟风管均采用高密度离心玻璃棉板保温材料隔热，厚度为35mm。

（2）空调风管采用闭泡橡塑保温材料，厚度为30mm。

(3) 防火隔断、变形缝、防火阀两侧各2m范围内的风管均采用35mm厚离心玻璃棉保温。

十一、自动控制

1. 冷（热）源：

（冷机变流量一级泵）

(1) 冷水泵根据系统末端压差变频调节；制冷机由蒸发器进出口压差传感器计算冷机水流量，并根据供回水温度计算系统负荷，据此调节压缩机转速。

(2) 总供回水管之间设置旁通调节阀，当系统流量低于一台冷机的最小流量时调节旁通阀，旁通阀最大流量为冷机的最小流量。

（冷机定流量一级泵）

(1) 冷水系统采用负荷控制法，根据供回水温差及系统回水流量计算实际负荷，决定循环水泵及冷水机组开启台数。

(2) 分、集水器之间设压差旁通管，可旁通多余水量以保持冷冻机水量的恒定。

（二级泵）

(1) 空调冷水供回水干管设置温度传感器，回水管设置流量传感器，控制器根据计算负荷控制制冷机及相应冷水一次泵、冷却水泵的启停台数。

(2) 冷水二次泵根据各自负责的负荷侧的末端压差变频调节。

(3) 制冷系统启动顺序为冷却水泵→冷却水电动蝶阀→冷水泵→冷水电动蝶阀→制冷机，停机顺序反之。根据冷却水供水温度作分程控制：调节旁通阀开度和对冷却塔风机作运行台数和变频控制。

（热交换站包含在暖通范围内时）：

(4) 换热站设置气候补偿措施，二次热水循环泵根据二次侧供回水压差变频调节转数、控制运行台数；根据二次热水的供水温度调节一次热水回水管上的电动调节阀。

2. 膨胀水箱高低水位信号控制补水泵启停（气压罐压力控制补水泵启停及膨胀管上电磁阀的开闭）。

3. 变制冷剂流量多联式分体空调系统自带控制系统，并提供网络接口可与楼宇控制通信。

4. 风机盘管回水管设电动两通阀，根据室内温度启闭阀门，医疗主街、二次候诊等区域风机盘管采用群控，夜间停用。

5. 空调/新风机组控制：

(1) 新风机组：回水管上设电动调节阀，根据送风温度调节阀门的开度。冬季根据送风相对湿度启闭加湿电动阀。

(2) 空调机组：回水管上设电动调节阀，根据回风温度调节阀门的开度，冬季根据回风湿度调节蒸汽加湿阀的开度。过渡季采用焓值控制法调节新风比，并根据新风阀开度联锁变频调节____排风机，门诊大厅设置CO_2浓度检测，全空气空调机组根据浓度检测值优先调节新风阀确保最低新风量。

6. 地下停车库的送排风机根据车库内的CO浓度进行自动控制台数及启停。

7. 净化空调机组的回水管上设电动调节阀，根据室内的湿度调节冷水阀的开度（冬季调节加湿器）；根据室内温度调节电加热供热量；并设粗效、中效、高效过滤器的超压报警。

8. 净化空调系统排风机与空调送风机连锁，先开送风机，后开排风机，停机顺序反之。

9. 所有空调机、通风机均有远距离启停，就地季节转换及检修开关。

十二、本专业绿色节能设计措施

1. 风机盘管回水管设置电动两通阀、新风/空调机组回水管设置电动调节阀，按需供冷热。

2. 选用制冷机 *COP* 值（国标工况下）分别为：离心机为____，螺杆机为____，分别达到能效等级____级、____级；*IPLV* 值分别为：离心机为____，螺杆机为____，均大于规范要求值。冷机采用环保冷媒____。

（空调冷源采用可变水流量制冷机，制冷机最低流量为额定流量的__%，冷水泵变频运行，节约运行能耗。）

（空调水系统采用二次泵系统，适应不同末端负荷需求，节约空调水循环泵能耗。）

多联式空调（热泵）机组的制冷综合性能系数 *IPLV*（*C*）不低于3.2。

分体式空调机 *COP* 不低于3.4。

3. 空调水系统采用大温差系统，供/回水温度为______℃，节约水泵运行费、减少用材。

4. 空调水泵在设计工况点效率详见设备表，

冷水系统输送能效比 *ECR*=____≤____（计算限值），

热水系统输送能效比 *EHR*−*a*=____≤____（计算限值）。

（换热站设计包含在暖通范围内时，另加一项：）

供暖热水系统输送能效比 *EHR*−*h*=____≤____（计算限值）。

5. 风机单位风量耗功率：空调系统≤____W/（m^3·h），普通机械通风系统≤____W/(m^3·h)，洁净空调≤____W/(m^3·h)。

6. 全空气舒适性空调系统采用焓值控制法调节新风比，最大新风比为100%，联锁屋顶排风机变频调节，节约过渡季制冷能耗。

7. 洁净手术部中Ⅰ、Ⅱ级手术室采用二次回风系统，减少夏季再热量。

8. 护理单元层设置新排风____热回收系统，热回收效率大于60%。

十三、环保措施

1. 厨房烹饪排风经油烟过滤净化装置后高空排放；排放浓度≤2.0mg/m^3，整个厨房区保持微负压，避免串味。

2. 卫生间排风向室外高空排放。

3. 制冷剂采用环保冷媒。

4. 空调机组、新风机组送、回风管及所有送风机、排风机进出风管均设消声器或消声静压箱或消声弯头。

5. 制冷机、水泵、空调机、风机均作减振或隔振处理，减少振动对周围的影响。

6. 水泵、空调和通风设备选型符合环保要求，采用低噪声、低振动型。

7. 设备机房的门、墙、楼板均由建筑专业作隔声、吸声处理，机房采用防火隔声门。地上空调机房考虑隔声、隔振，尤其是裙房屋顶送、排风等设备应采取严格的降噪措施，排风系统尽量做到高位排放，尽量减小对周围环境的影响。

8. 新风采气口与排风口水平距离保持10m以上，以避免进风与排风的短路。

9. 病理科、检验科的通风柜、生物安全柜分别设置独立的排风系统并在屋顶高空排放。

10. 医疗垃圾间排风____________。

11. 核医学高活区排风经活性炭吸附过滤后高空排放。

十四、绿色设计

依据《绿色医院建筑评价标准》GB/T 51153—2015对本项目绿色设计进行分项：

【控制项5.1.3】不采用电热锅炉、电热水器作为直接供暖和空气调节系统的热源。

【评分项5.2.2，3分】对医疗区总空调冷热负荷、净化区分项冷热负荷进行独立计量。

【评分项5.2.3，3分】空调冷热水系统循环水泵的耗电输冷（热）比低于《公共建筑节能设计标准》GB 50189—2015要求限值10%以上。

【评分项5.2.3，3分】空调、通风风道系统的单位风量耗功率低于《公共建筑节能设计标准》GB 50189—2015要求限值10%以上。

【评分项5.2.4，7分】冷水机组和风冷冷水机组选择高效、可靠的产品，制冷效率均满足《公共建筑节能设计标准》GB 50189—2015的要求。离心式冷水机组采用10kV高压供电冷水机组，制冷性能系数大于5.9，螺杆式冷水机组制冷性能系数大于5.6；螺杆式风冷冷水机组制冷性能系数大于3.0。新风空调机组均采用高效节能设备。

【评分项5.2.4，5分】非消防使用的水泵、风机均为符合国家现行标准的节能产品，额定功率2.2kW及以上电机符合现行国家标准《中小型三相异步电动机能效限定值及能效等级》GB 18613的相关要求。

【评分项5.2.6，7分】通风空调设备选择节能产品，并可调节风量或水量以满足部分负荷需求。合理选配空调冷、热源机组台数与容量，制定实施根据负荷变化调节制冷（热）量的控制策略，空调冷源的部分负荷性能符合现行国家标准《公共建筑节能设计标准》GB 50189的规定。

【评分项5.2.8，5分】全空气系统新风量可调，在过渡季节可采用全新风或增大新风比运行；选用多功能风冷热泵机组在制冷同时可回收冷凝热提供生活热水，综合降低建筑能耗10%以上。

【控制项8.1.4】空调房间内的温度、湿度、风速等参数满足《综合医院建筑设计规范》GB 51039—2014相关要求。

【控制项8.1.5】医院建筑内所有人员长期停留的场所均设有新风，新风量满足《综合医院建筑设计规范》GB 51039—2014相关要求。人员密集变化大的区域设CO_2浓度监测装置，可根据人流变化调整新风量。

【评分项8.2.6，5分】风机盘管装电动两通阀及带温控器的三速开关，根据室内温度自动调节并可按室内人员需求独立调节。

【评分项8.2.8，6分】全空气系统回风口和风机盘管回风口设置低阻力高效率的净化杀菌装置。

【评分项8.2.9，5分】医用真空汇设置细菌过滤器或采取其他灭菌消毒措施，排气口排出的气体不影响其他人员工作和生活区域。

【评分项 8.2.10，6 分】舒适性空调新风经过粗效、中效过滤和热湿处理后再送入室内，满足《综合医院建筑设计规范》GB 51039—2014 相关要求。

【评分项 8.2.11，3 分】门诊大厅，住院大厅等人员密度较高且人流变化较大的区域设置 CO_2 浓度监测装置调节新风量。

本项目暖通绿色设计总得分__分。

十五、人防工程

1. 概况

地下二层战时设置5 级急救医院，共设____个防护单元；地下一层战时设置5 级救护站，共设____个防护单元，战时设清洁通风、滤毒通风、隔绝通风三种方式。

本人防工程设有固定电站，人防战时通风设备优先采用电力驱动，根据人防部门要求，送风机采用手摇电动两用风机。

本人防工程地上建筑功能为医院，人防战时空调冷热源与平时合用。

楼层	防护单元编号	层高(m)	室内净高(m)	防护体		最小防护通道	
				面积（m^2）	体积（m^3）	面积（m^2）	体积（m^3）
地下二层	一						
	二						
地下一层	三						
	四						

注：室内净高为防护区内顶板到地面距离。

2. 通风标准

楼层	防护单元编号	掩蔽人数(p)	清洁式通风 [m^3/(h·p)]			滤毒式通风 [m^3/(h·p)]			隔绝防护时间	主要出入口防毒通道换气次数(h^{-1})	隔绝通风 CO_2 允许浓度
			标准	取值	计算风量(m^3/h)	标准	取值	计算风量(m^3/h)			
地下二层	一		≥12	20		≥5	10		≥6h	≥50	≤2.0%
	二		≥12	20		≥5	10		≥6h	≥50	≤2.0%
地下一层	三										
	四										

3. 风量核定

最小滤毒送风量=最小防毒通道换气次数×最小防毒通道容积+4%防护单元体积，计算风量大于按人员计算的滤毒通风量，滤毒风量取值如下表：

楼层	防护单元编号	滤毒风量（m^3/h）		最小防毒通道实际换气次数（h^{-1}）
		计算	取值	
地下二层	一			
	二			
地下一层	三			
	四			

注：表中“取值”通常按“计算”圆整并小于 500 的倍数，例如计算值为 1171m^3/h，可取值为 1300m^3/h。

4. 设备选型

根据清洁、滤毒风量选用，如下表：

楼层	防护单元编号	送风机		过滤吸收器		油网滤尘器	
		型号	台数	型号	台数	型号	台数
地下二层		F270 2		SR78 1000		LWP D	
	二						
地下一层	三						
	四						

5. 隔绝防护时间

$T = 1000V(C - C_0)/(NC_1)$，计算结果如下表：

楼层	防护单元编号	计算参数					计算隔绝时间
		V	C	C_1	C_0	N	T
地下二层	一		2%	25	0.25%		
	二						
地下一层	三						
	四						

防护时间大于6h，不必采取其他措施可满足要求。

6. 系统流程

清洁送风流程：室外进风口→防倒塌风井→防爆波活门→扩散室→过滤器→人防密闭阀→送风机→室内。

滤毒送风流程：室外进风口→防倒塌风井→防爆波活门→扩散室→过滤器→过滤吸收器→人防密闭阀→送风机→室内。

清洁排气流程：第二密闭区排风机→人防密闭阀→风管→扩散室→防倒塌风井→室外排风口，第一密闭区排风机→人防密闭阀→风管→扩散室→防倒塌风井→室外排风口。

滤毒排气流程：清洁区→人防密闭阀→风管→人防密闭阀→防毒通道→检查穿衣→淋浴→超压排气活门→脱衣室→第一密闭区→风管→人防密闭阀→风管→扩散室→防倒塌风井→室外排风口，染毒区→超压排气活门→人防密闭阀→风管→扩散室→防倒塌风井→室外排风口。

人防送风系统原理图、口部通风原理图详见图xxx。

7. 平战转换措施

风管穿墙处均预埋密闭钢管，电动风机、过滤器、过滤吸收器战时安装，风管平战合用。

8. 风管材质

设置在染毒区的进排风管，应采用3mm厚的钢板焊接成型，其余区域风管壁厚不应小于1.0mm。设置在染毒区的风管按0.5%的坡度坡向室外。

9. 防火阀设单独支、吊架；人防风管、保温材料、消声、过滤、胶粘剂应采用不燃材料；凡未说明处参见相关规范。

10. 附 预埋密闭管尺寸表（mm）

公称直径	DN200	DN300	DN400	DN500	DN600	DN800	DN1000
外径	215	315	441	560	666	870	1090
壁厚	3						

预埋密闭管做法详见 07FK02 P48。气密测量管详图见 07FK02 P60。

十六、装修设计相关注意事项

精装设计单位可在设计图中对风口位置进行不大于 300mm 的微调，如需改变风口大小、形式，应经主体设计单位同意方可实施。

十七、家具及医用设备仪器配置相关注意事项

1. 凡是配置通风柜、生物安全柜、超净台的房间，室内送风口应根据通风柜/生物安全柜/超净台安装位置而调整，避免送风气流影响这些设备的正常使用。

2. 提请建设方与生物安全柜采购方协调：购买生物安全柜（ⅡA2 等）时，应将安全柜厂商配套的排气罩等附件列入采购清单。

附　　录

附录A　医疗机构分类

国家卫计委（本书出版时已改称卫健委）2017年2月修改的《医疗机构管理条例实施细则》第三条对医疗机构分为十四类，具体如下：

（一）综合医院、中医医院、中西医结合医院、民族医医院、专科医院、康复医院；

（二）妇幼保健院、妇幼保健计划生育服务中心；

（三）社区卫生服务中心、社区卫生服务站；

（四）中心卫生院、乡（镇）卫生院、街道卫生院；

（五）疗养院；

（六）综合门诊部、专科门诊部、中医门诊部、中西医结合门诊部、民族医门诊部；

（七）诊所、中医诊所、民族医诊所、卫生所、医务室、卫生保健所、卫生站；

（八）村卫生室（所）；

（九）急救中心、急救站；

（十）临床检验中心；

（十一）专科疾病防治院、专科疾病防治所、专科疾病防治站；

（十二）护理院、护理站；

（十三）医学检验实验室、病理诊断中心、医学影像诊断中心、血液透析中心、安宁疗护中心；

（十四）其他诊疗机构。

附录B 《普通高等学校本科专业目录（2012年）》的医学专业目录和《学科分类与代码》GB/T 13745—2009的医学学科分类目录

普通高等学校本科专业目录（2012年） 表B-1

医学专业类		医学专业	
代码	名称	代码	名　　称
1001	基础医学类	100101K	基础医学
1002	临床医学类	100201K	临床医学
		100202TK	麻醉学
		100203TK	医学影像学
		100204TK	眼视光医学
		100205TK	精神医学
		100206TK	放射医学
1003	口腔医学类	100301K	口腔医学
1004	公共卫生与预防医学类	100401K	预防医学
		100402	食品卫生与营养学（注：授予理学学士学位）
		100403TK	妇幼保健医学
		100404TK	卫生监督
		100405TK	全球健康学（注：授予理学学士学位）
1005	中医学类	100501K	中医学
		100502K	针灸推拿学
		100503K	藏医学
		100504K	蒙医学
		100505K	维医学
		100506K	壮医学
		100507K	哈医学
1006	中西医结合类	100601K	中西医临床医学
1007	药学类	100701	药学（注：授予理学学士学位）
		100702	药物制剂（注：授予理学学士学位）
		100703TK	临床药学（注：授予理学学士学位）
		100704T	药事管理（注：授予理学学士学位）
		100705T	药物分析（注：授予理学学士学位）
		100706T	药物化学（注：授予理学学士学位）
		100707T	海洋药学（注：授予理学学士学位）

续表

医学专业类		医学专业	
代码	名称	代码	名 称
1008	中药学类	100801	中药学（注：授予理学学士学位）
		100802	中药资源与开发（注：授予理学学士学位）
		100803T	藏药学（注：授予理学学士学位）
		100804T	蒙药学（注：授予理学学士学位）
		100805T	中药制药（注：可授理学或工学学士学位）
		100806T	中草药栽培与鉴定（注：授予理学学士学位）
1009	法医学类	100901K	法医学
1010	医学技术类	101001	医学检验技术（注：授予理学学士学位）
		101002	医学实验技术（注：授予理学学士学位）
		101003	医学影像技术（注：授予理学学士学位）
		101004	眼视光学（注：授予理学学士学位）
		101005	康复治疗学（注：授予理学学士学位）
		101006	口腔医学技术（注：授予理学学士学位）
		101007	卫生检验与检疫（注：授予理学学士学位）
		101008T	听力与言语康复学
1011	护理学类	101101	护理学（注：授予理学学士学位）

《学科分类与代码》GB/T 13745—2009 **表 B-2**

一级学科		二级学科		三级学科	
代码	名称	代码	名称	代码	名 称
310	基础医学	31010	医学史		
		31011	医学生物化学		
		31014	人体解剖学	3101410	系统解剖学
				3101420	局部解剖学
				3101499	人体解剖学其他学科
		31017	医学细胞生物学		
		31021	人体生理学		
		31024	人体组织胚胎学		
		31027	医学遗传学		
		31031	放射医学		
		31034	人体免疫学		
		31037	医学寄生虫学	3103710	医学寄生虫免疫学
				3103720	医学昆虫学
				3103730	医学蠕虫学
				3103740	医学原虫学
				3103799	医学寄生虫学其他学科

续表

一级学科		二级学科		三级学科	
代码	名称	代码	名称	代码	名　称
310	基础医学	31041	医学微生物学 医学病毒学		
		31044	病理学	3104410	病理生物学
				3104420	病理解剖学
				3104430	病理生理学
				3104440	免疫病理学
				3104450	实验病理学
				3104460	比较病理学
				3104470	系统病理学
				3104480	环境病理学
				3104485	分子病理学
				3104499	病理学其他学科
		31047	药理学	3104710	基础药理学
				3104720	临床药理学
				3104730	生化药理学
				3104740	分子药理学
				3104750	免疫药理学
				3104799	药理学其他学科
		31051	医学实验动物学 医学心理学		
		31057	医学统计学		
		31099	基础医学其他学科		
320	临床医学	32011	临床诊断学	3201110	症状诊断学
				3201120	物理诊断学
				3201130	机能诊断学
				3201140	医学影像学
				3201150	临床放射学
				3201160	实验诊断学
				3201199	临床诊断学其他学科
		32014	保健医学	3201410	康复医学
				3201420	运动医学
				3201430	老年医学
				3201499	保健医学其他学科
		32017	理疗学		

续表

一级学科		二级学科		三级学科	
代码	名称	代码	名称	代码	名　称
320	临床医学	32021	麻醉学	3202110	麻醉生理学
				3202120	麻醉药理学
				3202130	麻醉应用解剖学
				3202199	麻醉学其他学科
		32024	内科学	3202410	心血管病学
				3202415	呼吸病学
				3202420	结核病学
				3202425	消化病学
				3202430	血液病学
				3202435	肾脏病学
				3202440	内分泌病学与代谢病学
				3202445	风湿病学与自体免疫病学
				3202450	变态反应学
				3202455	感染性疾病学
				3202499	内科学其他学科
		32027	外科学	3202710	普通外科学
				3202715	显微外科学
				3202720	神经外科学
				3202725	颅脑外科学
				3202730	胸外科学
				3202735	心血管外科学
				3202740	泌尿外科学
				3202745	骨外科学
				3202750	烧伤外科学
				3202755	整形外科学
				3202760	器官移植外科学
				3202765	实验外科学
				3202770	小儿外科学
				3202799	外科学其他学科
		32031	妇产科学	3203110	妇科学
				3203120	产科学
				3203130	围产医学
				3203140	助产学
				3203150	胎儿学
				3203160	妇科产科手术学
				3203199	妇产科学其他学科

续表

一级学科		二级学科		三级学科	
代码	名称	代码	名称	代码	名称
320	临床医学	32032	输血医学	3203210	基础输血学
				3203215	献血服务学
				3203220	输血技术学
				3203225	临床输血学
				3203230	输血管理学
				3203299	输血医学其他学科
		32034	儿科学 小儿外科学	3203410	小儿内科学
				3203499	儿科学其他学科
		32037	眼科学		
		32041	耳鼻咽喉科学		
		32044	口腔医学	3204410	口腔解剖生理学
				3204415	口腔组织学与口腔病理学
				3204420	口腔材料学
				3204425	口腔影像诊断学
				3204430	口腔内科学
				3204435	口腔颌面外科学
				3204440	口腔矫形学
				3204445	口腔正畸学
				3204450	口腔病预防学
				3204499	口腔医学其他学科
		32047	皮肤病学		
		32051	性医学		
		32054	神经病学		
		32057	精神病学		
		32061	急诊医学		
		32064	核医学		
		32067	肿瘤学	3206710	肿瘤免疫学
				3206720	肿瘤病因学
				3206730	肿瘤病理学
				3206740	肿瘤诊断学
				3206750	肿瘤治疗学
				3206760	肿瘤预防学
				3206770	实验肿瘤学
				3206799	肿瘤学其他学科

续表

一级学科		二级学科		三级学科	
代码	名称	代码	名称	代码	名称
320	临床医学	32071	护理学	3207110	基础护理学
				3207120	专科护理学
				3207130	特殊护理学
				3207140	护理心理学
				3207150	护理伦理学
				3207160	护理管理学
				3207199	护理学其他学科
		32099	临床医学其他学科		
330	预防医学与公共卫生学	33011	营养学		
		33014	毒理学		
		33017	消毒学		
		33021	流行病学		
		33027	媒介生物控制学		
		33031	环境医学		
		33034	职业病学		
		33035	热带医学		
		33037	地方病学		
		33041	社会医学		
		33044	卫生检验学		
		33047	食品卫生学		
		33051	儿少与学校卫生学		
		33054	妇幼卫生学		
		33057	环境卫生学		
		33061	劳动卫生学		
		33064	放射卫生学		
		33067	卫生工程学		
		33071	卫生经济学		
		33072	卫生统计学计划生育学		
		33074	优生学		
		33077	健康促进与健康教育学		
		33081	卫生管理学	3308110	卫生监督学
				3308120	卫生政策学、卫生法学
				3308130	卫生信息管理学
				3308199	卫生管理学其他学科
		33099	预防医学与公共卫生学其他学科		

续表

一级学科		二级学科		三级学科	
代码	名称	代码	名称	代码	名　　称
340	军事医学与特种医学	34010	军事医学	3401010	野战外科学和创伤外科学
				3401015	军队流行病学
				3401020	军事环境医学
				3401025	军队卫生学
				3401030	军队卫生装备学
				3401035	军事人机工效学
				3401040	核武器医学防护学
				3401045	化学武器医学防护学
				3401050	生物武器医学防护学
				3401055	激光与微波医学防护学
				3401099	军事医学其他学科
		34020	特种医学	3402010	航空航天医学
				3402020	潜水医学
				3402030	航海医学
				3402040	法医学
				3402050	高压氧医学
				3402099	特种医学其他学科
		34099	军事医学与特种医学其他学科		
350	药学	35010	药物化学		
		35020	生物药物学		
		35025	微生物药物学		
		35030	放射性药物学		
		35035	药剂学		
		35040	药效学 医药工程		
		35045	药物管理学		
		35050	药物统计学		
		35099	药学其他学科		
360	中医学与中药学	36010	中医学	3601011	中医基础理论
				3601014	中医诊断学
				3601017	中医内科学
				3601021	中医外科学
				3601024	中医骨伤科学
				3601027	中医妇科学

续表

一级学科		二级学科		三级学科	
代码	名称	代码	名称	代码	名　称
360	中医学与中药学	36010	中医学	3601031	中医儿科学
				3601034	中医眼科学
				3601037	中医耳鼻咽喉科学
				3601041	中医口腔科学
				3601044	中医老年病学
				3601047	针灸学
				3601051	按摩推拿学
				3601054	中医养生康复学
				3601057	中医护理学
				3601061	中医食疗学
				3601064	方剂学
				3601067	中医文献学
				3601099	中医学其他学科
		36020	民族医学	3602010	藏医药学
				3602020	蒙医药学
				3602030	维吾尔医药学
				3602040	民族草药学
				3602099	民族医学其他学科
		36030	中西医结合医学	3603010	中西医结合基础医学
				3603020	中西医结合医学导论
				3603030	中西医结合预防医学
				3603040	中西医结合临床医学
				3603050	中西医结合护理学
				3603060	中西医结合康复医学
				3603070	中西医结合养生保健医学
				3603099	中西医结合医学其他学科
		36040	中药学	3604010	中药化学
				3604015	中药药理学
				3604020	本草学
				3604025	药用植物学
				3604030	中药鉴定学
				3604035	中药炮制学
				3604040	中药药剂学
				3604045	中药资源学
				3604050	中药管理学
				3604099	中药学其他学科
		36099	中医学与中药学其他学科		

注：已按国家标准化管理委员会批准自 2016 年 7 月 30 日起实施的第 2 号修改单修改补充。

附录C 风阀泄漏量计算

此计算方法根据《核空气和气体处理规范 通风、空调与空气净化 第2部分：风阀》NB/T20039.2—2014整理而得。

风阀在250Pa压差下所允许的最大阀座泄漏量［$m^3/(m^2 \cdot h)$］				
风阀叶片长度或直径（mm）	泄露等级①（零泄漏）	Ⅰ级泄露②（低泄漏）	Ⅱ级泄露（中等泄漏）	Ⅲ级泄露（正常泄漏）
≤305	气泡法	18.3	274.2	1096.8
≤610	气泡法	18.3	182.8	731.2
≤915	气泡法	18.3	146.2	585.0
≤1220	气泡法	18.3	146.2	585.0
≤1525	气泡法	18.3	109.7	493.5
≤1830	气泡法	18.3	91.4	456.0

① 零泄漏是按本部分的风阀泄漏试验的气泡法进行，泄漏量应为零。

② 若计算总泄漏量小于1.7m^3/h，按1.7m^3/h取值。

注：阀座最大允许泄漏量＝表中各级泄漏量数值·风阀面积·（风阀叶片压差/250)$^{0.5}$。

计算示例：新风量为5000m^3/h，新风引入管800mm×400mm（h），阀门面积＝0.8×0.4＝0.32m^2，按Ⅱ级泄露量计算，查表为146.2$m^3/(m^2 \cdot h)$。阀压差：

（1）东南沿海台风经常登陆地区：按强热带风暴等级风速约30m/s计算，大约可对关闭状态的阀门形成540Pa压强，则：

阀座最大允许泄漏量＝146.2×0.32×(540/250)$^{0.5}$＝68.8m^3/h。

泄漏率为68.8/5000＝1.4%，因此可按《风阀选用与安装》07K120中泄漏率0.5%作为设计文件对新风电动风阀的性能要求。

（2）北方冬季大风地区：按较不利情况7级风约15m/s计算，大约可对关闭状态的阀门形成130Pa压强，则：

阀座最大允许泄漏量＝146.2×0.32×(130/250)$^{0.5}$＝33.7m^3/h。

泄漏率为33.7/5000＝0.67%，因此可按《风阀选用与安装》07K120中泄漏率0.5%作为设计文件对新风电动风阀的性能要求。

（3）内陆地区：按风速3m/s计算，大约可对关闭状态的阀门形成6Pa压强，则：

阀座最大允许泄漏量＝146.2×0.32×(6/250)$^{0.5}$＝7.2m^3/h。

泄漏率为7.2/5000＝0.14%，小于《风阀选用与安装》07K120中泄漏率0.5%，因此应按本计算结果对新风电动风阀提出性能要求。

附录D ASHRAE 170—2017 医院室内设计参数

Function of Space		Pressure Relationship to Adjacent Areas	Minimum Outdoor ach	Minimum Total ach	All Room Air Exhausted Directly to Outdoors	Air Recirculated by Means of Room Units	Design Relative Humidity, %	Design Temperature, ℃
房间功能		相对邻室压力[14]	最小新风换气次数 (h^{-1})	最小总换气次数 (h^{-1})	直排[10]	室内循环[1]	相对湿度[11] (%)	温度[12] (℃)
SURGERY AND CRITICAL CARE	外科与危重监护							
Critical and intensive care	危重监护室	NR	2	6	NR	No	30～60	21～24
Delivery room (Caesarean)	剖腹产房[13][15]	P	4	20	NR	No	20～60	20～24
Emergency department decontamination	急诊污洗间	N	2	12	Yes	No	NR	NR
Emergency department exam/treatment room	急诊检查治疗间[16]	NR	2	6	NR	NR	≦60	21～24
Emergency department public waiting area	急诊等候区	N	2	12	Yes[17]	NR	≦65	21～24
Intermediate care	中级护理室[19]	NR	2	6	NR	NR	≦60	21～24
Laser eye room	眼科激光治疗室	P	3	15	NR	No	20～60	21～24
Medical/anesthesia gas storage	医气、麻醉气瓶间[18]	N	NR	8	Yes	NR	NR	NR

续表

Function of Space		Pressure Relationship to Adjacent Areas	Minimum Outdoor ach	Minimum Total ach	All Room Air Exhausted Directly to Outdoors	Air Recirculated by Means of Room Units	Design Relative Humidity, %	Design Temperature, ℃
房间功能		相对邻室压力[14]	最小新风换气次数（h^{-1}）	最小总换气次数（h^{-1}）	直排[10]	室内循环[1]	相对湿度[11]（%）	温度[12]（℃）
Newborn intensive care	新生儿集中护理	P	2	6	NR	No	30～60	22～26
Operating room	手术室[13,15]	P	4	20	NR	No	20～60	20～24
Operating/surgical cystoscopic rooms	膀胱镜手术室[13,15]	P	4	20	NR	No	20～60	20～24
Procedure room	治疗室[16,4]	P	3	15	NR	No	20～60	21～24
Radiology waiting rooms	放射等候区	N	2	12	Yes[17,23]	NR	≦60	21～24
Recovery room	恢复室	NR	2	6	NR	No	20～60	21～24
Substerile service area	亚无菌服务区	NR	2	6	NR	No	NR	NR
Trauma room (crisis or shock)	创伤治疗室（危急或休克）[3]	P	3	15	NR	No	20～60	21～24
Treatment room	处置室[16]	NR	2	6	NR	NR	20～60	21～24
Triage	分诊	N	2	12	Yes[17]	NR	≦60	21～24
Wound intensive care (burn unit)	外伤集中护理（烧伤）	NR	2	6	NR	No	40～60	21～24
INPATIENT NURSING	住院护理							
AII anteroom	AII 前室[21]	⑤	NR	10	Yes	No	NR	NR
AII room	AII 病房[21]	N	2	12	Yes	No	≦60	21～24

续表

Function of Space		Pressure Relationship to Adjacent Areas	Minimum Outdoor ach	Minimum Total ach	All Room Air Exhausted Directly to Outdoors	Air Recirculated by Means of Room Units	Design Relative Humidity, %	Design Temperature, ℃
房间功能		相对邻室压力[14]	最小新风换气次数 (h^{-1})	最小总换气次数 (h^{-1})	直排[10]	室内循环[1]	相对湿度[11] (%)	温度[12] (℃)
Combination AII/PE anteroom	AII/PE组合房的前室	⑤	NR	10	Yes	No	NR	NR
Combination AII/PE room	AII/PE组合房	P	2	12	Yes	No	≦60	21～24
Continued care nursery	长时间婴儿护理	N/R	2	6	N/R	No	30～60	22～26
Labor/delivery/recovery (LDR)	产前、分娩、康复[19]	NR	2	6	NR	NR	≦60	21～24
Labor/delivery/recovery/postpartum (LDRP)	产前、分娩、康复、产后[19]	NR	2	6	NR	NR	≦60	21～24
Newborn nursery suite	新生儿护理套间	NR	2	6	NR	No	30～60	22～26
Nourishment area or room	营养品操作区	NR	NR	2	NR	NR	NR	NR
Patient corridor	病人走廊	NR	NR	2	NR	NR	NR	NR
Patient room	病房	NR	2	4[25]	NR	NR	≦60	21～24
PE anteroom	PE前室[20]	⑤	NR	10	NR	No	NR	NR
Protective environment room	PE室[20]	P	2	12	NR	No	≦60	21～24
Toilet room	卫生间	N	NR	10	Yes	No	NR	NR
NURSING FACILITY	护理设施							
Bathing room	浴室	N	NR	10	Yes	No	NR	21～24

续表

Function of Space		Pressure Relationship to Adjacent Areas	Minimum Outdoor ach	Minimum Total ach	All Room Air Exhausted Directly to Outdoors	Air Recirculated by Means of Room Units	Design Relative Humidity, %	Design Temperature, ℃
房间功能		相对邻室压力[14]	最小新风换气次数（h^{-1}）	最小总换气次数（h^{-1}）	直排[10]	室内循环[1]	相对湿度[11]（%）	温度[12]（℃）
Occupational therapy	职业治疗	NR	2	6	NR	NR	NR	21～24
Physical therapy	物理治疗	N	2	6	NR	NR	NR	21～24
Resident gathering/activity/dining	交流、活动室、餐厅	NR	4	4	NR	NR	NR	21～24
Resident room	卧室	NR	2	2	NR	NR	NR	21～24
Resident unit corridor	套间过道	NR	NR	4	NR	NR	NR	NR
RADIOLOGY	放射							
Darkroom	暗室[7]	N	2	10	Yes	No	NR	NR
X-ray (diagnostic and treatment)	X 射线（诊断和治疗）	NR	2	6	NR	NR	≦60	22～26
X-ray (surgery/critical care and catheterization)	X 射线（外科、危重、导管）	P	3	15	NR	No	≦60	21～24
DIAGNOSTIC AND TREATMENT	诊断和治疗							
Autopsy room	尸体解剖室	N	2	12	Yes	No	NR	20～24
Bronchoscopy, sputum collection, and pentamidine administration	支气管镜，痰液收集，戊烷脒管理	N	2	12	Yes	No	NR	20～23
Dialysis treatment area	透析治疗区	NR	2	6	NR	NR	NR	22～26

续表

Function of Space		Pressure Relationship to Adjacent Areas	Minimum Outdoor ach	Minimum Total ach	All Room Air Exhausted Directly to Outdoors	Air Recirculated by Means of Room Units	Design Relative Humidity, %	Design Temperature, ℃
房间功能		相对邻室压力[14]	最小新风换气次数（h^{-1}）	最小总换气次数（h^{-1}）	直排[10]	室内循环[1]	相对湿度[11]（%）	温度[12]（℃）
Dialyzer reprocessing room	透析器处理室	NR	NR	10	Yes	No	NR	NR
ECT procedure room	电休克治疗间	NR	2	4	NR	NR	≤60	22～26
Endoscope cleaning	内窥镜清洗	N	2	10	Yes	No	NR	NR
Gastrointestinal endoscopy procedure room	胃肠内镜治疗室[24]	NR	2	6	NR	No	20～60	20～23
General examination room	普通检查室	NR	2	4	NR	NR	≤60	21～24
Hydrotherapy	水疗	N	2	6	NR	NR	NR	22～27
Laboratory work area, bacteriology	细菌实验工作区[6,22]	N	2	6	Yes	NR	NR	21～24
Laboratory work area, biochemistry	生化实验工作区[6,22]	N	2	6	Yes	NR	NR	21～24
Laboratory work area, cytology	细胞学实验工作区[6,22]	N	2	6	Yes	NR	NR	21～24
Laboratory work area, general	普通实验工作区[6,22]	N	2	6	MR	NR	NR	21～24
Laboratory work area, glasswashing	玻璃用具清洗[6]	N	2	10	Yes	NR	NR	NR
Laboratory work area, histology	组织学实验工作区[6,22]	N	2	6	Yes	NR	NR	21～24
Laboratory work area, media transfer	培养基实验区[6,22]	P	2	4	NR	NR	NR	21～24
Laboratory work area, microbiology	微生物实验工作区[6,22]	N	2	6	Yes	NR	NR	21～24
Laboratory work area, nuclear medicine	核医学实验工作区[6,22]	N	2	6	Yes	NR	NR	21～24
Laboratory work area, pathology	病理学实验工作区[6,22]	N	2	6	Yes	NR	NR	21～24
Laboratory work area, serology	血清学实验工作区[6,22]	N	2	6	Yes	NR	NR	21～24

续表

Function of Space		Pressure Relationship to Adjacent Areas	Minimum Outdoor ach	Minimum Total ach	All Room Air Exhausted Directly to Outdoors	Air Recirculated by Means of Room Units	Design Relative Humidity, %	Design Temperature, ℃
房间功能		相对邻室压力⑭	最小新风换气次数 (h^{-1})	最小总换气次数 (h^{-1})	直排⑩	室内循环①	相对湿度⑪ (%)	温度⑫ (℃)
Laboratory work area, sterilizing	灭菌室⑥	N	2	10	Yes	NR	NR	21～24
Medication room	药物治疗室	NR	2	4	NR	NR	≤60	21～24
Nonrefrigerated body-holding room	非冷冻停尸房⑧	N	NR	10	Yes	No	NR	21～24
Nuclear medicine hot lab	核医学热室	N	NR	6	Yes	No	NR	21～24
Nuclear medicine treatment room	核医学治疗室	N	2	6	Yes	NR	NR	21～24
Pharmacy	药房②	P	2	4	NR	NR	NR	NR
Physical therapy	物理治疗	N	2	6	NR	NR	≤60	22～27
Special examination room	特殊检查室㉗	NR	2	6	NR	NR	≤60	21～24
Treatment room	治疗室	NR	2	6	NR	NR	≤60	21～24
STERILIZING	灭菌							
Sterilizer equipment room	灭菌器设备间	N	NR	10	Yes	No	NR	NR
STERILE PROCESSING DEPARTMENT	消毒灭菌处理部㉕							
Clean workroom	清洁区	P	2	4	NR	No	≤60	20～23
Decontamination room	去污区	N	2	6	Yes	No	NR	16～23
Sterile storage room	无菌存放	P	2	4	NR	NR	≤60	≤24
SERVICE	服务							
Bathroom	浴室	N	NR	10	Yes	No	NR	22～26
Bedpan room	便盆室	N	NR	10	Yes	No	NR	NR
Clean linen storage	干净布料库	P	NR	2	NR	NR	NR	22～26
Dietary storage	规定饮食(营养餐)暂存间	NR	NR	2	NR	No	NR	22～26

续表

Function of Space		Pressure Relationship to Adjacent Areas	Minimum Outdoor ach	Minimum Total ach	All Room Air Exhausted Directly to Outdoors	Air Recirculated by Means of Room Units	Design Relative Humidity, %	Design Temperature, ℃
房间功能		相对邻室压力[14]	最小新风换气次数（h^{-1}）	最小总换气次数（h^{-1}）	直排[10]	室内循环[1]	相对湿度[1]（%）	温度[12]（℃）
Food preparation center	食物准备中心[9]	NR	2	10	NR	No	NR	22～26
Janitor's closet	门房	N	NR	10	Yes	No	NR	NR
Laundry, general	普通洗衣房	N	2	10	Yes	No	NR	NR
Linen and trash chute room	被服回收室	N	NR	10	Yes	No	NR	NR
Soiled linen sorting and storage	污衣分类、存放	N	NR	10	Yes	No	NR	NR
Warewashing	餐具清洗	N	NR	10	Yes	No	NR	NR
SUPPORT SPACE	支持区域							
Clean workroom or clean holding	清洁区	P	2	4	NR	NR	NR	NR
Hazardous material storage	危险品库	N	2	10	Yes	No	NR	NR
Soiled workroom or soiled holding	污染区、污物区	N	2	10	Yes	No	NR	NR

① 除表中注明“NO”之外，允许采用带冷热盘管的房间空调单元，且其风量可计为房间最小换气次数的一部分，由于难以清洁和潜在的聚集污染（的可能），在标有“NO”的地方不得使用房间空调单元。在已建成系统中，允许带高效过滤器（HEPA）过滤的循环装置作为临时补充措施，以满足对空气中传染性病原体的环境控制要求。不论便携式还是固定式的系统，设计应防止气流短路，这些系统的设计也要考虑到便于进行日常预防性维修清洁。

② 药房配制区可能会有增加的风量变化、不同的压力、过滤要求，这些会超出本表的最小值，这取决于药品的类型、监管要求（可能包括采用 USP－797）、工作风险的关联程度，以及空间中使用的设备。

③ 这里使用的“创伤室”这一术语是指急救室和/或急诊室，用于普通的事故受害者的初步治疗。该标准认为在创伤中心的手术室通常用于急诊外科手术。

④ 房间无人时不需要维持压力关系。

⑤ 见 ASHRAE 170—2017 7.2 节（按本书第 6.2.2 节及第 7 章）中压力关系要求。

⑥ 当实验程序需求和实验工作区内潜在危害程度有要求时，使用高于表中总换气量的更高通风量。当实验室危害评估作为有效“实验通风管理计划”的一部分执行时，允许采用低于总换气量的通风量。《美国国家实验室通风标准》确定：（1）采用低于本表的最小通风率也可以得到实验工作区域的可接受的暴露浓度，（2）按照 ASHRAE Handbook－HVAC 应用程序第 16 章“实验室”所描述的中，使用主动检测污染物或合适的替代物的需求控制方法。

⑦ 如果暗室设备附带有清除排气管道，并且符合关于 NIOSH、OSHA 和当地员工暴露极限的通风标准，则可以不全排。

⑧ 非冷冻停尸房只适用于不进行现场尸检，只是尸体转移前的短期保存的设施。

⑨ 最小换气量（ACH）应该满足 ANSI/ASHRAE Standard 154 的规定，为厨房排风系统提供适当的补风。在某些情况下，出口走廊的过度渗漏会破坏 NFPA 90A 的限制，即 NFPA 96 的压力要求或表中定义的最大值。在操作过程中，当空间不使用时，对气味控制所要求的风量，允许任何程度的减少。

⑩ 在一些存在潜在污染和/或气味问题的区域，排风必须直接排除室外且不得循环到其他区域，个别情形下可能会要求特别关注排出室外的空气，为满足排风需求，在系统运行时，需要由室外引入持续的置换空气。

⑪ 表中所列相对湿度是指空间设计温度范围内允许的最大和/或最小值。

⑫ 正常工作时，系统应当能维持房间在一定范围内，当病人舒适和/或医疗条件要求时，允许低点或高点的温度。

⑬ 美国职业安全与健康研究所（National Institute for Occupational Safety and Health，NIOSH）关于麻醉废气职业暴露和氮氧化物职业暴露控制的标准文件表明：使用气体的空间，应当设置就地和区域两套排风系统。其他要求参考 NFPA99。

⑭ 如果安装了压力监控报警装置，应考虑防止误报扰民。应当允许如房门移动或临时打开这些短时间超出压力关系的要求。对空气流动方向进行验证时，应允许简单的视觉方法，如烟雾轨迹、球管、或飘带等。

⑮ 外科医生或外科手术可能会要求超出最小指定范围的室内温度、通风率、湿度范围和/或气流组织。

⑯ 使用支气管镜检查的治疗间应视为支气管镜室，使用一氧化二氮的治疗间应有麻醉废气排放系统的规定。

⑰ 应当允许使用 HEPA 过滤器的循环系统代替全排风系统，前提是回风必须经过 HEPA 过滤器后再将其引入任何其他空间。循环的整个最小换气量的空气应通过 HEPA 过滤器。当这些区域对较大的非等待空间开放时，排气量应根据等候区的座位区计算。

⑱ 更多要求详见 NFPA99。

⑲ 对于中级护理、待产/分娩/恢复室、待产/分娩/恢复室/产后室，使用辅助加热和/或冷却系统（辐射加热和冷却、脚板加热等）时，允许总换气次数降为 $4h^{-1}$。

⑳ 保护性环境气流设计规范保护患者免受常见环境空气传播感染性微生物（即曲霉属真菌孢子）。允许再循环高效空气过滤器增加等效室内空气交换量；然而，室外换气仍然是必要的。为了保护环境的通风，需要恒定体积的气流。如果保护性环境（PE）房间用作普通病房，则相邻区域的压力关系应保持不变。不允许为了在保护性环境和其它功能之间切换而在 PE 室设置有可逆气流装置。

㉑ ASHRAE 170—2017 描述 AII 房间的用于隔离在空气中传播的传染病，如麻疹、水痘或结核病。在 AII 房间内允许使用高效空气过滤器再循环装置，以增加等量的空气换气次数；但是，本表的室外换气要求还是必要的。从标准病房改造而来的 AII 房间（从标准病房直接排到室外是不现实的），只要空气首先通过高效空气过滤器，可以与来自 AII 房间的空气一起循环。当 AII 室不用于空气传播感染隔离时，关上门测量相邻区域的压力关系应保持不变，最小总换气量为 $6h^{-1}$。

㉒ 根据实验室工艺或设备要求，允许温度范围超出。

㉓ 只要求：呼吸道疾病放射诊断等候区全室空气直排室外。

㉔ 如果计划空间组织的运营计划中指定用于支气管镜检查和胃肠道内窥镜，应当使用“支气管镜检查、痰收集和戊烷脒（一种肌肉注射药）管理”设计参数。

㉕ 对于使用 D 型分布器的单床病房，换气次数应至少 6 次，并根据从成品地板到 1.83m 的容积计算。（笔者注：D 型分布器是指送风口在房间下部以水平送风方式送风）。

㉖ 更多资料参见 AAMI 标准 ST79。

㉗ 为胃肠道、呼吸道或皮肤症状未确诊的患者设置的检查室。

笔者注：1. SURGERY AND CRITICAL CARE 中 Triage（分诊）的作用在于明确病情轻重，急重的先救治，稍轻的后治。

2. AII＝Airborne Infection Isolation，空气传染隔离，是指对通过空气传播的粒径小于 5μm 的病人传染微生物的隔离。

3. PE room＝Protective Environment room，保护性环境房间，根据 ASHRAE 170—2017 设计的房间，旨在保护高危免疫缺陷患者免受他人和环境空气传播病原体的伤害。

4. AII/PE 组合房间用于患有空气传染疾病的免疫缺陷患者，既保护病人又隔离其环境空气，保护周边环境。

附录 E　ASHRAE 62.1—2016 人员呼吸区最小通风量

新风量 V_{bz}=人数・R_p+净面积・R_a

房间功能		人员新风量指标		面积新风量指标		通用（default）人员数据		
		R_p		R_a		人员密度	新风量指标	
		L/(s・p)	m³/(h・p)	L/(s・m²)	m³/(h・m²)	p/m²	L/(s・p)	m³/(h・p)
监狱	牢房	2.5	9	0.6	2.16	0.25	4.9	17.64
	娱乐室	2.5	9	0.3	1.08	0.3	3.5	12.6
	警卫室	2.5	9	0.3	1.08	0.15	4.5	16.2
	预约/等候	3.8	13.68	0.3	1.08	0.5	4.4	15.84
教育机构	日托（4岁以上）	5	18	0.9	3.24	0.25	8.6	30.96
	日托病房	5	18	0.9	3.24	0.25	8.6	30.96
	教室（5~8岁）	5	18	0.6	2.16	0.25	7.4	26.64
	教室（9岁以上）	5	18	0.6	2.16	0.35	6.7	24.12
	演讲教室	3.8	13.68	0.3	1.08	0.65	4.3	15.48
	报告厅/阶梯教室（固定座椅）	3.8	13.68	0.3	1.08	1.5	4	14.4
	艺术教室	5	18	0.9	3.24	0.2	9.5	34.2
	科学实验室	5	18	0.9	3.24	0.25	8.6	30.96
	大学实验室	5	18	0.9	3.24	0.25	8.6	30.96
	木材金属店	5	18	0.9	3.24	0.2	9.5	34.2
	计算机实验室	5	18	0.6	2.16	0.25	7.4	26.64
	媒体中心	5	18	0.6	2.16	0.25	7.4	26.64
	音乐戏剧舞蹈	5	18	0.3	1.08	0.35	5.9	21.24
	多功能集会	3.8	13.68	0.3	1.08	1	4.1	14.76
餐饮服务	饭店餐厅	3.8	13.68	0.9	3.24	0.7	5.1	18.36
	自助/快餐厅	3.8	13.68	0.9	3.24	1	4.7	16.92
	酒吧/鸡尾酒餐厅	3.8	13.68	0.9	3.24	1	4.7	16.92
	厨房	3.8	13.68	0.6	2.16	0.2	7	25.2
通用	休息室/茶歇间	2.5	9	0.3	1.08	0.25	5.1	18.36
	咖啡间	2.5	9	0.3	1.08	0.2	5.5	19.8
	会议室	2.5	9	0.3	1.08	0.5	3.1	11.16
	存储液体或凝胶房间	2.5	9	0.6	2.16	0.02	32.5	117

续表

新风量 V_{bz}=人数·R_p+净面积·R_a								
房间功能		人员新风量指标		面积新风量指标		通用（default）人员数据		
		R_p		R_a		人员密度	新风量指标	
		L/(s·p)	m³/(h·p)	L/(s·m²)	m³/(h·m²)	p/m²	L/(s·p)	m³/(h·p)
旅馆宾馆度假村、宿舍	卧室、起居室	2.5	9	0.3	1.08	0.1	5.5	19.8
	兵营宿舍	2.5	9	0.3	1.08	0.2	4	14.4
	洗衣房	2.5	9	0.6	2.16	0.1	8.5	30.6
	大堂/前厅	3.8	13.68	0.3	1.08	0.3	4.8	17.28
	多功能厅	2.5	9	0.3	1.08	1.2	2.8	10.08
办公建筑	休息室/茶歇间	2.5	9	0.6	2.16	0.5	3.5	12.6
	主大堂	2.5	9	0.3	1.08	0.1	5.5	19.8
	库房	2.5	9	0.3	1.08	0.02	17.5	63
	办公	2.5	9	0.3	1.08	0.05	8.5	30.6
	接待	2.5	9	0.3	1.08	0.3	3.5	12.6
	电话/数据录入	2.5	9	0.3	1.08	0.6	3	10.8
其他	银行金库保险库	2.5	9	0.3	1.08	0.05	8.5	30.6
	银行大堂	3.8	13.68	0.3	1.08	0.15	6	21.6
	计算机房	2.5	9	0.3	1.08	0.04	10	36
	通用制造（不含重工业、化学处理）	5	18	0.9	3.24	0.07	18	64.8
	药房	2.5	9	0.9	3.24	0.1	11.5	41.4
	图片制作	2.5	9	0.6	2.16	0.1	8.5	30.6
	收发处	5	18	0.6	2.16	0.02	35	126
	分拣/打包	3.8	13.68	0.6	2.16	0.07	12.5	45
	运输等候	3.8	13.68	0.3	1.08	1	4.1	14.76
	仓库	5	18	0.3	1.08	—	—	—
公共空间	礼堂	2.5	9	0.3	1.08	1.5	2.7	9.72
	教堂	2.5	9	0.3	1.08	1.2	2.8	10.08
	法庭	2.5	9	0.3	1.08	0.7	2.9	10.44
	立法院	2.5	9	0.3	1.08	0.5	3.1	11.16
	图书馆	2.5	9	0.6	2.16	0.1	8.5	30.6
	大堂	2.5	9	0.6	2.16	1.5	2.7	9.72
	儿童博物馆	3.8	13.68	0.6	2.16	0.4	5.3	19.08
	博物馆/美术馆	3.8	13.68	0.3	1.08	0.4	4.6	16.56

续表

<table>
<tr><td colspan="9">新风量 V_{bz}=人数·R_p+净面积·R_a</td></tr>
<tr><td colspan="2" rowspan="3">房间功能</td><td colspan="2">人员新风量指标</td><td colspan="2">面积新风量指标</td><td colspan="3">通用（default）人员数据</td></tr>
<tr><td colspan="2">R_p</td><td colspan="2">R_a</td><td>人员密度</td><td colspan="2">新风量指标</td></tr>
<tr><td>L/(s·p)</td><td>m^3/(h·p)</td><td>L/(s·m^2)</td><td>m^3/(h·m^2)</td><td>p/m^2</td><td>L/(s·p)</td><td>m^3/(h·p)</td></tr>
<tr><td rowspan="7">商业</td><td>购物中心</td><td>3.8</td><td>13.68</td><td>0.3</td><td>1.08</td><td>0.4</td><td>4.6</td><td>16.56</td></tr>
<tr><td>理发店</td><td>3.8</td><td>13.68</td><td>0.3</td><td>1.08</td><td>0.25</td><td>5</td><td>18</td></tr>
<tr><td>美容美甲</td><td>10</td><td>36</td><td>0.6</td><td>2.16</td><td>0.25</td><td>12.4</td><td>44.64</td></tr>
<tr><td>宠物店</td><td>3.8</td><td>13.68</td><td>0.9</td><td>3.24</td><td>0.1</td><td>12.8</td><td>46.08</td></tr>
<tr><td>超市</td><td>3.8</td><td>13.68</td><td>0.3</td><td>1.08</td><td>0.08</td><td>7.6</td><td>27.36</td></tr>
<tr><td>投币洗衣店</td><td>3.8</td><td>13.68</td><td>0.6</td><td>2.16</td><td>0.2</td><td>7</td><td>25.2</td></tr>
<tr><td>售卖（以上除外）</td><td>3.8</td><td>13.68</td><td>0.6</td><td>2.16</td><td>0.15</td><td>7.8</td><td>28.08</td></tr>
<tr><td rowspan="11">运动娱乐</td><td>体育馆（赛区）</td><td>10</td><td>36</td><td>0.9</td><td>3.24</td><td>0.07</td><td>23</td><td>82.8</td></tr>
<tr><td>观众席</td><td>3.8</td><td>13.68</td><td>0.3</td><td>1.08</td><td>1.5</td><td>4</td><td>14.4</td></tr>
<tr><td>游泳池区</td><td>—</td><td>—</td><td>2.4</td><td>8.64</td><td>—</td><td>—</td><td>—</td></tr>
<tr><td>舞厅</td><td>10</td><td>36</td><td>0.3</td><td>1.08</td><td>1</td><td>10.3</td><td>37.08</td></tr>
<tr><td>健身俱乐部
（有氧运动区域）</td><td>10</td><td>36</td><td>0.3</td><td>1.08</td><td>0.4</td><td>10.8</td><td>38.88</td></tr>
<tr><td>健身俱乐部
（负重运动区域）</td><td>10</td><td>36</td><td>0.3</td><td>1.08</td><td>0.1</td><td>13</td><td>46.8</td></tr>
<tr><td>保龄球馆活动区</td><td>5</td><td>18</td><td>0.6</td><td>2.16</td><td>0.4</td><td>6.5</td><td>23.4</td></tr>
<tr><td>赌场</td><td>3.8</td><td>13.68</td><td>0.9</td><td>3.24</td><td>1.2</td><td>4.6</td><td>16.56</td></tr>
<tr><td>游戏厅</td><td>3.8</td><td>13.68</td><td>0.9</td><td>3.24</td><td>0.2</td><td>8.3</td><td>29.88</td></tr>
<tr><td>舞台/制作</td><td>5</td><td>18</td><td>0.3</td><td>1.08</td><td>0.7</td><td>5.4</td><td>19.44</td></tr>
</table>

注：1. 实际人员密度未知时，可按预估的办法采用表中“通用人员数据”（ASHRAE 原文为 default values）。

2. 实际新风量还应考虑新风分布效率，$V_{oz}=V_{bz}/E_z$。

3. 如果区域内的人数有波动（人员流动）则人数可取平均值。

4. PM10——建筑物所处区域的 PM10 超出国家标准或相关指南时，使用的过滤器过滤效率不低于 MERV6（对 3～10μm 效率≥35%）。

5. PM2.5——建筑物所处区域的 PM2.5 超出国家标准或相关指南时，使用的过滤器过滤效率不低于 MERV11（对 0.3～1μm 效率≥20%，对，1～3μm 效率≥65%，对 3～10μm 效率≥85%）。

6. 臭氧——最近三年平均年度内第四最高日最大 8h 平均臭氧浓度大于 209μg/m^3 时，应当设置臭氧消除装置[Air-cleaning devices for ozone shall be provided when the most recent three-year average annual fourth-highest daily maximum eight-hour average ozone concentration exceeds 0.107ppm (209μg/m^3)]，以下三种情况下不需使用臭氧消除装置：新风量≤1.5h^{-1}、室外臭氧超标时控制感应减少新风量到 1.5h^{-1}且符合室内卫生新风要求、室外空气经过直接燃烧加热的全新风系统（Outdoor air is brought into the building and heated by direct-fired，makeup air units）。

附录 F　新风负荷计算表说明

F.1　空气密度

本节通过分析指出目前空气密度定义的不妥之处，建议重新定义空气密度。

关于空气密度的定义与计算，笔者存留的可依据的书籍有：《空气调节（第三版）》、《工程热力学（第二版）》、《实用供热空调设计手册（第二版）》，这些都是中国建筑工业出版社出版、在业内较有影响力的书。三本书中，唯一对空气密度进行严格定义的是《工程热力学第二版》，其余两本书有类似定义。为便于对比分析，这三本书中相关内容如图 F-1～图 F-3 所示。

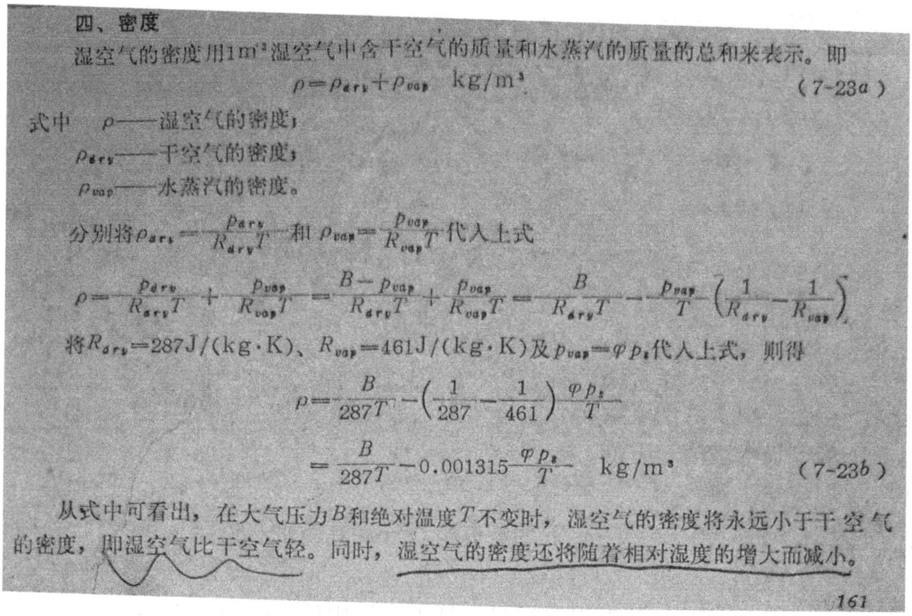

四、密度

湿空气的密度用1m³湿空气中含干空气的质量和水蒸汽的质量的总和来表示。即

$$\rho=\rho_{dry}+\rho_{vap}\quad kg/m^3 \tag{7-23a}$$

式中　ρ——湿空气的密度；

ρ_{dry}——干空气的密度；

ρ_{vap}——水蒸汽的密度。

分别将 $\rho_{dry}=\frac{p_{dry}}{R_{dry}T}$ 和 $\rho_{vap}=\frac{p_{vap}}{R_{vap}T}$ 代入上式

$$\rho=\frac{p_{dry}}{R_{dry}T}+\frac{p_{vap}}{R_{vap}T}=\frac{B-p_{vap}}{R_{dry}T}+\frac{p_{vap}}{R_{vap}T}=\frac{B}{R_{dry}T}-\frac{p_{vap}}{T}\left(\frac{1}{R_{dry}}-\frac{1}{R_{vap}}\right),$$

将 $R_{dry}=287J/(kg\cdot K)$、$R_{vap}=461J/(kg\cdot K)$ 及 $p_{vap}=\varphi p_s$ 代入上式，则得

$$\rho=\frac{B}{287T}-\left(\frac{1}{287}-\frac{1}{461}\right)\frac{\varphi p_s}{T}$$

$$=\frac{B}{287T}-0.001315\frac{\varphi p_s}{T}\quad kg/m^3 \tag{7-23b}$$

从式中可看出，在大气压力B和绝对温度T不变时，湿空气的密度将永远小于干空气的密度，即湿空气比干空气轻。同时，湿空气的密度还将随着相对湿度的增大而减小。

161

图 F-1 《工程热力学（第二版）》

由图 F-1～图 F-3 可见：《空气调节（第三版）》、《实用供热空调设计手册（第二版）》对湿空气的定义式与《工程热力学（第二版）》是相同的（图 F-2、图 F-3 中计算式的第二项系数有误，按（1/287－1/461）的计算结果应该是 0.001315）。

因此可以认为：这三本书对湿空气的定义是一致的，即《工程热力学（第二版）》中所描述的："湿空气的密度用 1m³ 湿空气中干空气的质量和水蒸气的质量的总和来表示"。也就是说：湿空气的密度等于湿空气总质量除以湿空气体积：

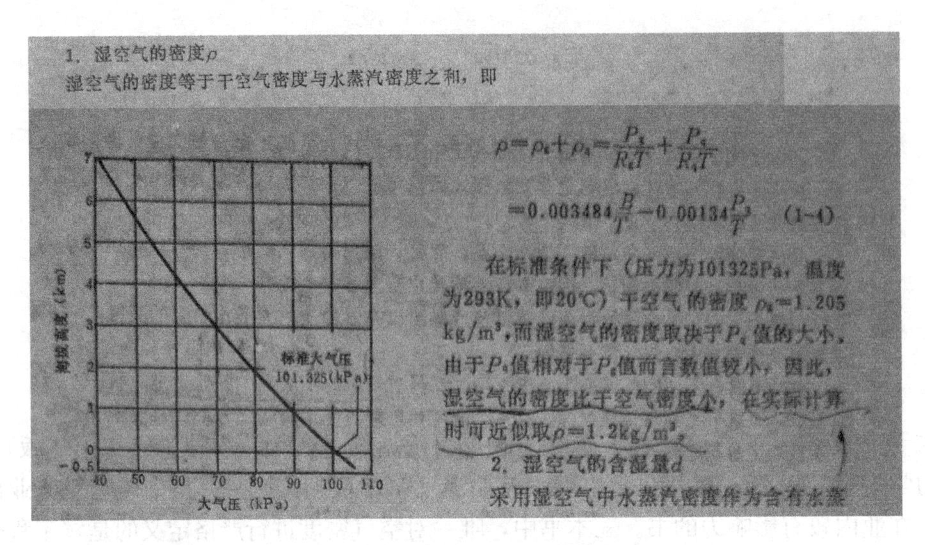
1. 湿空气的密度ρ

湿空气的密度等于干空气密度与水蒸汽密度之和，即

$$\rho=\rho_g+\rho_q=\frac{P_g}{R_gT}+\frac{P_q}{R_qT}$$

$$=0.003484\frac{B}{T}-0.00134\frac{P_q}{T} \quad (1\text{-}4)$$

在标准条件下（压力为101325Pa，温度为293K，即20℃）干空气的密度ρ_g=1.205 kg/m³，而湿空气的密度取决于P_q值的大小，由于P_q值相对于P_g值而言数值较小，因此，湿空气的密度比干空气密度小，在实际计算时可近似取ρ=1.2kg/m³。

2. 湿空气的含湿量d

采用湿空气中水蒸汽密度作为含有水蒸

图 F-2 《空气调节（第三版）》

4. 湿空气的密度

湿空气的密度等于干空气的密度ρ_g与水蒸气的密度ρ_q之和，即

$$\rho=\rho_g+\rho_q=\frac{P_g}{R_gT}+\frac{P_q}{R_qT}=0.003484\frac{P}{T}-0.00134\frac{P_q}{T} \tag{1.6-8}$$

由于水蒸气的密度较小，所以，在标准条件下（P=101325Pa，T=293K），干空气与湿空气的密度相差较小，在工程上，取ρ=1.2kg/m³ 已足够精确。

图 F-3 《实用供热空调设计手册（第二版）》

$$\rho=\frac{m_{dry}+m_{vap}}{V} \tag{F-1}$$

式中　ρ——湿空气密度，kg/m³；

m_{dry}——湿空气中干空气质量，kg；

m_{vap}——湿空气中水蒸气质量，kg；

V——湿空气体积，m³。

在空调计算中，对风量为V m³/h 的空气流，计算其质量流量：

$$G=\rho V=(m_{dry}+m_{vap}) \tag{F-2}$$

式中　G——空气质量流量，为明确其质量包括水蒸气质量，单位写为 $kg_{dry+vap}/h$。

按空调负荷计算式：

$$Q=G\cdot\Delta h/3600=\rho V\cdot\Delta h/3600 \tag{F-3}$$

式中　Q——空气处理负荷，kW；

Δh——空气初终状态焓差，kJ/kg_{dry}。

对式（F-3）展开计算：

$$Q=G\cdot\Delta h/3600=\rho V(kg_{dry+vap}/h)\cdot\Delta h(kJ/kg_{dry})/3600$$

可见，两个质量含义并不相符，不能简单相约，得不到应有的结果（kW）。因此，笔者怀疑：对湿空气的密度定义中包含水蒸气质量是否存在问题？

再回头看看三本书中对湿空气密度的计算式推导过程，以《工程热力学（第二版）》为例，以下式推导湿空气密度：

$$\rho_{\mathrm{dry}}=\frac{p_{\mathrm{dry}}}{R_{\mathrm{dry}}T} \tag{F-4}$$

$$\rho_{\mathrm{vap}}=\frac{p_{\mathrm{vap}}}{R_{\mathrm{vap}}T} \tag{F-5}$$

式中，p_{dry}、p_{vap}分别是干空气、水蒸气的分压力。注意分压力的定义，在《工程热力学（第二版）》中的定义是："所谓分压力，是假定混合气体中各组成气体单独存在，并且具有与混合气体相同的温度及容积时，给予容器壁的压力"，如图 F-4 所示。

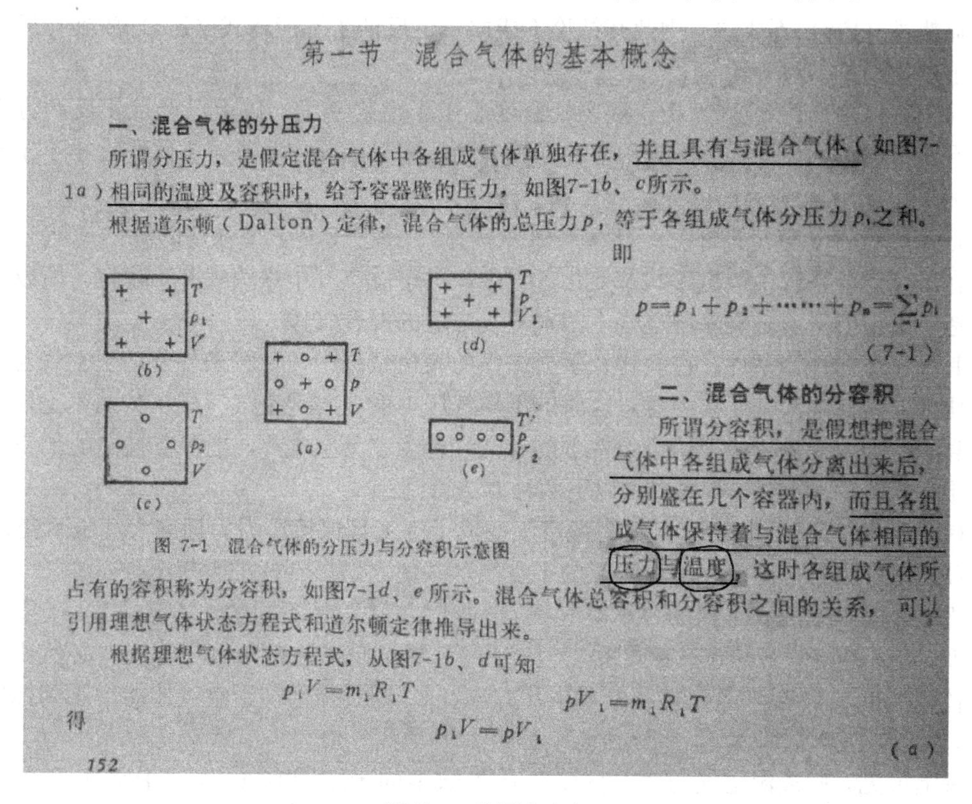
第一节　混合气体的基本概念

一、混合气体的分压力

所谓分压力，是假定混合气体中各组成气体单独存在，并且具有与混合气体（如图7-1a）相同的温度及容积时，给予容器壁的压力，如图7-1b、c所示。

根据道尔顿（Dalton）定律，混合气体的总压力p，等于各组成气体分压力p_i之和。即

$$p=p_1+p_2+\cdots\cdots+p_n=\sum_{i=1}^{n}p_i \tag{7-1}$$

图 7-1　混合气体的分压力与分容积示意图

二、混合气体的分容积

所谓分容积，是假想把混合气体中各组成气体分离出来后，分别盛在几个容器内，而且各组成气体保持着与混合气体相同的压力与温度，这时各组成气体所占有的容积称为分容积，如图7-1d、e所示。混合气体总容积和分容积之间的关系，可以引用理想气体状态方程式和道尔顿定律推导出来。

根据理想气体状态方程式，从图7-1b、d可知

$$p_1V=m_1R_1T \qquad pV_1=m_1R_1T$$

得

$$p_1V=pV_1 \tag{a}$$

152

图 F-4　分压力定义

由此可见，将湿空气拆分为等温等容的干空气和水蒸气，才有式（F-4）、式（F-5）成立，换言之，在等温等容前提条件下，湿空气密度＝干空气密度＋水蒸气密度，由此推导（详见图 F-1）得到ρ的公式：

$$\rho=\frac{B}{287T}-0.001315\,\frac{\varphi p_{\mathrm{s}}}{T} \tag{F-6}$$

在对式（F-6）进行推论时，也应该遵循这个前提条件，即：对湿空气与干空气进行密度比较时，应在等温等容条件下比较。不应该将公式放到等压等温条件下进行推论，这在逻辑上说不通。

在等温等容条件下，仍由式（F-4）计算干空气密度，式（F-4）可变为：

$$\rho_{dry}=\frac{p_{dry}}{R_{dry}T}=\frac{B-p_{vap}}{R_{dry}T}=\frac{B}{R_{dry}T}-\frac{p_{vap}}{R_{dry}T}=\frac{B}{287T}-0.003484\frac{\varphi p_s}{T} \tag{F-7}$$

对比式（F-6）、式（F-7）可见：同样等温等容条件下，$\rho_{dry}<\rho$，干空气密度小于湿空气密度！

以反证法证伪，假设教材中结论成立，即：假设湿空气密度小于干空气密度，那么可以列出不等式：$\rho<\rho_{dry}$。

将式（F-1）代入不等式得到：

$$\frac{m_{dry}+m_{vap}}{V}<\frac{m_{dry}}{V} \tag{F-8}$$

显然式（F-8）不成立。因此其结论不成立，也反证了不能将式（F-6）放到等压等温条件下进行推论。

对于教材中由式（F-6）推论湿空气密度小于干空气密度，以上已经从正反两方面论证其有误。那么，为什么所见到的各种计算表的数据又确确实实是湿空气密度小于干空气密度呢？

首先，明确干空气的概念。自然界中并不存在干空气，空气总是以湿空气状态存在的，在研究空调系统中湿空气状态变化过程中，由于湿空气中水蒸气并不稳定，所以人为地“造”出干空气——剔除湿空气中的水蒸气之后的混合气体。

其次，数据计算条件。在教材及手册提供的表格数据中，计算条件是：干空气与湿空气的压力均为标准大气压。注意：这时的干空气压力变成与湿空气一样了！而不是按分压力计算了。为便于分析，把这个条件下的干空气称为“干空气$_2$”，把湿空气中的干空气称为“干空气$_1$”。“干空气$_2$”可以由以下两种方法得到：

（1）令式（F-6）中 $\varphi=0$，这时湿空气变成干空气且保持压力为标准大气压不变；

（2）另外设计与湿空气等容等温的干空气，并使之增压到标准大气压。

无论是哪种方法，得到的“干空气$_2$”与“干空气$_1$”是不同的。方法（1）干空气质量不变，但根据 P、V、T 三者关系，“干空气$_2$”要与原来湿空气等压等温，必然比原湿空气体积（也是“干空气$_1$”体积）要小；方法（2）则必须增加干空气才能增压到标准大气压，“干空气$_2$”质量大于“干空气$_1$”。

综上可见，脱离湿空气的“干空气$_2$”的参数不同于“干空气$_1$”，“干空气$_2$”的参数对于湿空气并没有太大参照价值。

回到湿空气密度的定义，从上面分析可见：人为定义干空气密度意义不大，而湿空气密度的定义中包括了水蒸气质量又引起一些概念混乱。因此笔者建议，重新定义湿空气密度为：湿空气的密度等于单位容积湿空气中的干空气的质量，即：

$$\rho=\frac{m_{dry}}{V} \tag{F-9}$$

或定义湿空气比容为单位质量干空气的湿空气的容积

$$\nu=\frac{1}{\rho}=\frac{V}{m_{dry}} \tag{F-10}$$

来看这样定义后的好处：

第一，避开意义不大的人为定义干空气，由于干空气容积与湿空气容积相等，故 $\rho=m_{dry}/V=m_{dry}/V_{dry}$，因此也可认为式（F-9）定义干空气密度；

第二，式（F-9）代入式（F-3），没有任何意义，ρ 和 h 都是以干空气质量计量，可以约掉，负荷计算结果就是（kW）；

第三，工程设计中以体积流量计量的湿空气，在其冷热处理的初、终状态，干空气质量不变，以干空气质量定义湿空气密度，密度流量的乘积也是干空气质量流量不变。

下面推导新的密度计算公式。

由 $P_{\text{dry}}V=m_{\text{dry}}R_{\text{dry}}T$ 得：

$$\rho=\frac{m_{\text{dry}}}{V}=\frac{P_{\text{dry}}}{R_{\text{dry}}T}=\frac{B-P_{\text{vap}}}{287.042T} \tag{F-11}$$

由 $d=\frac{R_{\text{dry}}}{R_{\text{vap}}}\cdot\frac{P_{\text{vap}}}{B-P_{\text{vap}}}=0.621945\frac{P_{\text{vap}}}{B-P_{\text{vap}}}$ 得到 $P_{\text{vap}}=\frac{Bd}{0.621945+d}$，代入式（F-11）计算：

$$\rho=\frac{0.621945B}{287.042T(0.621945+d)}=\frac{B}{287.042(t+273.15)(1+1.607858d)} \tag{F-12}$$

式中 B——空气压力，取当地气压，Pa。

d——空气含湿量，kg/kg_{da}

F.2 计算公式

1. 理想气体状态方程

$$PV=mRT$$

2. 热力学温度 T

$$T=273.15+t$$

3. 湿空气的饱和水蒸气分压力 P_{qb}（Pa）

$$t<0\text{ 时},\ln P_{\text{qb}}=C_1/T+C_2+C_3T+C_4T^2+C_5T^3+C_6T^4+C_7\ln T$$

$$t\geqslant 0\text{ 时},\ln P_{\text{qb}}=C_8/T+C_9+C_{10}T+C_{11}T^2+C_{12}T^3+C_{13}\ln T$$

式中，$C_1=-5.6745359\times10^3$；$C_2=6.3925247$；$C_3=-9.6778430\times10^{-3}$；$C_4=6.2215701\times10^{-7}$；$C_5=2.0747825\times10^{-9}$；$C_6=-9.4840240\times10^{-13}$；$C_7=4.1635019$；$C_8=-5.8002206\times10^3$；$C_9=1.3914993$；$C_{10}=-4.8640239\times10^{-2}$；$C_{11}=4.1764768\times10^{-5}$；$C_{12}=-1.4452093\times10^{-8}$；$C_{13}=6.5459673$。

注：以上数据来自 2017 ASHRAE Handbook-Fundamentals，这些系数与教材（《空气调节（第三版）》、设计手册（《实用供热空调设计手册（第二版）》略有差异，如：C_5 在设计手册中为 0.20747825×10^{-18}，C_6 在设计手册中 T^4 的系数为 -0.9484024×10^{-2}。这些数据谁对谁错，笔者无从考验，此次计算表格采用的是 ASHRAE Handbook 中的数据，望有心人能验证更正。

4. 湿空气的含湿量 d（g/kg_{da}）

$$d=0.621945\times10^3\cdot\frac{P_{\text{q}}}{P-P_{\text{q}}}$$

5. 湿空气的相对湿度 φ（湿空气的水蒸气分压力与同温度下饱和湿空气水蒸气分压力（饱和有压力）之比）

$$\varphi = \frac{P_q}{P_{qb}} \times 100\%$$

6. 湿空气的焓值 h（kJ/kg_{da}）

$$h = 1.006t + 0.001d_{da}(2501 + 1.86t)$$

7. 湿空气密度 ρ（kg/m^3）

$$\rho = \rho_{da} + \rho_q = \frac{P_{da}}{R_{da}T} + \frac{P_q}{R_q T} = \frac{P}{R_{da}T} - \frac{P_q}{T} \cdot \left(\frac{1}{R_{da}} - \frac{1}{R_q}\right)$$

$$= 3.4838 \times 10^{-3}\frac{P}{T} - 1.3171 \times 10^{-3}\frac{P_q}{T}$$

8. 湿空气加热量

$$Q = V \cdot \rho \cdot c(t_2 - t_1)$$

9. 湿空气加湿量

$$W = \rho_{da} \cdot V \cdot (d_2 - d_1)$$

10. 湿空气等湿降温到饱和状态的露点温度计算式（$0 < t_L < 93$℃）：

$$t_L = 6.54 + 14.526 \cdot \mathrm{Ln}P_q + 0.7389 \cdot (\mathrm{Ln}P_q)^2 + 0.09486 \cdot (\mathrm{Ln}P_q)^3 + 0.4569 \cdot (P_q)^{0.1984}$$

式中　P_q——计算湿空气在其计算状态下的水蒸气分压力，kPa

F.3　关于室内等湿线露点温度的确定

2017 ASHRAE Handbook—Fundamentals (SI) 给出湿空气等湿降温到饱和状态的露点温度计算式（$0 < t_L < 93$℃）：

$$t_L = 6.54 + 14.526 \cdot \mathrm{Ln}P_q + 0.7389 \cdot (\mathrm{Ln}P_q)^2 + 0.09486 \cdot (\mathrm{Ln}P_q)^3 + 0.4569 \cdot (P_q)^{0.1984} \tag{F-13}$$

式中　P_q——计算湿空气在其计算状态下的水蒸气分压力，kPa。

以目前 $h-d$ 图软件为基准，对以上公式进行验算，其结果比教材（《空气调节》（第三版））中提供的计算式精度要高，因此本计算表采用此公式。

公式应用条件分析：

（1）露点与湿空气等含湿量；

（2）露点达到饱和状态（即 $\varphi = 100\%$）。

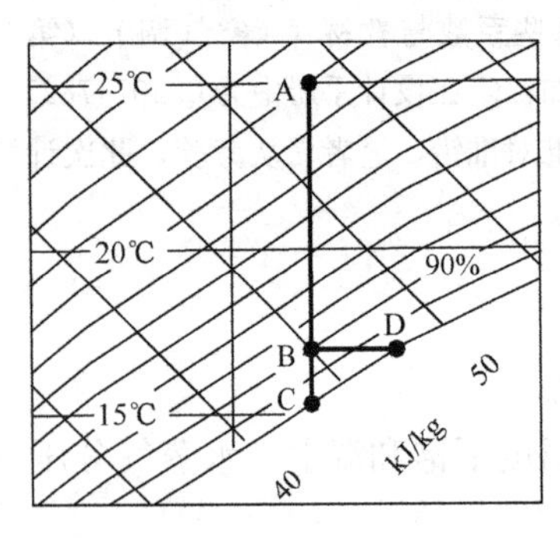

图 F-5

公式计算的 t_L 是湿空气达到 100%相对湿度的饱和状态的露点温度，实际工程中空气处理结果其相对湿度往往在 85%～95%之间，如何换算呢？下面结合图 F-5 进行论证演算。

图中，A 点湿空气状态为：t_a，φ_a；B 点为湿空气由 A 点等湿降温到机器露点：t_b，φ_b；C 点为湿空气由 A 点等湿降温到饱和状态的露点：t_c，φ_c；D 点为湿空气由 B 点等温增湿到饱和状态：t_d，φ_d。

已知：t_a，φ_a，φ_b。

求解：B点温度 t_b

根据式（F-13），图F-5中适用计算的是点C的温度，即：

$$t_c = 6.54 + 14.526 \cdot \mathrm{Ln}P_{q.a} + 0.7389 \cdot (\mathrm{Ln}P_{q.a})^2 + 0.09486 \cdot (\mathrm{Ln}P_{q.a})^3 + 0.4569 \cdot (P_{q.a})^{0.1984}$$

根据：$d=0.621945\times10^3\dfrac{P_q}{P-P_q}$

可见：湿空气含湿量 d 不变的情况下，湿空气的水蒸气分压力 P_q 不变，对应图F-5来讲，t_c 计算式中的 $P_{q.a}$ 可以改写为任意点（包括饱和点）的水蒸气分压力，如 $P_{q.b}$、$P_{q.c}$ 等。

为了计算B点的温度，由B点引一条等温线与100%相对湿度的饱和状态线相交于D点，D点正好符合ASHRAE Handbook的露点温度计算公式应用条件，只要求出D点温度，则B点温度也就得出。

要利用式（F-13）计算D点温度，就要求解D点的水蒸气分压力，根据相对湿度定义，B、D点有以下关系式：

$$\varphi_b = P_{q.b}/P_{q.d}$$

故 $P_{q.d}=P_{q.b}/\varphi_b$

因此对D点有：

$$\begin{aligned} t_d &= 6.54 + 14.526 \cdot \mathrm{Ln}P_{q.d} + 0.7389 \cdot (\mathrm{Ln}P_{q.d})^2 \\ &\quad + 0.09486 \cdot (\mathrm{Ln}P_{q.d})^3 + 0.4569 \cdot (P_{q.d})^{0.1984} \\ &= 6.54 + 14.526 \cdot \mathrm{Ln}\frac{P_{q.b}}{\varphi_b} + 0.7389 \cdot \left(\mathrm{Ln}\frac{P_{q.d}}{\varphi_b}\right)^2 + 0.09486 \cdot \left(\mathrm{Ln}\frac{P_{q.b}}{\varphi_b}\right)^3 \\ &\quad + 0.4569 \cdot \left(\frac{P_{q.b}}{\varphi_b}\right)^{0.1984} \end{aligned} \tag{F-14}$$

由于 $t_d=t_b$，因此式（F-14）的计算结果就是B点温度，也就是要求的实际的机器露点温度。

现在问题已经转化为如何由已知的A点参数来求解式（F-14）中的 $P_{q.b}$（注意区分 $P_{q.b}$ 与 P_{qb}，$P_{q.b}$ 是指B点水蒸气分压力，以 P_{qb} 表示饱和压力，q 和 b 中间没有点）了，以下为求解过程：

1. A点空气的水蒸气分压力

$$P_{q.a} = \varphi_a P_{qb.a}$$

2. B点（机器露点）状态的水蒸气分压力

$$P_{q.b} = P_{q.a} = \varphi_a P_{qb.a} \tag{F-15}$$

式（F-15）已经解出式（F-14）中的 $P_{q.b}$，将（F-15）代入式（F-14），就可以得到：湿空气由A点等湿处理到非饱和状态点B的露点温度的计算式：

$$t_b = 6.56 \cdot \mathrm{Ln}\frac{\varphi_a P_{qb.a}}{\varphi_b} + 0.7389 \cdot \left(\mathrm{Ln}\frac{\varphi_a P_{qb.a}}{\varphi_b}\right)^2 + 0.09486 \cdot \left(\mathrm{Ln}\frac{\varphi_a P_{qb.a}}{\varphi_b}\right)^3 + 0.4569 \cdot \left(\frac{\varphi_a P_{qb.a}}{\varphi_b}\right)^{0.1984} \tag{F-16}$$

3. 求A点空气在干球温度 t_a 下的饱和水蒸气分压力

$$\ln P_{qb.a}=C_8/T_a+C_9+C_{10}T_a+C_{11}T_a^2+C_{12}T_a^3+C_{13}\ln T_a \quad (F\text{-}17)$$

式中　$P_{qb.a}$为A点湿空气的饱和水蒸气分压力，Pa；

T_a为A点湿空气干球温度的热力学温度，K。

$C_8=-5.8002206\times10^3$；$C_9=1.3914993$；$C_{10}=-4.8640239\times10^{-2}$；$C_{11}=4.1764768\times10^{-5}$；$C_{12}=-1.4452093\times10^{-8}$；$C_{13}=6.5459673$。

现在，由A点参数求解B点温度的过程解出来了：t_a代入式（F-17）求出$P_{qb.a}\to\varphi_a$，φ_b，$P_{qb.a}$为代入式（F-16）解出t_b。

经验算，式（F-16）计算的结果与目前$h-d$图软件计算结果基本一致。例如对于26℃，50%的湿空气，计算处理到相对湿度95%的露点温度为15.6℃，处理到相对湿度90%的露点温度为16.4℃，与华电源软件计算结果完全一致。注意，计算式（F-16）时，式中$P_{qb.a}$的单位是kPa。

结论：湿空气处理到非饱和状态的露点温度可以采用式（F-16）计算。由于只需：t_a、φ_a、φ_b三个参数即可计算出B点温度，因此，得到另外一个结论：机器露点温度与当地大气压无关。

附录G　ASHRAE 34—2016制冷剂浓度限值

单一制冷剂浓度限值　　表G-1

制冷剂名称		化学名称	化学式	OEL	安全组	RCL		毒性
				ppm		ppm	g/m^3	
甲烷系列	11	三氯氟甲烷	CCl_3F	1000	A1	1100	6.2	N
	12	二氯二氟甲烷	CCl_2F_2	1000	A1	18000	90	N
	12B1	溴氯二氟甲烷	$CBrClF_2$					N
	13	氯三氟甲烷	$CClF_3$	1000	A1			N
	13B1	一溴三氟甲烷	$CBrF_3$	1000	A1			N
	14①	四氟化碳	CF_4	1000	A1	110000	400	N
	21	二氯氟甲烷	$CHCl_2F$		B1			有毒
	22	氯二氟甲烷	$CHClF_2$	1000	A1	59000	210	N
	23	三氟甲烷	CHF_3	1000	A1	41000	120	N
	30	二氯甲烷	CH_2Cl_2		B1			N
	31	氯氟甲烷	CH_2ClF					N
	32	二氟甲烷	CH_2F_2	1000	A2L	36000	77	N
	40	氯甲烷	CH_3Cl		B2			有毒
	41	氟代甲烷	CH_3F					N
	50	甲烷	CH_4	1000	A3			N
乙烷系列	113	三氟乙烷	CCl_2FCClF_2	1000	A1	2600	20	N
	114	四氟乙烷	$CClF_2CClF_2$	1000	A1	20000	140	N
	115②	五氟氯乙烷	$CClF_2CF_3$	1000	A1	120000	760	N
	116①	六氟乙烷	$CHCl_2CF_3$	1000	A1	97000	550	N
	123	三氟乙烷	$CHCl_2CF_3$	50	B1	9100	57	N
	124	四氟乙烷	$CHClFCF_3$	1000	A1	10000	56	N
	125①	五氟乙烷	CHF_2CF_3	1000	A1	75000	370	N
	134a	四氟乙烷	CH_2FCF_3	1000	A1	50000	210	N
	141b	氟代乙烷	CH_3CCl_2F	500		2600	12	N
	142b	二氟乙烷	CH_3CClF_2	1000	A2	20000	83	N
	143a	三氟乙烷	CH_3CF_3	1000	A2L	21000	70	N
	152a	二氟乙烷	CH_3CHF_2	1000	A2	12000	32	N
	170	乙烷	CH_3CH_3	1000	A3	7000	8.7	N
醚类	E170	甲醚	CH_3OCH_3	1000	A3	8500	16	N

续表

制冷剂名称		化学名称	化学式	OEL	安全组	RCL		毒性
				ppm		ppm	g/m³	
丙烷	218[①]	八氟丙烷	$CF_3CF_2CF_3$	1000	A1	90000	690	N
	227ea[②]	七氟丙烷	CF_3CHFCF_3	1000	A1	84000	580	N
	236fa	六氟丙烷	$CF_3CH_2CF_3$	1000	A1	55000	340	N
	245fa	五氟丙烷	$CHF_2CH_2CF_3$	300	B1	34000	190	N
	290	丙烷	$CH_3CH_2CH_3$	1000	A3	5300	9.5	N
环状有机化合物	C318	八氟环丁烷	$—(CF_2)_4—$	1000	A1	80000	660	N
烃类有机化合物	600	丁烷	$CH_3CH_2CH_2CH_3$	1000	A3	1000	2.4	N
	600a	异丁烷	$CH(CH_3)_2CH_3$	1000	A3	4000	9.6	N
	601	戊烷	$CH_3CH_2CH_2CH_2CH_3$	600	A3	1000	2.9	N
	601a	异戊烷	$(CH_3)_2CHCH_2CH_3$	600	A3	1000	2.9	N
氧化合物	610	乙醚	$CH_3CH_2OCH_2CH_3$	400				N
	611	甲酸甲酯	$HCOOCH_3$	100	B2			N
氮化合物	630	甲胺	CH_3NH_2					有毒
	631	乙胺	$CH_3CH_2(NH_2)$					N
无机化合物	702	氢	H_2		A3			N
	704	氦	He		A1			N
	717	氨	NH_3	25	B2L	320	0.22	N
	718	水	H_2O		A1			N
	720	氖	Ne		A1			N
	728	氮	N_2		A1			N
	732	氧	O_2					N
	740	氩	Ar		A1			N
	744	二氧化碳	CO_2	5000	A1	30000	54	N
	744A	一氧化二氮	N_2O					N
	764	二氧化硫	SO_2		B1			N
不饱和有机化合物	1130(E)	反式-1,2-二氯乙烯	$CHCl=CHCl$	200	B1	100	4	N
	1150	乙烯	$CH_2=CH_2$	200	A3			N
	1233zd(E)	trans-1-chloro-3,3,3-trifluoro-1-propene	$CF_3CH=CHCl$	800	A1	16000	85	N
	1234yf	2,3,3,3-tetrafluoro-1-propene	$CF_3CF=CH_2$	500	A2L	16000	75	N
	1234ze(E)	trans-1,3,3,3-tetrafluoro-1-propene	$CF_3CH=CFH$	800	A2L	16000	75	N
	1270	丙烯	$CH_3CH=CH_2$	500	A3	1000	1.7	N
	1336mzz(Z)	cis-1,1,1,4,4,4-hexaflouro-2-butene	$CF_3CHCHCF_3$	500	A1	13000	87	N

混合制冷剂浓度限值　　表 G-2

制冷剂名称		组　成	质量百分比	OEL	安全组	RCL		毒性
				ppm		ppm	g/m³	
非共沸混合物	400	R12/114	50/50	1000	A1	28000	160	N
			60/40			30000	170	
	401A	R22/152a/124	53/13/34	1000	A1	27000	110	N
	401B	R22/152a/124	61/11/28	1000	A1	30000	120	N
	401C	R22/152a/124	33/15/52	1000	A1	20000	84	N
	402A	R125/290/22	60/2/38	1000	A1	66000	270	N
	402B	R125/290/22	38/2/60	1000	A1	63000	240	N
	403A	R290/22/218	5/75/20	1000	A2	33000	120	N
	403B①	R290/22/218	5/56/39	1000	A1	70000	290	N
	404A②	R125/143a/134a	44/52/4	1000	A1	130000	500	N
	405A	R22/152a/142b/C318	45/7/5.5/42.5	1000	A1	57000	260	N
	406A	R22/600a/142b	55/4/41	1000	A2	21000	25	N
	407A①	R32/125/134a	20/40/40	1000	A1	83000	300	N
	407B①	R32/125/134a	10/70/20	1000	A1	79000	330	N
	407C①	R-32/125/134a	23/25/52	1000	A1	81000	290	N
	407D	R32/125/134a	15/15/70	1000	A1	68000	250	N
	407E①	R32/125/134a	25/15/60	1000	A1	80000	280	N
	407F	R32/125/134a	30/30/40	1000	A1	95000	320	N
	407G	R32/125/134a	2.5/2.5/95	1000	A1	52000	210	N
	408A①	R125/143a/22	7/46/47	1000	A1	95000	340	N
	409A	R22/124/142b	60/25/15	1000	A1	29000	110	N
	409B	R22/124/142b	65/25/10	1000	A1	30000	120	N
	410A②	R32/125	50/50	1000	A1	140000	420	N
	410B②	R32/125	45/55	1000	A1	140000	430	N
	411A	R1270/22/152a	1.5/87.5/11	990	A2	14000	46	N
	411B	R1270/22/152a	3/94/3	980	A2	13000	45	N
	412A	R22/218/142b	70/5/25	1000	A2	22000	82	N
	413A	R218/134a/600a	9/88/3	1000	A2	22000	94	N
	414A	R22/124/600a/142b	51/28.5/4/16.5	1000	A1	26000	100	N
	414B	R22/124/600a/142b	50/39/1.5/9.5	1000	A1	23000	95	N
	415A	R22/152a	82/18	1000	A2	14000	47	N
	415B	R22/152a	25/75	1000	A2	12000	34	N
	416A	R134a/124/600	59/39.5/1.5	1000	A1	14000	62	N
	417A	R125/134a/600	46.6/50/3.4	1000	A1	13000	56	N
	417B	R125/134a/600	79/18.3/2.7	1000	A1	15000	70	N

续表

制冷剂名称		组 成	质量百分比	OEL	安全组	RCL		毒性
				ppm		ppm	g/m³	
非共沸混合物	417C	R125/134a/600	19.5/78.8/1.7	1000	A1	21000	87	N
	418A	R290/22/152a	1.5/96/2.5	1000	A2	22000	77	N
	419A①	R125/134a/E170	77/19/4	1000	A2	15000	67	N
	419B	R125/134a/E170	48.5/48/3.5	1000	A2	17000	74	N
	420A	R134a/142b	88/12	1000	A1	45000	190	N
	421A	R125/134a	58/42	1000	A1	61000	280	N
	421B	R125/134a	85/15	1000	A1	69000	330	N
	422A	R125/134a/600a	85.1/11.5/3.4	1000	A1	63000	290	N
	422B	R125/134a/600a	55/42/3	1000	A1	56000	250	N
	422C	R125/134a/600a	82/15/3	1000	A1	62000	290	N
	422D	R125/134a/600a	65.1/31.5/3.4	1000	A1	58000	260	N
	422E	R125/134a/600a	58/39.3/2.7	1000	A1	57000	260	N
	423A	R134a/227ea	52.5/47.5	1000	A1	59000	310	N
	424A	R125/134a/600a/600/601a	50.5/47/0.9/1/0.6	970	A1	23000	100	N
	425A	R32/134a/227ea	18.5/69.5/12	1000	A1	72000	260	N
	426A	R125/134a/600/601a	5.1/93/1.3/0.6	990	A1	20000	83	N
	427A	R32/125/143a/134a	15/25/10/50	1000	A1	79000	290	N
	428A	R125/143a/134a	77.5/20/0.6/1.9	1000	A1	93000	370	N
	429A	RE170/152a/600a	22219	1000	A3	6300	13	N
	430A	R152a/600a	76/24	1000	A3	8000	21	N
	431A	R290/152a	71/29	1000	A3	5000	11	N
	432A	R1270/E170	80/20	700	A3	1200	2.1	N
	433A	R1270/290	30/70	880	A3	3100	5.5	N
	433B	R1270/290	5/95	950	A3	4500	8.1	N
	433C	R1270/290	25/75	790	A3	3600	6.6	N
	434A①	R125/143a/134a/600a	63.2/18/16/2.8	1000	A1	73000	320	N
	435A	RE170/152a	80/20	1000	A3	8500	17	N
	436A	R290/600a	56/44	1000	A3	4000	8.1	N
	436B	R290/600a	52/48	1000	A3	4000	8.2	N
	437A	R125/134a/600/601	19.5/78.5/1.4/0.6	990	A1	19000	82	N
	438A	R32/125/134a/600/601a	8.5/45/44.2/1.7/0.6	990	A1	20000	79	N
	439A	R32/125/600a	50/47/3	990	A2	26000	76	N
	440A	R290/134a/152a	0.6/1.6/97.8	1000	A2	12000	31	N
	441a	R170/290/600a/600	3.1/54.8/6/36.1	1000	A3	3200	6.3	N
	442A	R32/125/134a/152a/227ea	31/31/3/3/5	1000	A1	100000	330	N

续表

制冷剂名称		组　　成	质量百分比	OEL	安全组	RCL		毒性
				ppm		ppm	g/m^3	
非共沸混合物	443A	R1270/290/600a	55/40/5	580	A3	1700	3.1	N
	444A	R32/152a/1234ze	12/5/83	850	A2L	21000	81	N
	444B	R32/152a/1234ze	41.5/10/48.5	890	A2L	23000	69	N
	445A	R744/134a/1234ze	6/9/85	930	A2L	16000	67	N
	446A	R32/1234ze/600	68/29/3	960	A2L	16000	39	N
	447A	R32/125/1234ze	68/3.5/2.5	900	A2L	16000	42	N
	447B	R32/125/1234ze	25074	970	A2L	30000	360	N
	448A	R32/125/1234yf/134a/1234ze	26/26/20/21/7	890	A1	110000	360	N
	449A	R32/125/1234yf/134a	24.3/24.7/25.3/25.7	830	A1	100000	370	N
	449B	R32/125/1234yf/134a	25.2/24.3/23.2/27.3	850	A1	100000	370	N
	449C	R32/125/1234yf/134a	20/20/31/29	800	A1	98000	360	N
	450A	R134a/1234ze	42/58	880	A1	72000	320	N
	451A	R1234yf/134a	89.8/10.2	520	A2L	18000	81	N
	451B	R1234yf/134a	88.8/11.2	530	A2L	18000	81	N
	452A	R32/125/1234yf	11/59/30	780	A1	10000	440	N
	452B	R32/125/1234yf	24679	870	A2L	30000	360	N
	452C	R32/125/1234yf	12.5/61/26.5	800	A1	100000	430	N
	453A	R32/125/134a/227ea/600/601a	20/220/53.8/5/0.6/0.6	1000	A1	34000	120	N
	454A	R32/1234yf	35/65	690	A2L	16000	450	N
	454B	R32/1234yf	68.9/31.1	850	A2L	19000	360	N
	454C	R32/1234yf	21.5/78.5	620	A2L	19000	460	N
	455A	R744/32/1234yf	3/21.5/75.5	650	A2L	30000	380	N
	456A	R32/134a/1234ze	6/45/49	900	A1	77000	320	N
	457A	R32/1234yf/152a	18/70/12	650	A2L	15000	400	N
	458A	R32/125/134a/227ea/236fa	20.5/4/61.4/13.5/0.6	1000	A1	76000	280	N
共沸混合物	500	R12/152a	73.8/26.2	1000	A1	30000	120	N
	501	R22/12	75/25	1000	A1	54000	210	N
	502①	R22/115	48.8/51.2	1000	A1	73000	330	N
	503	R23/13	40.1/59.9	1000		140000		N
	504②	R32/115	48.2/51.8	1000			450	N
	505	R12/31	78/22	1000				N
	506	R31/114	55.1/44.9	1000				N
	507A②	R125/143a	50/50	1000	A1	130000	520	N
	508A	R23/116	39/61	1000	A1	55000	220	N
	508B	R23/116	46/54	1000	A1	52000	200	N

续表

制冷剂名称		组　　成	质量百分比	OEL	安全组	RCL		毒性
				ppm		ppm	g/m³	
共沸混合物	509A①	R22/218	44/56	1000	A1	75000	390	N
	510A	RE170/600a	88/12	1000	A3	7300	14	N
	511A	R290/E170	95/5	1000	A3	5300	9.5	N
	512A	R134a/152a	5/95	1000	A2L	11000	31	N
	513A	R1234yf/134a	56/44	650	A1	72000	320	N
	513B	R1234yf/134a	58.5/41.5	640	A1	74000	330	N
	514A	R1336mzz/1130	74.7/25.3	320	B1	2400	14	N
	515A	R1234yze/227ea	88/12	810	A1	62000	300	N

注：1. 制冷剂分组：按毒性分为A、B两个等级，A为低毒性，其 $OEL \geq 400$ppm；B为高毒性，其 $OEL < 400$ppm。按燃烧性能分为1、2、3三个等级，测试条件均为标准大气压下环境温度60℃，1级——无火苗传播；2级——产生火苗传播，且制冷剂＞0.1kg/m³ 且燃烧产热量 < 19000kJ/kg；3级——产生火苗传播，且制冷剂≤0.1kg/m³ 或燃烧产热量＞19000kJ/kg；2级细分出可选的2L级，2L级测试条件为标准大气压下环境温度23℃，最大燃烧速度≤10cm/s。

2. 表中"毒性"一列是根据国际防火规范、美国消防协会的统一防火规范、美国职业安全与健康标准定义的，"N"指制冷剂在其所处的燃烧性能组中具有更低的毒性。

3. RCL以体积浓度计时，不需要气压修正，以质量浓度计时，按下式修正：

$$rcl_a = RCL_M \cdot (1 - 7.94 \times 10^{-5} \cdot h)$$

式中，rcl_a为海拔高度修正计算值，RCL_M为表中数值，g/m³；h 为海拔高度，m。

①海拔高于1500m时，RCL为69100ppm。

②海拔高于1000m小于等于1500m时，RCL为112000ppm，海拔高于1500m时，RCL为69100ppm。

附录 H　人间传染的病原微生物名录[①]

病毒分类名录

表 H-1

序号	病毒名称			危害程度分类	实验活动所需生物安全实验室级别					运输包装分类[⑥]		备注
	英文名	中文名	分类学地位		病毒培养[①]	动物感染实验[②]	未经培养的感染材料的操作[③]	灭活材料的操作[④]	无感染性材料的操作[⑤]	A/B	UN 编号	
1	*Variola virus*	天花病毒	痘病毒科	第一类	BSL-4	ABSL-4	BSL-2	BSL-1	BSL-1	A	UN2814	有疫苗
2	*Yellow fever virus*	黄热病毒	黄病毒科	第一类	BSL-3	ABSL-3	BSL-2	BSL-1	BSL-1	A	UN2814	仅病毒培养物为 A 类，有疫苗
3	*Tick-borneencephalitis virus*	蜱传脑炎病毒[⑦]	黄病毒科	第一类	BSL-3	ABSL-3	BSL-3	BSL-1	BSL-1	A	UN2814	仅病毒培养物为 A 类，有疫苗
4	*Bunyamwera virus*	布尼亚维拉病毒	布尼亚病毒科	第二类	BSL-3	ABSL-3	BSL-2	BSL-1	BSL-1	A	UN2814	
5	*California encephalitis virus*	加利福利亚脑炎病毒	布尼亚病毒科	第二类	BSL-3	ABSL-3	BSL-2	BSL-1	BSL-1	A	UN2814	
6	*Chikungunya virus*	基孔肯尼雅病毒	披膜病毒科	第二类	BSL-3	ABSL-3	BSL-2	BSL-1	BSL-1	A	UN2814	
7	*Dhori virus*	多里病毒	正粘病毒科	第二类	BSL-3	ABSL-3	BSL-2	BSL-1	BSL-1	A	UN2814	
8	*Everglades virus*	Everglades 病毒	披膜病毒科	第二类	BSL-3	ABSL-3	BSL-2	BSL-1	BSL-1	A	UN2814	
9	*Foot-and-mouth disease virus*	口蹄疫病毒	小 RNA 病毒科	第二类	BSL-3	ABSL-3	BSL-2	BSL-1	BSL-1	A	UN2814	
10	*Garba virus*	Garba 病毒	弹状病毒科	第二类	BSL-3	ABSL-3	BSL-2	BSL-1	BSL-1	A	UN2814	
11	*Germiston virus*	Germiston 病毒	布尼亚病毒科	第二类	BSL-3	ABSL-3	BSL-2	BSL-1	BSL-1	A	UN2814	

（①摘录自：《人间传染的病原微生物名录》【卫科教发［2006］15 号】，共 3 个表。）

续表

序号	病毒名称			危害程度分类	实验活动所需生物安全实验室级别					运输包装分类⑥		备注
	英文名	中文名	分类学地位		病毒培养①	动物感染实验②	未经培养的感染材料的操作③	灭活材料的操作④	无感染性材料的操作⑤	A/B	UN编号	
12	*Getah virus*	Getah病毒	披膜病毒科	第二类	BSL-3	ABSL-3	BSL-2	BSL-1	BSL-1	A	UN2814	
13	*Gordil virus*	Gordil病毒	布尼亚病毒科	第二类	BSL-3	ABSL-3	BSL-2	BSL-1	BSL-1	A	UN2814	
14	*Hantaviruses, other*	其他汉坦病毒	布尼亚病毒科	第二类	BSL-3	ABSL-3	BSL-2	BSL-1	BSL-1	A	UN2814	仅病毒培养物为A类
15	*Hantaviruses cause pulmonary syndrome*	引起肺综合征的汉坦病毒	布尼亚病毒科	第二类	BSL-3	ABSL-3	BSL-2	BSL-1	BSL-1	A	UN2814	仅病毒培养物为A类
16	*Hantaviruses cause hemorrhagic fever with renal syndrome*	引起肾综合征出血热的汉坦病毒	布尼亚病毒科	第二类	BSL-2	ABSL-3	BSL-2	BSL-1	BSL-1	A	UN2814	有疫苗。仅病毒培养物为A类
17	*Herpesvirus saimiri*	松鼠猴疱疹病毒	疱疹病毒科	第二类	BSL-3	ABSL-3	BSL-2	BSL-1	BSL-1	A	UN2814	
18	*High pathogenic avian influenza virus*	高致病性禽流感病毒	正粘病毒科	第二类	BSL-3	ABSL-3	BSL-2	BSL-1	BSL-1	A	UN2814	仅病毒培养物为A类
19	*Human immunodef-iciency virus (HIV) typy1 and 2 virus*	艾滋病毒（Ⅰ型和Ⅱ型）	逆转录病毒科	第二类	BSL-3	ABSL-3	BSL-2	BSL-1	BSL-1	A	UN2814	仅病毒培养物为A类
20	*Inhangapi virus*	Inhangapi病毒	弹状病毒科	第二类	BSL-3	ABSL-3	BSL-2	BSL-1	BSL-1	A	UN2814	
21	*Inini virus*	Inini病毒	布尼亚病毒科	第二类	BSL-3	ABSL-3	BSL-2	BSL-1	BSL-1	A	UN2814	
22	*Issyk-Kul virus*	Issyk-Kul病毒	布尼亚病毒科	第二类	BSL-3	ABSL-3	BSL-2	BSL-1	BSL-1	A	UN2814	
23	*Itaituba virus*	Itaituba病毒	布尼亚病毒科	第二类	BSL-3	ABSL-3	BSL-2	BSL-1	BSL-1	A	UN2814	
24	*Japanese encephalitis virus*	乙型脑炎病毒	黄病毒科	第二类	BSL-2	ABSL-2	BSL-2	BSL-1	BSL-1	A	UN2814	有疫苗。仅病毒培养物为A类

续表

序号	病毒名称			危害程度分类	实验活动所需生物安全实验室级别					运输包装分类⑥		备注
	英文名	中文名	分类学地位		病毒培养①	动物感染实验②	未经培养的感染材料的操作③	灭活材料的操作④	无感染性材料的操作⑤	A/B	UN编号	
25	*Khasan virus*	Khasan病毒	布尼亚病毒科	第二类	BSL-3	ABSL-3	BSL-2	BSL-1	BSL-1	A	UN2814	
26	*Kyzylagach virus*	Kyz病毒	披膜病毒科	第二类	BSL-3	ABSL-3	BSL-2	BSL-1	BSL-1	A	UN2814	
27	*Lymphocytic choriomeningitis (neurotropic) virus*	淋巴细胞性脉络丛脑膜炎（嗜神经性的）病毒	沙粒病毒科	第二类	BSL-3	ABSL-3	BSL-2	BSL-1	BSL-1	A	UN2814	
28	*Mayaro virus*	Mayaro病毒	披膜病毒科	第二类	BSL-3	ABSL-3	BSL-2	BSL-1	BSL-1	A	UN2814	
29	*Middelburg virus*	米德尔堡病毒	披膜病毒科	第二类	BSL-3	ABSL-3	BSL-2	BSL-1	BSL-1	A	UN2814	
30	*Milker's nodule virus*	挤奶工结节病毒	痘病毒科	第二类	BSL-3	ABSL-3	BSL-2	BSL-1	BSL-1	A	UN2814	
31	*Mucambo virus*	Murcambo病毒	披膜病毒科	第二类	BSL-3	ABSL-3	BSL-2	BSL-1	BSL-1	A	UN2814	
32	*Murray valley encephalitis virus (Australia encephalitis virus)*	墨累谷脑炎病毒（澳大利亚脑炎病毒）	黄病毒科	第二类	BSL-3	ABSL-3	BSL-2	BSL-1	BSL-1	A	UN2814	
33	*Nairobi sheep disease virus*	内罗毕绵羊病病毒	布尼亚病毒科	第二类	BSL-3	ABSL-3	BSL-2	BSL-1	BSL-1	A	UN2814	
34	*Ndumu virus*	恩杜姆病毒	披膜病毒科	第二类	BSL-3	ABSL-3	BSL-2	BSL-1	BSL-1	A	UN2814	
35	*Negishi virus*	Negishi病毒	黄病毒科	第二类	BSL-3	ABSL-3	BSL-2	BSL-1	BSL-1	A	UN2814	
36	*Newcastle disease virus*	新城疫病毒	副粘病毒科	第二类	BSL-3	ABSL-3	BSL-2	BSL-1	BSL-1	A	UN2900	
37	*Orf virus*	口疮病毒	痘病毒科	第二类	BSL-3	ABSL-3	BSL-2	BSL-1	BSL-1	A	UN2814	
38	*Oropouche virus*	Oropouche病毒	布尼亚病毒科	第二类	BSL-3	ABSL-3	BSL-2	BSL-1	BSL-1	A	UN2814	
39	*Other pathogenic orthopoxviruses not in BL* 1，3 *or* 4	不属于危害程度第一或三、四类的其他正痘病毒属病毒	痘病毒科	第二类	BSL-3	ABSL-3	BSL-2	BSL-1	BSL-1	A	UN2814	

续表

序号	病毒名称			危害程度分类	实验活动所需生物安全实验室级别					运输包装分类[6]		备注
	英文名	中文名	分类学地位		病毒培养[1]	动物感染实验[2]	未经培养的感染材料的操作[3]	灭活材料的操作[4]	无感染性材料的操作[5]	A/B	UN 编号	
40	*Paramushir virus*	Paramushir 病毒	布尼亚病毒科	第二类	BSL-3	ABSL-3	BSL-2	BSL-1	BSL-1	A	UN2814	
41	*Poliovirus*	脊髓灰质炎病毒[8]	小 RNA 病毒科	第二类	BSL-3	ABSL-3	BSL-2	BSL-1	BSL-1	A	UN2814	见注
42	*Powassan virus*	Powassan 病毒	黄病毒科	第二类	BSL-3	ABSL-3	BSL-2	BSL-1	BSL-1	A	UN2814	
43	*Rabbitpox virus (vaccinia variant)*	兔痘病毒（痘苗病毒变种）	痘病毒科	第二类	BSL-3	ABSL-3	BSL-2	BSL-1	BSL-1	A	UN2814	
44	*Rabies virus (street virus)*	狂犬病毒（街毒）	弹状病毒科	第二类	BSL-3	ABSL-3	BSL-2	BSL-1	BSL-1	A	UN2814	
45	*Razdan virus*	Razdan 病毒	布尼亚病毒科	第二类	BSL-3	ABSL-3	BSL-2	BSL-1	BSL-1	A	UN2814	
46	*Rift valley fever virus*	立夫特谷热病毒	布尼亚病毒科	第二类	BSL-3	ABSL-3	BSL-2	BSL-1	BSL-1	A	UN2814	
47	*Rochambeau virus*	Rochambeau 病毒	弹状病毒科	第二类	BSL-3	ABSL-3	BSL-2	BSL-1	BSL-1	A	UN2814	
48	*Rocio virus*	罗西奥病毒	黄病毒科	第二类	BSL-3	ABSL-3	BSL-2	BSL-1	BSL-1	A	UN2814	
49	*Sagiyama virus*	Sagiyama 病毒	披膜病毒科	第二类	BSL-3	ABSL-3	BSL-2	BSL-1	BSL-1	A	UN2814	
50	*SARS-associated coronavirus (SARS-CoV)*	SARS 冠状病毒	冠状病毒科	第二类	BSL-3	ABSL-3	BSL-3	BSL-2	BSL-1	A	UN2814	
51	*Sepik virus*	塞皮克病毒	黄病毒科	第二类	BSL-3	ABSL-3	BSL-2	BSL-1	BSL-1	A	UN2814	
52	*Simian immunodeficiency virus (SIV)*	猴免疫缺陷病毒	逆转录病毒科	第二类	BSL-3	ABSL-3	BSL-2	BSL-1	BSL-1	A	UN2814	
53	*Tamdy virus*	Tamdy 病毒	布尼亚病毒科	第二类	BSL-3	ABSL-3	BSL-2	BSL-1	BSL-1	A	UN2814	
54	*West Nile virus*	西尼罗病毒	黄病毒科	第二类	BSL-3	ABSL-3	BSL-2	BSL-1	BSL-1	A	UN2814	仅病毒培养物为 A 类

续表

序号	病毒名称			危害程度分类	实验活动所需生物安全实验室级别					运输包装分类⑥		备注
	英文名	中文名	分类学地位		病毒培养①	动物感染实验②	未经培养的感染材料的操作③	灭活材料的操作④	无感染性材料的操作⑤	A/B	UN编号	
55	*Acute hemorrhagic conjunctivitis virus*	急性出血性结膜炎病毒	小RNA病毒科	第三类	BSL-2	ABSL-2	BSL-2	BSL-1	BSL-1	B	UN3373	
56	*Adenovirus*	腺病毒	腺病毒科	第三类	BSL-2	ABSL-2	BSL-2	BSL-1	BSL-1	B	UN3373	
57	*Adeno-associated virus*	腺病毒伴随病毒	细小病毒科	第三类	BSL-2	ABSL-2	BSL-2	BSL-1	BSL-1	B	UN3373	
58	*Alphaviruses, other known*	其他已知的甲病毒	披膜病毒科	第三类	BSL-2	ABSL-2	BSL-2	BSL-1	BSL-1	B	UN3373	
59	*Astrovirus*	星状病毒	星状病毒科	第三类	BSL-2	ABSL-2	BSL-2	BSL-1	BSL-1	B	UN3373	
60	*Barmah forest virus*	Barmah森林病毒	披膜病毒科	第三类	BSL-2	ABSL-2	BSL-2	BSL-1	BSL-1	B	UN3373	
61	*Bebaru virus*	Bebaru病毒	披膜病毒科	第三类	BSL-2	ABSL-2	BSL-2	BSL-1	BSL-1	B	UN3373	
62	*Buffalo pox virus: 2 viruses (1 a vaccinia variant)*	水牛正痘病毒：2种（1种是牛痘变种）	痘病毒科	第三类	BSL-2	ABSL-2	BSL-2	BSL-1	BSL-1	B	UN3373	
63	*Bunyavirus*	布尼亚病毒	布尼亚病毒科	第三类	BSL-2	ABSL-2	BSL-2	BSL-1	BSL-1	B	UN3373	
64	*Calicivirus*	杯状病毒	杯状病毒科	第三类	BSL-2	ABSL-2	BSL-2	BSL-1	BSL-1	B	UN3373	目前人类病毒不能培养
65	*Camel pox virus*	骆驼痘病毒	痘病毒科	第三类	BSL-2	ABSL-2	BSL-2	BSL-1	BSL-1	B	UN2814	
66	*Coltivirus*	Colti病毒	呼肠病毒科	第三类	BSL-2	ABSL-2	BSL-2	BSL-1	BSL-1	B	UN3373	
67	*Coronavirus*	冠状病毒	冠状病毒科	第三类	BSL-2	ABSL-2	BSL-2	BSL-1	BSL-1	B	UN3373	除了SARS-CoV以外，如NL-63，OC-43，229E等
68	*Cowpox virus*	牛痘病毒	痘病毒科	第三类	BSL-2	ABSL-2	BSL-2	BSL-1	BSL-1	B	UN3373	

续表

序号	病毒名称			危害程度分类	实验活动所需生物安全实验室级别					运输包装分类⑥		备注
	英文名	中文名	分类学地位		病毒培养①	动物感染实验②	未经培养的感染材料的操作③	灭活材料的操作④	无感染性材料的操作⑤	A/B	UN 编号	
69	*Coxsakie virus*	柯萨奇病毒	小 RNA 病毒科	第三类	BSL-2	ABSL-2	BSL-2	BSL-1	BSL-1	B	UN3373	
70	*Cytomegalovirus*	巨细胞病毒	疱疹病毒科	第三类	BSL-2	ABSL-2	BSL-2	BSL-1	BSL-1	B	UN3373	
71	*Dengue virus*	登革病毒	黄病毒科	第三类	BSL-2	ABSL-2	BSL-2	BSL-1	BSL-1	A	UN2814	仅培养物为A类
72	*ECHO virus*	埃可病毒	小 RNA 病毒科	第三类	BSL-2	ABSL-2	BSL-2	BSL-1	BSL-1	B	UN3373	
73	*Enterovirus*	肠道病毒	小 RNA 病毒科	第三类	BSL-2	ABSL-2	BSL-2	BSL-1	BSL-1	B	UN3373	系指目前分类未定的肠道病毒
74	*Enterovirus* 71	肠道病毒-71 型	小 RNA 病毒科	第三类	BSL-2	ABSL-2	BSL-2	BSL-1	BSL-1	B	UN3373	
75	*Epstein-Barr virus*	EB 病毒	疱疹病毒科	第三类	BSL-2	ABSL-2	BSL-2	BSL-1	BSL-1	B	UN3373	
76	*Flanders virus*	费兰杜病毒	弹状病毒科	第三类	BSL-2	ABSL-2	BSL-2	BSL-1	BSL-1	B	UN3373	
77	*Flaviviruses known to be pathogenic, other*	其他的致病性黄病毒	黄病毒科	第三类	BSL-2	ABSL-2	BSL-2	BSL-1	BSL-1	B	UN3373	
78	*Guaratuba virus*	瓜纳图巴病毒	布尼亚病毒科	第三类	BSL-2	ABSL-2	BSL-2	BSL-1	BSL-1	B	UN3373	
79	*Hart Park virus*	Hart Park 病毒	弹状病毒科	第三类	BSL-2	ABSL-2	BSL-2	BSL-1	BSL-1	B	UN3373	
80	*Hazara virus*	Hazara 病毒	布尼亚病毒科	第三类	BSL-2	ABSL-2	BSL-2	BSL-1	BSL-1	B	UN3373	
81	*Hepatitis A virus*	甲型肝炎病毒	小 RNA 病毒科	第三类	BSL-2	ABSL-2	BSL-2	BSL-1	BSL-1	B	UN3373	
82	*Hepatitis B virus*	乙型肝炎病毒	嗜肝 DNA 病毒科	第三类	BSL-2	ABSL-2	BSL-2	BSL-1	BSL-1	A	UN2814	目前不能培养，但有产毒细胞系。仅细胞培养物为A类。

续表

序号	病毒名称			危害程度分类	实验活动所需生物安全实验室级别					运输包装分类[6]		备注
	英文名	中文名	分类学地位		病毒培养[1]	动物感染实验[2]	未经培养的感染材料的操作[3]	灭活材料的操作[4]	无感染性材料的操作[5]	A/B	UN 编号	
83	*Hepatitis C virus*	丙型肝炎病毒	黄病毒科	第三类	BSL-2	ABSL-2	BSL-2	BSL-1	BSL-1	B	UN3373	目前不能培养
84	*Hepatitis D virus*	丁型肝炎病毒	卫星病毒	第三类	BSL-2	ABSL-2	BSL-2	BSL-1	BSL-1	B	UN3373	目前不能培养
85	*Hepatitis E virus*	戊型肝炎病毒	嵌杯病毒科	第三类	BSL-2	ABSL-2	BSL-2	BSL-1	BSL-1	B	UN3373	目前不能培养
86	*Herpes simplex virus*	单纯疱疹病毒	疱疹病毒科	第三类	BSL-2	ABSL-2	BSL-2	BSL-1	BSL-1	B	UN3373	
87	*Human herpes virus-6*	人疱疹病毒 6 型	疱疹病毒科	第三类	BSL-2	ABSL-2	BSL-2	BSL-1	BSL-1	B	UN3373	
88	*Human herpes virus-7*	人疱疹病毒 7 型	疱疹病毒科	第三类	BSL-2	ABSL-2	BSL-2	BSL-1	BSL-1	B	UN3373	
89	*Human herpes virus-8*	人疱疹病毒 8 型	疱疹病毒科	第三类	BSL-2	ABSL-2	BSL-2	BSL-1	BSL-1	B	UN3373	
90	*Human T-lymphotropic virus*	人 T 细胞白血病病毒	逆转录病毒科	第三类	BSL-2	ABSL-2	BSL-2	BSL-1	BSL-1	B	UN3373	
91	*Influenza virus*	流行性感冒病毒（非 H2N2 亚型）	正粘病毒科	第三类	BSL-2	ABSL-2	BSL-2	BSL-1	BSL-1	B	UN3373	包括甲、乙和丙型。A/PR8/34，A/WS/33 可在 BSL-1 操作。根据 WHO 最新建议，H2N2 亚型病毒应提高防护等级
		甲型流行性感冒病毒 H2N2 亚型	正粘病毒科	第三类	BSL-3	ABSL-3	BSL-2	BSL-1	BSL-1	B	UN2814	
92	*Kunjin virus*	Kunjin 病毒	黄病毒科	第三类	BSL-2	ABSL-2	BSL-2	BSL-1	BSL-1	B	UN3373	
93	*La Crosse virus*	La Crosse 病毒	布尼亚病毒科	第三类	BSL-2	ABSL-2	BSL-2	BSL-1	BSL-1	B	UN3373	
94	*Langat virus*	Langat 病毒	黄病毒科	第三类	BSL-2	ABSL-2	BSL-2	BSL-1	BSL-1	B	UN3373	
95	*Lentivirus, except HIV*	慢病毒，除 HIV 外	逆转录病毒科	第三类	BSL-2	ABSL-2	BSL-2	BSL-1	BSL-1	B	UN3373	

续表

序号	病毒名称			危害程度分类	实验活动所需生物安全实验室级别					运输包装分类⑥		备注
	英文名	中文名	分类学地位		病毒培养①	动物感染实验②	未经培养的感染材料的操作③	灭活材料的操作④	无感染性材料的操作⑤	A/B	UN 编号	
96	*Lymphocyticc horio-meningitis virus*	淋巴细胞性脉络丛脑膜炎病毒	沙粒病毒科	第三类：其他亲内脏性的	BSL-2	ABSL-2	BSL-2	BSL-1	BSL-1	B	UN3373	
97	*Measles virus*	麻疹病毒	副粘病毒科	第三类	BSL-2	ABSL-2	BSL-2	BSL-1	BSL-1	B	UN3373	
98	*Metapneumovirus*	Meta 肺炎病毒	副粘病毒科	第三类	BSL-2	ABSL-2	BSL-2	BSL-1	BSL-1	B	UN3373	
99	*Molluscum contagio-sum virus*	传染性软疣病毒	痘病毒科	第三类	BSL-2	ABSL-2	BSL-2	BSL-1	BSL-1	B	UN3373	
100	*Mumps virus*	流行性腮腺炎病毒	副粘病毒科	第三类	BSL-2	ABSL-2	BSL-2	BSL-1	BSL-1	B	UN3373	
101	*O'nyong-nyong virus*	阿尼昂-尼昂病毒	披膜病毒科	第三类	BSL-2	ABSL-2	BSL-2	BSL-1	BSL-1	B	UN3373	
102	*Oncogenic RNA virus B*	致癌 RNA 病毒 B	逆转录病毒科	第三类	BSL-2	ABSL-2	BSL-2	BSL-1	BSL-1	B	UN3373	
103	*Oncogenic RNA virus C, except HTLV I and II*	除 HTLV Ⅰ和Ⅱ外的致癌 RNA 病毒 C	逆转录病毒科	第三类	BSL-2	ABSL-2	BSL-2	BSL-1	BSL-1	B	UN3373	
104	*Other bunyaviridae known to be pathogenic*	其他已知致病的布尼亚病毒科病毒	布尼亚病毒科	第三类	BSL-2	ABSL-2	BSL-2	BSL-1	BSL-1	B	UN3373	
105	*Papillomavirus (human)*	人乳头瘤病毒	乳多空病毒科	第三类	BSL-2	ABSL-2	BSL-2	BSL-1	BSL-1	B	UN3373	目前不能培养
106	*Parainfluenza virus*	副流感病毒	副粘病毒科	第三类	BSL-2	ABSL-2	BSL-2	BSL-1	BSL-1	B	UN3373	
107	*Paravaccinia virus*	副牛痘病毒	痘病毒科	第三类	BSL-2	ABSL-2	BSL-2	BSL-1	BSL-1	B	UN3373	

续表

序号	病毒名称			危害程度分类	实验活动所需生物安全实验室级别					运输包装分类⑥		备注
	英文名	中文名	分类学地位		病毒培养①	动物感染实验②	未经培养的感染材料的操作③	灭活材料的操作④	无感染性材料的操作⑤	A/B	UN编号	
108	*Parvovirus* B19	细小病毒 B19	细小病毒科	第三类	BSL-2	ABSL-2	BSL-2	BSL-1	BSL-1	B	UN3373	
109	*Polyoma virus*, *BK and JC viruses*	多瘤病毒、BK 和 JC 病毒	乳多空病毒科	第三类	BSL-2	ABSL-2	BSL-2	BSL-1	BSL-1	B	UN3373	
110	*Rabies virus* (*fixed virus*)	狂犬病毒（固定毒）	弹状病毒科	第三类	BSL-2	ABSL-2	BSL-2	BSL-1	BSL-1	B	UN3373	
111	*Respiratory syncytial virus*	呼吸道合胞病毒	副粘病毒科	第三类	BSL-2	ABSL-2	BSL-2	BSL-1	BSL-1	B	UN3373	
112	*Rhinovirus*	鼻病毒	小 RNA 病毒科	第三类	BSL-2	ABSL-2	BSL-2	BSL-1	BSL-1	B	UN3373	
113	*Ross river virus*	罗斯河病毒	披膜病毒科	第三类	BSL-2	ABSL-2	BSL-2	BSL-1	BSL-1	B	UN3373	
114	*Rotavirus*	轮状病毒	呼肠孤病毒科	第三类	BSL-2	ABSL-2	BSL-2	BSL-1	BSL-1	B	UN3373	部分（如B组）不能培养
115	*Rubivirus* (*Rubella*)	风疹病毒	披膜病毒科	第三类	BSL-2	ABSL-2	BSL-2	BSL-1	BSL-1	B	UN3373	
116	*Sammarez Reef virus*	Sammarez Reef 病毒	黄病毒科	第三类	BSL-2	ABSL-2	BSL-2	BSL-1	BSL-1	B	UN3373	
117	*Sandfly fever virus*	白蛉热病毒	布尼亚病毒科	第三类	BSL-2	ABSL-2	BSL-2	BSL-1	BSL-1	B	UN3373	
118	*Semliki forest virus*	塞姆利基森林病毒	披膜病毒科	第三类	BSL-2	ABSL-2	BSL-2	BSL-1	BSL-1	A	UN2814	
119	*Sendai virus* (*murine parainfluenza virus type* 1)	仙台病毒（鼠副流感病毒1型）	副粘病毒科	第三类	BSL-2	ABSL-2	BSL-2	BSL-1	BSL-1	B	UN3373	

续表

序号	病毒名称			危害程度分类	实验活动所需生物安全实验室级别					运输包装分类[6]		备注
	英文名	中文名	分类学地位		病毒培养[1]	动物感染实验[2]	未经培养的感染材料的操作[3]	灭活材料的操作[4]	无感染性材料的操作[5]	A/B	UN编号	
120	*Simian virus* 40	猴病毒40	乳多空病毒科	第三类	BSL-2	ABSL-2	BSL-2	BSL-1	BSL-1	B	UN3373	
121	*Sindbis virus*	辛德毕斯病毒	披膜病毒科	第三类	BSL-2	ABSL-2	BSL-2	BSL-1	BSL-1	B	UN3373	
122	*Tanapox virus*	塔那痘病毒	痘病毒科	第三类	BSL-2	ABSL-2	BSL-2	BSL-1	BSL-1	B	UN3373	
123	*Tensaw virus*	Tensaw病毒	布尼亚病毒科	第三类	BSL-2	ABSL-2	BSL-2	BSL-1	BSL-1	B	UN3373	
124	*Turlock virus*	Turlock病毒	布尼亚病毒科	第三类	BSL-2	ABSL-2	BSL-2	BSL-1	BSL-1	B	UN3373	
125	*Vaccinia virus*	痘苗病毒	痘病毒科	第三类	BSL-2	ABSL-2	BSL-2	BSL-1	BSL-1	B	UN3373	
126	*Varicella-Zoster virus*	水痘-带状疱疹病毒	疱疹病毒科	第三类	BSL-2	ABSL-2	BSL-2	BSL-1	BSL-1	B	UN3373	
127	*Vesicular stomatitis virus*	水泡性口炎病毒	弹状病毒科	第三类	BSL-2	ABSL-2	BSL-2	BSL-1	BSL-1	A	UN2900	
128	*Yellow fever virus*，(*vaccine strain*，17*D*)	黄热病毒（疫苗株，17D）	黄病毒科	第三类	BSL-2	ABSL-2	BSL-2	BSL-1	BSL-1	B	UN3373	
129	*Guinea pig herpes virus*	豚鼠疱疹病毒	疱疹病毒科	第四类	BSL-1	ABSL-1	BSL-1	BSL-1	BSL-1			
130	*Hamster leukemia virus*	金黄地鼠白血病病毒	逆转录病毒科	第四类	BSL-1	ABSL-1	BSL-1	BSL-1	BSL-1			
131	*Herpesvirus saimiri*，*Genus Rhadinovirus*	松鼠猴疱疹病毒，猴病毒属	疱疹病毒科	第四类	BSL-1	ABSL-1	BSL-1	BSL-1	BSL-1			
132	*Mouse leukemia virus*	小鼠白血病病毒	逆转录病毒科	第四类	BSL-1	ABSL-1	BSL-1	BSL-1	BSL-1			
133	*Mouse mammary tumor virus*	小鼠乳腺瘤病毒	逆转录病毒科	第四类	BSL-1	ABSL-1	BSL-1	BSL-1	BSL-1			

续表

序号	病毒名称			危害程度分类	实验活动所需生物安全实验室级别					运输包装分类⑥		备注
	英文名	中文名	分类学地位		病毒培养①	动物感染实验②	未经培养的感染材料的操作③	灭活材料的操作④	无感染性材料的操作⑤	A/B	UN编号	
134	*Rat leukemia virus*	大鼠白血病病毒	逆转录病毒科	第四类	BSL-1	ABSL-1	BSL-1	BSL-1	BSL-1			

1. 病毒培养：指病毒的分离、培养、滴定、中和试验、活病毒及其蛋白纯化、病毒冻干以及产生活病毒的重组试验等操作。利用活病毒或其感染细胞（或细胞提取物），不经灭活进行的生化分析、血清学检测、免疫学检测等操作视同病毒培养。使用病毒培养物提取核酸，裂解剂或灭活剂的加入必须在与病毒培养等同级别的实验室和防护条件下进行，裂解剂或灭活剂加入后可比照未经培养的感染性材料的防护等级进行操作。
2. 动物感染实验：指以活病毒感染动物的实验。
3. 未经培养的感染性材料的操作：指未经培养的感染性材料在采用可靠的方法灭活前进行的病毒抗原检测、血清学检测、核酸检测、生化分析等操作。未经可靠灭活或固定的人和动物组织标本因含病毒量较高，其操作的防护级别应比照病毒培养。
4. 灭活材料的操作：指感染性材料或活病毒在采用可靠的方法灭活后进行的病毒抗原检测、血清学检测、核酸检测、生化分析、分子生物学实验等不含致病性活病毒的操作。
5. 无感染性材料的操作：指针对确认无感染性的材料的各种操作，包括但不限于无感染性的病毒DNA或cDNA操作。
6. 运输包装分类：按国际民航组织文件Doc9284《危险品航空安全运输技术细则》的分类包装要求，将相关病原和标本分为A、B两类，对应的联合国编号分别为UN2814（动物病毒为UN2900）和UN3373。对于A类感染性物质，若表中未注明"仅限于病毒培养物"，则包括涉及该病毒的所有材料；对于注明"仅限于病毒培养物"的A类感染性物质，则病毒培养物按UN2814包装，其他标本按UN3373要求进行包装。凡标明B类的病毒和相关样本均按UN3373的要求包装和空运。通过其他交通工具运输的可参照以上标准进行包装。
7. 这里特指亚欧地区传播的蜱传脑炎、俄罗斯春夏脑炎和中欧型蜱传脑炎。
8. 脊髓灰质炎病毒：这里只是列出一般指导性原则。目前对于脊髓灰质炎病毒野毒株的操作应遵从卫生部有关规定。对于疫苗株按3类病原微生物的防护要求进行操作，病毒培养的防护条件为BSL-2，动物感染为ABSL-2，未经培养的感染性材料的操作在BSL-2，灭活和无感染性材料的操作均为BSL-1。疫苗衍生毒株（VDPV）病毒培养的防护条件为BSL-2，动物感染为ABSL-3，未经培养的感染性材料的操作在BSL-2，灭活和无感染性材料的操作均为BSL-1。上述指导原则会随着全球消灭脊髓灰质炎病毒的进展状况而有所改变，新的指导原则按新规定执行。

注：BSL-n/ABSL-n：不同生物安全级别的实验室/动物实验室。

说明：

1. 在保证安全的前提下，对临床和现场的未知样本检测操作可在生物安全二级或以上防护级别的实验室进行，涉及病毒分离培养的操作，应加强个体防护和环境保护。要密切注意流行病学动态和临床表现，判断是否存在高致病性病原体，若判定为疑似高致病性病原体，应在相应生物安全级别的实验室开展工作。
2. 本表未列出之病毒和实验活动，由各单位的生物安全委员会负责危害程度评估，确定相应的生物安全防护级别。如涉及高致病性病毒及其相关实验的应经国家病原微生物实验室生物安全专家委员会论证。
3. 关于使用人类病毒的重组体：在卫生部发布有关的管理规定之前，对于人类病毒的重组体（包括对病毒的基因缺失、插入、突变等修饰以及将病毒作为外源基因的表达载体）暂时遵循以下原则：（1）严禁两个不同病原体之间进行完整基因组的重组；（2）对于对人类致病的病毒，如存在疫苗株，只允许用疫苗株为外源基因表达载体，如脊髓灰质炎病毒、麻疹病毒、乙型脑炎病毒等；（3）对于一般情况下即具有复制能力的重组活病毒（复制型重组病毒），其操作时的防护条件应不低于其母本病毒；对于条件复制型或复制缺陷型病毒可降低防护条件，但不得低于BSL-2的防护条件，例如来源于HIV的慢病毒载体，为双基因缺失载体，可在BSL-2实验室操作；（4）对于病毒作为表达载体，其防护水平总体上应根据其母本病毒的危害等级及防护要求进行操作，但是将高致病性病毒的基因重组入具有复制能力的同科低致病性病毒载体时，原则上应根据高致病性病原体的危害等级和防护条件进行操作，在证明重组体无危害后，可视情降低防护等级；（5）对于复制型重组病毒的制作事先要进行危险性评估，并得到所在单位生物安全委员会的批准。对于高致病性病原体重组体或有可能制造出高致病性病原体的操作应经国家病原微生物实验室生物安全专家委员会论证。
4. 国家正式批准的生物制品疫苗生产用减毒、弱毒毒种的分类地位另行规定。

表 H-2

细菌、放线菌、衣原体、支原体、立克次体、螺旋体分类名录

序号	病原菌名称		危害程度分类	实验活动所需生物安全实验室级别				运输包装分类[⑤]		备注
	学名	中文名		大量活菌操作[①]	动物感染实验[②]	样本检测[③]	非感染性材料的实验[④]	A/B	UN 编号	
1	*Bacillus anthracis*	炭疽芽孢杆菌	第二类	BSL-3	ABSL-3	BSL-2	BSL-1	A	UN 2814	
2	*Brucella spp*	布鲁氏菌属	第二类	BSL-3	ABSL-3	BSL-2	BSL-1	A	UN 2814	其中弱毒株或疫苗株可在 BSL-2 实验室操作
3	*Burkholderia mallei*	鼻疽伯克菌	第二类	BSL-3	ABSL-3	BSL-2	BSL-1	A	UN 2814	
4	*Coxiella burnetii*	伯氏考克斯体	第二类	BSL-3	ABSL-3	BSL-2	BSL-1	A	UN 2814	
5	*Francisella tularensis*	土拉热弗朗西丝菌	第二类	BSL-3	ABSL-3	BSL-2	BSL-1	A	UN 2814	
6	*Mycobacterium bovis*	牛型分枝杆菌	第二类	BSL-3	ABSL-3	BSL-2	BSL-1	A	UN 2814	
7	*Mycobacterium tuberculosis*	结核分枝杆菌	第二类	BSL-3	ABSL-3	BSL-2	BSL-1	A	UN 2814	
8	*Rickettsia spp*	立克次体属	第二类	BSL-3	ABSL-3	BSL-2	BSL-1	A	UN 2814	
9	*Vibrio cholerae*	霍乱弧菌[⑥]	第二类	BSL-2	ABSL-2	BSL-2	BSL-1	A	UN 2814	
10	*Yersinia pestis*	鼠疫耶尔森菌	第二类	BSL-3	ABSL-3	BSL-2	BSL-1	A	UN 2814	
11	*Acinetobacter lwoffi*	鲁氏不动杆菌	第三类	BSL-2	ABSL-2	BSL-2	BSL-1	B	UN 3373	
12	*Acinetobacter baumannii*	鲍氏不动杆菌	第三类	BSL-2	ABSL-2	BSL-2	BSL-1	B	UN 3373	
13	*Mycobacterium cheloei*	龟分枝杆菌	第三类	BSL-2	ABSL-2	BSL-2	BSL-1	B	UN 3373	
14	*Actinobacillus actinomycetemcomitans*	伴放线放线杆菌	第三类	BSL-2	ABSL-2	BSL-2	BSL-1	B	UN 3373	
15	*Actinomadura madurae*	马杜拉放线菌	第三类	BSL-2	ABSL-2	BSL-2	BSL-1	B	UN 3373	
16	*Actinomadura pelletieri*	白乐杰马杜拉放线菌	第三类	BSL-2	ABSL-2	BSL-2	BSL-1	B	UN 3373	
17	*Actinomyces bovis*	牛型放线菌	第三类	BSL-2	ABSL-2	BSL-2	BSL-1	B	UN 3373	
18	*Actinomyces gerencseriae*	戈氏放线菌	第三类	BSL-2	ABSL-2	BSL-2	BSL-1	B	UN 3373	

续表

序号	病原菌名称		危害程度分类	实验活动所需生物安全实验室级别				运输包装分类⑤		备注
	学名	中文名		大量活菌操作①	动物感染实验②	样本检测③	非感染性材料的实验④	A/B	UN 编号	
19	*Actinomyces israelii*	衣氏放线菌	第三类	BSL-2	ABSL-2	BSL-2	BSL-1	B	UN 3373	
20	*Actinomyces naeslundii*	内氏放线菌	第三类	BSL-2	ABSL-2	BSL-2	BSL-1	B	UN 3373	
21	*Actinomyces pyogenes*	酿（化）脓放线菌	第三类	BSL-2	ABSL-2	BSL-2	BSL-1	B	UN 3373	
22	*Aeromonas hydrophila*	嗜水气单胞菌/杜氏气单胞菌/嗜水变形菌	第三类	BSL-2	ABSL-2	BSL-2	BSL-1	B	UN 3373	
23	*Aeromonas punctata*	斑点气单胞菌	第三类	BSL-2	ABSL-2	BSL-2	BSL-1	B	UN 3373	
24	*Afipia spp*	阿菲波菌属	第三类	BSL-2	ABSL-2	BSL-2	BSL-1	B	UN 3373	
25	*Amycolata autotrophica*	自养无枝酸菌	第三类	BSL-2	ABSL-2	BSL-2	BSL-1	B	UN 3373	
26	*Arachnia propionica*	丙酸蛛菌/丙酸蛛网菌	第三类	BSL-2	ABSL-2	BSL-2	BSL-1	B	UN 3373	
27	*Arcanobacterium equi*	马隐秘杆菌	第三类	BSL-2	ABSL-2	BSL-2	BSL-1	B	UN 3373	
28	*Arcanobacterium haemolyticum*	溶血隐秘杆菌	第三类	BSL-2	ABSL-2	BSL-2	BSL-1	B	UN 3373	
29	*Bacillus cereus*	蜡样芽胞杆菌	第三类	BSL-2	ABSL-2	BSL-2	BSL-1	B	UN 3373	
30	*Bacteroides fragilis*	脆弱拟杆菌	第三类	BSL-2	ABSL-2	BSL-2	BSL-1	B	UN 3373	
31	*Bartonella bacilliformis*	杆状巴尔通体	第三类	BSL-2	ABSL-2	BSL-2	BSL-1	B	UN 3373	
32	*Bartonella elizabethae*	伊丽莎白巴尔通体	第三类	BSL-2	ABSL-2	BSL-2	BSL-1	B	UN 3373	
33	*Bartonella henselae*	汉氏巴尔通体	第三类	BSL-2	ABSL-2	BSL-2	BSL-1	B	UN 3373	
34	*Bartonella quintana*	五日热巴尔通体	第三类	BSL-2	ABSL-2	BSL-2	BSL-1	B	UN 3373	

续表

序号	病原菌名称		危害程度分类	实验活动所需生物安全实验室级别				运输包装分类[5]		备注
	学名	中文名		大量活菌操作[1]	动物感染实验[2]	样本检测[3]	非感染性材料的实验[4]	A/B	UN 编号	
35	*Bartonella vinsonii*	文氏巴尔通体	第三类	BSL-2	ABSL-2	BSL-2	BSL-1	B	UN 3373	
36	*Bordetella bronchiseptica*	支气管炎博德特菌	第三类	BSL-2	ABSL-2	BSL-2	BSL-1	B	UN 3373	
37	*Bordetella parapertussis*	副百日咳博德特菌	第三类	BSL-2	ABSL-2	BSL-2	BSL-1	B	UN 3373	
38	*Bordetella pertussis*	百日咳博德特菌	第三类	BSL-2	ABSL-2	BSL-2	BSL-1	B	UN 3373	
39	*Borrelia burgdorferi*	伯氏疏螺旋体	第三类	BSL-2	ABSL-2	BSL-2	BSL-1	B	UN 3373	
40	*Borrelia duttonii*	达氏疏螺旋体	第三类	BSL-2	ABSL-2	BSL-2	BSL-1	B	UN 3373	
41	*Borrelia recurrentis*	回归热疏螺旋体	第三类	BSL-2	ABSL-2	BSL-2	BSL-1	B	UN 3373	
42	*Borrelia vincenti*	奋森疏螺旋体	第三类	BSL-2	ABSL-2	BSL-2	BSL-1	B	UN 3373	
43	*Calymmatobacterium granulomatis*	肉芽肿鞘杆菌	第三类	BSL-2	ABSL-2	BSL-2	BSL-1	B	UN 3373	
44	*Campylobacter jejuni*	空肠弯曲菌	第三类	BSL-2	ABSL-2	BSL-2	BSL-1	B	UN 3373	
45	*Campylobacter sputorum*	唾液弯曲菌	第三类	BSL-2	ABSL-2	BSL-2	BSL-1	B	UN 3373	
46	*Campylobacter fetus*	胎儿弯曲菌	第三类	BSL-2	ABSL-2	BSL-2	BSL-1	B	UN 3373	
47	*Campylobacter coli*	大肠弯曲菌	第三类	BSL-2	ABSL-2	BSL-2	BSL-1	B	UN 3373	
48	*Chlamydia pneumoniae*	肺炎衣原体	第三类	BSL-2	ABSL-2	BSL-2	BSL-1	B	UN 3373	
49	*Chlamydia psittaci*	鹦鹉热衣原体	第三类	BSL-2	ABSL-2	BSL-2	BSL-1	B	UN 2814	
50	*Chlamydia trachomatis*	沙眼衣原体	第三类	BSL-2	ABSL-2	BSL-2	BSL-1	B	UN 3373	
51	*Clostridium botulinum*	肉毒梭菌	第三类	BSL-2	ABSL-2	BSL-2	BSL-1	A	UN 2814	菌株按第二类管理

续表

序号	病原菌名称		危害程度分类	实验活动所需生物安全实验室级别				运输包装分类⑤		备注
	学名	中文名		大量活菌操作①	动物感染实验②	样本检测③	非感染性材料的实验④	A/B	UN 编号	
52	*Clostridium difficile*	艰难梭菌	第三类	BSL-2	ABSL-2	BSL-2	BSL-1	B	UN 3373	
53	*Clostridium equi*	马梭菌	第三类	BSL-2	ABSL-2	BSL-2	BSL-1	B	UN 3373	
54	*Clostridium haemolyticum*	溶血梭菌	第三类	BSL-2	ABSL-2	BSL-2	BSL-1	B	UN 3373	
55	*Clostridium histolyticum*	溶组织梭菌	第三类	BSL-2	ABSL-2	BSL-2	BSL-1	B	UN 3373	
56	*Clostridium novyi*	诺氏梭菌	第三类	BSL-2	ABSL-2	BSL-2	BSL-1	B	UN 3373	
57	*Clostridium perfringens*	产气荚膜梭菌	第三类	BSL-2	ABSL-2	BSL-2	BSL-1	B	UN 3373	
58	*Clostridium sordellii*	索氏梭菌	第三类	BSL-2	ABSL-2	BSL-2	BSL-1	B	UN 3373	
59	*Clostridium tetani*	破伤风梭菌	第三类	BSL-2	ABSL-2	BSL-2	BSL-1	B	UN 3373	
60	*Corynebacterium bovis*	牛棒杆菌	第三类	BSL-2	ABSL-2	BSL-2	BSL-1	B	UN 3373	
61	*Corynebacterium diphtheriae*	白喉棒杆菌	第三类	BSL-2	ABSL-2	BSL-2	BSL-1	B	UN 3373	
62	*Corynebacterium minutissimum*	极小棒杆菌	第三类	BSL-2	ABSL-2	BSL-2	BSL-1	B	UN 3373	
63	*Corynebacterium pseudotuberculosis*	假结核棒杆菌	第三类	BSL-2	ABSL-2	BSL-2	BSL-1	B	UN 3373	
64	*Corynebacterium ulcerans*	溃疡棒杆菌	第三类	BSL-2	ABSL-2	BSL-2	BSL-1	B	UN 3373	
65	*Dermatophilus congolensis*	刚果嗜皮菌	第三类	BSL-2	ABSL-2	BSL-2	BSL-1	B	UN 3373	
66	*Edwardsiella tarda*	迟钝爱德华菌	第三类	BSL-2	ABSL-2	BSL-2	BSL-1	B	UN 3373	
67	*Eikenella corrodens*	啮蚀艾肯菌	第三类	BSL-2	ABSL-2	BSL-2	BSL-1	B	UN 3373	
68	*Enterobacter aerogenes/cloacae*	产气肠杆菌 / 阴沟肠杆菌	第三类	BSL-2	ABSL-2	BSL-2	BSL-1	B	UN 3373	

续表

序号	病原菌名称		危害程度分类	实验活动所需生物安全实验室级别				运输包装分类[5]		备注
	学名	中文名		大量活菌操作[1]	动物感染实验[2]	样本检测[3]	非感染性材料的实验[4]	A/B	UN 编号	
69	*Enterobacter spp*	肠杆菌属	第三类	BSL-2	ABSL-2	BSL-2	BSL-1	B	UN 3373	
70	*Erlichia sennetsu*	腺热埃里希体	第三类	BSL-2	ABSL-2	BSL-2	BSL-1	B	UN 3373	
71	*Erysipelothrix rhusiopathiae*	猪红斑丹毒丝菌	第三类	BSL-2	ABSL-2	BSL-2	BSL-1	B	UN 3373	
72	*Erysipelothrix spp*	丹毒丝菌属	第三类	BSL-2	ABSL-2	BSL-2	BSL-1	B	UN 3373	
73	*Pathogenic Escherichia coli*	致病性大肠埃希菌	第三类	BSL-2	ABSL-2	BSL-2	BSL-1	B	UN 2814	
74	*Flavobacterium meningosepticum*	脑膜炎黄杆菌	第三类	BSL-2	ABSL-2	BSL-2	BSL-1	B	UN 3373	
75	*Fluoribacter bozemanae*	博兹曼荧光杆菌	第三类	BSL-2	ABSL-2	BSL-2	BSL-1	B	UN 3373	
76	*Francisella novicida*	新凶手弗朗西丝菌	第三类	BSL-2	ABSL-2	BSL-2	BSL-1	B	UN 3373	
77	*Fusobacterium necrophorum*	坏疽梭杆菌	第三类	BSL-2	ABSL-2	BSL-2	BSL-1	B	UN 3373	
78	*Gardnerella vaginalis*	阴道加德纳菌	第三类	BSL-2	ABSL-2	BSL-2	BSL-1	B	UN 3373	
79	*Haemophilus ducreyi*	杜氏嗜血菌	第三类	BSL-2	ABSL-2	BSL-2	BSL-1	B	UN 3373	
80	*Haemophilus influenzae*	流感嗜血杆菌	第三类	BSL-2	ABSL-2	BSL-2	BSL-1	B	UN 3373	
81	*Helicobacter pylori*	幽门螺杆菌	第三类	BSL-2	ABSL-2	BSL-2	BSL-1	B	UN 3373	
82	*Kingella kingae*	金氏金氏菌	第三类	BSL-2	ABSL-2	BSL-2	BSL-1	B	UN 3373	
83	*Klebsiella oxytoca*	产酸克雷伯菌	第三类	BSL-2	ABSL-2	BSL-2	BSL-1	B	UN 3373	
84	*Klebsiella pnenmoniae*	肺炎克雷伯菌	第三类	BSL-2	ABSL-2	BSL-2	BSL-1	B	UN 3373	
85	*Legionella pneumophila*	嗜肺军团菌	第三类	BSL-2	ABSL-2	BSL-2	BSL-1	B	UN 3373	

续表

序号	病原菌名称		危害程度分类	实验活动所需生物安全实验室级别				运输包装分类⑤		备注
	学名	中文名		大量活菌操作①	动物感染实验②	样本检测③	非感染性材料的实验④	A/B	UN编号	
86	*Listeria ivanovii*	伊氏李斯特菌	第三类	BSL-2	ABSL-2	BSL-2	BSL-1	B	UN 3373	
87	*Listeria monocytogenes*	单核细胞增生李斯特菌	第三类	BSL-2	ABSL-2	BSL-2	BSL-1	B	UN 3373	
88	*Leptospira interrogans*	问号钩端螺旋体	第三类	BSL-2	ABSL-2	BSL-2	BSL-1	B	UN 3373	
89	*Mima polymorpha*	多态小小菌	第三类	BSL-2	ABSL-2	BSL-2	BSL-1	B	UN 3373	
90	*Morganella morganii*	摩氏摩根菌	第三类	BSL-2	ABSL-2	BSL-2	BSL-1	B	UN 3373	
91	*Mycobacterium africanum*	非洲分枝杆菌	第三类	BSL-2	ABSL-2	BSL-2	BSL-1	B	UN 3373	
92	*Mycobacterium asiaticum*	亚洲分枝杆菌	第三类	BSL-2	ABSL-2	BSL-2	BSL-1	B	UN 3373	
93	*Mycobacterium avium-chester*	鸟分枝杆菌	第三类	BSL-2	ABSL-2	BSL-2	BSL-1	B	UN 3373	
94	*Mycobacterium fortuitum*	偶发分枝杆菌	第三类	BSL-2	ABSL-2	BSL-2	BSL-1	B	UN 3373	
95	*Mycobacterium hominis*	人型分枝杆菌	第三类	BSL-2	ABSL-2	BSL-2	BSL-1	B	UN 3373	
96	*Mycobacterium kansasii*	堪萨斯分枝杆菌	第三类	BSL-2	ABSL-2	BSL-2	BSL-1	B	UN 3373	
97	*Mycobacterium leprae*	麻风分枝杆菌	第三类	BSL-2	ABSL-2	BSL-2	BSL-1	B	UN 3373	
98	*Mycobacterium malmoenes*	玛尔摩分枝杆菌	第三类	BSL-2	ABSL-2	BSL-2	BSL-1	B	UN 3373	
99	*Mycobacterium microti*	田鼠分枝杆菌	第三类	BSL-2	ABSL-2	BSL-2	BSL-1	B	UN 3373	
100	*Mycobacterium paratuberculosis*	副结核分枝杆菌	第三类	BSL-2	ABSL-2	BSL-2	BSL-1	B	UN 3373	
101	*Mycobacterium scrofulaceum*	瘰疬分支杆菌	第三类	BSL-2	ABSL-2	BSL-2	BSL-1	B	UN 3373	
102	*Mycobacterium simiae*	猿分支杆菌	第三类	BSL-2	ABSL-2	BSL-2	BSL-1	B	UN 3373	

续表

序号	病原菌名称		危害程度分类	实验活动所需生物安全实验室级别				运输包装分类⑤		备注
	学名	中文名		大量活菌操作①	动物感染实验②	样本检测③	非感染性材料的实验④	A/B	UN 编号	
103	*Mycobacterium szulgai*	斯氏分枝杆菌	第三类	BSL-2	ABSL-2	BSL-2	BSL-1	B	UN 3373	
104	*Mycobacterium ulcerans*	溃疡分枝杆菌	第三类	BSL-2	ABSL-2	BSL-2	BSL-1	B	UN 3373	
105	*Mycobacterium xenopi*	蟾分枝杆菌	第三类	BSL-2	ABSL-2	BSL-2	BSL-1	B	UN 3373	
106	*Mycoplasma pneumoniae*	肺炎支原体	第三类	BSL-2	ABSL-2	BSL-2	BSL-1	B	UN 3373	
107	*Neisseria gonorrhoeae*	淋病奈瑟菌	第三类	BSL-2	ABSL-2	BSL-2	BSL-1	B	UN 3373	
108	*Neisseria meningitidis*	脑膜炎奈瑟菌	第三类	BSL-2	ABSL-2	BSL-2	BSL-1	B	UN 3373	
109	*Nocardia asteroides*	星状诺卡菌	第三类	BSL-2	ABSL-2	BSL-2	BSL-1	B	UN 3373	
110	*Nocardia brasiliensis*	巴西诺卡菌	第三类	BSL-2	ABSL-2	BSL-2	BSL-1	B	UN 3373	
111	*Nocardia carnea*	肉色诺卡菌	第三类	BSL-2	ABSL-2	BSL-2	BSL-1	B	UN 3373	
112	*Nocardia farcinica*	皮诺卡菌	第三类	BSL-2	ABSL-2	BSL-2	BSL-1	B	UN 3373	
113	*Nocardia nova*	新星诺卡菌	第三类	BSL-2	ABSL-2	BSL-2	BSL-1	B	UN 3373	
114	*Nocardia otitidiscaviarum*	豚鼠耳炎诺卡菌	第三类	BSL-2	ABSL-2	BSL-2	BSL-1	B	UN 3373	
115	*Nocardia transvalensis*	南非诺卡菌	第三类	BSL-2	ABSL-2	BSL-2	BSL-1	B	UN 3373	
116	*Pasteurella multocida*	多杀巴斯德菌	第三类	BSL-2	ABSL-2	BSL-2	BSL-1	B	UN 3373	
117	*Pasteurella pneunotropica*	侵肺巴斯德菌	第三类	BSL-2	ABSL-2	BSL-2	BSL-1	B	UN 3373	
118	*Peptostreptococcus anaerobius*	厌氧消化链球菌	第三类	BSL-2	ABSL-2	BSL-2	BSL-1	B	UN 3373	
119	*Plesiomonas shigelloides*	类志贺气单胞菌	第三类	BSL-2	ABSL-2	BSL-2	BSL-1	B	UN 3373	

续表

序号	病原菌名称		危害程度分类	实验活动所需生物安全实验室级别				运输包装分类⑤		备注
	学名	中文名		大量活菌操作①	动物感染实验②	样本检测③	非感染性材料的实验④	A/B	UN 编号	
120	*Prevotella spp*	普雷沃菌属	第三类	BSL-2	ABSL-2	BSL-2	BSL-1	B	UN 3373	
121	*Proteus mirabilis*	奇异变形菌	第三类	BSL-2	ABSL-2	BSL-2	BSL-1	B	UN 3373	
122	*Proteus penneri*	彭氏变形菌	第三类	BSL-2	ABSL-2	BSL-2	BSL-1	B	UN 3373	
123	*Proteus vulgaris*	普通变形菌	第三类	BSL-2	ABSL-2	BSL-2	BSL-1	B	UN 3373	
124	*Providencia alcalifaciens*	产碱普罗威登斯菌	第三类	BSL-2	ABSL-2	BSL-2	BSL-1	B	UN 3373	
125	*Providencia rettgeri*	雷氏普罗威登斯菌	第三类	BSL-2	ABSL-2	BSL-2	BSL-1	B	UN 3373	
126	*Pseudomonas aeruginosa*	铜绿假单胞菌	第三类	BSL-2	ABSL-2	BSL-2	BSL-1	B	UN 3373	
127	*Rhodococcus equi*	马红球菌	第三类	BSL-2	ABSL-2	BSL-2	BSL-1	B	UN 3373	
128	*Salmonella arizonae*	亚利桑那沙门菌	第三类	BSL-2	ABSL-2	BSL-2	BSL-1	B	UN 3373	
129	*Salmonella choleraesuis*	猪霍乱沙门菌	第三类	BSL-2	ABSL-2	BSL-2	BSL-1	B	UN 3373	
130	*Salmonella enterica*	肠沙门菌	第三类	BSL-2	ABSL-2	BSL-2	BSL-1	B	UN 3373	
131	*Salmonella meleagridis*	火鸡沙门菌	第三类	BSL-2	ABSL-2	BSL-2	BSL-1	B	UN 3373	
132	*Salmonella paratyphi* A，B，C	甲、乙、丙型副伤寒沙门菌	第三类	BSL-2	ABSL-2	BSL-2	BSL-1	B	UN 3373	
133	*Salmonella typhi*	伤寒沙门菌	第三类	BSL-2	ABSL-2	BSL-2	BSL-1	B	UN 3373	
134	*Salmonella typhimurium*	鼠伤寒沙门菌	第三类	BSL-2	ABSL-2	BSL-2	BSL-1	B	UN 3373	
135	*Serpulina spp*	小蛇菌属	第三类	BSL-2	ABSL-2	BSL-2	BSL-1	B	UN 3373	

续表

序号	病原菌名称		危害程度分类	实验活动所需生物安全实验室级别				运输包装分类⑤		备注
	学名	中文名		大量活菌操作①	动物感染实验②	样本检测③	非感染性材料的实验④	A/B	UN 编号	
136	*Serratia liquefaciens*	液化沙雷菌	第三类	BSL-2	ABSL-2	BSL-2	BSL-1	B	UN 3373	
137	*Serratia marcescens*	粘质沙雷菌	第三类	BSL-2	ABSL-2	BSL-2	BSL-1	B	UN 3373	
138	*Shigella spp*	志贺菌属	第三类	BSL-2	ABSL-2	BSL-2	BSL-1	B	UN 3373	
139	*Staphylococcus aureus*	金黄色葡萄球菌	第三类	BSL-2	ABSL-2	BSL-2	BSL-1	B	UN 3373	
140	*Staphylococcus epidermidis*	表皮葡萄球菌	第三类	BSL-2	ABSL-2	BSL-2	BSL-1	B	UN 3373	
141	*Streptobacillus moniliformis*	念珠状链杆菌	第三类	BSL-2	ABSL-2	BSL-2	BSL-1	B	UN 3373	
142	*Streptococcus pneumoniae*	肺炎链球菌	第三类	BSL-2	ABSL-2	BSL-2	BSL-1	B	UN 3373	
143	*Streptococcus pyogenes*	化脓链球菌	第三类	BSL-2	ABSL-2	BSL-2	BSL-1	B	UN 3373	
144	*Streptococcus spp*	链球菌属	第三类	BSL-2	ABSL-2	BSL-2	BSL-1	B	UN 3373	
145	*Streptococcus suis*	猪链球菌	第三类	BSL-2	ABSL-2	BSL-2	BSL-1	B	UN 2814	
146	*Treponema carateum*	斑点病密螺旋体	第三类	BSL-2	ABSL-2	BSL-2	BSL-1	B	UN 3373	
147	*Treponema pallidum*	苍白（梅毒）密螺旋体	第三类	BSL-2	ABSL-2	BSL-2	BSL-1	B	UN 373	
148	*Treponema pertenue*	极细密螺旋体	第三类	BSL-2	ABSL-2	BSL-2	BSL-1	B	UN 3373	
149	*Treponema vincentii*	文氏密螺旋体	第三类	BSL-2	ABSL-2	BSL-2	BSL-1	B	UN 3373	
150	*Ureaplasma urealyticum*	解脲脲原体	第三类	BSL-2	ABSL-2	BSL-2	BSL-1	B	UN 3373	
151	*Vibrio vulnificus*	创伤弧菌	第三类	BSL-2	ABSL-2	BSL-2	BSL-1	B	UN 3373	

续表

序号	病原菌名称		危害程度分类	实验活动所需生物安全实验室级别				运输包装分类⑤		备注
	学名	中文名		大量活菌操作①	动物感染实验②	样本检测③	非感染性材料的实验④	A/B	UN编号	
152	*Yersinia enterocolitica*	小肠结肠炎耶尔森菌	第三类	BSL-2	ABSL-2	BSL-2	BSL-1	B	UN 3373	
153	*Yersinia pseudotuberculosis*	假结核耶尔森菌	第三类	BSL-2	ABSL-2	BSL-2	BSL-1	B	UN 3373	
154	*Human granulocytic ehrlichiae*	人粒细胞埃立克体	第三类	BSL-2	ABSL-2	BSL-2	BSL-1	B	UN 3373	
155	*Ehrlichia Chaffeensis*, *EC*	查菲埃立克体	第三类	BSL-2	ABSL-2	BSL-2	BSL-1	B	UN 3373	

①大量活菌操作：实验操作涉及“大量”病原菌的制备，或易产生气溶胶的实验操作（如病原菌离心、冻干等）。

②动物感染实验：特指以活菌感染的动物实验。

③样本检测：包括样本的病原菌分离纯化、药物敏感性实验、生化鉴定、免疫学实验、PCR核酸提取、涂片、显微观察等初步检测活动。

④非感染性材料的实验：如不含致病性活菌材料的分子生物学、免疫学等实验。

⑤运输包装分类：按国际民航组织文件Doc9284《危险品航空安全运输技术细则》的分类包装要求，将相关病原和标本分为A、B两类，对应的联合国编号分别为UN2814和UN3373；A类中传染性物质特指菌株或活菌培养物，应按UN2814的要求包装和空运，其他相关样本和B类的病原和相关样本均按UN3373的要求包装和空运；通过其他交通工具运输的可参照以上标准包装。

⑥因属甲类传染病，流行株按第二类管理，涉及大量活菌培养等工作可在BSL-2实验室进行；非流行株归第三类。

注：BSL-n/ABSL-n：代表不同生物安全级别的实验室/动物实验室。

说明：

1. 在保证安全的前提下，对临床和现场的未知样本的检测可在生物安全二级或以上防护级别的实验室进行。涉及病原菌分离培养的操作，应加强个体防护和环境保护。但此项工作仅限于对样本中病原菌的初步分离鉴定。一旦病原菌初步明确，应按病原微生物的危害类别将其转移至相应生物安全级别的实验室开展工作。
2. “大量”的病原菌制备，是指病原菌的体积或浓度，大大超过了常规检测所需要的量。比如在大规模发酵、抗原和疫苗生产，病原菌进一步鉴定以及科研活动中，病原菌增殖和浓缩所需要处理的剂量。
3. 本表未列之病原微生物和实验活动，由单位生物安全委员会负责危害程度评估，确定相应的生物安全防护级别。如涉及高致病性病原微生物及其相关实验的，应经国家病原微生物实验室生物安全专家委员会论证。
4. 国家正式批准的生物制品疫苗生产用减毒、弱毒菌种的分类地位另行规定。

真菌分类名录 表 H-3

序号	真菌名称		危害程度分类	实验活动所需生物安全实验室级别				运输包装分类[5]		备注
	学名	中文名		大量活菌操作[1]	动物感染实验[2]	样本检测[3]	非感染性材料的实验[4]	A/B	UN 编号	
1	*Coccidioides immitis*	粗球孢子菌	第二类	BSL-3	ABSL-3	BSL-2	BSL-1	A	UN 2814	
2	*Histoplasm farcinimosum*	马皮疽组织胞浆菌	第二类	BSL-3	ABSL-3	BSL-2	BSL-1	A	UN 2814	
3	*Histoplasma capsulatum*	荚膜组织胞浆菌	第二类	BSL-3	ABSL-3	BSL-2	BSL-1	A	UN 2814	
4	*Paracoccidioides brasiliensis*	巴西副球孢子菌	第二类	BSL-3	ABSL-3	BSL-2	BSL-1	A	UN 2814	
5	*Absidia corymbifera*	伞枝梨头霉	第三类	BSL-2	ABSL-2	BSL-2	BSL-1	B	UN 3373	
6	*Alternaria*	交链孢霉属	第三类	BSL-2	ABSL-2	BSL-2	BSL-1	B	UN 3373	
7	*Arthrinium*	节菱孢霉属	第三类	BSL-2	ABSL-2	BSL-2	BSL-1	B	UN 3373	
8	*Aspergillus flavus*	黄曲霉	第三类	BSL-2	ABSL-2	BSL-2	BSL-1	B	UN 3373	
9	*Aspergillus fumigatus*	烟曲霉	第三类	BSL-2	ABSL-2	BSL-2	BSL-1	B	UN 3373	
10	*Aspergillus nidulans*	构巢曲霉	第三类	BSL-2	ABSL-2	BSL-2	BSL-1	B	UN 3373	
11	*Aspergillus ochraceus*	赭曲霉	第三类	BSL-2	ABSL-2	BSL-2	BSL-1	B	UN 3373	
12	*Aspergillus parasiticus*	寄生曲霉	第三类	BSL-2	ABSL-2	BSL-2	BSL-1	B	UN 3373	
13	*Blastomyces dermatitidis*	皮炎芽生菌	第三类	BSL-2	ABSL-2	BSL-2	BSL-1	B	UN 3373	
14	*Candida albicans*	白假丝酵母菌	第三类	BSL-2	ABSL-2	BSL-2	BSL-1	B	UN 3373	
15	*Cephalosporium*	头孢霉属	第三类	BSL-2	ABSL-2	BSL-2	BSL-1	B	UN 3373	
16	*Cladosporium carrionii*	卡氏枝孢霉	第三类	BSL-2	ABSL-2	BSL-2	BSL-1	B	UN 3373	

续表

序号	真菌名称		危害程度分类	实验活动所需生物安全实验室级别				运输包装分类⑤		备注
	学名	中文名		大量活菌操作①	动物感染实验②	样本检测③	非感染性材料的实验④	A/B	UN编号	
17	*Cladosporium trichoides*	毛样枝孢霉	第三类	BSL-2	ABSL-2	BSL-2	BSL-1	B	UN 3373	
18	*Cryptococcus neoformans*	新生隐球菌	第三类	BSL-2	ABSL-2	BSL-2	BSL-1	B	UN 3373	
19	*Dactylaria gallopava*	指状菌属	第三类	BSL-2	ABSL-2	BSL-2	BSL-1	B	UN 3373	
20	*Dermatophilus congolensis*	嗜刚果皮菌	第三类	BSL-2	ABSL-2	BSL-2	BSL-1	B	UN 3373	
21	*Emmonsia parva*	伊蒙微小菌	第三类	BSL-2	ABSL-2	BSL-2	BSL-1	B	UN 3373	
22	*Epidermophyton floccosum*	絮状表皮癣菌	第三类	BSL-2	ABSL-2	BSL-2	BSL-1	B	UN 3373	
23	*Exophiala dermatitidis*	皮炎外瓶霉	第三类	BSL-2	ABSL-2	BSL-2	BSL-1	B	UN 3373	
24	*Fonsecaea compacta*	着紧密色霉	第三类	BSL-2	ABSL-2	BSL-2	BSL-1	B	UN 3373	
25	*Fonsecaea pedrosoi*	佩氏着色霉	第三类	BSL-2	ABSL-2	BSL-2	BSL-1	B	UN 3373	
26	*Fusarium equiseti*	木贼镰刀菌	第三类	BSL-2	ABSL-2	BSL-2	BSL-1	B	UN 3373	
27	*Fusarium graminearum*	禾谷镰刀菌	第三类	BSL-2	ABSL-2	BSL-2	BSL-1	B	UN 3373	
28	*Fusarium moniliforme*	串珠镰刀菌	第三类	BSL-2	ABSL-2	BSL-2	BSL-1	B	UN 3373	
29	*Fusarium nivale*	雪腐镰刀菌	第三类	BSL-2	ABSL-2	BSL-2	BSL-1	B	UN 3373	
30	*Fusarium oxysporum*	尖孢镰刀菌	第三类	BSL-2	ABSL-2	BSL-2	BSL-1	B	UN 3373	
31	*Fusarium poae*	梨孢镰刀菌	第三类	BSL-2	ABSL-2	BSL-2	BSL-1	B	UN 3373	
32	*Fusarium solani*	茄病镰刀菌	第三类	BSL-2	ABSL-2	BSL-2	BSL-1	B	UN 3373	
33	*Fusarium sporotricoides*	拟枝孢镰刀菌	第三类	BSL-2	ABSL-2	BSL-2	BSL-1	B	UN 3373	
34	*Fusarium tricinctum*	三线镰刀菌	第三类	BSL-2	ABSL-2	BSL-2	BSL-1	B	UN 3373	

续表

序号	真菌名称		危害程度分类	实验活动所需生物安全实验室级别				运输包装分类⑤		备注
	学名	中文名		大量活菌操作①	动物感染实验②	样本检测③	非感染性材料的实验④	A/B	UN编号	
35	*Geotrichum. spp*	地霉属	第三类	BSL-2	ABSL-2	BSL-2	BSL-1	B	UN 3373	
36	*Loboa lobai*	罗布罗布芽生菌	第三类	BSL-2	ABSL-2	BSL-2	BSL-1	B	UN 3373	
37	*Madurella grisea*	灰马杜拉分枝菌	第三类	BSL-2	ABSL-2	BSL-2	BSL-1	B	UN 3373	
38	*Madurella mycetomatis*	足马杜拉分枝菌	第三类	BSL-2	ABSL-2	BSL-2	BSL-1	B	UN 3373	
39	*Microsporum. spp*	小孢子菌属	第三类	BSL-2	ABSL-2	BSL-2	BSL-1	B	UN 3373	
40	*Mucor. spp*	毛霉属	第三类	BSL-2	ABSL-2	BSL-2	BSL-1	B	UN 3373	
41	*Penicillium citreoviride*	黄绿青霉	第三类	BSL-2	ABSL-2	BSL-2	BSL-1	B	UN 3373	
42	*Penicillium citrinum*	桔青霉	第三类	BSL-2	ABSL-2	BSL-2	BSL-1	B	UN 3373	
43	*Penicillium cyclopium*	圆弧青霉	第三类	BSL-2	ABSL-2	BSL-2	BSL-1	B	UN 3373	
44	*Penicillium islandicum*	岛青霉	第三类	BSL-2	ABSL-2	BSL-2	BSL-1	B	UN 3373	
45	*Penicillium marneffei*	马内菲青霉	第三类	BSL-2	ABSL-2	BSL-2	BSL-1	B	UN 3373	
46	*Penicillium patulum*	展开青霉	第三类	BSL-2	ABSL-2	BSL-2	BSL-1	B	UN 3373	
47	*Penicillium purpurogenum*	产紫青霉	第三类	BSL-2	ABSL-2	BSL-2	BSL-1	B	UN 3373	
48	*Penicillium rugulosum*	皱褶青霉	第三类	BSL-2	ABSL-2	BSL-2	BSL-1	B	UN 3373	
49	*Penicillium versicolor*	杂色青霉	第三类	BSL-2	ABSL-2	BSL-2	BSL-1	B	UN 3373	
50	*Penicillium viridicatum*	纯绿青霉	第三类	BSL-2	ABSL-2	BSL-2	BSL-1	B	UN 3373	
51	*Pneumocystis carinii*	卡氏肺孢菌	第三类	BSL-2	ABSL-2	BSL-2	BSL-1	B	UN 3373	
52	*Rhizopus cohnii*	科恩酒曲菌	第三类	BSL-2	ABSL-2	BSL-2	BSL-1	B	UN 3373	

续表

序号	真菌名称		危害程度分类	实验活动所需生物安全实验室级别				运输包装分类⑤		备注
	学名	中文名		大量活菌操作①	动物感染实验②	样本检测③	非感染性材料的实验④	A/B	UN编号	
53	*Rhizopus microspous*	小孢子酒曲菌	第三类	BSL-2	ABSL-2	BSL-2	BSL-1	B	UN 3373	
54	*Sporothrix schenckii*	申克孢子细菌	第三类	BSL-2	ABSL-2	BSL-2	BSL-1	B	UN 3373	
55	*Stachybotrys*	葡萄状穗霉属	第三类	BSL-2	ABSL-2	BSL-2	BSL-1	B	UN 3373	
56	*Trichoderma*	木霉属	第三类	BSL-2	ABSL-2	BSL-2	BSL-1	B	UN 3373	
57	*Trichophyton rubrum*	红色毛癣菌	第三类	BSL-2	ABSL-2	BSL-2	BSL-1	B	UN 3373	
58	*Trichothecium*	单端孢霉属	第三类	BSL-2	ABSL-2	BSL-2	BSL-1	B	UN 3373	
59	*Xylohypha bantania*	木丝霉属	第三类	BSL-2	ABSL-2	BSL-2	BSL-1	B	UN 3373	

①大量活菌操作：实验操作涉及“大量”病原菌的制备，或易产生气溶胶的实验操作（如病原菌离心、冻干等）。
②动物感染实验：特指以活菌感染的动物实验。
③样本检测：包括样本的病原菌分离纯化、药物敏感性实验、生化鉴定、免疫学实验、PCR核酸提取、涂片、显微观察等初步检测活动。
④非感染性材料的实验：如不含致病性活菌材料的分子生物学、免疫学等实验。
⑤运输包装分类：按国际民航组织文件Doc9284《危险品航空安全运输技术细则》的分类包装要求，将相关病原和标本分为A、B两类，对应的联合国编号分别为UN2814和UN3373；A类中传染性物质特指菌株或活菌培养物，应按UN2814的要求包装和空运，其他相关样本和B类的病原和相关样本均按UN3373的要求包装和空运；通过其他交通工具运输的可参照以上标准包装。

注：BSL-n/ABSL-n：代表不同生物安全级别的实验室/动物实验室。

说明：

1. 在保证安全的前提下，对临床和现场的未知样本的检测可在生物安全二级或以上防护级别的实验室进行。涉及病原菌分离培养的操作，应加强个体防护和环境保护。但此项工作仅限于对样本中病原菌的初步分离鉴定。一旦病原菌初步明确，应按病原微生物的危害类别将其转移至相应生物安全级别的实验室开展工作。

2. “大量”的病原菌制备，是指病原菌的体积或浓度，大大超过了常规检测所需要的量。比如在大规模发酵、抗原和疫苗生产，病原菌进一步鉴定以及科研活动中，病原菌增殖和浓缩所需要处理的剂量。

3. 本表未列之病原微生物和实验活动，由单位生物安全委员会负责危害程度评估，确定相应的生物安全防护级别。如涉及高致病性病原微生物及其相关实验的，应经国家病原微生物实验室生物安全专家委员会论证。

4. 国家正式批准的生物制品疫苗生产用减毒、弱毒菌种的分类地位另行规定。

附录I　检验科设备散热量

设 备 名 称	型 号	散热量（kW）
全自动生化分析仪	AU2700	4.5
全自动生化分析仪	AU5421	6.0
全自动免疫分析仪	COBAS6000	3.4
全自动药物分析仪	I 1000	2.5
全自动药物分析仪	VIVA-E	0.3
全自动酶标仪	FAMESTAR	2.0
样本存放模块	Inlet Module	1.5
输出样品单元	Outlet Module	1.5
自动离心单元	Centrifuge Module	1.0
离心连接单元	Centrifuge Conveyor	1.0
自动加盖单元	Recapper	0.3
自动去盖单元	Decapper	0.3
自动条码打印粘贴单元	Labeler	0.5
自动分杯单元	Aliquot	0.5
5000管存储单元	5000 Tube Stockyard Module	4.0

注：摘自《工程建设与设计》2012年第5期，孙苗的文章《医院检验科的空调设计》。

附录J　核医学检查流程示例

PET 中最常用的是用^{18}F 标记的葡萄糖 FDG（记为：^{18}F-FDG），一般用来诊断癌细胞的转移。病人应在候诊区先平静休息 15min 左右才能注射^{18}F-FDG，注射之后，病人在安静、避光的房间闭目静卧，尽可能减少身体活动，以便尽量减少肌肉对于^{18}F-FDG 的吸收消耗，使其在体内充分分布，被那些利用葡萄糖的器官和组织所摄取，因为癌细胞的增殖需要消耗大量的葡萄糖，而由于 F 原子的存在，FDG 并不像普通的葡萄糖一样能被完全代谢，所以在癌细胞中^{18}F 的浓度会比较高。静卧休息等候大约 45～60min 后才能上机扫描，一般检查一个体位 20min，肿瘤显像需要 45min。

SPECT 检查甲状腺高功能腺瘤、异位甲状腺时，静脉注射高锝（^{99m}Tc）酸钠后 20min 便可扫描显像，检查时间约 25min；甲状腺癌转移灶显像通常在^{131}I 治疗后进行，空腹口服^{131}I 胶囊，需 48h 后才能扫描显像；心肌灌注显像检查流程为：候诊→运动→心率或其他指标达标后→注射显像剂（多采用^{99m}Tc 标记的甲氧基异丁基异腈）→运动 1～2min→候诊 30min 后进食油脂餐休息→1.5h 左右上机扫描。

PET/MR 检查要求患者在候诊室平静不动的闭目休息至少 20min，使身体完全放松，饮用 500mL 水、排尿，注射^{18}F-FDG，然后在安静、避光的室内卧位或半卧位平静不动的闭目休息，注射后 45～60min 必须排尿，才能上机扫描开始采集图像，扫描时间约 30～50min。

附录K 核医学工作场所分类分级

非密封源工作场所的分级 表K-1

级别	日等效最大操作量（Bq）
甲	$>4\times10^9$
乙	$2\times10^7\sim4\times10^9$
丙	豁免活度值以上$\sim2\times10^7$

注：1. 摘自《电离辐射防护与辐射源安全基本标准》GB 18871—2002。

2. 日等效操作量$=\dfrac{\text{放射性核素的实际日操作量}\times\text{毒性组别修正因子}}{\text{操作方式与放射源状态修正因子}}$。

放射性核素毒性组别修正因子 表K-2

毒性组别	毒性组别修正因子
极毒	10
高毒	1
中毒	0.1
低毒	0.01

注：摘自《电离辐射防护与辐射源安全基本标准》GB 18871—2002。

操作方式与放射源状态修正因子 表K-3

操作方式	放射源状态			
	表面污染水平较低的固体	液体，溶液，悬浮液	表面有污染的固体	气体，蒸汽，粉末，压力很高的液体，固体
源的贮存	1000	100	10	1
很简单的操作	100	10	1	0.1
简单操作	10	1	0.1	0.01
特别危险的操作	1	0.1	0.01	0.001

注：摘自《电离辐射防护与辐射源安全基本标准》GB 18871—2002。

临床核医学工作场所具体分类 表K-4

分　类	操作最大量放射性核素的加权活度，MBq
Ⅰ	>50000
Ⅱ	50～50000
Ⅲ	< 50

注：1. 摘自《临床核医学放射卫生防护标准》GBZ 120—2006。

2. 加权活度$=\dfrac{\text{计划的日操作最大活度}\times\text{核素的毒性权重因子}}{\text{操作性质修正因子}}$。

核医学常用放射性核素的毒性权重因子　　表 K-5

类别	放射性核素	核素的毒性权重因子
A	75Se，89Sr，125I，131I	100
B	11C，13N，15O，18F，51Cr，67Ge，99mTc，111In，113mIn，123I，201Tl	1
C	3H，14C，81mKr，127Xe，133Xe	0.1

注：摘自《临床核医学放射卫生防护标准》GBZ 120—2006。

不同操作性质的修正因子　　表 K-6

操作方式和地区	操作性质修正因子
贮存	100
废物处理 闪烁法技术和显像 候诊区及诊断病床区	10
配药、分装以及施给药 简单放射性药物制备 治疗床病区	1
复杂放射性药物制备	0.1

注：摘自《临床核医学放射卫生防护标准》GBZ 120—2006。

附录L　电机安全系数及效率

电机容量安全系数　表L-1

耗电功率（kW）	安全系数
0.5	1.5
0.5～1	1.4
1～2	1.3
2～5	1.2
>5	1.13

注：摘自陆耀庆主编《实用供热空调设计手册（第二版）》。

电　机　效　率　表L-2

额定功率（kW）	1级能效			2级能效		
	2极	4极	6极	2极	4极	6极
0.75	84.9	85.6	83.1	80.7	82.5	78.9
1.1	86.7	87.4	84.1	82.7	84.1	81
1.5	87.5	88.1	86.2	84.2	85.3	82.5
2.2	89.1	89.7	87.1	85.9	86.7	84.3
3	89.7	90.3	88.7	87.1	87.7	85.6
4	90.3	90.9	89.7	88.1	88.6	86.8
5.5	91.5	92.1	89.5	89.2	89.6	88
7.5	92.1	92.6	90.2	90.1	90.4	89.1
11	93	93.6	91.5	91.2	91.4	90.3
15	93.4	94	92.5	91.9	92.1	91.2
18.5	93.8	94.3	93.1	92.4	92.6	91.7
22	94.4	94.7	93.9	92.7	93	92.2
30	94.5	95	94.3	93.3	93.6	92.9
37	94.8	95.3	94.6	93.7	93.9	93.3
45	95.1	95.6	94.9	94	94.2	93.7
55	95.4	95.8	95.2	94.3	94.6	94.1
75	95.6	96	95.4	94.7	95	94.6
90	95.8	96.2	95.6	95	95.4	94.9
110	96	96.4	95.6	95.2	95.6	95.1
132	96	96.5	95.8	95.4	95.8	95.4
160	96.2	96.5	96	95.6	96	95.6

注：摘自《中小型三相异步电动机能效限定值及能效等级》GB 18613—2012。

图 表 索 引

参 考 文 献

[1] 李玲，江宇，陈秋霖．改革开放背景下的我国医改30年[J]. 中国卫生经济，2008，27(2)：5-9.

[2] 田攀文，文富强．治疗慢性阻塞性肺疾病气道黏液高分泌临床意义[J]. 中国实用内科杂志，2015，35(5)：382-385.

[3] 清华大学建筑节能研究中心．中国建筑节能年度发展研究报告2014[M]. 北京：中国建筑工业出版社，2014.

[4] 王珊，肖贺，王鑫，齐明空．北京市21家市属医院基础用能设备能耗现状及节能建议[J]. 暖通空调，2017，47(2)：48-53.

[5] 沈晋明，保罗·尼诺穆拉，刘燕敏．ASHRAE Standard 170-2013简介[J]. 暖通空调，2014，44(10)：1-7.

[6] 许钟麟，张益昭，孙宁，曹国庆，潘红红．空气污染治理与节能是绿色医院空调系统的两大任务——空调净化系统污染控制与节能关系系列研讨之四[J]. 暖通空调，2011，41(5)：36-38.

[7] 居发礼，付祥钊．医院门诊公共空间人流量特性及新风量需求[J]. 建筑科学，2017，33(12)：110-116.

[8] 王太晟，吕静，石冬冬，马逸平，赵琦昊．某综合医院人员密度及空调冷负荷研究[J]. 暖通空调，2015，45(11)：17-21.

[9] 刘红，刘姿，石应康，谭明英，贺昌政．华西医院门诊患者就医等待时间的定量分析与研究[J]. 中国医院，2012，16(11)：36-37.

[10] 沈崇德，朱希．医院建筑医疗工艺设计[M]. 北京：研究出版社，2018.

[11] DD CEN/TS 14175-5：2006 Fume cupboards—Part 5：Recommendations for installation and maintenance[S]. London：BSI，2013.

[12] 孙苗．医院检验科的空调设计[J]. 工程建设与设计，2012，(5)：114-116.

[13] 王庆昌．云南某医院消毒供应中心无菌物品库空调冷负荷计算探讨[J]. 工程建设与设计，2018，(4)：75-77.

[14] 余斌．谈医院消毒供应中心暖通空调方案设计[J]. 山西建筑，2015，41(28)：133-134.

[15] 曹阳，王立峰．空调系统凝结水水封设计影响因素分析[J]. 暖通空调，2016，46(1)：62-65.

[16] 沈晋明．德国的医院标准和手术室设计[J]. 暖通空调，2000，30(2)：33-37.

[17] 黄中，李著萱．谈《医院洁净手术部建筑技术规范》[J]. 工程建设与设计，2007，(7)：63-67.

[18] 黄中．洁净病房及其空调系统方案探讨[J]. 暖通空调，2009，39(4)：40-44.

[19] 王红新，徐宇佳，王颖慧，李文秀，姜红．182例造血干细胞移植患者入住附带千级卫生间的百级层流病房满意度调查分析[J]. 中国美容医学，2012，21(10)：377-378.

[20] 孙鲁春，龚伟，邢玉斌，杨采青，陈凤娜，杨旭东，贾博军，余力．新型无菌病房的建设(2)[J]. 中华医院感染学杂志，2009，19(19)：2598-2601.

[21] 许钟麟，张益昭，王清勤等．隔离病房隔离效果的研究(1)[J]. 暖通空调，2006，36(3)：1-9.

[22] 许钟麟，张益昭，王清勤等．关于隔离病房隔离原理的探讨[J]. 暖通空调，2006，36(1)：1-7.

[23] 马玉全，尹平，杨晓慧，梅文华．门诊患者就诊排队时间对应分析[J]. 中国卫生统计，2013，30(1)：2-4.

[24] 顾又祺，周永麒，顾非．上海公立三甲医院门诊患者就诊时间调查报告[J]．当代医学，2017，23(21)：26-28.

[25] 朱晓军 等．北京协和医院建筑能耗监管系统的建设与应用[J]．现代物业，2017，(2)：60-66.

[26] 洪阳，智艳生，李林涛．北京朝阳医院本部能耗与空调系统管理及其节能潜力分析[J]．暖通空调，2018，48(5)：122-126.

[27] 刘鉴民．蓄冷空调与其它常用电网调峰方式调峰效益的比较研究[J]．电网技术，1997，21(12)：15-18.

扩展参考资源

[1] 国家及各省、直辖市、自治区卫生健康委员会官方网站中“政务公开”栏目。

[2] 国家发展改革委、教育部官网。

[3] 北京协和医院、解放军总医院、华西医院、湘雅医院、北大医院等各大医院官网。

[4] ASHRAE 官网：https：//www. ashrae. org/。

[5] 美国能源局官网：https：//www. epa. gov/，及其科技信息办公室官网：https：//www. osti. gov/。

[6] 美国疾控中心官网：https：//www. cdc. gov/。

[7] 仪器信息网：https：//bbs. instrument. com. cn/。

[8] 丁香园网站：http：//www. dxy. cn/。

[9] 各大医疗设备厂家官网，建议登录英文网站，一些资料在中文网站上是没有的。